一个人当他最初接触欧几里得几何学时，如果不曾为它的明晰性和可靠性所感动，那么他是不会成为一个科学家的。

——爱因斯坦（A. Einstein，1879—1955），德裔美籍理论物理学家

欧几里得的《几何原本》毫无疑义是古往今来最伟大的著作之一，是希腊理智最完美的纪念碑之一。

——罗素（B. Russell，1872—1970），英国哲学家、数学家、逻辑学家

《几何原本》有四不必：不必疑，不必揣，不必试，不必改；有四不可得：欲脱之不可得，欲驳之不可得，欲减之不可得，欲前后更置之不可得……能精此书者，无一事不可精；好学此书者，无一事不可学……故举世无一人不当学。

——徐光启（1562—1633），中国科学家、思想家、政治家

本书列入“十四五”国家重点图书出版规划

科学元典丛书

The Series of the Great Classics in Science

主　　编　任定成

执行主编　周雁翎

策　　划　周雁翎

丛书主持　陈　静

科学元典是科学史和人类文明史上划时代的丰碑，是人类文化的优秀遗产，是历经时间考验的不朽之作。它们不仅是伟大的科学创造的结晶，而且是科学精神、科学思想和科学方法的载体，具有永恒的意义和价值。

科学元典丛书

几何原本

The Thirteen Books of Euclid's Elements

［古希腊］欧几里得 著
程晓亮　凌复华　车明刚 译　凌复华 审校

北京大学出版社
PEKING UNIVERSITY PRESS

图书在版编目(CIP)数据

几何原本／（古希腊）欧几里得著；程晓亮，凌复华，车明刚译. —北京：北京大学出版社，2024.2

（科学元典丛书）

ISBN 978-7-301-34411-8

Ⅰ.①几… Ⅱ.①欧…②程…③凌…④车 Ⅲ.①欧氏几何 Ⅳ.①O181

中国国家版本馆 CIP 数据核字（2023）第 174737 号

THE THIRTEEN BOOKS OF EUCLID'S ELEMENTS
By Euclid
Translated by T. L. Heath
London: Dover Publications,1956

书　　名	几何原本 JIHE YUANBEN
著作责任者	（古希腊）欧几里得　著　程晓亮　凌复华　车明刚　译　凌复华　审校
丛书策划	周雁翎
丛书主持	陈　静
责任编辑	陈　静　唐知涵
标准书号	ISBN 978-7-301-34411-8
出版发行	北京大学出版社
地　　址	北京市海淀区成府路 205 号　100871
网　　址	http://www.pup.cn　　新浪微博：@北京大学出版社
微信公众号	通识书苑（微信号：sartspku）　科学元典（微信号：kexueyuandian）
电子邮箱	编辑部 jyzx@ pup.cn　　总编室 zpup@ pup.cn
电　　话	邮购部 010-62752015　发行部 010-62750672　编辑部 010-62707542
印 刷 者	北京中科印刷有限公司
经 销 者	新华书店
	787 毫米 × 1092 毫米　16 开本　27.75 印张　彩插 8　580 千字
	2024 年 2 月第 1 版　2024 年 2 月第 1 次印刷
定　　价	99. 00 元

弁 言

· Preface to the Series of the Great Classics in Science ·

这套丛书中收入的著作，是自古希腊以来，主要是自文艺复兴时期现代科学诞生以来，经过足够长的历史检验的科学经典。为了区别于时下被广泛使用的“经典”一词，我们称之为“科学元典”。

我们这里所说的“经典”，不同于歌迷们所说的“经典”，也不同于表演艺术家们朗诵的“科学经典名篇”。受歌迷欢迎的流行歌曲属于“当代经典”，实际上是时尚的东西，其含义与我们所说的代表传统的经典恰恰相反。表演艺术家们朗诵的“科学经典名篇”多是表现科学家们的情感和生活态度的散文，甚至反映科学家生活的话剧台词，它们可能脍炙人口，是否属于人文领域里的经典姑且不论，但基本上没有科学内容。并非著名科学大师的一切言论或者是广为流传的作品都是科学经典。

这里所谓的科学元典，是指科学经典中最基本、最重要的著作，是在人类智识史和人类文明史上划时代的丰碑，是理性精神的载体，具有永恒的价值。

一

科学元典或者是一场深刻的科学革命的丰碑，或者是一个严密的科学体系的构架，或者是一个生机勃勃的科学领域的基石，或者是一座传播科学文明的灯塔。它们既是昔日科学成就的创造性总结，又是未来科学探索的理性依托。

哥白尼的《天体运行论》是人类历史上最具革命性的震撼心灵的著作，它向统治西方思想千余年的地心说发出了挑战，动摇了“正统宗教”学说的天文学基础。伽利略《关于托勒密和哥白尼两大世界体系的对话》以确凿的证据进一步论证了哥白尼学说，更直接地动摇了教会所庇护的托勒密学说。哈维的《心血运动论》以对人类躯体和心灵的双重关怀，满怀真挚的宗教情感，阐述了血液循环理论，推翻了同样统治西方思想千余年、被“正统宗教”所庇护的盖伦学说。笛卡儿的《几何》不仅创立了为后来诞生的微积分提供了工具的解析几何，而且折射出影响万世的思想方法论。牛顿的《自然哲学之数学原理》标志着17世纪科学革命的顶点，为后来的工业革命奠定了科学基础。分别以惠更斯的《光论》与牛顿的《光学》为代表的波动说与微粒说之间展开了长达200余年的论战。拉瓦锡在《化学基础论》中详尽论述了氧化理论，推翻了统治化学百余年之久的燃素理论，这一智识壮举被公认为历史上最自觉的科学革命。道尔顿的《化学哲学新体系》奠定了物质结构理论的基础，开创了科学中的新时代，使19世纪的化学家们有计划地向未知领域前进。傅立叶的《热的解析理论》以其对热传导问题的精湛处理，突破了牛顿的《自然哲学之数学原理》所规定的理论力学范围，开创了数学物理学的崭新领域。达尔文《物种起源》中的进化论思想不仅在生物学发展到分子水平的今天仍然是科学家们阐释的对象，而且100多年来几乎在科学、社会和人文的所有领域都在施展它有形和无形的影响。《基因论》揭示了孟德尔式遗传性状传递机理的物质基础，把生命科学推进到基因水平。爱因斯坦的《狭义与广义相对论浅说》和薛定谔的《关于波动力学的四次演讲》分别阐述了物质世界在高速和微观领域的运动规律，完全改变了自牛顿以来的世界观。魏格纳的《海陆的起源》提出了大陆漂移的猜想，为当代地球科学提供了新的发展基点。维纳的《控制论》揭示了控制系统的反馈过程，普里戈金的《从存在到演化》发现了系统可能从原来无序向新的有序态转化的机制，二者的思想在今天的影响已经远远超越了自然科学领域，影响到经济学、社会学、政治学等领域。

科学元典的永恒魅力令后人特别是后来的思想家为之倾倒。欧几里得的《几何原本》以手抄本形式流传了1800余年，又以印刷本用各种文字出了1000版以上。阿基米德写了大量的科学著作，达·芬奇把他当作偶像崇拜，热切搜求他的手稿。伽利略以他的继承人自居。莱布尼兹则说，了解他的人对后代杰出人物的成就就不会那么赞赏了。为捍卫《天体运行论》中的学说，布鲁诺被教会处以火刑。伽利略因为其《关于托勒密和哥白尼两大世界体系的对话》一书，遭教会的终身监禁，备受折磨。伽利略说吉尔伯特的《论磁》一书伟大得令人嫉妒。拉普拉斯说，牛顿的《自然哲学之数学原理》揭示了宇宙的最伟大定律，它将永远成为深邃智慧的纪念碑。拉瓦锡在他的《化学基础论》出版后5年被法国革命法庭处死，传说拉格朗日悲愤地说，砍掉这颗头颅只要一瞬间，再长出这样的头颅100年也不够。《化学哲学新体系》的作者道尔顿应邀访法，当他走进法国科学院会议厅时，院长和全体院士起立致敬，得到拿破仑未曾享有的殊荣。傅立叶在《热的解析理论》中阐述的强有力的数学工具深深影响了整个现代物理学，推动数学分析的发展达一个多世纪，麦克斯韦称赞该书是“一首美妙的诗”。当人们咒骂《物种起源》是“魔鬼的经典”“禽兽的哲学”的时候，赫胥黎甘做“达尔文的斗犬”，挺身捍卫进化论，撰写了《进化论与伦理学》和《人类在自然界的位置》，阐发达尔文的学说。经过严复的译述，赫胥黎的著作成为维新领袖、辛亥精英、“五四”斗士改造中国的思想武器。爱因斯坦说法拉第在《电学实验研究》中论证的磁场和电场的思想是自牛顿以来物理学基础所经历的最深刻变化。

在科学元典里，有讲述不完的传奇故事，有颠覆思想的心智波涛，有激动人心的理性思考，有万世不竭的精神甘泉。

二

按照科学计量学先驱普赖斯等人的研究，现代科学文献在多数时间里呈指数增长趋势。现代科学界，相当多的科学文献发表之后，并没有任何人引用。就是一时被引用过的科学文献，很多没过多久就被新的文献所淹没了。科学注重的是创造出新的实在知识。从这个意义上说，科学是向前看的。但是，我们也可以看到，这么多文献被淹没，也表明划时代的科学文献数量是很少的。大多数科学元典不被现代科学文献所引用，那是因为其中的知识早已成为科学中无须证明的常识了。即使这样，科学经典也会因为其中思想的恒久意义，而像人文领域里的经典一样，具有永恒的阅读价值。于是，科学经典就被一编再编、一印再印。

早期诺贝尔奖得主奥斯特瓦尔德编的物理学和化学经典丛书“精密自然科学经典”从1889年开始出版，后来以“奥斯特瓦尔德经典著作”为名一直在编辑出版，有资料说目前已经出版了250余卷。祖德霍夫编辑的“医学经典”丛书从1910年就开始陆续出版了。也是这一年，蒸馏器俱乐部编辑出版了20卷“蒸馏器俱乐部再版本”丛书，丛书中全是化学经典，这个版本甚至被化学家在20世纪的科学刊物上发表的论文所引用。一般把1789年拉瓦锡的化学革命当作现代化学诞生的标志，把1914年爆发的第一次世界大战称为化学家之战。奈特把反映这个时期化学的重大进展的文章编成一卷，把这个时期的其他9部总结性化学著作各编为一卷，辑为10卷“1789—1914年的化学发展”丛书，于1998年出版。像这样的某一科学领域的经典丛书还有很多很多。

科学领域里的经典，与人文领域里的经典一样，是经得起反复咀嚼的。两个领域里的经典一起，就可以勾勒出人类智识的发展轨迹。正因为如此，在发达国家出版的很多经典丛书中，就包含了这两个领域的重要著作。1924 年起，沃尔科特开始主编一套包括人文与科学两个领域的原始文献丛书。这个计划先后得到了美国哲学协会、美国科学促进会、美国科学史学会、美国人类学协会、美国数学协会、美国数学学会以及美国天文学学会的支持。1925 年，这套丛书中的《天文学原始文献》和《数学原始文献》出版，这两本书出版后的 25 年内市场情况一直很好。1950 年，沃尔科特把这套丛书中的科学经典部分发展成为“科学史原始文献”丛书出版。其中有《希腊科学原始文献》《中世纪科学原始文献》和《20 世纪（1900—1950 年）科学原始文献》，文艺复兴至 19 世纪则按科学学科（天文学、数学、物理学、地质学、动物生物学以及化学诸卷）编辑出版。约翰逊、米利肯和威瑟斯庞三人主编的“大师杰作丛书”中，包括了小尼德勒编的 3 卷“科学大师杰作”，后者于 1947 年初版，后来多次重印。

在综合性的经典丛书中，影响最为广泛的当推哈钦斯和艾德勒 1943 年开始主持编译的“西方世界伟大著作丛书”。这套书耗资 200 万美元，于 1952 年完成。丛书根据独创性、文献价值、历史地位和现存意义等标准，选择出 74 位西方历史文化巨人的 443 部作品，加上丛书导言和综合索引，辑为 54 卷，篇幅 2 500 万单词，共 32 000 页。丛书中收入不少科学著作。购买丛书的不仅有“大款”和学者，而且还有屠夫、面包师和烛台匠。迄 1965 年，丛书已重印 30 次左右，此后还多次重印，任何国家稍微像样的大学图书馆都将其列入必藏图书之列。这套丛书是 20 世纪上半叶在美国大学兴起而后扩展到全社会的经典著作研读运动的产物。这个时期，美国一些大学的寓所、校园和酒吧里都能听到学生讨论古典佳作的声音。有的大学要求学生必须深研 100 多部名著，甚至在教学中不得使用最新的实验设备，而是借助历史上的科学大师所使用的方法和仪器复制品去再现划时代的著名实验。至 20 世纪 40 年代末，美国举办古典名著学习班的城市达 300 个，学员 50 000 余众。

相比之下，国人眼中的经典，往往多指人文而少有科学。一部公元前 300 年左右古希腊人写就的《几何原本》，从 1592 年到 1605 年的 13 年间先后 3 次汉译而未果，经 17 世纪初和 19 世纪 50 年代的两次努力才分别译刊出全书来。近几百年来移译的西学典籍中，成系统者甚多，但皆系人文领域。汉译科学著作，多为应景之需，所见典籍寥若晨星。借 20 世纪 70 年代末举国欢庆“科学春天”到来之良机，有好尚者发出组译出版“自然科学世界名著丛书”的呼声，但最终结果却是好尚者抱憾而终。20 世纪 90 年代初出版的“科学名著文库”，虽使科学元典的汉译初见系统，但以 10 卷之小的容量投放于偌大的中国读书界，与具有悠久文化传统的泱泱大国实不相称。

我们不得不问：一个民族只重视人文经典而忽视科学经典，何以自立于当代世界民族之林呢？

三

科学元典是科学进一步发展的灯塔和坐标。它们标识的重大突破，往往导致的是常规科学的快速发展。在常规科学时期，人们发现的多数现象和提出的多数理论，都要用科学元典中的思想来解释。而在常规科学中发现的旧范型中看似不能得到解释的现象，其重要性往往也要通过与科学元典中的思想的比较显示出来。

在常规科学时期，不仅有专注于狭窄领域常规研究的科学家，也有一些从事着常规研究但又关注着科学基础、科学思想以及科学划时代变化的科学家。随着科学发展中发现的新现象，这些科学家的头脑里自然而然地就会浮现历史上相应的划时代成就。他们会对科学元典中的相应思想，重新加以诠释，以期从中得出对新现象的说明，并有可能产生新的理念。百余年来，达尔文在《物种起源》中提出的思想，被不同的人解读出不同的信息。古脊椎动物学、古人类学、进化生物学、遗传学、动物行为学、社会生物学等领域的几乎所有重大发现，都要拿出来与《物种起源》中的思想进行比较和说明。玻尔在揭示氢光谱的结构时，提出的原子结构就类似于哥白尼等人的太阳系模型。现代量子力学揭示的微观物质的波粒二象性，就是对光的波粒二象性的拓展，而爱因斯坦揭示的光的波粒二象性就是在光的波动说和微粒说的基础上，针对光电效应，提出的全新理论。而正是与光的波动说和微粒说二者的困难的比较，我们才可以看出光的波粒二象性学说的意义。可以说，科学元典是时读时新的。

除了具体的科学思想之外，科学元典还以其方法学上的创造性而彪炳史册。这些方法学思想，永远值得后人学习和研究。当代诸多研究人的创造性的前沿领域，如认知心理学、科学哲学、人工智能、认知科学等，都涉及对科学大师的研究方法的研究。一些科学史学家以科学元典为基点，把触角延伸到科学家的信件、实验室记录、所属机构的档案等原始材料中去，揭示出许多新的历史现象。近二十多年兴起的机器发现，首先就是对科学史学家提供的材料，编制程序，在机器中重新做出历史上的伟大发现。借助于人工智能手段，人们已经在机器上重新发现了波义耳定律、开普勒行星运动第三定律，提出了燃素理论。萨伽德甚至用机器研究科学理论的竞争与接受，系统研究了拉瓦锡氧化理论、达尔文进化学说、魏格纳大陆漂移说、哥白尼日心说、牛顿力学、爱因斯坦相对论、量子论以及心理学中的行为主义和认知主义形成的革命过程和接受过程。

除了这些对于科学元典标识的重大科学成就中的创造力的研究之外，人们还曾经大规模地把这些成就的创造过程运用于基础教育之中。美国几十年前兴起的发现法教学，就是在这方面的尝试。近二十多年来，兴起了基础教育改革的全球浪潮，其目标就是提高学生的科学素养，改变片面灌输科学知识的状况。其中的一个重要举措，就是在教学中加强科学探究过程的理解和训练。因为，单就科学本身而言，它不仅外化为工艺、流程、技术及其产物等器物形态，直接表现为概念、定律和理论等知识形态，更深蕴于其特有的思想、观念和方法等精神形态之中。没有人怀疑，我们通过阅读今天的教科书就可以方便地学到科学元典著作中的科学知识，而且由于科学的进步，我们从现代教科书上所学的知识甚至比经典著作中的更完善。但是，教科书所提供的只是结晶状态的凝固知识，而科学本是历史的、创造的、流动的，在这历史、创造和流动过程之中，一些东西蒸发了，另一些东西积淀了，只有科学思想、科学观念和科学方法保持着永恒的活力。

然而，遗憾的是，我们的基础教育课本和科普读物中讲的许多科学史故事不少都是误讹相传的东西。比如，把血液循环的发现归于哈维，指责道尔顿提出二元化合物的元素原子数最简比是当时的错误，讲伽利略在比萨斜塔上做过落体实验，宣称牛顿提出了牛顿定律的诸数学表达式，等等。好像科学史就像网络上传播的八卦那样简单和耸人听闻。为避免这样的误讹，我们不妨读一读科学元典，看看历史上的伟人当时到底是如何思考的。

现在，我们的大学正处在席卷全球的通识教育浪潮之中。就我的理解，通识教育固然要对理工农医专业的学生开设一些人文社会科学的导论性课程，要对人文社会科学专业的学生开设一些理工农医的导论性课程，但是，我们也可以考虑适当跳出专与博、文与理的关系的思考路数，对所有专业的学生开设一些真正通而识之的综合性课程，或者倡导这样的阅读活动、讨论活动、交流活动甚至跨学科的研究活动，发掘文化遗产、分享古典智慧、继承高雅传统，把经典与前沿、传统与现代、创造与继承、现实与永恒等事关全民素质、民族命运和世界使命的问题联合起来进行思索。

我们面对不朽的理性群碑，也就是面对永恒的科学灵魂。在这些灵魂面前，我们不是要顶礼膜拜，而是要认真研习解读，读出历史的价值，读出时代的精神，把握科学的灵魂。我们要不断吸取深蕴其中的科学精神、科学思想和科学方法，并使之成为推动我们前进的伟大精神力量。

任定成

2005 年 8 月 6 日

北京大学承泽园迪吉轩

欧几里得（Euclid，活跃于公元前300年左右），古希腊数学家，被称为“几何学之父”。

柏拉图学园，又叫“阿卡德米”（Academy）学园。它位于雅典城的西北郊，曾是希腊神话中的雅典英雄阿卡德摩斯（Akademos）的橄榄园。公元前 387 年，古希腊哲学家柏拉图在他 40 岁的时候，在这里创立了一个教学和研究学问的机构。后来，人们习惯将学术机构，如科学院、大学“学院”、学会等都称为“阿卡德米”。英语 Academy 一词也源于此。许多古希腊哲学名士曾受教于此。例如，亚里士多德曾在此读书 20 年。柏拉图学园一直延续到公元 529 年，有长达 900 多年的历史。

雅典柏拉图学园遗址。

柏拉图（约前 427—前 347）雕像。

雅典是古希腊的政治和文化中心。公元前 5 世纪为全盛时期，人口近 10 万。城市背山面海，街道依地形自发形成。在城中心偏南的山顶上建有卫城。卫城西北方有城市广场，为市民集会中心。城中还建有元老院议事厅、商场、画廊、作坊、剧场和竞技场。左图为古代雅典城平面图。

柏拉图学园不仅教授哲学、政治、法律、逻辑、论辩等方面的知识，也教授动物学、植物学、地理学、天文学以及数学知识。据说，在学园入口处有一块告示牌，上书“不懂几何学者不得入内”。由于数学有很高的地位，学园里产生了一批有影响的数学家。阿基米德也应该在柏拉图学园学习过，不然他不可能对欧多克斯和特埃特图斯的数学如此熟悉。

在庞贝古城发现的马赛克镶嵌画，表现了柏拉图及其弟子在一起研究学问的场景。由此图可见，柏拉图学园的教学通常是在露天进行的。

早在公元前 14 世纪，就有人居住在雅典卫城区域，公元前 5 世纪，这里建立了多个神庙和其他建筑，卫城遂成为雅典的宗教活动中心。自雅典联合各城邦战胜波斯入侵后，雅典卫城被视为国家的象征。每逢宗教节日或城邦庆典，公民列队上山进行祭神活动。左图再现了当年盛景。

雅典卫城建在一陡峭的山岗上，仅西面有一通道盘旋而上。建筑物分布在山顶上一座约 280 米 × 130 米的天然平台上。卫城的中心是雅典城的保护神雅典娜的铜像，主要建筑是膜拜雅典娜的帕特农神庙、伊瑞克先神庙、胜利神庙以及卫城山门。南坡是平民活动中心，有露天剧场。右图为卫城遗址。

1926 年，希腊政府建立了雅典科学院，它是希腊国家科学院。其建院原则源于柏拉图学园。雅典科学院主楼是雅典的主要地标，位于雅典市中心的大学街和科学院街。主楼外面的两根立柱上，耸立着身穿盔甲的雅典娜和手持乐器的阿波罗雕像；门口的台阶上，左右分立的是柏拉图和苏格拉底两尊坐像。

欧几里得的生卒日期和生卒地点至今不详。但可以肯定的是，他活跃于公元前 300 年左右，正处于历史学家所谓的希腊化时代（前 323—前 30，马其顿王国至罗马帝国的过渡），是希腊科学文化向周边传播并达到顶峰的时期。那时的学术和文化中心，是位于尼罗河地中海出海口的港口城市亚历山大城。

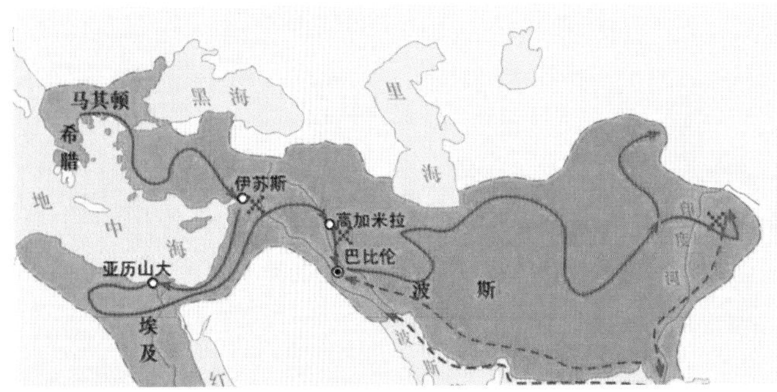

希腊化时期地域图，这个地域在不同年代略有变化。

欧几里得（约 1630 年 J. de Ribera 绘）

埃及古城亚历山大港的美丽景色。（凌复华 / 摄）

亚历山大灯塔遗址，位于亚历山大港近旁的法罗斯岛上。大约在公元前 283 年由小亚细亚的建筑师索斯特拉特（Sostratus）设计，在托勒密王朝时建造，是当时世界上最高的建筑。14 世纪时，灯塔毁于地震。1480 年，埃及马穆鲁克苏丹卡特巴（Qaitbay，1418—1496）为了抵抗外来侵略，使用灯塔遗留下来的石料在灯塔遗址上建造了一个城堡。（周雁翎 / 摄）

托勒密王朝时期的亚历山大图书馆，是当时世界上最大的图书馆，公元前3世纪，由埃及国王托勒密一世开始建造，托勒密二世时期才完工。亚历山大图书馆的唯一目的，就是“收集全世界的书”，实现“世界知识总汇”。在鼎盛时期，藏书量高达50万卷（一说70万卷），其中绝大部分为莎草纸手抄稿；在雇用大量抄书人制作复本的同时，还聘请了上百名驻馆研究学者，其中就包括欧几里得和阿基米德。

与亚历山大灯塔一样，亚历山大图书馆见证了古代希腊文化的辉煌。但遗憾的是，这座伟大的知识宫殿，后来因缺乏经费和支持而逐渐衰落，又惨遭战火破坏，它原本的模样，只存于人们的想象中。

一款游戏中出现的托勒密王朝时期亚历山大图书馆想象图。

亚历山大图书馆内部想象情景。（铜版画）

1995年，联合国教科文组织和埃及政府，在托勒密王朝时期图书馆的旧址上，开始重建亚历山大图书馆。2002年正式开馆。新馆矗立在亚历山大海滨大道上，面朝地中海南岸海斯尔赛湾，背靠亚历山大大学。主体建筑为圆柱体，穹顶为圆柱体斜切面，会议厅呈金字塔形，天文台为球形。

新馆外围有一面巨大的花岗岩质地的文字墙，上面镌刻着包括汉字在内的世界上50种最古老语言的文字和字母，彰显出开放和包容。

新馆内部设计运用了大量几何图形元素，具有强烈的现代感和厚重的历史感。

《几何原本》以希腊语成书后，被多次转抄，中世纪翻译成阿拉伯语和拉丁语，后又经多次转抄，有许多古代学者匿名对其进行评注和编辑。这使《几何原本》得以保存和流传，但也导致了后世对原作真品认定的困难。现在学术界一般认为，海贝格的 13 卷希腊语本最接近于原作。

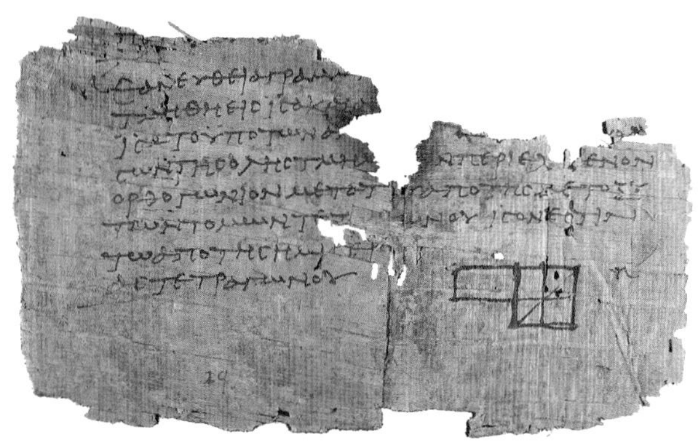

现存最早的《几何原本》纸莎草残页，发现于俄克喜林库斯（古埃及城市，位于开罗西南约 160 千米）。

梵蒂冈图书馆收藏的欧几里得《几何原本》手稿，其中可见毕达哥拉斯定理。

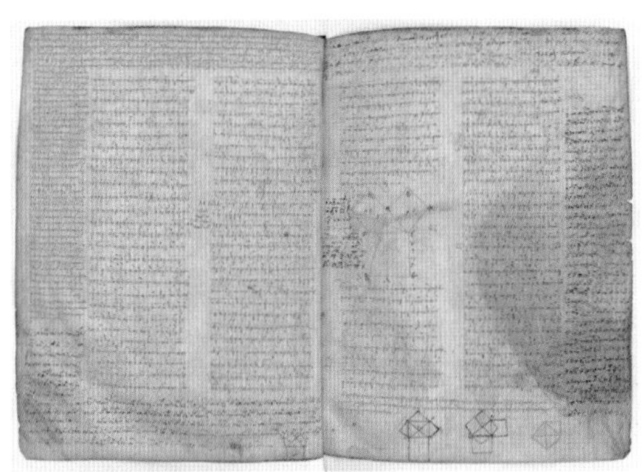

梵蒂冈图书馆是罕见的把书“藏起来”的著名图书馆之一。至今，古老的藏品仍被锁在书柜里，可以翻阅的作品都用链子拴在书桌上。（照片选自北京大学出版社《世界上最美最美的图书馆》）。

《几何原本》最早的传世抄本，是公元 888 年的古希腊语的拜占庭手抄本。

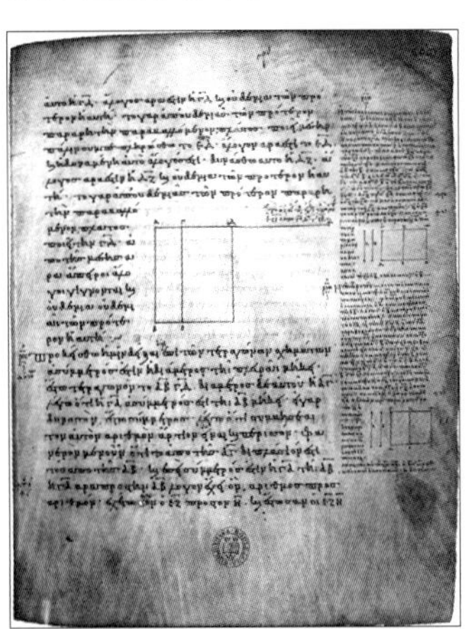

1294 年《几何原本》拉丁语手抄本。

104 EUCLID

the teaching of the subject for eighteen hundred years preceding that time. He is the only man to whom there ever

PAGE FROM A TRANSLATION OF EUCLID'S ELEMENTS

1350 年《几何原本》阿拉伯语手抄本。

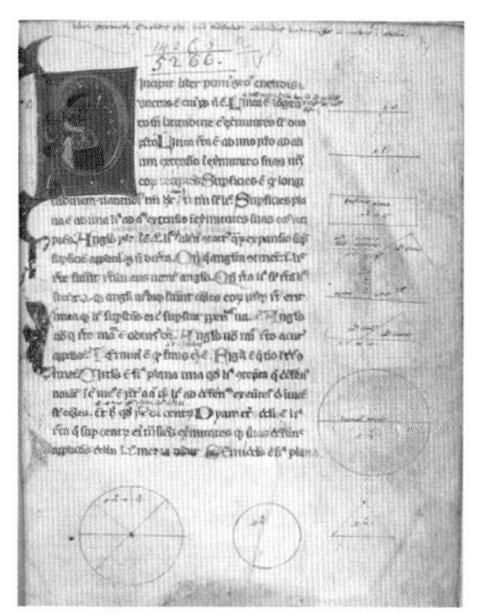

《几何原本》12 世纪的拉丁文译本，由英国经院哲学家阿德拉尔德（Adelard of Bath，1075—1160）从阿拉伯文译出。上图为该手稿在 14 世纪的印刷本。

《几何原本》1555 年舍贝尔（J. Scheubel，1494—1570）德译本。

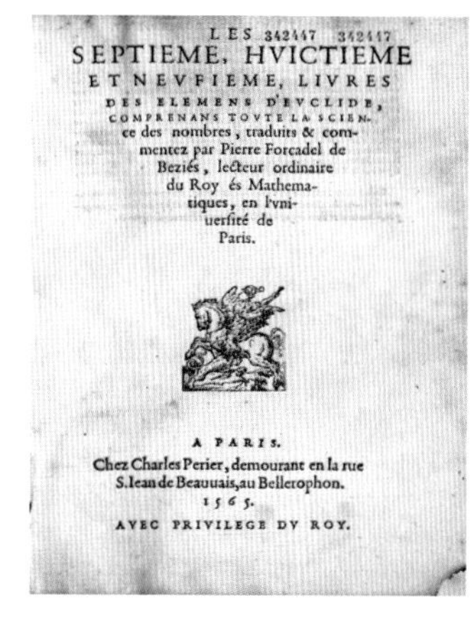

LES
SEPTIEME, HVICTIEME
ET NEVFIEME, LIVRES
DES ELEMENS D'EVCLIDE,
COMPRENANS TOVTE LA SCIEN-
ce des nombres, traduits & com-
mentez par Pierre Forcadel de
Beziés, lecteur ordinaire
du Roy ès Mathema-
tiques, en l'vni-
uersité de
Paris.

A PARIS.
Chez Charles Perier, demourant en la rue
S.Iean de Beauuais, au Bellerophon.
1565.
AVEC PRIVILEGE DV ROY.

《几何原本》1565 年福卡德（P. Forcade）法译本。

1570 年，比林斯利（H. Billingsley，约1538—1606）出版了《几何原本》第一个英译本。

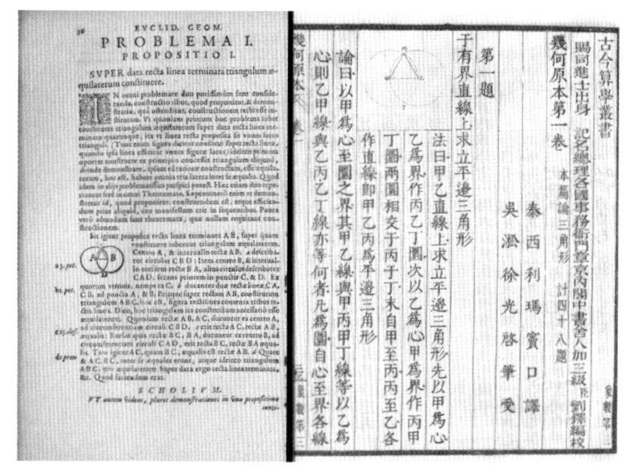

PROBLEMA I.
PROPOSITIO I.

古今算學叢書

幾何原本第一卷

《几何原本》1607 年利玛窦、徐光启汉译本，系根据德国耶稣会传教士、数学家克拉维乌斯（C. Clavius，1538—1612）的拉丁文本译出。

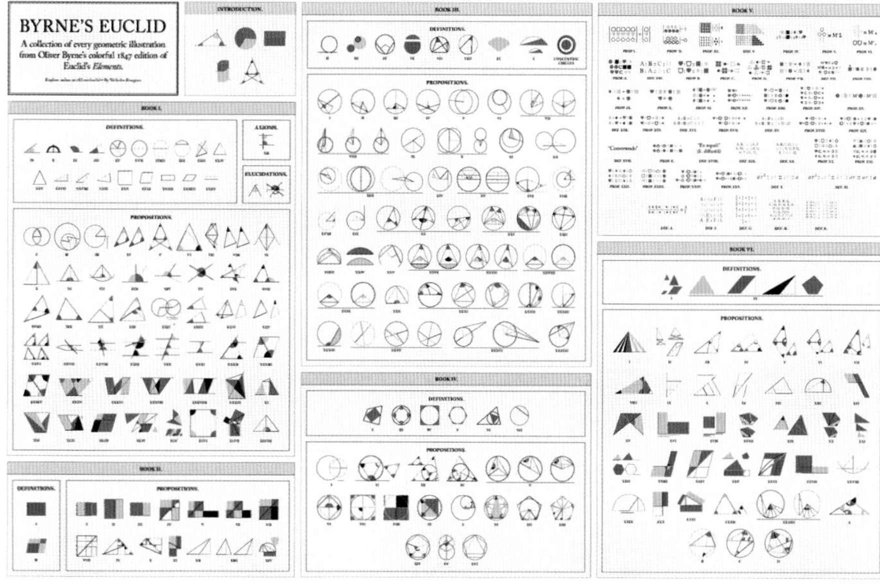

1847 年出版的奥利弗·伯恩（Oliver Byrne）的《几何原本》前 6 卷英译本，用彩色图形展示了定义、命题等，可以帮助读者更好地理解。

几何一词最早起源于希腊语 γεωμετρία，由 γεω（土地）和 μετρεῖν（测量）两个词合成而来，指土地测量。后来转化为拉丁语 geometria。几何学的英文 geometry 一词中的 geo 是“土地”的意思，metry 则指“测量”，因此几何学的最初含义就是“土地测量”。

古埃及人（左）和古巴比伦人（右）在测量土地的过程中创造了几何知识。

中文“几何”一词，由徐光启所创，但他并未说明原因。现在学术界的说法是，“几何”可能是拉丁化的希腊语 geo 的音译，也可能是 magnitude（多少）的意译，还可能是 geometria 的音、意合译。

位于上海徐家汇的徐光启纪念馆。

徐光启画像。

徐光启（1562—1633），明代科学家、思想家、政治家、军事家。南直隶松江府上海县人。万历三十二年（1604 年）进士。官至礼部尚书兼文渊阁大学士。信仰天主教，曾跟从意大利耶稣会传教士利玛窦学习西方数学、天文、水利、地理、火器等“有用之实学”，并与其合译《几何原本》《测量法义》等书。晚年编纂有《农政全书》60 卷。

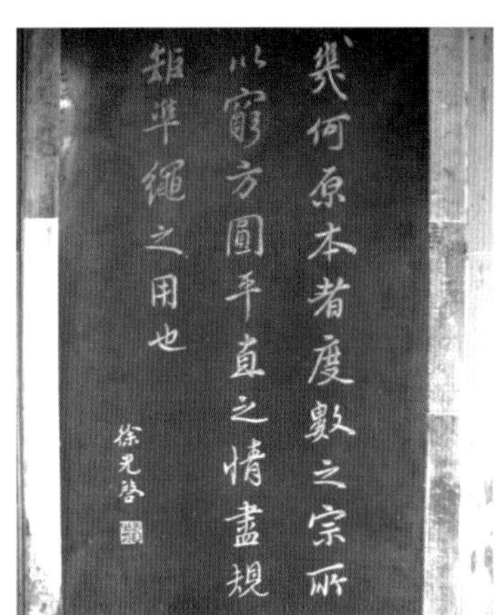

上海徐光启纪念馆内徐光启雕像（左）和徐光启手迹集字碑文《刻〈几何原本〉序》（上）。

目　　录

导　读

凌复华

（上海交通大学、美国史蒂文斯理工学院 教授）

• *Introduction to Chinese Version* •

《几何原本》的作者欧几里得，可以说是历史上最为人知的数学家，他的名字早就成为经典几何学的代名词。

现在常把古典几何学称为欧几里得几何学，简称欧氏几何。近代发展出来的解析几何、罗巴切夫斯基几何（简称罗氏几何）、黎曼几何等，也都可以溯源于此。许多伟人如开普勒、牛顿、爱因斯坦等，都称自己受到《几何原本》的极大影响。

一、欧几里得与《几何原本》的传说

《几何原本》的作者欧几里得，可以说是历史上最为人知的数学家之一，他的名字早就成为经典几何学的代名词。但是，与之形成巨大反差的是，他的生平却最不为人知。下面，我们以几个“数字”为线索，看看与他有关的史料和有一定可信度的传说。

一：“一”指的是，《几何原本》是有史以来最成功、发行量最大、最有影响力的一部教科书。

二：“二”指的是“两段传说”。第一个传说，公元 5 世纪，有一位希腊数学家，名字叫普罗克洛斯(Proclus)，他是新柏拉图学派的代表人物，曾为欧几里得《几何原本》做过注解。据普罗克洛斯记载，当时的埃及托勒密王曾经问欧几里得，除了他的《几何原本》之外，还有没有其他学习几何的捷径。欧几里得回答说：“几何无王者之路。”意思是说，在几何学里，没有专为国王铺设的大道。这句话后来成为传诵千古的箴言。

第二个传说，公元 6 世纪时的一位叫斯托贝乌斯的数学家，记述了另一则故事。一个学生才开始学第一个命题，就问欧几里得：“老师，我学了几何学之后将得到些什么?”欧几里得想了想，转头对助手说：“给他三个钱币，让他走人，因为他想在学习几何学中获取实利。”的确，当时学习几何学确实不能立竿见影给人带来实际利益。但是，我们现在知道，几何学后来对科学大厦的建立起到了巨大的作用。

三：“三”指的是“三个史实”。学术界一般认为，以下这三个史实是可信的。第一，欧几里得出生在雅典，并曾在柏拉图的“学园”学习。第二，欧几里得于公元前 300 年左右活跃于埃及亚历山大城，很可能是在亚历山大图书馆教授数学。第三，欧几里得大约生活于公元前 330 年至前 275 年，大约活了 55 岁。

四：“四”指的是《几何原本》一书实际上有“四位作者”。除了欧几里得之外，其他三位分别是毕达哥拉斯(Pythagoras)，欧多克斯(Eudoxus of Cnidus)，特埃特图斯(Theaetetus of Athens)。

《几何原本》一共十三卷。现在学术界普遍认为，这十三卷并不都是欧几里得一个人的成果，书中大部分的内容直接取材于他之前的其他数学家。一般认为，第一卷至第三

◀古希腊数学家欧几里得画像。

卷，以及第七卷至第九卷的许多内容，出自毕达哥拉斯学派；这个学派认为，“数”是万物本原，最为人所知的成就是毕达哥拉斯定理，在我国称之为勾股定理，这在《几何原本》第一卷中就有明确表述。

《几何原本》第五卷中的比例理论和第十卷中的穷举法，出自欧多克斯。欧多克斯与柏拉图是同时代人，曾求学于柏拉图学园，之后返校执教。

《几何原本》第十卷和第十三卷，出自特埃特图斯；他是柏拉图学园的一位数学家，对柏拉图的影响很大，柏拉图曾将他作为《对话录》的标题人物和讨论对象。

当然，在《几何原本》中，欧几里得本人也有不少精彩手笔，如用几何图形，寥寥数笔就证明了勾股定理，证明了不存在最大素数的欧几里得定理，给出因式分解定理，等等。

一千：“一千”指的是《几何原本》的各种版本，总数不下“一千种”。《几何原本》的原稿早已失传，在很长时间里，最流行的是赛翁（Theon）的希腊语修订本，直到 1808 年，在梵蒂冈发现了更早的手抄本。海贝格（J. L. Heiberg）根据这个手抄本于 1883—1888 年编译的希腊语版本，这也是当今学界公认的权威版本。

在欧洲的中世纪黑暗年代，希腊文明由阿拉伯人传承。《几何原本》的第一个阿拉伯语译本出现于公元 9 世纪。1120 年左右出现转译自阿拉伯语的第一个拉丁语译本，它于 1482 年在威尼斯首次印刷出版。1505 年，译自赛翁希腊语文本的拉丁语译本，也在威尼斯印刷出版。《几何原本》最早的完整英语译本，出现于 1570 年；而最流行的英语译本，是 1908 年和 1926 年出版的希思（T. L. Heath）的注释本。

《几何原本》的汉语翻译其实也开始得很早。1607 年，由天主教耶稣会传教士意大利人利玛窦和我国明代科学家徐光启合译出版了前 6 卷，但直到 250 年以后的 1857 年，才由英国的伟烈亚力和中国科学家李善兰译出后 9 卷，共出版 15 卷。不过，后两卷现在一般认为是后人添加进去的，此后的版本不再收入。明清两朝的这两个汉译本都是文言文，那时的术语和现在也不一样。难以想象的是，此后 130 年间，《几何原本》新的汉译本竟然又是空白，直到 1990 年才出版了兰纪正、朱恩宽的现代汉语译本。近年来又出现了十余种汉译本，但良莠不齐，总的说来并未见有什么超越。

从古代希腊语手抄本到阿拉伯语和拉丁语译文的手抄本，再到近现代不同语言译本的印刷版本，《几何原本》各种版本总数不下一千种。

两千三百：“两千三百”指的是《几何原本》成书于大约 2300 年前，这本书的面世起到了承上启下的作用。所谓“承上”，指的是欧几里得总结了在他以前古希腊几何学中的所有重要成果，如上面提到的毕达哥拉斯、欧多克斯、特埃特图斯，还有希波克拉底（Hippocrates of Chios）和泰乌迪乌斯（Theudius）。所谓“启下”，是指《几何原本》对世界数学的深远影响。它直接影响了其后阿基米德（Archimedes）和阿波罗尼奥斯（Apollonius of Perga）分别开创的计算几何学和形式与状态几何学，古典几何学在那时已经成熟。

现在常把古典几何学称为欧几里得几何学，简称欧氏几何。近代以来发展出来的解析几何、罗巴切夫斯基几何（简称罗氏几何）、黎曼几何等，也都可以溯源于此。许多伟人如开普勒、牛顿、爱因斯坦等，都称自己受到《几何原本》的极大影响。

二、《几何原本》的三大特点

《几何原本》构建了一个非常严密的理论体系，它的诞生，标志着古典几何学已经成熟。《几何原本》具有如下三大特点：

第一个特点，《几何原本》中的作图题占比很高，但作图时使用的工具只是圆规和直尺，而且直尺是无刻度的，这正是高度抽象化的欧几里得几何学的特色。欧几里得用圆规和直尺作出许多不同类型的图，例如正三角形、正方形、正五边形、正六边形和正十五边形等。直到两千年后，才有高斯（Gauss）增补了正十七边形的作法。

第二个特点，《几何原本》全书使用严格的逻辑证题。现在常见的说法是，欧几里得从五条“公理”和五条“公设”出发，加上一些定义，严格地推导出庞大的命题系统。例如，有人说：“上帝定义了点，组成了线，继而有了面，叠成立体空间；欧几里得左手拿着直尺，右手拿着圆规，通过五条公设和五条公理，绘出了世界。”

不过，在我看来，这种说法是不准确的。由表 1 的统计可见，《几何原本》中的“公设”，全书一共引用了 15 次，其中有 13 次都在第一卷；而“公理”，全书一共引用了 19 次，其中有 18 次都在第一卷。由此可见，这些“公设”和“公理”主要影响的是第一卷。

表 1 《几何原本》中引用了公设与公理的命题

	第一卷	第二卷	第三卷	第六卷
公设 1	命题 1，2，4，5，7			
公设 2	命题 2，5			
公设 3	命题 1，2，3，12			
公设 4				
公设 5	命题 29，44	命题 10		命题 4
公理 1	命题 1，2，3，6，13，14，15			
公理 2	命题 13，14			
公理 3	命题 2，5，15，35			
公理 4	命题 1，4，8		命题 24	
公理 5	命题 6，7			

在《几何原本》中,对“命题”有直接影响的是各卷的“定义”,有些“定义”也对其他卷有影响。尤其是第一卷的“定义”,对涉及几何问题的各卷都有影响;第七卷的“定义”,对涉及数的问题的各卷都有影响。

当然,《几何原本》中的这个公理系统是可以改进完善的,后世有很多数学家在这方面做了工作,其中最有名的是德国数学家希尔伯特(Hilbert),他于 1899 年提出了一个严格的公理系统。在希尔伯特提出的这个公理系统中,有“关联公理”八条,说明三组几何对象——点、直线和平面之间的关联;有“顺序公理”四条,说明直线上的点的相互关系;有“合同公理”五条,处理图形的移动;有“连续公理”两条,说明直线的连续关系;有“平行公理”一条,说明两条直线间的平行关系。

实际上,《几何原本》的严谨逻辑,主要体现在“命题”的结构中。我们前面提到的曾经给《几何原本》做过注解的那位希腊数学家普罗克洛斯,对此有一个极好的说明,他说:

每一个问题和每一个其所有部分皆完美的完整定理,均包含以下所有要素:**“表述”“设置”“定义”“构形”“证明”“结论”**。

在这些要素之中,**“表述”**给出了什么是给定的和什么是待求的,完美的**“表述”**一定由这两部分组成。

“设置”标识了什么已由其自身给出,并在应用于研究之前予以调整。

“定义”单独陈述和说清楚待求的是什么特定的东西。

“构形”中把想得到的东西添加到论据中,其目的是找到待求的东西。

“证明”由公认事实,科学地推理得出所需的推断。

“结论”又返回到**“表述”**,确认已经说明的内容。

这些都是“问题”和“定理”的组成部分,但最本质的且在所有问题中都能找到的那些是**“表述”“证明”**和**“结论”**。因为同等必需的是事先知道:待求的是什么,这应当通过中间步骤来说明,且被说明的事实应该被推断出来;不可能免除这三项中的任何一项。其余部分往往被引入,但也往往因为无用而被排除在外。

这套严格的论证体系得益于古希腊辩论家的缜密逻辑,对后世数学发展的影响不可估量。

第三个特点,《几何原本》完全没有具体数字。这种情况不仅出现在有关几何学的各章,也出现在有关数论的各章。显然,在数论的场合中,没有具体数字往往会增加阅读和理解的困难。为了读者阅读方便,我们在翻译过程中构造了一些数字实例,以译者注形式给出,希望对读者有所帮助。虽然这似乎不是欧几里得的本意,他实际上更希望读者用抽象思维理解本书的内容。不过,对于时间有限的一般读者来说,要做到这一点并不容易。

我们知道,现代中小学几何学包括“作图”“证明”和“计算”三个部分。可是,在《几何原本》中,完全没有出现“计算”这部分的内容。到了《几何原本》问世几十年以后,古希腊另一位科学巨人阿基米德才弥补了这一缺憾,他发展了几何学的计算部分,我们称之为度量几何学。

三、《几何原本》的主要内容

《几何原本》共 13 卷，有 5 条公理，5 条公设，130 个定义，465 个命题。这些命题之间，以及它们与定义、公理、公设之间，具有错综复杂的逻辑关系。

表 2 各卷的定义和命题统计

卷	一*	二	三	四	五	六	七
定义	23	2	11	7	18	3	22
命题	48	14	37	16	25	33	39
卷	**八**	**九**	**十**	**十一**	**十二**	**十三**	**总和**
定义	0	0	16	28	0	0	130
命题	27	36	115	39	18	18	465

* 第一卷还有 5 条公理和 5 条公设。

图 1 展示了《几何原本》中的 187 个命题之间及它们与公设、公理和 20 个定义之间的关系。我们在此展示这张由计算机建模而制成的示意图，主要目的是让读者对这种错综复杂的逻辑关系有一个大致认识。

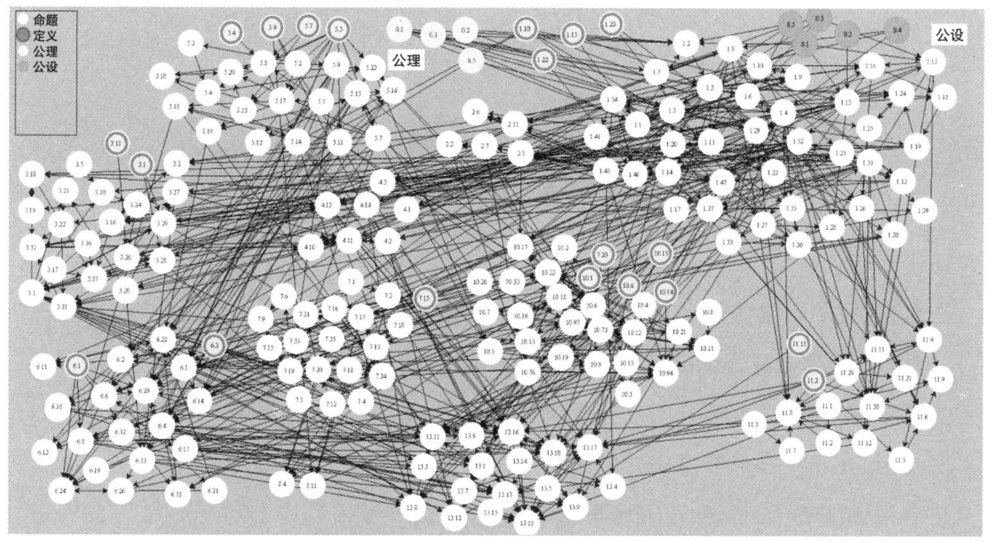

图 1 《几何原本》中公理、公设、定义与命题之间的逻辑关系示意图

一些人认为，《几何原本》的内容只是几何学。其实，书中关于“数”的理论，也占了相当大的篇幅，几近一半。不过其中多数内容，特别是关于不可公度线段的部分，现在已很少用到。

我们知道，在现代初等几何中，包含了“作图”“证明”和“计算”三类题目，其中前两类，本书基本上都提及了。而关于“计算”，本书只给出了一些形状的面积或体积的相对关系，至于具体数字结果，前面我们讲过，还有待几十年之后阿基米德来完成。

本书的内容可以分为三大部分，简述如下。

第一部分，从第一卷到第六卷，讲述平面几何。

第一卷是开宗明义的首卷，十分重要。包括了公理、公设和平面几何的主要定义，陈述了平面几何的基本概念和结果。其核心命题是勾股定理及其逆定理(命题Ⅰ.46—48)。前面各命题或多或少为之作了铺垫。欧几里得对勾股定理的证明十分简洁巧妙且有启发性。我们特别在此展示，读者在阅读时可仔细领会、欣赏。

如图2，欲证斜边上的正方形等于二直角边上的正方形之和。

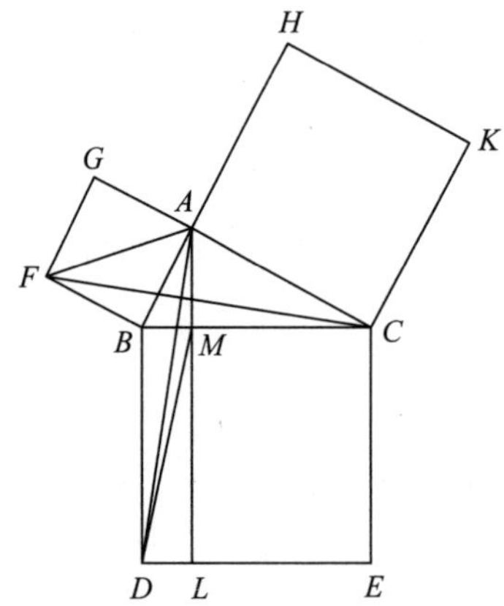

图2　勾股定理的几何证明[①]

证明如下：

三角形 ABF＝正方形 $ABFG$ 的一半，

三角形 BDM＝矩形 $BDLM$ 的一半，

三角形 BCF＝三角形 ABD(两边夹一角相等)，

三角形 BCF＝三角形 ABF(同底等高)，

三角形 BDM＝三角形 ABD(同底等高)，

由以上条件，可得：

三角形 BDM＝三角形 ABF，

正方形 $ABFG$＝矩形 $BDLM$，

---

① 详见命题Ⅰ.47。

同理可证，正方形 $ACKH$ = 矩形 $CELM$，而正方形 $CBDE$ = 矩形 $BDLM$ + 矩形 $CELM$，故正方形 $ABFG$ + 正方形 $ACKH$ = 正方形 $CBDE$。

证毕。

第二卷有 14 个命题，它们其实是一些代数式的几何表示。代数是后世阿拉伯人发明的。古希腊人用几何图形来表示代数式并作证明，颇具匠心。

第三卷讨论圆和弓形及与之相关的弦、弧、角、切线、割线等，囊括了圆的几何学的主要内容。

第四卷系统地处理了直线图形与已知圆的相互内接、外切、内切与外接问题，并已对一般三角形、正方形、正五边形、正六边形和正十五边形获解。

第五卷讲的是比与比例。"比"是两个量之间的关系，"比例"是两个比之间的关系。这一卷囊括了已知的所有比或比例，如：正、反、合、分比、更比、换比、依次（首末）、摄动等。这些比与比例十分有用且理解起来并不困难，但需仔细阅读，搞清它们的定义和相互间的区别。

第六卷讨论相似图形，即对应角相等的图形。还引入了黄金分割的概念和应用。

第二部分，从第七卷至第十卷，讲述数的理论。

第七卷引入了各种数的概念，例如奇数、偶数、素数、合数、面数、体数、平方数、立方数、完全数等。还介绍了对它们的计算，如乘法、求最大公约数（公度）、求最小公倍数、相似面数、相似体数等。特别是最大公约数的辗转相除法，一直沿用至今。这个著名的欧几里得算法是他的数论的基础。

第八卷与第九卷的内容紧密相连。主要讲"连比例数组"及其性质。"连比例数组"其实是各项都是自然数的一个几何级数。记住这一点，再参看我们构造的数字实例，就不难理解各个命题。

第十卷约占全书篇幅的四分之一，第一个命题给出了十分重要的穷举法基础，其余讨论"可公度量"与"不可公度量"。记住，把这些量用指定为一单位的尺度量度得到一个数，就可以与现代数学中常用的有理数和无理数联系起来，从而降低阅读的难度。

第三部分，从第十一卷至第十三卷，讲述立体几何。

第十一卷叙述立体几何基础，主要研究立体角和平行六面体，它们分别相当于平面几何中的三角形和平行四边形。

第十二卷使用穷举法讨论球、棱锥、圆柱和圆锥的体积，但只提到例如球的体积与直径立方成正比，并未真正定量。

第十三卷讲解了五种正多面体。

《几何原本》的内容十分丰富，定义很多，命题一个接一个，读者往往不易掌握其间的关联。我们对各卷内容做了详细的分类和说明，主要以图与表的形式，作为"内容提要"在每卷开头列出，以便读者对该卷的内容先有一个大致的了解。

四、《几何原本》对现代中小学数学的影响

笔者的中小学时代始于七十多年前。那时我们在小学有算术，初中有平面几何和代数，高中有三角和立体几何。平面几何与立体几何中的证明题和作图题，多半来自《几何原本》，占比大约为 50%，计算题当然不是来自欧几里得。算术和代数估计也各有 20% 来自《几何原本》。总体看来，那时数学大约有 30%的内容来自《几何原本》。

现在我国中小学数学教材，比几十年前增加了不少内容，特别是高中数学教材（只考虑必修课），增加了集合、算法、统计、概率等内容。因此，《几何原本》中的内容，在我国现行中小学教材中所占的比例有所下降。笔者根据几本常用的小学、初中、高中数学书粗略统计得到，《几何原本》在其中所占的比例分别约为 15%，34%和 9%。读者可以从表 3、表 4、表 5 三个表中看出大致情况。表中的“内容占比”这一列，表示该章节知识内容在该学段数学书中的占比；“来自《几何原本》”这一列，表示该章节知识内容本身有多少是来自《几何原本》的；“实际占比”这一列，则由前两列的数据相乘得来，表示该章节知识内容实际上有多少源于《几何原本》。

表 3　我国小学某版本数学教材中来自《几何原本》的内容①

	内容占比	来自《几何原本》		实际占比
第一章 数的认识 第二节 因数与倍数	2.46%	100%	第七卷	2.46%
第五章 比与比例	7.39%	80%	第五卷	5.91%
第七章 平面图形 第二节 平面图形的认识	4.43%	100%	第一卷	4.43%
第八章 立体图形 第二节 立体图形的认识	1.97%	100%	第十一卷	1.97%
总计				14.77%

表 4　我国初中某版本数学教材中来自《几何原本》的内容②

	内容占比	来自《几何原本》		实际占比
第四章 几何图形初步	5.00%	100%	第一卷	5.00%
第五章 相交线与平行线	4.58%	100%	第一卷	4.58%
第十一章 三角形	3.33%	100%	第一卷	3.33%
第十二章 全等三角形	3.33%	100%	第一卷	3.33%

① 开心教育研究中心. 小学数学知识大全[M]. 广东人民出版社，2018.

② 牛胜玉. 初中数学知识大全[M]. 陕西师范大学出版社，2019.

续表

	内容占比	来自《几何原本》		实际占比
第十四章 整式的乘积与因式分解	3.75%	30%	第七卷	1.13%
第十七章 勾股定理	2.50%	100%	第一卷	2.50%
第十八章 平行四边形	3.75%	100%	第一卷	3.75%
第二十四章 圆	4.58%	100%	第三卷	4.58%
第二十五章 概率初步	0.83%	100%	第四卷	0.83%
第二十六章 反比例	2.92%	30%	第五卷	0.88%
第二十七章 相似	4.17%	100%	第六卷	4.17%
总计				34.08%

表 5 我国高中某版本数学教材中来自《几何原本》的内容[①]

必修 2	内容占比	来自《几何原本》		实际占比
第一章 空间几何体	2.43%	25%	第十一卷	0.61%
第二章 点、直线、平面之间的位置关系	7.77%	75%	第十一卷	5.83%
第三章 直线与方程	4.37%	25%	第一卷	1.09%
第四章 圆与方程	5.34%	25%	第二卷	1.34%
总计				8.87%

笔者也浏览了美国中小学的一些数学教材。美国还是分为算术、几何、代数、三角等课程，但没有统一的教科书，在必修课中并未看到集合、算法、统计、概率等内容。笔者估计，来自《几何原本》的内容大约在 30%左右。

的确，《几何原本》影响了一代又一代的莘莘学子，为他们通向科学殿堂的道路打下了坚实的基础。《几何原本》在过去、现在和将来对科学思维的重要作用，怎么强调也不为过。正如爱因斯坦所言："一个人当他最初接触到欧几里得几何学时，如果不曾为它的明晰性和可靠性所感动，那么他是不会成为一个科学家的。"

五、非欧几何

欧几里得的第五公设与其他公设有两点明显不同，一是它相当冗长，二是欧几里得一直推迟到命题Ⅰ.29 才引用它，而且全书不过引用了四次（命题Ⅰ.29，Ⅰ.44，Ⅱ.10，

① 曲一线. 高中数学知识清单[M]. 首都师范大学出版社，2013.

Ⅵ.4)。看来欧几里得本人也试图避免它。因此,两千多年来,不少人都试图避免它或证明它,但均徒劳无功。

直到18世纪20年代,俄国喀山大学教授罗巴切夫斯基(N. I. Lobachevsky)另辟蹊径。他提出了一个与欧氏平行公设相矛盾的命题来代替第五公设,然后与欧氏几何的前四个公设结合成一个公理系统,展开一系列的推理。他认为如果自己的新系统在基础的推理中出现矛盾,就等于证明了第五公设。此即数学中的反证法。但是,在极为细致深入的推理过程中,他得出了一个又一个在直觉上匪夷所思,但在逻辑上毫无矛盾的命题。最后,罗巴切夫斯基得出两个重要的结论:

1. 第五公设不能被证明。

2. 在新的公理体系中展开的推理,得到了一系列在逻辑上没有矛盾的新的定理,并形成了新的理论。这个理论像欧氏几何一样是完善严密的几何学。

这种几何学被称为罗巴切夫斯基几何。这是第一个被提出的非欧几何学。从罗氏几何学中,可以得出一个极为重要的、具有普遍意义的结论:逻辑上不矛盾的一组公理都可以形成一种几何学。

罗巴切夫斯基的论文《几何学原理及平行线定理严格证明的摘要》于1829年2月23日在喀山大学的物理数学系学术会议上宣读。参加这次学术会议的学者不乏著名的数学家、天文学家等。但该论文并未受到重视,反而因其离经叛道而被人们嘲笑,直到多年后才得到学术界的认可。

几乎在罗巴切夫斯基创立非欧几何学的同时,匈牙利数学家鲍耶(J. Bolyai)也得到了相同的结果。鲍耶的研究开始时未得到他的父亲(也是数学家)的支持,但他坚持了下来,最终于1832年在他父亲的一本著作里,以附录的形式发表了研究结果。

同期,大数学家高斯也发现第五公设不能证明,并且研究了非欧几何。但是高斯害怕这种理论会遭到当时教会势力的打击和迫害,不敢公开发表自己的研究成果,也不敢站出来公开支持罗巴切夫斯基和鲍耶他们的新理论,只是在书信中向他的朋友表示了自己的认可。

另一种非欧几何学是黎曼(B. Riemann)几何。1845年,黎曼在哥廷根大学发表了题为《论作为几何基础的假设》的就职演讲,标志着黎曼几何的诞生。黎曼的新公理认为,"过直线外的一点不能作出一条平行线"。在黎曼几何中,最重要的一种对象就是所谓的常曲率空间,对于三维空间,有曲率恒等于零、曲率为负常数和曲率为正常数三种情形。黎曼指出,前两种情形分别对应于欧几里得几何学和罗巴切夫斯基几何学,而第三种情形则是黎曼本人的创造,它对应于另一种非欧几何学(图3)。

近代黎曼几何在广义相对论里得到了重要的应用。爱因斯坦的广义相对论中的空间几何就是黎曼几何。在广义相对论里,爱因斯坦放弃了关于时空均匀性的观念,他认为时空只是在充分小的空间里近似地均匀，但是整个时空里却是不均匀的。在物理学中，这种看法恰恰与黎曼几何的观念相吻合。

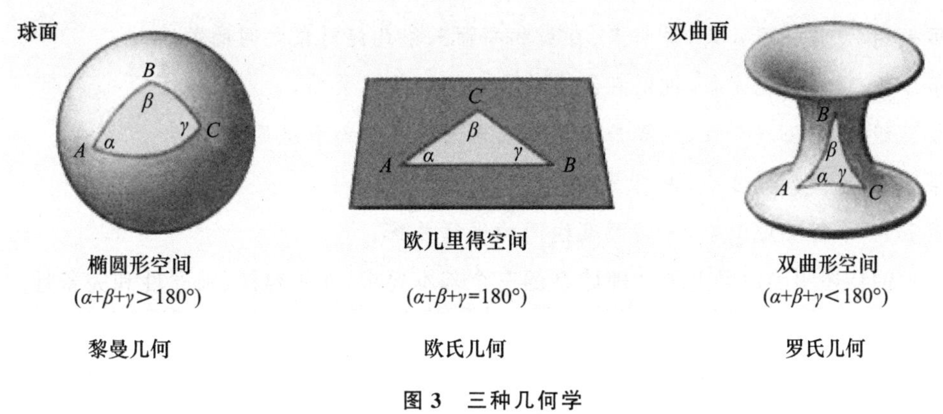

图 3　三种几何学

六、几何学的现代研究：希尔伯特公理系统

《几何原本》为几何学奠定了基础，但如上所述，其公理系统并非严谨完备的，有改进的必要。但几何学有坚实的基础，且有不少互相关联的分支，这就使数学家不可能只关心个别元素，而必须提供关于概念、公理和定理的一整套严密的系统，这是一项有相当难度的工作，由希尔伯特于 20 世纪末在《希尔伯特几何基础》一书中完成。

《希尔伯特几何基础》对欧几里得几何及有关几何的公理系统进行了深入的研究，不仅对欧几里得几何提供了完善的公理体系，还给出证明一个公理对别的公理的独立性以及一个公理体系确实为完备的普遍原则。

希尔伯特把几何进一步公理化了。他首先叙述了一些不予定义的基本概念。设想有三组不同的东西，分别叫作点、直线和平面，它们被统称为“几何元素”，若它们之间的关系须满足一定的公理要求，则称这些几何元素的集合为“几何空间”。这样，不同的几何便是满足不同公理要求的几何元素的集合，这样一来，也去掉了几何学里那些与感性有关的东西，只保留抽象的逻辑骨架，不但不会丧失现实的基础，反而扩大了几何命题的范围。

《希尔伯特几何基础》共七章，各章内容为：五组公理，公理的相容性和互相独立性，比例论，平面中的面积论，德沙格定理，巴斯噶尔定理，根据五组公理的几何作图。全书成功地建立了欧几里得几何的完整的公理体系（希尔伯特公理体系），把几何的基本对象叫作点、直线、平面，然后用五组公理确定了基本几何对象的性质，并且推出了欧几里得几何的所有定理，使欧几里得几何成为一个逻辑结构非常完善且严谨的几何体系。这本书成功地建立了希尔伯特公理体系，不仅使欧几里得几何的完善化工作告一段落，而且使数学公理方法基本形成，对 20 世纪数学的发展起了促进作用。

如上所述，希尔伯特把欧几里得几何转化为下列五组共 20 条公理的体系：

第一组 关联公理 8 条，说明点、直线和平面三组几何对象之间的关联。

第二组 顺序公理 4 条，说明直线上的点之间的相互关系。

第三组 合同公理 5 条，主要是为了处理图形的移动而引进的。

第四组 连续公理 2 条，说明直线的连续关系。

第五组 平行公理 1 条，说明两直线间的平行关系。

希尔伯特还明确地提出了公理体系的三个基本要求，即相容性、独立性和完备性。而这五组公理满足了这些要求。如果替换其中的某组公理，就可以得到不同的几何学。例如把平行公理从欧几里得的换成罗巴切夫斯基的，便是把“欧几里得几何学”换成了“罗巴切夫斯基几何学”。另外，满足前四组公理的几何学被称为“绝对几何学”(Absolute Geometry)。

七、《导读》的写作说明

本导读写作过程中参考了不少文献，这里列出主要的几种，以供读者深入阅读或研究时参考。希思的英译注释本，卷帙浩繁，有丰富的历史资料和详细的注释，是十分有用的参考书。[①] 菲茨帕特里克(R. Fitzpatrick)的英译本中附有海贝格的标准希腊语译本，也很经典。[②] 在网络资源能找到另一些较新的英译本。在这些较新译本中，许多几何图形用 Java 语言生成，可以变动把玩。[③④] 有的用 Java 语言对公理、公设、定义与命题之间的逻辑关系编程，是深入研究其间逻辑关系的有用工具。本导读中的部分图即取材于此。

目前国内有售的《几何原本》汉译本将近十种，其中兰纪正、朱恩宽的译本有注释，能帮助读者更好理解原著。值得指出的是，《几何原本》是一部严谨的经典学术巨著，并非轻松易读的小书。如果简单将之包装为一般的科普书，其实十分不妥。为了便于一般读者，特别是青少年读者当作入门阅读，我们同步编写了《几何原本》的学生版并于 2022 年 8 月出版。[⑤] 学生版精选了原书的最重要部分(约六分之一)并辅以说明。

---

① T. L. Heath. *The Thirteen Books of Euclid's Elements*[M]. Vol. Ⅰ—Ⅲ, Dover, 1956.

② R. Fitzpatrick. *Euclid's Elements of Geometry*[M]. 2008.

③ https://mathcs.clarku.edu/~djoyce/elements/elements.html. 访问日期:2021-06-30.

④ https://www.maa.org/press/periodicals/convergence/euclid21-euclids-elements-for-the-21st-century. 访问日期:2021-06-30.

⑤ 欧几里得. 几何原本:学生版[M]. 凌复华，译. 北京大学出版社，2022.

第一卷　平面几何基础

• *Book* Ⅰ. *Fundamentals of Plane Geometry* •

第一次看到这本书就惊为天人…… 一个人当他最初接触欧几里得几何学时，如果不曾为它的明晰性和可靠性所感动，那么他是不会成为一个科学家的。

——爱因斯坦

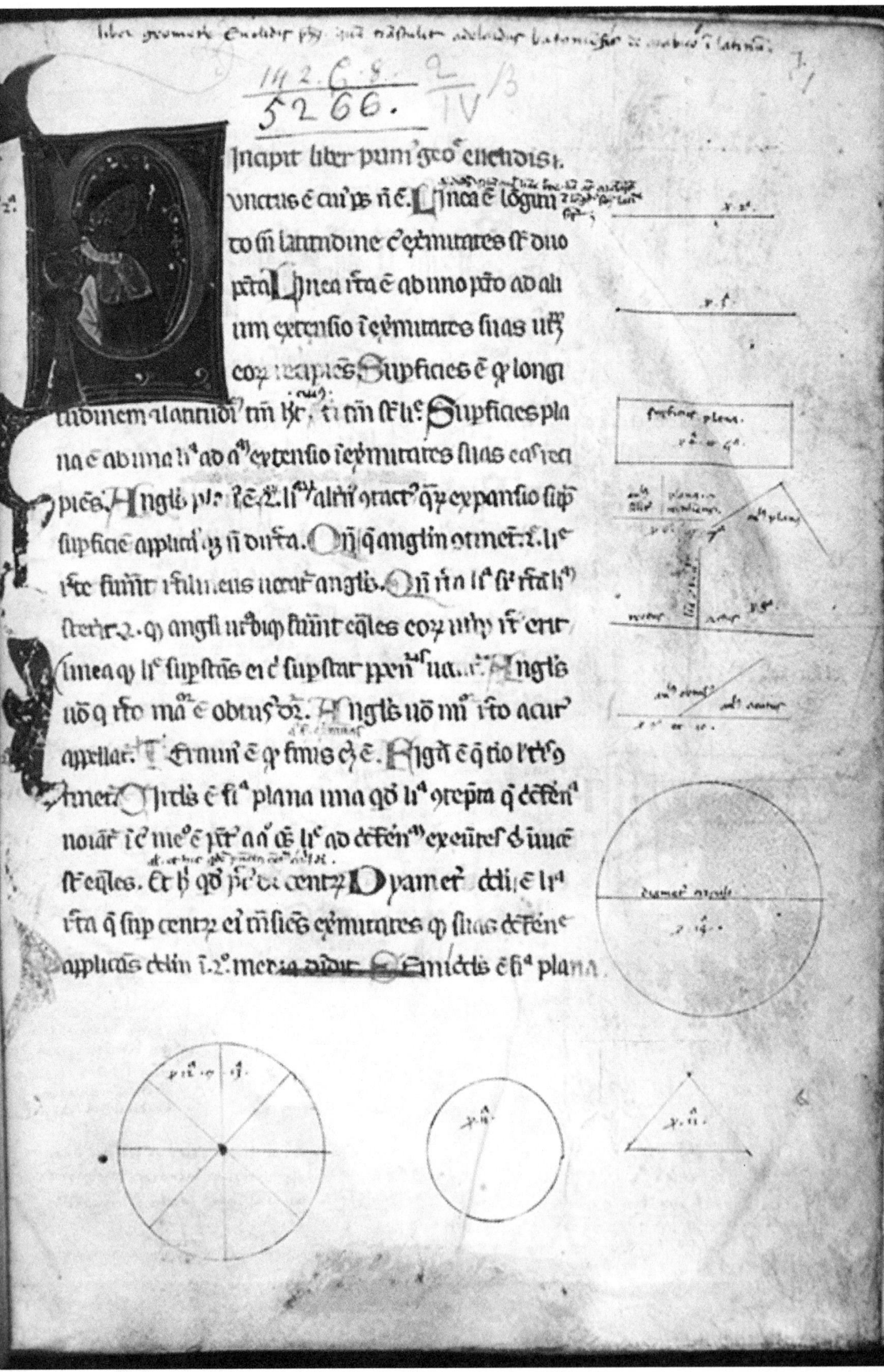

第一卷 内容提要

（译者编写）

这是开宗明义的首卷，十分重要。第一卷包含了公理、公设和平面几何的主要定义。对之用图表的形式总结于图 1.1 和图 1.2，读者可以由此得到一个简明扼要的概念，但务请仔细阅读原文以便获取严格的陈述和细节。

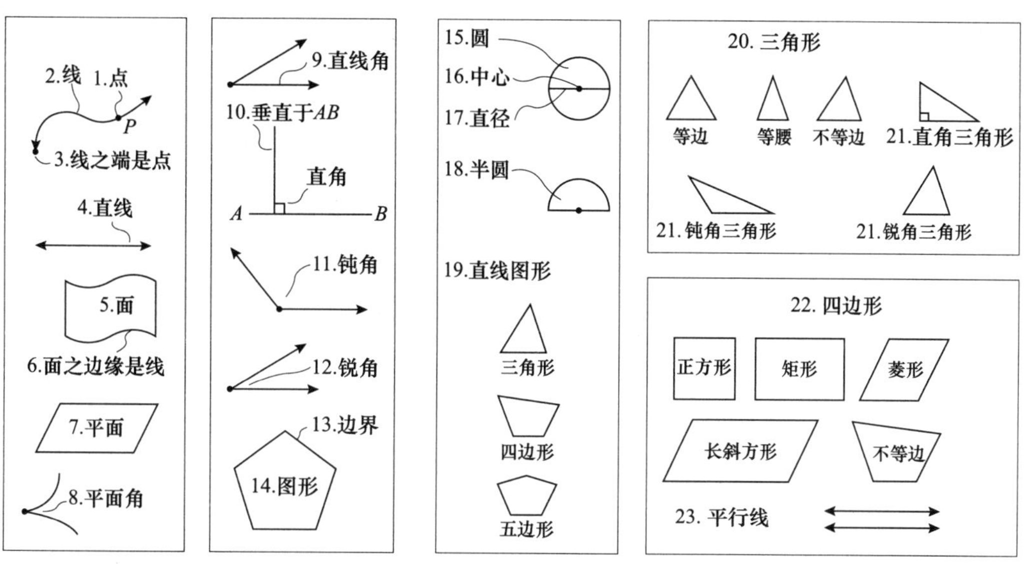

图 1.1　第一卷的 23 个定义

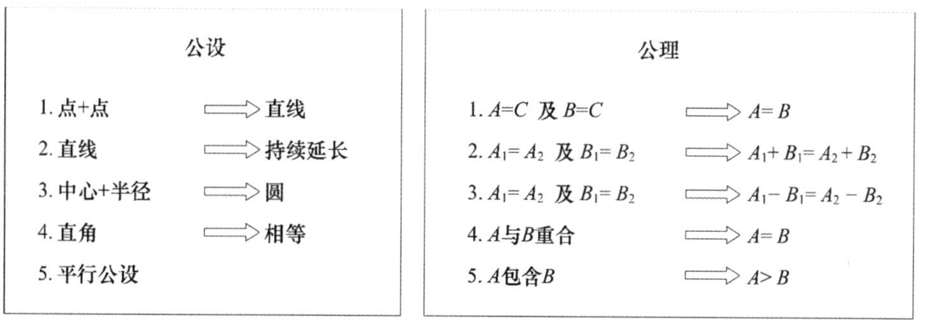

公设	
1. 点+点	⟹ 直线
2. 直线	⟹ 持续延长
3. 中心+半径	⟹ 圆
4. 直角	⟹ 相等
5. 平行公设	

公理	
1. $A=C$ 及 $B=C$	⟹ $A=B$
2. $A_1=A_2$ 及 $B_1=B_2$	⟹ $A_1+B_1=A_2+B_2$
3. $A_1=A_2$ 及 $B_1=B_2$	⟹ $A_1-B_1=A_2-B_2$
4. A与B重合	⟹ $A=B$
5. A包含B	⟹ $A>B$

图 1.2　第一卷的公设与公理

◀《几何原本》的拉丁文译本，由英国经院哲学家阿德拉尔德（Adelard of Bath，1075—1160）从阿拉伯语译出。

第一卷的48个命题可以分为四部分，如表1.1所示。陈述了平面几何的基本概念和结果。本卷的最重要结果是第四部分，勾股定理及逆定理，命题Ⅰ.47与Ⅰ.48。前三部分在一定程度上都为它们作了铺垫，见图1.3。

表1.1 第一卷中的命题汇总

Ⅰ.1－26	A：平面几何学基础，未涉及平行线
Ⅰ.27－32	B：平行线与相关的同旁内角、内错角和同位角等
Ⅰ.33－45	C：平行四边形及其面积
Ⅰ.46－48	D：勾股定理及逆定理

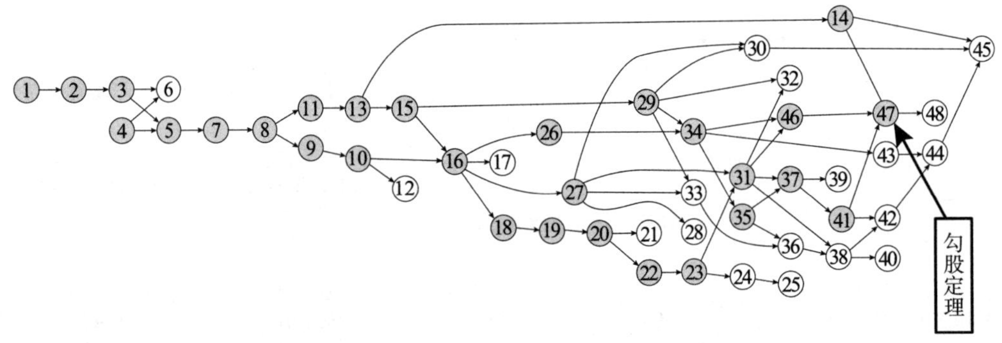

图1.3 第一卷各命题之间的逻辑关系示意图

（灰色圆圈表示与勾股定理直接有关的命题）

定　义

1. **点**是无部分之物。

2. **线**是无宽之长。

3. 线之**端**是点。

4. **直线**是点在其上平坦放置之线。

5. **面**是只有长与宽之物。

6. 面之**边缘**是线。

7. **平面**是直线在其上平坦放置之面。

8. **平面角**是一个平面中不在一条直线上的两条相交线之间的倾斜度。

9. 若夹一个角的两条线皆为直线,则这个角称为**直线角**。

10. 若一条直线立在另一条直线上所成二邻角彼此相等,则每一个相等的角都是直角,并称前一条直线**垂直于**后一条直线。

11. 大于直角之角是**钝角**。

12. 小于直角之角是**锐角**。

13. **边界**是某物之边缘。

14. **图形**是一条或多条边界围成之物。

15. **圆**是一条线[称为圆周]围成的平面图形,由图形内一点[向圆周]辐射得到的所有线段彼此相等。

16. 该点称为圆的**圆心**。

17. 圆的**直径**是过圆心所作在每个方向上都终止于圆周的任意线段,任何这样的线段把圆等分为两半。①

18. **半圆**是直径及它截取的圆弧围成的图形。半圆的中心与圆的**圆心**相同。

19. **直线图形**由直线段围成,**三角形**由三条线段围成,**四边形**由四条线段围成,**多边形**由四条以上线段围成。

20. 在三角形中,有三条相等边的是**等边三角形**,只有两条相等边的是**等腰三角形**,有三条不相等边的是**不等边三角形**。

21. 在三角形中还有,有一个直角的是**直角三角形**,有一个钝角的是**钝角三角形**,以及有三个锐角的是**锐角三角形**。

22. 在四边形中,直角的且等边的是**正方形**,直角的但不等边的是**矩形**,不是直角的但等边的是**菱形**,对边相等且对角相等,但既不等角又不等边的是**长斜方形**②。除此之外的四边形都称为**不等边四边形**。

23. **平行线**是这样一些直线,它们在同一平面中,可在每个方向无限延长,但在任一方向上彼此都不相交。

公　设

1. **由任意点至任意点可以作一条直线**。

2. **有限长直线可以在直线上持续延长**。

3. **以任意中心点及任意距离可以作一个圆**。

4. **所有直角彼此相等**。

---

① 这真的应当作为一个公设,而不是作为一个定义。

② 即平行四边形。——译者注

5. **若一条直线与另外两条直线相交，且在其同一侧所成二内角之和小于两个直角，则这另外两条直线无限延长后在这一侧，而不在另一侧相交。**[①]

公　理

1. **等于同一物之物彼此相等。**

2. **若把相等物加于相等物，则所成之全体相等。**

3. **若由相等物减去相等物，则剩余物相等。**

4. **彼此重合之物相等。**

5. **整体大于部分。**

命题 1

在给定线段上作等边三角形。

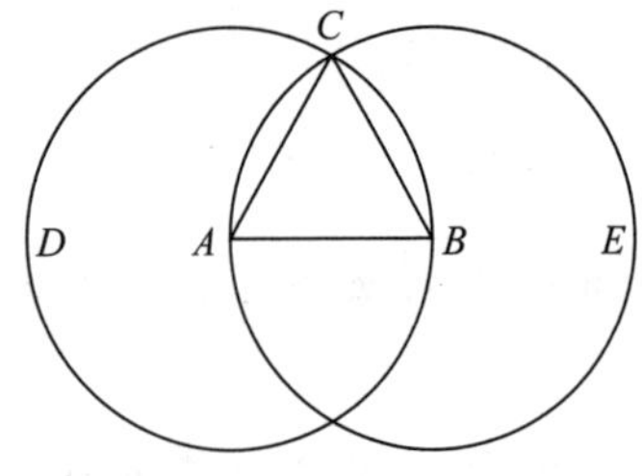

设 AB 是给定线段。

故要求的是在线段 AB 上作一个等边三角形。

以 A 为圆心及 AB 为半径作圆 BCD［公设 3］，又以 B 为圆心及 BA 为半径作圆 ACE［公设 3］。并由两个圆的交点 C 至点 A，B 分别连线 CA，CB［公设 1］。

由于点 A 是圆 CDB 的圆心，AC 等于 AB［定义 Ⅰ.15］。再者，由于点 B 是圆 CAE 的圆心，BC 等于 BA［定义 Ⅰ.15］。但已证明 CA 等于 AB。因此，CA，CB 每个都等于 AB。但等于同一物之物彼此相等［公理 1］。因此，CA 也等于 CB。于是，三条线段 CA，AB，BC 彼此相等。

这样，三角形 ABC 是等边三角形并作在给定线段 AB 上。这就是需要做的。

命题 2

由给定点（作为一个端点）作一条线段等于已知线段。

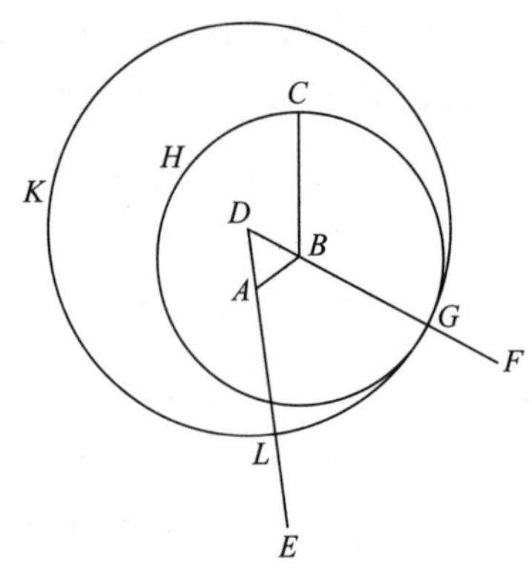

设 A 是给定点，BC 是给定线段。故要求的是在点 A 作一条线段等于给定线段 BC。

由 A 至点 B 连接线段 AB［公设 1］，在其上作等边三角形 DAB［命题 Ⅰ.1］。分别延长 DA，DB 生成直线 AE，BF［公设 2］。以 B 为圆心及 BC 为半径作圆

① 这个公设有效地限定了我们的几何学在平坦的面中而不是在弯曲的空间中。

CGH[公设 3],再以 D 为圆心及 DG 为半径作圆 GKL[公设 3]。

因此,由于点 B 是圆 CGH 的圆心,BC 等于 BG[定义 Ⅰ.15]。再者,由于点 D 是圆 GKL 的圆心,DL 等于 DG[定义 Ⅰ.15]。而且其中 DA 等于 DB。于是,剩下的 AL 等于剩下的 BG[公理 3]。但 BC 已被证明等于 BG。因此,AL 与 BC 都等于 BG。但等于同一物之各物彼此相等[公理 1]。于是,AL 也等于 BC。

这样,在给定点 A 作出了等于给定线段 BC 的线段 AL。这就是需要做的。

命题 3

对于给定的两条不相等线段,由较大者截取一段等于较小者。

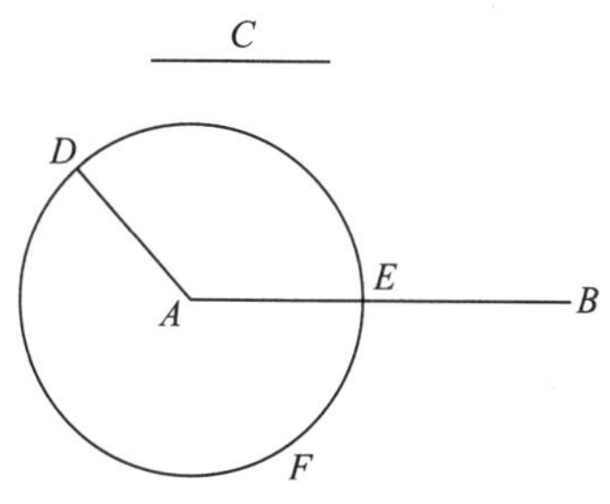

设 AB 与 C 是给定的两条不相等线段,其中 AB 较大。故要求的是由较大的 AB 截取一段等于较小的 C。

把等于线段 C 的线 AD 置于点 A[命题 Ⅰ.2]。以 A 为圆心,AD 为半径作圆 DEF[公设 3]。

由于 A 是圆 DEF 的圆心,故 AE 等于 AD[定义 Ⅰ.15]。但 C 也等于 AD。于是,AE 与 C 都等于 AD。故 AE 也等于 C[公理 1]。

这样,对于给定的两条不相等线段 AB 与 C,由较大线段 AB 截取了等于较小线段 C 的 AE。这就是需要做的。

命题 4

若两个三角形有两边分别等于两边,且这两边所夹的角也相等,则它们的底边相等,两个三角形全等①,相等边对向的剩余诸角,分别等于对应的剩余诸角。

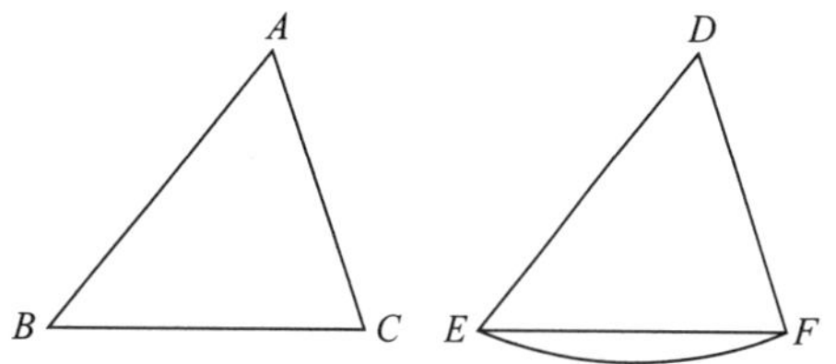

设 ABC,DEF 是两个三角形,边 AB,AC 分别等于边 DE,DF,即 AB 等于 DE,AC 等于 DF。并且角 BAC 等于角 EDF。我说底边 BC 也等于底边 EF,且三角形 ABC 等于三角形 DEF,等边对向的剩余角等于对应的剩余角。也就是角 ABC 等于 DEF,角 ACB 等于 DFE。

其理由如下。若把三角形 ABC 与三角形 DEF 贴合②,点 A 置于点 D,边 AB 置于 DE,则考虑到 AB 等于 DE,点 B 与

① 全等在现代英语中为 congruent,这里用到是 equal。但由上下文很清楚,这里指的是全等。以下还有一些类同情形。——译者注

② 一个图形与另一个图形的贴合应该算作附加的公设。

点 E 重合。又因为 AB 与 DE 重合，考虑到角 BAC 等于 EDF，线段 AC 也与 DF 重合。又考虑到 AC 等于 DF，点 C 也与点 F 重合。但点 B 肯定也与点 E 重合，故底边 BC 与底边 EF 重合。其理由如下。若 B 与 E，C 与 F 重合，而 BC 不与 EF 重合，则两条直线将围成一个面积，而这是不可能的[公设 1]。因此，底边 BC 与 EF 重合并等于它[公理 4]。故整个三角形 ABC 与整个三角形 DEF 重合并等于它[公理 4]。且剩余诸角与剩余诸角重合，并与它们相等[公理 4]。即角 ABC 等于 DEF，且角 ACB 等于 DFE[公理 4]。

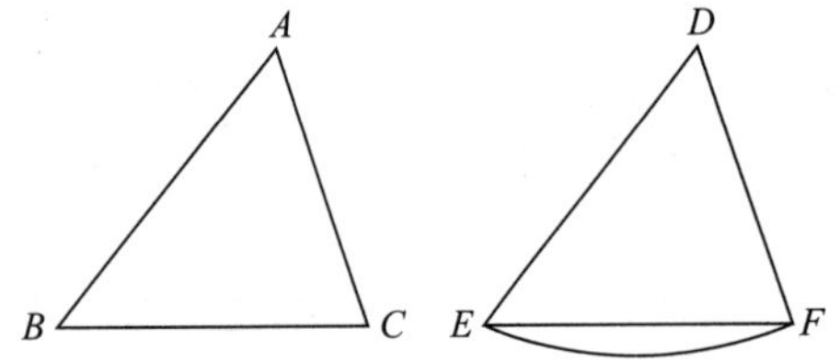

（注：为方便读者阅读，译者将第 7 页图复制到此处。）

这样，若两个三角形有两边分别等于两边，且这两边所夹的角也相等，则它们的底边相等，两个三角形全等，相等边对向的剩余诸角，分别等于对应的剩余诸角。[①]这就是需要证明的。

命题 5

等腰三角形的两个底角彼此相等，延长两条相等边后底边下方的两个角也相等。

设 ABC 是一个等腰三角形，边 AB 等于边 AC，且设直线 BD，CE 分别是 AB，AC 的延长线[公设 2]。我说角 ABC 等于 ACB，角 CBD 等于 BCE。

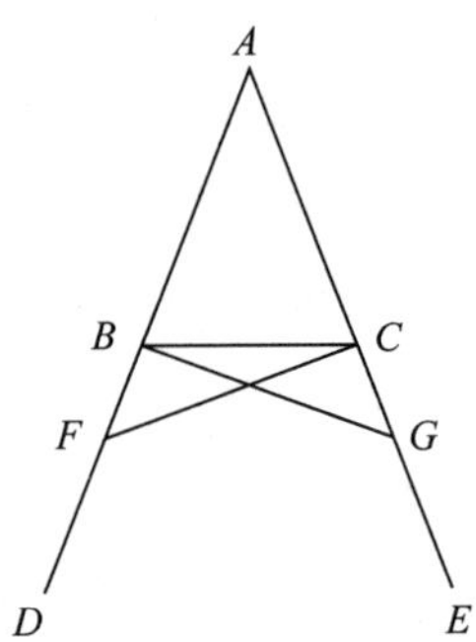

其理由如下。设在 BD 上任取一点 F，并设在较大的 AE 上截取一段 AG 等于较小的 AF[命题 Ⅰ.3]。连接 FC，GB[公设 1]。

事实上，由于 AF 等于 AG 及 AB 等于 AC，两边 FA，AC 分别等于两边 GA，AB，且它们夹公共角 FAG。因此，底边 FC 等于底边 GB，三角形 AFC 全等于三角形 AGB，等边对向的剩余诸角等于对应的剩余诸角[命题 Ⅰ.4]。也就是角 ACF 等于 ABG，角 AFC 等于 AGB。且由于整个 AF 等于整个 AG，在其中 AB 等于 AC，因此剩余的 BF 等于剩余的 CG[公理 3]。但 FC 已被证明等于 GB。故两边 BF，FC 分别等于两边 CG，GB，且角 BFC 等于角 CGB，而底边 BC 是它们的公共边。因此，三角形 BFC 全等于三角形 CGB，且等边对向的剩余诸角等于对应

① 这里及以后许多命题中，在证明完成后常常重复原命题以提醒读者，对证明过程较长者颇有必要，但对较短者有时稍显累赘，为尊重原文起见全部予以保留。——译者注

的剩余诸角[命题Ⅰ.4]。于是，角 FBC 等于 GCB，角 BCF 等于 CBG。因此，由于整个角 ABG 已被证明等于整个角 ACF，且其中角 CBG 等于 BCF，剩下的角 ABC 因此等于剩下的 ACB[公理 3]，且它们都在三角形的底边 BC 的上方。以及角 FBC 也已被证明等于 GCB。且它们都在底边的下方。

这样，等腰三角形的两个底角彼此相等，延长两条相等边后底边下方的两个角也相等。这就是需要证明的。

命题 6

若一个三角形中有两个角彼此相等，则对向等角的两边也彼此相等。

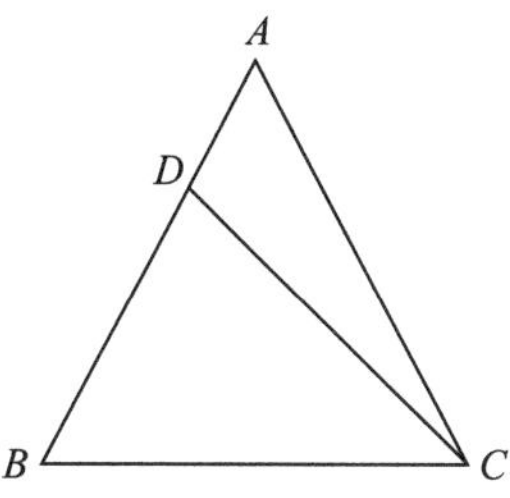

设在三角形 ABC 中，角 ABC 等于角 ACB。则我说边 AB 等于边 AC。

其理由如下。若 AB 不等于 AC，其中必有一个较大，设 AB 较大。在较大的 AB 上截取 DB 等于较小的 AC[命题Ⅰ.3]。连接 DC[公理 1]。

因此，由于 DB 等于 AC，且 BC 为公共边，两边 DB，BC 分别等于两边 AC，CB，且角 DBC 等于角 ACB。因此，边 DC 等于边 AB，三角形 DBC 全等于三角形 ACB[命题Ⅰ.4]，即较小者等于较大者。而这是荒谬的[公理 5]。于是 AB 不能不等于 AC。因此它们是相等的。

这样，若三角形有两个角彼此相等，则对向等角的两边也彼此相等。这就是需要证明的。

命题 7

在同一条线段上，不可能作出分别等于给定两条相交线段的另外两条线段，它们与给定两条线段有相同的端点，但相交于原线段同一侧的不同点。

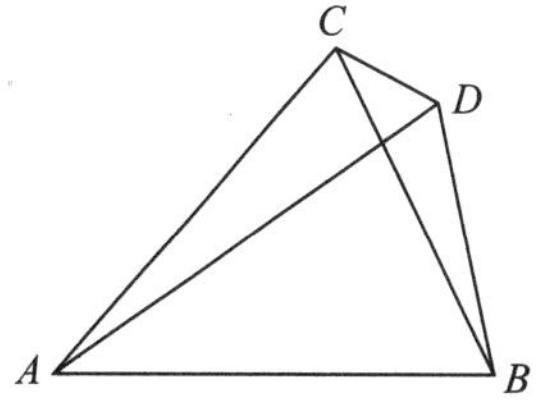

其理由如下。设在同一线段 AB 上方作两条线段 AC，CB 分别等于另外两条线段 AD，DB，它们在 AB 上有相同端点，成对相交于 AB 同一侧的不同点 C，D，检验是否可能。因此 CA 等于 DA，它们有相同的端点 A，CB 等于 DB，它们有相同的端点 B。连接 CD[公设 1]。

因此，由于 AC 等于 AD，角 ACD 也等于角 ADC[命题Ⅰ.5]。于是，角 ADC 大于 DCB[公理 5]。所以，CDB 更大于 DCB[公理 5]。再则，由于 CB 等于 DB，角 CDB 也等于角 DCB。但已证明前一

个角大于后一个，而这是不可能的。

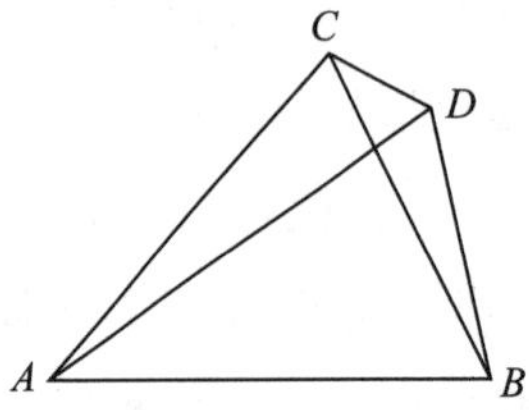

（注：为方便读者阅读，译者将第9页图复制到此处。）

这样，在同一条线段上，不可能作出分别等于给定两条相交线段的另外两条线段，它们与给定两条线段有相同的端点，但相交于原线段同一侧的不同点。这就是需要证明的。

命题 8

若两个三角形有两边分别等于两边，且它们的底边也相等，则相等边的夹角也相等。

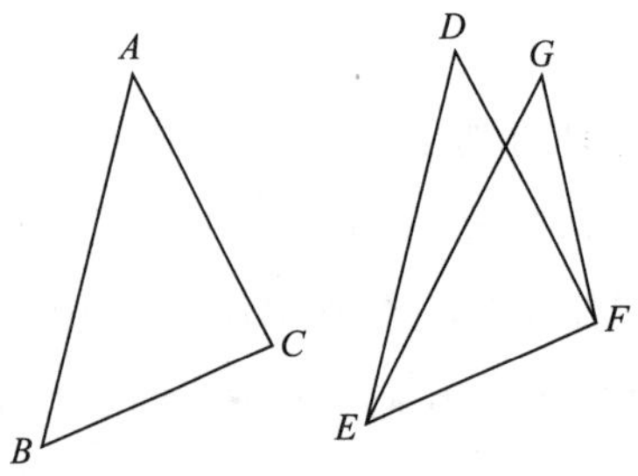

设两个三角形 ABC，DEF 有两边 AB，AC 分别等于两边 DE，DF，即 AB 等于 DE，AC 等于 DF。设也有底边 BC 等于底边 EF。我说角 BAC 也等于角 EDF。

其理由如下。若贴合三角形 ABC 于三角形 DEF，点 B 置于点 E，线段 BC 置于 EF，则因为 BC 等于 EF，点 C 也与 F 重合。因为 BC 与 EF 重合，边 BA，CA 也分别与 ED，DF 重合。其理由如下。若底边 BC 与底边 EF 重合，但边 AB，AC 并不与边 DE，DF 分别重合，而是错开如同 EG，GF，则我们需要在一条直线的上方，分别作等于两条给定相交直线的另外两条直线，它们有相同的端点，但相交于该直线同一侧的不同点。但是不可能作出这样的直线[命题Ⅰ.7]。于是，若底边 BC 贴合于底边 EF，边 BA，AC 不可能不分别与 ED，DF 重合。因此它们重合。角 BAC 也与角 EDF 重合，且它们相等[公理4]。

这样，若两个三角形有两边分别等于两边，且它们的底边也相等，则相等边的夹角也相等。这就是需要证明的。

命题 9

等分给定直线角。

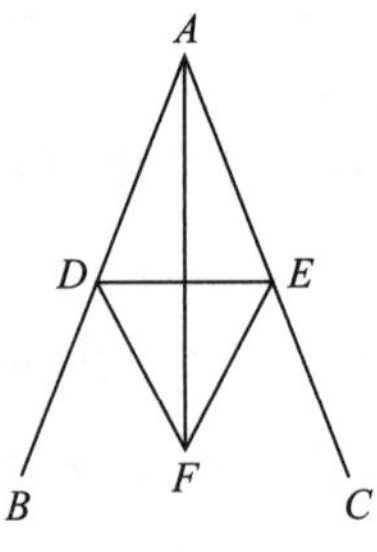

设 BAC 是给定的直线角，故要求的是把它等分。

在 AB 上任取一点 D，并设由 AC 截下 AE 等于 AD[命题Ⅰ.3]，连接 DE。并

在 DE 上作等边三角形 DEF[命题Ⅰ.1]，连接 AF。我说角 BAC 被直线 AF 等分。

其理由如下。由于 AD 等于 AE，且 AF 是公共的，两边 DA，AF 分别等于两边 EA，AF。且底边 DF 等于底边 EF。因此，角 DAF 等于角 EAF[命题Ⅰ.8]。

这样，给定直线角 BAC 被直线 AF 等分。这就是需要做的。

命题 10

等分给定线段。

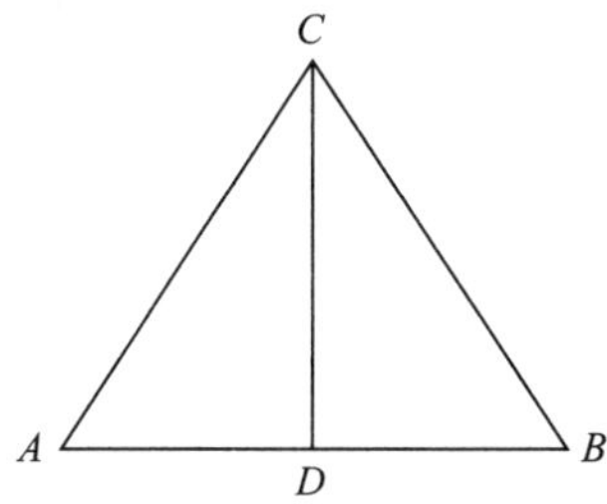

设 AB 是给定线段。故要求的是把 AB 等分。

设在 AB 上作等边三角形 ABC[命题Ⅰ.1]，并设角 ACB 被直线 CD 等分[命题Ⅰ.9]。我说线段 AB 在点 D 被等分。

其理由如下。由于 AC 等于 BC，且 CD 是公共的，则两边 AC，CD 分别等于两边 BC，CD。以及角 ACD 等于角 BCD。因此，底边 AD 等于底边 BD[命题Ⅰ.4]。

这样，给定线段 AB 在点 D 被等分。这就是需要做的。

命题 11

由给定直线上的给定点作直线与之成直角。

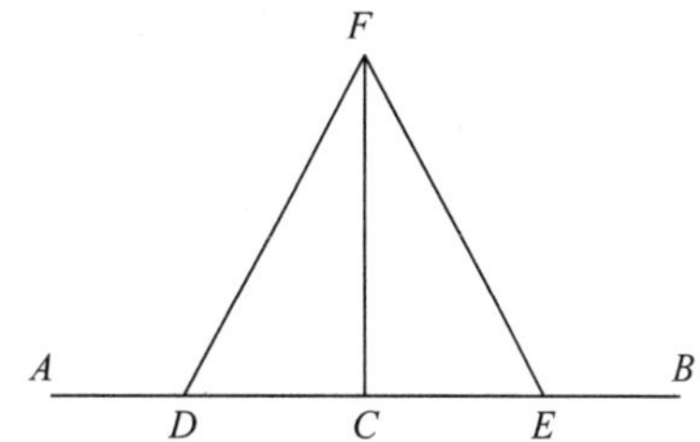

设 AB 是给定直线，C 是其上的给定点。要求由点 C 作一条直线与直线 AB 成直角。

在 AC 上任取一点 D，并作 CE 等于 CD[命题Ⅰ.3]，在 DE 上作等边三角形 FDE[命题Ⅰ.1]，并连接 FC。我说由给定直线 AB 上的给定点 C 所作的直线 FC 与 AB 成直角。

其理由如下。由于 DC 等于 CE，且 CF 是公共的，两边 DC，CF 分别等于两边 EC，CF。并且底边 DF 等于底边 FE。因此，角 DCF 等于角 ECF[命题Ⅰ.8]，且它们是邻角，但当一条直线立在另一条直线上使邻角彼此相等时，每个相等角都是直角[定义Ⅰ.10]。因此，角 DCF 及角 FCE 都是直角。

这样，由给定直线 AB 上的给定点 C 所作的直线 CF 与 AB 成直角。这就是需要做的。

命题 12

由不在给定无限长直线上的给定点作一条直线与之成直角。

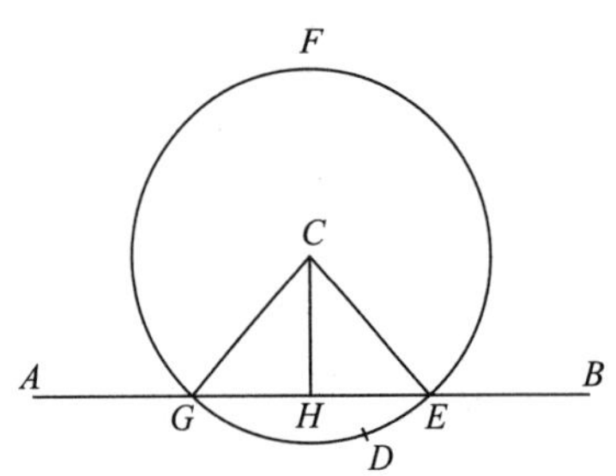

设 AB 是给定的无限长直线，C 是不在 AB 上的给定点。故要求的是由不在 AB 上的给定点 C 作一条直线垂直于无限长直线 AB。

设在 AB 相对于 C 的另一侧任取一点 D，以 C 为圆心，CD 为半径作圆 EFG［公设 3］，并设线段 EG 在点 H 被等分［命题 Ⅰ.10］，连接 CG，CH，CE。我说直线 CH 是由不在给定直线 AB 上的给定点 C 所作的与 AB 成直角的直线。

其理由如下。由于 GH 等于 HE，HC 是公共的，两边 GH，HC 分别等于两边 EH，HC，且底边 CG 等于底边 CE。因此，角 CHG 等于角 EHC［命题 Ⅰ.8］，且它们是邻角。但若一条直线立在另一条直线上所成二邻角彼此相等，则每一个相等的角都是直角，并称前一条直线垂直于后一条直线［定义 Ⅰ.10］。

这样，直线 CH 是由不在给定无限长直线 AB 上的给定点 C 所作的 AB 的垂线。这就是需要做的。

命题 13

若一条直线成角度立在另一条直线上，则可以肯定，所成角度或者是两个直角，或者其和等于两个直角。

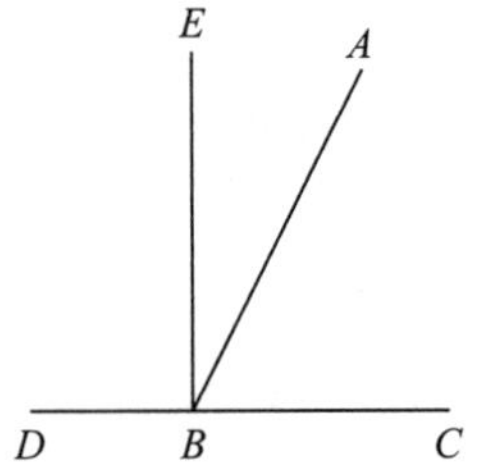

设直线 AB 立在直线 CD 上，交成角 CBA 及角 ABD。我说角 CBA 及角 ABD 肯定或者都是直角或者其和等于两个直角。

事实上，若 CBA 等于 ABD，则它们两个都是直角［定义 Ⅰ.10］。但若不然，设由点 B 作 BE 与 CD 成直角［命题 Ⅰ.11］。于是，CBE，EBD 两个都是直角。由于 CBE 等于两个角 CBA，ABE 之和，对二者各加上角 EBD。于是，角 CBE，EBD 之和就等于三个角 CBA，ABE，EBD 之和［公理 2］。再者，由于 DBA 等于两个角 DBE 与 EBA 的和，设对二者各加上 ABC。于是，角 DBA，ABC 之和等于三个角 DBE，EBA，ABC 之和［公理 2］。但角 CBE，EBD 之和也已被证明等于相同的三个角之和。而等于同一物之物彼此相等［公理 1］。因此，角 CBE，EBD 之和也等于 DBA，ABC 之和。但角 CBE，

EBD 之和是两个直角。因此，角 DBA，ABC 之和也等于两个直角。

这样，若一条直线成角度立在另一条直线上，则可以肯定，所成角或者是两个直角，或者其和等于两个直角。这就是需要证明的。

命题 14

若两条直线不在某一条直线的同一侧，并在后者上一点所成邻角之和等于两个直角，则这两条直线在同一直线上。

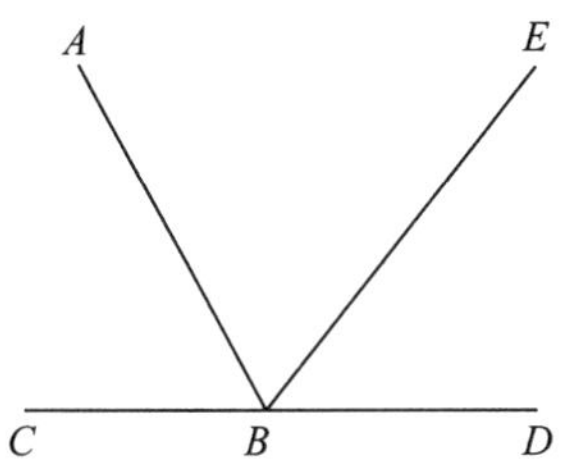

设不在同一侧的两条直线 BC，BD，在 AB 上 B 点所成邻角 ABC 与 ABD 之和等于两个直角。我说 BD 与 CB 在同一直线上。

其理由如下。若 BD 与 BC 不在同一直线上，设 BE 与 CB 在同一直线上。

因此，由于直线 AB 立在直线 CBE 上，角 ABC 与角 ABE 之和等于两个直角[命题Ⅰ.13]。但角 ABC 与角 ABD 之和也等于两个直角。因此，角 CBA 与 ABE 之和等于角 CBA 与 ABD 之和[公理 1]。从二者各减去角 CBA，于是剩余角 ABE 等于剩余角 ABD[公理 3]，小角等于大角。但这是不可能的。因此，BE 与 CB 不在同一直线上。

这样，若两条直线不在某一条直线的同一侧，并在后者上一点所成邻角之和等于两个直角，则这两条直线在同一直线上。

命题 15

两条直线交成的对顶角相等。

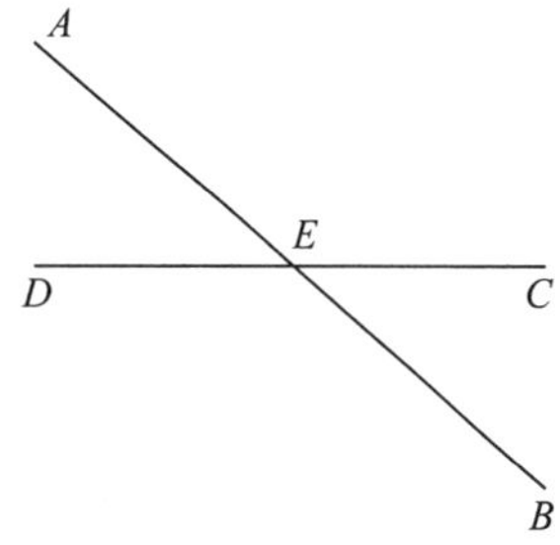

设直线 AB 与 CD 交于点 E，我说角 AEC 等于角 DEB，以及角 CEB 等于角 AED。

其理由如下。由于直线 AE 立在直线 CD 上所成角 CEA，AED 之和等于两个直角[命题Ⅰ.13]。再者，由于直线 DE 立在直线 AB 上所成角 AED，DEB 之和也等于两个直角[命题Ⅰ.13]。但 CEA，AED 之和也已被证明等于两个直角。因此，CEA，AED 之和等于 AED，DEB 之和[公理 1]。从二者各减去 AED。于是，剩下的 CEA 等于剩下的 DEB[公理 3]。类似地可证明 CEB 与 DEA 也相等。

这样，两条直线交成的对顶角相等。这就是需要证明的。

命题 16

延长任意三角形的一边，则外角大于每一个内对角。

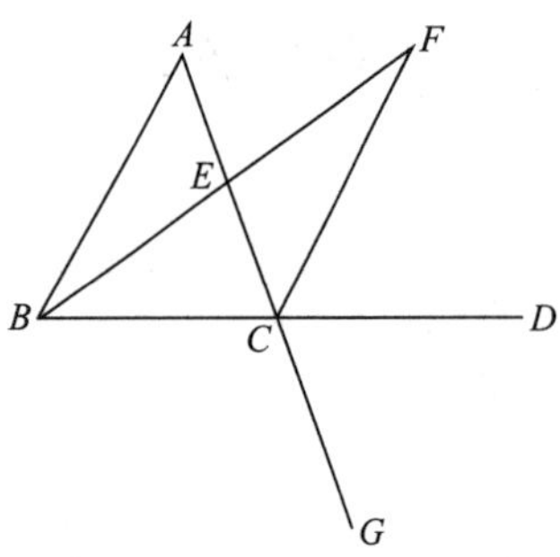

设 ABC 是一个三角形，并设延长它的一边 BC 到点 D。我说外角 ACD 大于内对角 CBA，BAC 的每一个。

设 AC 被等分于点 E[命题 Ⅰ. 10]。连接 BE 并延长它至点 F。作 EF 等于 BE[命题 Ⅰ. 3]，连接 FC，并作 AC 通过 G。

因此，由于 AE 等于 EC，BE 等于 EF，故两边 AE，EB 分别等于两边 CE，EF。并且，角 AEB 等于角 FEC，因为它们是对顶角[命题 Ⅰ. 15]。因此，底边 AB 等于底边 FC，三角形 ABE 全等于三角形 FEC，等边对向的剩余角对应相等[命题 Ⅰ. 4]。所以，BAE 等于 ECF。但角 ECD 大于 ECF。因此，ACD 大于 BAC。类似地，通过等分 BC 可证明角 BCG（即 ACD），也大于 ABC。

这样，延长任意三角形的一边，则外角大于每一个内对角。这就是需要证明的。

命题 17

任意三角形中任意二角之和小于两个直角。

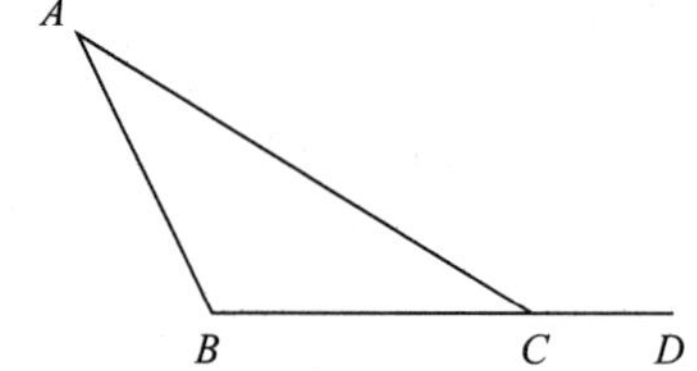

设 ABC 是一个三角形，我说三角形 ABC 的任意二角之和小于两个直角。

其理由如下。延长 BC 至 D。

由于角 ACD 是三角形 ABC 的外角，它大于内对角 ABC[命题 Ⅰ. 16]。对二者都加上 ACB。于是，ACD，ACB 之和大于 ABC，ACB 之和。但是，角 ACD，ACB 之和等于两个直角[命题 Ⅰ. 13]。因此，ABC，ACB 之和小于两个直角。类似地，我们可以证明角 BAC，ACB 之和也小于两个直角，而且，角 CAB，ABC 之和也是如此。

这样，任何三角形中任意二角之和小于两个直角。这就是需要证明的。

命题 18

任意三角形中大边对向大角。

设三角形 ABC 中边 AC 大于 AB。我说角 ABC 也大于 ACB。

由于 AC 大于 AB，取 AD 等于 AB[命题 Ⅰ. 3]，并连接 BD。

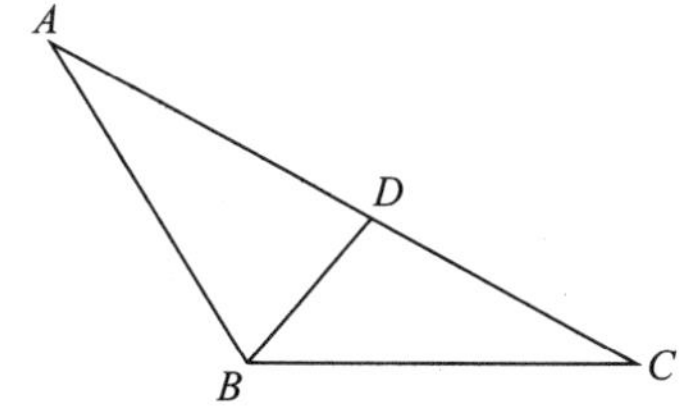

由于角 ADB 是三角形 BCD 的外角，它大于内对角 DCB［命题Ⅰ.16］。但 ADB 等于 ABD，因为边 AB 也等于边 AD［命题Ⅰ.5］。因此，角 ABD 也大于角 ACB，所以角 ABC 比角 ACB 更大。

这样，在任意三角形中，大边对向大角。这就是需要证明的。

命题 19

任意三角形中大角被大边对向。

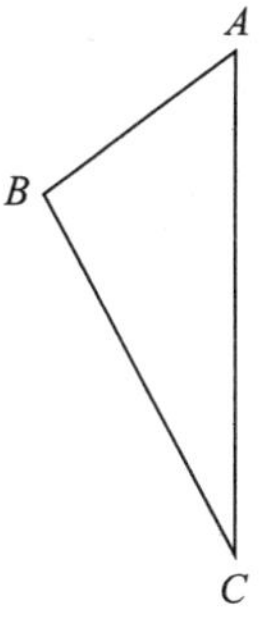

设在三角形 ABC 中，角 ABC 大于 ACB。我说边 AC 也大于边 AB。

其理由如下。如若不然，则 AC 肯定或者小于或者等于 AB。事实上，AC 不等于 AB。否则角 ABC 也会等于角 ACB［命题Ⅰ.5］。但事实并非如此。因此，AC 不等于 AB。事实上，AC 也不小于 AB。否则角 ABC 也会小于角 ACB［命题Ⅰ.18］。但事实并非如此。因此，AC 不小于 AB。但已证明 AC 也不等于 AB。因此，AC 大于 AB。

这样，在任意三角形中，大角被大边对向。这就是需要证明的。

命题 20

任意三角形中任意两边之和大于第三边。

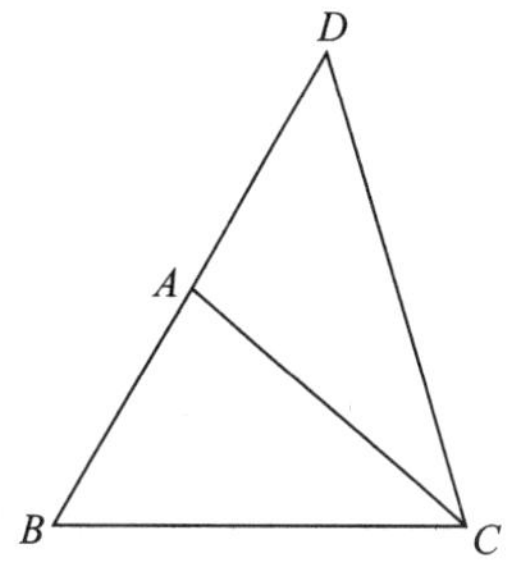

设 ABC 是一个三角形。我说在三角形 ABC 中，任意两边之和大于第三边。故 BA，AC 之和大于 BC；AB，BC 之和大于 AC；BC，CA 之和大于 AB。

其理由如下。作 BA 通过点 D，并使 AD 等于 CA［命题Ⅰ.3］，连接 DC。

因此，由于 DA 等于 AC，角 ADC 也等于 ACD［命题Ⅰ.5］。因此，BCD 大于 ADC。由于三角形 DCB 中角 BCD 大于 BDC，且大角对向大边［命题Ⅰ.19］，所以 DB 大于 BC。但 DA 等于 AC。因此，BA，AC 之和大于 BC。类似地，我们可以证明 AB，BC 之和大于 CA；BC，CA 之和大于 AB。

这样，在任意三角形中，任意两边之

和大于第三边。这就是需要证明的。

命题 21

由三角形一边的两个端点所作内线段之和小于三角形剩余两边之和，但其夹角较大。

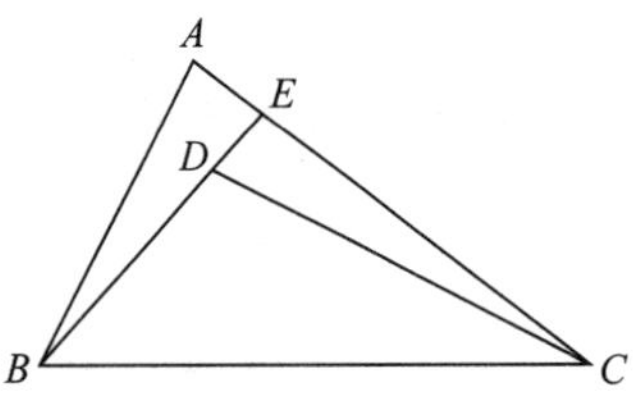

在三角形 ABC 的一边 BC 上，以 B，C 为端点作内线段 BD 与 DC。我说 BD，DC 之和小于三角形剩余两边 BA，AC 之和，但其夹角 BDC 大于 BAC。

其理由如下。作 BD 通过 E。由于任意三角形中两边之和大于第三边[命题 I. 20]，故三角形 ABE 中两边 AB，AE 之和大于 BE。设对二者各加上 EC。于是，BA，AC 之和大于 BE，EC 之和。再者，由于在三角形 CED 中，两边 CE，ED 之和大于 CD，对二者各加上 DB。于是，CE，EB 之和大于 CD，DB 之和。但已证明 BA，AC 之和大于 BE，EC 之和。因此，BA，AC 之和更大于 BD，DC 之和。

再者，由于在任意三角形中，外角大于内对角[命题 I. 16]，故在三角形 CDE 中，外角 BDC 大于 CED。同理，三角形 ABE 的外角 CEB 大于 BAC。但角 BDC 已被证明大于角 CEB。因此，角 BDC 更大于角 BAC。

这样，由三角形一边的两个端点所作内线段之和小于三角形剩余两边之和，但其夹角较大。这就是需要证明的。

命题 22

由等于三条给定线段的三条线段作三角形。这些线段中任意两条之和必须大于第三条，因为任意三角形中两边之和大于第三边[命题 I. 20]。

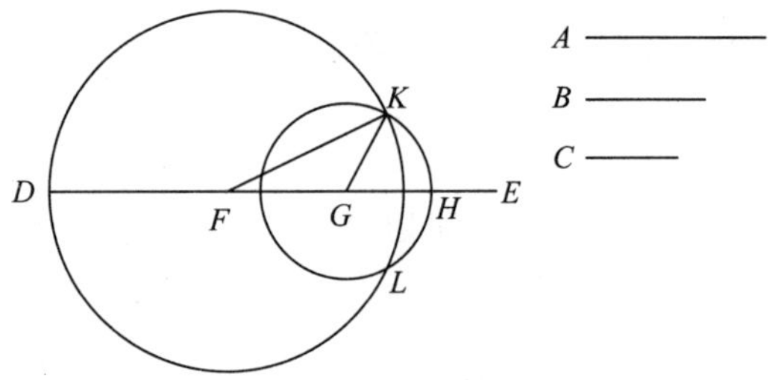

设 A，B 与 C 是三条给定线段，其中任意两条之和大于第三条，即 A，B 之和大于 C；A，C 之和大于 B；B，C 之和大于 A。故要求的是由等于 A，B，C 的三条线段作一个三角形。

作直线 DE，其一端为点 D，在 E 的方向无限长。并作 DF 等于 A，FG 等于 B，GH 等于 C[命题 I. 3]。以 F 为圆心，FD 为半径，作圆 DKL。又以 G 为圆心，GH 为半径，作圆 KLH，交圆 KLD 于 K，连接 KF 与 KG。我说三角形 KFG 是由等于 A，B，C 的三条线段所作出的。

其理由如下。由于点 F 是圆 DKL 的圆心，FD 等于 FK。但 FD 等于 A，因此，KF 也等于 A。再者，由于点 G 是圆 LKH 的圆心，GH 等于 GK。但 GH 等于

C。因此，KG 也等于 C。且 FG 也等于 B。因此三条线段 KF，FG，GK 分别等于 A，B，C。

这样，由分别等于三条给定线段 A，B，C 的三条线段 KF，FG，GK 作出了三角形 KFG。这就是需要做的。

命题 23

在给定直线上的给定点作直线角等于给定的直线角。

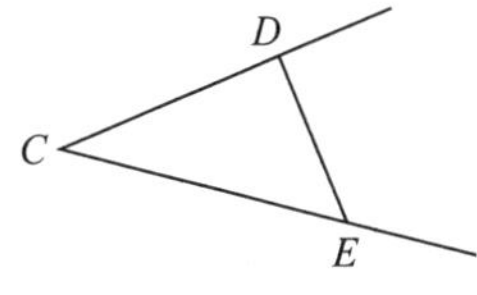

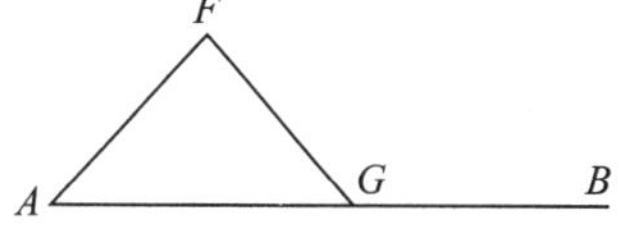

设 AB 为给定直线，A 为其上的给定点，角 DCE 为给定直线角。故要求的是在给定直线 AB 上的给定点 A 作一个等于给定直线角 DCE 的直线角。

设在直线 CD 与 CE 上分别任意取点 D 与 E，连接 DE。并由等于三条线段 CD，DE，CE 的三条线段作三角形 AFG，使得 CD 等于 AF，CE 等于 AG，以及 DE 等于 FG[命题Ⅰ.22]。

因此，由于两边 DC，CE 分别等于两边 FA，AG，且底边 DE 等于底边 FG，故角 DCE 等于角 FAG[命题Ⅰ.8]。

这样，在给定直线 AB 上的给定点 A 作出了一个等于已知直线角 DCE 的直线角 FAG。这就是需要做的。

命题 24

若两个三角形有两边分别等于两边，这两边在一个三角形中的夹角大于另一个中对应的角，则前一个三角形的底边也大于后一个的底边。

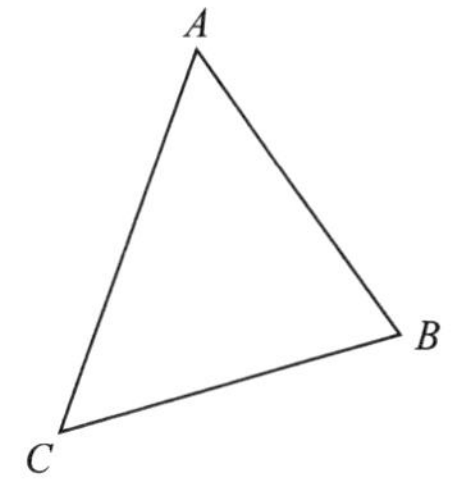

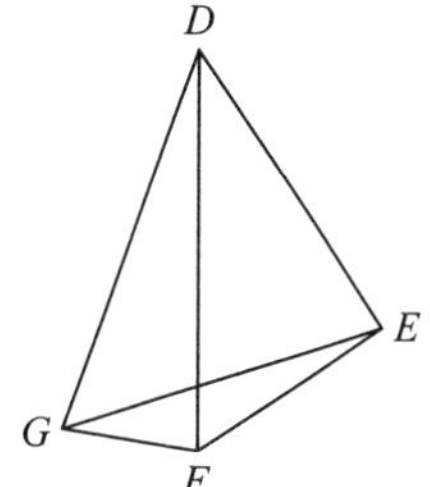

设 ABC 与 DEF 是两个三角形，其中两边 AB 与 AC 分别等于两边 DE 与 DF，即 AB 等于 DE，AC 等于 DF。设它们也有在 A 的角大于在 D 的角。我说底边 BC 也大于底边 EF。

其理由如下。由于角 BAC 大于角 EDF，设在线段 DE 上点 D 作角 EDG 等于角 BAC[命题Ⅰ.23]。取 DG 等于 AC 或即 DF[命题Ⅰ.3]，连接 EG 与 FG。

因此，由于 AB 等于 DE 及 AC 等于 DG，两边 BA，AC 分别等于两边 ED，DG。并且角 BAC 等于角 EDG。因此，底边 BC 等于底边 EG[命题Ⅰ.4]。再者，由于 DF 等于 DG，角 DGF 也等于角 DFG[命题Ⅰ.5]。因此，DFG 大于 EGF。且由于三角形 EFG 中角 EFG 大于 EGF，较大角由较大边对向[命题Ⅰ.19],于是边 EG 也大于 EF。但 EG 等于 BC。因此,BC 也大于 EF。

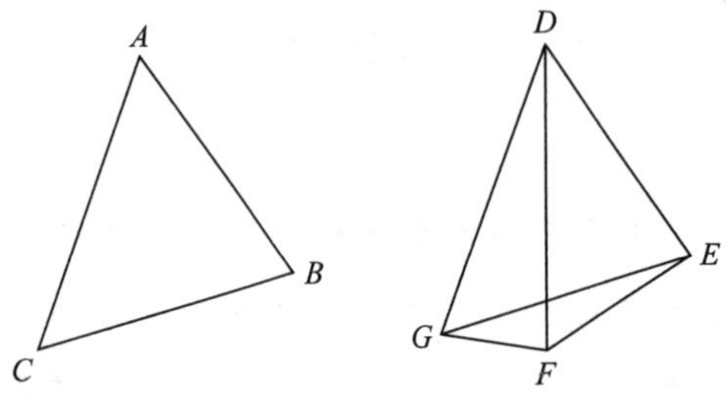

(注:为方便读者阅读,译者将第 17 页图复制到此处。)

这样,若两个三角形有两边分别等于两边,这两边在一个三角形中的夹角大于另一个中对应的角,则前一个三角形的底边也大于后一个的底边。这就是需要证明的。

命题 25

若两个三角形有两边分别等于两边,但其中一个的底边大于另一个的底边,则前一个三角形中这两边的夹角大于后一个三角形中对应的角。

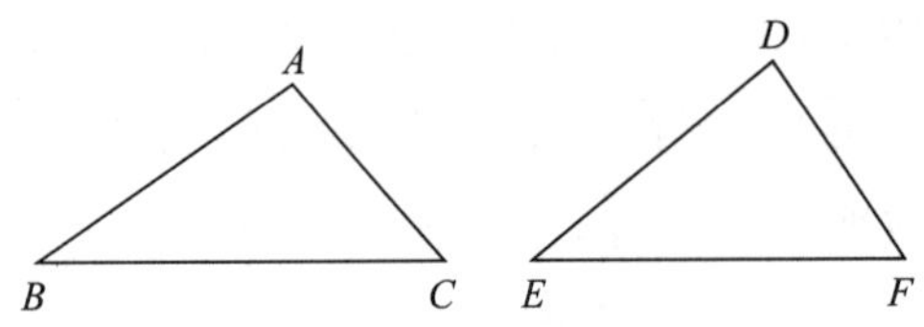

设 ABC,DEF 这两个三角形有两边 AB,AC 分别等于两边 DE,DF。即 AB 等于 DE 及 AC 等于 DF。且设底边 BC 大于底边 EF。我说角 BAC 也大于 EDF。

其理由如下。如若不然,BAC 肯定或者小于或者等于 EDF。事实上,BAC 一定不等于 EDF。不然底边 BC 就会等于底边 EF[命题Ⅰ.4],但事实并非如此。因此,角 BAC 不等于 EDF。而实际上,BAC 也不小于角 EDF。否则底边 BC 会小于底边 EF[命题Ⅰ.24]。但并非如此。因此,角 BAC 也不小于 EDF。于是,角 BAC 大于角 EDF。

这样,若两个三角形有两边分别等于两边,但其中一个的底边大于另一个的底边,则前一个三角形中这两边的夹角大于后一个三角形中对应的角。这就是需要证明的。

命题 26

若两个三角形有两个角分别等于两个角,而且有一边等于一边(这条边或者在两个等角之间,或者是一个等角的对向边),则这两个三角形也有剩余诸边等于对应的剩余诸边,剩余角等于剩余角。

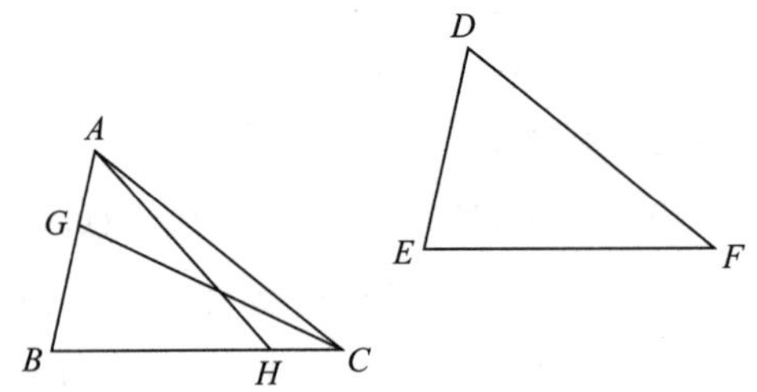

设 ABC,DEF 是两个三角形,其中两个角 ABC,BCA 分别等于两个角 DEF,EFD。即角 ABC 等于 DEF,角 BCA 等于 EFD。又设它们还有一边等于一边,首先考虑两个等角之间的边,即 BC 等于 EF。我说它们的剩余诸边等于对应的剩余诸边。即 AB 等于 DE 及 AC 等于 DF。且剩余角也对应相等，即角 BAC 等于角 EDF。

其理由如下。若 AB 不等于 DE，则其中之一较大。设 AB 较大，并取 BG 等于 DE[命题 Ⅰ.3]，连接 GC。

因此，由于 BG 等于 DE，以及 BC 等于 EF，两边 GB，BC 分别等于两边 DE，EF，而且角 GBC 等于角 DEF。因此，底边 GC 等于底边 DF，三角形 GBC 等于三角形 DEF，且相等边对向的剩余角等于对应的剩余角[命题 Ⅰ.4]。因此，GCB 等于 DFE。但是，DFE 已被假设等于 BCA。因此，BCG 也等于 BCA，于是较小角等于较大角。而这是不可能的。因此，AB 不可能不等于 DE。所以它们相等。且 BC 也等于 EF。故两边 AB，BC 分别等于两边 DE，EF。并且角 ABC 等于角 DEF。因此，底边 AC 等于底边 DF，剩余角 BAC 等于剩余角 EDF[命题 Ⅰ.4]。

然后再设对向等角的边相等，例如设 AB 等于 DE。我又说剩余诸边等于剩余诸边，即 AC 等于 DF 及 BC 等于 EF。而且，剩下的角 BAC 等于剩下的角 EDF。

其理由如下。若 BC 不等于 EF，则其中之一较大。设 BC 较大，检验是否可能。作 BH 等于 EF[命题 Ⅰ.3]，并连接 AH。由于 BH 等于 EF，以及 AB 等于 DE，即两边 AB，BH 分别等于两边 DE，EF。且它们所夹的角也相等。因此，底边 AH 等于底边 DF，三角形 ABH 等于三角形 DEF，并且等边对向的剩余诸角等于对应的剩余诸角[命题 Ⅰ.4]。因此，角 BHA 等于 EFD。但是，EFD 等于 BCA。故在三角形 AHC 中，外角 BHA 等于内对角 BCA。而这是不可能的[命题 Ⅰ.16]。因此，BC 不可能不等于 EF。于是它们相等。且 AB 也等于 DE。两边 AB，BC 分别等于两边 DE，EF，而且它们所夹的角也相等。因此，底边 AC 等于底边 DF，而三角形 ABC 等于三角形 DEF，且剩下的角 BAC 等于剩下的角 EDF[命题 Ⅰ.4]。

这样，若两个三角形有两个角分别等于两个角，而且有一边等于一边(这条边或者在两个等角之间，或者是一个等角的对向边)，则这两个三角形也有剩余诸边等于对应的剩余诸边，剩余角等于剩余角。这就是需要证明的。

命题 27

若一条直线与两条直线相交形成的内错角[①]相等，则这两条直线相互平行。

① 内错角及下面将用到的同位角和同旁内角的定义如下。设直线 L_1 平行于直线 L_2，则图中有四对同位角：$\angle 1$ 与 $\angle 5$，$\angle 2$ 与 $\angle 6$，$\angle 3$ 与 $\angle 7$ 及 $\angle 4$ 与 $\angle 8$，两对内错角：$\angle 3$ 与 $\angle 5$，$\angle 4$ 与 $\angle 6$，以及两对同旁内角：$\angle 3$ 与 $\angle 6$，$\angle 4$ 与 $\angle 5$。——译者注

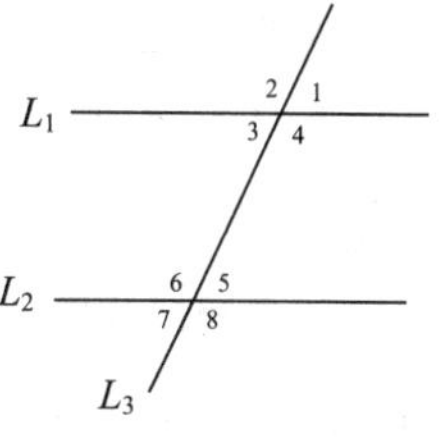

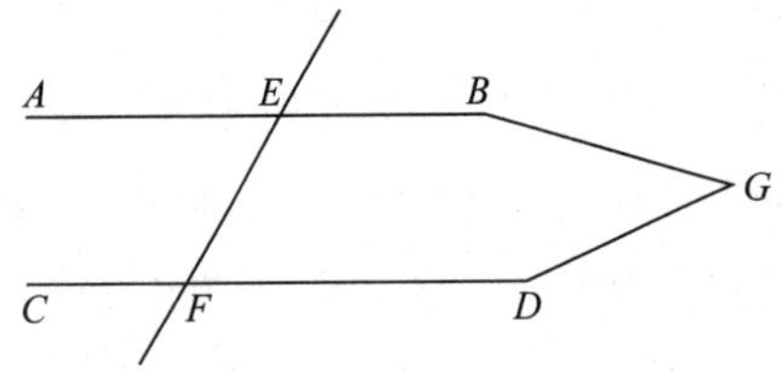

设直线 EF 与两条直线 AB,CD 相交所成的内错角 AEF,EFD 相等,我说 AB 与 CD 相互平行。

其理由如下。如若不然,则 AB 与 CD 延长后必相交:或者在 B 与 D 的方向,或者在 A 与 C 的方向[定义 Ⅰ. 23]。设它们已延长,并设它们在 B 与 D 的方向相交于点 G。故对三角形 GEF,外角 AEF 等于内对角 EFG,而这是不可能的[命题 Ⅰ. 16]。因此,AB 与 CD 延长后不会相交于 B 与 D 的方向。类似地可以证明,它们也不在 A 与 C 的方向相交。但不在任何方向相交的直线是平行的[定义 Ⅰ. 23]。因此,AB 与 CD 是平行的。

这样,若一条直线与两条直线相交形成的内错角相等,则这两条直线相互平行。这就是需要证明的。

命题 28

若一条直线与两条直线相交所成的同位角相等,或者同旁内角之和等于两个直角,则这两条直线相互平行。

设 EF 与两条直线 AB,CD 相交所成的同位角 EGB 与 GHD 相等,或者所成的同旁内角 BGH,GHD 之和等于两个直角,我说 AB 平行于 CD。

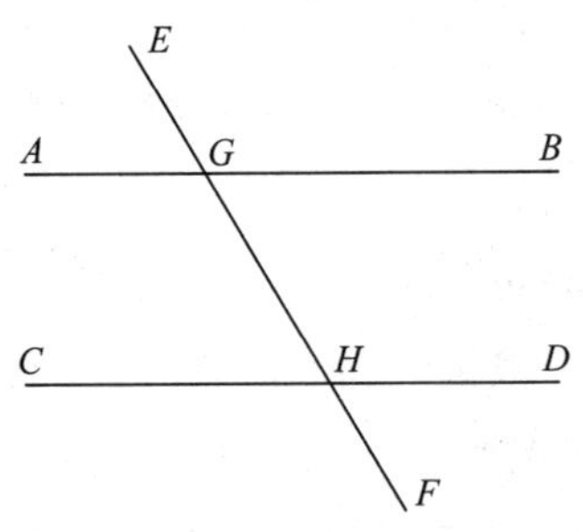

其理由如下。由于(在第一种情况)EGB 等于 GHD,但 EGB 等于 AGH[命题 Ⅰ. 15],AGH 因此也等于 GHD。并且它们是内错角。于是,AB 平行于 CD[命题 Ⅰ. 27]。

再者,由于(在第二种情况)BGH,GHD 之和等于两个直角,且 AGH,BGH 之和也等于两个直角[命题 Ⅰ. 13],AGH,BGH 之和因此等于 BGH,GHD 之和。从二者各减去 BGH。于是,剩下的角 AGH 等于剩下的角 GHD,且它们是内错角。因此,AB 平行于 CD[命题 Ⅰ. 27]。

这样,若一条直线与两条直线相交所成的同位角相等,或者所成的同旁内角之和等于两个直角,则这两条直线相互平行。这就是需要证明的。

命题 29

一条直线与两条平行直线相交所成的内错角相等、同位角相等,且同旁内角之和等于两个直角。

设直线 EF 与两条平行直线 AB,CD 相交。我说它们形成的内错角 AGII 与 GHD 相等,同位角 EGB 与 GHD 相等,且同旁内角 BGH 与 GHD 之和等于两个直角。

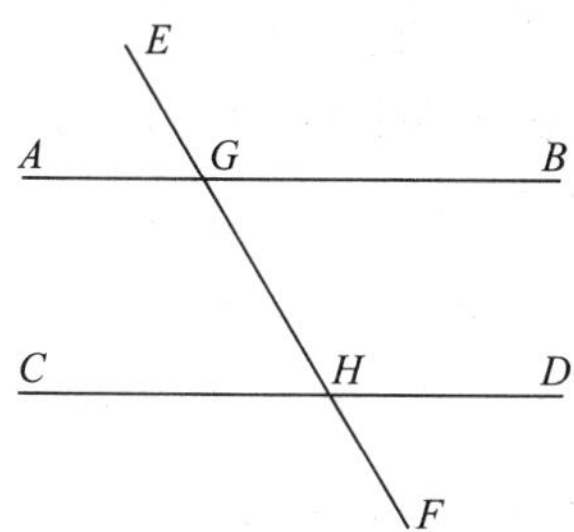

其理由如下。若 AGH 不等于GHD，则其中之一较大。设 AGH 较大。对二者各加上 BGH。于是，AGH，BGH 之和大于 BGH，GHD 之和。但是，AGH，BGH 之和等于两个直角[命题 I.13]。因此，BGH，GHD 之和小于两个直角。但同旁内角之和小于两个直角的二直线无限延长后相交[公设 5]。因此，无限延长的 AB 与 CD 相交。但考虑到它们原来被假设为相互平行[定义 I.23]。因此 AGH 不可能不等于 GHD。于是它们相等。但 AGH 等于EGB[命题 I.15]。且角 EGB 因此也等于角 GHD。对二者各加上角 BGH。于是角 EGB，BGH 之和等于角 BGH，GHD 之和。但角 EGB，BGH 之和等于两个直角[命题 I.13]。因此，角 BGH，GHD 之和也等于两个直角。

这样，一条直线与两条平行直线相交所成的内错角相等、同位角相等，且同旁内角之和等于两个直角。这就是需要证明的。

命题 30

平行于同一条直线的诸直线相互平行。

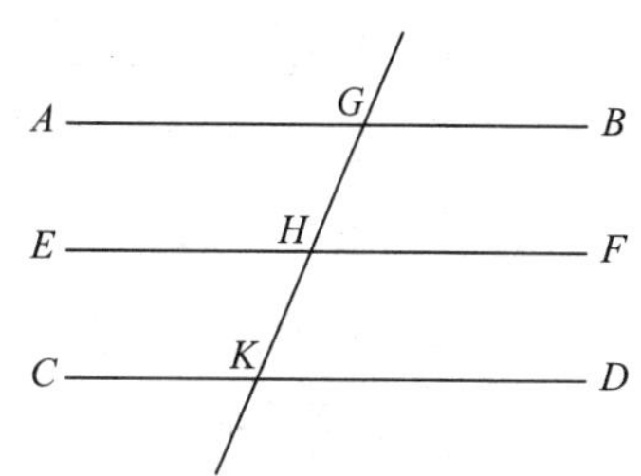

设直线 AB，CD 都平行于直线 EF。我说 AB 也平行于 CD。

设直线 GK 与 AB，CD，EF 相交。

由于直线 GK 与平行直线 AB，EF 相交，角 AGK 等于 GHF[命题 I.29]。又由于直线 GK 与平行直线 EF，CD 相交，角 GHF 等于 GKD[命题 I.29]。但 AGK 也已被证明等于 GHF，所以 AGK 等于 GKD，且它们是内错角。因此，AB 平行于 CD[命题 I.27]。

这样，平行于同一条直线的诸直线相互平行。这就是需要证明的。

命题 31

过给定点作直线平行于给定直线。

设 A 为给定点，BC 为给定直线。故要求的是过点 A 作一条直线平行于直线 BC。

在 BC 上任取一点 D，连接 AD。在直线 AD 上过点 A 作角 DAE 等于角 ADC，

且设直线 EA 在直线 AF 的延长线上。

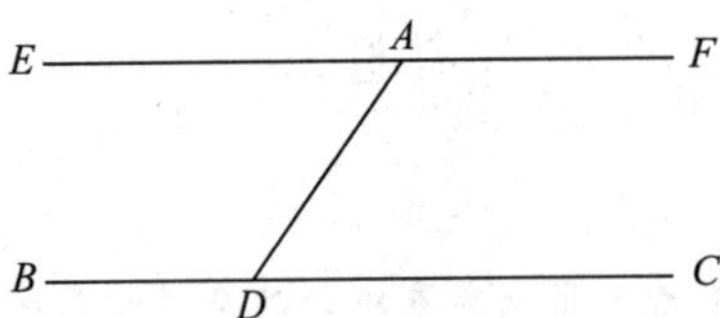

由于直线 AD 与直线 BC,EF 相交形成的内错角 EAD,ADC 相等。直线 EAF 因此平行于 BC[命题Ⅰ.27]。

这样,过给定点 A 作出了一条直线 EAF 平行于给定直线 BC。这就是需要做的。

命题 32

任意三角形的外角等于二内对角之和,而三个内角之和等于两个直角。

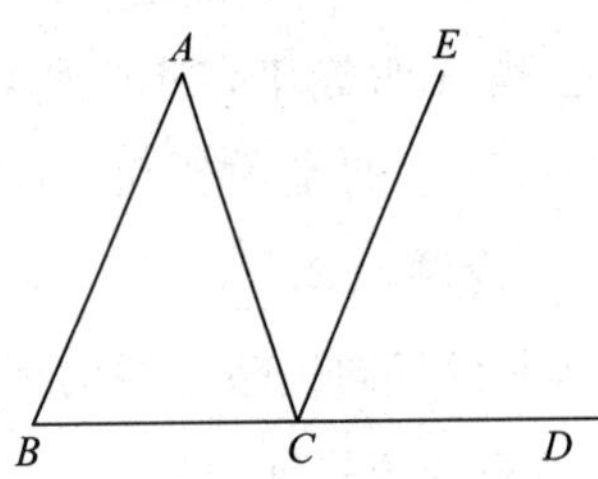

设 ABC 是一个三角形,延长一边 BC 到 D。我说外角 ACD 等于二内对角 CAB,ABC 之和,而三角形的三个内角 ABC,BCA,CAB 之和等于两个直角。

其理由如下。通过点 C 作平行于直线 AB 的 CE[命题Ⅰ.31]。

由于 AB 平行于 CE,以及 AC 与它们相交,内错角 BAC 与 ACE 彼此相等[命题Ⅰ.29]。再者,由于 AB 平行于 CE,而直线 BD 与它们相交,外角 ECD 等于同位角 ABC[命题Ⅰ.29]。但 ACE 已被证明等于 BAC。因此,整个角 ACD 等于二内对角 BAC,ABC 之和。

对二者各加上角 ACB,于是角 ACD,ACB 之和等于角 BAC,ABC,ACB 之和。但角 ACD,ACB 之和等于两个直角[命题Ⅰ.13]。因此,角 BAC,ABC,ACB 之和也等于两个直角。

这样,任意三角形的外角等于二内对角之和,而三个内角之和等于两个直角。这就是需要证明的。

命题 33

在同一侧连接相等且平行二线段的二线段本身也相等且平行。

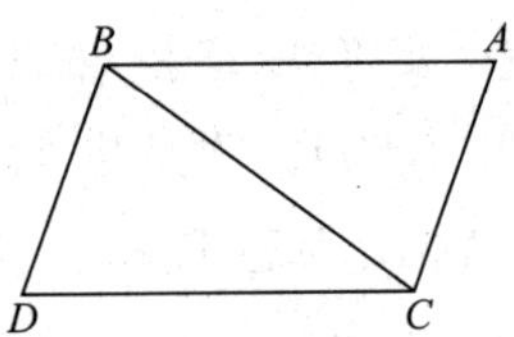

设 AB 与 CD 是相等且平行的线段,并设 AC 与 BD 分别在同一侧连接它们。我说 AC 与 BD 相等且平行。

连接 BC。由于 AB 平行于 CD,且因为 BC 与它们相交,内错角 ABC 与 BCD 彼此相等[命题Ⅰ.29]。由于 AB 等于 CD,BC 是公共的,两边 AB,BC 等于两边 DC,CB[1]。又有角 ABC 等于角 BCD。因此,底边 AC 等于底边 BD,三角形 ABC 等于三角形 DCB,而剩余诸角也等于对应

---

① 希腊语文本是“BC,CD”,显然是一个错误。

的相等边对向的剩余诸角[命题Ⅰ.4]。因此，角 ACB 等于 CBD。并且，由于直线 BC 与二直线 AC，BD 相交，形成的内错角（ACB 与 CBD）彼此相等，AC 因此平行于 BD[命题Ⅰ.27]。且 AC 也已被证明等于 BD。

这样，在同一侧连接相等且平行线段的线段本身也相等且平行。这就是需要证明的。

命题 34

平行四边形中对边与对角彼此相等，且它被对角线等分。

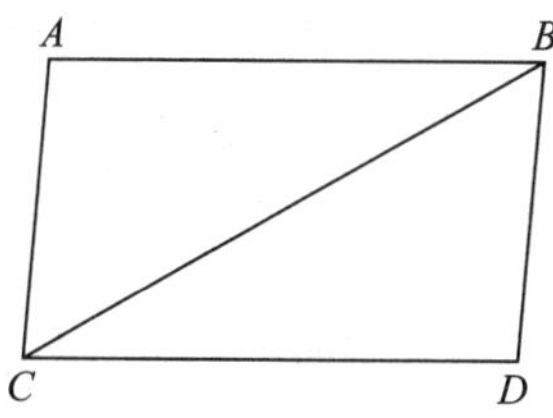

设 $ACDB$ 是平行四边形，BC 是它的对角线。我说在平行四边形 $ACDB$ 中，对边与对角彼此相等，且它被对角线等分。

其理由如下。由于 AB 平行于 CD，且直线 BC 与它们相交，内错角 ABC 与 BCD 彼此相等[命题Ⅰ.29]。再者，由于 AC 平行于 BD，且 BC 与它们相交，内错角 ACB 与 CBD 彼此相等[命题Ⅰ.29]。故 ACB 与 BCD 是这样的两个三角形，它们有两个角 ABC 与 BCA 分别等于两个角 DCB 与 CBD，且有一边等于一边——相等角旁的边 BC 是它们的公共边。因此，它们也有剩余诸边分别等于对应的剩余诸边，以及剩余角等于剩余角[命题Ⅰ.26]。因此，边 AB 等于 CD，AC 等于 BD。此外，角 BAC 等于角 CDB。而由于角 ABC 等于 BCD，以及 CBD 等于 ACB，整个角 ABD 因此等于整个角 ACD。而 BAC 也已被证明等于 CDB。

这样，在平行四边形中，对边与对角彼此相等。

我也要说，对角线把平行四边形等分。因为 AB 等于 CD，且 BC 为公共边，即两边 AB，BC 分别等于两边 DC，CB。并且角 ABC 等于角 BCD，因此底边 AC 也等于 DB，三角形 ABC 全等于三角形 BCD[命题Ⅰ.4]。

这样，对角线 BC 把平行四边形 $ACDB$ 等分。这就是需要证明的。

命题 35

同底且在相同平行线之间的平行四边形彼此相等。

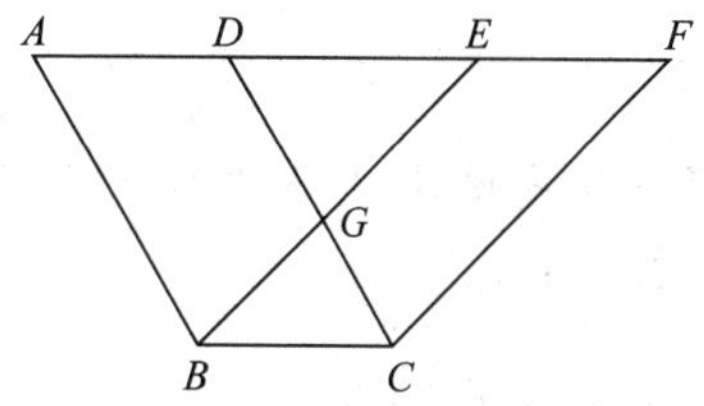

设 $ABCD$ 与 $EBCF$ 是在相同的底边 BC 上的平行四边形，且它们在相同的平行线 AF 与 BC 之间。我说平行四边形 $ABCD$ 与 $EBCF$ 相等。

其理由如下。由于 $ABCD$ 是平行四边形，AD 等于 BC[命题Ⅰ.34]。同理，

EF 等于 BC，故 AD 也等于 EF。且 DE 是公共的。因此，全线段 AE 等于全线段 DF。且 AB 也等于 DC，故两边 EA，AB 分别等于两边 FD，DC。而角 FDC 等于角 EAB，因为同位角相等[命题Ⅰ.29]。因此，底边 EB 等于底边 FC，三角形 EAB 与三角形 DFC 全等[命题Ⅰ.4]。设从二者各减去 DGE，则剩下的梯形 $ABGD$ 等于剩下的梯形 $EGCF$[公理 3]。设对二者各加上三角形 GBC。于是，整个平行四边形 $ABCD$ 等于整个平行四边形 $EBCF$。

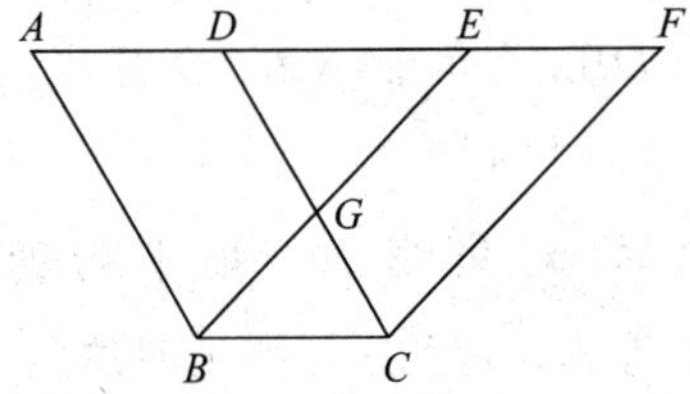

（注：为方便读者阅读，译者将第 23 页图复制到此处。）

这样，同底且在相同平行线之间的平行四边形彼此相等。这就是需要证明的。

命题 36

在相等底边上且在相同平行线之间的平行四边形相等。

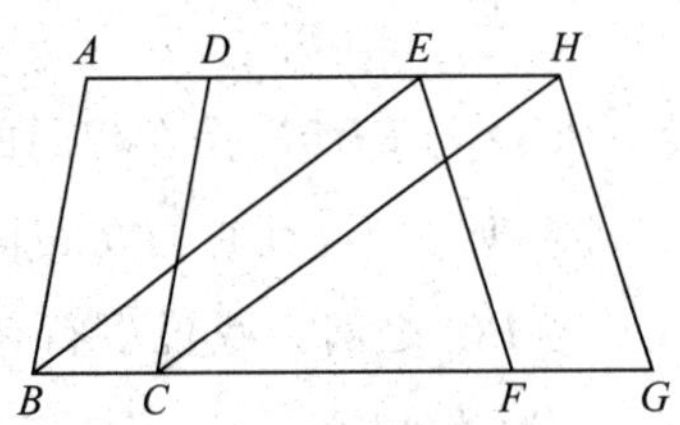

设 $ABCD$ 与 $EFGH$ 是在相等底边 BC 与 FG 上的平行四边形，且它们在相同的平行线 AH 与 BG 之间。我说平行四边形 $ABCD$ 等于 $EFGH$。

其理由如下。连接 BE，CH。由于 BC 等于 FG，但 FG 等于 EH[命题Ⅰ.34]，BC 因此等于 EH，且它们也是平行的，EB 与 HC 连接它们。但在同一侧把相等且平行的线段连接的线段本身相等且平行[命题Ⅰ.33]，因此，EB 与 HC 也是相等且平行的，于是，$EBCH$ 是一个平行四边形[命题Ⅰ.34]，并等于 $ABCD$。因为它与 $ABCD$ 有相同的底边 BC，并在与 $ABCD$ 相同的平行线 BC 与 AH 之间[命题Ⅰ.35]。同理，$EFGH$ 也等于相同的平行四边形 $EBCH$[命题Ⅰ.35]。故平行四边形 $ABCD$ 也等于 $EFGH$。

这样，在相等底边上且在相同平行线之间的平行四边形相等。这就是需要证明的。

命题 37

底边相同且在相同平行线之间的三角形相等。

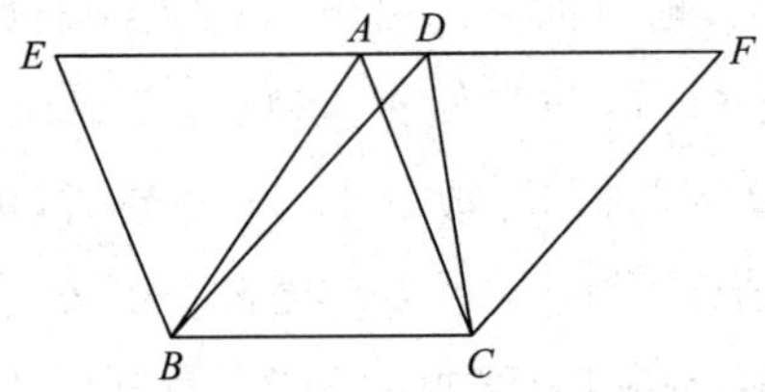

设三角形 ABC 与 DBC 在相同的底边上，且在相同的二平行线 AD 与 BC 之间。我说三角形 ABC 等于三角形 DBC。

其理由如下。在 E 与 F 两个方向上延长 AD，又作线段 BE 过 B 且平行于 CA

[命题Ⅰ.31],作线段 CF 通过 C 且平行于 BD[命题Ⅰ.31]。因此,EBCA 与 DBCF 都是平行四边形,并且它们是相等的。因为它们在相同的底边 BC 上,并在二平行线 BC 与 EF 之间[命题Ⅰ.35]。三角形 ABC 是平行四边形 EBCA 的一半。因为对角线 AB 把平行四边形 EBCA 等分[命题Ⅰ.34]。而三角形 DBC 是平行四边形 DBCF 的一半。因为对角线 DC 把平行四边形 DBCF 等分[命题Ⅰ.34]。并且,相等物之半彼此相等。① 因此,三角形 ABC 等于三角形 DBC。

这样,底边相同且在相同平行线之间的三角形相等。这就是需要证明的。

命题 38

在相等的底边上且在相同的平行线之间的三角形彼此相等。

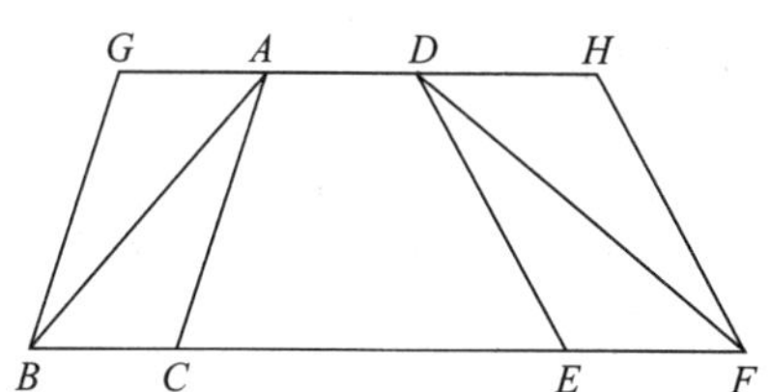

设 ABC 与 DEF 分别是在相等的底边 BC 与 EF 上,且在相同的平行线 BF 与 AD 之间的三角形。我说三角形 ABC 等于三角形 DEF。

其理由如下。在 G 与 H 两个方向上延长 AD,并过 B 作线段 BG 平行于 CA [命题Ⅰ.31],又过 F 作 FH 平行于 DE [命题Ⅰ.31]。于是,GBCA 与 DEFH 都是平行四边形,且 GBCA 等于 DEFH。因为它们在相等的底边 BC 与 EF 上,且位于相同平行线 BF 与 GH 之间[命题Ⅰ.36]。并且三角形 ABC 是平行四边形 GBCA 的一半。因为对角线 AB 把后者等分[命题Ⅰ.34]。三角形 FED 是平行四边形 DEFH 的一半。因为对角线 DF 把后者等分。而相等物之半彼此相等。于是,三角形 ABC 等于 DEF。

这样,在相等的底边上且在相同的平行线之间的三角形彼此相等。这就是需要证明的。

命题 39

在相同底边上且位于同侧的相等三角形也在相同的平行线之间。

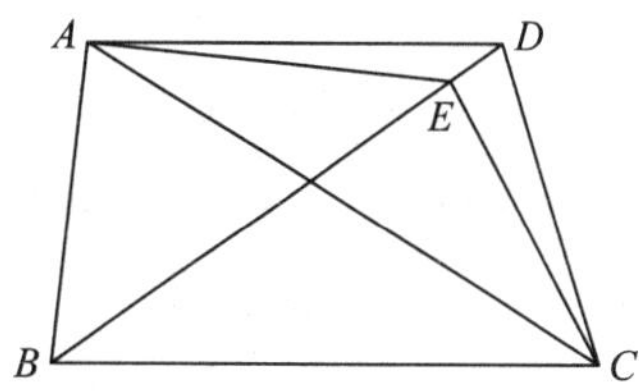

设 ABC 与 DBC 是在相同底边 BC 上且在其同侧的相等的三角形。我说它们也在相同的平行线之间。

连接 AD,我说 AD 与 BC 平行。

其理由如下。如若不然,设过点 A 作 AE 平行于直线 BC[命题Ⅰ.31],并连接 EC。于是,三角形 ABC 等于三角形 EBC。因为它们在相同的底边 BC 上,并

① 这其实是一条附加的公理。

在相同的平行线之间[命题 I. 37]。但 ABC 等于 DBC，因此，DBC 也等于 EBC，即较大者等于较小者。而这是不可能的。因此，AE 不平行于 BC。类似地，我们可以证明，除了 AD 以外，不可能有任意其他直线平行于 BC。因此，AD 平行于 BC。

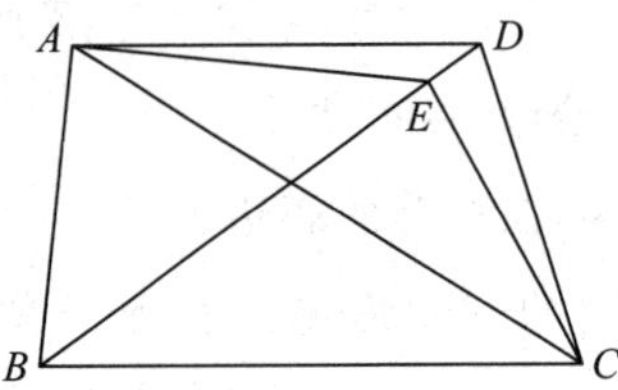

（注：为方便读者阅读，译者将第 25 页图复制到此处。）

这样，在相同底边上且位于同侧的相等三角形也在相同的平行线之间。这就是需要证明的。

命题 40[①]

在相等底边上并在其同侧的相等三角形也在相同的平行线之间。

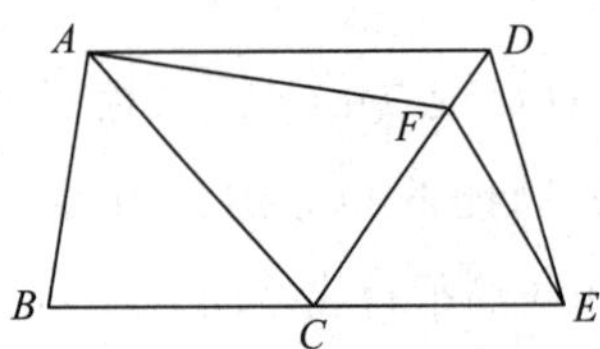

设 ABC 与 CDE 是分别在相等底边 BC 与 CE 上的三角形，并且它们在 BE 的同一侧。我说它们也在相同的平行线之间。

连接 AD，我说 AD 与 BE 彼此平行。

其理由如下。如若它们不平行，作 AF 过 A 平行于 BE[命题 I. 31]，连接 FE。于是，三角形 ABC 等于三角形 FCE。因为它们分别在相等的底边 BC 与 CE 上，并在相同的平行线 BE 与 AF 之间[命题 I. 38]。但三角形 ABC 等于三角形 DCE。因此，三角形 DCE 也等于三角形 FCE。即较大者等于较小者。而这是不可能的。因此 AF 与 BE 不平行。类似地，我们可以证明，除了 AD 以外，没有任何其他直线平行于 BE。因此，AD 平行于 BE。

这样，在相等底边上并在其同侧的相等三角形也在相同的平行线之间。这就是需要证明的。

命题 41

若一个平行四边形与一个三角形有相同底边，并且它们在相同的平行线之间，则平行四边形的面积是三角形的两倍。

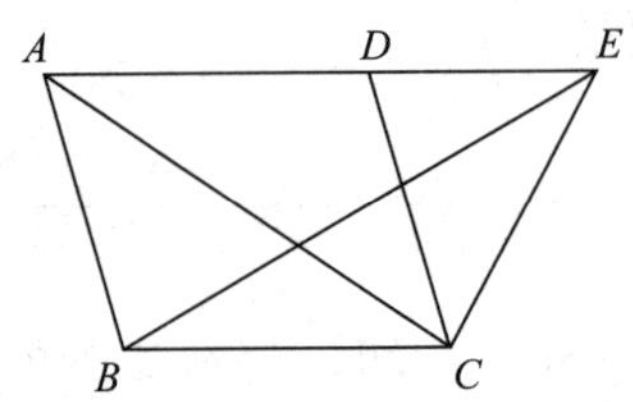

设平行四边形 $ABCD$ 的底边 BC 与三角形 EBC 的相同，并设它们在相同的平行线 BC 与 AE 之间。我说平行四边形 $ABCD$ 的面积是三角形 BEC 的两倍。

① 这整个命题被海贝格认为是早期对原始文本的添加。

其理由如下。连接 AC，则三角形 ABC 等于三角形 EBC。因为 ABC 与 EBC 在相同的底边 BC 上，并在相同的平行线 BC 与 AE 之间[命题Ⅰ.37]。因为对角线 AC 把前者等分，平行四边形 ABCD 的面积是三角形 ABC 的两倍[命题Ⅰ.34]。故平行四边形 ABCD 的面积也是三角形 EBC 的两倍。

这样，若一个平行四边形与一个三角形有相同底边，并且它们在相同的平行线之间，则平行四边形的面积是三角形的两倍。

命题 42

作一个平行四边形等于给定的三角形并有给定的直线角。

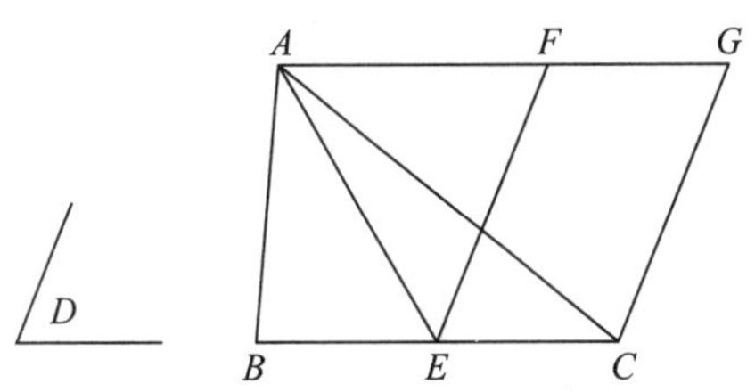

设 ABC 是给定的三角形，D 是给定的直线角。故要求的是作一个等于三角形 ABC 的平行四边形，并且它有直线角 D。

设 BC 在 E 被等分[命题Ⅰ.10]，连接 AE。并设在直线 EC 上点 E 作角 CEF 等于角 D[命题Ⅰ.23]。设过 A 作 AG 平行于 EC[命题Ⅰ.31]，又设过 C 作 CG 平行于 EF[命题Ⅰ.31]。于是，FECG 是平行四边形。且因为 BE 等于 EC，三角形 ABE 也等于三角形 AEC。因为它们在相等的底边 BE 与 EC 上，且在相同的平行线 BC 与 AG 之间[命题Ⅰ.38]。因此，三角形 ABC 的面积是三角形 AEC 面积的两倍，且平行四边形 FECG 的面积也是三角形 AEC 面积的两倍。因为它与 AEC 有相同的底边，且与 AEC 在相同的平行线之间[命题Ⅰ.41]。因此，平行四边形 FECG 等于三角形 ABC。FECG 也有一个角 CEF 等于给定角 D。

这样就作出了等于已知三角形 ABC 的平行四边形 FECG，它有一个角 CEF 等于给定角 D。这就是需要做的。

命题 43

对于任何平行四边形，其关于对角线的两个补形相等。

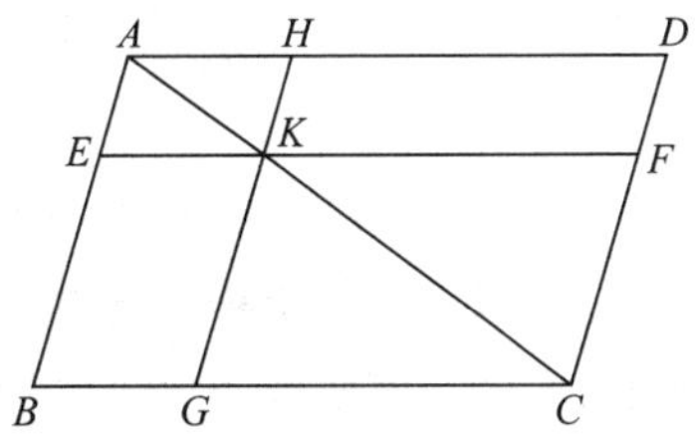

设 ABCD 是平行四边形，AC 是其对角线。并设 EH 与 FG 是跨在 AC 上的平行四边形，而 BK 与 KD 是所谓的补形（关于 AC）。我说补形 BK 等于补形 KD。

其理由如下。由于 ABCD 是平行四边形，AC 是其对角线，三角形 ABC 与三

角形 ACD 全等[命题Ⅰ.34]。再者,由于 EH 是平行四边形,AK 是其对角线,三角形 AEK 等于三角形 AHK[命题Ⅰ.34]。同理,三角形 KFC 也等于三角形 KGC。因此,由于三角形 AEK 与三角形 AHK 全等,以及三角形 KFC 与三角形 KGC 全等,三角形 AEK 加上 KGC 等于三角形 AHK 加上 KFC。且整个三角形 ABC 也等于整个三角形 ADC。因此,剩下的补形 BK 等于剩下的补形 KD。

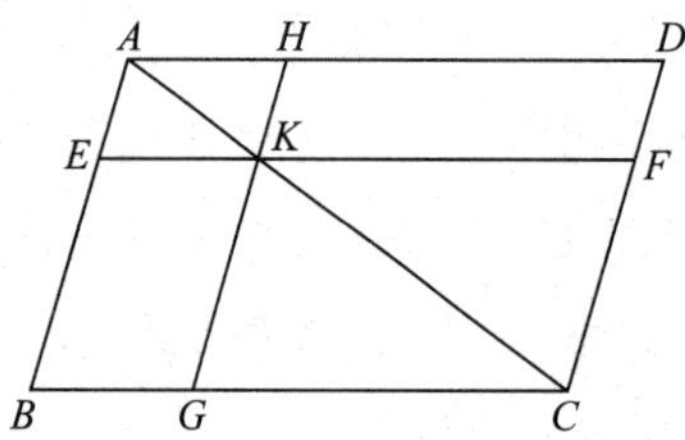

(注:为方便读者阅读,译者将27页图复制到此处。)

这样,对于任何平行四边形,其关于对角线的两个补形相等。这就是需要证明的。

命题 44

把等于给定三角形的一个平行四边形以给定直线角适配[①]于给定线段。

设 AB 是给定线段,C 是给定三角形,D 是给定直线角。故要求的是把等于给定三角形 C 的一个平行四边形以给定直线角 D 适配于给定线段 AB。

设以等于角 D 的角 EBG 作一个平行四边形 $BEFG$ 等于三角形 C[命题Ⅰ.42]。$BEFG$ 的位置使得 BE 与 AB 相接于同一条直线上。[②] 设 FG 通过 H,又通过 A 作 AH 平行于 BG 或即 EF[命题Ⅰ.31],并连接 HB。且由于直线 HF 与平行线 AH,EF 相交,角 AHF,HFE 之和因此等于两个直角[命题Ⅰ.29]。于是 BHG,GFE 之和小于两个直角。且二直线无限延长后在内角之和小于两个直角的一侧相交[公设5]。因此,HB 与 FE 延长后相交。设它们被延长且交点为 K。过 K 作 KL 平行于 EA 或即 FH[命题Ⅰ.31]。并分别延长 HA 与 GB 至点 L 与 M。于是,$HLKF$ 是平行四边形,HK 是它的对角线。AG 与 ME 是平行四边形,LB 与 BF 是 HK 的所谓补形。因此,LB 等于 BF[命题Ⅰ.43]。但 BF 等于三角形 C。因此,LB 也等于三角形 C。并且,因为角 GBE 等于 ABM[命题Ⅰ.15],但 GBE 等于 D,ABM 因此也等于角 D。

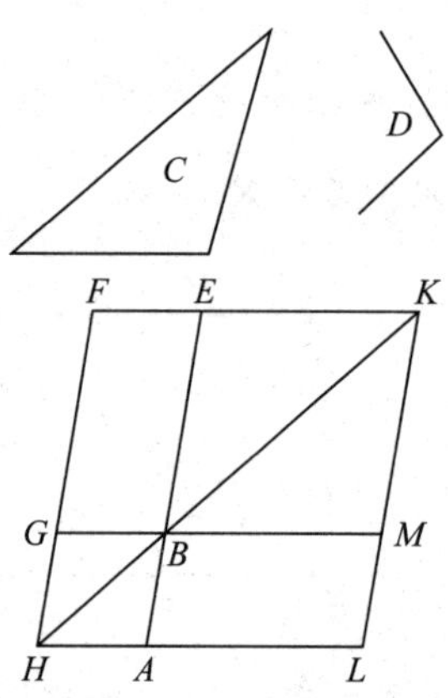

这样,等于已知三角形 C 的平行四边形 LB,以等于 D 的角 ABM 被适配于给定线段 AB。这正是所需要做的。

---

① 本卷中的适配(apply)就是指面积相等。后面对这个概念有所扩充,见第五卷的内容提要。——译者注

② 可借助命题Ⅰ.3,Ⅰ.23及Ⅰ.31作出。

命题 45

作一个平行四边形等于给定直线图形并有一个角等于给定的直线角。

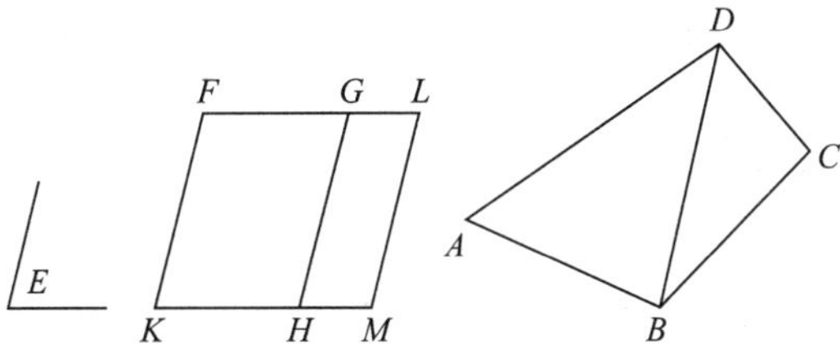

设 $ABCD$ 是给定的直线图形,[①] E 是给定的直线角。故要求的是作一个平行四边形等于直线图形 $ABCD$,并且它有一个角等于给定的直线角 E。

连接 DB,作等于三角形 ABD 的平行四边形 FH,其中的角 HKF 等于角 E[命题Ⅰ.42]。并把等于三角形 DBC 的平行四边形 GM,以等于 E 的角 GHM 适配于线段 GH[命题Ⅰ.44]。且由于角 E 等于角 HKF,GHM 的每一个,角 HKF 因此也等于角 GHM。对二者各加上 KHG。于是,FKH,KHG 之和等于 KHG,GHM 之和。但 FKH,KHG 之和等于两个直角。因此,KHG,GHM 之和也等于两个直角。于是,KH 与 KM 在同一条直线上[命题Ⅰ.14]。且由于直线 HG 与平行线 KM,FG 相交,内错角 MHG 与 HGF 彼此相等[命题Ⅰ.29]。对二者各加上 HGL。于是,MHG,HGL 之和等于 HGF,HGL 之和。但 MHG,HGL 之和等于两个直角[命题Ⅰ.29]。因此,HGF,HGL 之和也等于两个直角。于是,FG 与 GL 相接于同一条直线上[命题Ⅰ.14]。由于 FK 等于且平行于 HG[命题Ⅰ.34],以及 HG 平行且等于 ML[命题Ⅰ.34],KF 因此也等于且平行于 ML[命题Ⅰ.30]。线段 KM 与 FL 连接它们。于是,KM 与 FL 也相等且平行[命题Ⅰ.33]。因此,$KFLM$ 是一个平行四边形。由于三角形 ABD 等于平行四边形 FH,三角形 DBC 等于平行四边形 GM,整个直线图形 $ABCD$ 因此等于整个平行四边形 $KFLM$。

这样就作出了等于给定直线图形 $ABCD$ 的平行四边形 $KFLM$,其中角 FKM 等于给定角 E。这就是需要做的。

命题 46

在给定线段上作一个正方形。

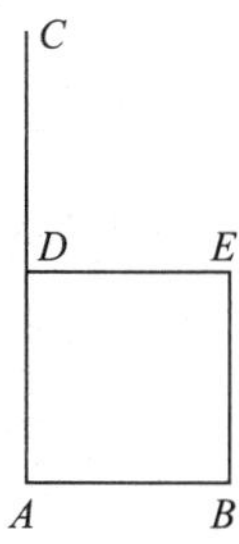

设 AB 是给定线段,故要求的是在线段 AB 上作一个正方形。

设由线段 AB 上点 A 作线段 AC 与 AB 成直角[命题Ⅰ.11],取 AD 等于 AB

① 证明仅限于四边形,但容易推广到一般多边形。

[命题Ⅰ.3]。通过点 D 作 DE 平行于 AB [命题Ⅰ.31],通过点 B 作 BE 平行于 AD [命题Ⅰ.31],于是 ADEB 是平行四边形。因此,AB 等于 DE 及 AD 等于 BE[命题Ⅰ.34]。但 AB 等于 AD。因此,四条边 BA,AD,DE,EB 彼此相等。于是,平行四边形 ADEB 是等边的。我说它也是直角的。其理由如下。由于线段 AD 与平行线 AB,DE 相交,角 BAD 与角 ADE 之和等于两个直角[命题Ⅰ.29]。但 BAD 是直角,因此,ADE 也是直角。且平行四边形的对边与对角彼此相等[命题Ⅰ.34]。因此,相对二角 ABE,BED 每个都是直角。于是,ADEB 是直角的。且已证明它是等边的。

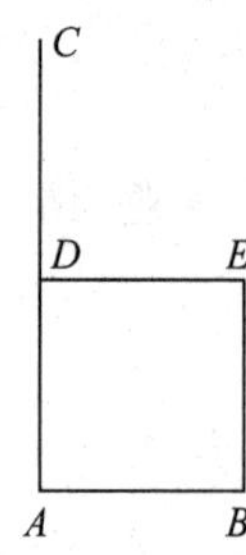

(注:为方便读者阅读,译者将 29 页图复制到此处。)

这样,ADEB 是在线段 AB 上的一个正方形[定义Ⅰ.22]。这就是需要做的。

命题 47

在直角三角形中,对向直角的边上的正方形等于夹直角的两边上的正方形之和。[①]

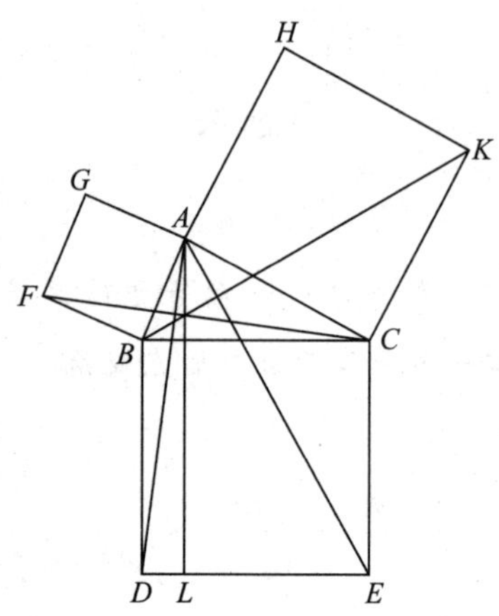

设 ABC 是一个直角三角形,角 BAC 是直角。我说在 BC 上的正方形等于在 BA,AC 上的正方形之和。

其理由如下。在 BC 上作正方形 BDEC,并分别在 AB,AC 上作正方形 GB,HC[命题Ⅰ.46]。过点 A 作 AL 平行于 BD 或即 CE[命题Ⅰ.31]。连接 AD 与 FC。由于角 BAC 与 BAG 都是直角,于是,不在同侧的两边 AC,AG,与某一直线 BA 在点 A 处成两个邻角,其和等于两个直角,因此,CA 与 AG 在同一条直线上[命题Ⅰ.14]。同理,BA 也与 AH 在同一条直线上。且由于角 DBC 等于 FBA(因为二者都是直角),对它们各加上 ABC。所以,整个角 DBA 等于整个角 FBC。且由于 DB 等于 BC 及 FB 等于 BA,两边 DB,BA 分别等于两边 CB,BF。而且角 DBA 等于角 FBC。因此,底边 AD 等于底边 FC,三角形 ABD 全等于三角形

① 这就是有名的勾股定理,或称毕达哥拉斯定理。商高于公元前 10 世纪发现"勾三股四弦五"这种特殊情况,古埃及人也知道这种特殊情况。毕达哥拉斯于公元前 6 世纪给出了一般证明。——译者注

FBC[命题Ⅰ.4]。平行四边形 *BL* 的面积等于三角形 *ABD* 的两倍,因为它们有相同的底边 *BD* 且在相同的两条平行线 *BD* 与 *AL* 之间[命题Ⅰ.41]。正方形 *GB* 的面积是三角形 *FBC* 的两倍,因为它们有相同的底边 *FB* 且在相同的两条平行线 *FB* 与 *GC* 之间[命题Ⅰ.41]。[相等物加倍后彼此相等。[①]]因此,平行四边形 *BL* 也等于正方形 *ABFG*。类似地,连接 *AE* 与 *BK*,也能证明平行四边形 *CL* 等于正方形 *HC*。于是,整个正方形 *BDEC* 等于两个正方形 *GB*,*HC* 之和。而正方形 *BDEC* 是作在 *BC* 上的,正方形 *GB*,*HC* 是分别作在 *BA*,*AC* 上的。因此,边 *BC* 上的正方形等于边 *BA*,*AC* 上的正方形之和。

这样,在直角三角形中,对向直角的边上的正方形等于夹直角的两边上的正方形之和。这就是需要证明的。

命题 48

若三角形一边上的正方形等于剩下的两边上的正方形之和,则剩下的两边之间的夹角是直角。

设三角形 *ABC* 一边 *BC* 上的正方形等于边 *BA*,*AC* 上的正方形之和。我说角 *BAC* 是直角。

其理由如下。在点 *A* 作 *AD* 与 *AC* 成直角[命题Ⅰ.11],并使 *AD* 等于 *BA*[命题Ⅰ.3],连接 *DC*。由于 *DA* 等于 *AB*,*DA* 上的正方形因此也等于 *AB* 上的正方形。[②] 对二者各加上 *AC* 上的正方形。于是,*DA*,*AC* 上的正方形之和等于 *BA*,*AC* 上的正方形之和。但 *DC* 上的正方形等于 *DA*,*AC* 上的正方形之和。因为角 *DAC* 是直角[命题Ⅰ.47]。但 *BC* 上的正方形等于 *BA*,*AC* 上的正方形之和。因为已假设如此。于是,*DC* 上的正方形等于 *BC* 上的正方形。故边 *DC* 也等于边 *BC*。又由于 *DA* 等于 *AB*,且 *AC* 为公共边,两边 *DA*,*AC* 等于两边 *BA*,*AC*。且底边 *DC* 等于底边 *BC*。因此,角 *DAC* 等于角 *BAC*[命题Ⅰ.8]。但 *DAC* 是一个直角,因此,*BAC* 也是一个直角。

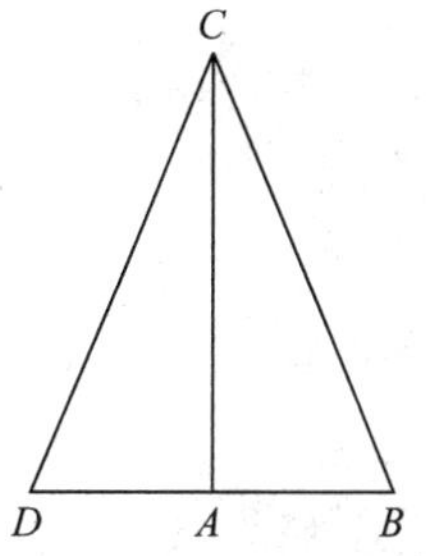

这样,若三角形一边上的正方形等于剩下的两边上的正方形之和,则剩下的两边之间的夹角是直角。这就是需要证明的。

---

① 这其实是一条附加的公理。

② 这里应用了附加的公理,相等物之平方彼此相等。以后还会用到这个公理之逆。

阿基米德

第二卷　矩形的几何学，几何代数基础[①]

· Book Ⅱ. The Geometry of Rectangles, Fundamentals of Geometric Algebra ·

欧几里得的《几何原本》毫无疑义是古往今来最伟大的著作之一，是希腊理智最完美的纪念碑之一。

——罗素

① 本章给出了许多代数恒等式的几何表示，故得其名。古希腊并无现代意义下的代数学。——译者注

第二卷 内容提要

(译者编写)

第二卷篇幅很短,只有两个定义:一个关于矩形,另一个关于拐尺形,即图 2.1 中带阴影的反 L 形图形,对角线两侧的平行四边形称为补形。可以证明二补形相等。第二卷中的命题有 14 个,它们其实是一些代数式的几何表示,见表 2.1。

代数是后来阿拉伯人发明的,古希腊人用几何图形来表示代数式并作证明,颇具匠心。

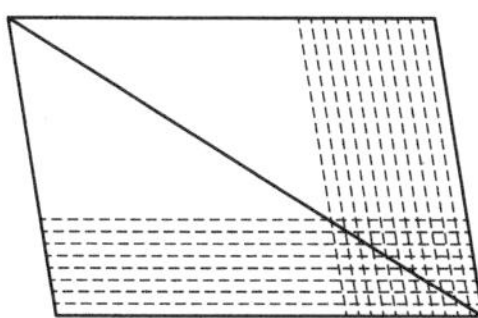

图 2.1 拐尺形

表 2.1 第二卷中的命题汇总,它们是代数式的几何表示

Ⅱ.1	$a(b+c+d+\cdots)=ab+ac+ad+\cdots$
Ⅱ.2	$ab+ac=a^2$(若 $a=b+c$)
Ⅱ.3	$a(a+b)=ab+a^2$
Ⅱ.4	$(a+b)^2=a^2+b^2+2ab$
Ⅱ.5	$ab+[(a+b)/2-b]^2=[(a+b)/2]^2$
Ⅱ.6	$(2a+b)b+a^2=(a+b)^2$
Ⅱ.7	$(a+b)^2+a^2=2(a+b)a+b^2$
Ⅱ.8	$4(a+b)a+b^2=[(a+b)+a]^2$
Ⅱ.9	$a^2+b^2=2\{[(a+b)/2]^2+[(a+b)/2-b]^2\}$
Ⅱ.10	$(2a+b)^2+b^2=2[a^2+(a+b)^2]$
Ⅱ.11	黄金分割
Ⅱ.12	$BC^2=AB^2+AC^2-2AB\cdot AC\cos\angle BAC$,因为 $\cos\angle BAC=-AD/AB$
Ⅱ.13	$AC^2=AB^2+BC^2-2AB\cdot BC\cos\angle ABC$,因为 $\cos\angle ABC=BD/AB$
Ⅱ.14	作一个正方形等于给定直线图形

◀一块古巴比伦时期的泥板,上面的楔形文字记录了代数和几何运算,类似于欧几里得《几何原本》中的内容。现存于伊拉克博物馆。

定　义

1. 邻边夹直角的平行四边形为**矩形**。

2. 在任何平行四边形中，跨在其对角线上的任意平行四边形与其两个补形一起称为**拐尺形**[①]。

命题 1[②]

若有两条线段，其中之一被分割成任意多段。则这两条线段所夹矩形等于各段与未被分割的那条线段所夹矩形之和。

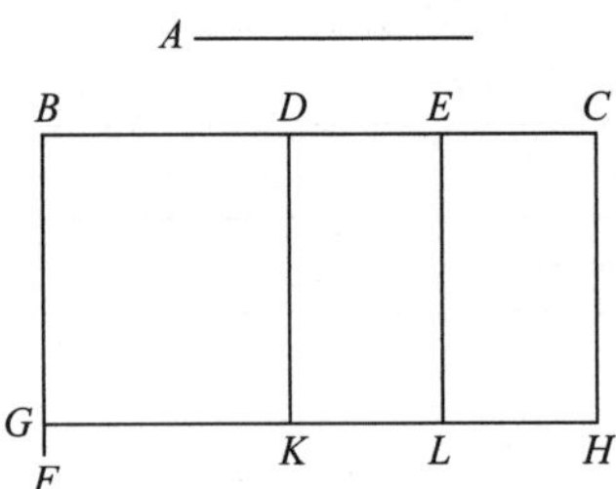

设 A 与 BC 是两条线段，BC 在任意点 D 与 E 被分割。我说 A 与 BC 所夹矩形等于 A 与 BD，A 与 DE 及 A 与 EC 所夹的三个矩形之和。

其理由如下。由 B 作 BF 与 BC 成直角[命题 Ⅰ.11]，作 BG 等于 A[命题 Ⅰ.3]。通过 G 作 GH 平行于 BC[命题 Ⅰ.31]，并通过 D，E，C，分别作 DK，EL，CH 平行于 BG[命题 Ⅰ.31]。

矩形 BH 等于矩形 BK，DL，EH 之和。BH 是 A 与 BC 所夹矩形。因为它被 GB 与 BC 所夹，且 BG 等于 A。BK 是 A 与 BD 所夹矩形。因为它被 GB，BD 所夹，且 BG 等于 A。DL 是 A，DE 所夹矩形。DK 即 BG 等于 A[命题 Ⅰ.34]。类似地，EH 也是 A 与 EC 所夹矩形。因此，A 与 BC 所夹矩形等于 A 与 BD，A 与 DE 以及 A 与 EC 所夹三个矩形之和。

这样，若有两条线段，其中之一被分割成任意多段。则这两条线段所夹矩形等于各段与未被分割的那条线段所夹矩形之和。这就是需要证明的。

命题 2[③]

若一条线段被任意截为两段，则全线段与各段所夹矩形之和等于在全线段上的正方形。

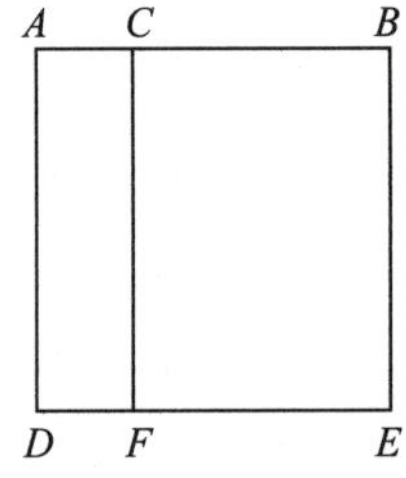

截线段 AB 于任意点 C。我说 AB，BC 所夹矩形加上 BA，AC 所夹矩形等于 AB 上的正方形。

---

① 拐尺形得名自木工拐尺，但不一定成直角。拐尺形也被称为 L 形。——译者注

② 这个命题是代数恒等式 $a(b+c+d+\cdots)=ab+ac+ad+\cdots$ 的几何表示。

③ 这个命题是代数恒等式 $ab+ac=a^2$（若 $a=b+c$）的几何表示。

其理由如下。在 AB 上作正方形 $ADEB$[命题Ⅰ.46]，并通过点 C 作 CF 平行于 AD 或者 BE[命题Ⅰ.31]。

于是正方形 AE 等于矩形 AF，CE 之和。且 AE 是 AB 上的正方形。AF 是线段 BA，AC 所夹矩形，因为该矩形被 DA，AC 所夹，而 AD 等于 AB。CE 是 CB，BE 所夹矩形，因为 BE 等于 AB。因此，BA，AC 所夹矩形，加上 AB，BC 所夹矩形，等于 AB 上的正方形。

这样，若一条线段被任意截为两段，则全线段与各段所夹矩形之和等于在全线段上的正方形。这就是需要证明的。

命题 3①

若一条线段被任意截为两段，则全线段与其中一段所夹矩形等于这一段上的正方形加上两个分段所夹矩形。

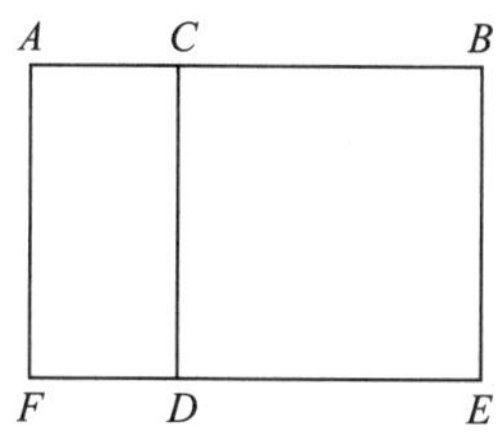

截线段 AB 于任意点 C。我说 AB，BC 所夹矩形等于 AC，CB 所夹矩形加上 BC 上的正方形。

其理由如下。在 CB 上作正方形 $CDEB$[命题Ⅰ.46]，作 ED 通过 F，作 AF 通过 A 且平行于 CD 或者 BE[命题Ⅰ.31]。故矩形 AE 等于矩形 AD 加上正方形 CE。而 AE 是 AB，BC 所夹矩形，因为它被 AB，BE 所夹，而 BE 等于 BC。AD 是由 AC，CB 所夹矩形。因为 DC 等于 CB。因此，AB，BC 所夹矩形等于 AC，CB 所夹矩形加上 BC 上的正方形。

这样，若一条线段被任意截为两段，则全线段与其中一段所夹矩形，等于两段所夹矩形，加上前面提到那一段上的正方形。这就是需要证明的。

命题 4②

若一条线段被任意截为两段，则整条线段上的正方形，等于两段上的正方形之和加上它们所夹矩形的两倍。

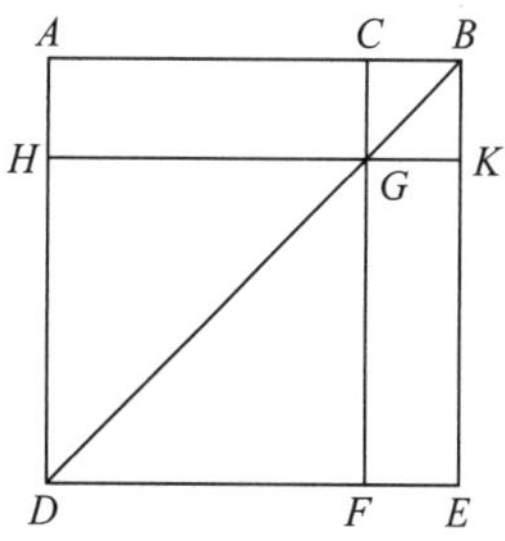

截线段 AB 于任意点 C。我说 AB 上的正方形等于 AC，CB 上的正方形之和加上 AC，CB 所夹矩形的两倍。

其理由如下。在 AB 上作正方形 $ADEB$[命题Ⅰ.46]，连接 BD，通过 C 作 CF 平行于 AD 或 EB[命题Ⅰ.31]，又通过 G 作 HK 平行于 AB 或 DE[命题

① 这个命题是代数恒等式 $a(a+b)=ab+a^2$ 的几何表示。

② 这个命题是代数恒等式 $(a+b)^2=a^2+b^2+2ab$ 的几何表示。

Ⅰ.31]。由于 CF 平行于 AD，BD 与它们都相交，同位角 CGB，ADB 相等[命题Ⅰ.29]。但 ADB 等于 ABD，因为边 BA 也等于 AD [命题Ⅰ.5]。因此，角 CGB 也等于 GBC。边 BC 等于 CG[命题Ⅰ.6]。但 CB 等于 GK，CG 等于 KB[命题Ⅰ.34]。因此 GK 也等于 KB。于是 $CGKB$ 是等边的。我说它也是直角的。

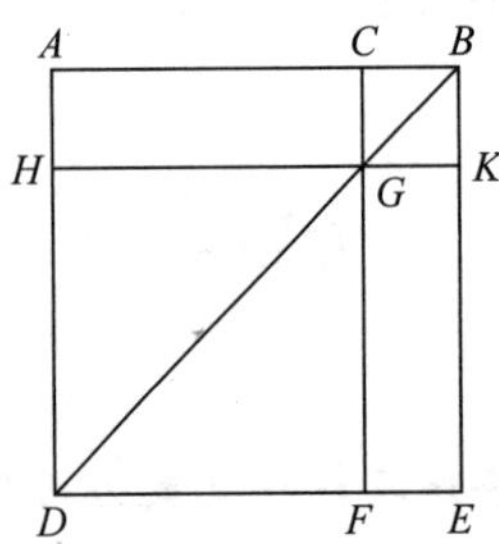

(注:为方便读者阅读，译者将37页图复制到此处。)

其理由如下。由于 CG 平行于 BK，以及直线 CB 与它们相交，角 KBC 与角 GCB 之和因此等于两个直角[命题Ⅰ.29]。但 KBC 是直角，因此，BCG 也是直角。故相对角 CGK 与 GKB 也是直角[命题Ⅰ.34]。因此，$CGKB$ 也是直角的。并且已经证明了它是等边的。所以，它是正方形且在 CB 上。同理，HF 也是正方形。它在 HG 上，也就是在 AC 上[命题Ⅰ.34]。于是，正方形 HF 与 KC 分别在 AC 与 CB 上。矩形 AG 等于矩形 GE[命题Ⅰ.43]。而 AG 是 AC，CB 所夹矩形，因为 GC 等于 CB。因此，GE 也等于 AC，BC 所夹矩形。所以，矩形 AG 加上 GE 等于 AC，CB 所夹矩形的两倍。而 HF 与 CK 分别是 AC 与 CB 上的正方形。于是，四个图形 HF，CK，AG，GE 之和等于 AC，CB 上正方形之和，加上 AC，CB 所夹矩形的两倍。但图形 HF，CK，AG，GE 之和等同于整个 $ADEB$，它是在 AB 上的正方形。所以，AB 上的正方形等于 AC，CB 上正方形之和加上 AC，CB 所夹矩形的两倍。

这样，若一条线段被任意截为两段，则整条线段上的正方形，等于两段上的正方形之和加上它们所夹矩形的两倍。这就是需要证明的。

命题5[①]

若一条线段被截为相等的两段与不相等的两段，则不相等的两段所夹矩形加上相等段与不相等段之差上的正方形，等于原线段一半上的正方形。

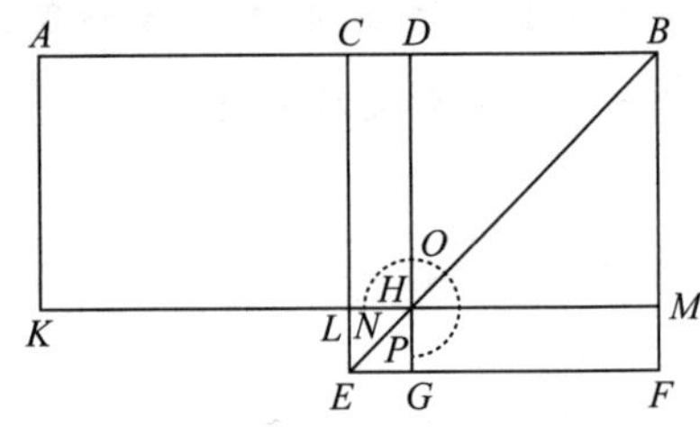

设任意线段 AB 在点 C 被截为相等的两段，在点 D 被截为不相等的两段。我说 AD，DB 所夹矩形加上 CD 上的正方形，等于 CB 上的正方形。

在 CB 上作正方形 $CEFB$[命题Ⅰ.46]，连接 BE，过 D 作 DG 平行于 CE 或者 BF[命题Ⅰ.31]，再过 H 作 KM 平

① 这个命题是代数恒等式 $ab+[(a+b)/2-b]^2=[(a+b)/2]^2$ 的几何表示。

行于 AB 或者 EF[命题Ⅰ.31],又过 A 作 AK 平行于 CL 或 BM[命题Ⅰ.31]。由于补形 CH 等于补形 HF[命题Ⅰ.43],对二者各加上正方形 DM,则整个矩形 CM 等于整个矩形 DF。但是,矩形 CM 等于矩形 AL,因为 AC 也等于 CB[命题Ⅰ.36]。因此,矩形 AL 也等于矩形 DF。对二者各加上矩形 CH。于是,整个矩形 AH 等于拐尺形 NOP。但是,AH 是 AD,DB 所夹矩形,因为 DH 等于 DB。因此,拐尺形 NOP 加上正方形 LG 等同于在 CB 上的整个正方形 $CEFB$。所以,AD,DB 所夹矩形加上 CD 上的正方形,等于 CB 上的正方形。

这样,若一条线段被截为相等的两段与不相等的两段,则不相等的两段所夹矩形加上相等段与不相等段之差上的正方形,等于原线段一半上的正方形。这就是需要证明的。

命题 6[①]

若等分一条线段并接续另一条线段于同一条直线上,则包括所加上线段的全线段与所加上线段所夹矩形与原线段一半上的正方形之和,等于原线段一半与所加上线段之和上的正方形。

设任意线段 AB 在点 C 被等分,并接续任意线段 BD 于同一条直线上。我说 AD,DB 所夹矩形加上 CB 上的正方形,等于 CD 上的正方形。

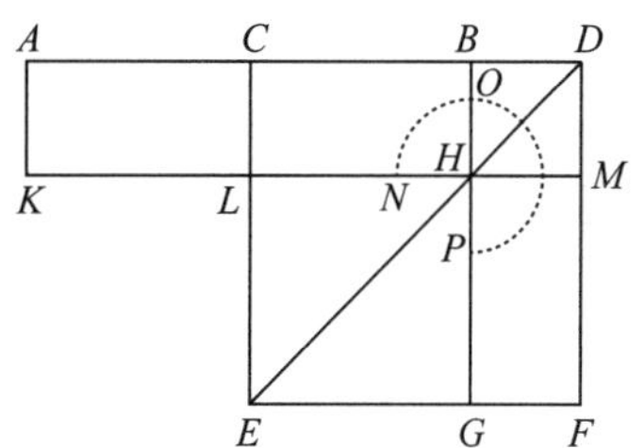

其理由如下。在 CD 上作正方形 $CEFD$[命题Ⅰ.46],连接 DE,通过 B 作 BG 平行于 EC 或 DF[命题Ⅰ.31],通过 H 作 KM 平行于 AB 或 EF[命题Ⅰ.31],最后通过 A 作 AK 平行于 CL 或 DM[命题Ⅰ.31]。

因此,由于 AC 等于 CB,矩形 AL 也等于矩形 CH[命题Ⅰ.36]。但是,矩形 CH 等于矩形 HF[命题Ⅰ.43]。于是,矩形 AL 也等于矩形 HF。对二者各加上矩形 CM。于是,整个矩形 AM 等于拐尺形 NOP。但是,AM 是 AD,DB 所夹矩形,因为 DM 等于 DB。于是,拐尺形 NOP 也等于 AD,DB 所夹矩形。对二者各加上等于 BC 上的正方形的 LG。于是,AD,DB 所夹矩形加上 CB 上的正方形,等于拐尺形 NOP 加上正方形 LG。但拐尺形 NOP 加上正方形 LG,等同于在 CD 上的整个正方形 $CEFD$。因此,AD,DB 所夹矩形,加上 CB 上的正方形,等于 CD 上的正方形。

这样,若等分一条线段并接续另一条线段于同一条直线上,则包括所加上线段的全线段与所加上线段所夹矩形与原线

① 这个命题是代数恒等式 $(2a+b)b+a^2=(a+b)^2$ 的几何表示。

段一半上的正方形之和等于原线段一半与所加上线段之和上的正方形。这就是需要证明的。

命题 7[①]

若一条线段被任意截为两段，则全线段上的正方形加上其中一段上的正方形，等于全线段与这一段所夹矩形的两倍加上另一段上的正方形。

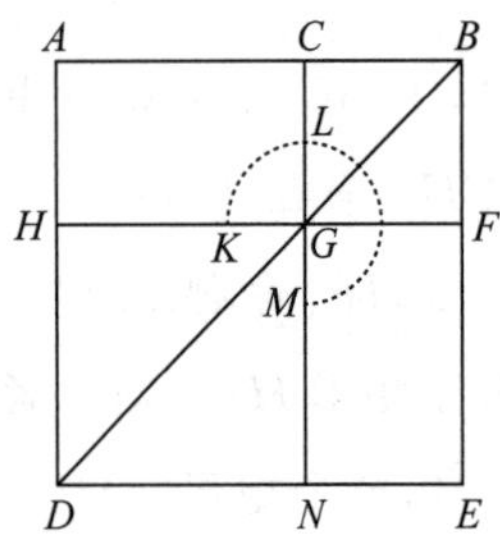

任意线段 AB 在点 C 被任意截为两段。我说 AB，BC 上的正方形之和，等于 AB，BC 所夹矩形的两倍加上 CA 上的正方形。

其理由如下。在 AB 上作正方形 $ADEB$［命题Ⅰ.46］，并作出图形的其余部分。

因此，由于矩形 AG 等于矩形 GE［命题Ⅰ.43］，对二者都加上正方形 CF。于是，整个矩形 AF 等于整个矩形 CE。因此，矩形 AF 加上矩形 CE 是矩形 AF 的两倍。但是，矩形 AF 加上矩形 CE，是拐尺形 KLM 加上正方形 CF。因此，拐尺形 KLM 加上正方形 CF，是矩形 AF 的两倍。但矩形 AF 的两倍也就是两个 AB，BC 所夹矩形，因为 BF 等于 BC。因此，拐尺形 KLM 加上正方形 CF，等于 AB，BC 所夹矩形的两倍。对二者各加上 AC 上的正方形 DG。于是，拐尺形 KLM 加上正方形 BG 与 GD，等于 AB，BC 所夹矩形的两倍加上 AC 上的正方形。但是，拐尺形 KLM 加上正方形 BG 与 GD，等同于整个 $ADEB$ 加上 CF，它们分别是 AB 与 BC 上的正方形。因此，AB 与 BC 上的正方形之和，等于 AB 与 BC 所夹矩形的两倍加上 AC 上的正方形。

这样，若一条线段被任意截为两段，则全线段上的正方形加上其中一段上的正方形，等于全线段与这一段所夹矩形的两倍加上另一段上的正方形。这就是需要证明的。

命题 8[②]

若一条线段被任意截为两段，则全线段与其中一段所夹矩形的四倍加上剩余线段上的正方形，等于全线段与上述那一段相加所得线段上的正方形。

设任意线段 AB 在点 C 被任意分割。我说 AB，BC 所夹矩形的四倍加上 AC 上的正方形，等于 AB 加上 BC 所得线段上的正方形。

---

① 这个命题是代数恒等式 $(a+b)^2+a^2=2(a+b)a+b^2$ 的几何表示。

② 这个命题是代数恒等式 $4(a+b)a+b^2=[(a+b)+a]^2$ 的几何表示。

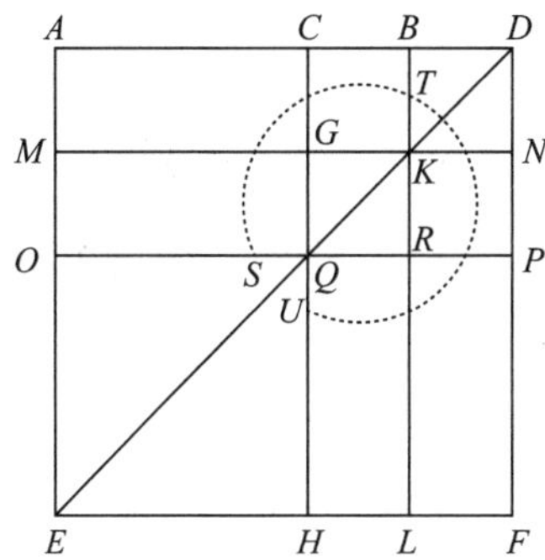

其理由如下。延长线段 AB 形成 BD，使 BD 等于 CB[命题Ⅰ.3]，在 AD 上作正方形 $AEFD$[命题Ⅰ.46]，并作出剩下的图形。

因此，由于 CB 等于 BD，但 CB 等于 GK[命题Ⅰ.34]，且 BD 等于 KN[命题Ⅰ.34]，GK 因此也等于 KN。同理，QR 等于 RP。且由于 BC 等于 BD，GK 等于 KN，正方形 CK 因此也等于正方形 KD，且正方形 GR 等于正方形 RN[命题Ⅰ.36]。但是，正方形 CK 等于正方形 RN，因为它们都是平行四边形 CP 中的补形[命题Ⅰ.43]。因此，正方形 KD 也等于正方形 GR。于是，四个正方形 DK，CK，GR，RN 皆彼此相等。所以，四者加在一起是正方形 CK 的四倍。再者，由于 CB 等于 BD，但 BD 等于 BK(即 CG)，并且 CB 等于 GK(即 GQ)，CG 因此也等于 GQ。且由于 CG 等于 GQ，以及 QR 等于 RP，矩形 AG 也等于矩形 MQ，且矩形 QL 等于矩形 RF[命题Ⅰ.36]。但是，矩形 MQ 等于矩形 QL。因为它们都是平行四边形 ML 中的补形[命题Ⅰ.43]。因此，矩形 AG 也等于矩形 RF。所以，这四个矩形 AG，MQ，QL，RF 彼此相等。于是，这四个图形加在一起是矩形 AG 的四倍。但是这四个图形 CK，KD，GR，RN 已被证明是正方形 CK 的四倍，因此这八个图形加在一起组成的拐尺形 STU，是矩形 AK 的四倍。又由于 AK 是 AB，BD 所夹矩形，以及 BK 等于 BD，AB，BD 所夹矩形的四倍等于矩形 AK 的四倍。但拐尺形 STU 也已被证明等于矩形 AK 的四倍。因此，AB，BD 所夹矩形的四倍，等于拐尺形 STU。对二者都加上等于 AC 上的正方形的 OH。则 AB，BD 所夹矩形的四倍加上 AC 上的正方形，等于拐尺形 STU 加上正方形 OH。但是，拐尺形 STU 加上正方形 OH，等于在 AD 上的整个正方形 $AEFD$。于是，AB，BD(即 BC)所夹矩形的四倍，加上 AC 上的正方形，等于 AD 上的正方形，也就是把 AB 与 BC 加在一起所得线段上的正方形。

这样，若一条线段被任意截为两段，则全线段与其中一段所夹矩形的四倍加上剩余线段上的正方形，等于全线段与上述那一段相加所得线段上的正方形。这就是需要证明的。

命题 9①

若一条线段被截为相等的两段与不相等的两段，则在不相等两段上的正方形之和，是原线段一半上的正方形，加上相

① 这个命题是代数恒等式 $a^2+b^2=2\{[(a+b)/2]^2+[(a+b)/2-b]^2\}$的几何表示。

等段与不相等段之差上的正方形之和的两倍。

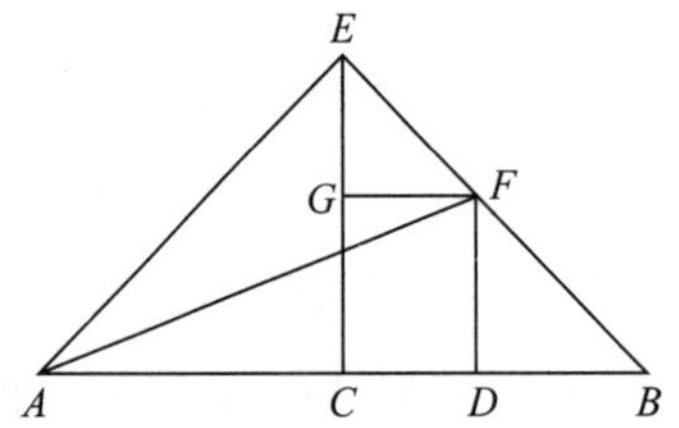

设线段 AB 在点 C 被截为相等的两段，又在点 D 被截为不相等的两段。我说 AD，DB 上的正方形之和等于 AC，CD 上的正方形之和的两倍。

其理由如下。设通过 C 作 EC 与 AB 成直角[命题Ⅰ.11]，并使它等于 AC 与 CB 的每一个[命题Ⅰ.3]，连接 EA 与 EB。又通过点 D 作 DF 平行于 EC[命题Ⅰ.31]，且通过点 F 作 FG 平行于 AB[命题Ⅰ.31]，连接 AF。由于 AC 等于 CE，角 EAC 也等于角 AEC[命题Ⅰ.5]。又由于在 C 的角是一个直角，三角形 AEC 的剩余诸角 EAC，AEC 之和因此也等于一个直角[命题Ⅰ.32]。并且它们相等。于是，角 CEA 与 CAE 都是直角的一半。同理，角 CEB 与 EBC 也都是直角的一半。因此，整个角 AEB 是直角。又由于 GEF 是直角的一半，而 EGF 是直角(因为它等于同位角 ECB [命题Ⅰ.29])剩下的角 EFG 因此是直角的一半[命题Ⅰ.32]。所以，角 GEF 等于 EFG。故边 EG 也等于边 GF[命题Ⅰ.6]。再者，由于在 B 的角是直角的一半，且角 FDB 是一个直角(因为它又等于同位角 ECB[命题Ⅰ.29])，剩下的角 BFD 是直角的一半[命题Ⅰ.32]。于是，在 B 的角等于 DFB。故边 FD 也等于边 DB[命题Ⅰ.6]。且由于 AC 等于 CE，AC 上的正方形也等于 CE 上的正方形。于是，AC，CE 上的正方形之和，是 AC 上的正方形的两倍。而 EA 上的正方形，等于 AC，CE 上的正方形之和。因为角 ACE 是直角[命题Ⅰ.47]。因此，EA 上的正方形是 AC 上的正方形的两倍。再者，因为 EG 等于 GF，EG 上的正方形也等于 GF 上的正方形。而 EF 上的正方形等于 EG，GF 上的正方形之和[命题Ⅰ.47]。因此，EF 上的正方形是 GF 上的正方形的两倍。而 GF 等于 CD[命题Ⅰ.34]。因此，EF 上的正方形是 CD 上的正方形的两倍。而 EA 上的正方形，也是 AC 上的正方形的两倍。于是，AE，EF 上的正方形之和，是 AC，CD 上的正方形之和的两倍。而 AF 上的正方形，等于 AE，EF 上的正方形之和。因为角 AEF 是直角[命题Ⅰ.47]。所以，AF 上的正方形是 AC，CD 上的正方形之和的两倍。而 AD，DF 上的正方形之和，等于 AF 上的正方形。因为在 D 的角是直角[命题Ⅰ.47]。因此，AD，DF 上的正方形之和，是 AC，CD 上的正方形之和的两倍。而 DF 等于 DB。所以，AD，DB 上的正方形之和等于 AC，CD 上的正方形之和的两倍。

这样，若一条线段被截为相等的两段和不相等的两段，则在不相等两段上的正方形之和，是原线段一半上的正方形，加上相等与不相等段之差上的正方形之和的两倍。这就是需要证明的。

命题 10[①]

若等分一条线段，并添加任意线段接续于同一条直线上，则带有添加线段的全线段上的正方形与添加线段上的正方形之和，等于原线段一半上的正方形与原线段的一半加上添加线段所得线段上的正方形之和的两倍。

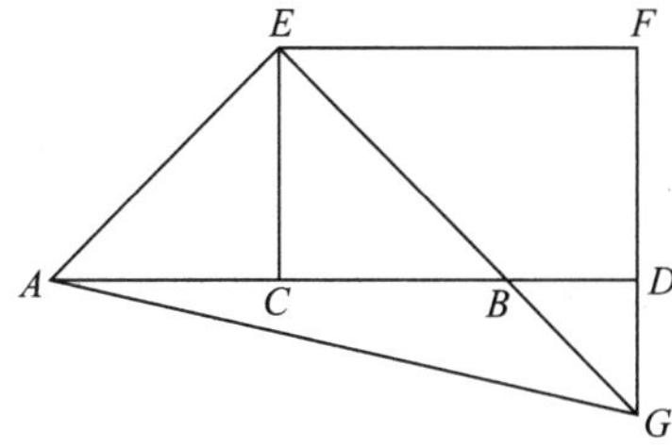

设任意线段 AB 被等分于点 C，并添加任意线段 BD 接续于同一条直线上。我说 AD，DB 上的正方形之和等于 AC，CD 上的正方形之和的两倍。

其理由如下。通过点 C 作 CE 与 AB 成直角[命题Ⅰ.11]，并且使它等于 AC 与 CB[命题Ⅰ.3]，连接 EA 与 EB。通过 E 作 EF 平行于 AD[命题Ⅰ.31]，并通过 D 作 FD 平行于 CE[命题Ⅰ.31]。且因为直线 EF 与平行线 EC，FD 相交，同旁内角 CEF，EFD 之和因此等于两个直角[命题Ⅰ.29]。所以，FEB，EFD 之和小于两个直角。而直线在小于两个直角的这一侧延长后相交[公设 5]。于是，在 B 与 D 的方向延长，直线 EB 与 FD 相交。设它们延长后相交于 G，连接 AG。由于 AC 等于 CE，角 EAC 也等于角 AEC[命题Ⅰ.5]。而在 C 的角是直角。因此，EAC 与 AEC 每个都是直角的一半[命题Ⅰ.32]。同理，CEB 与 EBC 每个也都是直角的一半。所以，角 AEB 是直角，且由于 EBC 是直角的一半，DBG 因此也是直角的一半[命题Ⅰ.15]。而 BDG 也是直角，因为它与 DCE 是内错角，所以它们相等[命题Ⅰ.29]。因此，剩下的角 DGB 是直角的一半。于是，DGB 等于 DBG。故边 BD 也等于边 GD[命题Ⅰ.6]。又由于 EGF 是直角的一半，而且在 F 的角是直角，因为它等于在 C 的对角[命题Ⅰ.34]，剩下的角 FEG 因此是直角的一半。所以，角 EGF 等于 FEG。故边 GF 也等于 EF[命题Ⅰ.6]。且由于 EC 等于 CA，EC 上的正方形也等于 CA 上的正方形。于是，EC，CA 上的正方形之和是 CA 上的正方形的两倍。且 EA 上的正方形等于 EC，CA 上的正方形之和[命题Ⅰ.47]。因此，EA 上的正方形是 AC 上的正方形的两倍。再者，由于 FG 等于 EF，FG 上的正方形也等于 FE 上的正方形。因此，GF，FE 上的正方形之和是 EF 上的正方形的两倍。而 EG 上的正方形等于 GF，FE 上的正方形之和[命题Ⅰ.47]。于是，EG 上的正方形是 EF 上的正方形的两倍。且 EF 等于 CD[命题Ⅰ.34]。因此，EG 上的正方形是 CD 上的正方形的两倍。但是也已证明，EA 上的正方形是 AC 上的正方形的两倍。因此，AE，EG 上的

① 这个命题是代数恒等式 $(2a+b)^2+b^2=2[a^2+(a+b)^2]$ 的几何表示。

正方形之和是 AC,CD 上的正方形之和的两倍。而 AG 上的正方形等于 AE,EG 上的正方形之和[命题Ⅰ.47]。因此,AG 上的正方形是 AC,CD 上的正方形之和的两倍。并且,AD,DG 上的正方形之和等于 AG 上的正方形[命题Ⅰ.47]。所以,AD,DG 上的正方形之和是 AC,CD 上的正方形之和的两倍。但 DG 等于 DB。因此,AD,DB 上的正方形之和是 AC,CD 上的正方形之和的两倍。

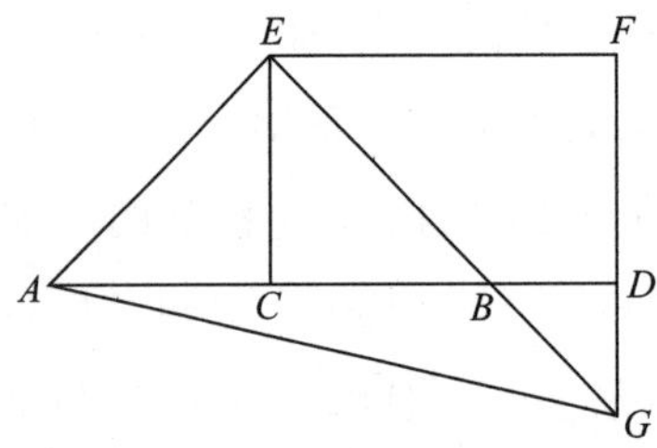

(注:为方便读者阅读,译者将第 43 页图复制到此处。)

这样,若等分一条线段,并添加任意线段接续于同一条直线上,则带有添加线段的全线段上的正方形与添加线段上的正方形之和,等于原线段一半上的正方形与原线段的一半加上添加线段所得线段上的正方形之和的两倍。这就是需要证明的。

命题 11[①]

分给定线段为两段,使全线段与其中一段所夹矩形等于在另一段上的正方形。

设 AB 是给定线段。故要求的是如此分割 AB,使得全线段与其中一段所夹矩形等于另一段上的正方形。

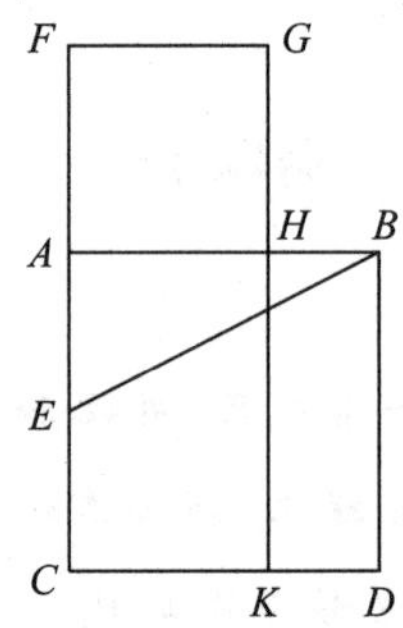

在 AB 上作正方形 $ABDC$[命题Ⅰ.46],并在点 E 等分 AC[命题Ⅰ.10],连接 BE。延长 CA 至点 F,使 EF 等于 BE[命题Ⅰ.3]。在 AF 上作正方形 FH[命题Ⅰ.46],并延长 GH 至点 K。我说 AB 在 H 被分割,使得 AB,BH 所夹矩形等于 AH 上的正方形。

其理由如下。由于线段 AC 在 E 被等分,且 FA 被添加在其上,因此 CF,FA 所夹矩形加上 AE 上的正方形,等于 EF 上的正方形[命题Ⅱ.6]。且 EF 等于 EB。因此,CF,FA 所夹矩形加上 AE 上的正方形,等于 EB 上的正方形。但是,BA,AE 上的正方形之和等于 EB 上的正方形。因为在 A 的角是直角[命题Ⅰ.47]。因此,CF,FA 所夹矩形加上 AE 上的正方形,等于 BA,AE 上的正方形之和。从二者各减去 AE 上的正方形。于是,剩下的 CF,FA 所夹矩形等于 AB 上的正方形。且 FK 是 CF,FA 所夹矩形。因为 AF 等于 FG。而 AD 是 AB 上的正方形,因此,矩形 FK 等于矩形 AD。从二

① 这种分割线段的方式——使得整体与较大者之比等于较大者与较小者之比,有时被称为黄金分割。——译者注

者各减去矩形 AK。于是，剩下的正方形 FH 等于矩形 HD。又，HD 是 AB，BH 所夹矩形，因为 AB 等于 BD。且 FH 是 AH 上的正方形。所以，AB，BH 所夹矩形等于 HA 上的正方形。

这样，给定线段 AB 在点 H 被分成两段，使得 AB，BH 所夹矩形等于 HA 上的正方形。这就是需要证明的。

命题 12[①]

在钝角三角形中，钝角对向边上的正方形大于夹钝角两边上的正方形之和，其差额是以下两边所夹矩形的两倍，其中一边是由一个锐角角顶向对边的延长线所作的垂线，另一边是垂足到钝角之间的距离。

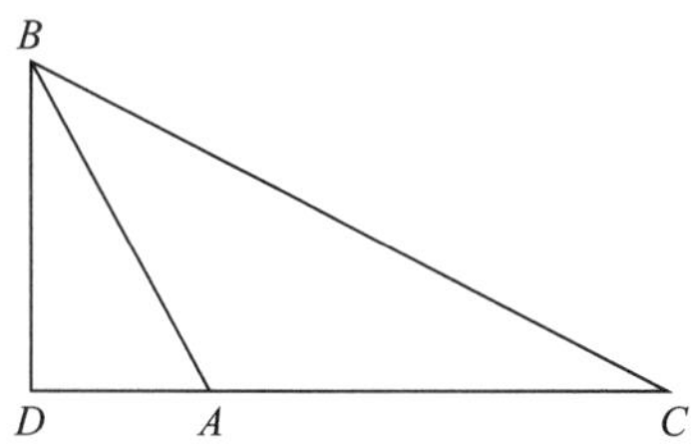

设 ABC 是一个钝角三角形，角 BAC 为钝角，通过点 B 作 BD 垂直于 CA 的延长线[命题Ⅰ.12]。我说 BC 上的正方形大于 BA，AC 上的正方形之和，其差额是 CA，AD 所夹矩形的两倍。

其理由如下。由于线段 CD 在点 A 被任意分割，DC 上的正方形因此等于 CA，AD 上的正方形之和，加上 CA，AD 所夹矩形的两倍[命题Ⅱ.4]。对二者各加上 DB 上的正方形。于是，CD，DB 上的正方形之和，等于 CA，AD，DB 上的正方形之和加上 CA，AD 所夹矩形的两倍。但是，CB 上的正方形等于 CD，DB 上的正方形之和，AB 上的正方形等于 AD，DB 上的正方形之和。因为在 D 的角是直角[命题Ⅰ.47]。因此，CB 上的正方形等于 CA，AB 上的正方形之和，加上 CA，AD 所夹矩形的两倍。故 CB 上的正方形，与 CA，AB 上的正方形之和相比，大出 CA，AD 所夹矩形的两倍。

这样，在钝角三角形中，钝角对向边上的正方形大于夹钝角两边上的正方形之和，其差额是以下两边所夹矩形的两倍，其一是由一个锐角角顶向对边的延长线所作的垂线，另一是垂足到钝角之间的距离。这就是需要证明的。

命题 13[②]

在锐角三角形中，锐角对向边上的正方形小于夹锐角的两边上的正方形之和，其差额是以下两条线段所夹矩形的两倍，一条是夹锐角的两边之一，然后对之由相对的角顶作垂线，垂线截下的这条边包含锐角角顶的部分是另一条。

设 ABC 是一个锐角三角形，点 B 处

---

① 这个命题等价于众所周知的三角公式 $BC^2=AB^2+AC^2-2AB\cdot AC\cos\angle BAC$，因为 $\cos\angle BAC=-AD/AB$。

② 这个命题等价于众所周知的三角公式 $AC^2=AB^2+BC^2-2AB\cdot BC\cos\angle ABC$，因为 $\cos\angle ABC=BD/AB$。

的角是锐角，由点 A 作 AD 垂直于 BC[命题Ⅰ.12]。我说 AC 上的正方形小于 CB，BA 上的正方形之和，其差额是 CB，BD 所夹矩形的两倍。

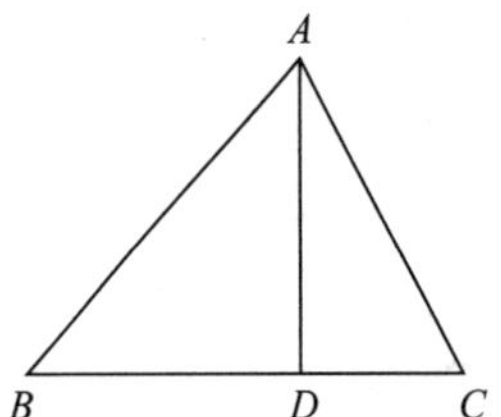

其理由如下。由于线段 CB 在点 D 被任意分割，CB，BD 上的正方形之和，因此等于 CB，BD 所夹矩形的两倍加上 DC 上的正方形[命题Ⅱ.7]。对二者各加上 DA 上的正方形。于是 CB，BD，DA 上的正方形之和等于 CB，BD 所夹矩形的两倍加上 AD，DC 上的正方形之和。但是 AB 上的正方形等于 BD，DA 上的正方形之和。因为在点 D 处的角是直角[命题Ⅰ.47]。并且 AC 上的正方形等于 AD，DC 上的正方形之和[命题Ⅰ.47]。于是，CB，BA 上的正方形之和，等于 AC 上的正方形加上 CB，BD 所夹矩形的两倍。

这样，在锐角三角形中，锐角对向边上的正方形小于夹锐角的两边上的正方形之和，其差额是以下两条线段所夹矩形的两倍，一条是夹锐角的两边之一，然后对之由相对的角顶作垂线，垂线截下的这条边包含锐角角顶的部分是另一条。这就是需要证明的。

命题 14

作一个正方形等于给定直线图形。

设 A 是给定直线图形。故要求的是作一个正方形等于直线图形 A。

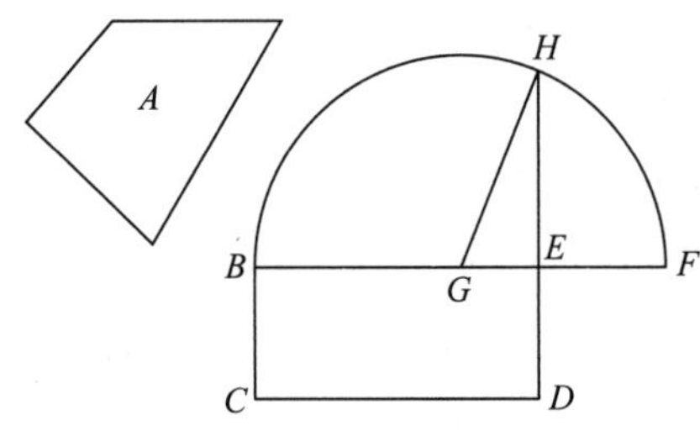

作矩形 BD 等于直线图形 A[命题Ⅰ.45]。因此，若 BE 等于 ED，则所要求的已经完成，因为已经作出正方形 BD 等于直线图形 A。若并非如此，则线段 BE 或 ED 中的一个大于另一个。不妨设 BE 较大，并将其延长至 F。使 EF 等于 ED[命题Ⅰ.3]。又把 BF 等分于点 G[命题Ⅰ.10]。以 G 为圆心，以线段 GB 或 GF 为半径作半圆 BHF。把 DE 延长至 H，并连接 GH。

因此，由于线段 BF 在 G 被等分，在 E 被不等分。BE，EF 所夹矩形，加上 EG 上的正方形，等于 GF 上的正方形[命题Ⅱ.5]。且 GF 等于 GH。于是，BE，EF 所夹矩形加上 GE 上的正方形，等于 GH 上的正方形。HE，EG 上的正方形之和等于 GH 上的正方形[命题Ⅰ.47]。因此，BE，EF 所夹矩形加上 GE 上的正方形，等于 HE，EG 上的正方形之和。对以上二者各减去 GE 上的正方形。于是，剩下的 BE，EF 所夹矩形，等于 EH 上的正方形。但 BD 等于直线图形 A。于是，直线图形 A 也等于可以在 EH 上作出的正方形。

这样，可以在 EH 上作出正方形等于给定直线图形 A。这就是需要做的。

第三卷　圆的几何学

· *Book Ⅲ. The Geometry of the Circles* ·

《几何原本》有四不必：不必疑，不被揣，不必试，不必改；有四不可得：欲脱之不可得，欲驳之不可得，欲减之不可得，欲前后更置之不可得……能精此书者，无一事不可精；好学此书者，无一事不可学……故举世无一人不当学。

——徐光启

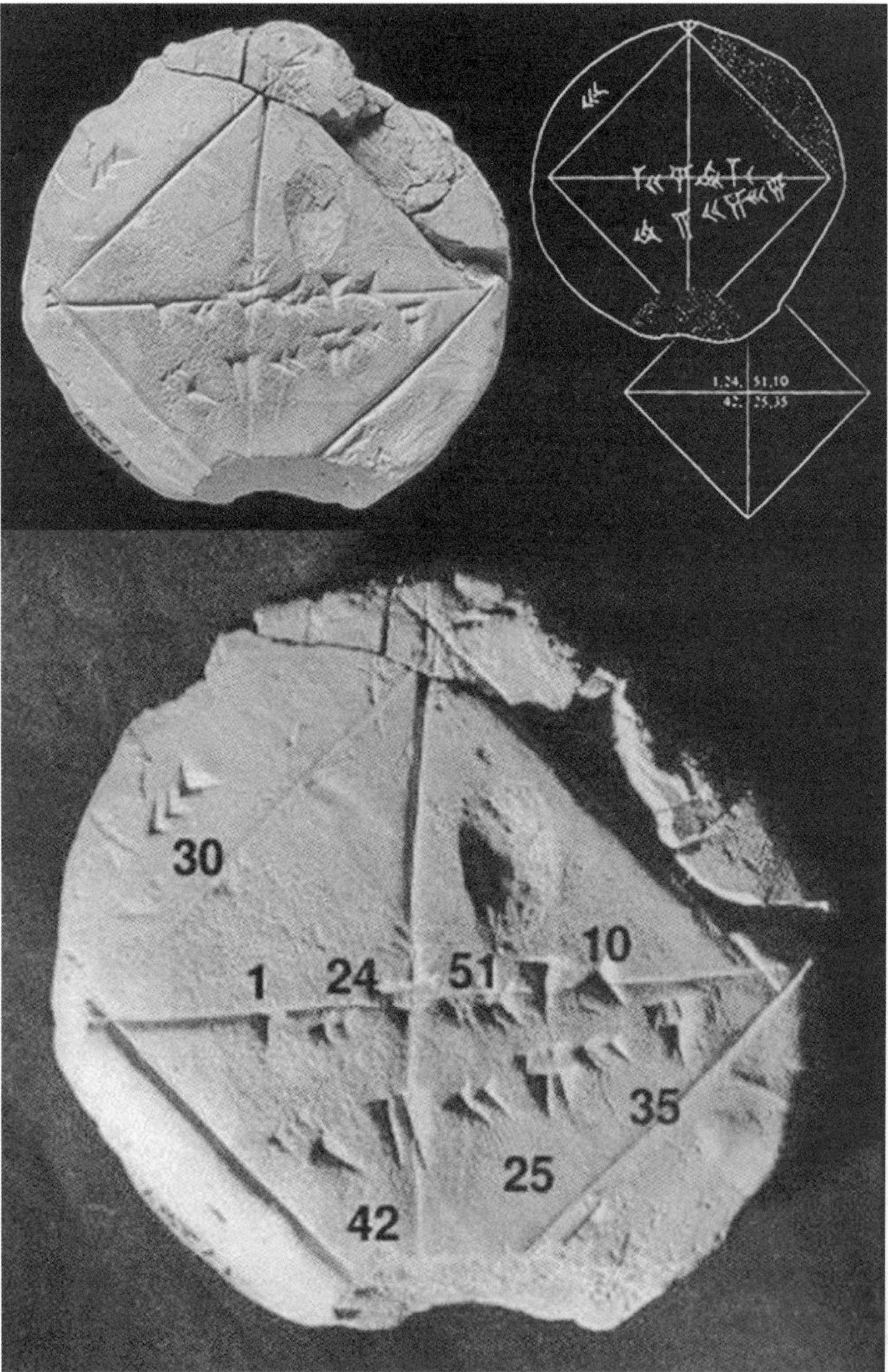
1,24, 51,10
42, 25,35
30
1
24
51
10
35
25
42

第三卷 内容提要

（译者编写）

第三卷讨论圆和弓形及与之相关的弦、弧、角、切线、割线等。共有 11 个定义，列于图 3.1 中。37 个命题的分类及汇总见表 3.1。命题Ⅲ.1 求圆心，Ⅲ.30 二等分圆弧，虽然简单，却很重要。本卷的命题囊括了圆的几何学的全部内容。

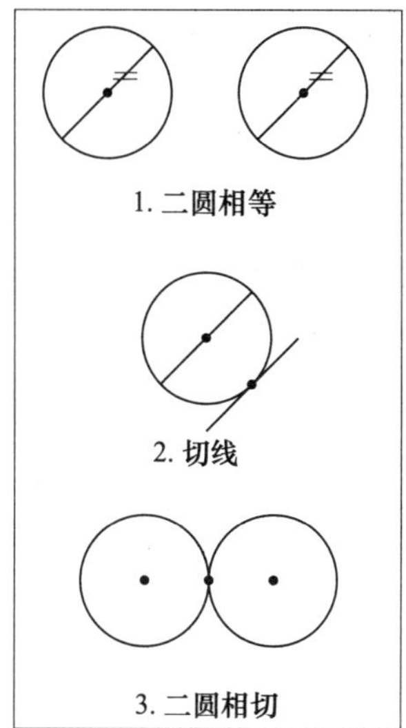

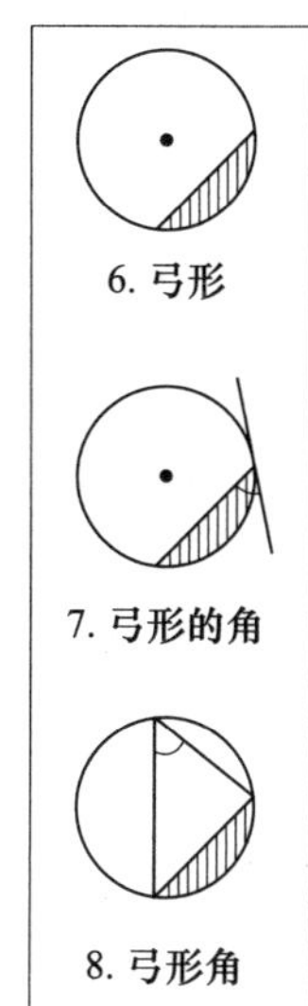

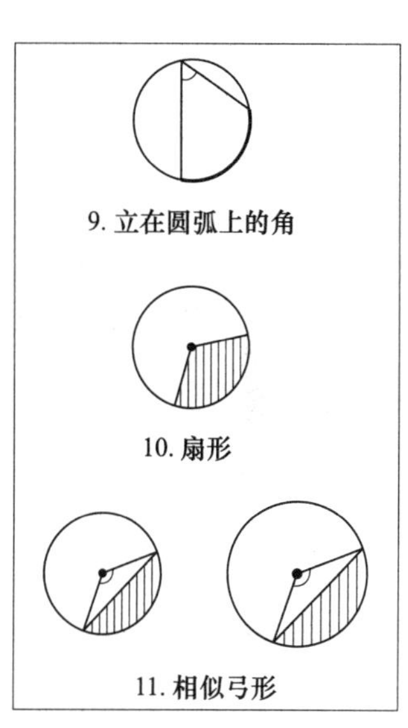

图 3.1 第三卷的 11 个定义

表 3.1 第三卷中的命题分类及汇总

Ⅲ.1	求圆心
Ⅲ.2—15	A:圆中的弦及圆的相交与相切
Ⅲ.16—19	B:切线
Ⅲ.20—22	C_1:弓形和四分之一圆中的角
Ⅲ.23—29	C_2:弦、弧和角
Ⅲ.30	二等分圆弧
Ⅲ.31—34	C_3:更多关于圆中的角
Ⅲ.35—37	D:相交的弦、割线和切线

◀古巴比伦和古埃及都有类似勾股定理的计算。

定　义

1. 直径相等，或从圆心到圆周的距离（即半径）相等的**圆相等**。

2. 直线被称为**与圆相切**，若它与圆相遇，但延长后不会切割圆。

3. 圆被称为彼此**相切**，若它们相遇但不相互切割。

4. 圆内诸线段（弦）被称为**与圆心等距**，若由圆心到它们的垂线长度相等。

5. 弦被称为**离圆心较远**，若由圆心向它所作的垂线较长。

6. **弓形**是一条弦与一段圆弧围成的图形。

7. **弓形的角**是弦与圆弧所夹的角。

8. **弓形（中的）角**是弓形圆弧上的任一点与圆弧两端的连线所夹的角。

9. 若夹一个角的两条线段截下一段圆弧，则该角被称为**立在该圆弧上**。

10. 夹圆心角的两边以及被它们截下的圆弧围成的图形称为**扇形**。

11. 含相等的角，或者其中的角彼此相等的弓形是**圆的相似弓形**。

命题 1

求给定圆的圆心。

设 ABC 是给定圆。故要求的是找出圆 ABC 的圆心。

在圆 ABC 中任意作一条弦 AB，在点 D 等分 AB［命题Ⅰ.10］。由 D 作 DC 与 AB 成直角［命题Ⅰ.11］。并使 CD 通过 E。CE 在 F 被等分［命题Ⅰ.10］。我说点 F 是圆 ABC 的圆心。

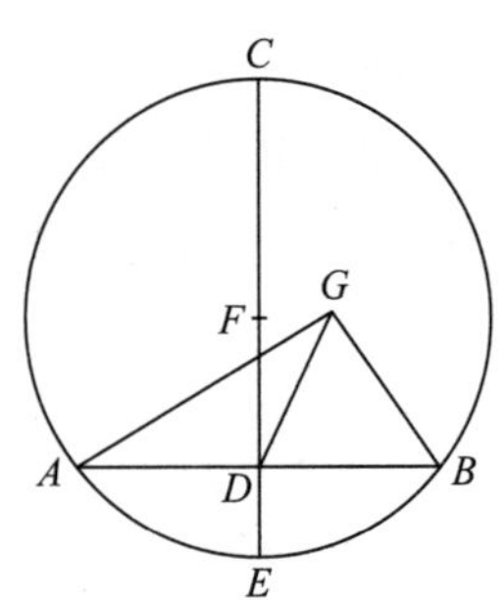

其理由如下。如若不然，设 G 是圆心，连接 GA，GD，GB，检验是否可能。由于 AD 等于 DB，DG 是公共边，两边 AD，DG 分别等于两边 BD，DG①。并且底边 GA 等于底边 GB，因为二者都是半径。因此角 ADG 等于角 GDB［命题Ⅰ.8］。但是当一条直线立在另一条直线上，所成的角与其邻角相等时，这两个角都是直角［定义Ⅰ.10］。因此 GDB 是直角。且 FDB 也是直角，于是 FDB 等于 GDB，即较大角等于较小角，而这是不可能的，因此，点 G 不是圆 ABC 的圆心。类似地，我们可以证明，除了点 F 以外的任意其他点都不可能是圆心。

这样，点 F 是圆 ABC 的圆心。

推　论

由此显然可知，若圆中任意弦垂直等

① 希腊原文为“GD，GB”，显然是作者笔误。

分另一条弦，则圆心一定在前一条弦上。这就是需要做的。

命题 2

圆周上任意两点的连线必定位于圆内。

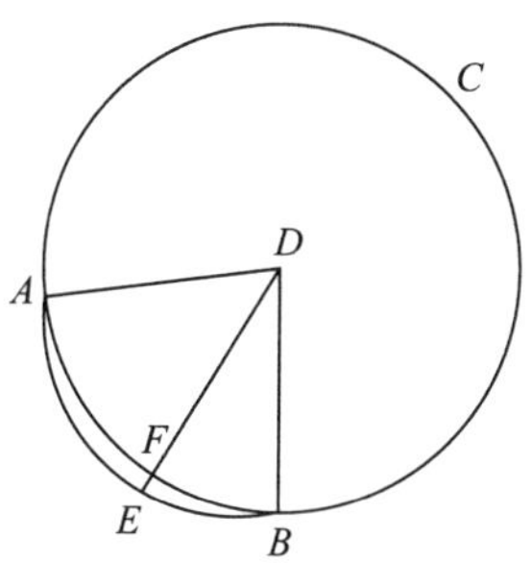

设 ABC 是一个圆，并在圆周上任意取两点 A 与 B。我说连接 AB 的线段在圆 ABC 内。

其理由如下。如若不然，设它落在圆外，如图中的 AEB。设圆 ABC 的圆心已找到［命题Ⅲ.1］为 D。连接 DA 与 DB，在其中作 DFE。

因此，由于 DA 等于 DB，角 DAE 也等于角 DBE［命题Ⅰ.5］。但由于三角形 DAE 的边 AE 被延长至 B，角 DEB 因此大于角 DAE［命题Ⅰ.16］。但 DAE 等于 DBE［命题Ⅰ.5］。因此 DEB 大于 DBE。而大角对向大边［命题Ⅰ.19］，因此，DB 大于 DE。而 DB 等于 DF，因此 DF 大于 DE，即较小边大于较大边，而这是不可能的。因此，连接 A 至 B 的线段不会落在圆外。类似地可证，它也不会落在圆周上。于是，它落入圆内。

这样，连接圆周上任意两点的线段一定位于圆内。这就是需要证明的。

命题 3

若圆中通过圆心的任意线段等分不通过圆心的任意弦，则它一定成直角截该弦。反之，若它成直角截一条弦，则它等分该弦。

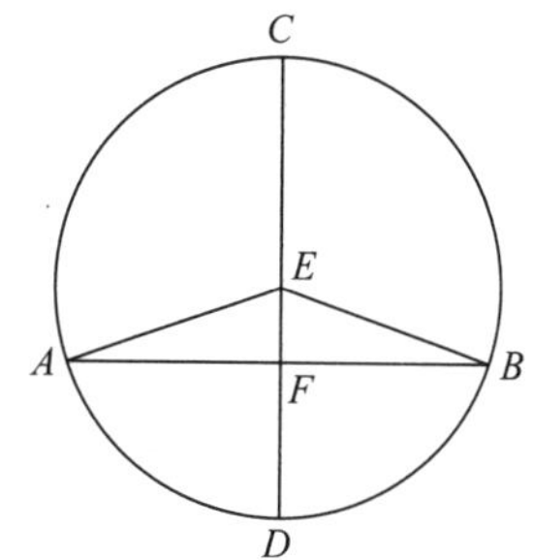

设 ABC 是一个圆，其中线段 CD 通过圆心，等分不通过圆心的弦 AB 于点 F。我说 CD 也成直角截 AB。

设圆 ABC 的圆心被找到［命题Ⅲ.1］为 E，连接 EA 与 EB。

由于 AF 等于 FB，FE 为公共边，三角形 AFE 的两边分别等于三角形 BFE 的两边。并且底边 EA 等于底边 EB。因此，角 AFE 等于角 BFE［命题Ⅰ.8］。而当一条直线立在另一条直线上使邻角彼此相等时，每个邻角都是直角［定义Ⅰ.10］。因此，AFE 与 BFE 每个都是直角。于是，等分不通过圆心的弦 AB 的通过圆心的线段 CD，也成直角截 AB。

又设 CD 成直角截 AB。我说它也等分 AB。也就是说，AF 等于 FB。

其理由如下。采用相同的构形，由于

EA 等于 EB，角 EAF 也等于 EBF［命题Ⅰ.5］。而直角 AFE 也等于直角 BFE。因此，EAF 与 EBF 是这样的两个三角形，它们有两个角等于两个角，以及一边等于一边，即它们的公共边 EF，该边对向的角相等。于是，两个三角形剩下的边也对应相等［命题Ⅰ.26］。因此 AF 等于 FB。

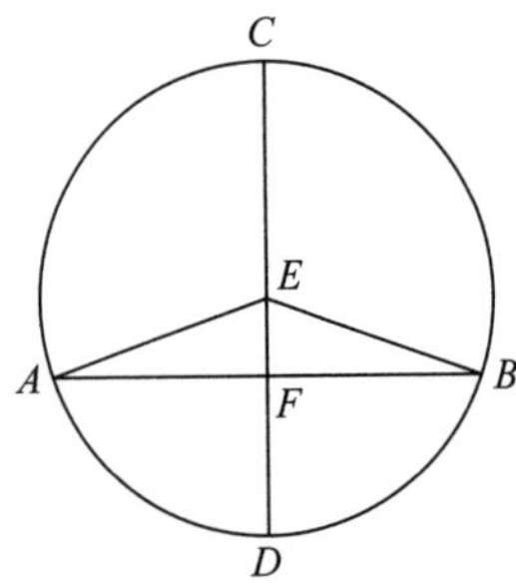

（注：为方便读者阅读，译者将第 51 页图复制到此处。）

这样，若圆中通过圆心的任意线段等分不通过圆心的任意弦，则它一定成直角截该弦。反之，若它成直角截一条弦，则它等分该弦。这就是需要证明的。

命题 4

圆中不通过圆心且彼此相截的两条弦不会彼此等分。

设 ABCD 是一个圆，其中 AC 与 BD 是不通过圆心的两条弦，它们相交于点 E。我说它们并不彼此平分。

其理由如下。设它们彼此平分，使得 AE 等于 EC，BE 等于 ED，检验是否可能。并设圆 ABCD 的圆心已找到［命题Ⅲ.1］为 F，连接 FE。

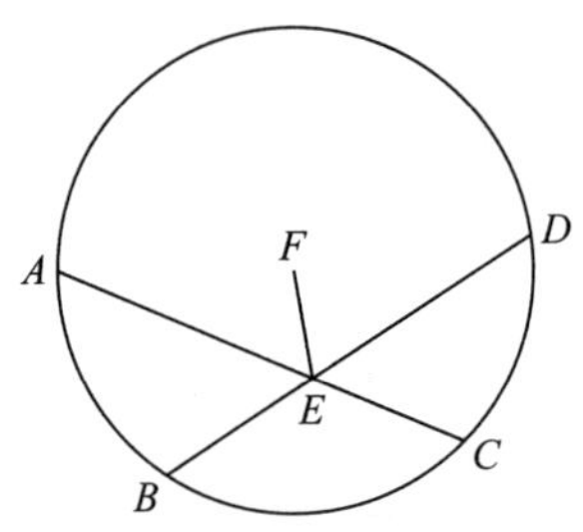

因此，由于通过圆心的线段 FE 等分不通过圆心的弦 AC，它也成直角截该弦［命题Ⅲ.3］，于是，角 FEA 是直角。再者，由于线段 FE 等分线段 BD，FE 成直角截 BD［命题Ⅲ.3］。因此，FEB 是直角。但 FEA 已被证明是直角。因此，FEA 等于 FEB，即较小角等于较大角，而这是不可能的。因此，AC 与 BD 并不彼此等分。

这样，圆中不通过圆心且彼此相截的两条弦不会彼此等分。这就是需要证明的。

命题 5

若两个圆彼此相截，则它们不同心。

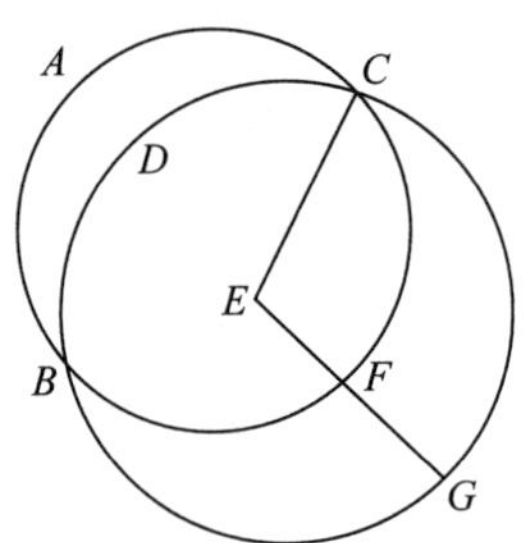

设圆 ABC 与圆 CDG 相截于点 B 与 C。我说它们不同心。

其理由如下。设 E 为共同的圆心，检验是否可能，连接 EC，并任意作 EFG 通过两个圆。由于点 E 是圆 ABC 的圆心，EC 等于 EF。再者，由于点 E 是圆 CDG 的圆心，EC 等于 EG。但已证明 EC 等于 EF，于是，EF 也等于 EG，即较小者等于较大者，而这是不可能的。因此点 E 不是圆 ABC 与圆 CDG 的公共圆心。

这样，若两个圆彼此相截，则它们不同心。这就是需要证明的。

命题 6

若两个圆相切，则它们不同心。[①]

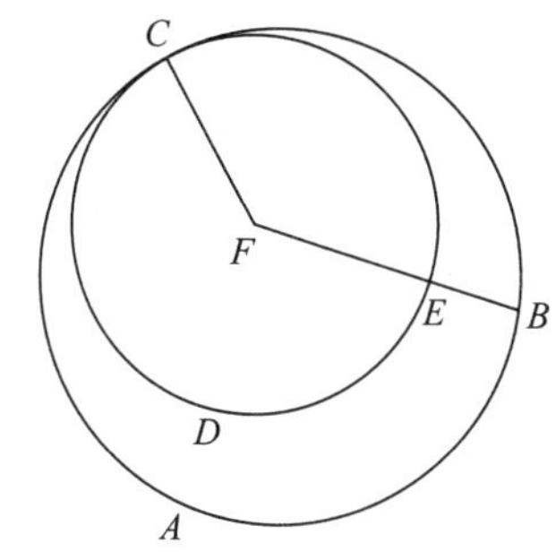

设圆 ABC 与圆 CDE 相切于点 C，我说它们不同心。

其理由如下。设 F 是公共圆心，检验是否可能，连接 FC，并任意作 FEB 通过两个圆。

因此，由于点 F 是圆 ABC 的圆心，FC 等于 FB。再者，由于点 F 是圆 CDE 的圆心，FC 等于 FE。但 FC 已被证明等于 FB。因此，FE 也等于 FB，即较小线段等于较大线段，而这是不可能的。因此，点 F 不是圆 ABC 与圆 CDE 的共同圆心。

这样，若两个圆相切，则它们不同心。这就是需要证明的。

命题 7

若在一个圆的直径上取一个并非圆心的点，并由该点向圆周引若干线段，则其中最大的是通过圆心的线段，最小的是该线段所在直径的剩余部分。在其他线段中，与通过圆心线段较近者总是大于较远者。并且由该点向圆周所引相等线段只可能成对出现，它们分别在最短线段的两侧。

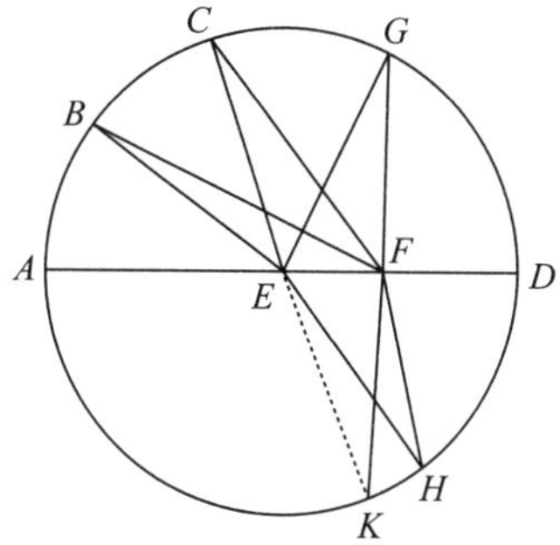

设 $ABCD$ 是一个圆，AD 是它的直径，在 AD 上取不在圆心的点 F。设 E 是圆心，由 F 向圆周 $ABCD$ 引线段 FB，FC，FG。我说这些线段中 FA 最大，FD 最小，在其他线段中，FB 大于 FC，FC 大于 FG。

其理由如下。连接 BE，CE，GE。由于三角形任意两边之和大于第三边[命题Ⅰ.20]，因此 EB 加上 EF 大于 BF。且 AE 等于 BE[于是，BE 加上 EF 等于 AF]。因此，AF 大于 BF。再者，由于 BE 等于 CE，FE 是公共边，两边 BE，EF 分别等于两边 CE，EF。但是，角 BEF 也大

① 这里显然是证相内切。——译者注

于角 CEF。因此底边 BF 大于底边 CF［命题Ⅰ.24］。同理，CF 也大于 FG。

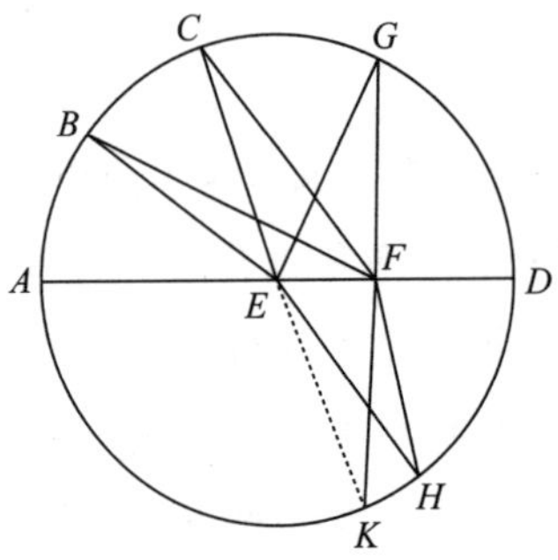

（注：为方便读者阅读，译者将第 53 页图复制到此处。）

再者，由于 GF 加上 FE 大于 EG［命题Ⅰ.20］，且 EG 等于 ED，因此 GF 加上 FE 大于 ED。设从二者各减去 EF。于是，剩下的 GF 大于剩下的 FD。所以，FA 是最大的线段，FD 是最小的，且 FB 大于 FC，FC 大于 FG。

我也说由点 F 只能向圆 $ABCD$ 的圆周引两条相等的线段，分别位于最小线段 FD 的两侧。其理由如下。设在线段 EF 上点 E 处，作角 FEH 等于角 GEF［命题Ⅰ.23］，并连接 FH。因此，由于 GE 等于 EH，EF 是公共边，两边 GE，EF 分别等于两边 HE，EF。且角 GEF 等于角 HEF，因此，底边 FG 等于底边 FH［命题Ⅰ.4］。我说不可能由点 F 向圆周引另一条等于 FG 的线段。因为如若可能，不妨设它是 FK。由于 FK 等于 FG，但 FH 等于 FG，FK 因此也等于 FH，于是与通过圆心的线段较近的线段等于较远的，而这是不可能的。因此，不可能由 F 向圆周引另一条等于 GF 的线段。所以，只有一条这样的线段。

这样，若在一个圆的直径上取一个并非圆心的点，并由该点向圆周引若干线段，则其中最大的是通过圆心的线段，最小的是该线段所在直径的剩余部分。在其他线段中，与通过圆心线段较近者总是大于较远者。并且由该点向圆周所引线段中只可能成对地相等，它们分别在最短线段的两侧。这就是需要证明的。

命题 8

由圆外一点向圆周引直线，其中一条通过圆心，其余是任意的，则在引向凹圆弧的线段中，最大者通过圆心，至于其他的，与通过圆心的线较近[1]者总是大于较远者。在引向凸圆弧的线段中，最小者在该点与一条直径之间。与最小线段较近者总是小于较远者。由该点向圆周所引相等线段只可能是成对的，它们分别位于最短线段的两侧。

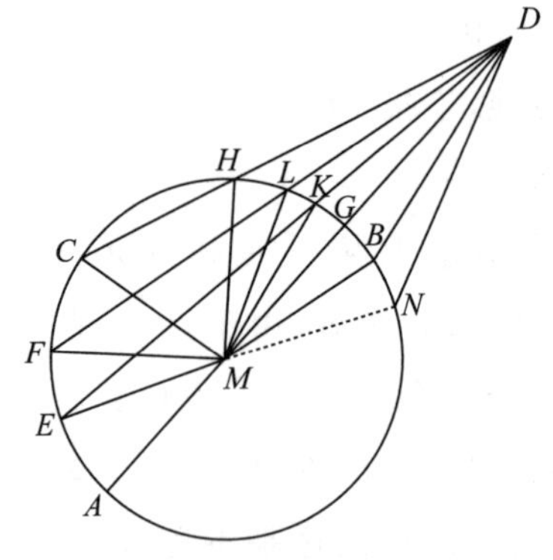

设 ABC 是一个圆，在 ABC 外取一点

① 猜测是在角的意义上。

D,由之作线段 DA,DE,DF,DC,使 DA 通过圆心,我说引向凹圆弧 AEFC 上各点的线段中,通过圆心的 AD 最大,且 DE 大于 DF,DF 大于 DC。引向凸圆弧 HLKG 上各点的线段中,最小者在该点与直径 AG 之间,即 DG,且与最短线段 DG 较近者,总是小于较远者,故 DK 小于 DL,DL 小于 DH。

其理由如下。设圆的圆心被找到为 M[命题Ⅲ.1]。连接 ME,MF,MC,MK,ML,MH。

由于 AM 等于 EM,对二者各加上 MD。于是,AD 等于 EM 加上 MD。但是,EM 加上 MD 大于 ED[命题Ⅰ.20]。因此,AD 也大于 ED。再者,由于 ME 等于 MF,MD 是公共边,线段 EM,MD 因此分别等于 FM,MD。且角 EMD 大于角 FMD[①],因此底边 ED 大于底边 FD[命题Ⅰ.24]。类似地,我们也可以证明 FD 大于 CD。因此,AD 是最大线段,DE 大于 DF,DF 大于 DC。

又由于 MK 加上 DK 大于 MD[命题Ⅰ.20],且 MG 等于 MK,剩下的 KD 因此大于剩下的 GD。故 GD 小于 KD。且由于三角形 MLD 中,两条内线段 MK 与 KD 作在一边 MD 上,于是 MK 加上 DK 小于 ML 加上 LD[命题Ⅰ.21]。且 MK 等于 ML。因此,剩下的 DK 小于剩下的 DL。类似地,我们可以证明 DL 也小于 DH。于是,DG 是最小线段,而 DK 小于 DL,DL 小于 DH。

我也说由 D 点引向圆周的线段只能成对地相等,最短线段 DG 的两侧各有一条。设在线段 MD 上的 M 点,作角 DMB 等于角 KMD[命题Ⅰ.23],连接 DB。由于 MK 等于 MB,MD 是公共边,两条线段 KM,MD 分别等于两条线段 BM,MD,且角 KMD 等于角 BMD。于是底边 DK 等于底边 DB[命题Ⅰ.4]。故我说不会有另一条等于 DK 的线段由点 D 引向圆周。设引出了这样的线段 DN,检验是否可能。于是,由于 DK 等于 DN,但 DK 等于 DB,DB 因此也等于 DN,故离最小线段 DG 较近的线段等于离它较远的线段,这已被证明是不可能的。因此,由点 D 引向圆 ABC 的圆周的相等线段只可能是成对的,最小线段 DG 的两侧各有一条。

这样,由圆外一点向圆周作直线,其中一条通过圆心,其余是任意的,则在引向凹圆弧的线段中,最大者通过圆心,至于其他的,与通过圆心的线较近者总是大于较远者。在引向凸圆弧的线段中,最小者在该点与一条直径之间。与最小线段较近者总是小于较远者。由该点向圆周所引相等线段只可能是成对的,它们分别位于最短线段的两侧。这就是需要证明的。

命题 9

向圆周所引相等线段多于两条的圆内的点是圆的圆心。

---

① 这一点并未证明,只是参考插图。

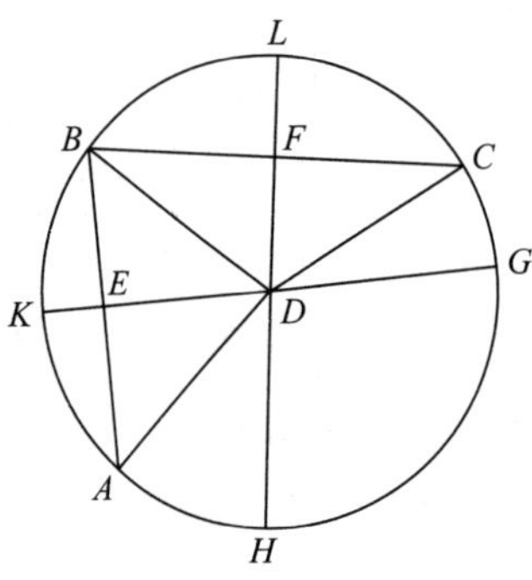

设 ABC 是一个圆，D 是其内一点，设从点 D 可以向圆周引多于两条相等的线段 DA，DB，DC。我说点 D 是圆 ABC 的圆心。其理由如下。连接 AB 与 BC，然后在点 E 与 F 分别等分[命题Ⅰ.10]。连接 ED 与 FD，并延长它们分别通过 G，K，H，L。因此，由于 AE 等于 EB，ED 是公共的，两边 AE，AD 分别等于两边 BE，BD。且底边 DA 等于底边 DB。因此，角 AED 等于角 BED[命题Ⅰ.8]。于是角 AED 与角 BED 每个都是直角[定义Ⅰ.10]。所以 GK 成直角等分 AB。且由于，若圆中的某条线段垂直等分其他线段，则圆心在前一条线段上[命题Ⅲ.1 推论]，圆心因此在 GK 上。同理，圆 ABC 的圆心也在 HL 上。且线段 GK 与 HL 除点 D 外没有其他公共点。因此，点 D 是圆 ABC 的圆心。

这样，向圆周所引相等线段多于两条的圆内的点是圆的圆心。这就是需要证明的。

命题 10

一个圆不会截另一个圆多于两点。

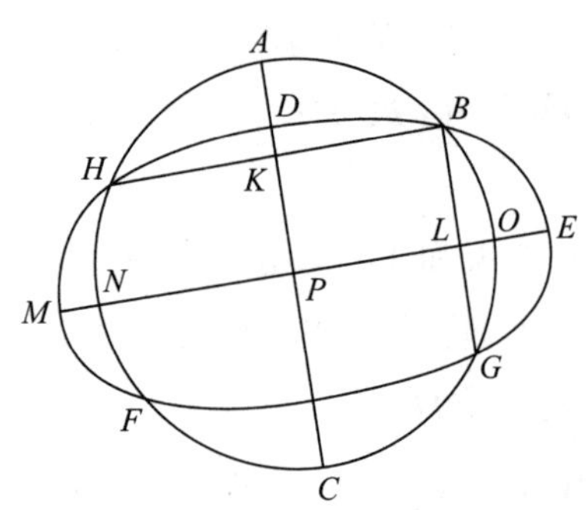

其理由如下。设圆 ABC 与圆 DEF 的交点多于两个，记为 B，G，F，H，检验是否可能。连接 BH 与 BG，设它们分别被等分于 K 与 L。由 K 与 L 分别作 KC 与 LM，使之分别垂直于 BH 与 BG[命题Ⅰ.11]，设它们分别通过 A 与 E。

因此，由于在圆 ABC 中，弦 AC 垂直等分弦 BH，圆 ABC 的圆心因此在 AC 上[命题Ⅲ.1 推论]。再者，由于在同一个圆 ABC 中，NO 垂直等分 BG。因此圆 ABC 的圆心在 NO 上[命题Ⅲ.1 推论]。但它已被证明在 AC 上。且弦 AC 与 NO 除了 P 点外没有其他交点。因此点 P 是圆 ABC 的圆心。类似地，我们可以证明点 P 也是圆 DEF 的圆心。于是，两个相交的圆 ABC 与圆 DEF 有相同的圆心 P，而这是不可能的[命题Ⅲ.5]。

这样，一个圆不会截另一个圆多于两点。这就是需要证明的。

命题 11

若两个圆相互内切，且其圆心已被找到，则连接它们圆心的线段延长后通过两个圆的切点。

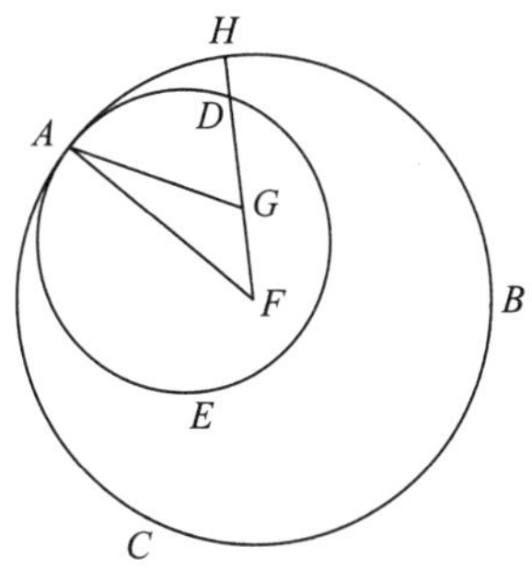

设两个圆 ABC 与 ADE 相互内切于点 A，并设已找到 F 为圆 ABC 的圆心[命题Ⅲ.1]，G 为圆 ADE 的圆心[命题Ⅲ.1]。我说连接 G 至 F 的直线延长后通过 A。

其理由如下。如若不然，设连线像图中 FGH 那样，检验是否可能，连接 AG 与 AF。

因此，由于 AG 加上 GF 大于 FA，也就是大于 FH[命题Ⅰ.20]，设从二者各减去 FG。于是，剩下的 AG 大于剩下的 GH。且 AG 等于 GD。因此，GD 也大于 GH，即较小者大于较大者，而这是不可能的。因此它落在两个圆的切点 A 上。

这样，若两个圆相互内切，且其圆心已被找到，则连接它们圆心的线段延长后通过两个圆的切点。这就是需要证明的。

命题 12

若两个圆相互外切，则它们的圆心的连线通过切点。

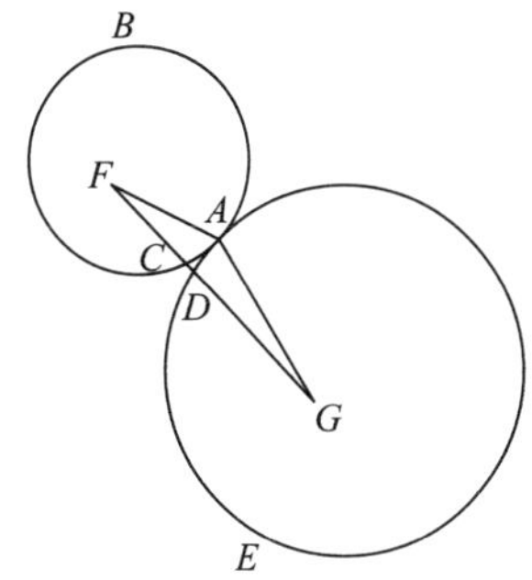

设两个圆 ABC 与 ADE 相互外切于点 A，并设已找到圆 ABC 的圆心为 F[命题Ⅲ.1]，圆 ADE 的圆心为 G[命题Ⅲ.1]。我说连接 F 与 G 的线段通过切点 A。

其理由如下。如若不然，设它如同图中 $FCDG$，检验是否可能，又连接 AF 与 AG。

因此，由于点 F 是圆 ABC 的圆心，FA 等于 FC。再者，由于点 G 是圆 ADE 的圆心，GA 等于 GD。圆 ADE 的圆心为 G。且 FA 已被证明等于 FC。于是，线段 FA 加上 AG 等于线段 FC 加上 GD。故整个 FG 大于 FA 加上 AG。但它也小于 FA 加上 AG[命题Ⅰ.20]。而这是不可能的。于是，F 至 G 的连线不可能不通过切点 A。因此，它通过切点。

这样，若两个圆相互外切，则它们圆心的连线通过切点。这就是需要证明的。

命题 13

两个圆无论是内切还是外切，其切点都不多于一个。

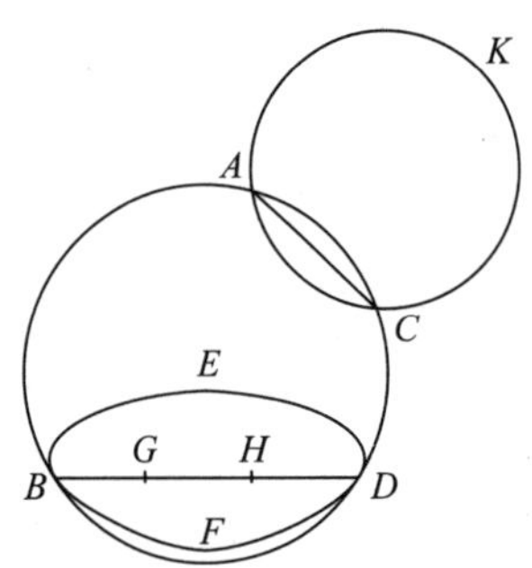

其理由如下。设圆 *ABDC*① 与圆 *EBFD* 相切(先考虑在其内部)多于一点，即在 *D* 与 *B*，检验是否可能。

设已找到圆 *ABDC* 的圆心为 *G*[命题Ⅲ.1]，圆 *EBFD* 的圆心为 *H*[命题Ⅲ.1]。

于是连接 *G* 与 *H* 的线段通过 *B* 与 *D*[命题Ⅲ.11]，设它如同图中的 *BGHD*。且由于点 *G* 是圆 *ABDC* 的圆心，*BG* 等于 *GD*。于是，*BG* 大于 *HD*。因此，*BH* 比 *HD* 更大。再者，由于点 *H* 是圆 *EBFD* 的圆心，*BH* 等于 *HD*。但是，已经证明 *BH* 比 *HD* 更大，故这是不可能的。所以，一个圆不可能内切于另一个圆多于一点。

我说也不可能外切于多于一点。

其理由如下。设圆 *ACK* 与圆 *ABDC* 外切于多于一点，即在 *A* 与 *C*，检验是否可能。连接 *AC*。

因此，由于已经在圆 *ABDC* 与 *ACK* 每个都任意取 *A*，*C* 两点，所以它们的连线落在每个圆的内部[命题Ⅲ.2]。但是，因为连线落在圆 *ABDC* 内部，而圆 *ACK* 不能进入圆 *ABDC* 的内部[定义Ⅲ.3]，故连线只能落在圆 *ACK* 的外部。而这是荒谬的。

这样，两个圆无论是内切还是外切，其切点都不多于一个。这就是需要证明的。

命题 14

圆中相等的弦与圆心等距，而与圆心等距的弦彼此相等。

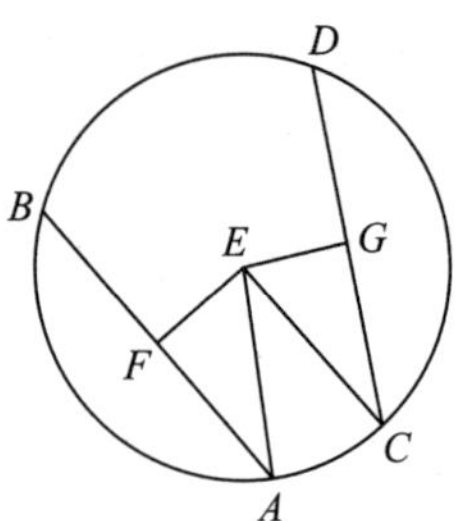

设 *ABDC* 是一个圆，*AB*，*CD* 是其中相等的弦。我说 *AB*，*CD* 与圆心等距。

其理由如下。设已找到圆 *ABDC* 的圆心为 *E*[命题Ⅲ.1]。由 *E* 向 *AB*，*CD* 分别作垂线 *EF*，*EG*[命题Ⅰ.12]。连接 *AE* 与 *EC*。

因此，由于通过圆心的线段 *EF* 成直角切割 *AB*，它也等分 *AB*[命题Ⅲ.3]。因此，*AF* 等于 *FB*。于是，*AB* 是 *AF* 的两倍。同理，*CD* 也是 *CG* 的两倍，而 *AB* 等

① 希腊语原文是“*ABCD*”，明显是一个笔误。

于 CD，因此，AF 也等于 CG。且由于 AE 等于 EC，AE 上的正方形也等于 EC 上的正方形。但是，AF，EF 上的正方形之和等于 AE 上的正方形，因为在 F 的角是直角[命题Ⅰ.47]。CG，GE 上的正方形之和等于 EC 上的正方形，因为在 G 的角是直角[命题Ⅰ.47]。因此，AF，FE 上的正方形之和等于 CG，GE 上的正方形之和，其中 AF 上的正方形等于 CG 上的正方形，因为 AF 等于 CG。于是，剩下的 FE 上的正方形等于 EG 上的正方形。于是，EF 等于 EG。圆中的各条弦被称为与圆心等距，若由圆心向它们所作的垂线相等[定义Ⅲ.4]。于是，AB，CD 与圆心等距。

设弦 AB，CD 与圆心等距，即 EF 等于 EG。我说 AB 也等于 CD。

其理由如下。按照相同的构形，我们可以类似地证明 AB 是 AF 的两倍，CD 是 CG 的两倍。且由于 AE 等于 CE，AE 上的正方形等于 CE 上的正方形。但是，EF，FA 上的正方形之和等于 AE 上的正方形[命题Ⅰ.47]。而且，EG，GC 上的正方形之和等于 CE 上的正方形[命题Ⅰ.47]。因此 EF，FA 上的正方形之和等于 EG，GC 上的正方形之和，因为 EF 等于 EG。因此，剩下的 AF 上的正方形等于剩下的 CG 上的正方形，所以，AF 等于 CG。但 AB 是 AF 的两倍，CD 是 CG 的两倍，于是，AB 等于 CD。

这样，圆中相等的弦与圆心等距，且与圆心等距的弦彼此相等。这就是需要证明的。

命题 15

圆中的直径是最大的弦，此外，距圆心较近的弦总是大于距圆心较远的弦。

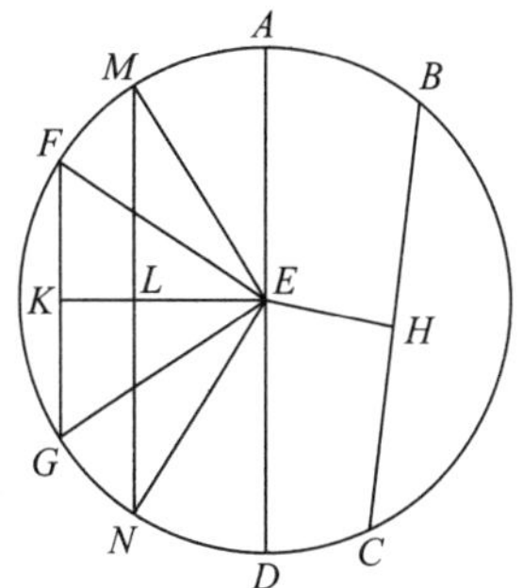

设 $ABCD$ 是一个圆，AD 是其直径，E 是其圆心，并设 BC 比 FG 更靠近直径 AD[1]。我说 AD 是最大弦，BC 大于 FG。

其理由如下。由圆心 E 作 EH，EK 分别与 BC，FG 成直角[命题Ⅰ.12]。因为 BC 比 FG 更靠近圆心，EK 大于 EH[定义Ⅲ.5]。使 EL 等于 EH[命题Ⅰ.3]。通过 L 作 LM 与 EK 成直角[命题Ⅰ.11]，且使它通过点 N。连接 ME，EN，FE，EG。

因为 EH 等于 EL，BC 也等于 MN[命题Ⅲ.14]。再者，由于 AE 等于 EM 及 ED 等于 EN，AD 因此等于 ME 加上 EN。但是，ME 加上 EN 大于 MN[命题Ⅰ.20]，而 AD 也大于 MN，且 MN 等于 BC。于是 AD 大于 BC。且由于两边 ME，EN 分别等于两边 FE，EG，而角

① 欧几里得应当说“更靠近圆心”，而不是“更靠近直径 AD”，因为 BC，AD 与 FG 不一定是平行的。

MEN 大于角 FEG[①]，底边 MN 因此大于底边 FG［命题Ⅰ.24］。但是已经证明了 MN 等于 BC，故 BC 也大于 FG。因此，直径 AD 最大，BC 大于 FG。

这样，圆中的直径是最大的弦，此外，距圆心较近的弦总是大于距圆心较远的弦。这就是需要证明的。

命题 16

在圆的直径的端点所作与直径成直角的直线落在圆外。并且在上述直线与圆周之间不能插入另一条直线。而且半圆的角大于任何锐直线角，剩下的角小于任何锐直线角。

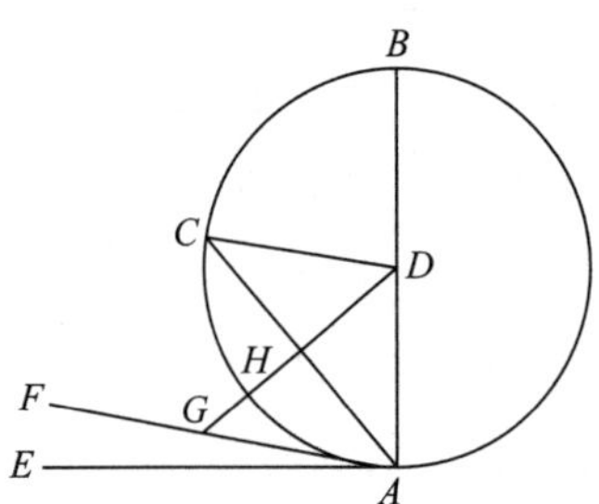

设 ABC 是以 D 为圆心，AB 为直径的圆。我说由直径 AB 的端点 A 所作与之成直角的直线落在圆外［命题Ⅰ.11］。

其理由如下。如若不然，设它像图中的 CA 一样落在圆内，检验是否可能，连接 DC。

由于 DA 等于 DC，角 DAC 也等于角 ACD［命题Ⅰ.5］。且 DAC 是直角。故角 ACD 也是直角。这样，在三角形 ACD 中，两个角 DAC，ACD 之和等于两个直角。而这是不可能的［命题Ⅰ.17］。因此，由点 A 所作与 BA 成直角的直线不会落在圆内。类似地，我们可以证明，它也不会落在圆周上。因此，它落在圆外。

设它的位置如同图中的 AE。我说在直线 AE 与圆周 CHA 之间不可能插入另一条直线。

其理由如下。设插入的直线如同图中的 FA，检验是否可能。由点 D 作 DG 垂直于 FA［命题Ⅰ.12］。而由于 AGD 是直角，DAG 小于直角，所以 AD 大于 DG［命题Ⅰ.19］。而 DA 等于 DH，故 DH 大于 DG，即较小线段大于较大线段，而这是不可能的。于是，不可能在直线 AE 与圆周之间再插入其他直线。

我也说直线 BA 与圆弧 CHA 所夹半圆的角大于任何锐直线角，而圆弧 CHA 与直线 AE 所夹的剩下的角小于任何锐直线角。

其理由如下。若任何锐直线角大于直线 BA 与圆弧 CHA 所夹的角，或者小于圆弧 CHA 与直线 AE 所夹的角，则可以在圆弧 CHA 与直线之间插入一条直线，它使两条直线所夹的角大于直线 BA 与圆弧 CHA 所夹的角，或者小于圆弧 CHA 与直线 AE 所夹的角。但是不可能插入这样的直线。因此，两条直线所夹的锐角不可能大于直线 AB 与圆弧 CHA 的夹角，它也不可能小于圆弧 CHA 与直线 AE 所夹的角。

① 这一点并未证明，只是参考插图。

推　　论

由此显然可知，在圆的直径的端点所作与直径成直角的直线与圆相切(并且该直线与圆只相遇于一点，因为已经证明了与圆相遇于两点的直线落在圆内[命题Ⅲ.2])。这就是需要证明的。

命题 17

由给定点作直线与给定圆相切。

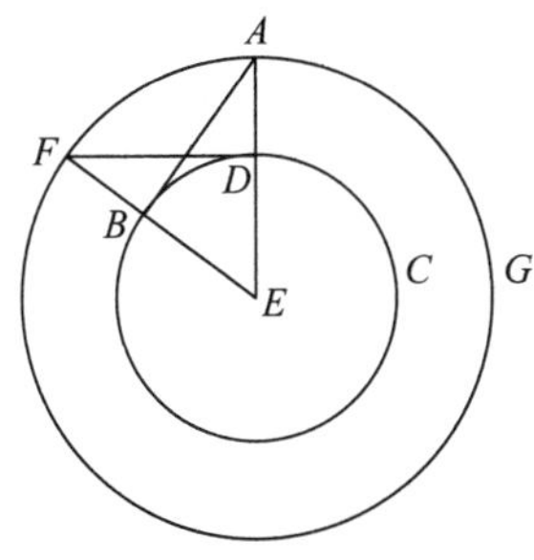

设 A 是给定点，BCD 是给定圆。故要求的是由点 A 作一条直线与圆 BCD 相切。

设圆的圆心已找到为 E[命题Ⅲ.1]，连接 AE。以圆心 E 及半径 EA 作圆 AFG。由 D 作 DF 与 EA 成直角[命题Ⅰ.11]。连接 EF 与 AB。① 我说由点 A 作出的线段 AB 与圆 BCD 相切。

由于 E 是圆 BCD 与 AFG 的圆心，EA 因此等于 EF，ED 等于 EB。两边 AE，EB 分别等于两边 FE，ED。且它们在点 E 夹一个公共角。所以，边 DF 等于边 AB，三角形 DEF 全等于三角形 BEA，剩余诸角等于对应的剩余诸角[命题Ⅰ.4]。于是角 EDF 等于 EBA。而 EDF 是直角，故 EBA 也是直角。EB 是半径。而由圆的直径的端点所作与直径成直角的直线与该圆相切[命题Ⅲ.16 推论]。故 AB 与圆 BCD 相切。

这样，由给定点 A 作出了给定圆 BCD 的切线 AB。这就是需要做的。

命题 18

若直线与圆相切，则圆心至切点的连线垂直于切线。

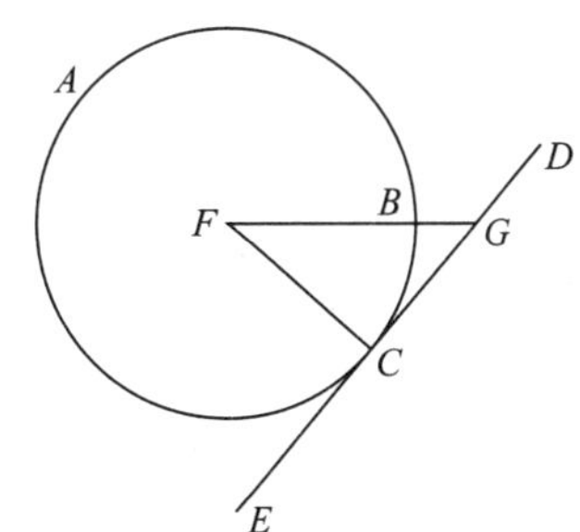

设直线 DE 与圆 ABC 相切于点 C，圆 ABC 的圆心已找到为 F[命题Ⅲ.1]，连接 FC。我说 FC 垂直于 DE。

其理由如下。如若不然，设由 F 作 FG 垂直于 DE[命题Ⅰ.12]。

因此，由于角 FGC 是直角，角 FCG 因此是锐角[命题Ⅰ.17]。而且较大角被较大边对向[命题Ⅰ.19]，因此，FC 大于

① “连接 EF 与 AB。”应改为“连接 EF 与圆 BCD 相交于 B，连接 AB。”——译者注

FG。但 FC 等于 FB。因此 FB 也大于 FG，即较小线段大于较大线段，而这是不可能的。因此，FG 不垂直于 DE。类似地，我们可以证明，除 FC 之外，不可能有其他通过圆心的直线垂直于 DE。于是，FC 垂直于 DE。

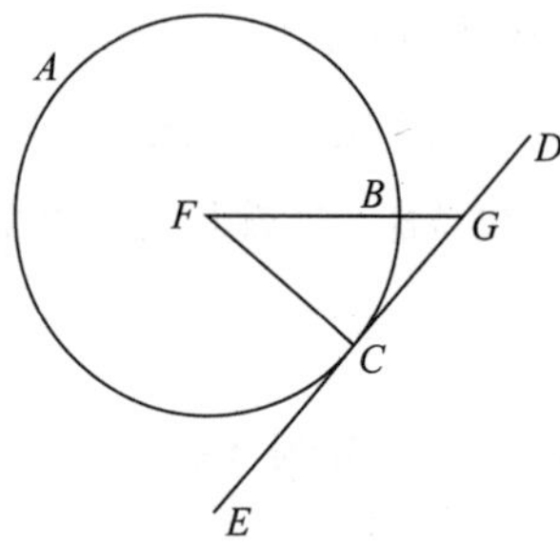

（注：为方便读者阅读，译者将第 61 页图复制到此处。）

这样，若直线与圆相切，则圆心至切点的连线垂直于切线。这就是需要证明的。

命题 19

若直线与圆相切，并由切点作另一直线与切线成直角，则圆心在这条直线上。

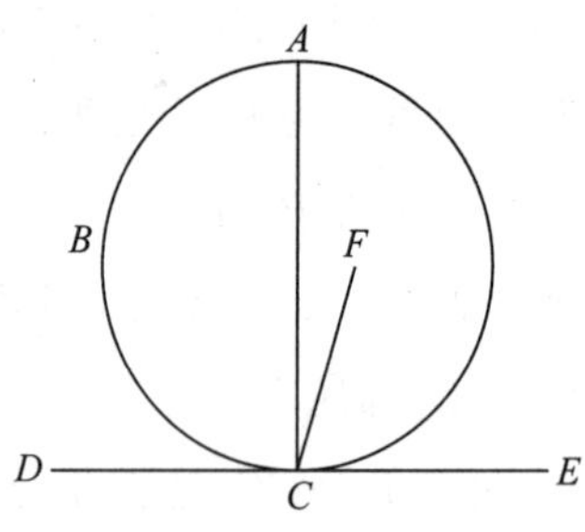

设直线 DE 与圆 ABC 相切于点 C，由点 C 作 CA 与 DE 成直角[命题Ⅰ. 11]。我说圆心在 AC 上。

其理由如下。如若不然，设 F 是圆心，连接 CF。

因此，由于直线 DE 与圆 ABC 相切，并由圆心到接触点连线 FC，则 FC 垂直于 DE[命题Ⅲ. 18]。因此，FCE 是直角。但 ACE 也是直角，于是，FCE 等于 ACE，即较小角等于较大角，而这是不可能的。于是，点 F 不可能是圆 ABC 的圆心。类似地，我们可以证明，除了在 AC 上的一个点，任何其他点都不可能是圆心。

这样，若直线与圆相切，并由切点作另一直线与切线成直角，则圆心在这条直线上。这就是需要证明的。

命题 20

同一圆中同一圆弧上的圆心角等于其圆周角的两倍。

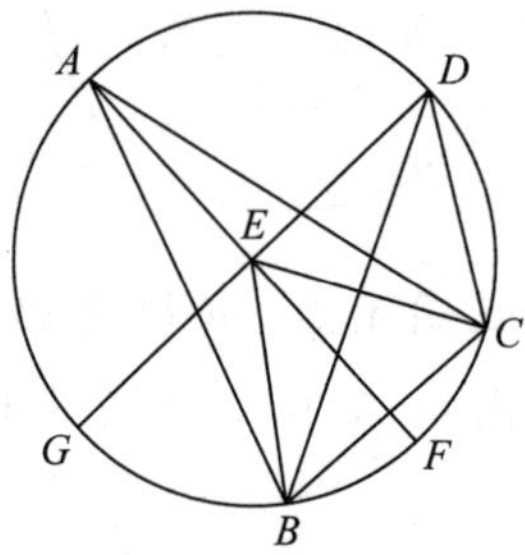

设 ABC 是一个圆，BEC 是圆心角，BAC 是圆周角，且它们都在同一圆弧 BC 上。我说角 BEC 是角 BAC 的两倍。

其理由如下。连接 AE 并延长至 F。

因此，由于 EA 等于 EB，角 EAB 也等于角 EBA。于是，角 EAB 加上 EBA 是角 EAB 的两倍，且 BEF 等于 EAB 加上 EBA[命题Ⅰ. 32]。于是，BEF 也是

EAB 的两倍。同理，FEC 也是 EAC 的两倍，整个角 BEC 是整个角 BAC 的两倍。

变动另一条直线构成另一个角 BDC，连接 DE，并延长至 G。类似地，我们可以证明角 GEC 是 EDC 的两倍，其中 GEB 是 EDB 的两倍。于是，剩下的角 BEC 是剩下的角 BDC 的两倍。

这样，同一圆中同一圆弧上的圆心角等于圆周角的两倍。这就是需要证明的。

命题 21

在一个圆中，同一弓形中的角彼此相等。

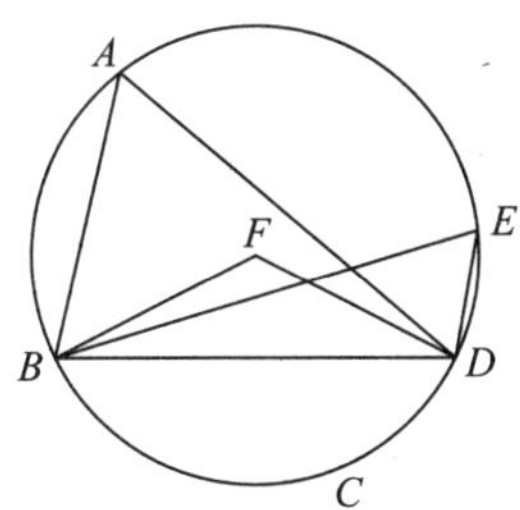

设 $ABCD$ 是一个圆，角 BAD 与 BED 是同一弓形 $BAED$ 中的角，我说角 BAD 与 BED 彼此相等。

其理由如下。设圆 $ABCD$ 的圆心已被找到［命题Ⅲ. 1］为点 F。连接 BF 与 FD。

由于角 BFD 在圆心，角 BAD 在圆周上，且它们以相同的圆弧 BCD 为底，角 BFD 因此是角 BAD 的两倍［命题Ⅲ. 20］。同理，BFD 也是 BED 的两倍。因此 BAD 等于 BED。

这样，在一个圆中，同一弓形中的角彼此相等。这就是需要证明的。

命题 22

圆内接四边形对角之和等于两个直角。

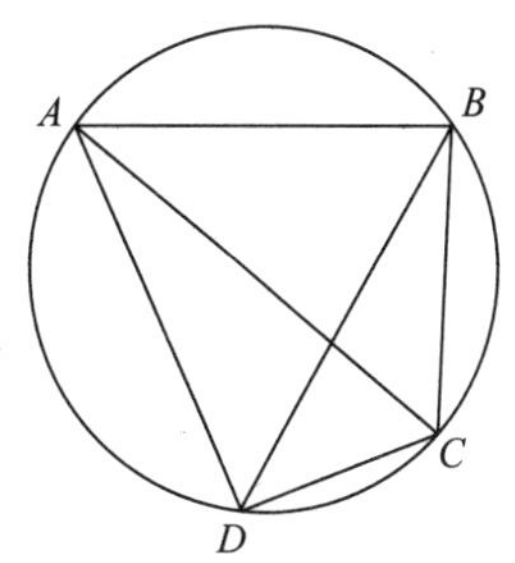

设 $ABCD$ 是一个圆，$ABCD$ 是它的内接四边形。我说其对角之和等于两个直角。

连接 AC 与 BD。

因此，由于任意三角形的三个角之和等于两个直角［命题Ⅰ. 32］，三角形 ABC 的三个角 CAB，ABC，BCA 之和因此等于两个直角。且 CAB 等于 BDC，因为它们在同一弓形 $BADC$ 中［命题Ⅲ. 21］。并且 ACB 等于 ADB，因为它们在同一弓形 $ADCB$ 中［命题Ⅲ. 21］。因此，整个 ADC 等于 BAC 加上 ACB。对二者都加上 ABC。于是，ABC，BAC，ACB 之和等于 ABC，ADC 之和。但是，ABC，BAC，ACB 之和等于两个直角，因此，ABC，ADC 之和也等于两个直角。类似地，我们可以证明角 BAD 与角 DCB 之和也等于两个直角。

这样，圆内接四边形对角之和等于两个直角。这就是需要证明的。

命题 23

不可能在同一线段的同一侧作出两个相似但不相等的弓形。

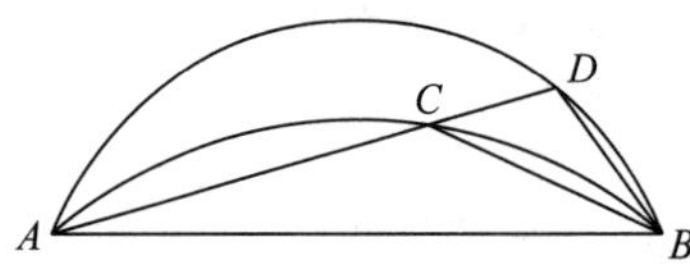

设在同一线段 AB 的同一侧作出了相似但不相等的弓形 ACB 与 ADB。检验是否可能。设作 ACD 通过这两个弓形，连接 CB 与 DB。

因此，由于弓形 ACB 与弓形 ADB 相似，并且相似的弓形有相等的角[定义Ⅲ.11]，角 ACB 因此等于 ADB，即外角等于内角，而这是不可能的[命题Ⅰ.16]。

这样，不可能在同一线段的同一侧作出两个相似但不相等的弓形。这就是需要证明的。

命题 24

相等弦上的相似弓形相等。

设 AEB 与 CFD 分别是相等弦 AB 与 CD 上的相似弓形。我说弓形 AEB 等于弓形 CFD。

其理由如下。若把弓形 AEB 贴合于弓形 CFD 上，点 A 落在点 C 上，AB 落在 CD 上，则点 B 也与点 D 重合。考虑到 AB 等于 CD，并且 AB 与 CD 重合，弓形 AEB 也与弓形 CFD 重合。因为若线段 AB 与 CD 重合，但弓形 AEB 与弓形 CFD 不重合，则它或者落在其内，或者落在其外，[①]或者错位如同图中的 CGD 位置，这时一个圆与另一个圆的交点多于两个，而这是不可能的[命题Ⅲ.10]。因此，若把线段 AB 贴合于 CD，弓形 AEB 也不可能不与弓形 CFD 重合。于是，二者重合因而相等[公理 4]。

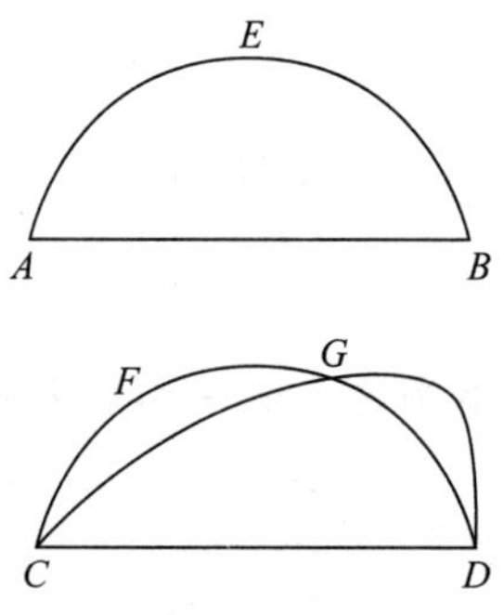

这样，相等弦上的相似弓形相等。这就是需要证明的。

命题 25

对给定弓形作其所在的圆。

设 ABC 是给定的弓形。故要求的是作出弓形 ABC 所在的圆。

设等分 AC 于点 D[命题Ⅰ.10]，并通过点 D 作 DB 与 AC 成直角[命题Ⅰ.11]。连接 AB。于是角 ABD 肯定或者大于，或者等于，或者小于角 BAD。

① 这两种可能性以及前一种，都已包括在命题Ⅲ.23 中。

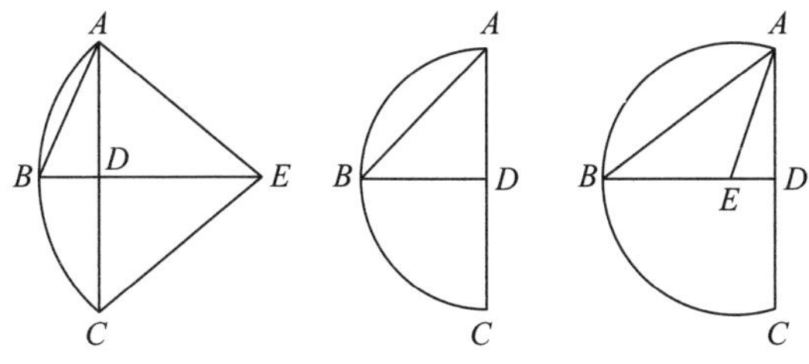

首先考虑大于的情形。并设在 BA 上的点 A 处作角 BAE 等于角 ABD[命题Ⅰ.23]。作 DB 通过 E，连接 EC。因此，由于角 ABE 等于 BAE，线段 EB 等于 EA[命题Ⅰ.6]。且由于 AD 等于 DC，DE 是公共的，两边 AD，DE 分别等于两边 CD，DE。且角 ADE 等于角 CDE，因为每一个都是直角。因此，底边 AE 等于底边 CE[命题Ⅰ.4]。但是，AE 已被证明等于 BE。于是，BE 也等于 CE。因此，三边 AE，EB，EC 彼此相等。于是，若以 E 为圆心，以 AE，EB，EC 之一为半径作圆，它也通过弓形的剩余点 A，B，C，相关的圆被完成[命题Ⅲ.9]。于是，由给定弓形作出了一个圆。且很清楚，弓形 ABC 小于半圆，因为圆心 E 在它的外面。

类似地，甚至若角 ABD 等于 BAD，由于 AD 等于 BD[命题Ⅰ.6]及 DC 的每一个，三边 DA，DB，DC 彼此相等。D 是作出的圆的圆心，且 ABC 明显是半圆。

又若 ABD 小于 BAD，且我们在 BA 上 A 点作角 ABD，则圆心落在 DB 上，在弓形 ABC 内。而弓形 ABC 显然大于半圆[命题Ⅰ.23]。

这样就对给定弓形作出了其所在的圆。这就是需要做的。

命题 26

在相等的圆中，无论是圆心角还是圆周角，相等的角都立在相等的圆弧上。

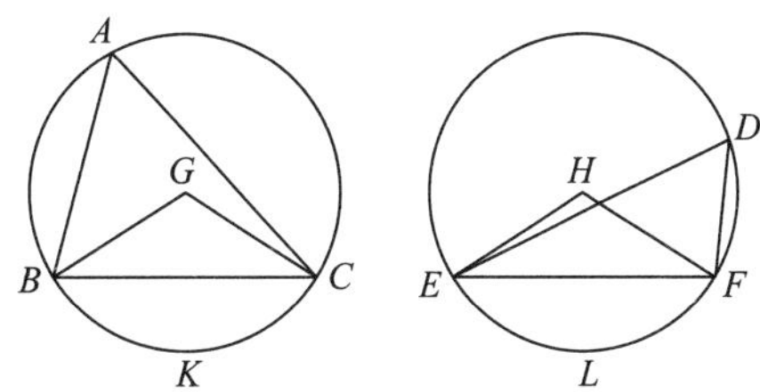

设 ABC 与 DEF 是相等的圆，其中 BGC 与 EHF 是相等的圆心角，BAC 与 EDF 是相等的圆周角。我说圆弧 BKC 等于圆弧 ELF。

其理由如下。连接 BC 与 EF。

由于圆 ABC 与 DEF 相等，它们的半径也相等。故两边 BG，GC 分别等于两边 EH，HF，在 G 的角等于在 H 的角。于是，底边 BC 等于底边 EF[命题Ⅰ.4]。且由于在 A 的角等于在 D 的角，弓形 BAC 相似于弓形 EDF[定义Ⅲ.11]。且它们在相等的弦[BC 与 EF]上。而相等弦上的相似弓形彼此相等[命题Ⅲ.24]。于是，弓形 BAC 等于弓形 EDF。但整个圆 ABC 等于整个圆 DEF。因此，剩下的圆弧 BKC 等于剩下的圆弧 ELF。

这样，在相等的圆中，无论是圆心角还是圆周角，相等的角都立在相等的圆弧上。这就是需要证明的。

命题 27

在相等的圆中，无论是圆心角还是圆周角，立在相等圆弧上的角彼此相等。

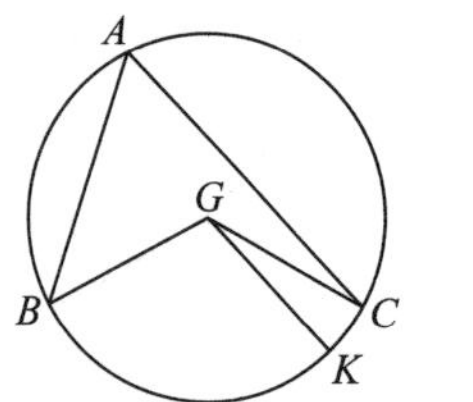

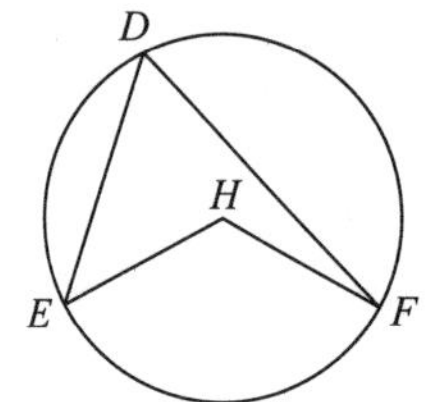

设在相等的圆 ABC 与 DEF 中，在圆心 G 与 H 的角 BGC 与角 EHF，分别立在相等的圆弧 BC 与 EF 上。我说角 BGC 等于角 EHF，BAC 等于 EDF。

其理由如下。若 BGC 不等于 EHF，其中之一必定较大，不妨设 BGC 较大。在线段 BG 上点 G 处，作角 BGK 等于角 EHF[命题Ⅰ.23]。但在相等的圆中，相等的圆心角立在相等的圆弧上[命题Ⅲ.26]。因此，BK 等于 EF。然而 EF 等于 BC，于是 BK 也等于 BC，即较小的圆弧等于较大的圆弧，而这是不可能的。因此，角 BGC 不会不等于 EHF。所以它们相等。又，在 A 的角等于 BGC 的一半，在 D 的角等于 EHF 的一半[命题Ⅲ.20]。于是，在 A 的角也等于在 D 的角。

这样，在相等的圆中，无论是圆心角还是圆周角，立在相等圆弧上的角彼此相等。这就是需要证明的。

命题 28

在相等的圆中，相等的弦截出相等的圆弧，优弧等于优弧，劣弧等于劣弧。

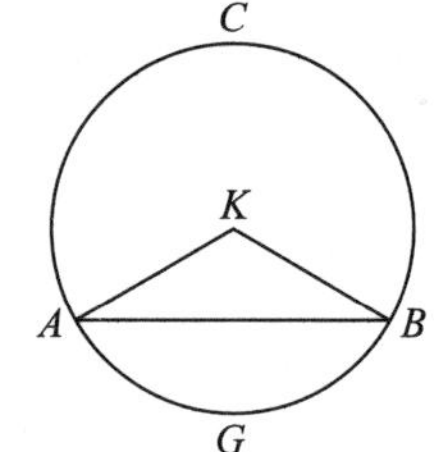

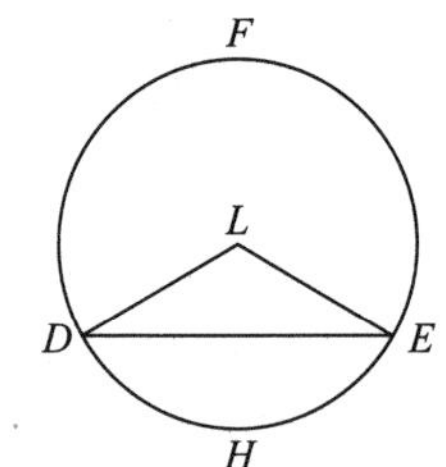

设 ABC 与 DEF 是相等的圆，AB 与 DE 是这两个圆中相等的弦，它们截出优弧 ACB，DFE 与劣弧 AGB，DHE。我说优弧 ACB 等于优弧 DFE，以及劣弧 AGB 等于劣弧 DHE。

其理由如下。设两个圆的圆心已被找到，分别为 K 与 L[命题Ⅲ.1]，连接 AK，KB，DL，LE。

由于 ABC 与 DEF 是相等的圆，它们的半径也相等[定义Ⅲ.1]。故两边 AK，KB 分别等于两边 DL，LE，且底边 AB 等于底边 DE。因此，角 AKB 等于角 DLE[命题Ⅰ.8]。相等的圆心角立在相等的圆弧上[命题Ⅲ.26]，于是，圆弧 AGB 等于圆弧 DHE。且整圆 ABC 也等于整圆 DEF。因此剩下的圆弧 ACB 也等于剩下的圆弧 DFE。

这样，在相等的圆中，相等的弦截出相等的圆弧，优弧等于优弧，劣弧等于劣弧。这就是需要证明的。

命题 29

在相等的圆中，相等的弦对向相等的圆弧。

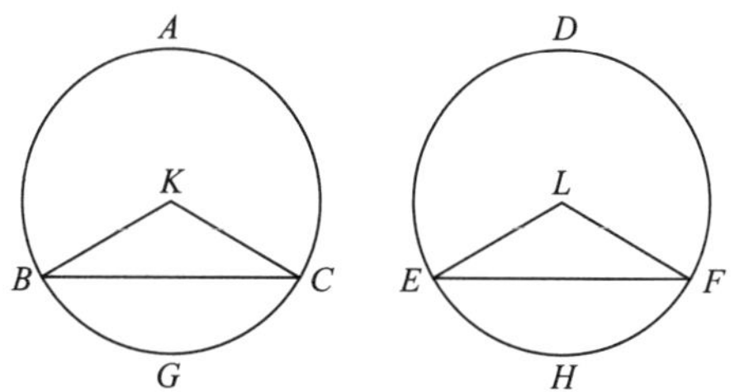

设 ABC 与 DEF 是相等的圆，在其中截出相等的圆弧 BGC 与 EHF。连接弦 BC 与 EF。我说 BC 等于 EF。

其理由如下。设两个圆的圆心已被找到[命题Ⅲ.1]为 K 与 L。连接 BK，KC，EL，LF。

由于圆弧 BGC 等于圆弧 EHF，角 BKC 也等于角 ELF[命题Ⅲ.27]。又由于圆 ABC 与 DEF 相等，其半径也相等[定义Ⅲ.1]。故两边 BK，KC 分别等于两边 EL，LF，且它们的夹角也相等，因此，底边 BC 等于底边 EF[命题Ⅰ.4]。

这样，在相等的圆中，相等的弦对向相等的圆弧。这就是需要证明的。

命题 30

等分给定圆弧。

设 ADB 为给定圆弧。故要求的是等分圆弧 ADB。

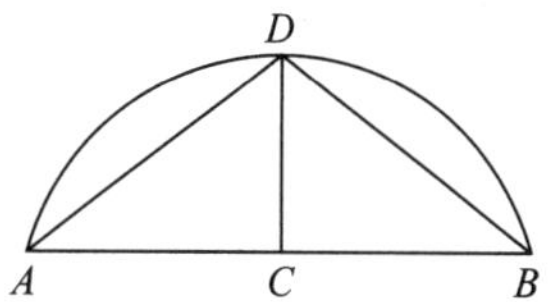

连接 AB 并等分于点 C[命题Ⅰ.10]，由点 C 作 CD 与 AB 成直角[命题Ⅰ.11]。连接 AD 与 DB。

由于 AC 等于 CB，且 CD 是公共边，两边 AC，CD 分别等于两边 BC，CD，角 ACD 等于角 BCD，因为它们都是直角。于是，底边 AD 等于底边 DB[命题Ⅰ.4]。且相等的弦截出相等的圆弧，优弧等于优弧，劣弧等于劣弧[命题Ⅲ.28]。圆弧 AD 与 DB 都小于半圆，因此圆弧 AD 等于圆弧 DB。

这样，给定圆弧被等分于 D。这就是需要做的。

命题 31

在一个圆中，半圆中的角是直角，大于半圆的弓形中的角[①]小于直角，小于半圆的弓形中的角大于直角。此外，大于半圆的弓形的角[②]大于直角，小于半圆的弓形的角小于直角。

① “弓形(中的)角”指的是“弓形中的内接角”，见定义 8。——译者注

② “弓形的角”指的是“弓形的圆弧与弦的夹角”，见定义 7。根据下面的弦切角定理(命题 32)，弓形的角等于其补弧所在弓形的弓形角。“弓形的角”这个概念用得很少，切勿与“弓形(中的)角”混淆。——译者注

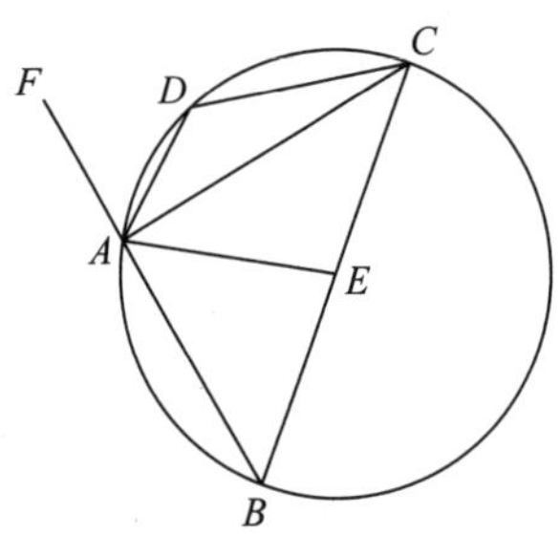

设 $ABCD$ 是一个圆，BC 是它的直径，点 E 是圆心。连接 BA，AC，AD，DC。我说半圆 BAC 中的角 BAC 是直角，大于半圆的弓形 ABC 中的角 ABC 小于直角，而小于半圆的弓形 ADC 中的角 ADC 大于直角。

连接 AE，并作 BA 通过 F。

由于 BE 等于 EA，角 ABE 也等于 BAE[命题Ⅰ.5]。再者，由于 CE 等于 EA，ACE 也等于 CAE[命题Ⅰ.5]。于是，整个角 BAC 等于两个角 ABC，ACB 之和。且 FAC 为三角形 ABC 的外角，因此它也等于两个角 ABC，ACB 之和[命题Ⅰ.32]。于是，角 BAC 也等于 FAC，因此，它们都是直角[定义Ⅰ.10]。所以，半圆 BAC 中的角 BAC 是直角。

由于三角形 ABC 中的两个角 ABC，BAC 之和小于两个直角[命题Ⅰ.17]，BAC 是直角，角 ABC 因此小于直角，它是在大于半圆的弓形 ABC 中的角。

又由于 $ABCD$ 是圆的内接四边形，而在圆内接四边形中，对角之和等于两个直角[命题Ⅲ.22][角 ABC 与角 ADC 之和因此等于两个直角]，且角 ABC 小于直角，剩下的角 ADC 因此大于直角，它是在小于半圆的弓形 ADC 中的角。

我也说，较大弓形的角，即由圆弧 ABC 与弦 AC 所夹的角，大于直角。较小弓形的角，即圆弧 ADC 与弦 AC 所夹的角，小于直角。而这是立即显然可见的，其理由如下。由于两条弦 BA 与 AC 所夹的是直角，故圆弧 ABC 与弦 AC 所夹的角大于直角。再者，由于弦 AC 与 AF 所夹的角是直角，故圆弧 ADC 与弦 CA 所夹的角小于直角。

这样，在一个圆中，半圆中的角是直角，大于半圆的弓形中的角小于直角，小于半圆的弓形中的角大于直角。此外，大于半圆的弓形的角大于直角，小于半圆的弓形的角小于直角。这就是需要证明的。

命题 32

若直线与圆相切，由切点在圆中作弦把圆分为两部分，则该弦与切线所成的角等于弓形之一中的角。

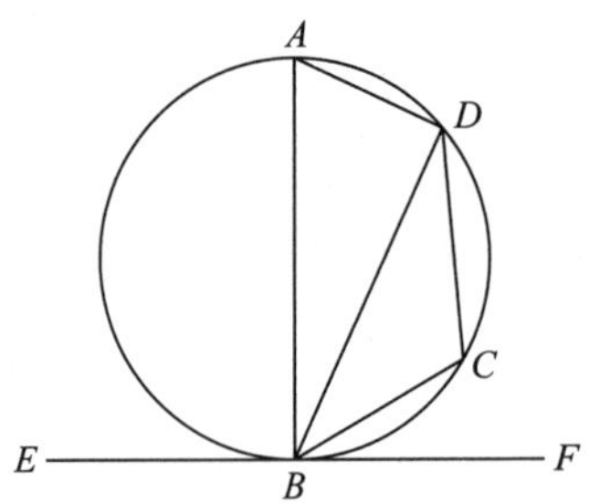

设直线 EF 与圆 $ABCD$ 在点 B 相切，且由点 B 作圆 $ABCD$ 的弦 BD 把圆分成两部分。我说 BD 与切线 EF 所夹的角，等于圆的弓形之一中的角，即角 FBD 等于角 BAD，且角 EBD 等于角 DCB。

其理由如下。由 B 作 BA 与 EF 成直角[命题Ⅰ.11]。在圆弧 BD 上任意取一点 C，连接 AD,DC,CB。

由于直线 EF 与圆 $ABCD$ 相切于 B，由切点作 BA 与切线成直角，因此，圆 $ABCD$ 的圆心在 BA 上[命题Ⅲ.19]。于是，BA 是圆 $ABCD$ 的直径。所以，半圆中的角 ADB 是直角[命题Ⅲ.31]。因此，三角形 ADB 中剩下的角 BAD,ABD 之和等于直角[命题Ⅰ.32]，且 ABF 也是直角。于是，ABF 等于 BAD 加上 ABD。设从二者各减去 ABD，于是，剩下的角 DBF 等于另一弓形中的角 BAD。且由于 $ABCD$ 是圆的内接四边形，它的对角之和等于两个直角[命题Ⅲ.22]。而 DBF，DBE 之和也等于两个直角[命题Ⅰ.13]，因此，DBF,DBE 之和等于 BAD,BCD 之和。其中 BAD 已被证明等于 DBF，因此剩下的角 DBE 等于圆的另一弓形 DCB 中的角 DCB。

这样，若直线与圆相切，由切点在圆中作弦把圆分为两部分，则该弦与切线所成的角等于弓形之一中的角。这就是需要证明的。

命题 33

在给定线段上作一个弓形，使其中的角等于给定直线角。

设 AB 为给定线段，C 为给定直线角。故要求的是在给定线段 AB 上作一个弓形，使其弓形角等于 C。

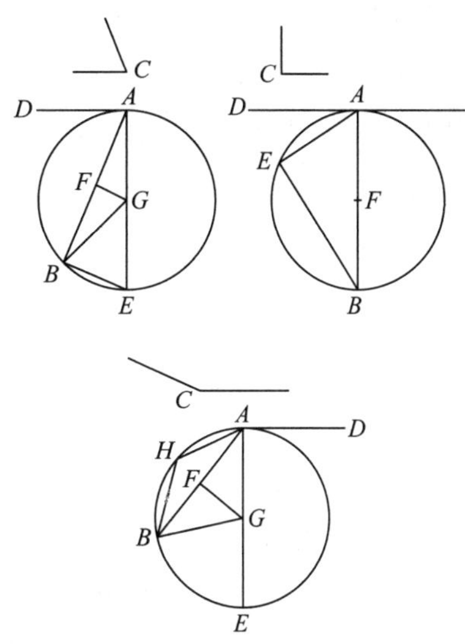

角 C 肯定是锐角、直角或钝角。首先设它是锐角，如在左上图中，设在直线 AB 上的点 A 处作出等于角 C 的角 BAD[命题Ⅰ.23]，因而 BAD 也是锐角。设作 AE 与 DA 成直角[命题Ⅰ.11]，而 AB 被等分于点 F[命题Ⅰ.10]，由点 F 作 FG 与 AB 成直角[命题Ⅰ.11]。连接 GB。

由于 AF 等于 FB，且 FG 是公共边，两边 AF,FG 分别等于两边 BF,FG，且角 AFG 等于角 BFG。因此，底边 AG 等于 BG[命题Ⅰ.4]。于是，以点 G 为圆心，GA 为半径作的圆也通过点 B(以及 A)。设圆已作出，记为 ABE。连接 EB。因此，由于 AD 在直径 AE 的端点 A，与 AE 成直角，故直线 AD 与圆 ABE 相切[命题Ⅲ.16推论]。因此，由于直线 AD 与圆 ABE 相切，且从切点 A 作另一条直线 AB 于圆 ABE 中，角 DAB 因此等于圆的一个弓形角 AEB[命题Ⅲ.32]。但 DAB 等于 C，因此，角 C 也等于 AEB。

这样，在给定直线 AB 上作出了弓形 AEB，其弓形角等于给定的角 C。

然后设角 C 是直角，又必须在 AB 上作一弓形，该弓形角等于直角 C。又设已作出 BAD 等于直角 C[命题Ⅰ.23]，如在左起第二幅图中。设 AB 在 F 被等分[命题Ⅰ.10]，且以点 F 为圆心，以 FA 或 FB 为半径作出圆 AEB。

于是，考虑到在 A 的角是直角，直线 AD 与圆 ABE 相切[命题Ⅲ.16推论]，且角 BAD 等于弓形 AEB 中的角。因为后者是半圆中的角，它也是直角[命题Ⅲ.31]。但 BAD 也等于 C，因此弓形 AEB 中的角也等于 C。

这样，又在给定线段 AB 上作出了弓形 AEB，弓形角等于给定的角 C。

最后，设角 C 是钝角。如在图中的下边这个小图中，设在直线 AB 上的点 A 处作出等于角 C 的角 BAD[命题Ⅰ.23]。作 AE 与 AD 成直角[命题Ⅰ.11]。AB 又被等分于点 F[命题Ⅰ.10]。作 FG 与 AB 成直角[命题Ⅰ.11]，连接 GB。

再者，由于 AF 等于 FB，且 FG 是公共边。两边 AF，FG 分别等于两边 BF，FG，且角 AFG 等于角 BFG。于是底边 AG 等于底边 BG[命题Ⅰ.4]。因此，以点 G 为圆心，GA 为半径所作的圆也通过 B（以及 A）。设它如同左起第三幅图中的 AEB，且由于 AD 在直径 AE 的端点与之成直角，AD 因此与圆 AEB 相切[命题Ⅲ.16推论]。且已由接触点 A 作 AB 横过圆，于是，角 BAD 等于圆的另一弓形 AHB 中的角[命题Ⅲ.32]。但是，角 BAD 等于 C。因此，弓形 AHB 中的角也等于 C。

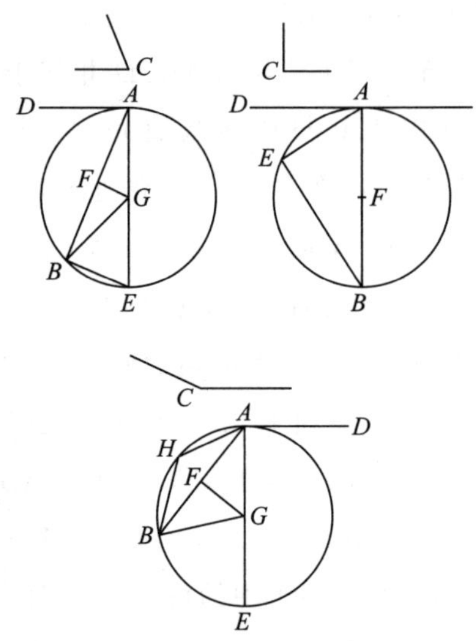

（注：为方便读者阅读，译者将第69页图复制到此处。）

这样，在给定直线 AB 上作出了弓形 AHB，其中的角等于给定的角 C。这就是需要做的。

命题 34

由给定的圆截出一个弓形，使其中的角等于给定的直线角。

设 ABC 是给定的圆，D 是给定的直线角。故要求的是由圆 ABC 截出一个弓形，使其中的角等于给定直线角 D。

设作 EF 在点 B 与 ABC 相切，[①]且在直线 FB 上的点 B 处作角 FBC 等于角 D[命题Ⅰ.23]。

① 估计是先找到圆的圆心[命题Ⅲ.1]，在圆心与点 B 之间作一条直线，然后作 EF 通过点 B，它与上述直线成直角[命题Ⅰ.11]。

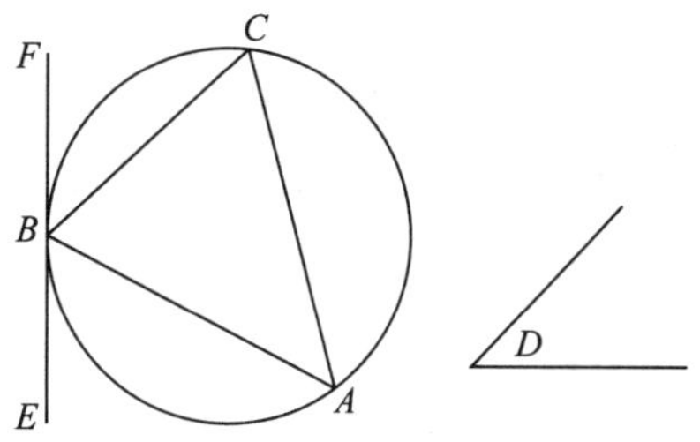

因此,由于直线 EF 与圆 ABC 相切,且已由切点 B 作 BC 横过圆,角 FBC 因此等于另一个弓形 BAC 中的角[命题Ⅲ.32]。但是 FBC 等于 D,于是,弓形 BAC 中的角也等于角 D。

这样,由给定圆 ABC 截出了一个弓形 BAC,其中的角等于给定直线角 D。这就是需要做的。

命题 35

若圆中有两条弦相截,则一条弦被分成的两段所夹矩形等于另一条弦被分成的两段所夹矩形。

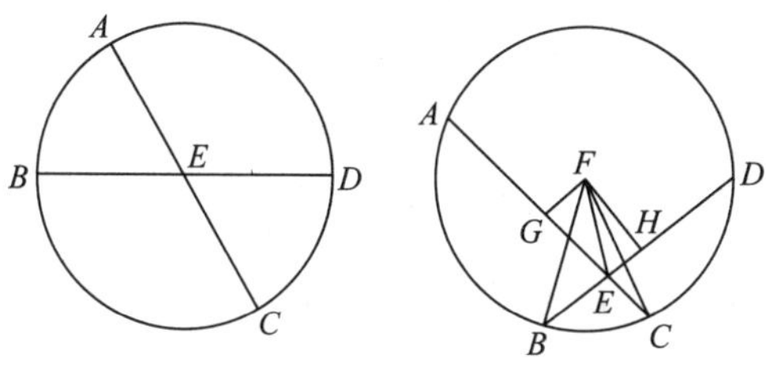

设圆 $ABCD$ 中的两条弦 AC 与 BD 相互切割于点 E。我说 AE,EC 所夹矩形等于 DE,EB 所夹矩形。

事实上,若 AC 与 BD 都通过圆心(如在左图中),则 E 是圆 $ABCD$ 的圆心,显然 AE,EC,DE,EB 相等,AE,EC 所夹矩形等于 DE,EB 所夹矩形。

再设 AC 与 DB 不通过圆心(如在右图中)。设圆 $ABCD$ 的圆心已被找到为 F,由 F 作 FG 与 FH 分别垂直于弦 AC 与 BD[命题Ⅰ.12]。连接 FB,FC,FE。

由于通过圆心的一条直线 GF 与不通过圆心的一条弦 AC 交成直角,AC 被等分[命题Ⅲ.3],故 AG 等于 GC。因此,由于弦 AC 被等分于 G,但不是等分于 E,AE,EC 所夹矩形与 EG 上的正方形之和因此等于 GC 上的正方形[命题Ⅱ.5]。对二者都加上 GF 上的正方形。于是,AE,EC 所夹矩形及 GE,GF 上的正方形之和,等于 CG,GF 上的正方形之和。但是,FE 上的正方形等于 EG,GF 上的正方形之和[命题Ⅰ.47],而 FC 上的正方形等于 CG,GF 上的正方形之和[命题Ⅰ.47]。因此,AE,EC 所夹矩形加上 FE 上的正方形等于 FC 上的正方形。且 FC 等于 FB。于是,AE,EC 所夹矩形加上 FE 上的正方形,等于 FB 上的正方形。同理也有,DE,EB 所夹矩形加上 FE 上的正方形等于 FB 上的正方形。但 AE,EC 所夹矩形加上 FE 上的正方形,已被证明等于 FB 上的正方形。因此,AE,EC 所夹矩形加上 FE 上的正方形,也等于 DE,EB 所夹矩形加上 FE 上的正方形。从二者各减去 FE 上的正方形,于是,剩下的 AE,EC 所夹矩形等于 DE,EB 所夹矩形。

这样,若圆中有两条弦相截,则一条弦被分成的两段所夹矩形等于另一条弦被分成的两段所夹矩形。这就是需要证明的。

命题 36

若在圆外取一点向圆引两条直线，其中一条与圆相截，另一条与圆相切，则与圆相截的整条线段与它在圆外的部分(该点与凸圆弧之间的线段)所夹矩形，等于切线段上的正方形。

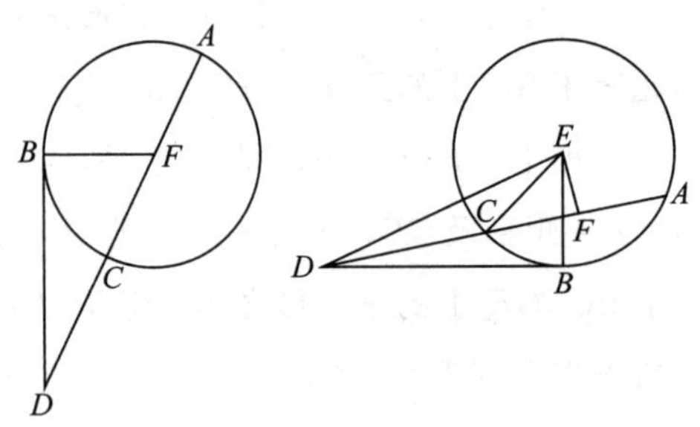

在圆 ABC 外取一点 D，由 D 向圆引两条直线 DCA 与 DB，DCA 与圆 ABC 相截，BD 与圆 ABC 相切。我说 AD，DC 所夹矩形等于 DB 上的正方形。

DCA 肯定或者通过或者不通过圆心。先设它通过圆心，如左图，F 是圆 ABC 的圆心，并连接 FB。于是，角 FBD 是直角[命题Ⅲ.18]。由于线段 AC 被等分于 F，设对之加上 CD。因此，AD，DC 所夹矩形加上 FC 上的正方形，等于 FD 上的正方形[命题Ⅱ.6]。但 FC 等于 FB。于是，AD，DC 所夹矩形加上 FB 上的正方形，等于 FD 上的正方形。而 FD 上的正方形，等于 FB，BD 上的正方形之和[命题Ⅰ.47]。于是，AD，DC 所夹矩形加上 FB 上的正方形，等于 FB，BD 上的正方形之和。从二者各减去 FB 上的正方形。于是，剩下的 AD，DC 所夹矩形，等于切线 DB 上的正方形。

然后设 DCA 不通过圆 ABC 的圆心，并设圆心 E 已被找到，由 E 作 EF 垂直于 AC[命题Ⅰ.12]。连接 EB，EC，ED。角 EBD 因此是直角[命题Ⅲ.18]。且由于通过圆心的直线 EF 与不通过圆心的弦 AC 相交成直角，故它把 AC 等分[命题Ⅲ.3]。于是，AF 等于 FC。且由于线段 AC 在点 F 被等分，把 CD 加在其上。于是，AD，DC 所夹矩形加上 FC 上的正方形，等于 FD 上的正方形[命题Ⅱ.6]。再对二者各加上 FE 上的正方形。于是 AD，DC 所夹矩形加上 CF，FE 上的正方形之和，等于 FD，FE 上的正方形之和。但是，EC 上的正方形等于 CF，FE 上的正方形之和(因为角 EFC 是直角)[命题Ⅰ.47]。且 ED 上的正方形等于 DF，FE 上的正方形之和[命题Ⅰ.47]。于是，AD，DC 所夹矩形加上 EC 上的正方形等于 ED 上的正方形。又有 EC 等于 EB，因此，AD，DC 所夹矩形加上 EB 上的正方形，等于 ED 上的正方形。且 EB，BD 上的正方形之和，等于 ED 上的正方形(因为角 EBD 是直角)[命题Ⅰ.47]。因此，AD，DC 所夹矩形加上 EB 上的正方形，等于 EB，BD 上的正方形之和。从二者各减去 EB 上的正方形。剩下的 AD，DC 所夹矩形，等于 BD 上的正方形。

这样，若在圆外取一点向圆引两条直线，其中一条与圆相截，另一条与圆相切，则与圆相截的整条线段与它在圆外的部分(该点与凸圆弧之间的线段)所夹矩形,等于切线段上的正方形。这就是需要证明的。

命题 37

若在圆外取一点向圆引两条直线,其中一条与圆相截,另一条与圆相遇,若与圆相截的全线段与它在圆外的部分(该点与凸圆弧之间的线段)所夹矩形,等于与圆相遇线段上的正方形,则与圆相遇的直线与圆相切。

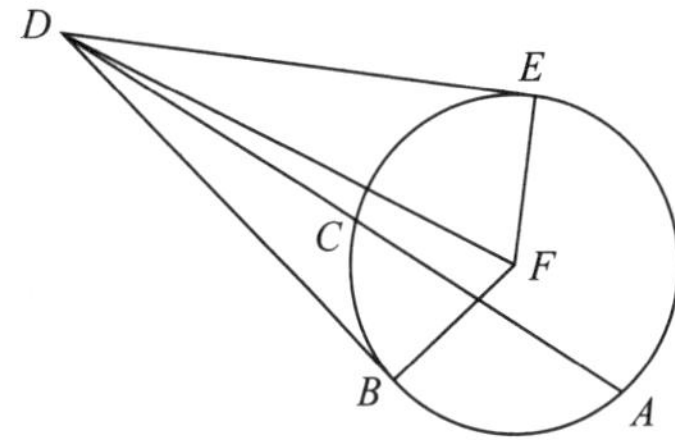

在圆 *ABC* 外取一点 *D*,由 *D* 向圆引两条直线 *DCA* 与 *DB*,设 *DCA* 截圆 *ABC*,*DB* 与圆相遇。并设 *AD*,*DC* 所夹矩形等于 *DB* 上的正方形。我说 *DB* 与圆 *ABC* 相切。

其理由如下。设作 *DE* 与圆 *ABC* 相切[命题Ⅲ.17],设圆 *ABC* 的圆心已被找到为 *F*。连接 *FE*,*FB*,*FD*。角 *FED* 因此是直角[命题Ⅲ.18]。且由于 *DE* 与圆 *ABC* 相切,而 *DCA* 切割该圆,因此,*AD*,*DC* 所夹矩形等于 *DE* 上的正方形[命题Ⅲ.36]。而 *AD*,*DC* 所夹矩形也等于 *DB* 上的正方形。因此,*DE* 上的正方形等于 *DB* 上的正方形。所以 *DE* 等于 *DB*。而 *FE* 也等于 *FB*。于是两边 *DE*,*EF* 分别等于两边 *DB*,*BF*。且它们的底边 *FD* 是公共的,故角 *DEF* 等于角 *DBF*[命题Ⅰ.8]。而 *DEF* 是一个直角,因此,角 *DBF* 也是直角。*FB* 延长后是一条直径,而由圆的直径的端点所作与该直径成直角的直线与圆相切。因此,*BD* 与圆 *ABC* 相切[命题Ⅲ.16 推论]。即使若圆心恰好在 *AC* 上,也可以给出类似的证明。

这样,若在圆外取一点向圆引两条直线,其中一条与圆相截,另一条与圆相遇,若与圆相截的整条线段与它在圆外的部分(该点与凸圆弧之间的线段)所夹矩形,等于与圆相遇线段上的正方形,则与圆相遇的直线与圆相切。这就是需要证明的。

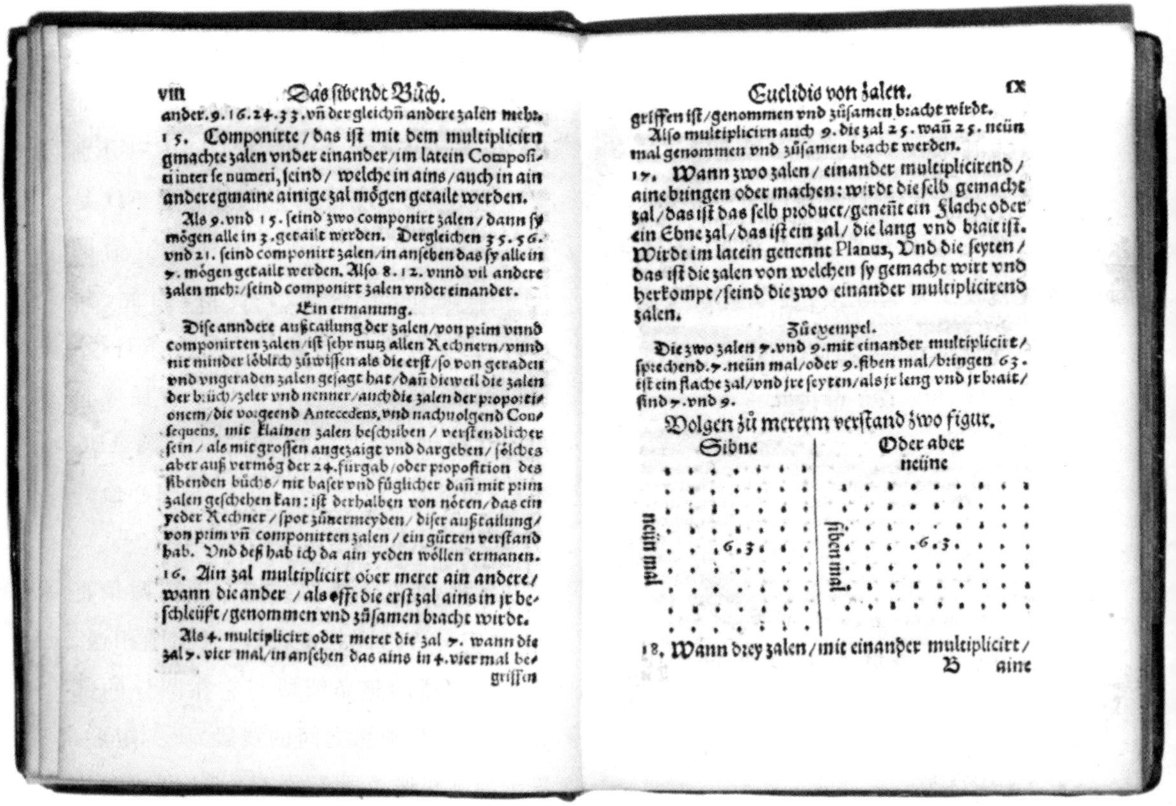

viii Das sibendt Büch.

ander. 9. 16. 24. 33. vñ der gleichñ andere zalen mehr.

15. Componirte / das ist mit dem multiplicirn gmachte zalen vnder einander / im latein Compositi inter se numeri, seind / welche in ains / auch in ain andere gmaine ainige zal mögen getailt werden.

Als 9. vnd 15. seind zwo componirt zalen / dann sy mögen alle in 3. getailt werden. Dergleichen 35. 56. vnd 21. seind componirt zalen / in ansehen das sy alle in 7. mögen getailt werden. Also 8. 12. vnnd vil andere zalen mehr / seind componirt zalen vnder einander.

Ein ermanung.

Dise anndere außtailung der zalen / von prim vnnd componirten zalen / ist sehr nutz allen Rechnern / vnnd nit minder löblich zů wissen als die erst / so von geraden vnd vngeraden zalen gesagt hat / dañ dieweil die zalen der brüch / zeler vnd nenner / auch die zalen der proportionem / die vorgeend Antecedens, vnd nachuolgend Consequens, mit klainen zalen beschriben / verstendlicher sein / als mit grossen angezaigt vnd dargeben / sölches aber auß vermög der 24. fürgab / oder proposition des sibenden bůchs / nit baser vnd füglicher dañ mit prim zalen geschehen kan: ist derhalben von nöten / das ein yeder Rechner / spot zůuermeyden / diser außtailung / von prim vñ componirten zalen / ein gůtten verstand hab. Vnd deß hab ich da ain yeden wöllen ermanen.

16. Ain zal multiplicirt oder meret ain andere / wann die ander / als offt die erst zal ains in jr beschleüßt / genommen vnd zůsamen bracht wirdt.

Als 4. multiplicirt oder meret die zal 7. wann die zal 7. vier mal / in ansehen das ains in 4. vier mal begriffen

Euclidis von zalen. ix

griffen ist / genommen vnd zůsamen bracht wirdt.

Also multiplicirn auch 9. die zal 25. wañ 25. neün mal genommen vnd zůsamen bracht werden.

17. Wann zwo zalen / einander multiplicirend / aine bringen oder machen: wirdt die selb gemacht zal / das ist das selb product / geneñt ein Flache oder ein Ebne zal / das ist ein zal / die lang vnd brait ist. Wirdt im latein genennt Planus, Vnd die seyten / das ist die zalen von welchen sy gemacht wirt vnd herkompt / seind die zwo einander multiplicirend zalen.

Zů exempel.

Die zwo zalen 7. vnd 9. mit einander multiplicirt / sprechend. 7. neün mal / oder 9. siben mal / bringen 63. ist ein flache zal / vnd jre seyten / als jr leng vnd jr brait / sind 7. vnd 9.

Volgen zů mererm verstand zwo figur.

Sibne | Oder aber neüne

neün mal 63 | siben mal 63

18. Wann drey zalen / mit einander multiplicirt / aine

B

《几何原本》1555 年舍贝尔(J. Scheubel,1494—1570)德译本的其中两页。

第四卷　圆的内接与外切三角形及正多边形

• Book Ⅳ. Triangles and Regular Polygons In and Around Circles •

《几何原本》:

似至晦实至明,故能以其明明他物之智慧。

似至繁实至简,故能以其简简他物之至繁。

似至难实至易,故能以其易易他物之至难。

——徐光启

شكل العروس

سطحي ب ك

ب د ي نصفها

وبمثل ذلك

نبين ان سطح ج

ب د ي سطحي

ح ك فاذن مربع

ح ب د ي مربعي

سا اج ه وذلك

ما اردنا ه اثرك وهذا الشكل لطيف بالبرهان ويمكن ان

يختلف وقوع المربعات الثلث بحسب جهات اضلاع

المثلث ويتعجز ذلك في تخيله اوجرا اذ كان لكل جهتان الى جهة

ضرب الاثنين في الاثنين في الاثنين ثمانية ويختلف البيان

بحسب الاختلاف فتكثر التراكيب والقسمة ربما لا يخرج خط اب

الموازي وربما لا يحصل مربع التدليس عليهما او لا يحصل الف

اصلا بل يحصل مربع محيطا او ينفصل احدهما وانا اشير لما

اكثر ذلك وان كان يتوقع بالنظر في تفاصيل الامر اذا اردنا

ان يكون مربع احد ضلعي القائمة في الجهة الاخرى من الضلع

الذي يكون منطبقا على المثلث يكون المثلث ومربع وتر القائمة

وخط ال ك الموازي لحالهما والمنطبق مربع اب وهو ك

ب ح اما ان اب و ب ح ا او يكون اطول منه او اقصر فيقع

ر بحسبها اما منطبقة على ح او خارجة عن اح او على

ونصل اح فلان زاويتي اب ج ح ب ك قائمتان وزاوية

ح ب ج مشتركة فتبقى زاويتا اج ح ب ك متساويتين ويتم الحكم

في مثلثي ا ب ج ح ب ك ضلعا اب ب ج وزاوية ا ج متساوية

لضلعي ح ب ك ب وزاوية ح ب ك على التناظر فتكون زاوية

第四卷　内容提要

（译者编写）

如表 4.1 所示，本卷系统地处理了直线图形与已知圆的相互内接、外切、内切与外接问题，并已对一般三角形、正方形、正五边形、正六边形和正十五边形获解。这里正十五边形的弧借助等边三角形和正五边形的弧得到如下：

$$\frac{2}{5}-\frac{1}{3}=\frac{1}{15}。$$

类似地，还有许多正多边形只用圆规和直尺便可以作出，只要它们的弧可以用这些正多边形的弧通过简单的加减表示。

本卷共七个定义，图示于图 4.1 中，本卷解决的问题和命题则汇总于表 4.1 中。

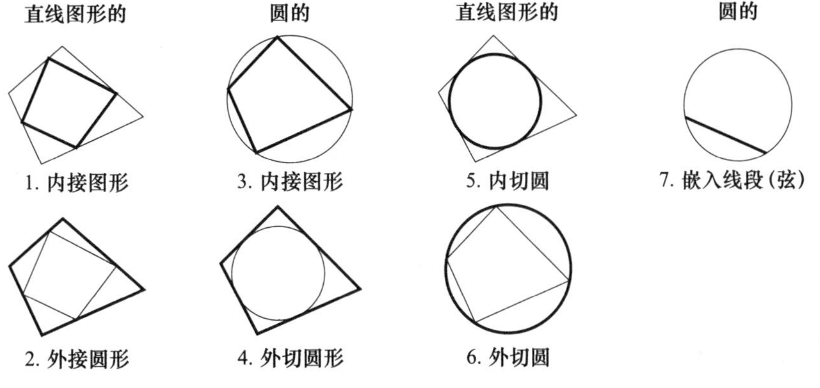

图 4.1　第四卷的七个定义

表 4.1　第四卷解决的问题和命题汇总

系统地处理的问题	(1)	内接一个直线图形于已知圆
	(2)	外切一个直线图形于已知圆
	(3)	内切一个圆于已知直线图形
	(4)	外接一个圆于已知直线图形
已解决的问题	Ⅳ.1	在圆中嵌入给定线段
	(a)Ⅳ.2—5	一般三角形
	(b)Ⅳ.6—9	正方形
	(c)Ⅳ.10—14	正五边形
	(d)Ⅳ.15	正六边形
	(e)Ⅳ.16	正十五边形

◀《几何原本》1350 年阿拉伯语手抄本。

定 义

1. 一个直线图形称为内接于另一个直线图形,若**内接图形**各角的顶点接触被内接图形的对应各边。

2. 类似地,一个直线图形称为被另一个直线图形外接,若**外接图形**各边接触被外接图形对应各角的顶点。

3. 直线图形被称为内接于圆,若**内接图形**的每一个角都接触圆周。

4. 直线图形被称为外切于圆,若**外切图形**的每一条边都与圆周相切。

5. 类似地,圆被称为内切于直线图形,若**圆周与它内切的图形**的每一条边相切。

6. 圆被称为外接于直线图形,若**圆周接触被它外接图形**的每一个角。

7. 线段被称为**嵌入圆中**,若该线段的两个端点在圆周上。[①]

命题 1

在给定圆中嵌入等于给定线段的线段,该给定线段不大于圆的直径。

设 ABC 是给定的圆,D 是一条不大于圆 ABC 直径的给定线段,要求在圆 ABC 中嵌入等于线段 D 的线段。

作圆 ABC 的直径 BC。[②] 因此,若 BC 等于 D,则已满足要求,得到了嵌入圆 ABC 中等于线段 D 的 BC。若 BC 大于 D,取 CE 等于 D[命题Ⅰ.3],以 C 为圆心,CE 为半径作圆 EAF,并连接 CA。

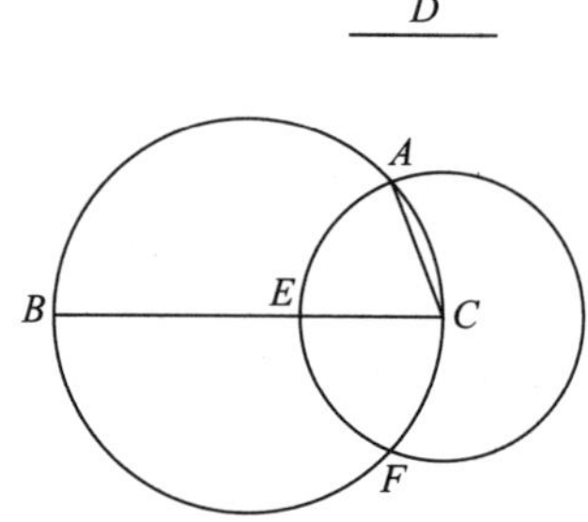

因此,由于点 C 是圆 EAF 的圆心,CA 等于 CE。但 CE 等于 D,故 D 也等于 CA。

这样,在圆 ABC 中嵌入了等于给定线段 D 的 CA。这就是需要做的。

命题 2

对给定圆作与给定三角形等角[③]的内接三角形。

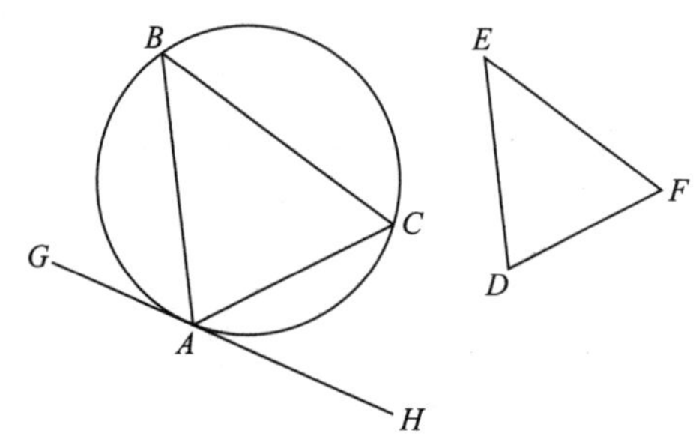

① “嵌入圆中的线段”在现代汉语中称为“圆的弦”。——译者注

② 估计是先找到圆的圆心[命题Ⅲ.1],然后作一条直线通过它。

③ 两个三角形等角即两个三角形相似,对多边形也一样。——译者注

设 ABC 是给定的圆，DEF 是给定的三角形。故要求的是在圆 ABC 中作一个与三角形 DEF 等角的内接三角形。

作 GH 与圆 ABC 相切于 A。[①] 在直线 AH 上点 A 处作等于角 DEF 的角 HAC，并在直线 AG 上点 A 处作等于角 DFE 的角 GAB[命题Ⅰ.23]。连接 BC。

因此，由于直线 AH 与圆 ABC 相切，且由接触点 A 作直线 AC 横过圆，角 HAC 因此等于另一个弓形的弓形角 ABC[命题Ⅲ.32]。但是，HAC 等于 DEF，于是角 ABC 也等于角 DEF。

同理，ACB 也等于 DFE，于是，剩下的角 BAC 等于剩下的角 EDF[命题Ⅰ.32]。[于是，三角形 ABC 与给定三角形 DEF 等角，并内接于圆 ABC 中]。

这样，对给定圆作出了与给定三角形等角的内接三角形。这就是需要做的。

命题 3

对给定圆作与给定三角形等角的外切三角形。

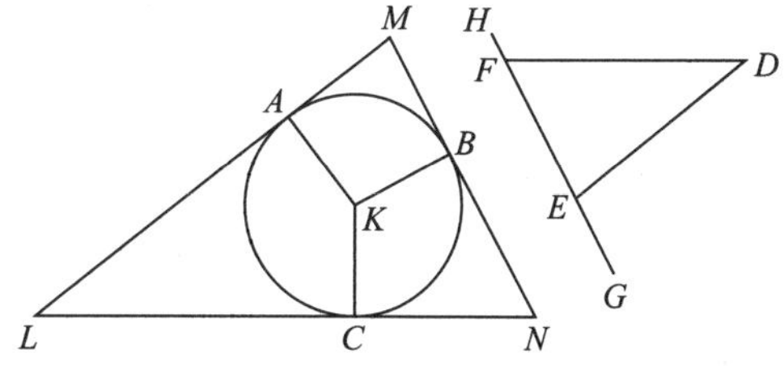

设 ABC 是给定的圆，DEF 是给定的三角形。故要求的是对圆 ABC 作一个与三角形 DEF 等角的外切三角形。

设 EF 朝两个方向延长至 G 与 H。并设圆 ABC 的圆心 K 已经找到[命题Ⅲ.1]。任意作线段 KB 横过(ABC)。在线段 KB 上的点 K 处作角 BKA 等于角 DEG，以及作角 BKC 等于 DFH[命题Ⅰ.23]。通过点 A，B，C 分别作直线 LAM，MBN，NCL 与圆 ABC 相切。[②]

又由于 LM，MN，NL 分别在点 A，B，C 与圆 ABC 相切，并由圆心 K 至点 A，B，C 分别连接线段 KA，KB，KC，在点 A，B，C 处的角因此都是直角[命题Ⅲ.18]，且由于四边形 $AMBK$ 的四个角之和等于四个直角，这是因为 $AMBK$ 也可以分为两个三角形[命题Ⅰ.32]，且角 KAM，KBM 都是直角，因此，剩下的角 AKB，AMB 之和等于两个直角。又，DEG，DEF 之和也等于两个直角[命题Ⅰ.13]。因此，AKB，AMB 之和等于 DEG，DEF 之和，其中 AKB 等于 DEG。所以，剩下的 AMB 等于剩下的 DEF。类似地，可以证明 LNB 也等于 DFE，因此，剩下的角 MLN 也等于剩下的角 EDF[命题Ⅰ.32]。所以，三角形 LMN 与三角形 DEF 等角，并且它外切于圆 ABC。

这样，对给定圆作出了与给定三角形等角的外切三角形。这就是需要做的。

命题 4

对给定三角形作内切圆。

---

① 见命题Ⅲ.34 脚注。

② 见命题Ⅲ.34 脚注。

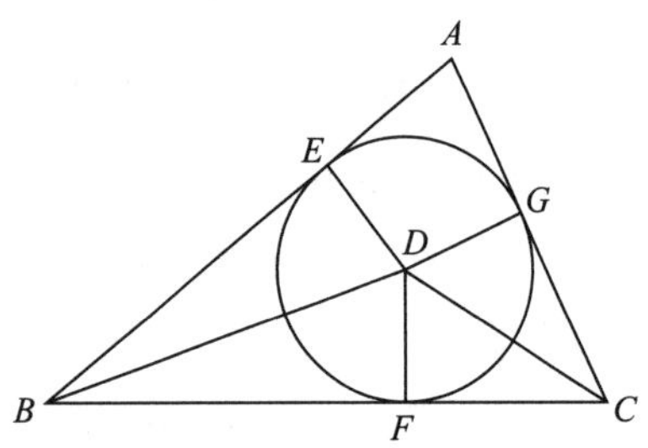

设给定三角形 ABC，故要求的是对三角形 ABC 作内切圆。

设角 ABC 与 ACB 分别被直线 BD 与 CD 等分[命题Ⅰ.9]，且两条直线相交于点 D，由 D 作 DE，DF，DG 分别垂直于直线 AB，BC，CA[命题Ⅰ.12]。

又由于角 ABD 等于 CBD，且直角 BED 也等于直角 BFD，所以 EBD 与 FBD 是这样的两个三角形，它们有两个角相等，又有一边相等，即相等角所夹的那条边，也就是两个三角形的公共边 BD，因此，剩下的两边也分别对应相等[命题Ⅰ.26]。所以 DE 等于 DF。同理，DG 也等于 DF。因此，三条线段 DE，DF，DG 彼此都相等。因为在 E，F，G 的角都是直角，于是，以 D 为圆心，E，F 或 G 之一为半径[1]的圆通过剩下的点，并与直线 AB，BC，CA 相切。其理由如下。若圆截直线之一，则该直线是作在圆的直径的端点的，与直径成直角，并且落在圆内。而这已被证明是荒谬的[命题Ⅲ.16]。于是，以点 D 为圆心，E，F 或 G 之一为半径所作的圆不能与直线 AB，BC，CA 相截。因此，该圆与诸边相切，因而内切于三角形 ABC。设它如同图中 FGE 那样内切。

这样，圆 EFG 内切于给定三角形 ABC。这就是需要做的。

命题 5

对给定三角形作外接圆。

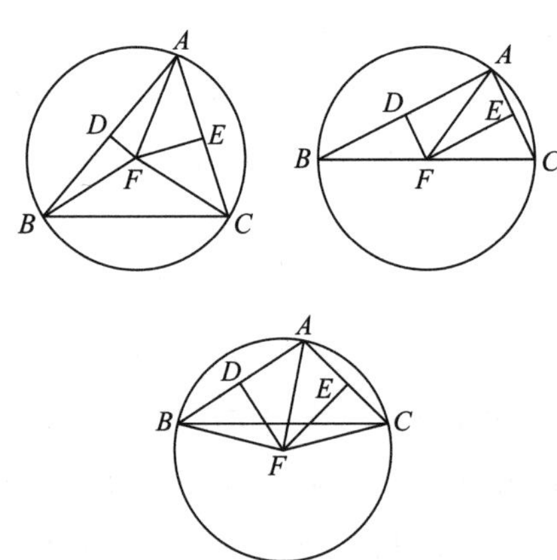

设 ABC 是给定的三角形，故要求的是对三角形 ABC 作外接圆。

分别在点 D，E 等分线段 AB，AC[命题Ⅰ.10]。由点 D，E 分别作 DF，EF 与 AB，AC 成直角[命题Ⅰ.11]。故 DF 与 EF 肯定或者在三角形 ABC 内部相交，或者在边 BC 上相交，或者在 BC 以外相交。

首先设它们相交于三角形 ABC 内的点 F，连接 FB，FC，FA。由于 AD 等于 DB，DF 是公共边且是直角边，底边 AF 因此等于底边 FB[命题Ⅰ.4]。类似地，我们可以证明 CF 也等于 AF，故 FB 也等于 FC。因此，三条线段 FA，FB，FC 彼此相等。于是，以 F 为圆心，到点 A，B，C 之一的线段为半径的圆，也通过其余各点。

[1] 这里和在以后的命题中，我们把半径理解为其实是 DE，DF 或 DG 之一。

故该圆外接于三角形 ABC 如左图所示。

然后，设 DF，EF 皆与直线 BC 交于点 F 如右图所示，连接 AF。类似地，我们可以证明，点 F 是三角形 ABC 的外接圆的圆心。

最后，设 DF，EF 相交于三角形 ABC 外点 F 如下图所示。连接 AF，BF，CF。再者，由于 AD 等于 DB，且 DF 是公共边兼直角边，底边 AF 因此等于底边 BF[命题Ⅰ.4]。类似地，我们可以证明 CF 也等于 AF。故 BF 也等于 FC。于是，再作以点 F 为圆心，以 FA，FB，FC 之一为半径的圆，它也通过剩余诸点。因而该圆外接于三角形 ABC。

这样，对给定三角形作出了外接圆。这就是需要做的。

命题 6

对给定圆作内接正方形。

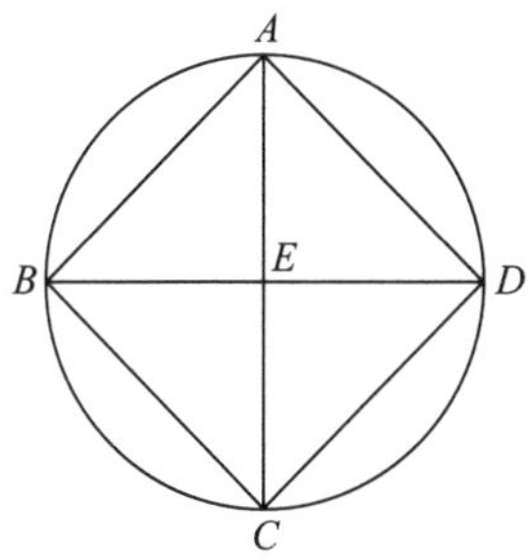

设 $ABCD$ 是给定圆。故要求的是对圆 $ABCD$ 作内接正方形。

作圆 $ABCD$ 的两条直径 AC 与 BD 互成直角。[①] 连接 AB，BC，CD，DA。

由于 E 是圆心，BE 等于 ED，且 EA 是公共边兼直角边，底边 AB 因此等于底边 AD[命题Ⅰ.4]。同理，BC 等于 AB，CD 等于 AD。因此，四边形 $ABCD$ 是等边的。我说它也是直角的。因为线段 BD 是圆 $ABCD$ 的直径，BAD 因此是半圆。于是，角 BAD 是直角[命题Ⅲ.31]。同理，角 ABC，BCD，CDA 每个也都是直角。于是，四边形 $ABCD$ 是直角的。且它也已被证明是等边的。因此，它是一个正方形[定义Ⅰ.22]，并且它已内接于圆 $ABCD$ 中。

这样，对给定圆作出了内接正方形 $ABCD$。这就是需要做的。

命题 7

对给定圆作外切正方形。

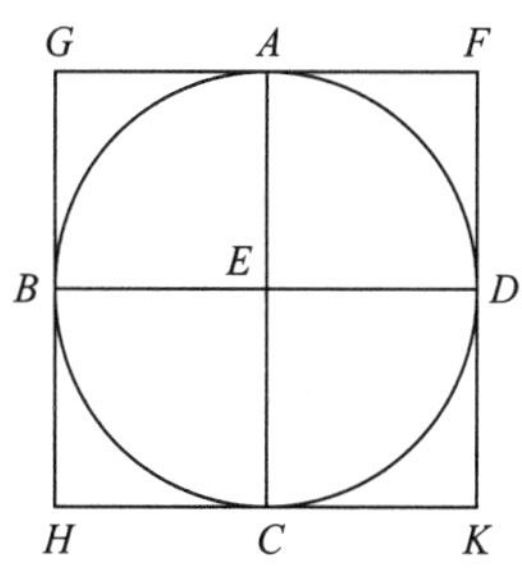

设 $ABCD$ 为给定的圆，故要求的是对圆 $ABCD$ 作外切正方形。

作圆 $ABCD$ 的相互垂直的两条直径 AC 与 BD。[②] 通过点 A，B，C，D 分别作

① 估计是先找到圆的圆心[命题Ⅲ.1]，然后作一条直线通过它，再作另一条直线通过它，并与第一条成直角[命题Ⅰ.11]。

② 见上一命题的脚注。

FG,GH,HK,KF 与圆 $ABCD$ 相切。[①]

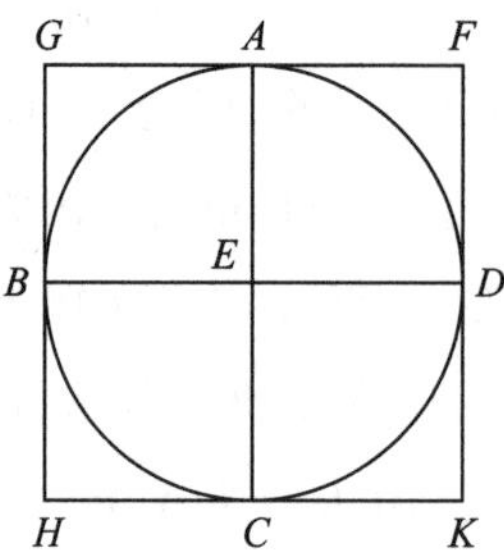

(注:为方便读者阅读,译者将第 81 页图复制到此处。)

因此,由于 FG 与圆 $ABCD$ 相切,且 EA 是由圆心 E 到切点 A 的连线,在 A 的角因此是直角[命题Ⅲ.18]。同理,在 B,C,D 的角也是直角。且由于角 AEB 是直角,EBG 也是直角,GH 因此平行于 AC[命题 Ⅰ.28]。同理,AC 也平行于 FK,故 GH 也平行于 FK[命题 Ⅰ.30]。类似地,我们可以证明 GF,HK 都平行于 BD。因此,GK,GC,AK,FB 与 BK 都是平行四边形。所以,GF 等于 HK,GH 等于 FK[命题Ⅰ.34]。且由于 AC 等于 BD,但 AC 也等于 GH 与 FK,而 BD 等于 GF 与 HK[GH 与 FK 因此都等于 GF 与 HK],四边形 $FGHK$ 因此是等边的。我说它也是直角的。因为 $GBEA$ 是一个平行四边形,AEB 是直角,AGB 因此也是直角[命题Ⅰ.34]。类似地,我们可以证明在 H,K,F 的角也是直角。因此,$FGHK$ 是直角的,且它也已被证明是等边的。因此它是一个正方形[命题Ⅰ.22],且它外切于圆 $ABCD$。

这样,对给定圆作出了外切正方形。这就是需要做的。

命题 8

在给定正方形中作内切圆。

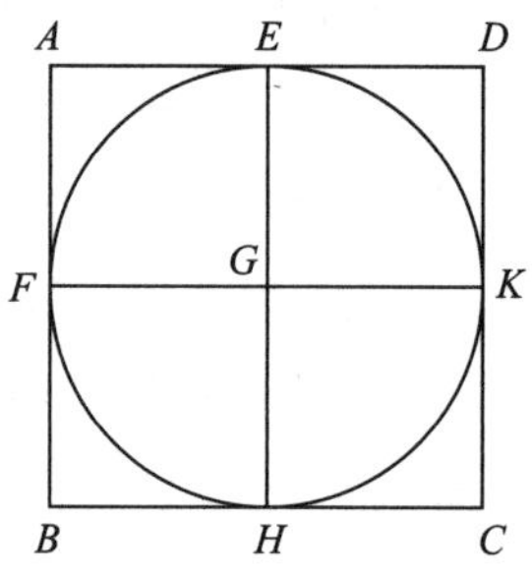

给定正方形 $ABCD$。故要求的是作正方形 $ABCD$ 的内切圆。

设线段 AD 与 AB 分别在点 E 与 F 被等分[命题Ⅰ.10]。通过 E 作 EH 平行于 AB 或 CD,通过 F 作 FK 平行于 AD 或 BC[命题Ⅰ.31]。于是,AK,KB,AH,HD,AG,GC,BG,GD 都是平行四边形,且它们的对边显然相等[命题Ⅰ.34]。因为 AD 等于 AB,AE 是 AD 的一半,AF 是 AB 的一半,因此 AE 也等于 AF。故对边也相等。因此 FG 也等于 GE。类似地,我们也可以证明 GH 与 GK 分别等于 FG 与 GE。因此,四边 GE,GF,GH,GK 彼此相等。于是,以 G 为圆心,E,F,H,K 之一为半径的圆通过剩下的点。考虑到在 E,F,H,K 上的角都是直角,它与直线 AB,BC,CD,DA 相切。因为若该圆截 AB,BC,CD 或 DA,则由圆的一条直径的端点作与之成直角的线会落在圆内,

① 见命题Ⅲ.34 的脚注。

而这是荒谬的[命题Ⅲ.16]。所以,以 G 为圆心,E,F,H,K 之一为半径的圆不会与直线 AB,BC,CD,DA 相截。因此,该圆与这些直线相切,并内切于正方形 $ABCD$。

这样,在给定正方形中作出了内切圆。这就是需要做的。

命题 9

对给定正方形作外接圆。

设 $ABCD$ 是给定正方形,故要求的是作其外接圆。

连接 AC 与 BD,它们相交于 E。

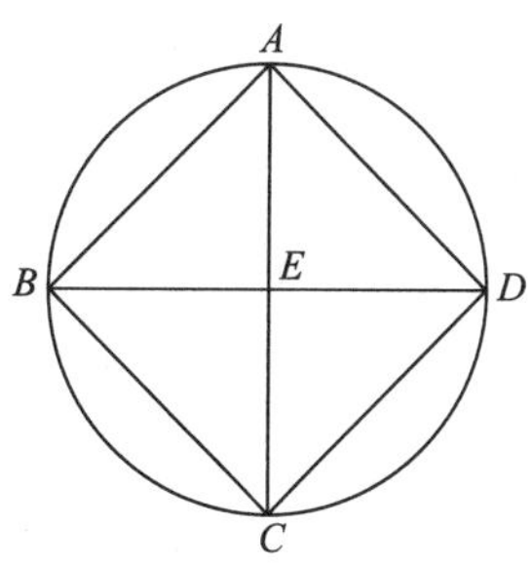

由于边 DA 等于边 AB,且 AC 是公共边,两边 DA,AC 因此等于两边 BA,AC,且边 DC 等于边 BC,因此角 DAC 等于角 BAC[命题Ⅰ.8]。所以,角 DAB 被 AC 等分。类似地,我们可以证明,角 ABC,CDA 与 BCD 都被直线 DB 或 AC 等分。且因为角 DAB 等于 ABC,并且 EAB 是 DAB 的一半,EBA 是 ABC 的一半,EAB 因此也等于 EBA。故边 EA 也等于边 EB[命题Ⅰ.6]。类似地,我们可以证明,线段 EA 与 EB 等于线段 EC 与 ED。因此,四条线段 EA,EB,EC,ED 彼此相等。所以,以 E 为圆心,过 A,B,C 或 D 之一所作的圆,也通过剩余各点,因而它外接于正方形 $ABCD$。

这样,对给定正方形作出了外接圆。这就是需要做的。

命题 10

作一个等腰三角形,它的每个底角都是顶角的两倍。

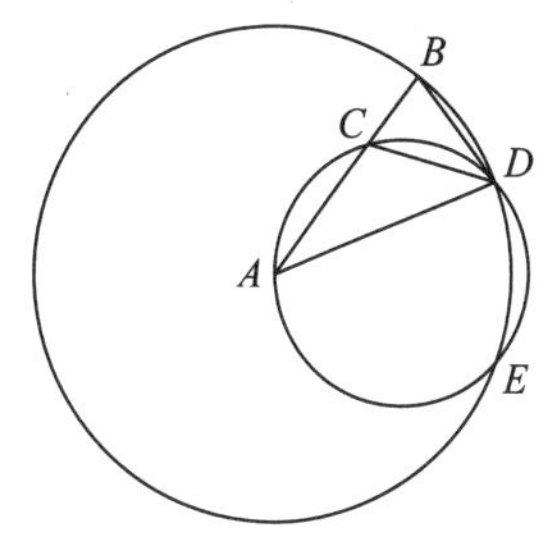

取线段 AB 并分于点 C,使 AB 与 BC 所夹的矩形等于 CA 上的正方形[命题Ⅱ.11]。以 A 为圆心,AB 为半径作圆 BDE。把等于线段 AC(不大于圆 BDE 的直径)的线段 BD 嵌入圆 BDE 中[命题Ⅳ.1]。连接 AD 与 DC,并对三角形 ACD 作外接圆 ACD[命题Ⅳ.5]。

然后,由于 AB 与 BC 所夹矩形等于在 AC 上的正方形,且 AC 等于 BD,AB 与 BC 所夹矩形因此等于 BD 上的正方形。又,点 B 为圆 ACD 外的一点,由 B 向圆 ACD 引两条线段 BA 与 BD,其中之一与圆相截,另一与圆相切。且 AB 与 BC 所夹矩形等于在 BD 上的正方形,BD

因此与圆 ACD 相切[命题Ⅲ.37]。所以，由于 BD 与该圆相切，由切点 D 作出 DC 横过该圆，角 BDC 因此等于圆的另一个弓形 CAD 的弓形角 DAC[命题Ⅲ.32]。由于 BDC 等于 DAC，对二者各加上 CDA。于是，整个角 BDA 等于两个角 CDA 与 DAC 之和。但外角 BCD 等于 CDA，DAC 之和[命题Ⅰ.32]。因此，BDA 也等于 BCD。但是，BDA 也等于 CBD，因为边 AD 也等于 AB[命题Ⅰ.5]。故 DBA 也等于 BCD。因此，三个角 BDA，DBA，BCD 彼此相等。且由于角 DBC 等于 BCD，边 BD 也等于边 DC[命题Ⅰ.6]。但 BD 已被假设等于 AC，因此，AC 也等于 CD。于是，角 CDA 也等于角 DAC[命题Ⅰ.5]。所以，CDA 加上 DAC 是 DAC 的两倍。但是，BCD 等于 CDA 加上 DAC。因此，BCD 也是 CAD 的两倍。BCD 等于 BDA 与 DBA，因此，BDA 与 DBA 都是 DAB 的两倍。

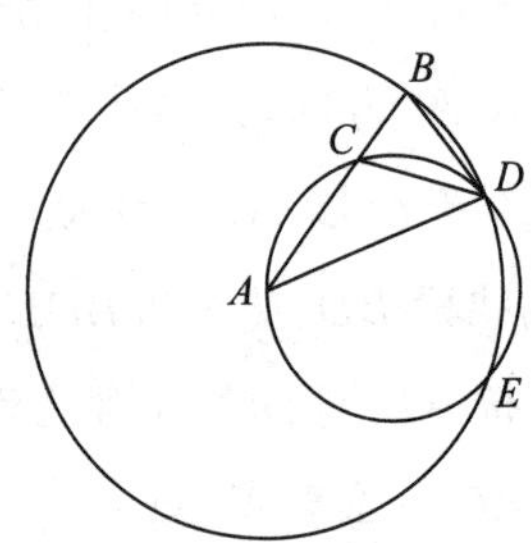

（注：为方便读者阅读，译者将第 83 页图复制到此处。）

这样就作出了等腰三角形 ABD，它在底边 DB 上的每个角都等于剩下的顶角的两倍。这就是需要做的。

命题 11

在给定圆中作内接等边等角五边形。

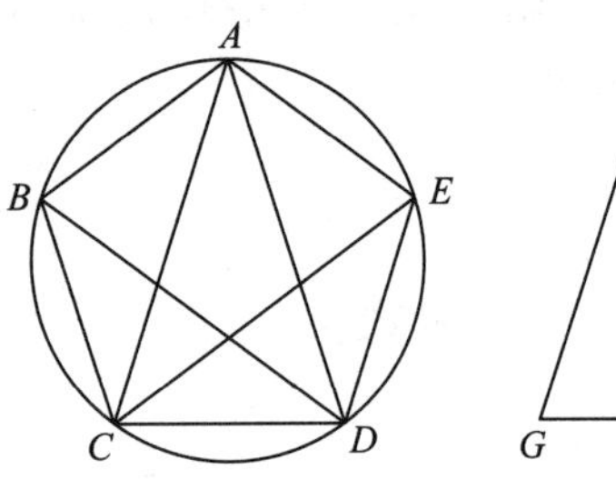

设 ABCDE 是给定的圆。故要求的是在圆 ABCDE 中作一个等边等角内接五边形。

设等腰三角形 FGH 在 G 与 H 的角都等于在 F 的角的两倍[命题Ⅳ.10]。并设与 FGH 等角的三角形 ACD 内接于圆 ABCDE 中，使得 CAD 等于在 F 的角，以及在 G 与 H 的角分别等于 ACD 与 CDA。所以 ACD 与 CDA 每个都是 CAD 的两倍。把 ACD 与 CDA 分别用直线 CE 与 DB 等分[命题Ⅰ.9]，连接 AB，BC，DE，EA。

因此，由于 ACD 与 CDA 每个都是 CAD 的两倍，并被直线 CE 与 DB 等分，五个角 DAC，ACE，ECD，CDB，BDA 彼此相等。而等角立在等圆弧上[命题Ⅲ.26]。因此，五段圆弧 AB，BC，CD，DE，EA 彼此相等[命题Ⅲ.29]。于是，五边形 ABCDE 是等边的。我说它也是等角的。其理由如下。由于圆弧 AB 等于圆弧 DE，设对二者各加上圆弧 BCD。于是，整段圆弧 $ABCD$ 等于整段圆弧 $EDCB$。而角 AED 立在圆弧 $ABCD$ 上，角 BAE 立在圆弧 $EDCB$ 上。因此，角 AED 也等于角 BAE[命题Ⅲ.27]。同理，角 ABC，BCD，CDE 中的每一个也等于 BAE，AED 中的每一个。因此，五边形 $ABCDE$ 是等角的。而它已经被证明是等边的。

这样，在给定圆中作出了内接等边等角五边形。这就是需要做的。

命题 12

对给定圆作外切等边等角五边形。

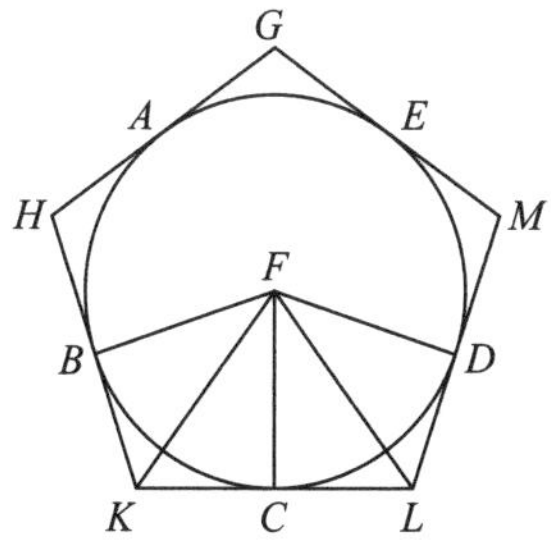

设 $ABCDE$ 是给定的圆，故要求的是对圆 $ABCDE$ 作外切等边等角五边形。

设 A，B，C，D，E 是圆 $ABCDE$ 的内接五边形的顶点[命题Ⅳ.11]，使得圆弧 AB，BC，CD，DE，EA 相等。作 GH，HK，KL，LM，MG 分别通过点 A，B，C，D，E，并与圆相切。[①] 设圆 $ABCDE$ 的圆心已被找到[命题Ⅲ.1]为 F。又连接 FB，FK，FC，FL，FD。

由于直线 KL 与圆 $ABCDE$ 相切于 C，并已由圆心 F 到切点 C 连线 FC，FC 因此垂直于 KL[命题Ⅲ.18]。所以，在 C 的每个角都是直角。同理，在 B 与 D 的角也都是直角。且因为角 FCK 是直角，FK 上的正方形因此等于 FC，CK 上的正方形之和[命题Ⅰ.47]。同理，FK 上的正方形也等于 FB，BK 上的正方形之和。故 FC，CK 上的正方形之和等于 FB，BK 上的正方形之和。其中 FC 上的正方形等于 FB 上的正方形。于是，剩下的 CK 上的正方形等于 BK 上的正方形。又因为 FB 等于 FC，FK 是公共边，两边 BF，FK 分别等于两边 CF，FK，且边 BK 等于边 CK。因此，角 BFK 等于角 KFC[命题Ⅰ.8]。但 BKF 等于 FKC[命题Ⅰ.8]。于是，角 BFC 是 KFC 的两倍，BKC 是 FKC 的两倍。同理，角 CFD 是 CFL 的两倍，角 DLC 是 FLC 的两倍。且因为圆弧 BC 等于 CD，角 BFC 也等于 CFD[命题Ⅲ.27]。但角 BFC 是 KFC 的两倍，角 DFC 是 LFC 的两倍。因此，角 KFC 也等于 LFC，角 FCK 也等于 FCL。这样，FKC 与 FLC 这两个三角形有两个角等于两个角，又有一边等于一边，即公共边 FC。因此，它们也有剩余诸边等于剩余诸边，剩余角等于剩余角[命题Ⅰ.26]。所以，线段 KC 等于线段 CL，角 FKC 等于 FLC。因为 KC 等于 CL，KL 是 KC 的两倍。同理可证 HK 也是 BK 的两倍。BK 等于 KC。因此，HK 也等于 KL。类似地，HG，GM，ML 也都可以被证明等于 HK，KL。因此，五边形 $GHKLM$ 是等边

① 见命题Ⅲ.34的脚注。

的。我说它也是等角的。因为角 FKC 等于 FLC，而角 HKL 已被证明是 FKC 的两倍，角 KLM 是 FLC 的两倍，角 HKL 因此也等于 KLM。于是，五个角 GHK，HKL，KLM，LMG，MGH 彼此相等。所以，五边形 $GHKLM$ 等角，并且它也已被证明是等边的，又外切于圆 $ABCDE$。

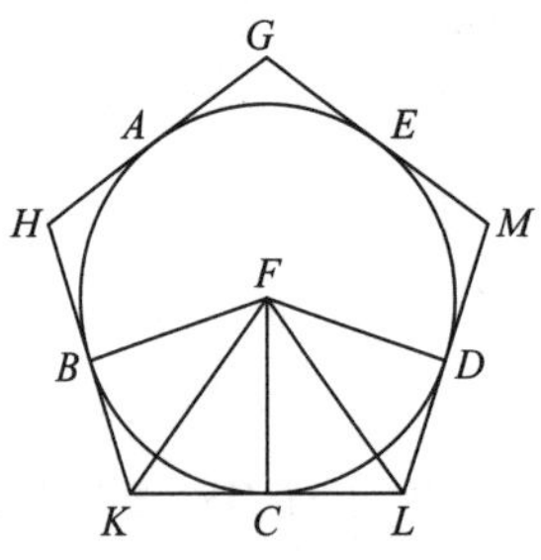

（注：为方便读者阅读，译者将第 85 页图复制到此处。）

这样，对给定圆作出了等边且等角的外切五边形。这就是需要做的。

命题 13

在给定等边等角五边形中作内切圆。

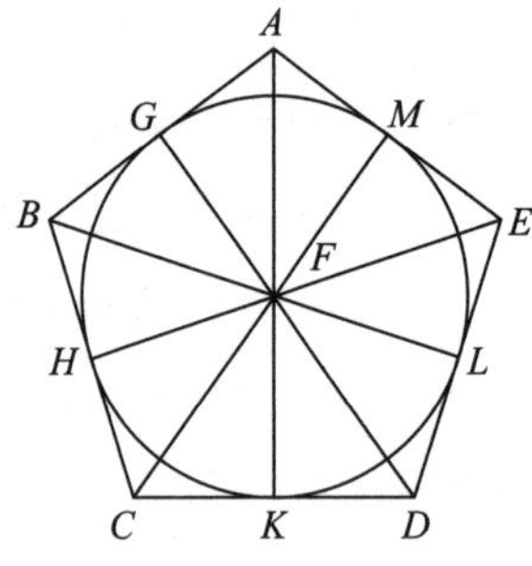

设 $ABCDE$ 是给定等边等角五边形，故要求的是在五边形 $ABCDE$ 中作一个内切圆。

设角 BCD 与 CDE 分别被直线 CF 与 DF 等分[命题Ⅰ.9]，直线 CF 与 DF 相交于点 F，连接 FB，FA，FE。因为 BC 等于 CD，CF 是公共边，所以 BC，CF 等于 DC，CF，角 BCF 等于角 DCF。因此，底边 BF 等于底边 DF，三角形 BCF 全等于三角形 DCF，且剩余诸角等于对应的剩余诸角，即等边对向的角相等[命题Ⅰ.4]。因此，角 CBF 等于角 CDF。又因为 CDE 是 CDF 的两倍，CDE 等于 ABC，CDF 等于 CBF，CBA 因此是 CBF 的两倍。所以，角 ABF 等于 FBC。于是，角 ABC 被直线 BF 等分。类似地，也可以证明 BAE 与 AED 分别被直线 FA 与 FE 等分。由点 F 作 FG，FH，FK，FL，FM 分别垂直于 AB，BC，CD，DE，EA[命题Ⅰ.12]。且由于角 HCF 等于 KCF，直角 FHC 也等于直角 FKC，FHC 与 FKC 这两个三角形有两个角等于两个角，一边等于一边，即对向相等角之一的它们的公共边 FC。因此，它们的剩余边也对应相等[命题Ⅰ.26]。所以，垂线 FH 等于垂线 FK。类似地，可以证明 FL，FM，FG 等于 FH，FK。因此，五条线段 FG，FH，FK，FL，FM 彼此相等。于是，以 F 为圆心，G，H，K，L，M 之一为半径作圆，则该圆也通过剩余诸点，并与 AB，BC，CD，DE，EA 相切，在 G，H，K，L，M 的角是直角。因为若圆不与它们相切，而与它们相截，那么通过圆的直径的端点并与直径成直角的直线落在圆内，而这是荒谬的[命题Ⅲ.16]。因此，以 F 为圆心，G，H，K，L，M 之一为半径所作的圆，不与直线 AB，BC，CD，DE，EA 相截。于是，该圆与诸直线相切。设它已作出如图中的圆 $GHKLM$。

这样,在给定等边等角五边形中作出了内切圆。这就是需要做的。

命题 14

对给定等边等角五边形作外接圆。

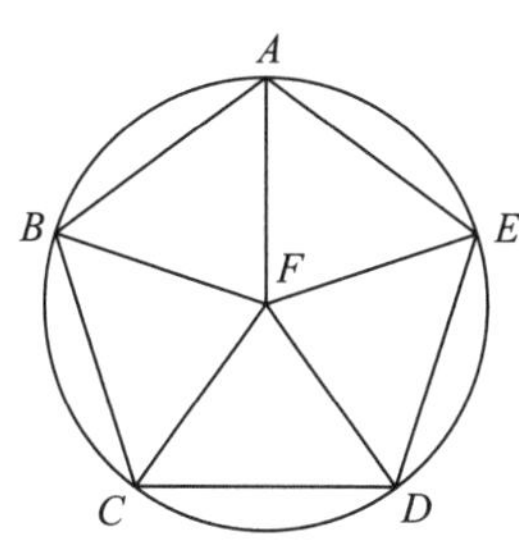

设 $ABCDE$ 是给定的等边等角五边形,故要求的是对五边形 $ABCDE$ 作外接圆。

设角 BCD 与 CDE 分别被直线 CF 与 DF 等分[命题 Ⅰ.9]。由它们的交点 F,分别向 B,A,E 连接直线 FB,FA,FE。类似地,由上一个命题可以证明,角 CBA,BAE,AED 也分别被直线 FB,FA,FE 等分。且因为角 BCD 等于 CDE,FCD 是 BCD 的一半,CDF 是 CDE 的一半。FCD 因此也等于角 FDC。故边 FC 也等于边 FD[命题 Ⅰ.6]。类似地可以证明,FB,FA,FE 也等于线段 FC,FD。因此,五条线段 FA,FB,FC,FD,FE 彼此相等。于是,以 F 为圆心,FA,FB,FC,FD,FE 之一为半径所作的圆,通过其余的点 A,B,C,D,E 连线。这就是外接圆 $ABCDE$。

这样,对给定等边等角五边形作出了外接圆。这就是需要做的。

命题 15

在给定圆中作内接等边等角六边形。

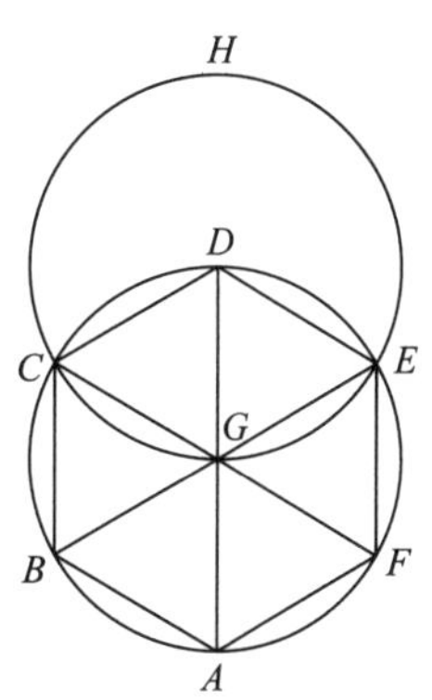

设 $ABCDEF$ 为给定圆,故要求的是对圆 $ABCDEF$ 作一个内接等边等角六边形。

设已作出圆 $ABCDEF$ 的直径 AD,[①] 并设圆的圆心 G 已找到[命题 Ⅲ.1]。又以 D 为圆心,DG 为半径作圆 $EGCH$。连接 EG 与 CG,设它们分别横过圆至点 B 与 F。连接 AB,BC,CD,DE,EF,FA。我说六边形 $ABCDEF$ 是等角等边的。

其理由如下。由于点 G 是圆 $ABCDEF$ 的圆心,GE 等于 GD。再者,因为点 D 是圆 GCH 的圆心,DE 等于 DG。但是,GE 已被证明等于 GD。因此,GE 也等于 ED,于是,三角形 EGD 是等边的。

① 见命题Ⅳ.6 脚注。

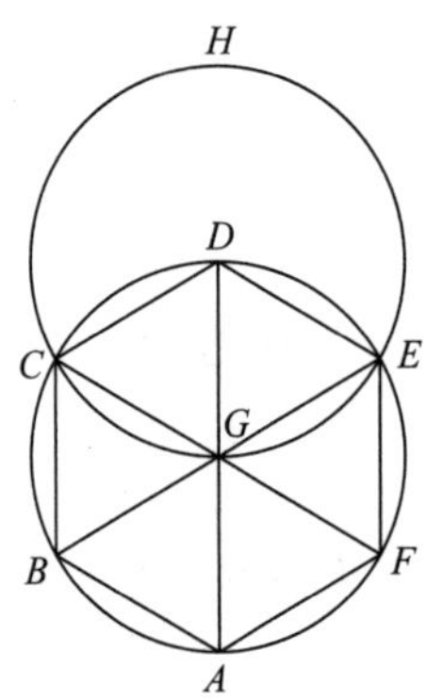

（注：为方便读者阅读，译者将第 87 页图复制到此处。）

因此，它的三个角 EGD，GDE，DEG 也彼此相等，因为等腰三角形中底边上的两个角彼此相等[命题Ⅰ.5]。而三角形的三个内角之和等于两个直角[命题Ⅰ.32]，因此角 EGD 是两个直角的三分之一。类似地可以证明 DGC 也是两个直角的三分之一。因为立在 EB 上的直线 CG 作出的邻角 EGC，CGB 之和等于两个直角[命题Ⅰ.13]，剩下的角 CGB 因此也等于两个直角的三分之一。于是，角 EGD，DGC 与 CGB 彼此相等，因而，与它们相对的角 BGA，AGF，FGE，也分别等于 EGD，DGC，CGB[命题Ⅰ.15]。于是，六个角 EGD，DGC，CGB，BGA，AGF，FGE 彼此相等。而相等的角立在相等的圆弧上[命题Ⅲ.26]，因此，六段圆弧 AB，BC，CD，DE，EF，FA 彼此相等。而等圆弧被等弦对向[命题Ⅲ.29]。因此，六条弦 AB，BC，CD，DE，EF 与 FA 彼此相等。于是，六边形 $ABCDEF$ 是等边的。我说它也是等角的。其理由如下。圆弧 FA 等于圆弧 ED，设对二者各加上圆弧 $ABCD$。于是，$FABCD$ 等于 $EDCBA$。而角 FED 立在圆弧 $FABCD$ 上，角 AFE 立在圆弧 $EDCBA$ 上。因此，角 AFE 等于 DEF[命题Ⅲ.27]。类似地也可以证明六边形 $ABCDEF$ 的剩余诸角也逐个等于每个角 AFE 与 FED。因此，六边形 $ABCDEF$ 等角，且也已证明了它是等边的，而且它内接于圆 $ABCDEF$。

这样，对给定圆作出了内接等边等角六边形。这就是需要做的。

推　论

由此显然可知，该六边形的一边等于圆的半径。

类似于五边形，若我们通过圆周的六分点作圆的切线，就得到圆的一个等边等角外切六边形，类似于上面提到的五边形。此外，借助与上述五边形类似的方法，我们可以对给定等边等角六边形作内切圆与外接圆。这就是需要做的。

命题 16

在给定圆中作内接等边等角十五边形。

设 $ABCD$ 是给定的圆。故要求的是在圆 $ABCD$ 中作内接等边等角十五边形。

设内接于圆的等边三角形的一边 AC[命题Ⅳ.2]，以及内接于圆等边五边形[命题Ⅳ.11]的一边 AB，被嵌入于圆 $ABCD$

中。于是，正如圆 $ABCD$ 由十五段不同的

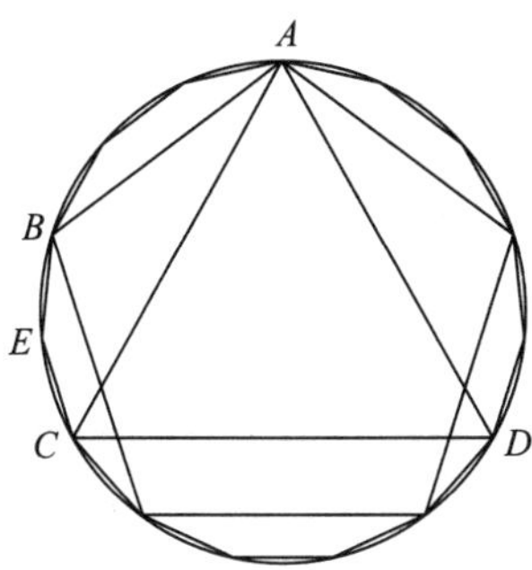

圆弧组成，作为圆周三分之一的圆弧 ABC，由五段这样的圆弧组成，而作为圆周五分之一的圆弧 AB，由三段这样的圆弧组成。于是，剩下的 BC 由两段相等的圆弧组成。设圆弧 BC 在 E 被等分[命题Ⅲ.30]，于是，圆弧 BE 与 EC 每段都是圆 $ABCD$ 的十五分之一。

因此，若连接 BE 与 EC，并连续嵌入等于它们的弦到圆 $ABCD$ 中[命题Ⅳ.1]，则一个等边且等角的十五边形被嵌入圆中。这就是需要做的。

与五边形的情况类似，若我们通过圆周上的十五个分点作圆的切线，就可以作出圆的等边等角外切十五边形。此外，通过与五边形情况类似的步骤，我们也可以对给定的等边等角十五边形作内切圆与外接圆。这就是需要做的。

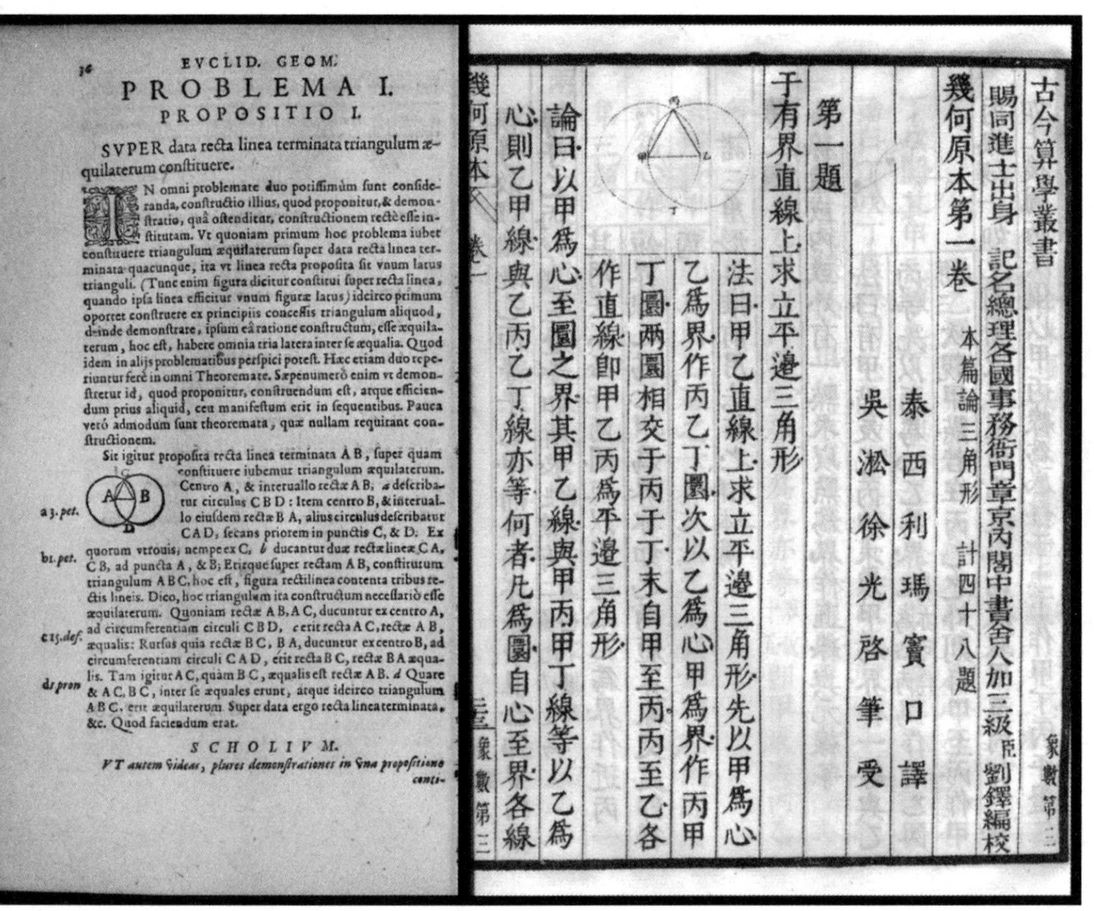

36 EVCLID. GEOM.

PROBLEMA I.
PROPOSITIO I.

SVPER data recta linea terminata triangulum æquilaterum constituere.

IN omni problemate duo potissimùm sunt consideranda, constructio illius, quod proponitur, & demonstratio, quâ ostenditur, constructionem rectè esse institutam. Vt quoniam primum hoc problema iubet constituere triangulum æquilaterum super data recta linea terminata quacunque, ita vt linea recta proposita sit vnum latus trianguli. (Tunc enim figura dicitur constitui super recta linea, quando ipsa linea efficitur vnum figuræ latus) idcirco primum oportet construere ex principiis concessis triangulum aliquod, deinde demonstrare, ipsum eâ ratione constructum, esse æquilaterum, hoc est, habere omnia tria latera inter se æqualia. Quod idem in alijs problematibus perspici potest. Hæc etiam duo reperiuntur ferè in omni Theoremate. Sæpenumerò enim vt demonstretur id, quod proponitur, construendum est, atque efficiendum prius aliquid, ceu manifestum erit in sequentibus. Pauca veró admodum sunt theoremata, quæ nullam requirant constructionem.

Sit igitur proposita recta linea terminata AB, super quam constituere iubemur triangulum æquilaterum. Centro A, & interuallo rectæ AB, a describatur circulus CBD: Item centro B, & interuallo eiusdem rectæ BA, alius circulus describatur CAD, secans priorem in punctis C, & D. Ex quorum vtrouis, nempe ex C, b ducantur duæ rectæ lineæ CA, CB, ad puncta A, & B; Eritque super rectam AB, constitutum triangulum ABC, hoc est, figura rectilinea contenta tribus rectis lineis. Dico, hoc triangulum ita constructum necessariò esse æquilaterum. Quoniam rectæ AB, AC, ducuntur ex centro A, ad circumferentiam circuli CBD, c erit recta AC, rectæ AB, æqualis: Rursus quia rectæ BC, BA, ducuntur ex centro B, ad circumferentiam circuli CAD, erit recta BC, rectæ BA æqualis. Tam igitur AC, quàm BC, æqualis est rectæ AB. d Quare & AC, BC, inter se æquales erunt, atque idcirco triangulum ABC, erit æquilaterum. Super data ergo recta linea terminata, &c. Quod faciendum erat.

a 3. pet. b 1. pet. c 15. def. d 1. pron.

SCHOLIVM.

VT autem videas, plures demonstrationes in vna propositione conti-

古今算學叢書　象數第三

賜同進士出身記名總理各國事務衙門章京內閣中書舍人加三級臣劉鐸編校

幾何原本第一卷　本篇論三角形計四十八題

泰西利瑪竇口譯

吳淞徐光啓筆受

第一題

于有界直線上求立平邊三角形

法曰甲乙直線上求立平邊三角形先以甲爲心乙爲界作丙乙丁圜次以乙爲心甲爲界作丙甲丁圜兩圜相交于丙于丁末自甲至丙丙至乙各作直線卽甲乙丙爲平邊三角形

論曰以甲爲心至圜之界其甲乙線與甲丙甲丁線等以乙爲心則乙甲線與乙丙乙丁線亦等何者凡爲圜自心至界各線

幾何原本卷一　三　象數第三

《几何原本》1607 年利玛窦、徐光启汉译本，系根据德国耶稣会传教士、数学家克拉维乌斯(C. Clavius，1538—1612)的拉丁文本译出。

第五卷　成比例量的一般理论[1]

· *Book V. The General Theory of Magnitudes in Proportion* ·

中国现在的年轻人对于理性、光明的追求，如果能够用一本书来代表，就是《几何原本》。读了《几何原本》，你会有一种力量，有一个非常棒的价值观念、思维方式和方法论，对待人世间的种种焦虑、迷茫。它就像一把解剖刀，能够把生活中那些很繁杂的话，甚至那些装模作样的、表演性的社会人格删除掉，这就是《几何原本》的力量。

——余世存（诗人、学者）

① 本卷中的比例理论一般归功于欧多克斯（Eudoxus of Cnidus）。这个理论的新特征是它处理无理数的能力，无理数到那时为止是希腊数学中的一个主要困难。在本卷的脚注中，α,β,γ 等记一般量（可能是无理数），m,n,l 等记正整数。

LES

SEPTIEME, HVICTIEME ET NEVFIEME, LIVRES DES ELEMENS D'EVCLIDE,

COMPRENANS TOVTE LA SCIENce des nombres, traduits & commentez par Pierre Forcadel de Beziés, lecteur ordinaire du Roy és Mathematiques, en l'vniuersité de Paris.

A PARIS.

Chez Charles Perier, demourant en la rue S. Iean de Beauuais, au Bellerophon.

1565.

AVEC PRIVILEGE DV ROY.

第五卷 内容提要

（译者编写）

第五卷是全书中最抽象的一卷，其命题适用于各种不同的量，例如线、面、体，甚至也许还有时间和角度。本卷独立于以前各卷，但它打开了一扇新的大门，特别是导致了第六卷的相似性几何。

首先要明确比(ratio)和比例(proportion)的定义。在原书中，二者有混用的情形，在大多数汉译本中也有类似的问题。“比”是两个量之间的关系（定义Ⅴ.3）：

$$\alpha:\beta \text{ 的定义为} \frac{\alpha}{\beta},$$

而“比例”是两个比之间的关系（定义Ⅴ.8）：

$$\alpha:\beta=\gamma:\delta \Leftrightarrow \alpha\delta=\beta\gamma。$$

本卷有18个定义，我们把它们尽可能用代数式表示，如表5.1。其中定义Ⅴ.5是本卷的核心。定义Ⅴ.8所述的连比例，在第八和第九卷中有详细的讨论。定义Ⅴ.13－16所述的反比、合比、分比、换比，在命题中会证明有相应的比例成立，再加上定义Ⅴ.12，Ⅴ.17，Ⅴ.18，构成了成比例量理论的完美大家庭。

表5.1 第五卷中的定义汇总

Ⅴ.1	若 $\beta=m\alpha$，α 被称为 β 的一部分	Ⅴ.10	$\alpha:\beta=\beta:\gamma=\gamma:\delta\Rightarrow\alpha:\delta=\alpha^3:\beta^3$
Ⅴ.2	若 $\beta=m\alpha$，β 被称为 α 的倍量	Ⅴ.11	对应量：两个比的前项与前项及后项与后项
Ⅴ.3	两个量（α 与 β）之比记为 $\alpha:\beta$	Ⅴ.12	更比例：$\alpha:\beta=\gamma:\delta\Rightarrow\alpha:\gamma=\beta:\delta$
Ⅴ.4	$m\alpha>\beta$ 及 $n\beta>\alpha\Rightarrow\alpha$ 对 β 有一个比	Ⅴ.13	$\alpha:\beta$ 的反比是 $\beta:\alpha$
Ⅴ.5	($m\alpha>n\beta$ 及 $m\gamma>n\delta$)或($m\alpha=n\beta$ 及 $m\gamma=n\delta$)或($m\alpha<n\beta$ 及 $m\gamma<n\delta$)$\Rightarrow\alpha:\beta=\gamma:\delta$	Ⅴ.14	$\alpha:\beta$ 的合比是 $(\alpha+\beta):\beta$
Ⅴ.6	α 比 β 与 γ 比 δ 相同$\Rightarrow\alpha:\beta=\gamma:\delta$	Ⅴ.15	$\alpha:\beta$ 的分比是 $(\alpha-\beta):\beta$
Ⅴ.7	$m\alpha>n\beta$ 及 $m\gamma\leq n\delta\Rightarrow\alpha:\beta>\gamma:\delta$	Ⅴ.16	$\alpha:\beta$ 的换比是 $\alpha:(\alpha-\beta)$
Ⅴ.8	α,β,γ 成比例$\Rightarrow\alpha:\beta=\beta:\gamma$	Ⅴ.17	依次比例与首末比例
Ⅴ.9	$\alpha:\beta=\beta:\gamma\Rightarrow\alpha:\gamma=\alpha^2:\beta^2$	Ⅴ.18	摄动比例：$\alpha:\beta=\delta:\epsilon$ 及 $\beta:\gamma=\zeta:\delta$

◀《几何原本》1565年福卡德(P. Forcade)法译本扉页。

第五卷的命题汇总于表 5.2. 其中命题V. 1—6 涉及量的倍量，命题V. 7 推论，V. 16—18 和V. 19 推论证明了定义中提到的反比例、更比例、分比例、合比例和换比例。

表 5.2 第五卷中的命题汇总

V.1	$m\alpha+m\beta+\cdots=m(\alpha+\beta+\cdots)$	V.14	$\alpha:\beta=\gamma:\delta$ 则 $\alpha\gtreqless\gamma\Rightarrow\beta\gtreqless\delta$
V.2	$m\alpha+n\alpha=(m+n)\alpha$	V.15	$\alpha:\beta=m\alpha:m\beta$
V.3	$m(n\alpha)=(mn)\alpha$	V.16	更比例：$\alpha:\beta=\gamma:\delta\Rightarrow\alpha:\gamma=\beta:\delta$
V.4	$\alpha:\beta=\gamma:\delta\Rightarrow m\alpha:n\beta=m\gamma:n\delta$	V.17	分比例：$(\alpha+\beta):\beta=(\gamma+\delta):\delta\Rightarrow\alpha:\beta=\gamma:\delta$
V.5	$m\alpha-m\beta=m(\alpha-\beta)$	V.18	合比例：$\alpha:\beta=\gamma:\delta\Rightarrow(\alpha+\beta):\beta=(\gamma+\delta):\delta$
V.6	$m\alpha-n\alpha=(m-n)\alpha$	V.19	$\alpha:\beta=\gamma:\delta\Rightarrow\alpha:\beta=(\alpha-\gamma):(\beta-\delta)$
V.7	$\alpha=\beta\Rightarrow\alpha:\gamma=\beta:\gamma$ 及 $\gamma:\alpha=\gamma:\beta$	推论	换比例：$\alpha:\beta=\gamma:\delta\Rightarrow\alpha:(\alpha-\beta)=\gamma:(\gamma-\delta)$
推论	反比例：$\alpha:\beta=\gamma:\delta\Rightarrow\beta:\alpha=\delta:\gamma$	V.20	$\alpha:\beta=\delta:\epsilon$ 及 $\beta:\gamma=\epsilon:\zeta$ 则 $\alpha\gtreqless\gamma\Rightarrow\delta\gtreqless\zeta$
V.8	$\alpha>\beta\Rightarrow\alpha:\gamma>\beta:\gamma$ 及 $\gamma:\alpha<\gamma:\beta$	V.21	$\alpha:\beta=\epsilon:\zeta$ 及 $\beta:\gamma=\delta:\epsilon$ 则 $\delta\gtreqless\zeta\Rightarrow\alpha\gtreqless\gamma$
V.9	$\alpha:\gamma=\beta:\gamma$ 或 $\gamma:\alpha=\gamma:\beta\Rightarrow\alpha=\beta$	V.22	$\alpha:\beta=\epsilon:\zeta$ 及 $\beta:\gamma=\zeta:\eta$ 及 $\gamma:\delta=\eta:\theta\Rightarrow\alpha:\delta=\epsilon:\theta$
V.10	$\alpha:\gamma>\beta:\gamma$ 或 $\gamma:\beta>\gamma:\alpha\Rightarrow\alpha>\beta$	V.23	$\alpha:\beta=\epsilon:\zeta$ 及 $\beta:\gamma=\delta:\epsilon\Rightarrow\alpha:\gamma=\delta:\zeta$
V.11	$\alpha:\beta=\gamma:\delta$ 及 $\gamma:\delta=\epsilon:\zeta\Rightarrow\alpha:\beta=\epsilon:\zeta$	V.24	$\alpha:\beta=\gamma:\delta$ 及 $\epsilon:\beta=\zeta:\delta\Rightarrow(\alpha+\epsilon):\beta=(\gamma+\zeta):\delta$
V.12	$\alpha:\alpha'=\beta:\beta'=\gamma:\gamma'=\cdots\Rightarrow\alpha:\alpha'=(\alpha+\beta+\gamma+\cdots):(\alpha'+\beta'+\gamma'+\cdots)$	V.25	$\alpha:\beta=\gamma:\delta$ 及 α 最大及 δ 最小 $\Rightarrow(\alpha+\delta)>(\beta+\gamma)$
V.13	$\alpha:\beta=\gamma:\delta$ 及 $\gamma:\delta>\epsilon:\zeta\Rightarrow\alpha:\beta>\epsilon:\zeta$		

定　义

1. 若较小量可以量尽较大量，称前者是后者的一**部分**。

2. 若较大量可以被较小量量尽，称前者是后者的**倍量**。

3. 两个同类量的大小之间的一种关系称为**比**。

4. 倍量可以相互超过的那些量被称为相互之间有一个比。

5. 若第一量与第三量的同倍量分别或者都超过，或者都等于，或者都小于第二量与第四量的同倍量（这里按照对应次序做无论哪种乘法），则称第一量比第二量等于第三量比第四量。

6. 有相同比的诸量称为成**比例**[①]的。

7. 若取相等的倍量（如在定义 5 中的）后，第一量超过第二量，而第三量不超过第四量，则称第一量与第二量之比大于第三量与第四量之比。

8. 一个**比例**中至少有三个量。

9. 若三个量成比例，则第一量与第三量之比是第一量与第二量之比的平方。

10. 若四个量成连比例，则第一量与第四量之比是第一量与第二量之比的立方。无论多少个量的连比例都以此类推。

11. 以下成对的量被称为对应量：两个比的前项与前项，及其后项与后项。

12. **更比例**指两个相等比的前项比前项等于它们的后项比后项。

13. 取后项为前项及前项为后项的比称为**反比**。

14. 前项加上后项与后项本身之比称为**合比**。

15. 前项超过后项的部分与后项本身之比称为**分比**。

16. 前项与它超过后项部分之比称为**换比**。

17. 对一组量及与之个数相等且两两之比相同的另一组量有依次比例成立，第一组的首项与末项之比如同第二组的首项与末项之比。或者说，去掉内部量之后的外端量之比相等。这种情况也可以称为首末比例。

18. 若有三个量及与之个数相等的其他量，若第一组的前项比后项，等于第二组的前项比后项，且第一组的后项比第三量（剩下的量），等于第二组的第三量比前项，则得到摄动比例。

命题 1[②]

若有任意多个量，分别是个数相同的某些其他量的同倍量，则第一组中的一个量被第二组中的一个量分成的份数，也等于第一组中的所有量之和被第二组中的所有量之和分成的份数。

---

① 比例的英语单词是 proportion，而比的英语单词是 ratio。二者不同，请勿混淆。——译者注

② 采用现代记法，这个命题是：$m\alpha + m\beta + \cdots = m(\alpha + \beta + \cdots)$。

设任意多个量 AB，CD 分别是相同个数的其他量 E，F 的同倍量，我说 AB 被 E 分成多少份，AB，CD 之和也被 E，F 之和分成多少份。

其理由如下。由于 AB，CD 分别是 E，F 的同倍量，因此 AB 中有多少个等于 E 的量，CD 中也有多少个等于 F 的量。设 AB 被分成等于 E 的两个量 AG 与 GB，CD 被分成等于 F 的两个量 CH 与 HD。故 AG，GB 的总数等于 CH，HD 的总数。且因为 AG 等于 E 及 CH 等于 F，AG 等于 E 及 AG，CH 分别等于 E，F。同理，GB 等于 E 及 GB，HD 分别等于 E，F。因此，AB 被 E 分成多少份，AB，CD 之和也被 E，F 之和分成多少份。

这样，若有任意多个量，分别是个数相同的某些其他量的同倍量，则第一组中的一个量被第二组中的一个量分成的份数，也等于第一组中的所有量被第二组中的所有量分成的份数。这就是需要证明的。

命题 2[1]

若第一量与第三量分别是第二量与第四量的同倍量；第五量与第六量也分别是第二量与第四量的同倍量。则第一量及第五量之和与第三量及第六量之和，也分别是第二量与第四量的同倍量。

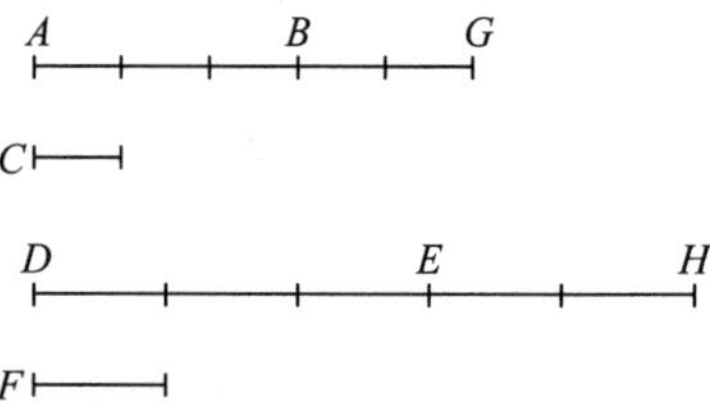

其理由如下。设第一量 AB 与第三量 DE 分别是第二量 C 与第四量 F 的同倍量。第五量 BG 与第六量 EH 也分别是第二量 C 与第四量 F 的同倍量。我说第一量及第五量之和 AG 与第三量及第六量之和 DH，也分别是第二量 C 与第四量 F 的同倍量。

其理由如下。由于 AB 与 DE 分别是 C 与 F 的同倍量，因此在 AB 中有多少个等于 C 的量，在 DE 中也有多少个等于 F 的量。同理，在 BG 中有多少个等于 C 的量，在 EH 中也有多少个等于 F 的量。因此，在 AG 中有多少个等于 C 的量，在 DH 中也有多少个等于 F 的量。于是，AG 被 C 分成多少份，DH 也被 F 分成多少份。因此，第一量 AB 及第五量 BG 之和 AG 与第三量 DE 及第六量 EH 之和 DH，分别是第二量 C 与第四量 F 的同倍量。

这样，若第一量与第三量分别是第二量与第四量的同倍量；第五量与第六量也分别是第二量与第四量的同倍量。则第一量及第五量之和与第三量及第六量之和，也分别是第二量与第四量的同倍量。这就是需要证明的。

① 采用现代记法，这个命题是：$m\alpha+n\alpha=(m+n)\alpha$ 。

命题 3[①]

若第一量与第三量分别是第二量与第四量的同倍量，又取第一量与第三量的同倍量，则由首末比例，这两个量也分别是第二量与第四量的同倍量。

设第一量 A 与第三量 C 分别是第二量 B 与第四量 D 的同倍量，并设分别取 A 与 C 的同倍量 EF 与 GH。我说 EF 与 GH 分别是 B 与 D 的同倍量。

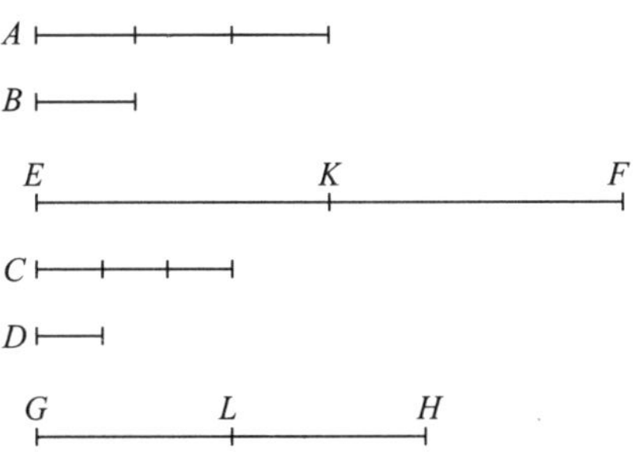

其理由如下。由于 EF 与 GH 分别是 A 与 C 的同倍量，因此在 EF 中有多少个等于 A 的量，在 GH 中也有多少个等于 C 的量。设 EF 被分成等于 A 的量 EK，KF，GH 被分成等于 C 的量 GL，LH。故量 EK，KF 的个数等于量 GL，LH 的个数。因为 A 与 C 分别是 B 与 D 的同倍量，EK 与 GL 因此分别是 B 与 D 的同倍量。同理，KF 与 LH 分别是 B 与 D 的同倍量。因此，由于第一量 EK 与第三量 GL 分别是第二量 B 与第四量 D 的同倍量，第五量 KF 与第六量 LH 也分别是第二量 B 与第四量 D 的同倍量。于是，第一量及第五量加在一起得到的 EF 与第三量及第六量加在一起得到的 GH，因此也分别是第二量 B 与第四量 D 的同倍量[命题Ⅴ.2]。

这样，若第一量与第三量分别是第二量与第四量的同倍量，又取第一量与第三量的同倍量，则由首末比例，这两个量也分别是第二量与第四量的同倍量。这就是需要证明的。

命题 4[②]

若第一量与第二量之比及第三量与第四量之比相同，则第一量及第三量的同倍量与第二量及第四量的同倍量的对应比也相同。

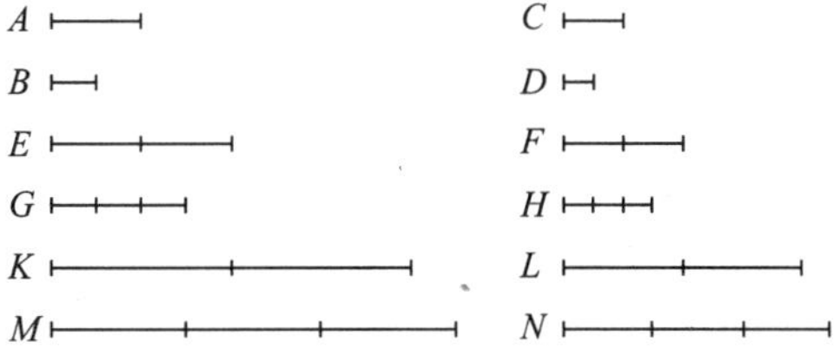

设第一量 A 比第二量 B 等于第三量 C 比第四量 D。分别取 A 与 C 的同倍量 E 与 F，以及分别取 B 与 D 的其他任意同倍量 G 与 H。我说 E 比 G 如同 F 比 H。

设分别取 E 与 F 的同倍量 K 与 L，又分别取 G 与 H 的其他任意同倍量 M 与 N。

由于 E 与 F 分别是 A 与 C 的同倍量，

① 采用现代记法，这个命题是：$m(n\alpha)=(mn)\alpha$。

② 采用现代记法，这个命题是：若 $\alpha:\beta=\gamma:\delta$，则对所有 m 与 n 有 $m\alpha:n\beta=m\gamma:n\delta$。

K 与 L 分别是 E 与 F 的同倍量，K 与 L 因此分别是 A 与 C 的同倍量[命题Ⅴ.3]。同理，M 与 N 分别是 B 与 D 的同倍量。又由于 A 比 B 如同 C 比 D，且 K 与 L 分别是 A 与 C 的同倍量，M 与 N 分别是 B 与 D 的其他任意同倍量，则若 K 超过 M，L 也超过 N，若 K 等于 M，L 也等于 N，若 K 小于 M，L 也小于 N[定义Ⅴ.5]。又，K 与 L 分别是 E 与 F 的同倍量，M 与 N 分别是 G 与 H 的其他任意同倍量，因此，E 比 G 如同 F 比 H[定义Ⅴ.5]。

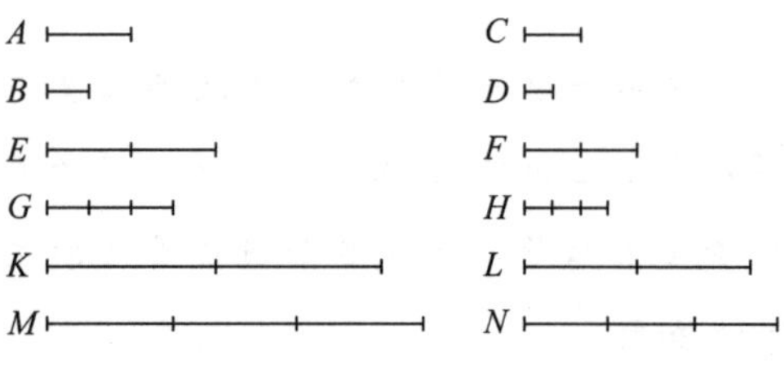

（注：为方便读者阅读，译者将第 97 页图复制到此处。）

这样，若第一量与第二量之比及第三量与第四量之比相同，则第一量及第三量的同倍量与第二量及第四量的同倍量的对应比也相同。这就是需要证明的。

命题 5[①]

若一个量是另一个量的倍量，其减去部分是另一个量减去部分的同倍量，则该量的剩余部分也是另一个量的剩余部分的同倍量。

设量 AB 是量 CD 的倍量，AB 的部分 AE 是 CD 的部分 CF 的同倍量。我说剩余部分 EB 也是剩余部分 FD 的相当倍量。

其理由如下。AE 被 CF 分成多少份，设 EB 也被 CG 分成多少份。

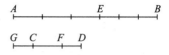

且由于 AE 与 EB 分别是 CF 与 GC 的同倍量，AE 与 AB 因此是 CF 与 GF 的同倍量[命题Ⅴ.1]。但 AE 与 AB 已假设分别是 CF 与 CD 的同倍量，因此，AB 是 GF 与 CD 每个的同倍量。所以，GF 等于 CD。设由二者各减去 CF，于是，剩下的 GC 等于剩下的 FD。且因为 AE 与 EB 分别是 CF 与 GC 的同倍量，而 GC 等于 DF，AB 与 AE 因此分别是 CD 与 CF 的同倍量。因此，剩下的 EB 也是剩下的 FD 的同倍量，如同整个 AB 是整个 CD 的同倍量。

这样，若一个量是另一个量的倍量，其减去部分是另一个量减去部分的同倍量，则该量的剩余部分也是另一个量的剩余部分的同倍量。这就是需要证明的。

命题 6[②]

若两个量是两个其他量的同倍量，并由前两个量减去分别等于后两个量的同倍量的某个部分，则两个剩下的量也或者

① 采用现代记法，这个命题是：$m\alpha - m\beta = m(\alpha - \beta)$。

② 采用现代记法，这个命题是：$m\alpha - n\alpha = (m - n)\alpha$。

分别等于后两个量，或者分别是它们的同倍量。

设两个量 AB 与 CD 分别是两个量 E 与 F 的同倍量，由前两个量减去的 AG 与 CH 分别是 E 与 F 的同倍量。我说剩下的量 GB 与 HD 也或者分别等于 E 与 F，或者分别是它们的同倍量。

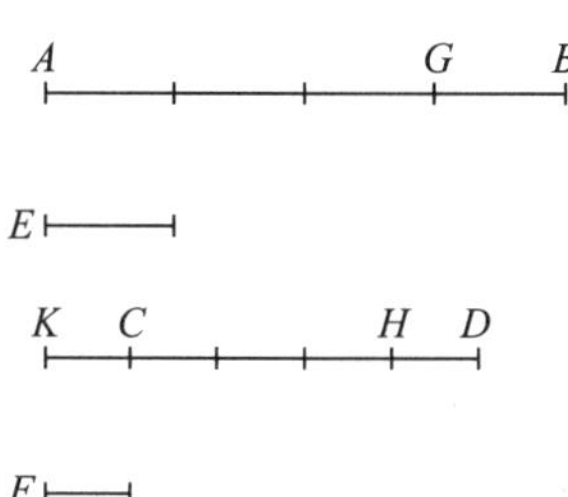

首先设 GB 等于 E。我说 HD 也等于 F。

其理由如下。设作 CK 等于 F。由于 AG 与 CH 分别是 E 与 F 的同倍量，且 GB 等于 E，KC 等于 F，AB 与 KH 因此分别是 E 与 F 的同倍量[命题Ⅴ.2]。而 AB 与 CD 分别被假设为 E 与 F 的同倍量，因此，KH 与 CD 每个都是 F 的同倍量，于是，KH 等于 CD。设从二者各减去 CH，则剩余量 KC 等于剩余量 HD。但是 F 等于 KC，因此 HD 也等于 F。从而，若 GB 等于 E，则 HD 等于 F。

类似地，我们可以证明，若 GB 是 E 的倍量，则 HD 也是 F 的同倍量。

这样，若两个量是两个其他量的同倍量，并由前两个量减去分别等于后两个量的同倍量的某个部分，则两个剩下的量也或者分别等于后两个量，或者分别是后两个量的同倍量。这就是需要证明的。

命题 7

相等诸量与同一量有相同的比，并且该量与相等诸量有相同的比。

设 A，B 是相等的两个量，设 C 是某个其他任意量。我说 A，B 每个都与 C 有相同的比，且 C 与 A，B 每个都有相同的比。

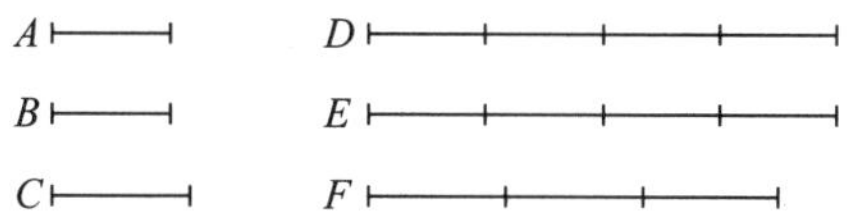

其理由如下。设分别取 D 与 E 是 A 与 B 的同倍量，而 F 是 C 的其他任意倍量。

因此，由于 D 与 E 分别是 A 与 B 的同倍量，且 A 等于 B，D 因此也等于 E。而 F 是不同的任意量。因此，若 D 超过 F，则 E 也超过 F，若 D 等于 F，则 E 也等于 F，若 D 小于 F，则 E 也小于 F。且 D 与 E 分别是 A 与 B 的同倍量。F 是 C 的另一个任意倍量。因此，A 比 C 如同 B 比 C[定义Ⅴ.5]。

我说 C[①] 与 A，B 每个都有相同的比。

其理由如下。类似地，我们可以按照相同的构形证明 D 等于 E，而 F 有某个其他值。于是，若 F 超过 D，则 F 也超过 E，若 F 等于 D，则 F 也等于 E，若 F 小于 D，则 F 也小于 E。且 F 是 C 的倍量，D 与 E 分别是 A 与 B 的其他任意同倍量，

① 希腊原文为“E”，明显是一个笔误。

因此，C 比 A 如同 C 比 B[定义Ⅴ.5]。

这样，相等诸量与同一量有相同的比，并且该量与相等诸量有相同的比。这就是需要证明的。

推　　论[①]

由此显然可知，若某些量成比例，则它们的反比也成比例。这就是需要证明的。

命题 8

对于不相等的量，较大量与某量之比大于较小量与该量之比。而该量与较小量之比大于它与较大量之比。

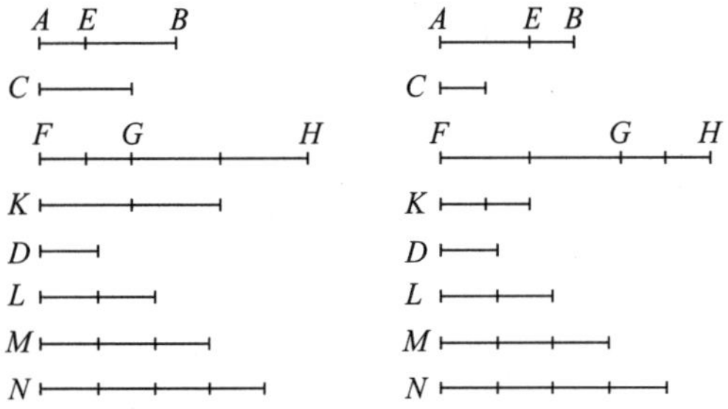

设 AB 与 C 是不相等的两个量，AB 是较大者，而 D 是另一个任意量。我说 AB 比 D 大于 C 比 D，而 D 比 C 大于 D 比 AB。

其理由如下。由于 AB 大于 C，取 BE 等于 C。对 AE 与 EB 中的较小者不断加倍，直到它大于 D[定义Ⅴ.4]。首先如上图左，设 AE 小于 EB，把 AE 不断加倍，又设 FG（大于 D）是它的某个倍量，FG 被 AE 分成多少份，GH 也被 EB 分成多少份，K 也被 C 分成多少份。又设取 D 的两倍 L，D 的三倍 M，等等，每个都增加一倍，直到获得大于 K 的第一个 D 的倍量。设它已被得到为 D 的四倍量 N——这是第一个大于 K 的倍量。

因此，由于 K 刚小于 N，K 因此不小于 M。且因为 FG 与 GH 分别是 AE 与 EB 的同倍量，FG 与 FH 因此分别是 AE 与 AB 的同倍量[命题Ⅴ.1]。又，FG 与 K 分别是 AE 与 C 的同倍量。故 FH 与 K 分别是 AB 与 C 的同倍量。再者，因为 GH 与 K 是 EB 与 C 的同倍量，且 EB 等于 C，GH 因此也等于 K。且 K 不小于 M，于是，GH 也不小于 M，而 FG 大于 D，因此，整个 FH 大于 D 与 M 之和。但是，D 与 M 之和等于 N。因为 M 是 D 的三倍，D 与 M 之和是 D 的四倍，但 N 也是 D 的四倍。因此，M 与 D 之和等于 N。但是，FH 大于 M 与 D 之和。因此，FH 超过 N。但 K 不超过 N。又，FH 与 K 分别是 AB 与 C 的同倍量，且 N 是 D 的另一个任意倍量。因此，AB 比 D 大于 C 比 D[定义Ⅴ.7]。

我说 D 比 C 大于 D 比 AB。

其理由如下。类似地，按照相同的构造，我们可以证明 N 超过 K，但 N 不超过 FH。且 N 是 D 的一个倍量，而 FH 与 K 分别是 AB 与 C 的另一个任意同倍量。

① 采用现代记法，这个命题是：若 $\alpha:\beta=\gamma:\delta$，则 $\beta:\alpha=\delta:\gamma$。（这就是对反比例的证明。——译者注）

于是，D 比 C 大于 D 比 AB［定义Ⅴ.7］。

然后如右图设 AE 大于 EB。较小的 EB 被不断地加倍，它在某一时刻大于 D。设它被不断加倍，并设 GH 是第一次大于 D 的 EB 的倍量。于是 GH 被 EB 分成多少份，FG 也被 AE 分成多少份，K 也被 C 分成多少份。与上面类似，我们可以证明 FH 与 K 分别是 AB 与 C 的同倍量。也与上面类似，设 N 是第一次大于 FG 的 D 的倍量。故 FG 不小于 M。而 GH 大于 D，因此，整个 FH 超过 D 加上 M，即 N，而 K 不超过 N，因为 FG 大于 $GH(K)$ 也不超过 N。根据以上论据我们可以用相同方式完成证明。

这样，对于不相等的量，较大量与某量之比大于较小量与该量之比。而该量与较小量之比大于它与较大量之比。这就是需要证明的。

命题 9

与相同量有相同比的诸量彼此相等。相同量与之有相同比的诸量相等。

A ——— B ———
C ————

设 A 与 B 每个都与 C 成相同的比。我说 A 等于 B。

其理由如下。如若不然，A 与 B 不会每个都与 C 有相同的比［命题Ⅴ.8］。但它们有。因此，A 等于 B。

再者，设 C 与 A，B 每个都有相同的比。我说 A 等于 B。

其理由如下。如若不然，C 与 A，B 每个都不会有相同的比［命题Ⅴ.8］。但它们有。因此，A 等于 B。

这样，与相同量有相同比的诸量彼此相等。相同量与之有相同比的诸量相等。这就是需要证明的。

命题 10

几个量比同一个量，有较大比者较大。同一个量比几个量，有较大比者较小。

A ——— B ———
C ————

设 A 比 C 大于 B 比 C。我说 A 大于 B。

其理由如下。如若不然，A 肯定等于或者小于 B。事实上，A 不等于 B。否则 A，B 每个都与 C 有相同的比［命题Ⅴ.7］。但并非如此，因此，A 不等于 B。事实上，A 也不小于 B。否则，A 比 C 会小于 B 比 C［命题Ⅴ.8］。但并非如此。因此 A 不小于 B。且已经证明它也不等于 B。所以，A 大于 B。

再者，设 C 比 B 大于 C 比 A。我说 B 小于 A。

其理由如下。如若不然，B 肯定或者等于或者大于 A。事实上，B 不等于 A。否则 C 会与 A，B 每个都有相同的比［命题Ⅴ.7］。但并非如此，因此，A 不等于 B。事实上，B 也不大于 A。否则，C 比 B 会小于C比A[命题V.8]。但并非如此。因此B不大于A。且已经证明它也不等于A。所以，B小于A。

这样，几个量比同一个量，有较大比者较大。同一个量比几个量，有较大比者较小。这就是需要证明的。

命题 11[①]

与同一个比相同的各个比彼此也相同。

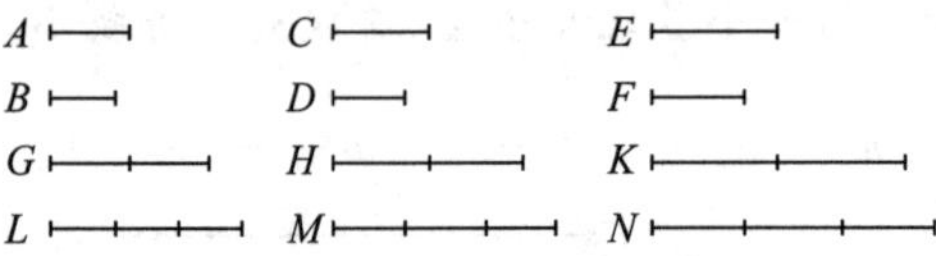

设A比B如同C比D，C比D如同E比F。我说A比B如同E比F。

其理由如下。设G，H，K分别是A，C，E的同倍量，以及L，M，N分别是B，D，F的其他任意同倍量。

由于A比B如同C比D，G与H分别是A与C的同倍量，L与M分别是B与D的其他任意同倍量，因此，若G超过L，则H也超过M，若G等于L，则H也等于M，若G小于L，则H也小于M[定义V.5]。再者，由于C比D如同E比F，H与K分别是C与E的同倍量，M与N分别是D与F的其他任意同倍量，因此，若H超过M，则K也超过N，若H等于M，则K也等于N，若H小于M，则K也小于N[定义V.5]。但我们看到，若H超过M，则G也超过L，若H等于M，则G也等于L，若H小于M，则G也小于L。因而，若G超过L，则K也超过N，若G等于L，则K也等于N，若G小于L，则K也小于N。且G与K分别是A与E的同倍量，L与N分别是B与F的其他任意同倍量，因此，A比B如同E比F[定义V.5]。

这样，与同一个比相同的各个比彼此也相同。这就是需要证明的。

命题 12[②]

若任意多个量成比例，则前项之一比后项之一，如同所有前项之和比所有后项之和。

设任意多个量A，B，C，D，E，F成比例，即A比B如同C比D，也如同E比F。我说A比B如同A，C，E之和比B，D，F之和。

其理由如下。分别取A，C，E的同倍量G，H，K，又分别取B，D，F的其他任意同倍量L，M，N。

---

① 采用现代记法，这个命题是：若$\alpha:\beta=\gamma:\delta$及$\gamma:\delta=\epsilon:\zeta$，则$\alpha:\beta=\epsilon:\zeta$。

② 采用现代记法，这个命题是：若$\alpha:\alpha'=\beta:\beta'=\gamma:\gamma'=\cdots$，则$\alpha:\alpha'=(\alpha+\beta+\gamma+\cdots):(\alpha'+\beta'+\gamma'+\cdots)$。

由于 A 比 B 如同 C 比 D，也如同 E 比 F，且 G,H,K 分别是 A,C,E 的同倍量，L,M,N 分别是 B,D,F 的其他任意同倍量，因此，若 G 超过 L，则 H 也超过 M，K 也超过 N，若 G 等于 L，则 H 也等于 M，K 也等于 N，若 G 小于 L，则 H 也小于 M，K 也小于 N[定义Ⅴ.5]。所以，若 G 超过 L，则 G,H,K 之和也超过 L,M,N 之和；若 G 等于 L，则 G,H,K 之和也等于 L,M,N 之和；若 G 小于 L，则 G,H,K 之和也小于 L,M,N 之和。G 与 G,H,K 之和分别是 A 与 A,C,E 之和的同倍量。

其理由如下。若有任意多个量分别是相同个数其他量的同倍量，则第一量被第二量所分成的份数，也等于所有第一量之和被所有第二量之和分成的份数[命题Ⅴ.1]。同理，L 与 L,M,N 之和也分别是 B 与 B,D,F 之和的同倍量。

这样，若任意多个量成比例，则前项之一比后项之一，如同所有前项之和比所有后项之和。这就是需要证明的。

命题 13[①]

若第一量比第二量如同第三量比第四量，但第三量比第四量大于第五量比第六量，则第一量比第二量大于第五量比第六量。

设第一量 A 比第二量 B 如同第三量 C 比第四量 D。又设第三量 C 比第四量 D 大于第五量 E 比第六量 F。我说第一量 A 比第二量 B 大于第五量 E 比第六量 F。

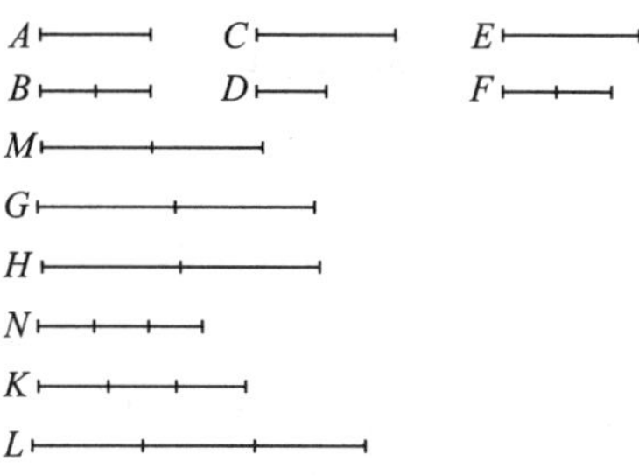

其理由如下。由于对 C 与 E 的某个同倍量，以及 D 与 F 的其他任意同倍量，C 的倍量超过 D 的倍量。而 E 的倍量不超过 F 的倍量[定义Ⅴ.7]。设它们已被取得，并设 G 与 H 分别是 C 与 E 的同倍量，K 与 L 分别是 D 与 F 的其他任意同倍量，G 超过 K，但 H 不超过 L。G 被 C 分为多少份，M 也被 A 分为多少份。K 被 D 分为多少份，N 也被 B 分为多少份。

由于 A 比 B 如同 C 比 D，M 与 G 分别是 A 与 C 的同倍量，N 与 K 分别是 B 与 D 的其他任意同倍量，因此，若 M 超过 N，则 G 超过 K，若 M 等于 N，则 G 也等于 K，若 M 小于 N，则 G 也小于 K[定义Ⅴ.5]。且 G 超过 K。因此，M 也超过 N，但 H 不超过 L。M 与 H 分别是 A 与 E 的同倍量，N 与 L 分别是 B 与 F 的其他任意同倍量。因此，A 比 B 大于 E 比 F[定义Ⅴ.7]。

这样，若第一量比第二量如同第三量比第四量，但第三量比第四量大于第五量比第六量，则第一量比第二量大于第五量

① 采用现代记法，这个命题是：若 $\alpha:\beta=\gamma:\delta$ 及 $\gamma:\delta>\epsilon:\zeta$，则 $\alpha:\beta>\epsilon:\zeta$。

比第六量。这就是需要证明的。

命题14[①]

若第一量比第二量如同第三量比第四量,而第一量大于第三量,则第二量也大于第四量。若第一量等于第三量,则第二量也等于第四量。若第一量小于第三量,则第二量也小于第四量。

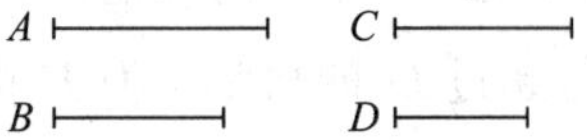

设第一量 A 比第二量 B 如同第三量 C 比第四量 D,又设 A 大于 C,我说 B 也大于 D。

其理由如下。由于 A 大于 C,而 B 是另一个任意量,因此 A 比 B 大于 C 比 B [命题Ⅴ.8]。且 A 比 B 如同 C 比 D,C 比 D 也大于 C 比 B。而同一个量比几个量,有较大比者较小[命题Ⅴ.10]。因此 D 小于 B。所以 B 大于 D。

类似地,我们可以证明,若 A 等于 C,则 B 也等于 D,若 A 小于 C,则 B 也小于 D。

这样,若第一量比第二量如同第三量比第四量,而第一量大于第三量,则第二量也大于第四量。若第一量等于第三量,则第二量也等于第四量。若第一量小于第三量,则第二量也小于第四量 。这就是需要证明的。

命题15[②]

部分与部分之比如同其依序同倍量之比。

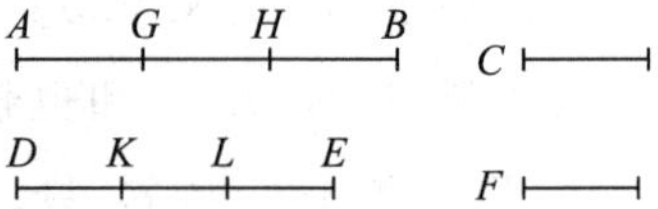

设 AB 与 DE 分别是 C 与 F 的同倍量。我说 C 比 F 如同 AB 比 DE。

其理由如下。由于 AB 与 DE 分别是 C 与 F 的同倍量,因此在 AB 中有多少份 C,在 DE 中也有多少份 F。设 AB 被分为等于 C 的量 AG,GH,HB,而 DE 被分为等于 F 的量 DK,KL,LE。则量 AG,GH,HB 的个数等于量 DK,KL,LE 的个数。又因为 AG,GH,HB 彼此相等,DK,KL,LE 也彼此相等,因此 AG 比 DK 如同 GH 比 KL,也如同 HB 比 LE [命题Ⅴ.7]。且因此(对成比例的量),前项比后项如同所有前项之和比所有后项之和[命题Ⅴ.12]。但 AG 比 C 如同 DK 比 F,因此,C 比 F 如同 AB 比 DE。

这样,部分与部分之比如同其依序同倍量之比。这就是需要证明的。

① 采用现代记法,这个命题是:若 $\alpha:\beta=\gamma:\delta$,则当 $\alpha\gtreqless\gamma$ 时 $\beta\gtreqless\delta$。

② 采用现代记法,这个命题是:$\alpha:\beta=m\alpha:m\beta$。

命题 16[①]

若四个量成比例，则它们的更比例也成立。

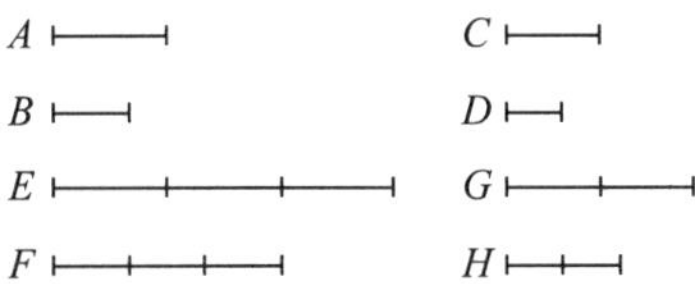

设 A，B，C 与 D 是四个互成比例的量，即 A 比 B 如同 C 比 D。我说它们的更比例也成立，即 A 比 C 如同 B 比 D。

其理由如下。分别取 A 与 B 的同倍量 E 与 F，分别取 C 与 D 的其他任意同倍量 G 与 H。

由于 E 与 F 分别是 A 与 B 的同倍量，且部分之比与其同倍量之比相同[命题Ⅴ.15]，于是，A 比 B 如同 E 比 F。但 A 比 B 如同 C 比 D，故 C 比 D 如同 E 比 F[命题Ⅴ.11]。再者，由于 G 与 H 分别是 C 与 D 的同倍量，因此，C 比 D 如同 G 比 H[命题Ⅴ.15]。但 C 比 D 如同 E 比 F，因此，E 比 F 如同 G 比 H [命题Ⅴ.11]。且当四个量成比例时，若第一量大于第三量，则第二量也大于第四量，若第一量等于第三量，则第二量也等于第四量，若第一量小于第三量，则第二量也小于第四量[命题Ⅴ.14]。因此，若 E 超过 G，则 F 也超过 H，若 E 等于 G，则 F 也等于 H，若 E 小于 G，则 F 也小于 H。E 与 F 分别是 A 与 B 的同倍量，G 与 H 分别是 C 与 D 的其他任意同倍量，所以，A 比 C 如同 B 比 D[定义Ⅴ.5]。

这样，若四个量成比例，则它们的更比例也成立。这就是需要证明的。

命题 17[②]

成比例组合量分离后也成比例。

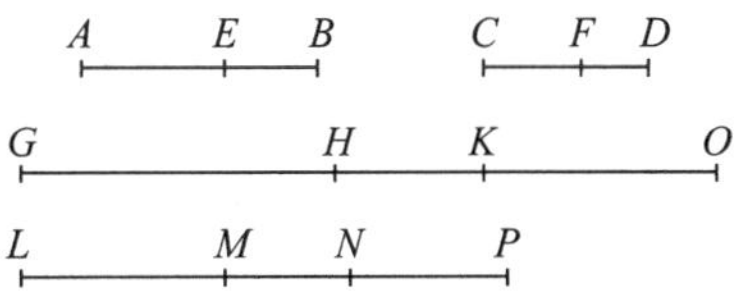

设 AB，BE，CD 与 DF 是成比例的组合量，即 AB 比 BE 如同 CD 比 DF。我说它们分开后也成比例，即 AE 比 EB 如同 CF 比 DF。

其理由如下。设分别取 AE，EB，CF 与 FD 的同倍量 GH，HK，LM 与 MN，分别取 EB 与 FD 的其他任意同倍量 KO 与 NP。

由于 GH 与 HK 分别是 AE 与 EB 的同倍量，GH 与 GK 因此分别是 AE 与 AB 的同倍量[命题Ⅴ.1]。但 GH 与 LM 分别是 AE 与 CF 的同倍量，故 GK 与 LM 分别是 AB 与 CF 的同倍量。再者，由于 LM 与 MN 分别是 CF 与 FD 的同倍量，故 LM 与 LN 分别是 CF 与 CD 的同倍量[命题Ⅴ.1]。但 LM 与 GK 分别是 CF 与

---

① 采用现代记法，这个命题是：若 $\alpha:\beta=\gamma:\delta$，则 $\alpha:\gamma=\beta:\delta$。（这就是对更比例的证明。——译者注）

② 采用现代记法，这个命题是：若 $(\alpha+\beta):\beta=(\gamma+\delta):\delta$，则 $\alpha:\beta=\gamma:\delta$。（这就是对分比例的证明。——译者注）

AB 的同倍量。因此，GK 与 LN 分别是 AB 与 CD 的同倍量。再者，因为 HK 与 MN 分别是 EB 与 FD 的同倍量，且 KO 与 NP 也是 EB 与 FD 的同倍量，然后加在一起，HO 与 MP 也分别是 EB 与 FD 的同倍量[命题Ⅴ.2]。又因为 AB 比 BE 如同 CD 比 DF，且已经分别取 AB，CD 的同倍量 GK，LN，以及 EB，FD 的同倍量 HO，MP，因此，若 GK 超过 HO，则 LN 也超过 MP，若 GK 等于 HO，则 LN 也等于 MP，若 GK 小于 HO，则 LN 也小于 MP[定义Ⅴ.5]。设 GK 超过 HO，于是，从二者各减去 HK，则 GH 超过 KO。但是我们看到，若 GK 超过 HO，则 LN 也超过 MP。因此，LN 也超过 MP。从二者各减去 MN，则 LM 也超过 NP。类似地，我们可以证明，若 GH 等于 KO，LM 也等于 NP，若 GH 小于 KO，LM 也小于 NP。且 GH，LM 分别是 AE，CF 的同倍量，KO，NP 分别是 EB，FD 的其他任意同倍量。因此，AE 比 EB 如同 CF 比 FD[定义Ⅴ.5]。

(注：为方便读者阅读，译者将第 105 页图复制到此处。)

这样，成比例组合量分离后也成比例。这就是需要证明的。

命题 18[①]

若分离量成比例，则它们组合后也成比例。

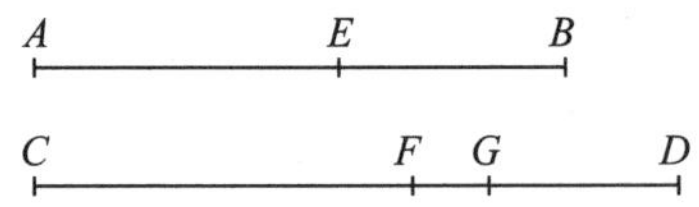

设 AE，EB，CF，FD 是分离量，它们是成比例的，即 AE 比 EB 如同 CF 比 FD。我说它们组合后也成比例，即 AB 比 BE 如同 CD 比 FD。

其理由如下。如若不然，即 AB 比 BE 不同于 CD 比 FD，则 AB 与 BE 肯定或者如同 CD 比某个小于 DF 的量，或者如同 CD 比某个大于 DF 的量。[②]

首先考虑某个小于 DF 的量 DG。因为组合量是成比例的，故 AB 比 BE 如同 CD 比 DG，因此当它们分开时也是成比例的[命题Ⅴ.17]。于是，AE 比 EB 如同 CG 比 GD。但也已假设了 AE 比 EB 如同 CF 比 FD，故也有 CG 比 GD 如同 CF 比 FD[命题Ⅴ.11]。且第一量 CG 大于第三量 CF，故第二量 GD 也大于第四量 FD[命题Ⅴ.14]。但也已得到这个关系是小于，而这是不可能的。因此，AB 比 BE 不同于 CD 比一个小于 FD 的量。类似地，

① 采用现代记法，这个命题是：若 $\alpha:\beta=\gamma:\delta$，则 $(\alpha+\beta):\beta=(\gamma+\delta):\delta$。(这就是对合比例的证明。——译者注)

② 欧几里得在此未经证明就假设了总是可以找到与三个给定量成比例的第四量。

我们也可以证明它也不等于 CD 比一个大于 FD 的量。因此，这只对 FD 这个量成立。

这样，若分开的诸量成比例，则它们组合后也成比例。这就是需要证明的。

命题 19[①]

若整体比整体如同减去部分比减去部分，则剩余部分比剩余部分如同整体比整体。

设整个 AB 比整个 CD 如同减去部分 AE 比减去部分 CF。我说剩下的 EB 比剩下的 FD 如同整个 AB 比整个 CD。

其理由如下。AB 比 CD 如同 AE 比 CF，也可以说成 BA 比 AE 如同 DC 比 CF[命题Ⅴ.16]。且因为组合量成比例，故它们分开后也成比例，即 BE 比 EA 如同 DF 比 CF[命题Ⅴ.17]。也可以说，BE 比 DF 如同 EA 比 FC[命题Ⅴ.16]。并且已经假定，AE 比 CF 如同整个 AB 比整个 CD。因此，剩下的 EB 比剩下的 FD，如同整个 AB 比整个 CD。

这样，若整体比整体如同减去部分比减去部分，则剩余部分比剩余部分如同整体比整体。这就是需要证明的。

推　　论[②]

由此显然可知，若合比例成立，则换比例也成立。这就是需要证明的。

命题 20[③]

若有三个量，又有相同个数的其他各组量，各组中诸量的两两之比皆相同。则由首末比例，若第一量大于第三量，则第四量也大于第六量。而若第一量等于第三量，则第四量也等于第六量。若第一量小于第三量，则第四量也小于第六量。

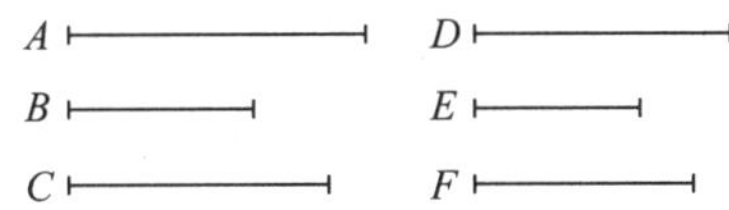

设有三个量 A，B 与 C，以及与之个数相等的其他量 D，E 与 F，各组中诸量的两两之比皆相同。即 A 比 B 如同 D 比 E，E 比 F 如同 B 比 C。又设 A 大于 C，则由首末比例，我说 D 也大于 F，若 A 等于 C，则 D 也等于 F，若 A 小于 C，则 D 也小于 F。

---

① 采用现代记法，这个命题是：若 $\alpha : \beta = \gamma : \delta$，则 $\alpha : \beta = (\alpha - \gamma) : (\beta - \delta)$。

② 采用现代记法，这个推论是：若 $\alpha : \beta = \gamma : \delta$，则 $\alpha : (\alpha - \beta) = \gamma : (\gamma - \delta)$。（这就是对换比例的证明。——译者注）

③ 采用现代记法，这个命题是：若 $\alpha : \beta = \delta : \epsilon$ 及 $\beta : \gamma = \epsilon : \zeta$，则当 $\alpha \gtreqless \gamma$ 时 $\delta \gtreqless \zeta$。

其理由如下。由于A大于C，B是某个其他量，而较大量比某量，大于较小量比该量[命题Ⅴ.8]，故A比B大于C比B。但A比B如同D比E，且由反比例，C比B如同F比E[命题Ⅴ.7推论]。因此，D比E大于F比E[命题Ⅴ.13]。且对与相同量作比的各量，比值较大者对应的量较大。故D大于F[命题Ⅴ.10]。类似地，我们可以证明，若A等于C，则D也等于F，甚至若A小于C，则D也小于F。

(注：为方便读者阅读，译者将第107页图复制到此处。)

这样，若有三个量，又有相同个数的其他各组量，各组中诸量的两两之比皆相同。则由首末比例，若第一量大于第三量，则第四量也大于第六量。而若第一量等于第三量，则第四量也等于第六量。若第一量小于第三量，则第四量也小于第六量。这就是需要证明的。

命题21①

若有三个量，又有相同个数的其他各组量，各组中诸量的两两之比皆相同，且若它们的比例被摄动，则由首末比例，若第一量大于第三量，则第四量也大于第六量。若第一量等于第三量，则第四量也等于第六量。若第一量小于第三量，则第四量也小于第六量。

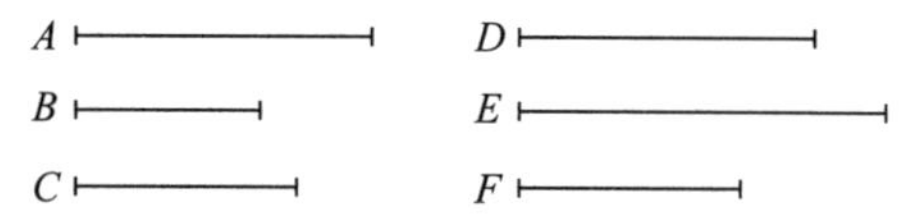

设有三个量A，B与C，又有D，E与F是相等个数的其他量，各组中诸量的两两之比皆相同。并设其比例被摄动，使得A比B如同E比F，B比C如同D比E。由首末比例，我说若A大于C，则D也大于F。若A等于C，则D也等于F。若A小于C，则D也小于F。

其理由如下。由于A大于C，且B是某个其他的量，A比B因此大于C比B[命题Ⅴ.8]。但E比F如同A比B，相反，E比D如同C比B[命题Ⅴ.7推论]，因此，E比F大于E比D[命题Ⅴ.13]。且相同的量对之有较大比的量较小[命题Ⅴ.10]，因此，F小于D，所以，D大于F，类似地，我们可以证明，即使若A等于C，D也等于F；即使若A小于C，D也小于F。

这样，若有三个量，又有相同个数的其他各组量，各组中诸量的两两之比皆相同，且若它们的比例被摄动，则由首末比例，若第一量大于第三量，则第四量也大于第六量。若第一量等于第三量，则第四量也等于第六量。若第一量小于第三量，则第四量也小于第六量。这就是需要证明的。

① 采用现代记法，这个命题是：若$\alpha:\beta=\epsilon:\zeta$及$\beta:\gamma=\delta:\epsilon$，则当$\alpha\gtreqless\gamma$时$\delta\gtreqless\zeta$。

命题 22[①]

若有任意多个量及相同个数的其他各组量，所有各组中诸量的两两之比皆相同，则对它们有首末比例成立。

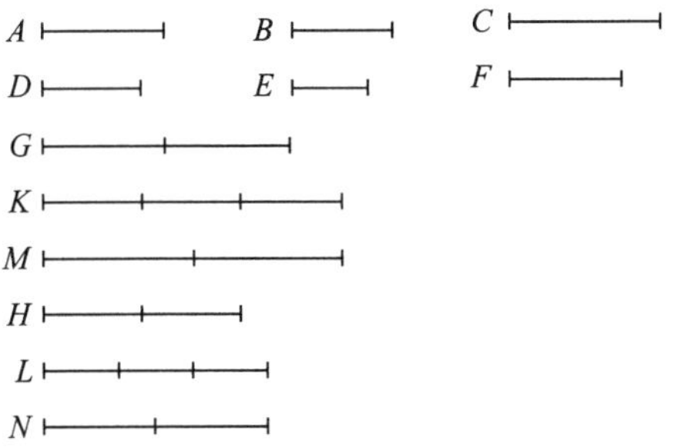

设有任意多个量 A，B，C，又有相同个数的其他量 D，E，F，它们之中诸量的两两之比皆相同，即 A 比 B 如同 D 比 E。B 比 C 如同 E 比 F。我说对它们首末比例成立，即 A 比 C 如同 D 比 F。

其理由如下。设分别取 A 与 D 的同倍量 G 与 H，分别取 B 与 E 的其他任意同倍量 K 与 L，分别取 C 与 F 的其他任意同倍量 M 与 N。

由于 A 比 B 如同 D 比 E，若分别取 A 与 D 的同倍量 G 与 H，又分别取 B 与 E 的其他任意同倍量 K 与 L，则 G 比 K 如同 H 比 L[命题Ⅴ.4]。同理，K 比 M 如同 L 比 N。因此，由于有三个量 G，K 与 M，以及有相同个数的其他量 H，L 与 N，且它们之中量的两两之比皆相同，于是，由首末比例，若 G 超过 M，则 H 也超过 N，若 G 等于 M，则 H 也等于 N，若 G 小于 M，则 H 也小于 N[命题Ⅴ.20]。且 G 与 H 分别是 A 与 D 的同倍量，M 与 N 分别是 C 与 F 的其他任意同倍量。因此 D 比 F 如同 A 比 C[定义Ⅴ.5]。

这样，若有任意多个量及相同个数的其他各组量，所有各组中诸量的两两之比皆相同，则对它们有首末比例成立。这就是需要证明的。

命题 23[②]

若有三个量及与之个数相同的其他量，所有各组中诸量的两两之比相同，且若它们的比例被摄动，则对它们有首末比例成立。

设有三个量 A，B 与 C 及与之个数相同的量 D，E 与 F，两组中诸量的两两之比相同，又设它们的比例被摄动，使得 A 比 B 如同 E 比 F，B 比 C 如同 D 比 E 。我说 A 比 C 如同 D 比 F。

① 采用现代记法，这个命题是：若 $\alpha:\beta=\epsilon:\zeta$，$\beta:\gamma=\zeta:\eta$ 及 $\gamma:\delta=\eta:\theta$，则 $\alpha:\delta=\epsilon:\theta$。

② 采用现代记法，这个命题是：若 $\alpha:\beta=\epsilon:\zeta$ 及 $\beta:\gamma=\delta:\epsilon$，则 $\alpha:\gamma=\delta:\zeta$。

(注:为方便读者阅读,译者将第 109 页图复制到此处。)

分别取 A,B,D 的同倍量 G,H,K,又分别取 C,E,F 的同倍量 L,M,N。

由于 G 与 H 分别是 A 与 B 的同倍量,而部分与部分之比与其依序同倍量之比相同[命题Ⅴ.15],于是,A 比 B 如同 G 比 H。同理,E 比 F 如同 M 比 N。且 A 比 B 如同 E 比 F。因此,G 比 H 如同 M 比 N[命题Ⅴ.11]。且由于 B 比 C 如同 D 比 E,即 B 比 D 如同 C 比 E[命题Ⅴ.16]。由于 H 与 K 分别是 B 与 D 的同倍量,而部分与部分之比与其依序同倍量之比相同[命题Ⅴ.15],因此,B 比 D 如同 H 比 K。但 B 比 D 如同 C 比 E。因此,H 比 K 如同 C 比 E[命题Ⅴ.11]。再者,由于 L 与 M 分别是 C 与 E 的同倍量,因此 C 比 E 如同 L 比 M[命题Ⅴ.15]。但是,C 比 E 如同 H 比 K。所以,H 比 K 如同 L 比 M[命题Ⅴ.11]。又有 H 比 L 如同 K 比 M[命题Ⅴ.16]。也已证明,G 比 H 如同 M 比 N。因此,由于 G,H,L 是三个量,K,M,N 是与之个数相同的其他量,它们的两两之比相同,且它们的比例被摄动,因此,由首末比例,若 G 超过 L,则 K 也超过 N,若 G 等于 L,则 K 也等于 N,若 G 小于 L,则 K 也小于 N[命题Ⅴ.21]。又,G 与 K 分别是 A 与 D 的同倍量,L 与 N 分别是 C 与 F 的同倍量。因此,A 比 C 如同 D 比 F[定义Ⅴ.5]。

这样,若有三个量及与之个数相同的其他量,所有各组中诸量的两两之比相同,且若它们的比例被摄动,则对它们有首末比例成立。这就是需要证明的。

命题 24[①]

若第一量比第二量如同第三量比第四量,且第五量比第二量如同第六量比第四量,则第一量与第五量之和比第二量也如同第三量与第六量之和比第四量。

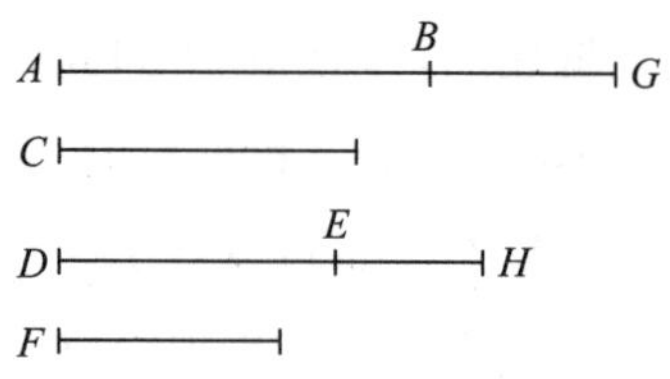

设第一量 AB 比第二量 C 如同第三量 DE 比第四量 F。且第五量 BG 比第二量 C,也如同第六量 EH 比第四量 F。我说第一量与第五量之和 AG 比第二量 C,也如同第三量与第六量之和 DH 比第四量 F。

其理由如下。由于 BG 比 C 如同 EH 比 F,因此,由反比例,C 比 BG 如同 F 比 EH[命题Ⅴ.7 推论]。因此,由于 AB 比

① 采用现代记法,这个命题是:若 $\alpha:\beta=\gamma:\delta$ 及 $\epsilon:\beta=\zeta:\delta$,则 $(\alpha+\epsilon):\beta=(\gamma+\zeta):\delta$。

C 如同 DE 比 F 及 C 比 BG 如同 F 比 EH，AB 比 BG 如同 DE 比 EH［命题Ⅴ.22］。且因为若分离量成比例，则它们组合后也成比例［命题Ⅴ.18］。因此，AG 比 GB 如同 DH 比 HE，且又有，BG 比 C 如同 EH 比 F，于是由首末比例，AG 比 C 如同 DH 比 F［命题Ⅴ.22］。

这样，若第一量比第二量如同第三量比第四量，且第五量比第二量如同第六量比第四量，则第一量与第五量之和比第二量也如同第三量与第六量之和比第四量。这就是需要证明的。

命题 25[①]

若四个量成比例，则其中最大量与最小量之和大于剩下的两个量之和。

A—G—B
E
C—H—D
F

设四个量 AB，CD，E 与 F 成比例，即 AB 比 CD 如同 E 比 F，且设其中 AB 最大，F 最小。我说 AB 与 F 之和大于 CD 与 E 之和，

设 AG 等于 E，CH 等于 F。

事实上，由于 AB 比 CD 如同 E 比 F，且 E 等于 AG，F 等于 CH，故 AB 比 CD 如同 AG 比 CH。且因为整个 AB 比整个 CD，等于减去的部分 AG 比减去的部分 CH，因此，剩下的 GB 比剩下的 HD 也等于整个 AB 比整个 CD［命题Ⅴ.19］。但 AB 大于 CD，因此，GB 也大于 HD。且由于 AG 等于 E，CH 等于 F，因此 AG 加上 F 等于 CH 加上 E。但由于若把相等量加在不相等量上，则得到的整体不相等，因此，若把 AG 与 F 加在 GB 上，CH 与 E 加在 HD 上（GB 与 HD 不相等且 GB 较大），结论是 AB 加上 F 大于 CD 加上 E。

这样，若四个量成比例，则其中最大量与最小量之和大于剩下的两个量之和。这就是需要证明的。

① 采用现代记法，这个命题是：若 $\alpha:\beta=\gamma:\delta$，且 α 最大，δ 最小，则 $\alpha+\delta>\beta+\gamma$。

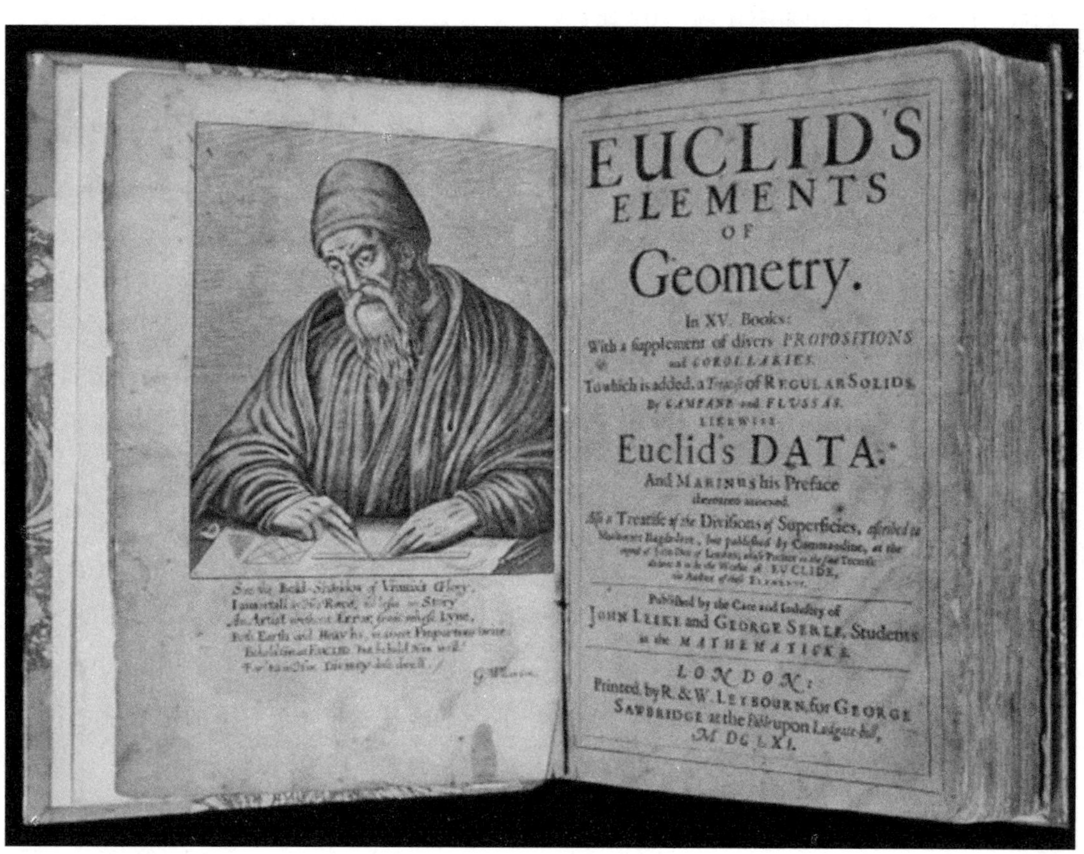

1661 年印刷出版的英文版《几何原本》，附有铜版印刷的欧几里得肖像。
欧洲最早的印刷版《几何原本》可以追溯到 1482 年，最早的英文印刷版出现在 1570 年。

第六卷　相似图形的平面几何学

· *Book Ⅵ. The Plane Geometry of Similar Figures* ·

几何学是一个训练自由人性的基本学科，一个没经受过几何训练的人，不可能拥有一颗自由的心灵。

——柏拉图

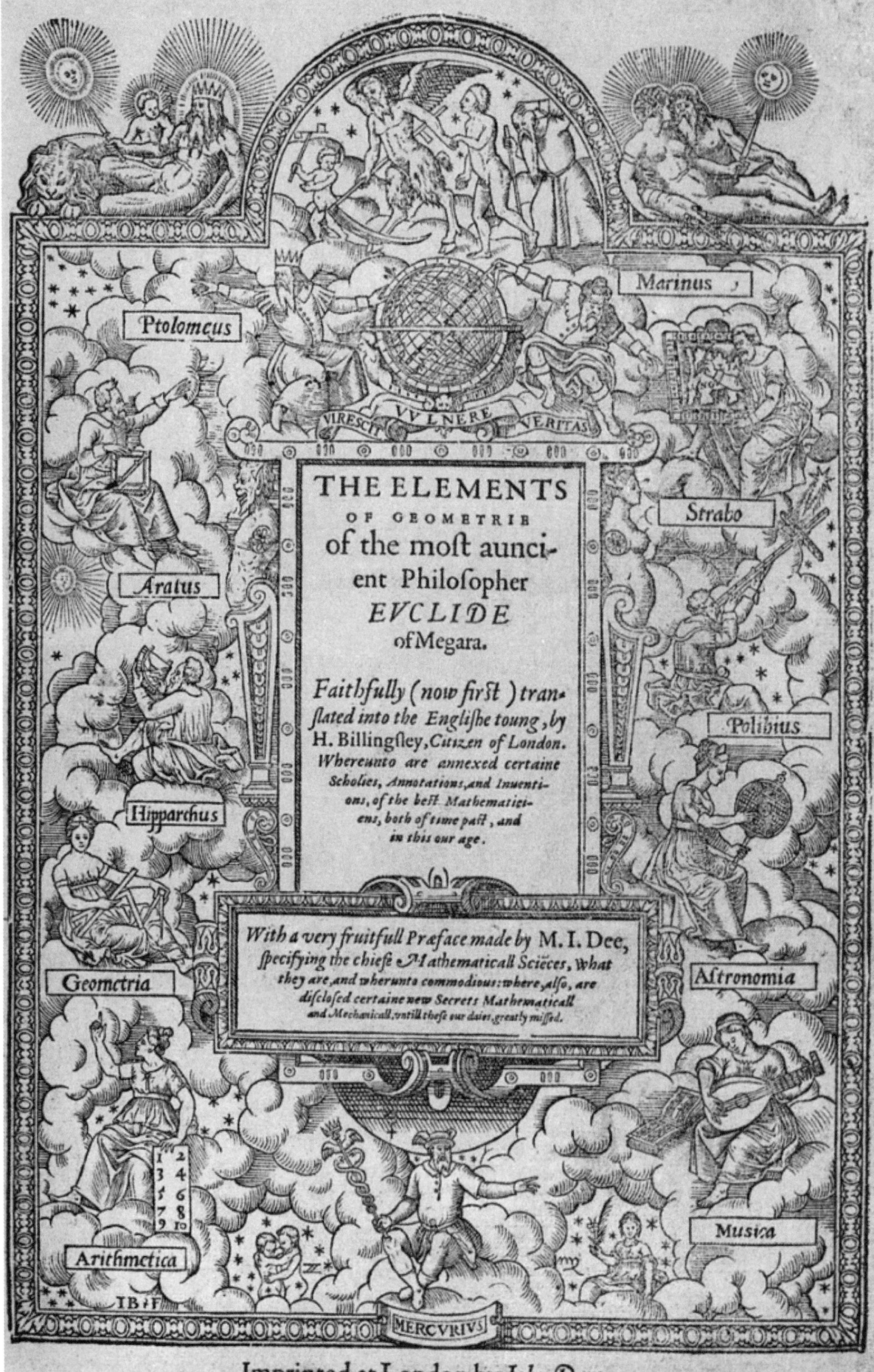

THE ELEMENTS

OF GEOMETRIE

of the most aunci-
ent Philosopher
EVCLIDE
of Megara.

Faithfully (now first) translated into the Englishe toung, by
H. Billingsley, *Citizen of London.*
Whereunto are annexed certaine Scholies, Annotations, and Inventions, of the best Mathematiciens, both of time past, and in this our age.

With a very fruitfull Præface made by M. I. Dee,
specifying the chiefe Mathematicall Sciēces, what they are, and wherunto commodious: where, also, are disclosed certaine new Secrets Mathematicall and Mechanicall, untill these our daies, greatly missed.

Imprinted at London by *Iohn Daye.*

第六卷 内容提要

（译者编写）

第六卷共有 3 个定义。分别定义了相似直线图形、黄金分割和任意图形的高。本卷命题汇总见表 6.1。

表 6.1 第六卷中的命题汇总

Ⅵ.1	基本定理：等高的三角形（或平行四边形）之比等于它们的底边之比
Ⅵ.2—8	A：相似三角形
Ⅵ.9—13	B：按比例分割线段
Ⅵ.14—17	C：比例和面积（交叉乘积）
Ⅵ.18—22	D：相似直线图形
Ⅵ.23	复比：等角的平行四边形彼此之比是它们的边之比的复比
Ⅵ.24—30	E：对面积的应用（几何代数）
Ⅵ.31—33	其他

在部分 E 中对面的应用（几何代数）用到了适配（apply）方法，需要说明一下。Apply 是古希腊数学文献中经常出现的一个术语。它的普通意义是“贴合”，如“贴合三角形 ABC 于三角形 DEF”。另一种意义是把面积与长度联系起来，我们译为“适配”，即“适当地配合”之意。把面积 A 与长度为 a 的线段适配，就是求 x，使得 $A=ax$；面积与线段适配并超出一个正方形，就是求 x，使得 $A=(a+x)x$；适配而亏缺一个正方形，就是求 x，使得 $A=(a-x)x$。（图 6.1）这种方法相当于把代数问题化为几何问题求解。注意，古希腊没有代数学，因此不得不采用这种现在看起来有点烦琐的所谓几何代数方法。

◀1570 年，比林斯利（H. Billingsley，1538—1606）出版了《几何原本》第一个英译本。

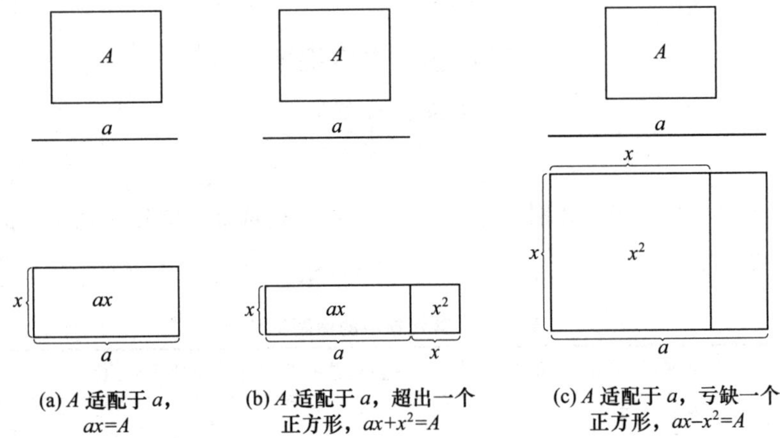

(a) A 适配于 a，$ax=A$
(b) A 适配于 a，超出一个正方形，$ax+x^2=A$
(c) A 适配于 a，亏缺一个正方形，$ax-x^2=A$

图 6.1　适配

值得一提的还有命题Ⅵ.31,它指出直角三角形斜边上的图形等于二直角边上相似及位置相似的图形之和,可以称为推广的勾股定理。

定 义

1. **相似直线图形**诸角分别相等且夹等角的对应边成比例。

2. 一条线段称为被**黄金分割**[①]，若整条线段与分割得到的较大线段之比如同较大线段与较小线段之比。

3. 任意图形的**高**是顶点至底边的垂线。

命题 1[②]

等高的三角形(或平行四边形)之比如同它们的底边之比。

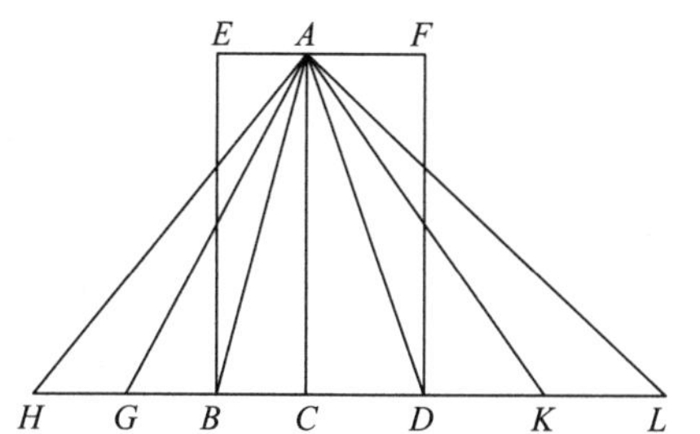

设 *ABC* 与 *ACD* 为两个三角形，*EC* 与 *CF* 是两个平行四边形，它们有相同的高 *AC*。我说底边 *BC* 比底边 *CD* 如同三角形 *ABC* 比三角形 *ACD*，以及如同平行四边形 *EC* 比平行四边形 *CF*。

其理由如下。设朝两个方向延长线段 *BD* 分别至点 *H* 与 *L*，取线段 *BG*，*GH* 与底边 *BC* 相等，取线段 *DK*，*KL* 与 *CD* 相等。连接 *AG*，*AH*，*AK* 与 *AL*。

且因为 *CB*，*BG* 与 *GH* 彼此相等，三角形 *AGH*，*AGB* 与 *ABC* 也彼此相等[命题 Ⅰ. 38]。于是，底边 *HC* 被底边 *BC* 分为多少份，三角形 *AHC* 也被三角形 *ABC* 分为多少份。同理，底边 *LC* 被底边 *CD* 分为多少份，三角形 *ALC* 也被三角形 *ACD* 分为多少份。若底边 *HC* 等于底边 *CL*，则三角形 *AHC* 也等于三角形 *ACL*[命题 Ⅰ. 38]。若底边 *HC* 超过底边 *CL*，则三角形 *AHC* 也超过三角形 *ACL*。[③] 若底边 *HC* 小于底边 *CL*，则三角形 *AHC* 也小于三角形 *ACL*。于是，这里涉及四个量，两条底边 *BC* 与 *CD* 及两个三角形 *ABC* 与 *ACD*。取底边 *BC* 与三角形 *ABC* 的同倍量，即底边 *HC* 与三角形 *AHC*，又取底边 *CD* 与三角形 *ADC* 的另一个其他任意同倍量，即底边 *LC* 与三角形 *ALC*。并且已证明，若底边 *HC* 超过底边 *CL*，则三角形 *AHC* 也超过三角形 *ALC*，若 *HC* 等于 *CL*，则 *AHC* 也等于 *ALC*，若 *HC* 小于 *CL*，则 *AHC* 也小于 *ALC*。因此，底边 *BC* 比底边 *CD* 如同三角形 *ABC* 比三角形 *ACD*[定义 Ⅴ. 5]。且因为平行四边形 *EC* 是三角形 *ABC* 的两倍，平行四边形 *FC* 是三角形 *ACD* 的两倍[命题 Ⅰ. 34]，而部分与部分之比及其依序同倍量之比相同[命题 Ⅴ. 15]，于是，三角形 *ABC* 比三角形 *ACD* 如同平行四边形 *CE* 比平行

① 在英语中写作 extreme and mean ratio 或 golden ratio。汉译为“外中比”或“黄金分割”，本书统一采用“黄金分割”。——译者注

② 容易说明，本命题当三角形或平行四边形不分享公共边，和/或并非直角时也成立。

③ 这是命题 Ⅰ. 38 的直截了当的推广。

四边形 FC。事实上，由于已经证明，底边 BC 比 CD 如同三角形 ABC 比三角形 ACD，三角形 ACB 比三角形 ACD 如同平行四边形 EC 比平行四边形 CF，因此也有，底边 BC 比底边 CD 如同平行四边形 EC 比平行四边形 FC[命题Ⅴ.11]。

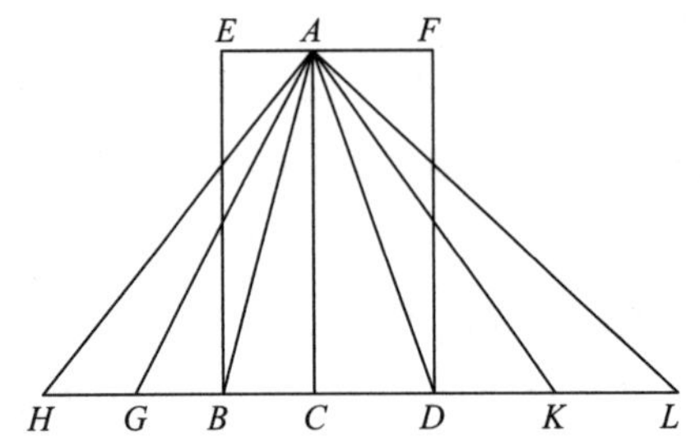

(注：为方便读者阅读，译者将第117页图复制到此处。)

这样，等高三角形(或平行四边形)之比如同它们的底边之比。这就是需要证明的。

命题 2

若作一条直线平行于三角形的一边，则它按比例分割三角形的另外两边。而若三角形的两边被按比例分割，则分割点的连线平行于三角形的第三边。

设作 DE 平行于三角形 ABC 的一边 BC。我说 BD 比 DA 如同 CE 比 EA。

连接 BE 与 CD。

于是，三角形 BDE 等于三角形 CDE。因为它们在相同的底边 DE 上，并在相同的平行线 DE 与 BC 之间[命题Ⅰ.38]。ADE 是另一个三角形。而相等的量与相同的量有相同的比[命题Ⅴ.7]。于是，三角形 BDE 比三角形 ADE 如同三角形 CDE 比三角形 ADE。但三角形 BDE 比三角形 ADE 如同 BD 比 DA。因为它们有相等的高，即从 E 向 AB 边所作的垂线，且它们在同一底边上[命题Ⅵ.1]。同理，三角形 CDE 比三角形 ADE 如同 CE 比 EA。于是 BD 比 DA 如同 CE 比 EA[命题Ⅴ.11]。

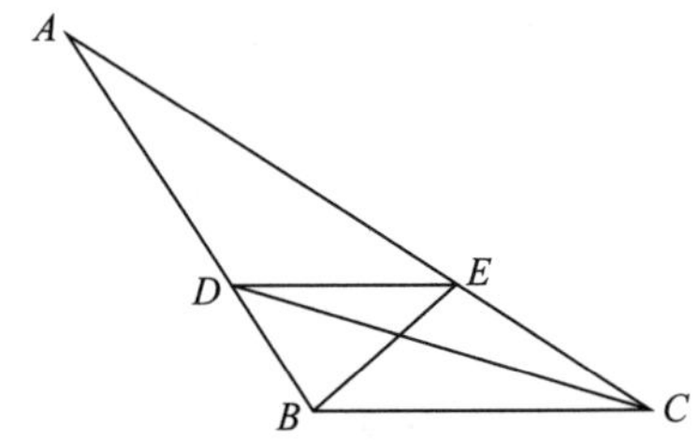

然后设三角形 ABC 的边 AB 与 AC 被按比例分割，使得 BD 比 AD 如同 CE 比 AE。连接 DE。我说 DE 平行于 BC。

其理由如下。按照相同的构形，由于 BD 比 DA 如同 CE 比 EA，但 BD 比 DA 如同三角形 BDE 比三角形 ADE，且 CE 比 EA 如同三角形 CDE 比三角形 ADE[命题Ⅵ.1]，因此，三角形 BDE 与 CDE 每个都与 ADE 有相同的比例。于是，三角形 BDE 等于三角形 CDE[命题Ⅴ.9]。并且它们在相同的底边 DE 上。而在相同底边上的相等三角形也在相同的平行线之间[命题Ⅰ.39]。因此 DE 平行于 BC。

这样，若作一条直线平行于三角形的一边，则它按比例分割三角形的另外两边。而若三角形的两边被按比例分割，则分割点的连线平行于三角形的第三边。这就是需要证明的。

命题 3

若三角形中的一个角被等分，且该角的等分线也分割底边，则底边的两段之比与三角形剩下的两边之比相同。而若底边的两段之比与三角形剩下的两边之比相同，则连接顶点与分点的直线把三角形的这个角等分。

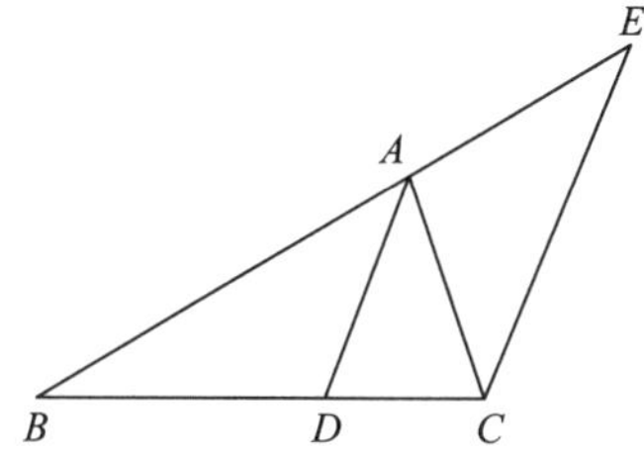

设 *ABC* 是一个三角形。并设角 *BAC* 被直线 *AD* 等分。我说 *BD* 比 *CD* 如同 *BA* 比 *AC*。

其理由如下。设通过 *C* 作 *CE* 平行于 *DA*。延长 *BA*，设它交 *CE* 于点 *E*。[①]

由于直线 *AC* 截平行线 *AD* 与 *EC*，角 *ACE* 等于角 *CAD*[命题Ⅰ.29]。但角 *CAD* 被假设为等于 *BAD*，因此角 *BAD* 也等于 *ACE*。再者，由于直线 *BAE* 与平行线 *AD* 与 *EC* 相遇，外角 *BAD* 等于内角 *AEC*[命题Ⅰ.29]。已证明角 *ACE* 等于 *BAD*。因此角 *ACE* 也等于 *AEC*。且因此，边 *AE* 等于边 *AC*[命题Ⅰ.6]。由于已作 *AD* 平行于三角形 *BCE* 的一边 *EC*，因此有比例：*BD* 比 *DC* 如同 *BA* 比 *AE*[命题Ⅵ.2]。又有 *AE* 等于 *AC*，因此 *BD* 比 *DC* 如同 *BA* 比 *AC*。

然后设 *BD* 比 *DC* 如同 *BA* 比 *AC*。并连接 *AD*。我说角 *BAC* 被直线 *AD* 等分。

其理由如下。按照相同的构形，由于 *BD* 比 *DC* 如同 *BA* 比 *AC*，因此也有 *BD* 比 *DC* 如同 *BA* 比 *AE*。因为已作 *AD* 平行于三角形 *BCE* 的一边 *EC*[命题Ⅵ.2]。因此也有 *BA* 比 *AC* 如同 *BA* 比 *AE*[命题Ⅴ.11]。于是，*AC* 等于 *AE*[命题Ⅴ.9]。因而，角 *AEC* 等于角 *ACE* [命题Ⅰ.5]。但 *AEC* 等于外角 *BAD*，且 *ACE* 等于内错角 *CAD*[命题Ⅰ.29]。因此，角 *BAD* 也等于 *CAD*。所以，角 *BAC* 被直线 *AD* 等分。

这样，若三角形中的一个角被等分，且角的等分线也分割底边，则底边的两段之比与三角形剩下的两边之比相同。而若底边的两段之比与三角形剩下的两边之比相同，则连接顶点与分点的直线把三角形的这个角等分。这就是需要证明的。

命题 4

等角(对应角相等)三角形[②]中夹等角的边成比例，对向相等角的边是对应边。

设 *ABC* 与 *DCE* 是等角三角形，即角 *ABC* 等于 *DCE*，角 *BAC* 等于 *CDE*，角 *ACB* 等于 *DEC*。

---

① 两条直线相交这个事实是因为角 *ACE* 与 *CAE* 之和小于两个直角，这一点很容易证明。

② 等角三角形即现在所说的相似三角形。命题Ⅱ.8 中及后面也用了相似(simiear)这个词。——译者注

我说在三角形 ABC 与 DCE 中，夹等角的边成比例，对向等角的边相对应。

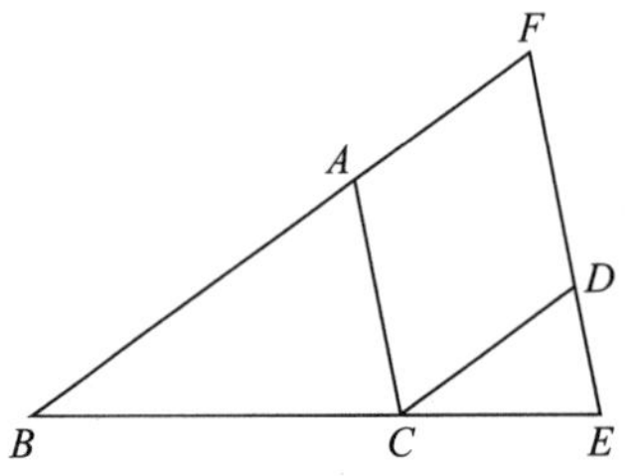

设把 BC 与 CE 接续于同一直线。因为角 ABC 与 ACB 之和小于两个直角[命题Ⅰ.17]，且 ACB 等于 DEC，因此 ABC 与 DEC 之和小于两个直角，所以，BA 与 ED 延长后相交[公设5]。设把它们延长，并交于点 F。

又由于角 DCE 等于 ABC，BF 平行于 CD[命题Ⅰ.28]。再者，由于角 ACB 等于 DEC，AC 平行于 FE[命题Ⅰ.28]。因此，$FACD$ 是一个平行四边形。所以，FA 等于 DC，AC 等于 FD[命题Ⅰ.34]。又由于已作 AC 平行于三角形 FBE 的一边 FE，因此 BA 比 AF 如同 BC 比 CE[命题Ⅵ.2]。且 AF 等于 CD。于是，BA 比 CD 如同 BC 比 CE，或者，AB 比 BC 如同 DC 比 CE[命题Ⅴ.16]。再者，由于 CD 平行于 BF，因此，BC 比 CE 如同 FD 比 DE[命题Ⅵ.2]。而 FD 等于 AC。因此，BC 比 CE 如同 AC 比 DE，或者，BC 比 CA 如同 CE 比 ED[命题Ⅴ.16]。于是，由于已证明 AB 比 BC 如同 DC 比 CE，以及 BC 比 CA 如同 CE 比 ED。所以，由首末比例，BA 比 AC 如同 CD 比 DE[命题Ⅴ.22]。

这样，等角三角形中夹等角的边成比例，对向相等角的边相对应。这就是需要证明的。

命题 5

若两个三角形的边成比例，则它们等角，且对向对应边的角相等。

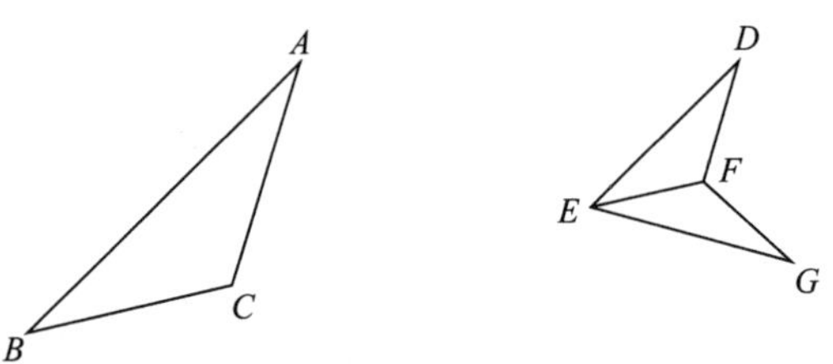

设三角形 ABC 与 DEF 的边成比例，即 AB 比 BC 如同 DE 比 EF，BC 比 CA 如同 EF 比 FD，BA 比 AC 如同 ED 比 DF。我说三角形 ABC 与三角形 DEF 等角，对向对应边的角相等。也就是，角 ABC 等于 DEF，BCA 等于 EFD，以及 BAC 等于 EDF。

其理由如下。设在直线 EF 上的点 E 与 F 分别作角 FEG 等于角 ABC，作角 EFG 等于角 ACB[命题Ⅰ.23]。于是，剩下的在 A 的角等于剩下的在 G 的角[命题Ⅰ.32]。

因此，三角形 ABC 与三角形 GEF 等角。所以，对三角形 ABC 与 GEF，夹等角的边成比例，对向等角的边相对应[命题Ⅵ.4]。因此，AB 比 BC 如同 GE 比 EF。但已假设 AB 比 BC 如同 DE 比 EF。因此，DE 比 EF 如同 GE 比 EF[命题Ⅴ.11]。所以，DE 与 GE 每个都与 EF 有相同的比。于是，DE 等于 GE[命题

Ⅴ.9]。同理,DF 也等于 GF。因此,由于 DE 等于 EG,EF 是公共边,两边 DE 与 EF 分别等于两边 GE 与 EF。且底边 DF 等于底边 FG。于是角 DEF 等于角 GEF[命题Ⅰ.8],三角形 DEF 等于三角形 GEF,剩下的诸角等于对向相等边的剩下的诸角[命题Ⅰ.4]。所以,角 DFE 也等于 GFE,角 EDF 也等于 EGF。且由于 FED 等于 GEF,角 GEF 等于 ABC,因此角 ABC 等于角 DEF。同理,角 ACB 也等于 DFE,又有在 A 的角等于在 D 的角。因此,三角形 ABC 与三角形 DEF 等角。

这样,若两个三角形的边成比例,则它们等角,且对向对应边的角相等。这就是需要证明的。

命题 6

若一个三角形中有一个角等于另一个三角形中的一个角,且夹等角的两边对应成比例,则这两个三角形等角,且对向对应边的角相等。

设三角形 ABC 与 DEF 分别有角 BAC 等于角 EDF,且夹等角的边成比例,即 BA 比 AC 如同 ED 比 DF。我说三角形 ABC 与三角形 DEF 等角,且有角 ABC 等于 DEF,角 ACB 等于 DFE。

其理由如下。设在直线 DF 上的点 D 与 F 分别作角 FDG 等于 BAC 与 EDF 的每一个,作角 DFG 等于 ACB[命题Ⅰ.23]。于是,剩下的在 B 的角等于剩下的在 G 的角[命题Ⅰ.32]。

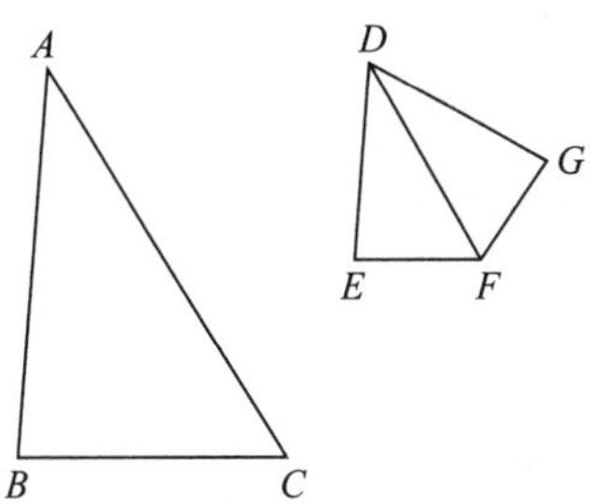

因此,三角形 ABC 与三角形 DGF 等角。所以有比例:BA 比 AC 如同 GD 比 DF[命题Ⅵ.4]。且也已假设 BA 比 AC 如同 ED 比 DF。因此,ED 比 DF 如同 GD 比 DF[命题Ⅴ.11]。所以,ED 等于 DG[命题Ⅴ.9]。且 DF 是公共边。故两边 ED,DF 分别等于两边 GD,DF。并且角 EDF 等于角 GDF。于是,底边 EF 等于底边 GF,三角形 DEF 等于三角形 GDF,剩下的诸角等于与相等的边对向的剩下的诸角[命题Ⅰ.4]。因此,角 DFG 等于 DFE,角 DGF 等于 DEF。但是,角 DFG 等于 ACB。因此,角 ACB 也等于 DFE。且已假设角 BAC 等于 EDF。因此,剩下的在 B 的角等于剩下的在 E 的角[命题Ⅰ.32]。于是,三角形 ABC 与三角形 DEF 等角。

这样,若一个三角形中有一个角等于另一个三角形中的一个角,且夹等角的两边对应成比例,则这两个三角形等角,且对向对应边的角相等。这就是需要证明的。

命题 7

若一个三角形中有一个角等于另一个三角形中的一个角,且夹其他角的各边

成比例，而剩下的那两个角都小于或者都不小于直角，则这两个三角形等角，其夹边成比例的角相等。

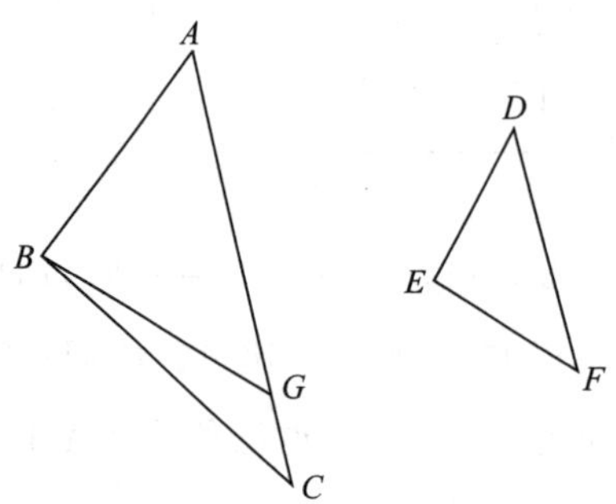

设两个三角形 *ABC* 与 *DEF* 中角 *BAC* 等于角 *EDF*，又设分别夹另外两个角 *ABC* 与 *DEF* 的各边成比例，即 *DE* 比 *EF* 如同 *AB* 比 *BC*。首先设剩下的在 *C* 与 *F* 的角都小于直角。我说三角形 *ABC* 与三角形 *DEF* 等角，且角 *ABC* 等于 *DEF*，并且剩下的在 *C* 的角，等于剩下的在 *F* 的角。

其理由如下。若角 *ABC* 不等于角 *DEF*，则其中之一较大，设在直线 *AB* 上的 *B* 点作角 *ABG* 等于角 *DEF*［命题Ⅰ.23］。

由于角 *A* 等于角 *D*，角 *ABG* 等于角 *DEF*，剩下的角 *AGB* 因此等于剩下的角 *DFE*［命题Ⅰ.32］。于是，三角形 *ABG* 与三角形 *DEF* 等角。所以，*AB* 比 *BG* 如同 *DE* 比 *EF*［命题Ⅵ.4］。且已假设，*DE* 比 *EF* 如同 *AB* 比 *BC*。于是，*BC* 等于 *BG*［命题Ⅴ.9］。因而，在 *C* 的角等于角 *BGC*［命题Ⅰ.5］。但已假设在 *C* 的角小于直角，因此，角 *BGC* 也小于直角。因而，其邻角 *AGB* 大于直角［命题Ⅰ.13］。但已证明 *AGB* 等于在 *F* 的角，因此，在 *F* 的角也大于直角。但已假设角 *F* 小于直角。而这是荒谬的。于是，角 *ABC* 不可能不等于角 *DEF*。因此它们相等。且在 *A* 的角也等于在 *D* 的角。于是，剩下的在 *A* 的角也等于剩下的在 *D* 的角。且因此，剩下的在 *C* 的角等于剩下的在 *F* 的角［命题Ⅰ.32］。所以，三角形 *ABC* 与三角形 *DEF* 等角。

然后又假设在 *C* 与 *F* 的每个角都不小于直角。我又说，在这种情况下，三角形 *ABC* 与三角形 *DEF* 也等角。

其理由如下。按照相同的构形，我们可以类似地证明 *BC* 等于 *BG*。因而，在 *C* 的角也等于角 *BGC*。且在 *C* 的角不小于直角，因此，*BGC* 也不小于直角。故在三角形 *BGC* 中，两个角之和不小于两个直角，而这是不可能的［命题Ⅰ.17］。于是又得到角 *ABC* 不可能不等于 *DEF*。因此它们相等。而在 *A* 的角也等于在 *D* 的角。于是，在 *C* 的剩下的角等于在 *F* 的剩下的角［命题Ⅰ.32］。因此，三角形 *ABC* 与三角形 *DEF* 等角。

这样，若一个三角形中有一个角等于另一个三角形中的一个角，且夹其他角的各边成比例，而剩下的那两个角或者都小于或者都不小于直角，则这两个三角形等角，其夹边成比例的角相等。这就是需要证明的。

命题 8

若在直角三角形中由直角向底边作

垂线，则垂线两侧的三角形彼此相似并与整个三角形相似。

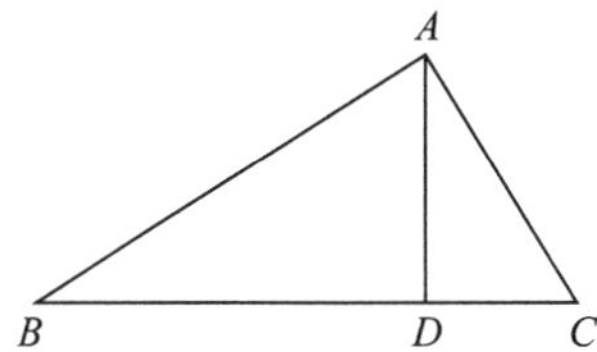

设 ABC 是直角三角形，角 BAC 是直角，AD 是由点 A 向 BC 所作的垂线[命题Ⅰ.12]。我说三角形 ABD 和三角形 ADC 都与整个三角形 ABC 相似，并彼此相似。

其理由如下。角 BAC 等于 ADB，因为它们都是直角，并且在 B 的角是两个三角形 ABC 与 ABD 的公共角，剩下的角 ACB 因此等于剩下的角 BAD[命题Ⅰ.32]。所以，三角形 ABC 与三角形 ABD 等角。于是，三角形 ABC 中对向直角的 BC 与三角形 ABD 中对向直角的 BA 之比，如同三角形 ABC 中对向角 C 的 AB 与三角形 ABD 中对向与角 C 相等的角 BAD 的 BD 之比，也如同 AC 比 AD，这二者都对向在 B 的两个三角形的公共角[命题Ⅵ.4]。因此，三角形 ABC 与三角形 ABD 等角，且相等角的夹边成比例。所以，三角形 ABD 也与三角形 ABC 相似[定义Ⅵ.1]。类似地，我们可以证明，三角形 ABC 与三角形 ADC 相似。于是，三角形 ABD 与 ADC 每个都与整个三角形 ABC 相似。

我说三角形 ABD 与 ADC 彼此相似。

其理由如下。由于直角 BDA 等于直角 ADC，且事实上，也已证明角 BAD 等于在 C 的角，因此剩下的在 B 的角也等于剩下的角 DAC[命题Ⅰ.32]。所以，三角形 ABD 与三角形 ADC 等角，于是，三角形 ABD 中对向角 BAD 的 BD 与三角形 ADC 中对向在 C 的角（它等于角 BAD）的 DA 之比，如同三角形 ABD 中对向在 B 的角的相同的 AD 与三角形 ADC 中对向角 DAC（它等于在 B 的角）的 DC 之比，也如同 BA 比 AC（二者都对向直角）[命题Ⅵ.4]。因此，三角形 ABD 与 ADC 相似[定义Ⅵ.1]。

这样，若在直角三角形中由直角向底边作垂线，则垂线两侧的三角形彼此相似并与整个三角形相似。这就是需要证明的。

推　论

由此显然可知，若在直角三角形中，由直角角顶向底边作垂线，则该垂线是底边被分成的两段的比例中项。[①] 这就是需要证明的。

命题 9

在给定线段上截下指定长度的一段。

设给定线段为 AB。故要求的是从 AB 上截下指定长度的一段。

设要求截取它的三分之一。又设由点 A 作一条直线 AC 与 AB 成任意角，在

① 换句话说，垂线是这两段的几何平均。

AC 上取任意点 D，并作 DE 与 EC 都等于 AD[命题Ⅰ.3]。连接 BC。通过 D 作 DF 与之平行。[命题Ⅰ.31]

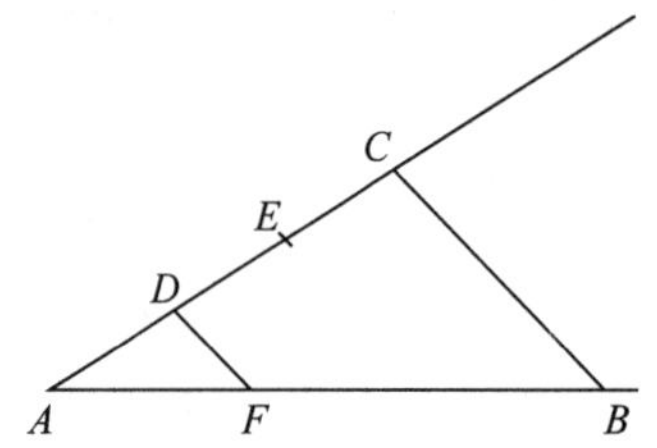

因此，由于已作 FD 平行于三角形 ABC 的一边 BC，故有比例：CD 比 DA 如同 BF 比 FA[命题Ⅵ.2]。且 CD 是 DA 的两倍，因此 BF 也是 FA 的两倍。所以，BA 是 AF 的三倍。

这样，从给定线段 AB 上截下了指定的三分之一，AF。这就是需要做的。

命题 10

与已有给定分割的线段相似地分割给定的未分割线段。

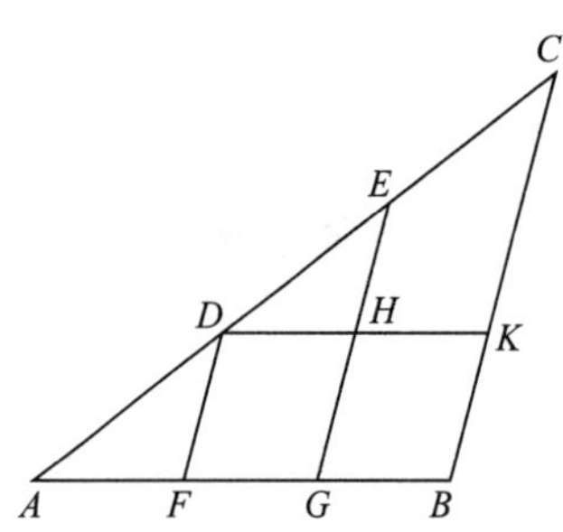

设 AB 是给定的未分割线段，AC 在点 D 与 E 被分割，AC 与 AB 有任意夹角。连接 CB。通过点 D 与 E 分别作 DF 与 EG 平行于 BC，通过点 D 作 DHK 平行于 AB[命题Ⅰ.31]。

因此，FH 与 HB 都是平行四边形。所以，DH 等于 FG，HK 等于 GB[命题Ⅰ.34]。且由于已作直线 HE 平行于三角形 DKC 的一边 KC，因此有比例：CE 比 ED 如同 KH 比 HD[命题Ⅵ.2]。而 KH 等于 BG，HD 等于 GF。再者，由于已作 FD 平行于三角形 AGE 的一边 GE，因此有比例：ED 比 DA 如同 GF 比 FA[命题Ⅵ.2]。且也已证明，CE 比 ED 如同 BG 比 GF，以及 ED 比 DA 如同 GF 比 FA。

这样，给定未分割线段 AB 被与已分割线段 AC 相似地分割，这就是需要做的。

命题 11

求与给定两条线段成比例的第三条线段。

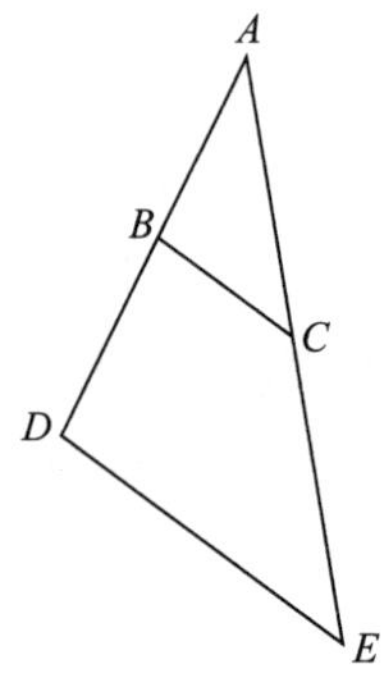

设 BA 与 AC 为给定的两条线段，并设它们成任意角度。故要求的是找到第三条线段与 BA，AC 成比例。设把 BA，AC 分别延长至 D，E，并使 BD 等于 AC[命题Ⅰ.3]。连接 BC，通过 D 作 DE 与之平行[命题Ⅰ.31]。

因此，由于已作 BC 平行于三角形 ADE 的边 DE，故有比例：AB 比 BD 如同 AC 比 CE［命题Ⅵ.2］。但 BD 等于 AC。因此，AB 比 AC 如同 AC 比 CE。

这样就找到了第三条线段 CE 与给定的两条线段 AB 与 AC 成比例。这就是需要做的。

命题 12

求与给定的三条线段成比例的第四条线段。

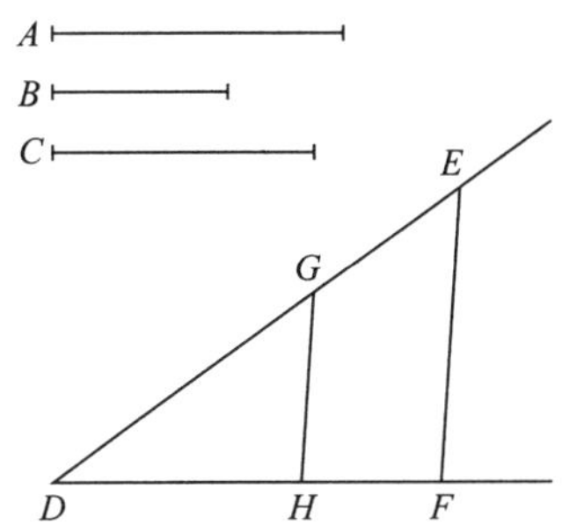

设 A,B,C 是三条给定的线段。故要求的是找到第四条线段与 A,B,C 成比例。

作两条线段 DE 与 DF 成任意角 EDF。作 DG 等于 A，GE 等于 B，以及 DH 等于 C［命题Ⅰ.3］。连接 GH。通过 E 作 EF 与之平行［命题Ⅰ.31］。

因此，由于已作 GH 平行于三角形 DEF 的一边 EF，于是，DG 比 GE 如同 DH 比 HF［命题Ⅵ.2］。且 DG 等于 A，GE 等于 B，DH 等于 C，因此，A 比 B 如同 C 比 HF。

这样，找到了第四条线段 HF 与给定的三条线段 A,B,C 成比例。这就是需要做的。

命题 13

求两条给定线段的比例中项。[①]

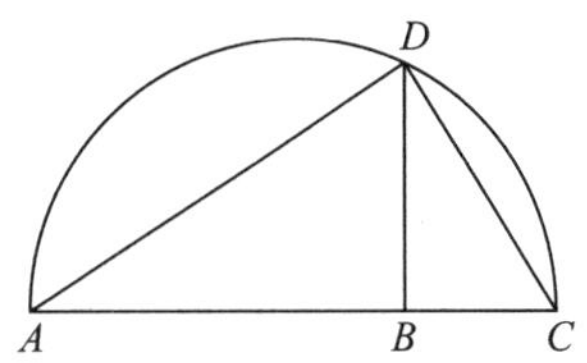

设 AB 与 BC 是两条给定线段。故要求的是找到 AB 与 BC 的比例中项。

设 AB 与 BC 接续于同一条直线上，在 AC 上作一个半圆 ADC。设由点 B 作 BD 与 AC 成直角［命题Ⅰ.11］。连接 AD，DC。

由于 ADC 是半圆中的角，故它是直角［命题Ⅲ.31］。又由于在直角三角形 ADC 中，由直角角顶作线段 DB 垂直于底边，DB 因此是底边上两条线段 AB 与 BC 的比例中项［命题Ⅵ.8 推论］。

这样就找到了两条给定线段 AB 与 BC 的比例中项 BD。这就是需要做的。

命题 14

相等且等角的平行四边形中，夹等角的边互成反比例。而在那些等角的平行四边形中，若夹等角的边互成反比例，则

① 换句话说，求给定两条线段的几何平均。

它们的面积相等。

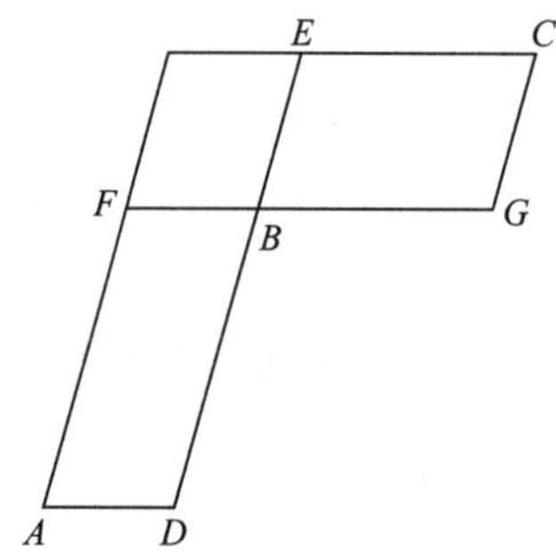

设 AB 与 BC 是相等且等角的平行四边形，它们在 B 的角相等。且设 DB 与 BE 接续于同一条直线上。因此，FB 与 BG 也接续于同一条直线上[命题Ⅰ.14]。我说 AB 与 BC 中夹等角的边互成反比例，也就是说，DB 比 BE 如同 GB 比 BF。

其理由如下。设平行四边形 FE 已完成。因此，由于平行四边形 AB 等于平行四边形 BC，且 FE 是另一个平行四边形，于是，平行四边形 AB 比 FE 如同平行四边形 BC 比 FE[命题Ⅴ.7]。但是，平行四边形 AB 比 FE 如同 DB 比 BE，且平行四边形 BC 比 FE 如同 GB 比 BF[命题Ⅵ.1]。于是也有，DB 比 BE 如同 GB 比 BF。因此，在平行四边形 AB 与 BC 中，夹等角的边互成反比例。

然后设 DB 比 BE 如同 GB 比 BF。我说平行四边形 AB 等于平行四边形 BC。

其理由如下。DB 比 BE 如同 GB 比 BF，但 DB 比 BE 如同平行四边形 AB 比平行四边形 FE，而 GB 比 BF 如同平行四边形 BC 比平行四边形 FE[命题Ⅵ.1]，于是也有，平行四边形 AB 比 FE 如同平行四边形 BC 比 FE[命题Ⅴ.11]。于是，平行四边形 AB 等于平行四边形 BC[命题Ⅴ.9]。

这样，在相等且等角的平行四边形中，夹等角的边互成反比例。而在那些等角的平行四边形中，若夹等角的边互成反比例，则它们的面积相等。这就是需要证明的。

命题 15

在有一个角彼此相等的相等三角形中，夹等角的边互成反比例。而有一个角彼此相等，且夹等角的边互成反比例的那些三角形相等。

设 ABC 与 ADE 是相等的三角形，它们有一个角彼此相等，即角 BAC 等于角 DAE。我说在三角形 ABC 与三角形 ADE 中，夹等角的边互成反比例，也就是说，CA 比 AD 如同 EA 比 AB。

其理由如下。设 CA 在同一条直线上接续 AD。于是，EA 也在同一条直线上接

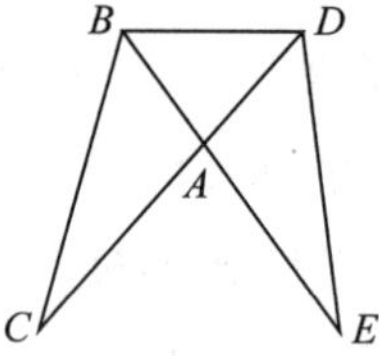

续 AB[命题Ⅰ.14]。连接 BD。

因此，由于三角形 ABC 等于三角形 ADE，并且 BAD 是另一个三角形。因此，三角形 CAB 比三角形 BAD 如同三角形 EAD 比三角形 BAD[命题Ⅴ.7]。但三角

形 CAB 比 BAD 如同 CA 比 AD，而三角形 EAD 比 BAD 如同 EA 比 AB[命题Ⅵ.1]。于是，CA 比 AD 如同 EA 比 AB。因此，在三角形 ABC 与三角形 ADE 中，夹等角的边互成反比例。

再者，设三角形 ABC 与 ADE 中各边互成反比例，并设 CA 比 AD 如同 EA 比 AB。我说三角形 ABC 等于三角形 ADE。

其理由如下。又连接 BD，由于 CA 比 AD 如同 EA 比 AB，但 CA 比 AD 如同三角形 ABC 比三角形 BAD[命题Ⅵ.1]，于是，EA 比 AB 如同三角形 EAD 比三角形 BAD。因此，三角形 ABC 比三角形 BAD 如同三角形 EAD 比三角形 BAD。于是，三角形 ABC 与 EAD 都与三角形 BAD 有相同的比。因此，三角形 ABC 与 EAD 相等[命题Ⅴ.9]。

这样，在有一个角彼此相等的相等三角形中，夹等角的边互成反比例。而有一个角彼此相等，且夹等角的边互成反比例的那些三角形相等。这就是需要证明的。

命题 16

若四条线段成比例，则最外两条所夹矩形等于中间两条所夹矩形。而若最外两条所夹矩形等于中间两条所夹矩形，则四条线段成比例。

设 AB，CD，E，F 是四条成比例的线段，即 AB 比 CD 如同 E 比 F。我说 AB 与 F 所夹矩形等于 CD 与 E 所夹矩形。

其理由如下。设由点 A，C 分别作 AG，CH 与直线 AB，CD 成直角[命题Ⅰ.11]。并使 AG 等于 F，CH 等于 E[命题Ⅰ.3]。完成平行四边形 BG 与 DH。

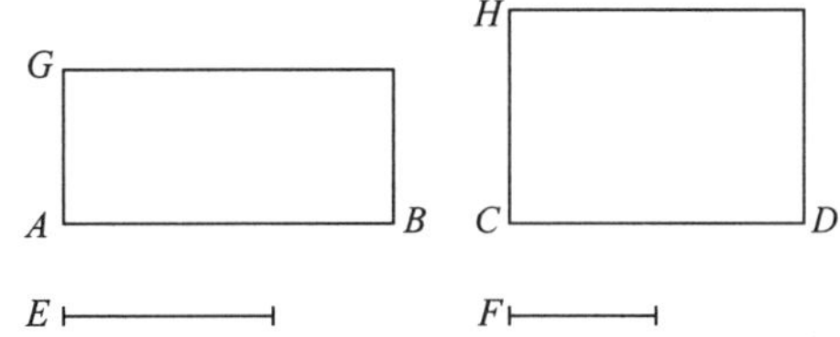

由于 AB 比 CD 如同 E 比 F，而 E 等于 CH，F 等于 AG，因此，AB 比 CD 如同 CH 比 AG。

于是，在平行四边形 BG 与 DH 中，夹等角的各边互成反比例。以及，等角平行四边形当夹等角的各边互成反比例时相等[命题Ⅵ.14]。因此，平行四边形 BG 等于平行四边形 DH。而 BG 是 AB 与 F 所夹矩形，因为 AG 等于 F。而 DH 是 CD 与 E 所夹矩形，因为 E 等于 CH，所以，AB 与 F 所夹矩形等于 CD 与 E 所夹矩形。

然后，设 AB 与 F 所夹矩形等于 CD 与 E 所夹矩形。我说四条线段是成比例的，即 AB 比 CD 如同 E 比 F。

其理由如下。按照相同的构形，由于 AB 与 F 所夹矩形等于 CD 与 E 所夹矩形。BG 是 AB 与 F 所夹矩形，因为 AG 等于 F。DH 是 CD 与 E 所夹矩形，因为 CH 等于 E。BG 因此等于 DH，且它们等角。而在相等和等角的平行四边形中，夹等角的边互成反比例[命题Ⅵ.14]。于是，AB 比 CD 如同 CH 比 AG。且 CH 等于 E，AG 等于 F。于是，AB 比 CD 如同

E 比 F。

这样,若四条线段成比例,则最外两条所夹矩形等于中间两条所夹矩形。反之,若最外两条所夹矩形等于中间两条所夹矩形,则四条线段成比例。这就是需要证明的。

命题 17

若三条线段成比例,则最外两条所夹矩形等于中间线段上的正方形。而若最外两条所夹矩形等于中间线段上的正方形,则这三条线段成比例。

设 A,B,C 是三条成比例的线段,即 A 比 B 如同 B 比 C。我说 A 与 C 所夹矩形等于 B 上的正方形。

作 D 等于 B[命题Ⅰ.3]。

由于 A 比 B 如同 B 比 C,且 B 等于 D。因此,A 比 B 如同 D 比 C。且若四条线段成比例,则最外两项所夹矩形等于中间两项所夹矩形[命题Ⅵ.16]。因此,A 与 C 所夹矩形等于 B 与 D 所夹矩形。但是,B 与 D 所夹矩形等于 B 上的正方形,因为 B 等于 D。因此,A 与 C 所夹矩形等于 B 上的正方形。

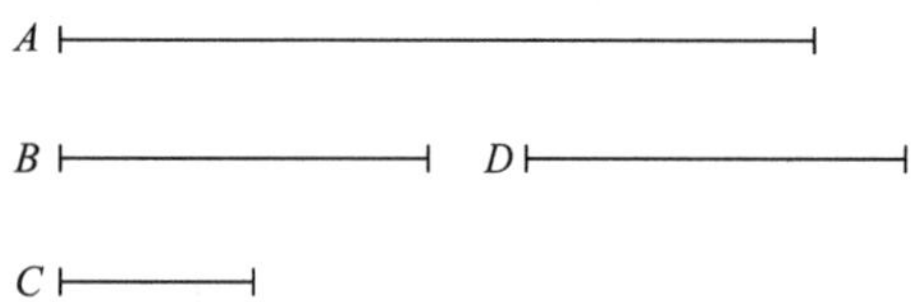

然后设 A 与 C 所夹矩形等于 B 上的正方形。我说 A 比 B 如同 B 比 C。

其理由如下。以相同的构形,由于 A 与 C 所夹矩形等于 B 上的正方形,但 B 上的正方形就是 B 与 D 所夹矩形。因为 B 等于 D。A 与 C 所夹矩形,因此等于 B 与 D 所夹矩形。且若最外两项所夹矩形等于中间两项所夹矩形,则这四条线段成比例[命题Ⅵ.16]。因此,A 比 B 如同 D 比 C。而 B 等于 D,因此,A 比 B 如同 B 比 C。

这样,若三条线段成比例,最外两条所夹矩形等于中间线段上的正方形。反之,若最外两条所夹矩形等于中间线段上的正方形,则这三条线段成比例。这就是需要证明的。

命题 18

在给定线段上作一个直线图形与给定直线图形相似且位置相似。

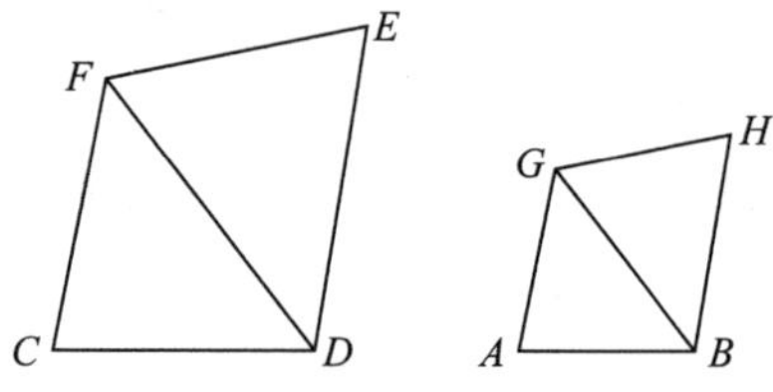

设 AB 是给定线段,CE 是给定直线图形。故要求的是在线段 AB 上作一个直线图形与 CE 相似且位置相似。

连接 DF,在线段 AB 上点 A 与 B 分别作角 GAB 等于在 C 的角及角 ABG 等于角 CDF[命题Ⅰ.23]。因此,剩下的角 CFD 等于 AGB[命题Ⅰ.32]。所以三角形 FCD 与三角形 GAB 等角。于是有比例:FD 比 GB 如同 FC 比 GA,也如同 CD

比 AB[命题Ⅵ.4]。再者,设在线段 BG 的点 G 与 B 分别作等于角 DFE 的 BGH 与等于角 FDE 的 GBH[命题Ⅰ.23]。因此,剩下的在 E 的角等于剩下的在 H 的角[命题Ⅰ.32]。于是,三角形 FDE 与三角形 GBH 等角。所以有比例:FD 比 GB 如同 FE 比 GH,也如同 ED 比 HB[命题Ⅵ.4]。也已证明,FD 比 GB 如同 FC 比 GA,也如同 CD 比 AB。因此也有,FC 比 AG 如同 CD 比 AB,也如同 FE 比 GH,还如同 ED 比 HB。且由于角 CFD 等于 AGB,DFE 等于 BGH,于是,整个角 CFE 等于整个角 AGH,同理,角 CDE 也等于 ABH。且在 C 的角等于在 A 的角,在 E 的角等于在 H 的角。于是,图形 AH 与 CE 等角。两个图形夹等角的边成比例。于是,直线图形 AH 相似于直线图形 CE[定义Ⅵ.1]。

这样,在给定线段 AB 上作出了与给定直线图形 CE 相似且位置相似的直线图形 AH。这就是需要做的。

命题 19

相似三角形彼此之比是其对应边之平方[1]比。

设 ABC 与 DEF 是相似三角形,在 B 的角等于在 E 的角,AB 比 BC 如同 DE 比 EF,使得 BC 对应于 EF。我说三角形 ABC 与三角形 DEF 之比等于 BC 与 EF 之平方比。

其理由如下。设取第三条线段 BG 与 BC,EF 成比例,故 BC 比 EF 如同 EF 比 BG[命题Ⅵ.11]。连接 AG。

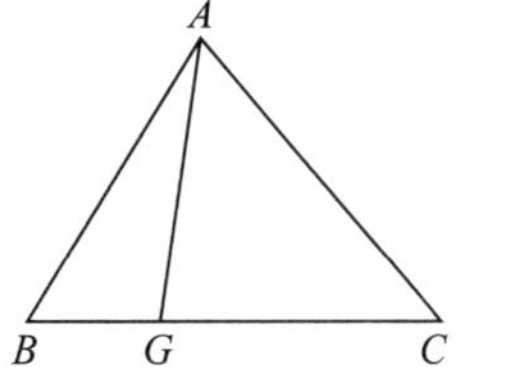

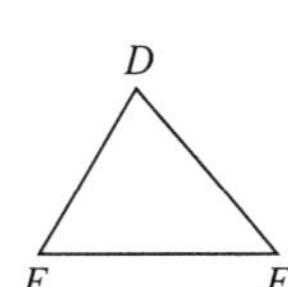

因此,由于 AB 比 BC 如同 DE 比 EF,所以,AB 比 DE 如同 BC 比 EF[命题Ⅴ.16]。但 BC 比 EF 如同 EF 比 BG。因此,AB 比 DE 也如同 EF 比 BG。所以,对三角形 ABG 与三角形 DEF,夹等角的边互成反比例。然而有一个角彼此相等,且夹等角的边互成反比例的那些三角形相等[命题Ⅵ.15]。因此,三角形 ABG 等于三角形 DEF。且由于 BC 比 EF 如同 EF 比 BG,又若有三条线段成比例,则第一条比第三条等于第一条与第二条之比的平方[定义Ⅴ.9],因此,BC 比 BG 是 CB 比 EF 的平方。且 CB 比 BG 如同三角形 ABC 比三角形 ABG[命题Ⅵ.1]。于是,三角形 ABC 比三角形 ABG 也是边 BC 与 EF 之平方比。而三角形 ABG 等于三角形 DEF。所以,三角形 ABC 比三角形 DEF 也是边 BC 与 EF 之平方比。

这样,相似三角形彼此之比等于其对应边之平方比。这就是需要证明的。

推 论

由此显然可知,若三条线段成比例,

[1] 希腊语原文的直译是"两倍"。

则第一条与第三条之比，如同第一条上所作图形与第二条上所作相似且位置相似图形之比。

命题 20

相似多边形可以分为个数相等且与整体对应成比例的多个相似三角形，多边形与多边形之比是对应边与对应边之平方比。

设 *ABCDE* 与 *FGHKL* 为相似多边形，并设 *AB* 对应于 *FG*。我说多边形 *ABCDE* 与多边形 *FGHKL* 可以分为相同个数的（按比例）对应于整体的多个相似三角形。而且多边形 *ABCDE* 与多边形 *FGHKL* 之比等于 *AB* 与 *FG* 之比的平方。

连接 *BE*，*CE*，*GL*，*HL*。

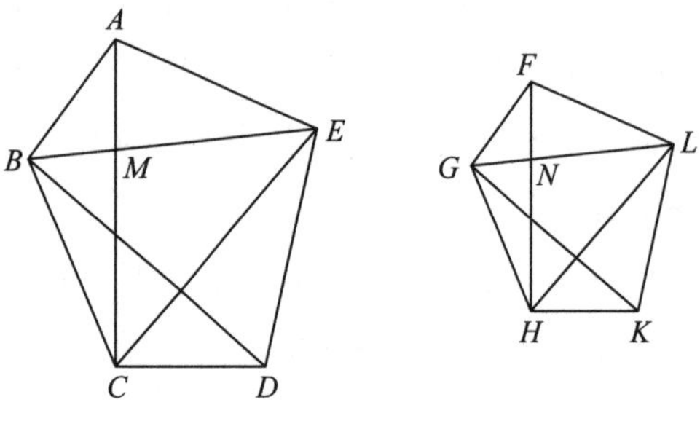

由于多边形 *ABCDE* 与多边形 *FGHKL* 相似，角 *BAE* 等于角 *GFL*，且 *AB* 比 *AE* 如同 *GF* 比 *FL*[定义Ⅵ.1]。因此，由于三角形 *ABE* 与三角形 *FGL* 有一角彼此相等且夹等角的两边成比例，三角形 *ABE* 与三角形 *FGL* 等角[命题Ⅵ.6]。所以，它们是相似的[命题Ⅵ.4，定义Ⅵ.1]。因此，角 *ABE* 等于角 *FGL*。而根据多边形的相似性，整个角 *ABC* 等于整个角 *FGH*。因此，剩下的角 *EBC* 等于 *LGH*。且根据三角形 *ABE* 与 *FGL* 的相似性，*EB* 比 *BA* 如同 *LG* 比 *GF*，但又根据多边形的相似性，*AB* 比 *BC* 如同 *FG* 比 *GH*，于是，由首末比例，*EB* 比 *BC* 如同 *LG* 比 *GH*[命题Ⅴ.22]，而夹等角 *EBC* 与 *LGH* 的两边成比例[命题Ⅵ.6]。因而，三角形 *EBC* 也与三角形 *LGH* 相似[命题Ⅵ.4，定义Ⅵ.1]。同理，三角形 *ECD* 也与三角形 *LHK* 相似。于是，相似多边形 *ABCDE* 与多边形 *FGHKL* 被分为个数相等的多个相似三角形。

我也说，这些三角形（按比例）对应于整体。也就是说，以下各个三角形是成比例的：*ABE*，*EBC*，*ECD* 是前项，与它们相关的后项分别是 *FGL*，*LGH*，*LHK*。我也说多边形 *ABCDE* 与多边形 *FGHKL* 之比，是对应边与对应边（也就是边 *AB* 与 *FG*）之平方比。

其理由如下。设已连接 *AC* 与 *FH*。由于角 *ABC* 等于 *FGH*，*AB* 比 *BC* 如同 *FG* 比 *GH*，根据多边形的相似性，三角形 *ABC* 与三角形 *FGH* 等角[命题Ⅵ.6]。于是，角 *BAC* 等于 *GFH*，角 *BCA* 等于 *GHF*。并且由于角 *BAM* 等于 *GFN*，且

角 ABM 也等于 FGN（见前面），剩下的角 AMB 因此也等于剩下的角 FNG［命题Ⅰ.32］。于是，三角形 ABM 与三角形 FGN 等角。类似地，我们可以证明，三角形 BMC 与三角形 GNH 也等角。于是有比例：AM 比 MB 如同 FN 比 NG，且 BM 比 MC 如同 GN 比 NH［命题Ⅵ.4］。因而，也由首末比例，AM 比 MC 如同 FN 比 NH［命题Ⅴ.22］。但是，AM 比 MC 如同三角形 ABM 比 MBC，也如同 AME 比 EMC。因为这些三角形彼此之比如同它们的底边之比［命题Ⅵ.1］。且前项之一比后项之一如同所有前项之和比所有后项之和［命题Ⅴ.12］。于是，三角形 AMB 比 BMC 如同 AM 比 MC。因此也有，AM 比 MC 如同三角形 ABE 比三角形 EBC。同理，FN 比 NH 如同三角形 FGL 比三角形 GLH。而 AM 比 MC 如同 FN 比 NH。因此也有，三角形 ABE 比三角形 BEC 如同三角形 FGL 比三角形 GLH，则三角形 ABE 比三角形 FGL 如同三角形 BEC 比三角形 GLH［命题Ⅴ.16］。类似地，我们可以通过连接 BD 与 GK 证明，三角形 BEC 比三角形 LGH 如同三角形 ECD 比三角形 LHK。且由于三角形 ABE 比三角形 FGL 如同三角形 EBC 比 LGH，也如同三角形 ECD 比 LHK，又有前项之一比后项之一如同所有前项之和比所有后项之和［命题Ⅴ.12］，因此，三角形 ABE 比三角形 FGL 如同多边形 $ABCDE$ 比多边形 $FGHKL$。但是，三角形 ABE 比三角形 FGL 是对应边 AB 与对应边 FG 之平方比。因为相似三角形之比是对应边之平方比［命题Ⅵ.19］。因此，多边形 $ABCDE$ 与多边形 $FGHKL$ 之比是对应边 AB 与对应边 FG 之平方比。

这样，相似多边形可以分为个数相等且与整体对应成比例的多个相似三角形，多边形与多边形之比是对应边与对应边之平方比。这就是需要证明的。

推　　论

用相同的方法也可以证明，相似四边形之比等于它们的对应边之平方比。这已对三角形证明了。因而，一般地，相似直线图形彼此之比也等于它们的对应边之平方比。这就是需要证明的。

命题 21

与同一直线图形相似的直线图形彼此相似。

设直线图形 A，B 每个都与直线图形 C 相似。我说 A 与 B 也相似。

其理由如下。由于 A 与 C 相似，故 A 与 C 等角，并且夹等角的边成比例［定义

Ⅵ.1]。再者，由于 B 与 C 相似，它们等角，并且夹等角的边成比例[定义Ⅵ.1]。于是，A 与 B 每个都与 C 等角，并且夹等角的边成比例，[因而，A 也与 B 等角，并且夹等角的边成比例]所以，A 与 B 相似[定义Ⅵ.1]。这就是需要证明的。

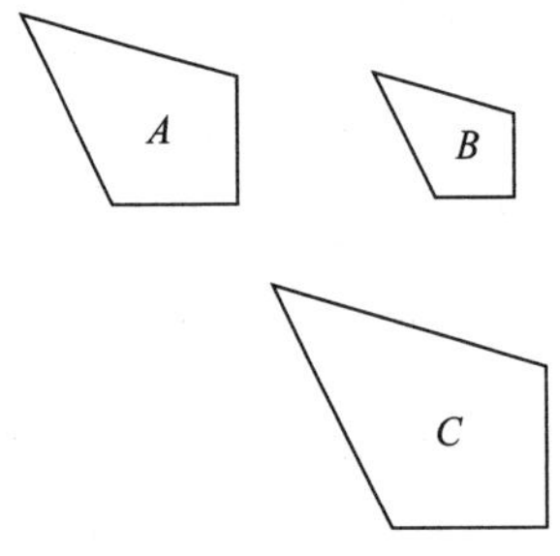

命题 22

若四条线段成比例，则在它们之上所作相似且位置相似的直线图形也成比例。而若这些线段上的相似且位置相似的直线图形成比例，则这些线段本身也成比例。

设 AB，CD，EF，GH 是四条成比例的线段，即 AB 比 CD 如同 EF 比 GH。在 AB 与 CD 上分别作相似且位置相似的直线图形 KAB 与 LCD，并在线段 EF 与 GH 上分别作相似且位置相似的直线图形 MF 与 NH。我说 KAB 比 LCD 如同 MF 比 NH。

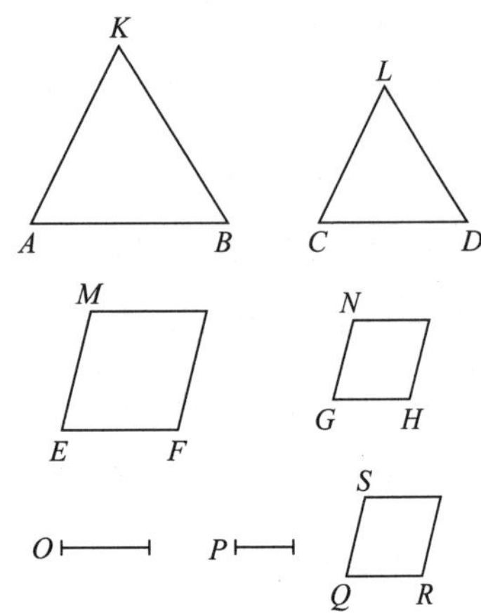

其理由如下。设取第三条线段 O 与 AB，CD 成比例，以及取第三条线段 P 与 EF，GH 成比例[命题Ⅵ.11]。且由于 AB 比 CD 如同 EF 比 GH，CD 比 O 如同 GH 比 P，于是，由首末比例，AB 比 O 如同 EF 比 P[命题Ⅴ.22]。但是 AB 比 O 也如同 KAB 比 LCD，且 EF 比 P 如同 MF 比 NH。

然后设 KAB 比 LCD 如同 MF 比 NH。我说也有 AB 比 CD 如同 EF 比 GH。设 AB 比 CD 如同 EF 比 QR[命题Ⅵ.12]。并设在 QR 上作直线图形 SR 或者与 MF 或者与 NH 相似且位置相似[命题Ⅵ.18，Ⅵ.21]。

因此，由于 AB 比 CD 如同 EF 比 QR，并在 AB 与 CD 上分别作相似且位置相似的直线图形 KAB 与 LCD，以及分别在 EF 与 QR 上作相似且位置相似的直线图形 MF 与 SR（见前面）。且也已假设 KAB 比 LCD 如同 MF 比 NH。因此也

有 MF 比 SR 如同 MF 比 NH［命题Ⅴ.11］。所以，MF 与 NH，SR 每个都有相同的比。于是，NH 等于 SR［命题Ⅴ.9］。而它们也是相似且位置相似的。因此，GH 等于 QR。[①] 由于 AB 比 CD 如同 EF 比 QR，所以 GH 等于 QR，于是 AB 比 CD 如同 EF 比 GH。

这样，若四条线段成比例，则在它们之上所作相似且位置相似的直线图形也成比例。而若这些线段上的相似且位置相似的直线图形成比例，则这些线段本身也成比例。这就是需要证明的。

命题 23

等角的平行四边形彼此之比是它们的边之比的复比。[②]

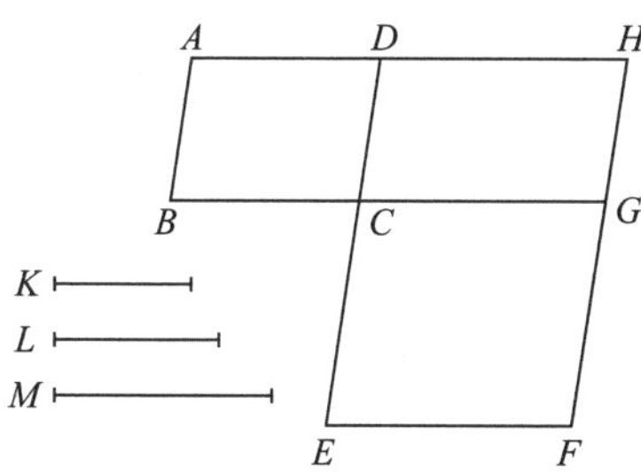

设 AC 与 CF 是等角的平行四边形，即角 BCD 等于 ECG，我说平行四边形 AC 比平行四边形 CF 等于它们的边之比的复比。

其理由如下。设 BC 在同一直线上接续 CG。于是，DC 在同一直线上接续 CE［命题Ⅰ.14］。并设平行四边形 DG 已完成。设作线段 K，M，L，并使得 BC 比 CG 如同 K 比 L，DC 比 CE 如同 L 比 M［命题Ⅵ.12］。

于是，K 比 L 与 L 比 M 及两边之比，即 BC 比 CG 与 DC 比 CE，分别相同。但是，K 比 M 是 K 比 L 与 L 比 M 的复比。因而 K 比 M 也是平行四边形边的复比。且由于 BC 比 CG 如同平行四边形 AC 比 CH［命题Ⅵ.1］，但 BC 比 CG 如同 K 比 L，因此也有，K 比 L 等于平行四边形 AC 比 CH。再者，由于 DC 比 CE 如同平行四边形 CH 比 CF［命题Ⅵ.1］，但 DC 比 CE 如同 L 比 M，因此也有，L 比 M 如同平行四边形 CH 比 CF。所以，由于已经证明，K 比 L 如同平行四边形 AC 比平行四边形 CH，且 L 比 M 如同平行四边形 CH 比平行四边形 CF，于是，由首末比例，K 比 M 如同平行四边形 AC 比平行四边形 CF［命题Ⅴ.22］。以及 K 比 M 是平行四边形的边的复比。于是，平行四边形 AC 与平行四边形 CF 之比也是它们的边的复比。

这样，等角的平行四边形彼此之比等于它们的边之比的复比。这就是需要证

---

① 这里，欧几里得做了以下假设但未作证明：若两个相似图形相等，则它们的任何一对对应边也相等。

② 在现代术语中，复比指两个比的复合，即它们相乘。

明的。

命题 24

在任何平行四边形中，跨在对角线上的诸平行四边形相似于整个平行四边形且彼此相似。

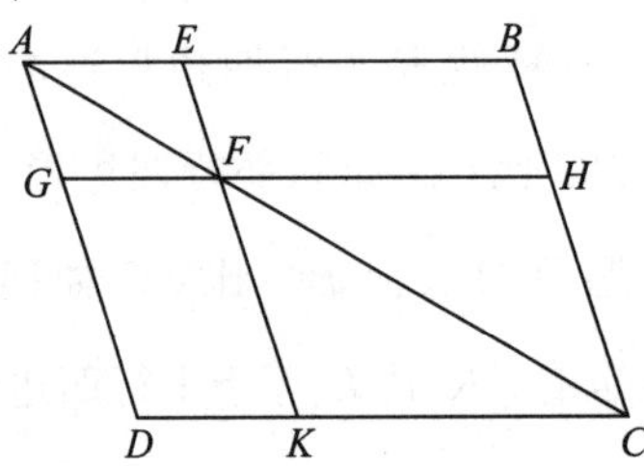

设 *ABCD* 是一个平行四边形，*AC* 是它的对角线。*EG* 与 *HK* 是跨在 *AC* 上的平行四边形。我说平行四边形 *EG* 与 *HK* 都相似于整个平行四边形 *ABCD*，且它们彼此相似。

其理由如下。由于已作 *EF* 平行于三角形 *ABC* 的一边 *BC*，故 *BE* 比 *EA* 如同 *CF* 比 *FA*[命题Ⅵ.2]。再者，由于已作 *FG* 平行于三角形 *ACD* 的一边 *CD*，故 *CF* 比 *FA* 如同 *DG* 比 *GA*[命题Ⅵ.2]。但是，也已证明 *CF* 比 *FA* 如同 *BE* 比 *EA*。因此 *BE* 比 *EA* 如同 *DG* 比 *GA*。于是由合比例，*BA* 比 *AE* 如同 *DA* 比 *AG*[命题Ⅴ.18]。又由更比例，*BA* 比 *AD* 如同 *EA* 比 *AG* [命题Ⅴ.16]。因此，在平行四边形 *ABCD* 与 *EG* 中，夹公共角 *BAD* 的边成比例。又由于 *GF* 平行于 *DC*，角 *AFG* 等于 *DCA*[命题Ⅰ.29]。角 *DAC* 是两个三角形 *ADC* 与 *AGF* 的公共角。因此，三角形 *ADC* 与三角形 *AGF* 等角[命题Ⅰ.32]。同理，三角形 *ACB* 与三角形 *AFE* 等角，整个平行四边形 *ABCD* 与平行四边形 *EG* 等角。于是 *AD* 比 *DC* 如同 *AG* 比 *GF*，*DC* 比 *CA* 如同 *GF* 比 *FA*，*AC* 比 *CB* 如同 *AF* 比 *FE*，因此由首末比例，*DC* 比 *CB* 如同 *GF* 比 *FE*[命题Ⅴ.22]。所以，在平行四边形 *ABCD* 与 *EG* 中，夹等角的边成比例。于是，平行四边形 *ABCD* 与平行四边形 *EG* 相似[定义Ⅵ.1]。同理可证，平行四边形 *ABCD* 也与平行四边形 *KH* 相似。因此，平行四边形 *EG* 及平行四边形 *HK* 都与平行四边形 *ABCD* 相似。但与同一直线图形相似的诸直线图形彼此相似[命题Ⅵ.21]。因此，平行四边形 *EG* 也与平行四边形 *HK* 相似。

这样，在任何平行四边形中，跨在对角线上的平行四边形相似于整体且彼此相似。这就是需要证明的。

命题 25

作一个直线图形与给定直线图形相似，并且等于另一个不同的给定直线图形。

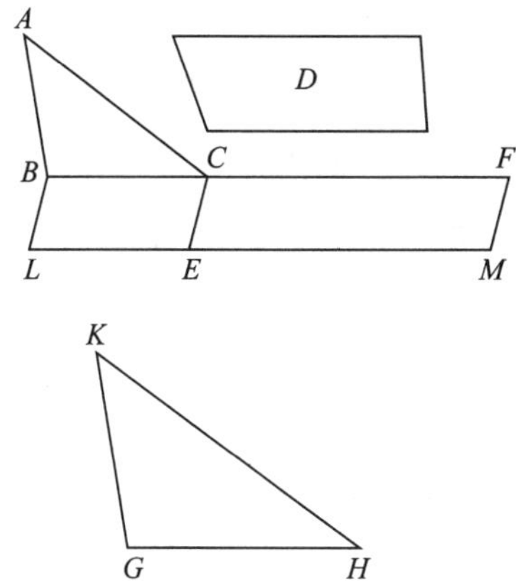

设 ABC 是给定直线图形，要求作一个直线图形与之相似，D 是另一个直线图形，要求所作直线图形与之相等。故要求的是作一个直线图形与 ABC 相似并与 D 相等。

其理由如下。设等于三角形 ABC 的平行四边形 BE 被适配于线段 BC［命题Ⅰ.44］，等于 D 的平行四边形 CM 被适配于线段 CE，它有等于 CBL 的角度 FCE［命题Ⅰ.45］。于是，BC 与 CF 在同一条直线上相接续，LE 与 EM 也在同一条直线上相接续［命题Ⅰ.14］。又设 GH 是 BC 与 CF 的比例中项［命题Ⅵ.13］。并设在 GH 上作 KGH，与 ABC 相似且位置相似［命题Ⅵ.18］。

又由于 BC 比 GH 如同 GH 比 CF，若三条线段成比例，则第一条与第三条之比，等于作在第一条上的直线图形与作在第二条上的相似且位置相似的直线图形之比［命题Ⅵ.19 推论］。因此，BC 比 CF 如同三角形 ABC 比三角形 KGH。但是，BC 比 CF 也如同平行四边形 BE 比平行四边形 EF［命题Ⅵ.1］。因此，三角形 ABC 比三角形 KGH 等于平行四边形 BE 比平行四边形 EF。于是，由更比例，三角形 ABC 比平行四边形 BE 等于三角形 KGH 比平行四边形 EF［命题Ⅴ.16］。而三角形 ABC 等于平行四边形 BE。因此，三角形 KGH 等于平行四边形 EF。但是，平行四边形 EF 等于 D。所以，KGH 也等于 D。而且，KGH 也与 ABC 相似。

这样，就作出了一个直线图形 KGH，它与给定的直线图形 ABC 相似，并且等于另一个不同的给定直线图形 D。这就是需要做的。

命题 26

若从一个平行四边形减去一个与之相似且位置相似，并有一个公共角的平行四边形，则减去的平行四边形与整个平行四边形的对角线共线。

设从平行四边形 ABCD 中减去与之相似且位置相似的平行四边形 AF，并且它们有公共角 DAB。我说 ABCD 与 AF 的对角线共线。

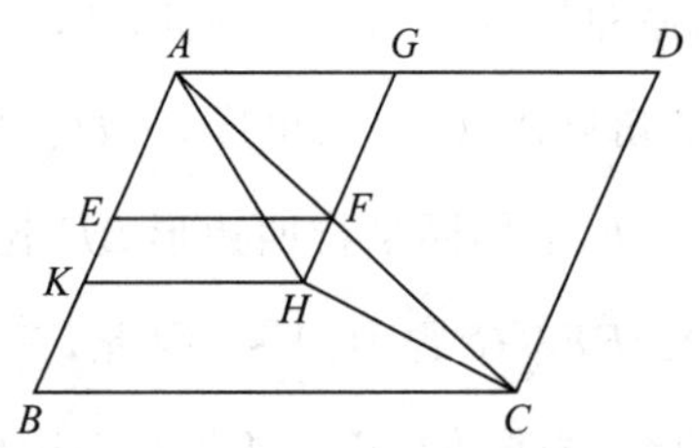

其理由如下。假设并非如此，设 AHC 是 $ABCD$ 的对角线，检验是否可能。延长 GF 至 H 点，通过 H 点作 HK 平行于直线 AD 或者 BC[命题Ⅰ.31]。

因此，由于平行四边形 $ABCD$ 与 KG 的对角线共线，于是 DA 比 AB 如同 GA 比 AK[命题Ⅵ.24]。根据 $ABCD$ 与 EG 的相似性，也有 DA 比 AB 如同 GA 比 AE。于是也有，GA 比 AK 如同 GA 比 AE。因此 GA 与 AK，AE 有相同的比。所以，AE 等于 AK[命题Ⅴ.9]，即较小者等于较大者，而这是不可能的。于是，平行四边形 $ABCD$ 与平行四边形 AF 的对角线共线。

这样，若从一个平行四边形减去一个与之相似且位置相似，并有一个公共角的平行四边形，则减去的平行四边形与整个平行四边形的对角线共线。这就是需要证明的。

命题 27

在所有被适配于同一线段但亏缺一个平行四边形(它与作在线段之半上的一个平行四边形相似且位置也相似)的平行四边形中，最大者是作在线段之半上的平行四边形，且它与亏缺的平行四边形相似。

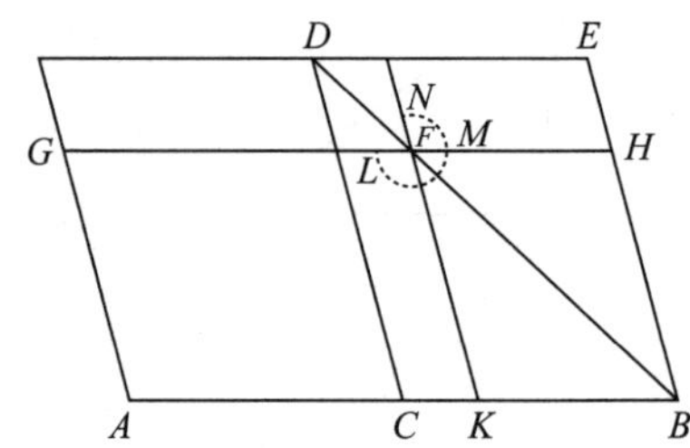

设 AB 是一条线段并等分于点 C[命题Ⅰ.10]，在线段 AB 上适配一个平行四边形 AD，但亏缺作在线段 AB 的一半(即 CB)上的平行四边形 DB。[①] 我说所有被适配于 AB(亏缺一个与 DB 相似且位置相似的平行四边形)的平行四边形中，最大者为 AD。设平行四边形 AF 被适配于线段 AB，但亏缺一个与 DB 相似且位置相似的平行四边形 FB，我说 AD 大于 AF。

其理由如下。由于平行四边形 DB 相似于平行四边形 FB，它们的对角线共线[命题Ⅵ.26]。设作它们的公共对角线 DB，并完成全部图形。

因此，由于补形 CF 等于补形 FE[命题Ⅰ.43]，且平行四边形 FB 是公共的，整个平行四边形 CH 等于整个平行四边形

① 这里平行四边形 AD 与 DB 等高但高度任意。——译者注

KE。但是平行四边形 CH 等于 CG,因为 AC 也等于 CB[命题Ⅵ.1]。于是,平行四边形 GC 也等于 EK。设把平行四边形 CF 加于二者。于是,整个平行四边形 AF 等于拐尺形 LMN。因而,平行四边形 DB(也就是 AD)大于平行四边形 AF。

这样,在所有被适配于同一线段但亏缺一个平行四边形(它与作在线段之半上的一个平行四边形相似且位置也相似)的平行四边形中,最大者是作在线段之半上的平行四边形,且它与亏缺的平行四边形相似。这就是需要证明的。

命题 28[①]

对给定线段适配一个等于给定直线图形的平行四边形,但亏缺一个与给定平行四边形相似的平行四边形。这个给定直线图形必须不大于在给定线段之半上所作与亏缺的图形相似的平行四边形。

设 AB 是给定线段,C 是给定直线图形,被适配于 AB 的平行四边形需与之相等,C 不大于作在 AB 之半上,并与亏缺的图形相似的平行四边形,而 D 是亏缺的图形需与之相似的平行四边形。故要求的是适配一个平行四边形于线段 AB,它等于给定的直线图形 C 并亏缺一个与 D 相似的平行四边形。

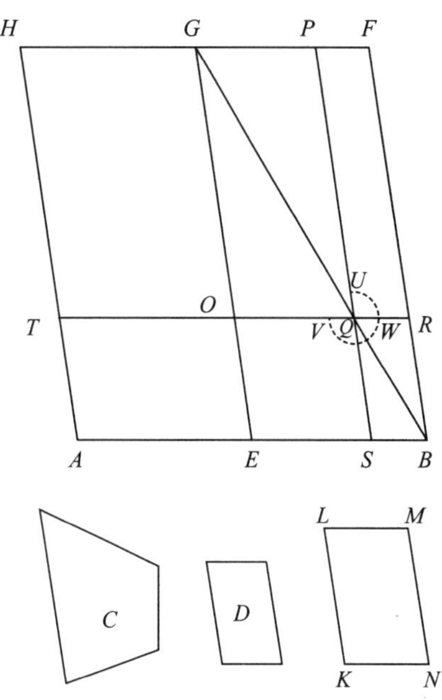

设 AB 在点 E 被等分[命题Ⅰ.10],并设在 EB 上作与 D 相似且位置相似的平行四边形 $EBFG$[命题Ⅵ.18]。完成平行四边形 AG。

因此,若 AG 等于 C,则上述任务已完成。因为平行四边形 AG 已被适配于线段 AB,它等于给定直线图形 C 并亏缺一个与 D 相似的平行四边形 GB。如若不然,设 HE 大于 C,但 HE 等于 GB[命题Ⅵ.1]。于是,GB 也大于 C。故设作平行四边形 $KLMN$ 与 D 相似且位置相似,并等于 GB 超过 C 的部分[命题Ⅵ.25]。但

① 本命题是二次方程 $x^2-\alpha x+\beta=0$ 的几何解。这里 x 是亏缺图形的一条边与图形 D 的对应边之比,α 是 AB 的长度与图形 D 的一条边之比,这条边对应于亏缺图形沿着 AB 的边,而 β 是图形 C 与 D 的面积之比。对应于 $\beta<\alpha^2-4$ 的约束条件使方程有实数根。这里只找出了方程的较小根。其较大根可以用类似方法找到。——译者注

GB 与 D 相似。所以 KM 也与 GB 相似[命题Ⅵ.21]。因此,设 KL 对应于 GE,LM 对应于 GF。且由于平行四边形 GB 等于图形 C 与平行四边形 KM 之和,GB 因此大于 KM。于是,GE 也大于 KL,且 GF 大于 LM。设作 GO 等于 KL,GP 等于 LM[命题Ⅰ.3]。并设已作出平行四边形 $OGPQ$。因此,GQ 等于并与 KM 相似[但 KM 与 GB 相似]。于是,GQ 也与 GB 相似[命题Ⅵ.21]。所以,GQ 与 GB 的对角线共线[命题Ⅵ.26]。设 GQB 是它们的公共对角线,并设图形的其余部分已经作出。

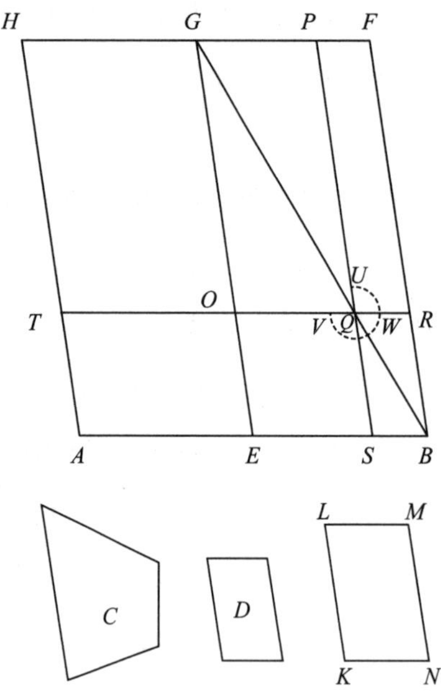

(注:为方便读者阅读,译者将第137页图复制到此处。)

因此,由于 BG 等于 C 与 KM 之和,其中 GQ 等于 KM,剩下的拐尺形 UWV 因此等于剩下的 C。且由于补形 PR 等于补形 OS[命题Ⅰ.43],设把平行四边形 QB 加于二者。于是,整个平行四边形 PB 等于整个平行四边形 OB。但是 OB 等于 TE,因为边 AE 等于边 EB[命题Ⅵ.1]。因此,TE 也等于 PB。设把平行四边形 OS 加于二者。于是,整个平行四边形 TS 等于拐尺形 VWU。但拐尺形 VWU 已被证明等于 C。因此,平行四边形 TS 也等于图形 C。

于是,等于给定直线图形 C 的平行四边形 ST 被适配于给定线段 AB,但亏缺与 D 相似的平行四边形 QB {因为 QB 相似于 GQ [命题Ⅵ.26]}。这就是需要证明的。

命题29[①]

对给定线段适配一个等于给定直线图形的平行四边形,但超出一个与给定平行四边形相似的平行四边形。

设 AB 是给定线段,C 是给定直线图形,它等于被适配在 AB 上的平行四边形,而 D 是超出的图形需与之相似的平行四边形。故要求的是适配一个平行四边形于线段 AB,它等于给定的直线图形 C 并超出一个与 D 相似的平行四边形。

① 本命题是二次方程 $x^2+\alpha x-\beta=0$ 的几何解。这里 x 是超出图形的一条边与图形 D 的对应边之比,α 是 AB 的长度与图形 D 的一条边之比,这条边对应于超出图形沿着 AB 的边,而 β 是图形 C 与 D 的面积之比。这里只找到了方程的正根。

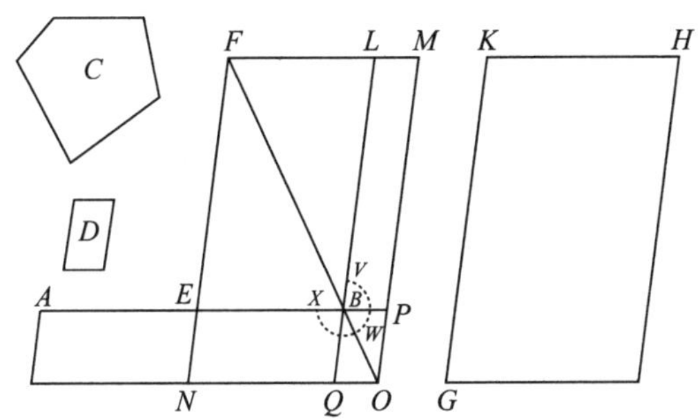

设 AB 在点 E 等分[命题 Ⅰ.10],并设在 EB 上作与 D 相似且位置相似的平行四边形 BF[命题Ⅵ.18]。设已作出平行四边形 GH,它与 D 相似且位置相似,并等于 BF 与 C 之和[命题Ⅵ.25]。又设 KH 对应于 FL,KG 对应于 FE。且由于平行四边形 GH 大于平行四边形 FB,KH 因此也大于 FL,KG 大于 FE。延长 FL 与 FE,并使 FLM 等于 KH,以及 FEN 等于 KG[命题 Ⅰ.3]。又设已作出平行四边形 MN。于是,MN 等于并相似于 GH。但 GH 相似于 EL。因此,MN 也相似于 EL[命题Ⅵ.21]。EL 与 MN 因此有共线的对角线[命题Ⅵ.26]。设已作出它们的公共对角线 FO,并设已作出图形的剩余部分。

由于平行四边形 GH 等于平行四边形 EL 与图形 C 之和,但 GH 等于平行四边形 MN,MN 因此也等于 EL 与 C 之和。设从二者各减去 EL。于是,剩下的拐尺形 XWV 等于图形 C。且由于 AE 等于 EB,平行四边形 AN 也等于 NB[命题Ⅵ.1],也就是平行四边形 LP[命题Ⅰ.43]。设把平行四边形 EO 加入二者之中。于是,整个平行四边形 AO 等于拐尺形 VWX。但是,拐尺形 VWX 等于图形 C。因此,平行四边形 AO 也等于图形 C。

于是,等于给定直线图形 C 的平行四边形 AO 被适配于给定直线 AB,超出一个与 D 相似的平行四边形 QP,因为 PQ 也相似于 EL[命题Ⅵ.24]。这就是需要做的。

命题 30

对给定线段做黄金分割。

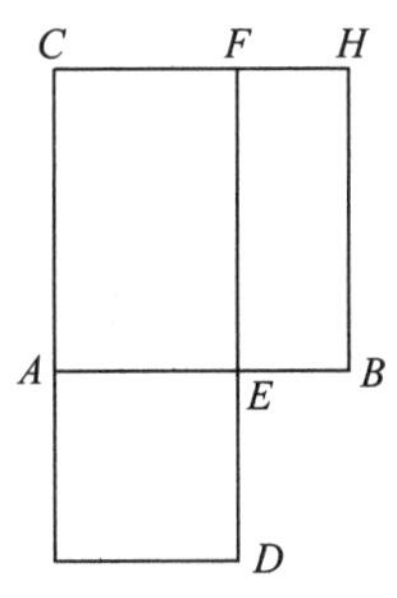

设 AB 是给定有限线段,故要求的是对线段 AB 作黄金分割。

设在线段 AB 上作正方形 BC[命题Ⅰ.46],并设等于 BC 的平行四边形 CD 被适配于 AC,并超出相似于 BC 的直线图形 AD [命题Ⅵ.29]。

BC 是正方形。因此,AD 也是正方形。且 BC 等于 CD,由二者分别减去矩

形 CE。于是,剩下的矩形 BF 等于剩下的正方形 AD。且它们等角。因此,BF 与 AD 中夹等角的边互成反比例[命题Ⅵ.14]。于是,FE 比 ED 如同 AE 比 EB。且 FE 等于 AB,ED 等于 AE。因此,BA 比 AE 如同 AE 比 EB。且 AB 大于 AE。所以,AE 也大于 EB[命题Ⅴ.14]。

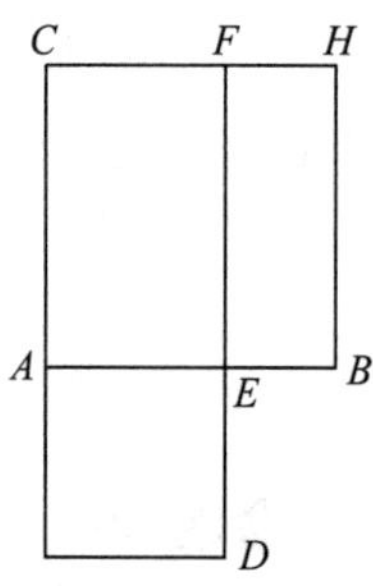

(注:为方便读者阅读,译者将第 139 页图复制到此处。)

这样,线段 AB 在点 E 被黄金分割,且 AE 是较大者。这就是需要做的。

命题 31

直角三角形中对向直角的斜边上的图形等于直角边上的相似和位置相似的图形之和。

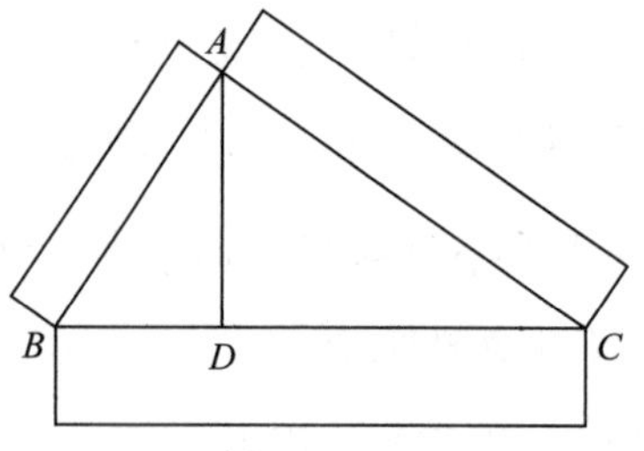

设 ABC 为直角三角形,有直角 BAC。我说在 BC 上所作图形等于在 BA 与 AC 上所作相似且位置相似图形之和。

作垂线 AD[命题Ⅰ.12]。

因此,由于在直角三角形 ABC 中,已从直角角顶 A 作出垂直于底边 BC 的线段 AD,在垂线周围的三角形 ABD 及三角形 ADC 与整个三角形 ABC 相似且彼此相似[命题Ⅵ.8]。而由于 ABC 与 ABD 相似,CB 比 BA 如同 AB 比 BD[定义Ⅵ.1]。又由于若三条线段成比例,则第一条与第三条之比,如同第一条上所作图形与第二条上所作相似且位置相似图形之比[命题Ⅵ.19 推论]。因此,CB 比 BD,如同作在 CB 上的图形与作在 BA 上的相似且位置相似图形之比。同理也有,BC 比 CD 如同作在 BC 上的图形比作在 CA 上的图形。因而也有,BC 比 BD,DC 之和,如同作在 BC 上的图形与作在 BA 与 AC 上相似且位置相似的图形之和的比[命题Ⅴ.24]。而 BC 等于 BD 加上 DC。因此,作在 BC 上的图形也等于作在 BA,AC 上相似且位置相似的图形之和[命题Ⅴ.9]。

这样,直角三角形中对向直角的斜边上的图形等于直角边上的相似和位置相似的图形之和。这就是需要证明的。

命题 32

若把两边与两边成比例的两个三角形以同一角度放在一起，并使对应边相互平行，则这两个三角形的剩余边在同一条直线上相互接续。

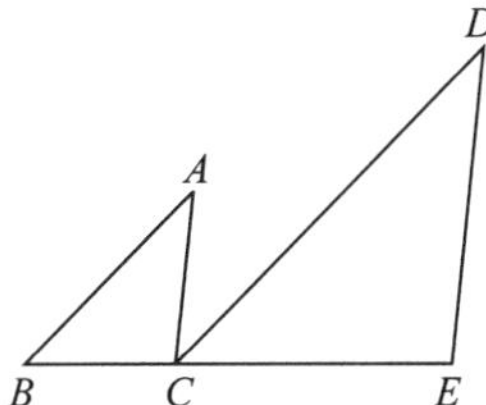

设 ABC 与 DCE 是两个三角形，它们的两边 BA 与 AC 与两边 DC 与 DE 成比例，即 AB 比 AC 如同 DC 比 DE，且有边 AB 平行于 DC，AC 平行于 DE。我说边 BC 与 CE 在同一直线上接续。

其理由如下。由于 AB 平行于 DC，且直线 AC 横过它们，内错角 BAC 与 ACD 彼此相等[命题 Ⅰ.29]。同理，CDE 也等于 ACD。因而，BAC 等于 CDE。又由于三角形 ABC 与 DCE 有在 A 的角等于在 D 的角，并且夹等角的边成比例，因此，BA 比 AC 如同 CD 比 DE，三角形 ABC 因此与三角形 DCE 等角[命题 Ⅵ.6]。所以，角 ABC 等于 DCE。且角 ACD 也已经被证明等于 BAC。因此整个角 ACE 等于两个角 ABC 与 BAC 之和。设把 ACB 加于二者。于是 ACE，ACB 之和等于 BAC，ACB，CBA 之和。但是 BAC，ABC，ACB 之和等于两个直角[命题 Ⅰ.32]。因此，ACE，ACB 之和也等于两个直角。所以，不在同一侧的两条直线 BC 与 CE，使得邻角 ACE 与 ACB 之和等于两个直角并有线段 AC 在其上 C 点。因此，BC 与 CE 在同一条直线上[命题 Ⅰ.14]。

这样，若把两边与两边成比例的两个三角形以同一角度放在一起，并使对应边相互平行，则这两个三角形的剩余边在同一条直线上相互接续。这就是需要证明的。

命题 33

在相等的圆中，无论是圆心角之比还是圆周角之比都等于它们所在圆弧之比。

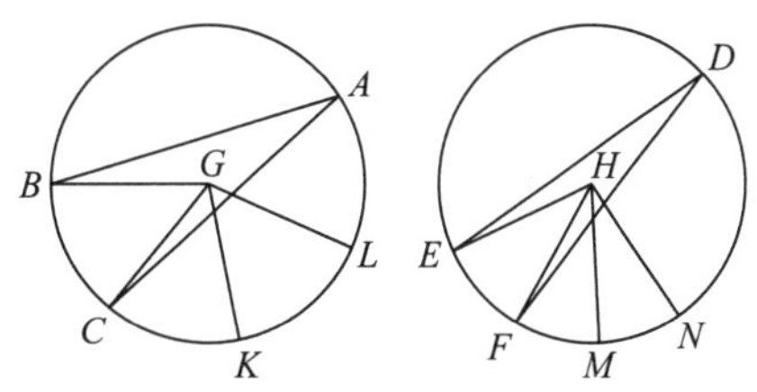

设 ABC 与 DEF 是相等的圆，BGC 与 EHF 分别是在其圆心 G 与 H 的圆心角，BAC 与 EDF 分别是其圆周角。我说圆弧 BC 比圆弧 EF 如同角 BGC 比 EHF，也如同角 BAC 比 EDF。

其理由如下。作任意相邻圆弧 CK 与 KL 分别等于圆弧 BC，以及任意相邻

圆弧 FM 与 MN 分别等于 EF。连接 GK，GL，HM，HN。

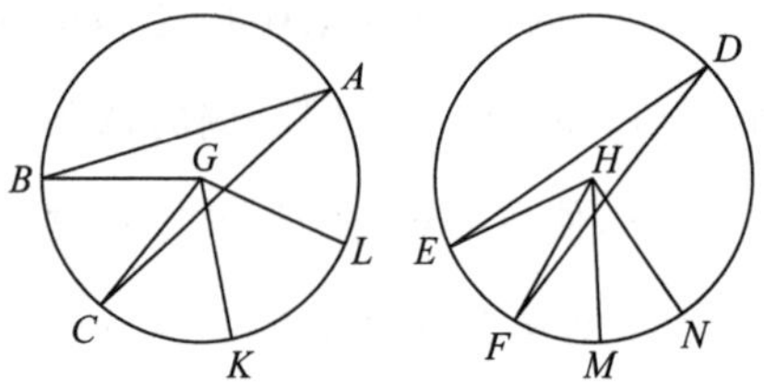

（注：为方便读者阅读，译者将第 141 页图复制到此处。）

因此，由于圆弧 BC，CK，KL 彼此相等，角 BGC，CGK，KGL 也彼此相等[命题Ⅲ.27]，因此，圆弧 BL 被 BC 分为多少份，角 BGL 也被 BGC 分为多少份。同理，圆弧 NE 被 EF 分为多少份，角 NHE 也被 EHF 分为多少份。所以，若圆弧 BL 等于圆弧 EN，则角 BGL 也等于 EHN[命题Ⅲ.27]，若圆弧 BL 大于圆弧 EN，则角 BGL 也大于 EHN，[①]若圆弧 BL 小于圆弧 EN，则角 BGL 也小于 EHN。故我们有四个量，两段圆弧 BC，EF 与两个角 BGC，EHF。取圆弧 BC 与角 BGC 的同倍量，即圆弧 BL 与角 BGL，又取圆弧 EF 与角 EHF 的同倍量，即圆弧 EN 与角 EHN。已经证明，若圆弧 BL 超过圆弧 EN，则角 BGL 也超过角 EHN，若 BL 等于 EN，则 BGL 也等于 EHN，若 BL 小于 EN，则 BGL 也小于 EHN。因此，圆弧 BC 比 EF 如同角 BGC 比 EHF[定义Ⅴ.5]。但角 BGC 比 EHF 如同角 BAC 比 EDF[命题Ⅴ.15]，因为前者分别是后者的两倍[命题Ⅲ.20]。所以也有，圆弧 BC 比圆弧 EF 如同角 BGC 比 EHF，也如同角 BAC 比 EDF。

这样，在相等的圆中，无论是圆心角之比还是圆周角之比都等于它们所在圆弧之比。这就是需要证明的。

① 这是命题Ⅲ.27 的直接推广。

第七卷　初等数论[①]

· Book Ⅶ. Basic Number Theory ·

> 乃至中古，吾西庠特出一闻士，名曰欧几里得，修几何之学，迈胜先士而开迪后进，其道益光，所制作甚众、甚精，生平著书了无一语可疑惑者，其《几何原本》一书尤确而当。曰"原本"者，明几何之所以然，凡为其说者，无不由此出也。
>
> ——利玛窦(Matteo Ricci，1552—1610)，意大利传教士

① 第七卷至第九卷中的命题一般认为出自毕达哥拉斯学派。

IHS
P. Matthæus Riccius Macerat.e Soc. Jesu
prim.s Chrĩanæ Fidei in Regno Sinarum
propagator.
Lÿ Paulus Magnus Sinarum Colaus
Legis Christianæ propagator.

第七卷 内容提要

（译者编写）

第七卷讨论的是自然数，定义中的关键词汇总见表 7.1，其中定义Ⅶ.20 对以后的许多命题特别重要。

表 7.1 第七卷中的定义关键词汇总

Ⅶ.1	单位	Ⅶ.12	互素的数⇒公度为一单位
Ⅶ.2	多个单位⇒数	Ⅶ.13	合数
Ⅶ.3	小量尽大⇒小是大的一部分	Ⅶ.14	互为合数的数
Ⅶ.4	小量不尽大⇒小是大的几部分	Ⅶ.15	乘法
Ⅶ.5	大被小量尽⇒大是小的倍量	Ⅶ.16	面数
Ⅶ.6	偶数可以被等分	Ⅶ.17	体数
Ⅶ.7	奇数不能被等分	Ⅶ.18	平方数
Ⅶ.8	偶倍偶数	Ⅶ.19	立方数
Ⅶ.9	偶倍奇数	Ⅶ.20	四数成比例
Ⅶ.10	奇倍奇数	Ⅶ.21	相似面数与相似体数
Ⅶ.11	素数	Ⅶ.22	完全数

命题分类见表 7.2。其中部分 A 是求最大公约数的辗转相除法，一直沿用至今。这个著名的欧几里得算法是他的数论的基础。命题Ⅶ.4 任意较小数或者是任意较大数的一部分或者是其几部分。对其中的“一部分”和“几部分”，用现代语言作以下说明。

这里考虑了三种情况。

设相关的数是 $a>b$。

1. 若 a 与 b 互素，则分 b 为 b 个单位，其中每个都是 a 的一部分；因而 b 是 a 的几部分；

2. 若 b 量尽 a，则 b 是 a 的几部分；

3. 若 b 量尽 a 且 a 与 b 不互素，则设 g 是 a 与 b 的最大公约数，$a=kg$ 和 $b=ng$。于是 b 是 a 的几部分，即 n 部分。

这样，定义Ⅶ.20 称以下四个数是成比例的，若第一数就第二数而言，是第三数就第

◀利玛窦和徐光启。

四数而言的相同倍数或相同一部分或相同几部分，可以用现代语言转述为："我们有 $a:b=c:d$，如果 $a=nb$ 及 $c=nd$，或 $a=\frac{1}{k}b$ 及 $c=\frac{1}{k}d$，或 $a=k\frac{1}{n}b$ 及 $c=k\frac{1}{n}d$。"借助命题Ⅶ.4，不难说明这个定义是成立的。然后就容易理解表 7.2 中的部分 B 和 C。部分 D 很短但很重要。部分 E 和 F 是现代中学代数不可或缺的内容。

表 7.2　第七卷中的命题分类

Ⅶ.1—4	A:欧几里得算法
Ⅶ.5—10	B:关于应用定义Ⅶ.20 的数的比例的基本陈述
Ⅶ.11—16	C:把命题Ⅶ.5—7 变换为应用词"比例"的陈述
Ⅶ.17—19	D:乘积的比与比例
Ⅶ.20—33	E:最大公约数(公度)理论，因式分解
Ⅶ.34—39	F:最小公倍数理论

定 义

1. 被称为一的**单位**使每个事物据之而存在。

2. **数**由多个单位组成。[①]

3. 若较小数**量尽**较大数，则较小数是较大数的一部分。

4. 若较小数**量不尽**较大数，则较小数是较大数的几部分。[②]

5. 若较大数被较小数量尽，则较大数是较小数的**倍量**。

6. **偶数**可以被等分。

7. **奇数**不能被等分，或者说它与偶数相差一单位。

8. **偶倍偶数**可以按照一个偶数用偶数量尽。[③]

9. **偶倍奇数**可以按照一个奇数用偶数量尽。[④]

10. **奇倍奇数**可以按照一个奇数用奇数量尽。[⑤]

11. 只能被一单位量尽的数称为**素数**。

12. **互素的数**只能被作为**公度**[⑥]的一单位量尽。

13. **合数**能被某个数量尽。

14. **互为合数的数**能被某个公度量尽。

15. 一个数被称为**乘**另一个数，若被乘数自我相加的次数等于前一个数具有的单位，并且由此产生其他数。

16. 两数相乘得到的数被称为**面数**，其两边就是相乘的两数。

17. 三数相乘得到的数被称为**体数**，其三边就是相乘的三数。

18. **平方数**由相等数乘相等数得到，或者说是两个相等数包含的面数。

19. **立方数**由相等数乘相等数再乘相等数得到，或者说是三个相等数包含的体数。

20. 称以下四个数是**成比例**的，若第一数就第二数而言，是第三数就第四数而言的相同倍数或相同一部分或相同几部分。

21. **相似面数**与**相似体数**是各边成比例的数。

22. **完全数**等于其自身各部分之和。[⑦]

命题 1

设有两个不相等的数，从较大者不断减去较小者直到前者更小，然后反过来继续，若余数始终量不尽前一个数直到只剩一单位，则这两个数互素。

---

① 换句话说，“数”是大于一单位的正整数。

② 换句话说，数 a 是数 b 的几部分（这里 $a<b$），若存在不同的数 m 及 n 使 $na=mb$。——译者注

③ 换句话说，偶倍偶数是两个偶数的乘积。

④ 换句话说，偶倍奇数是偶数与奇数的乘积。

⑤ 换句话说，奇倍奇数是两个奇数的乘积。

⑥ 在对象为自然数的第七和第八卷中，对“数”而言，common measure 译为“公度”，其实它就是公约数（common divisor）。在第十卷中对一般的“量”而言，common measure 译为“公度量”。——译者注

⑦ 换句话说，完全数是其自身各个因子之和。

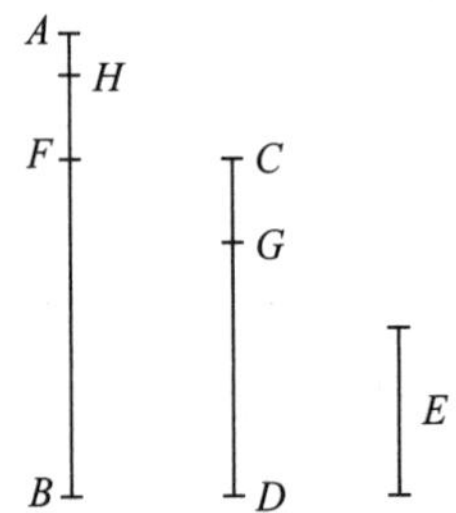

对两个不相等的数 AB 与 CD，从较大者不断减去较小者直到前者更小，然后反过来继续，若余数始终量不尽前一个数直到只剩一单位。我说 AB 与 CD 互素，即只有一单位可以把 AB 和 CD 都量尽。

其理由如下。若 AB 与 CD 不互素，则有某数量尽它们，设该数为 E。设用 CD 量 AB 得到 BF，剩下的数 FA 小于 CD 本身，并设用 AF 量 CD 得到 DG，剩下的数 GC 小于 AF 本身。又设用 GC 量 AF 得到 FH，剩下一单位 HA。

事实上，由于 E 量尽 CD，CD 量尽 BF，E 因此也量尽 BF。[1] 且 E 也量尽整个 BA，所以，E 也量尽剩下的 AF。[2] 而 AF 量尽 DG，因此，E 也量尽 DG。且 E 也量尽整个 DC，于是，E 也量尽剩下的 CG。而 CG 量尽 FH，因此，E 也量尽 FH。且 E 也量尽整个 FA，于是，E 也量尽剩下的单位 AH。尽管 E 是一个数。而这是不可能的。因此，没有一个数可以量尽 AB 与 CD。所以，AB 与 CD 互素。这就是需要证明的。

命题 2

给定两个不互素的数，求它们的最大公度。

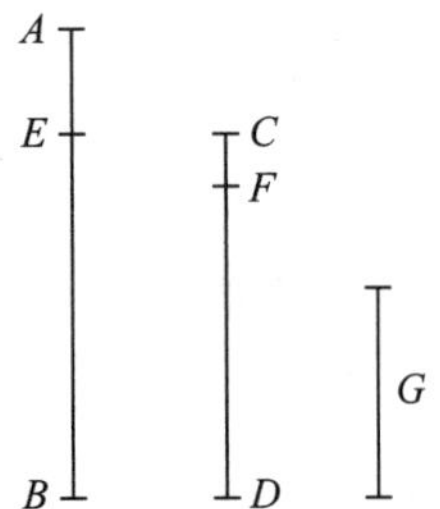

设 AB 与 CD 是给定的两个不互素的数。故待求的是 AB 与 CD 的最大公度。

事实上，若 CD 量尽 AB，则 CD 就是 CD 与 AB 的一个公度，由于 CD 也量尽其本身。且很显然，它也是最大公度。因为没有一个大于 CD 的数可以量尽 CD。

但若 CD 量不尽 AB，则由 AB 与 CD 会剩下某个数，从较大者不断减去较小者直到前者更小，然后反过来继续，最后有某个数会量尽它前面的数。因为留下的不会是一单位。否则 AB 与 CD 就是互素的[命题Ⅶ.1]。而这与假设相左。因此，剩下的是量尽它前面的余数的某个数。现在，设 CD 量度 BE 剩下的 EA 小于 CD 本身，又设 EA 量度 DF 剩下的 CF 小于 EA 本身，CF 量尽 AE，因此，由于 CF 量尽 AE，AE 量尽 DF，CF 也量尽 DF。而它也量尽其自身。因此，它量尽整个 CD。然而 CD 量尽 BE，因此 CF 也量尽 BE。它也量尽 EA。所以它也量尽整个 BA。而它也量尽 CD。因此 CF 量尽 AB 与

① 这里用到了未陈述的公理，若 a 量尽 b 及 b 量尽 c，则 a 也量尽 c，这里的所有符号记数字。

② 这里用到了未陈述的公理，若 a 量尽 b 及 a 量尽 b 的一部分，则 a 也量尽 b 的剩余部分，这里的所有符号记数字。

CD。于是，CF 是 AB 与 CD 的一个公度量。我说它也是最大公度量。因为若 CF 不是 AB 与 CD 的最大公度量，则必有大于 CF 的某个数量尽 AB 与 CD，设它是 G。由于 G 量尽 CD，CD 量尽 BE，G 因此也量尽 BE。它也量尽整个 BA。因此，它也量尽剩下的 AE。又因 AE 量尽 DF，所以 G 也量尽 DF。同时 G 也量尽整个 CD，因此，它也量尽剩下的 CF。于是较大数量尽较小数，而这是不可能的。因此，没有一个大于 CF 的数可以量尽数 AB 与 CD。因此，CF 是 AB 与 CD 的最大公度。这就是需要证明的。

推　　论

由此显然可知，若一个数量尽两个数，则它也量尽这两个数的最大公度。这就是需要证明的。

命题 3

求三个不互素的数的最大公度。

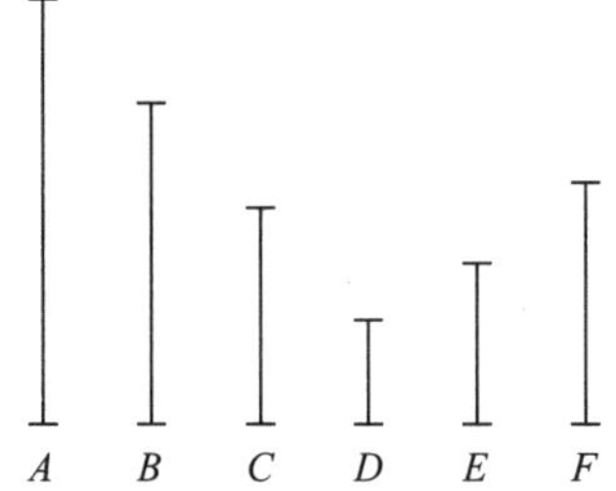

设 A，B，C 是给出的三个不互素的数，故待求的是 A，B，C 的最大公度。

先设 D 是 A，B 的最大公度[命题Ⅶ.2]，则 D 或者量尽，或者量不尽 C。首先设它量尽 C。且它也量尽 A 与 B。因此 D 量尽 A，B，C，于是，D 是 A，B，C 的一个公度。我说它也是最大公度。因为若 D 不是 A，B，C 的最大公度，则必有大于 D 的某数量尽 A，B，C。设它为 E。既然 E 量尽 A，B，C，则它也量尽 A，B。此外，它也量尽 A，B 的最大公度[命题Ⅶ.2推论]。而 D 是 A，B 的最大公度，因此 E 量尽 D，即较大数量尽较小数，而这是不可能的。因此，不可能有大于 D 的数量尽 A，B，C，所以，D 是 A，B，C 的最大公度。

再设 D 量不尽 C。我说，首先，C 与 D 并不互素。其理由如下。由于 A，B，C 不互素，必有某数量尽它们。量尽 A，B，C 的数也量尽 A，B。且它也量尽 A，B 的最大公度 D[命题Ⅶ.2推论]。它也量尽 C，因此，某个数量尽数 D 与 C。所以，D 与 C 不互素。因此，设取它们的最大公度 E[命题Ⅶ.2]。由于 E 量尽 D，而 D 量尽 A，B，E 因此也量尽 A，B。它也量尽 C，因此，E 量尽 A，B，C，所以，E 是 A，B，C 的公度。我说它也是最大公度。其理由如下。若 E 不是 A，B，C 的最大公度，则必有大于 E 的某数量尽 A，B，C，设它是 F。由于 F 量尽 A，B，C，它也量尽 A，B。因此它也量尽 A，B 的最大公度[命题Ⅶ.2推论]。然而，D 是 A，B 的最大公度，因此，F 量尽 D。而 F 也量尽 C。于是，F 量尽 D，C。所以，它也量尽 D，C 的最大公度[命题Ⅶ.2推论]。而 E 是 D，C 的最大公度，于是，较大数量尽较小数，而这是不可能的。因此，不可能有一个大于

E 的数量尽 A，B，C。所以，E 是 A，B，C 的最大公度。这就是需要证明的。

命题 4

任意较小数或者是任意较大数的一部分或者是它的几部分。

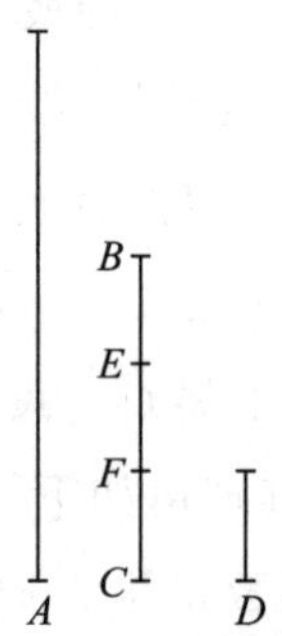

设 A 与 BC 是两个数，且 BC 较小，我说 BC 或者是 A 的一部分或者是 A 的几部分。

其理由如下。A 与 BC 或者互素，或者不互素。首先设 A 与 BC 互素。分 BC 为它的组成单位，BC 中的每个单位是 A 的一部分，则 BC 是 A 的几部分。

其次，设 A 与 BC 不互素，则 BC 或者量尽，或者量不尽 A。因此，若 BC 量尽 A，则 BC 是 A 的一部分。若 BC 量不尽 A，设 A 与 BC 的最大公度为 D[命题Ⅶ.2]，并把 BC 分为等于 D 的 BE，EF，FC。由于 D 量尽 A，D 是 A 的一部分。而 D 等于 BE，EF，FC 的每一个。因此，BE，EF，FC 每个也都是 A 的一部分。因而，BC 是 A 的几部分。

这样，任意较小数或者是任意较大数的一部分或者是它的几部分。这就是需要证明的。

命题 5[①]

若一数是一数的一部分，另一数是另一数的相同部分，则两个前数之和也是两个后数之和的一部分，并与一数是一数的一部分相同。

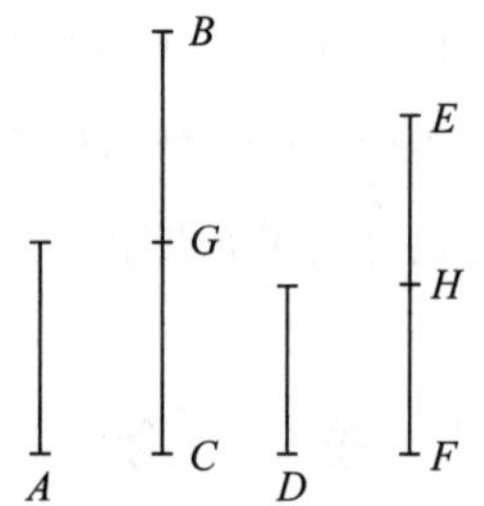

设数 A 是数 BC 的一部分，另一数 D 是另一数 EF 的一部分，我说 A 与 D 之和也是 BC 与 EF 之和的一部分，与 A 是 BC 的一部分相同。

其理由如下。由于无论 A 是 BC 怎样的一部分，D 也是 EF 相同的一部分，因此，在 BC 中有多少个 A，在 EF 中就有多少个 D。把 BC 分为等于 A 的 BG 与 GC，又把 EF 分为等于 D 的数 EH 与 HF。故分段 BG 与 GC 的个数等于分段 EH 与 HF 的个数。由于 BG 等于 A，以及 EH 等于 D，因此 BG，EH 之和也等于 A，D 之和。同理，GC，HF 之和也等于 A，D 之和。因此，A 是 BC 怎样的一部分，A 与

① 采用现代记法，本命题陈述的是：若 $a=(1/n)b$ 及 $c=(1/n)d$，则 $(a+c)=(1/n)(b+d)$，其中所有符号均记数字。

D 之和也是 BC 与 EF 之和相同的一部分。这就是需要证明的。

命题 6[①]

若一数是一数的几部分，另一数是另一数相同的几部分，则前数之和也是后数之和相同的几部分。

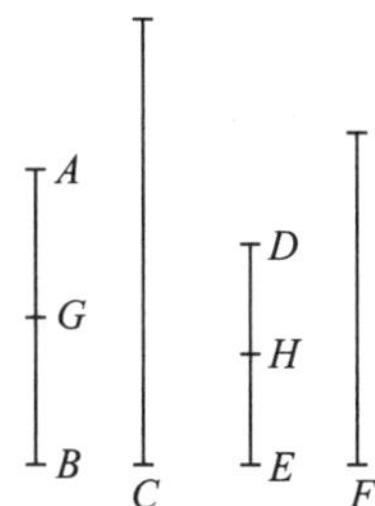

设数 AB 是数 C 的几部分，另一数 DE 也是另一数 F 相同的几部分。我说 AB 与 DE 之和也是 C 与 F 之和相同的几部分，与 AB 是 C 的几部分相同。

其理由如下。无论 AB 是 C 的多少部分，DE 也是 F 相同部分，因此，AB 中有 C 的多少部分，DE 中也有 F 的多少部分。把 AB 分为等于 C 的几部分 AG 与 GB。把 DE 分为等于 F 的几部分 DH 与 HE。则分段 AG 与 GB 的个数等于分段 DH 与 HE 的个数。又由于无论 DH 是 F 的多少部分，AG 是 C 的相同部分，因此 AG 与 DH 之和也是 C 与 F 之和的相同部分[命题Ⅶ.5]。同理，无论 GB 是 C 的多少部分，GB 与 HE 之和也是 C 与 F 之和的相同部分。因此，无论 AB 是 C 的多少部分，AB 与 DE 之和也是 C 与 F 之和的相同部分。这就是需要证明的。

命题 7[②]

若一数是一数的一部分，减数是减数相同的一部分，则余数也是余数相同的一部分，与整个数是整个数的一部分相同。

A　E　B

G　C　F　D

设数 AB 是数 CD 的一部分，减数 AE 是减数 CF 的一部分。我说余数 EB 也是余数 FD 相同的一部分，与整个 AB 是整个 CD 的一部分相同。

其理由如下。无论 AE 是 CF 怎样的一部分，设 EB 也是 CG 相同的一部分。且由于无论 AE 是 CF 怎样的一部分，EB 也是 CG 相同的一部分，于是，无论 AE 是 CF 怎样的一部分，AB 也是 GF 相同的一部分[命题Ⅶ.5]。且无论 AE 是 CF 怎样的一部分，AB 也被假设为 CD 的相同的一部分。因此也有，无论 AB 是 GF 怎样的一部分，AB 也是 CD 相同的一部分。于是，GF 等于 CD。设从二者各减去 CF。于是，余数 GC 等于余数 FD。又因为无论 AE 是 CF 怎样的一部分，EB 也是 GC 相同的一部分，且 GC 等于 FD，于是，无论 AE 是 CF 怎样的一部分，EB 也是 FD

---

① 采用现代记法，本命题陈述的是：若 $a=(m/n)b$ 及 $c=(m/n)d$，则 $(a+c)=(m/n)(b+d)$，其中所有符号均记数字。

② 采用现代记法，本命题陈述的是：若 $a=(1/n)b$ 及 $c=(1/n)d$，则 $(a-c)=(1/n)(b-d)$，其中所有符号均记数字。

相同的一部分。但是，无论 AE 是 CF 怎样的一部分，AB 也是 CD 相同的一部分。因此，余数 EB 也是余数 FD 相同的一部分，与整个 AB 是整个 CD 的一部分相同。这就是需要证明的。

（注：为方便读者阅读，译者将第 151 页图复制到此处。）

命题 8[①]

若一数是一数的几部分，减数是减数相同的几部分，则余数是余数相同的几部分，与整个数是整个数的几部分相同。

设数 AB 是数 CD 的几部分，减数 AE 是减数 CF 相同的几部分。我说余数 EB 也是余数 FD 相同的几部分，与整个 AB 是整个 CD 的几部分相同。

其理由如下。作 GH 等于 AB。于是，无论 GH 是 CD 怎样的几部分，AE 也是 CF 相同的几部分。分 GH 为 CD 的几部分，即 GK 与 KH，分 AE 为 CF 的几部分，即 AL 与 LE。由于无论 GK 是 CD 怎样的几部分，AL 也是 CF 相同的几部分。且 CD 大于 CF，GK 因此也大于 AL。作 GM 等于 AL。于是，无论 GK 是 CD 怎样的几部分，GM 也是 CF 相同的几部分。因此，余数 MK 也是余数 FD 相同的几部分，与整个 GK 是整个 CD 的几部分相同［命题Ⅶ.7］。再者，由于无论 KH 是 CD 怎样的几部分，EL 也是 CF 相同的几部分。而 CD 大于 CF，HK 因此也大于 EL。作 KN 等于 EL。于是，无论 KH 是 CD 怎样的几部分，KN 也是 CF 相同的几部分。因此，余数 NH 也是余数 FD 相同的几部分。与整个 KH 是整个 CD 的几部分相同［命题Ⅶ.7］。而余数 MK 也已被证明是余数 FD 相同的几部分，与整个 GK 是整个 CD 的几部分相同。因此，MK 与 NH 之和是 DF 相同的几部分，与整个 HG 是整个 CD 的几部分相同。并且 MK 与 NH 之和等于 EB，且 HG 等于 BA，因此，余数 EB 也是余数 FD 相同的几部分，与整个 AB 是整个 CD 的几部分相同。这就是需要证明的。

命题 9[②]

若一数是一数的一部分，另一数是另一数相同的一部分，则由更比例，无论第一数是第三数怎样的一部分或几部分，第二数也是第四数相同的一部分或几部分。

---

① 采用现代记法，本命题陈述的是：若 $a=(m/n)b$ 及 $c=(m/n)d$，则 $(a-c)=(m/n)(b-d)$，其中所有符号均记数字。

② 采用现代记法，本命题陈述的是：若 $a-(1/n)b$ 及 $c=(1/n)d$，则若 $a=(k/l)c$，那么 $b=(k/l)d$，其中所有符号均记数字。

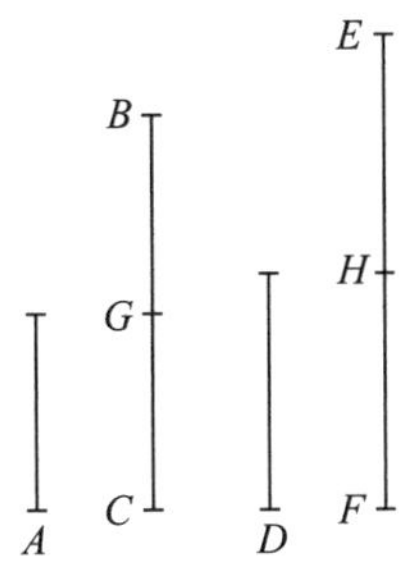

设数 A 是数 BC 的一部分，另一数 D 是另一数 EF 相同的一部分，与 A 是 BC 的一部分相同。我说由更比例也有，无论 A 是 D 怎样的一部分或几部分，BC 也是 EF 相同的一部分或几部分。

其理由如下。由于无论 A 是 BC 怎样的一部分或几部分，D 也是 EF 相同的一部分或几部分，因此在 BC 中有多少个等于 A 的数，EF 中也有多少个等于 D 的数。设 BC 被分为等于 A 的 BG 与 GC，EF 被分为等于 D 的 EH 与 HF，于是分段 BG，GC 的个数等于分段 EH，HF 的个数。

且由于数 BG 与 GC 彼此相等，数 EH 与 HF 也彼此相等，而分段 BG，GC 的个数等于分段 EH，HF 的个数，因此，无论 BG 是 EH 怎样的一部分或几部分，GC 也是 HF 相同的一部分或几部分。因而，无论 BG 是 EH 怎样的一部分或几部分，总和 BC 也是总和 EF 相同的一部分或几部分[命题Ⅶ.5，命题Ⅶ.6]。且 BG 等于 A，EH 等于 D。因此，无论 A 是 D 怎样的一部分或几部分，BC 也是 EF 相同的一部分或几部分。这就是需要证明的。

命题 10[①]

若一数是一数的几部分，另一数是另一数相同的几部分，则由更比例，无论第一数是第三数怎样的几部分或一部分，第二数也是第四数相同的几部分或一部分。

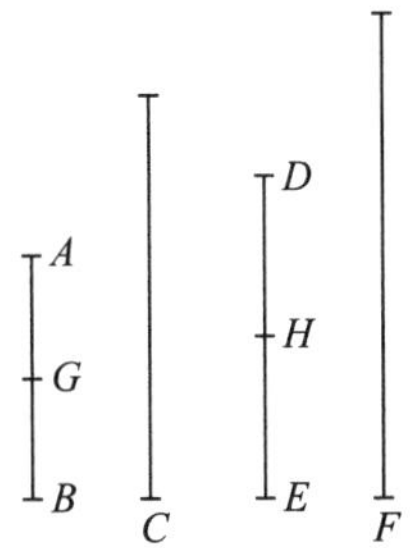

设一数 AB 是一数 C 的几部分，另一数 DE 是另一数 F 相同的几部分。我说由更比例也有，无论 AB 是 DE 怎样的几部分或一部分，C 也是 F 相同的几部分或一部分。

其理由如下。由于无论 AB 是 C 的几部分，DE 也是 F 相同的几部分，于是，AB 中有多少个 C 的部分，即 AG 与 GB，DE 中也有多少个 F 的部分，即 DH 与 EH。故分段 AG 与 GB 的个数等于分段 DH 与 HE 的个数。且因为无论 AG 是 C 怎样的部分，DH 也是 F 相同的部分，也由更比例，无论 AG 是 DH 怎样的一部分或几部分，C 也是 F 相同的一部分或几部分[命题Ⅶ.9]。同理，无论 GB 是 HE 怎

① 采用现代记法，本命题陈述的是：若 $a=(m/n)b$ 及 $c=(m/n)d$ 则若 $a=(k/l)c$，那么 $b=(k/l)d$，其中所有符号均记数字。

样的一部分或几部分，C 也是 F 相同的一部分或几部分[命题Ⅶ.9]。故无论 AG 是 DH 怎样的一部分或几部分，AB 也是 DE 相同的一部分或几部分[命题Ⅶ.5，命题Ⅶ.6]。但是，无论 AG 是 DH 怎样的一部分或几部分，C 也已被证明是 F 相同的一部分或几部分。且因此，无论 AB 是 DE 怎样的一部分或几部分，C 也是 F 相同的一部分或几部分。这就是需要证明的。

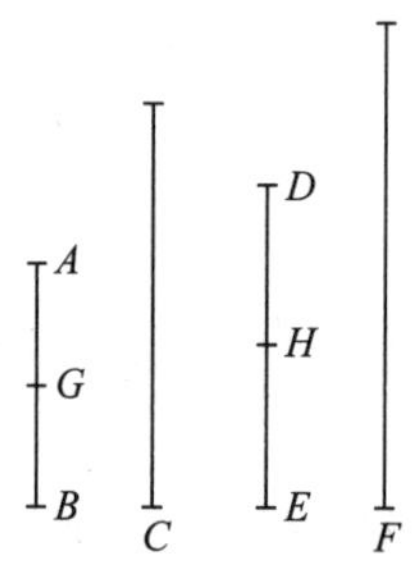

（注：为方便读者阅读，译者将第 153 页图复制到此处。）

命题 11

若整个数比整个数如同减数比减数，则余数比余数也如同整个数比整个数。

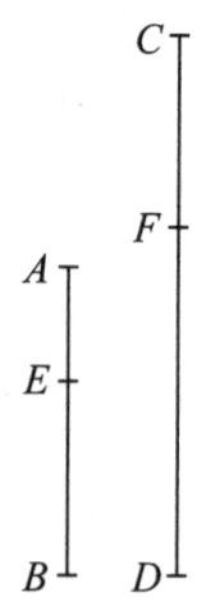

设整个数 AB 比整个数 CD 如同减数 AE 比减数 CF。我说余数 EB 比余数 FD 等于整个 AB 比整个 CD。

由于 AB 比 CD 如同 AE 比 CF，则无论 AB 是 CD 怎样的一部分或几部分，AE 也是 CF 相同的一部分或几部分[定义Ⅶ.20]。因此，余数 EB 也是余数 FD 相同的一部分或几部分，如同 AB 是 CD 的[命题Ⅶ.7，命题Ⅶ.8]。这样，EB 比 FD 如同 AB 比 CD[定义Ⅶ.20]。这就是需要证明的。

命题 12[①]

若任意多个数成比例，则前数之一比后数之一，如同所有前数之和比所有后数之和。

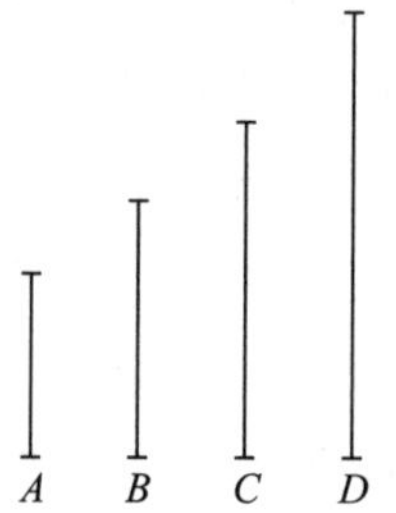

设任意多个数 A，B，C，D 成比例，即 A 比 B 如同 C 比 D。我说 A 比 B 如同 A，C 之和比 B，D 之和。

其理由如下。由于 A 比 B 如同 C 比 D，因此，无论 A 是 B 怎样的一部分或几部分，C 也是 D 相同的一部分或几部分[定义Ⅶ.20]。因此，A，C 之和也是 B，D 之和相同的一部分或几部分，如同 A 是 B 的[命题Ⅶ.5，命题Ⅶ.6]。因此，A 比 B 如同 A，C 之和比 B，D 之和[定义Ⅶ.20]。这就是需要证明的。

---

① 采用现代记法，本命题陈述的是：若 $a:b=c:d$，则 $a:b=a+c:b+d$，其中所有符号均记数字。

命题 13[①]

若四个数成比例，则它们也成更比例。

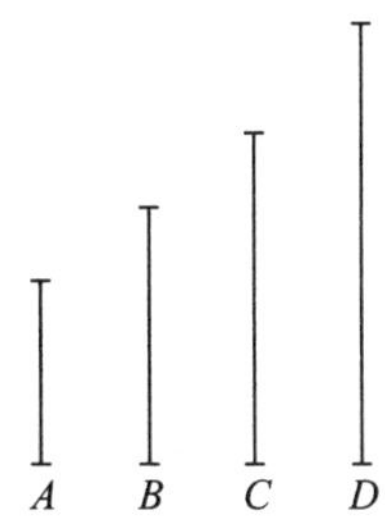

设四个数 A，B，C，D 成比例，即 A 比 B 如同 C 比 D，我说它们的更比例也成立，即 A 比 C 如同 B 比 D。

由于 A 比 B 如同 C 比 D，因此，无论 A 是 B 怎样的一部分或几部分，C 也是 D 相同的一部分或几部分[定义Ⅶ.20]。所以，由更比例，无论 A 是 C 怎样的一部分或几部分，B 也是 D 相同的一部分或几部分[命题Ⅶ.9，命题Ⅶ.10]。因此，A 比 C 如同 B 比 D[定义Ⅶ.20]。这就是需要证明的。

命题 14[②]

若有任意多个数，并有个数相等的其他数，且后者中各数的两两之比与前者的相同，则它们也有首末比例成立。

设有任意多个数 A，B，C，以及个数相等的其他数 D，E，F，且每组中各数的两两之比相同，即 A 比 B 如同 D 比 E，以及 B 比 C 如同 E 比 F。我说由首末比例也有，A 比 C 如同 D 比 F。

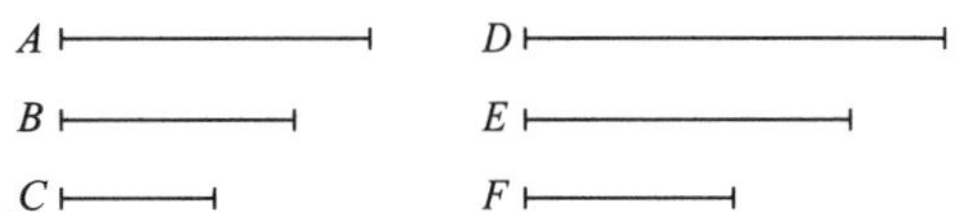

其理由如下。由于 A 比 B 如同 D 比 E，因此由更比例有，A 比 D 如同 B 比 E[命题Ⅶ.13]。再者，由于 B 比 C 如同 E 比 F，因此由更比例有，B 比 E 如同 C 比 F[命题Ⅶ.13]。且 B 比 E 如同 A 比 D，因此也有，A 比 D 如同 C 比 F。所以由更比例有，A 比 C 如同 D 比 F[命题Ⅶ.13]。这就是需要证明的。

命题 15[③]

若一单位量尽某数的次数与另一数量尽其他某数的次数相同，于是由更比例也有，该单位量尽第三数的次数与第二数量尽第四数的次数相同。

设一单位 A 量尽数 BC 的次数，与另一数 D 量尽其他数 EF 的次数相同。我说由更比例，单位 A 量尽 D 的次数与 BC

① 采用现代记法，本命题陈述的是：若 $a:b=c:d$，则 $a:c=b:d$，其中所有符号均记数字。

② 采用现代记法，本命题陈述的是：若 $a:b=d:e$ 及 $b:c=e:f$，则 $a:c=d:f$，其中所有符号均记数字。

③ 本命题是命题Ⅶ.9的一种特殊情况。

量尽 EF 的次数相同。

(注:为方便读者阅读,译者将第155页图复制到此处。)

其理由如下。设单位 A 量尽 BC 与 D 量尽 EF 的次数相同,因此,BC 中有多少个单位,EF 中就有多少个等于 D 的数。设把 BC 分为其组成单位 BG,GH,HC,又把 EF 分为分段 EK,KL,LF。故单位 BG,GH,HC 的个数等于分段 EK,KL,LF 的个数。且由于各单位 BG,GH,HC 彼此相等,数 EK,KL,LF 也彼此相等,单位 BG,GH,HC 的个数等于数 EK,KL,LF 的个数。因此,单位 BG 比数 EK 如同单位 GH 比数 KL,也如同单位 HC 比数 LF。然而,前项之一比后项之一如同所有前项之和比所有后项之和[命题Ⅶ.12]。所以,单位 BG 比数 EK 如同 BC 比 EF。而单位 BG 等于单位 A,数 EK 等于数 D。因此,单位 A 比数 D 如同 BC 比 EF。所以,单位 A 量尽 D 的次数与 BC 量尽 EF 的次数相同[定义Ⅶ.20]。这就是需要证明的。

命题 16[①]

若两个数彼此相乘得到两个数,则所得两个数彼此相等。

设 A 与 B 是两个数,A 乘 B 得到 C,B 乘 A 得到 D。我说 C 等于 D。

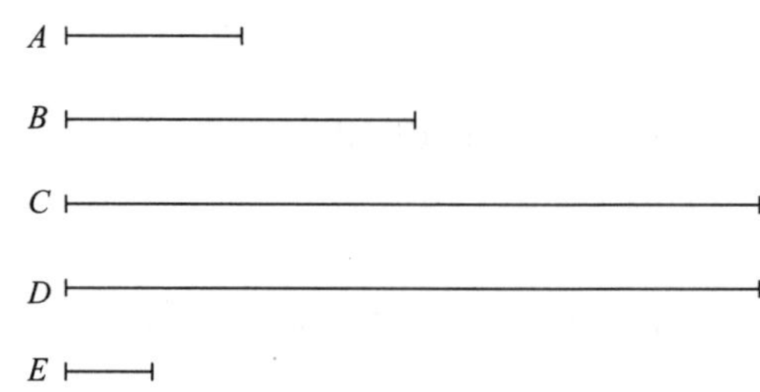

其理由如下。由于 A 乘 B 得到 C,B 因此按照 A 中的单位数量尽 C[定义Ⅶ.15],而单位 E 按照 A 中的单位数量尽 A。因此,单位 E 量尽 A 的次数与 B 量尽 C 的次数相同。由更比例,单位 E 量尽 B 的次数与 A 量尽 C 的次数相同[命题Ⅶ.15]。再者,由于 B 乘 A 得到 D,A 因此按照 B 中的单位数量尽 D[定义Ⅶ.15]。且单位 E 按其中的单位数量尽 B。因此,单位 E 量尽数 B 的次数与 A 量尽 C 的次数相同。所以,A 量尽 C 与 D 每个的次数相同。于是,C 等于 D。这就是需要证明的。

命题 17[②]

若一数分别乘两个数得到两个数,则乘积之比等于两被乘数之比。

设数 A 分别乘数 B 与 C 得到 D 与 E。我说 B 比 C 如同 D 比 E。

其理由如下。由于 A 乘 B 得到 D,B 因此按照 A 中的单位数量尽 D[定义

① 采用现代记法,本命题陈述的是:$ab=ba$,其中所有符号均记数字。

② 采用现代记法,本命题陈述的是:若 $d=ab$ 及 $e=ac$,则 $d:e=b:c$,其中所有符号均记数字。

Ⅶ.15]。而一单位 F 也按照 A 中的单位数量尽它。因此,单位 F 量尽数 A 的次数与 B 量尽 D 的次数相同。所以,单位 F 比数 A 如同 B 比 D[定义Ⅶ.20]。同理,单位 F 比 A 如同 C 比 E,所以 B 比 D 如同 C 比 E,因此,由更比例,B 比 C 如同 D 比 E[命题Ⅶ.13]。这就是需要证明的。

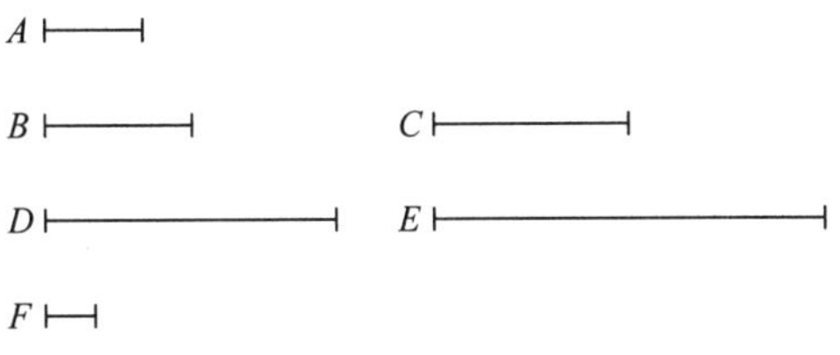

命题 18[①]

若两个数乘一数得到两个其他数,则乘积之比等于两乘数之比。

A
B
C
D
E

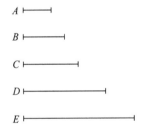

设两个数 A 与 B 乘某数 C 得到 D 与 E。我说 A 比 B 如同 D 比 E。

其理由如下。由于 A 乘 C 得到 D,C 乘 A 因此也得到 D[命题Ⅶ.16]。同理,C 乘 B 得到 E。因此,数 C 分别乘两个数 A 与 B 得到 D 与 E。所以,A 比 B 如同 D 比 E[命题Ⅶ.17]。这就是需要证明的。

命题 19[②]

若四个数成比例,则第一数与第四数相乘得到的数等于第二数与第三数相乘得到的数。反之,若第一数与第四数相乘得到的数等于第二数与第三数相乘得到的数,则这四个数成比例。

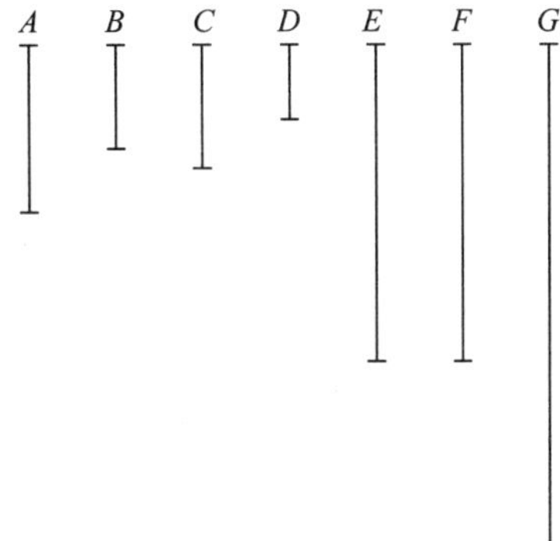

设 A,B,C,D 是四个成比例的数,即 A 比 B 如同 C 比 D,又设 A 乘 D 得到 E,B 乘 C 得到 F。我说 E 等于 F。

其理由如下。设 A 乘 C 得到 G。因此,由于 A 乘 C 得到 G,且 A 乘 D 得到 E,数 A 分别乘两个数 C 与 D 得到 G 与 E。因此,C 比 D 如同 G 比 E[命题Ⅶ.17]。但是,C 比 D 如同 A 比 B。因此也有,A 比 B 如同 G 比 E。再者,由于 A 乘 C 得到 G,但事实上,B 乘 C 也得到 F,两个数 A 与 B 分别乘 C 得到 G 与 F。因此,A 比 B 也如同 G 比 F[命题Ⅶ.18]。

① 采用现代记法,本命题陈述的是:若 $ac=d$ 及 $bc=e$,则 $a:b=d:e$,其中所有符号均记数字。

② 采用现代记法,本命题陈述的是:若 $a:b=c:d$,则 $ad=bc$,且反之亦然,其中所有符号均记数字。

但也有 A 比 B 如同 G 比 E。因此，G 比 E 如同 G 比 F。所以 G 与 E，F 每个都有相同的比，因此，E 等于 F［命题Ⅴ.9］。

再设 E 等于 F。我说 A 比 B 如同 C 比 D。

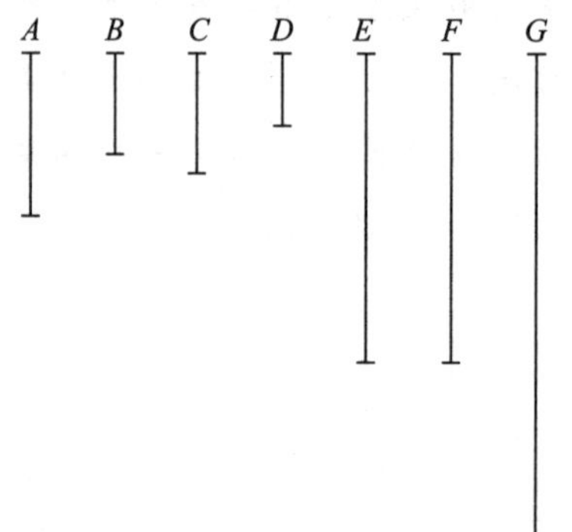

（注：为方便读者阅读，译者将第 157 页图复制到此处。）

其理由如下。按照相同的构形，由于 E 等于 F，因此 G 比 E 如同 G 比 F［命题Ⅴ.7］。但是，G 比 E 如同 C 比 D［命题Ⅶ.17］。且 G 比 F 如同 A 比 B［命题Ⅶ.18］。因此，A 比 B 如同 C 比 D。这就是需要证明的。

命题 20

用有相同比的数组中最小的一组量度其他时，较大数量尽较大数的次数与较小数量尽较小数的次数相同。

设 CD，EF 是与 A，B 有相同比的最小数组。我说 CD 量尽 A 的次数与 EF 量尽 B 的次数相同。

其理由如下。CD 不是 A 的几部分。设它是 A 的几部分，检验是否可能。于是，EF 是 B 的几部分与 CD 是 A 的几部分相同［定义Ⅶ.20，命题Ⅶ.13］。因此，在 CD 中有多少个 A 的部分，在 EF 中也有多少个 B 的部分。把 CD 分为 A 的几部分，即 CG 与 GD，把 EF 分为 B 的几部分，即 EH 与 HF。故分段 CG，GD 的个数等于分段 EH，HF 的个数。且由于数 CG 与 GD 彼此相等，数 EH 与 HF 也彼此相等，分段 CG，GD 的个数等于分段 EH，HF 的个数。因此，CG 比 EH 如同 GD 比 HF。所以，由于前项之一比后项之一，如同所有前项之和比所有后项之和［命题Ⅶ.12］。于是 CG 比 EH 如同 CD 比 EF。而这是不可能的。因为已假设 CD 与 EF 是那些与它们有相同比的数组中的最小者。因此，CD 不是 A 的几部分，它是 A 的一部分［命题Ⅶ.4］。且 EF 作为 B 的一部分与 CD 作为 A 的一部分相同［定义Ⅶ.20，命题Ⅶ.13］。于是，CD 量尽 A 的次数与 EF 量尽 B 的次数相同。这就是需要证明的。

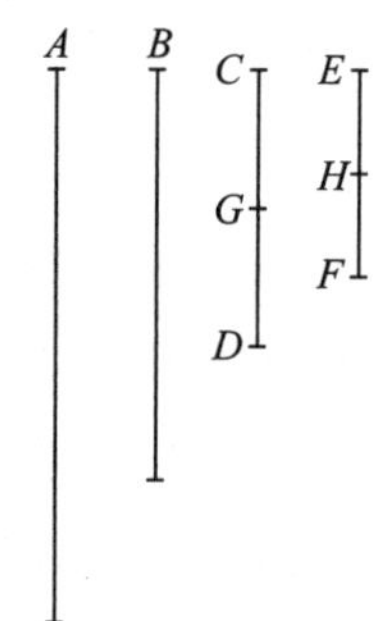

命题 21

互素的数是与之有相同比数对中的最小者。

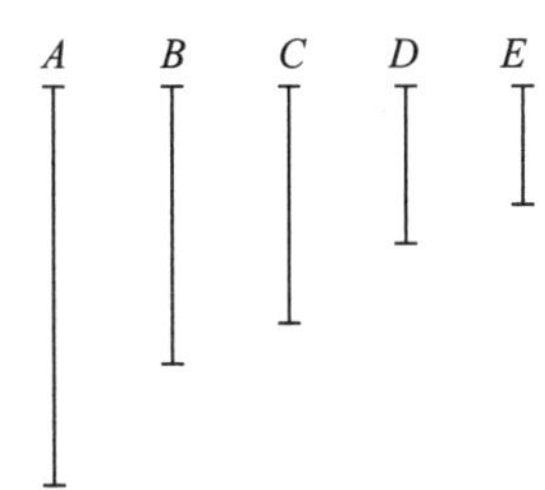

设 A 与 B 是互素的数。我说 A 与 B 是与之有相同比数对中的最小者。

其理由如下。如若不然，必定存在小于 A 与 B 的两个数，它们之比如同 A 与 B 之比，设它们是 C 与 D。

因此，由于若用具有相同比的数对中的最小者量度其他时，较大数量尽较大数的次数与较小数量尽较小数的次数相同，即前项量尽前项的次数与后项量尽后项的次数相同，因此 C 量尽 A 的次数与 D 量尽 B 的次数相同[命题Ⅶ.20]。设 C 量尽 A 的次数等于 E 中的单位数。于是 D 也按照 E 中的单位数量尽 B。且由于 C 按照 E 中的单位数量尽 A，E 因此也按照 C 中的单位数量尽 A[命题Ⅶ.16]。同理，E 也按照 D 中的单位数量尽 B[命题Ⅶ.16]。因此，E 量尽互素的 A 与 B。而这是不可能的。所以，不可能有小于 A 与 B 且其比如同 A 比 B 的任何数对。于是，A 与 B 是与之有相同比数对中的最小者。这就是需要证明的。

命题 22

有相同比的那些数组中的最小者互素。

设 A 与 B 是与它们有相同比的那些数组中的最小者。我说 A 与 B 互素。

其理由如下。若它们不互素，则有某个数 C 量尽它们。C 量尽 A 需要多少次，设 D 中就有多少个单位，C 量尽 B 需要多少次，设 E 中就有多少个单位。

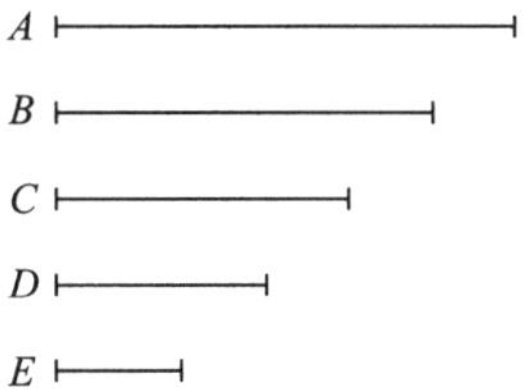

由于 C 按照 D 中的单位数量尽 A，因此 C 乘 D 得到 A[定义Ⅶ.15]。同理，C 量尽 B 按照 E 中的单位数，因此 C 乘 E 得到 B。故 C 分别与两个数 D 与 E 相乘得到 A 与 B。因此 D 比 E 如同 A 比 B[命题Ⅶ.17]。所以，D，E 如同 A，B 有相同的比，且比它们小。而这是不可能的。因此，没有一个数可以量尽数 A 与 B。故 A 与 B 是互素的。这就是需要证明的。

命题 23

若两个数互素，则量尽其中之一的数必与另一互素。

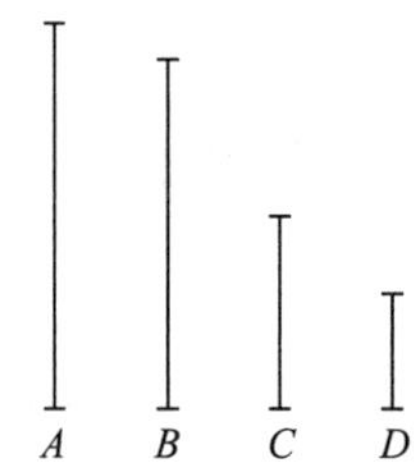

设 A 与 B 是两个互素的数，又设某数 C 量尽 A。我说 C 与 B 也互素。

其理由如下。若 C 与 B 不互素，则某数 D 量尽 C 与 B。由于 D 量尽 C，C 量尽 A，D 因此也量尽 A。又 D 也量尽 B，因此 D 量尽互素的 A 与 B。而这是不可能的。因此，不可能有一个数量尽 C 与 B。所以 C 与 B 互素。这就是需要证明的。

命题 24

若两个数与某数互素，则前两个数的乘积也与后一个数互素。

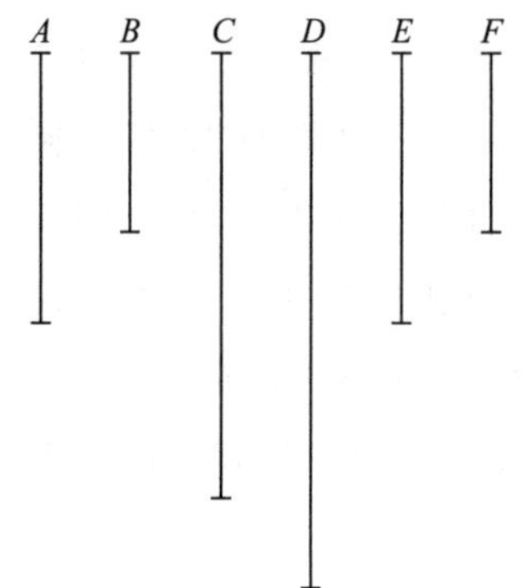

设 A 与 B 是两个数，它们都与某数 C 互素，又设 A 乘 B 得到 D。我说 C 与 D 互素。

其理由如下。若 C 与 D 不互素，则某数 E 量尽 C 与 D。但由于 C 与 A 互素，且某数 E 量尽 C。故 A 与 E 互素[命题Ⅶ.23]。E 量尽 D 需要多少次，就设在 F 中有多少个单位。因此，F 也按照 E 中单位数量尽 D[命题Ⅶ.16]。所以，E 乘 F 得到 D[定义Ⅶ.15]。但事实上，A 乘 B 得到 D，因此，E 与 F 的乘积等于 A 与 B 的乘积。且若最外两项之积等于中间两项之积，则这四个数成比例[命题Ⅶ.19]。因此，E 比 A 如同 B 比 F。且 A 与 B 互素，而互素的数对也是与之有相同比的数对中的最小者[命题Ⅶ.21]。又由于有相同比的数对中的最小数对量尽具有相同比值的数对，较大数量尽较大数的次数与较小数量尽较小数的次数相同，也就是说，前项量尽前项的次数与后项量尽后项的次数相同[命题Ⅶ.20]。因此 E 量尽 B。且它也量尽 C。于是，E 量尽互素的 B 与 C。而这是不可能的。因此，不可能有某数量尽 C 与 D。所以，C 与 D 互素。这就是需要证明的。

命题 25

若两个数互素，则其中之一的自乘积与另一互素。

设 A 与 B 是互素的两个数，A 的自乘积是 C，则 B 与 C 互素。

其理由如下。作 D 等于 A。由于 A 与 B 互素，且 A 等于 D，D 与 B 因此也互素。于是，D，A 每个都与 B 互素，所以 D 与 A 的乘积 C 也与 B 互素[命题Ⅶ.24]。因此 C 与 B 互素。这就是需要证明的。

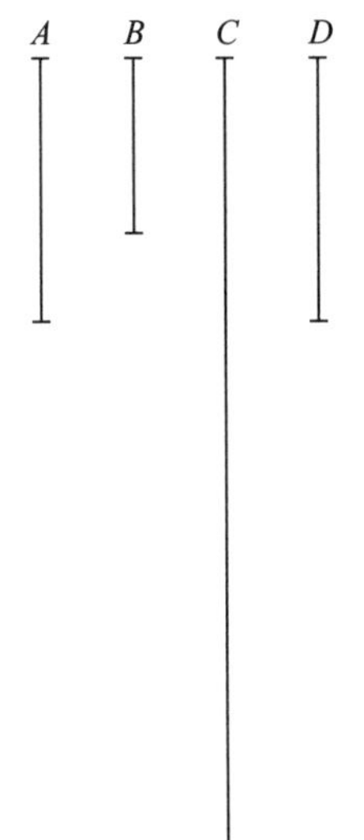

命题 26

若两个数与另外两个数每个都互素，则它们的乘积也互素。

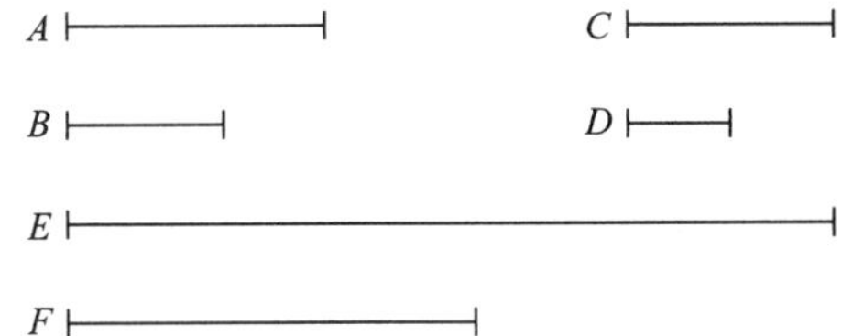

设两个数 A,B 与两个数 C,D 的每个都互素，又设 A 乘 B 得到 E，C 乘 D 得到 F，我说 E 与 F 互素。

其理由如下。由于 A 与 B 每个都与 C 互素，A 与 B 的乘积因此也与 C 互素[命题Ⅶ.24]。而 E 是 A 乘 B 得到的，因此，E 与 C 也互素。同理，E 与 D 也互素。于是，C,D 每个都与 E 互素。因此 C 与 D 的乘积也与 E 互素[命题Ⅶ.24]。而 F 是 C 与 D 的乘积。于是，E 与 F 互素。这就是需要证明的。

命题 27[①]

若两个数互素，则它们的自乘积也互素，又若原来两个数与上述自乘积分别相乘得到更多数，则它们也互素［且以此类推，直至无穷］。

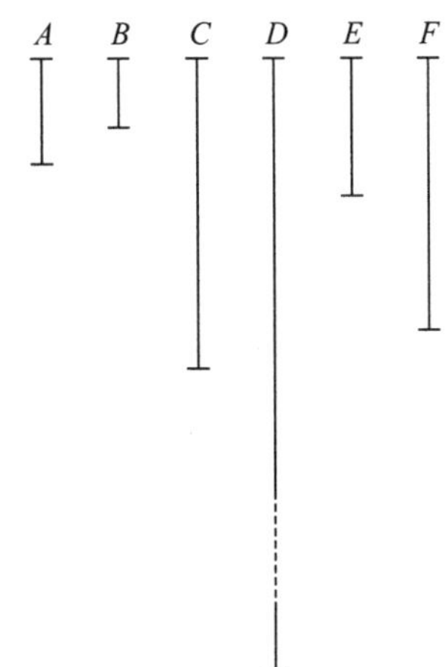

设 A 与 B 是两个互素的数，又设 A 自乘得到 C，A 乘 C 得到 D，又设 B 自乘得到 E，B 乘 E 得到 F，则 C 与 E 互素，D 与 F 互素。

其理由如下。由于 A 与 B 互素，且 A 自乘得到 C，C 与 B 因此互素[命题Ⅶ.25]。因此，由于 C 与 B 互素，且 B 自乘得到 E，因此 C 与 E 互素[命题Ⅶ.25]。再者，由于 A 与 B 互素，B 自乘得到 E，A 与 E 因此互素[命题Ⅶ.25]。所以，由于两个数 A 与 C 与两个数 B 与 E 每个都互

① 采用现代记法，本命题陈述的是：若 a 与 b 互素，则 a^2 也与 b^2 互素，以及 a^3 与 b^3 互素，等等，其中所有符号均记数字。

素，A 与 C 之积与 B 与 E 之积因此也互素[命题Ⅶ.26]。而 D 是 A 与 C 的乘积，F 是 B 与 E 的乘积。因此，D 与 F 互素。这就是需要证明的。

命题 28

若两个数互素，则其和与它们每个也互素。反过来，若两个数之和与它们中任一个互素，则原来两个数也互素。

设互素的两个数 AB 与 BC 相加。我说其和 AC 与数 AB，BC 每个都互素。

其理由如下。若 CA 与 AB 不互素，则另一数 D 量尽 CA 与 AB。因此，由于 D 量尽 CA 与 AB，它因此也量尽余数 BC。但它也量尽 BA。因此，D 量尽互素的 AB 与 BC。而这是不可能的。因此，不可能有一个数量尽 CA 与 AB 二者。所以，CA 与 AB 是互素的。同理，AC 与 CB 也是互素的。因此，CA 与 AB，BC 每个都互素。

再者，设 CA 与 AB 互素。我说 AB 与 BC 也互素。

其理由如下。若 AB 与 BC 不互素，则另一数 D 量尽 AB 与 BC。且由于 D 量尽 AB 与 BC 每个，它因此也量尽整个 AC。但是它也量尽 AB，因此，D 也量尽互素的 AC 与 AB。而这是不可能的。这就是需要证明的。

命题 29

每一个素数都与它量不尽的数互素。

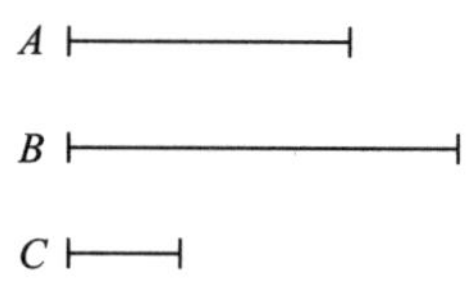

设 A 是一个素数，且它量不尽 B。我说 A 与 B 互素。

其理由如下。若 A 与 B 不互素，则有某数 C 量尽它们，由于 C 量尽 B，A 量不尽 B，C 因此与 A 不同。且由于 C 量尽 B 与 A，它因此也量尽 A，而 A 是素数，尽管与它不同。而这是不可能的。因此，不可能有一个数可以量尽 A 与 B 二者。因此，A 与 B 互素。这就是需要证明的。

命题 30

若两个数相乘得到某数，且某一素数量尽这样产生的数，则它也量尽原来两个数之一。[①]

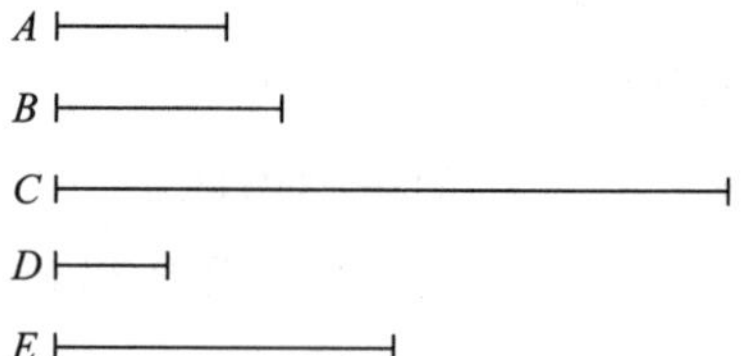

设两个数 A 与 B 相乘得到 C，又设某个素数 D 量尽 C。我说 D 量尽 A 与 B

① 也可能量尽两数。——译者注

之一。

其理由如下。设 D 量不尽 A。由于 D 是素数，因此 A 与 D 互素[命题Ⅶ.29]。D 量尽 C 需要多少次，就设 E 中有多少个单位。因此，由于 D 按照 E 中单位数量尽 C，D 乘 E 得到 C[定义Ⅶ.15]。但事实上，A 乘 B 也得到 C。因此，D 与 E 的乘积等于 A 与 B 的乘积。所以，D 比 A 如同 B 比 E[命题Ⅶ.19]。又 D 与 A 互素，而互素的两个数是有相同比的数对中最小的一对[命题Ⅶ.21]，最小数对量度那些与之有相同比的数对时，较大数量尽较大数的次数与较小数量尽较小数的次数相同，也就是说，前项量尽前项的次数与后项量尽后项的次数相同[命题Ⅶ.20]。因此 D 量尽 B。类似地，我们可以证明，若 D 量不尽 B，则它量尽 A，故 D 量尽 A 与 B 之一。这就是需要证明的。

命题 31

每个合数都被某个素数量尽。

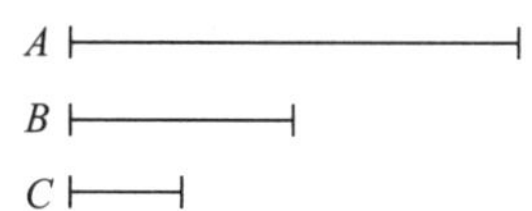

设 A 是一个合数，我说 A 被某个素数量尽。

其理由如下。由于 A 是合数，因此有某数 B 量尽它。若 B 是素数，则证明完毕，若 B 是合数，则有某数 C 量尽它。由于 C 量尽 B，且 B 量尽 A，因此 C 也量尽 A。若 C 是素数，则证明完毕，但若 C 是合数，某个数量尽它，以此类推，总会找到某个素数量尽它前面的数，而该数量尽 A。且若找不到这样的素数，则一个无穷序列中的数都量尽 A，而且其中每个数都小于它前面的数。而这对于数是不可能的。因此，最终会找到某个素数，它量尽它前面的数，即该素数也量尽 A。

因此，每个合数都可被某个素数量尽。这就是需要证明的。

命题 32

每个数或者是素数，或者被某个素数量尽。

A

设 A 是一个数。我说 A 或者是素数，或者被某个素数量尽。

事实上，若 A 是素数，则命题已成立。若 A 是合数，则必有某个素数量尽它[命题Ⅶ.31]。

因此，任一数或者是素数，或者被某个素数量尽。这就是需要证明的。

命题 33

求与任意多个给定数有相同比的数组中的最小者。

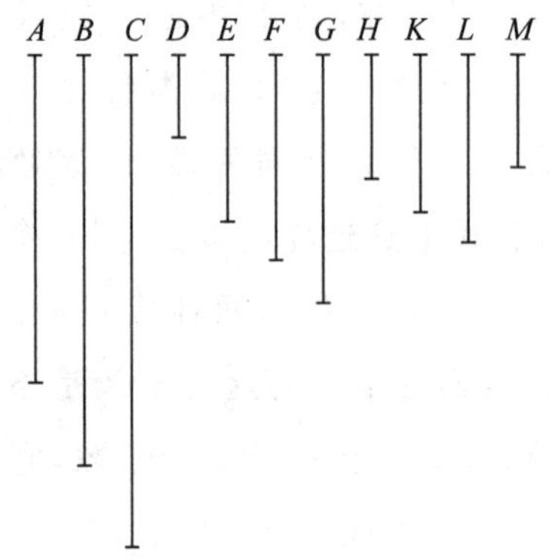

设 A,B,C 是任意给定的几个数,故要求的是找出与 A,B,C 有相同比的数组中的最小者。

其求法如下。A,B,C 或者互素或者不互素。事实上,若 A,B,C 互素,则它们就是与之有相同比的那些数组中的最小者[命题Ⅶ.21]。

如若不然,设取得 A,B,C 的最大公度 D[命题Ⅶ.3]。且 D 分别需要多少次量尽 A,B,C,就设 E,F,G 中分别有多少个单位。因此,E,F,G 分别按照 D 中的单位数量尽 A,B,C[命题Ⅶ.15]。于是,E,F,G 与 A,B,C 有相同比[定义Ⅶ.20]。我说,它们也是与 A,B,C 有相同比的那些数中的最小者。其理由如下。若 E,F,G 不是与 A,B,C 有相同比的那些数中的最小者,则有与 A,B,C 有相同比的某些数小于 E,F,G。设它们是 H,K,L。于是 H 量尽 A 的次数分别与 K,L 量尽 B,C 的次数相同。H 量尽 A 的次数是多少,就设 M 中就有多少个单位。由于 H 按照 M 中的单位数量尽 A,M 因此也按照 H 中的单位数量尽 A[命题Ⅶ.15]。同理,M 也分别按照 K,L 中的单位数量尽 B,C。因此,M 量尽 A,B 与 C。且由于 H 按照 M 中的单位数量尽 A,因此,H 乘 M 得到 A。同理,E 乘 D 也得到 A。所以,E 与 D 相乘产生的数等于 H 与 M 相乘产生的数。于是,E 比 H 如同 M 比 D[命题Ⅶ.19]。且 E 大于 H。因此,M 也大于 D[命题Ⅴ.13]。但 M 量尽 A,B,C。而这是不可能的。因为 D 已被假设为 A,B,C 的最大公度,因此,不可能有任何数组小于 E,F,G 且与 A,B,C 有相同比。因此,E,F,G 是与 A,B,C 有相同比数组中的最小者。这就是需要证明的。

命题 34

求被给定的两个数量尽的最小数。[①]

设 A 与 B 是给定的两个数,故要求的是找出被二者量尽的数中的最小者。

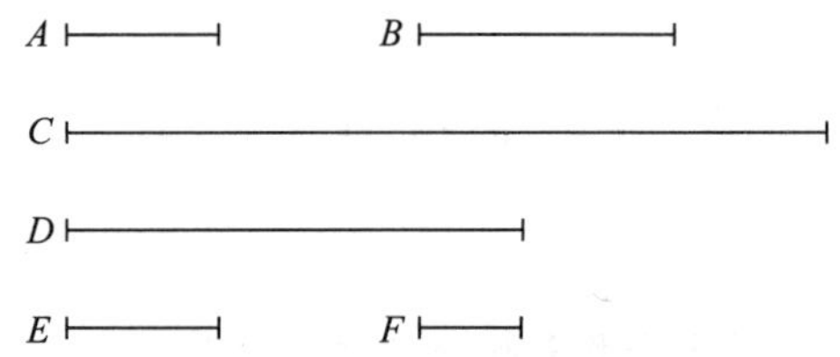

A 与 B 或者互素或者不互素。首先设它们互素,并设 A 乘 B 得到 C,因此,B 乘 A 也得到 C[命题Ⅶ.16]。于是,A 与 B 都量尽 C。故我说 C 也是被二者都量尽的最小数。因为如若不然,A 与 B 都量尽某个比 C 小的数。设它们都量尽小于 C 的 D。于是,A 量尽 D 需要多少次,就

① 即这两个数的最小公倍数。——译者注

设 E 中有多少个单位，且 B 量尽 D 需要多少次，就设 F 中有多少个单位。因此 A 乘 E 得到 D，B 乘 F 得到 D，所以，A 与 E 之乘积等于 B 与 F 之乘积，故 A 比 B 如同 F 比 E[命题Ⅶ.19]。但 A 与 B 互素，而互素的数对也是有相同比的数对中的最小者[命题Ⅶ.21]，且最小数对量度有相同比的数对时，大数量尽大数的次数与小数量尽小数的次数相同[命题Ⅶ.20]。因此，B 量尽 E，因为后项量尽后项。又由于 A 分别乘 B 与 E 得到 C 与 D，所以，B 比 E 如同 C 比 D[命题Ⅶ.17]。但 B 量尽 E，因此，C 也量尽 D，即较大者量尽较小者，而这是不可能的。因此，A 与 B 不能都量尽小于 C 的某数。所以，C 是被 A 与 B 都量尽的最小数。

然后设 A 与 B 不互素。并设 F，E 为与 A，B 有相同比的数对中的最小者[命题Ⅶ.33]。于是，A 与 E 的乘积等于 B 与 F 的乘积[命题Ⅶ.19]。又设 A 乘 E 得到 C。因此也有 B 乘 F 得到 C。于是，A 与 B 都量尽 C。我说，C 也是被二者都量尽的数中的最小数。其理由如下。如若不然，A，B 都量尽某个小于 C 的数。设它们都量尽 D(D 小于 C)。A 量尽 D 的次数，就设为 G 中单位的数目。B 量尽 D 的次数，就设为 H 中单位的数目。因此，A 乘 G 得到 D，B 乘 H 也得到 D。所以，A 比 B 如同 H 比 G[命题Ⅶ.19]。且 A 比 B 如同 F 比 E。因此也有，F 比 E 如同 H 比 G。且 F，E 为与 A，B 有相同比的数对中的最小者，而最小数对量度有相同比的数对时，较大数量尽较大数的次数与较小数量尽较小数的次数相同[命题Ⅶ.20]。因此，E 量尽 G。且由于 A 分别乘 E 与 G 得到 C 与 D，因此，E 比 G 如同 C 比 D[命题Ⅶ.17]。但 E 量尽 G。于是，C 也量尽 D。即较大数量尽较小数。而这是不可能的。因此，A 与 B 不能都量尽某个小于 C 的数。所以，C 是被 A 与 B 都量尽的数中的最小者。这就是需要证明的。

命题 35

若两个数都量尽某数，则被它们量尽的最小数也量尽该数。

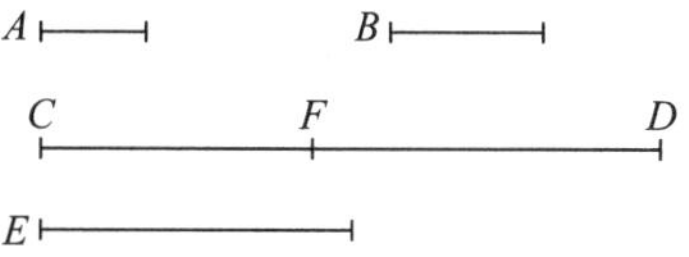

设两个数 A 与 B 都量尽某数 CD，又设 E 是被它们都量尽的最小数。我说 E 也量尽 CD。

其理由如下。若 E 量不尽 CD。设 E 量尽 DF 而剩下余数 CF 小于 E。由于 A 与 B 都量尽 E，E 量尽 DF，因此 A 与 B 都量尽 DF，且它们也量尽整个 CD。于是它们也量尽小于 E 的余数 CF。而这是不可能的。因此，E 不可能量不尽 CD，所以 E 量尽 CD。这就是需要证明的。

命题 36

求被三个给定数都量尽的最小数。

设 A,B,C 是三个给定数。故要求的是找到均被它们量尽的最小数。

设 D 是被 A 与 B 均量尽的最小数[命题Ⅶ.34]。故 C 或者量尽或者量不尽 D。首先设 C 量尽 D。且 A 与 B 也均量尽 D。因此,A,B,C 均量尽 D。故我说 D 也是被 A,B,C 均量尽的最小数。其理由如下。如若不然,A,B,C 均量尽小于 D 的某个数,设它们量尽 F(小于 E)。由于 A,B,C 均量尽 F,因此,A,B 也量尽 F。于是,被 A 与 B 均量尽的最小数也量尽 F[命题Ⅶ.35]。而 D 是被 A 与 B 均量尽的最小数,因此,D 量尽 F,即较大数量尽较小数,而这是不可能的。于是,A,B,C 不能均量尽小于 D 的某个数。因此,被 A,B,C 均量尽的最小数是 D。

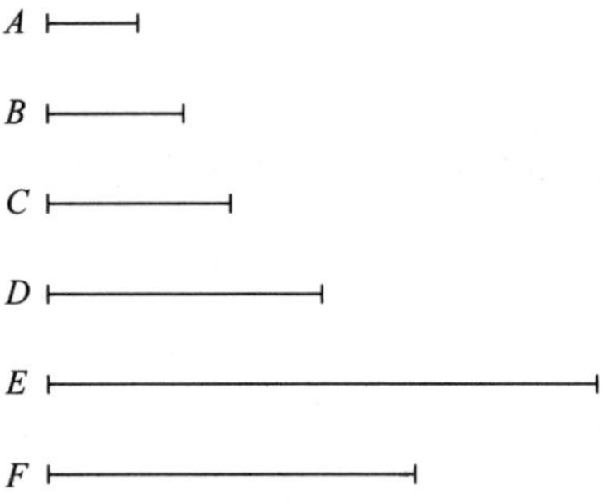

再者,设 C 量不尽 D,取 E 为 C 与 D 均量尽的最小数[命题Ⅶ.34]。由于 A 与 B 均量尽 D,且 D 量尽 E,A 与 B 因此也量尽 E,且 C 也量尽 E,所以,A,B 与 C 均量尽 E。我说 E 也是被 A,B 与 C 均量尽的最小数。其理由如下。如若不然,设 A,B 与 C 均量尽小于 E 的某数 F。由于 A,B 与 C 均量尽 F,因此 A 与 B 也均量尽 F,所以,被 A 与 B 均量尽的最小数也量尽 F[命题Ⅶ.35]。又 D 是被 A 与 B 均量尽的最小数,因此 D 量尽 F,且 C 也量尽 F,所以,D 与 C 均量尽的最小数也量尽 F[命题Ⅶ.35]。又 E 是 C 与 D 均量尽的最小数,因此 E 量尽 F,即较大数量尽较小数,而这是不可能的。因此 A,B,C 不能同时量尽某个小于 E 的数。所以,E 是 A,B,C 量尽的最小数。这就是需要证明的。

命题 37

若一数被某数量尽,则前一数的部分数与后一数同名称呼。[1]

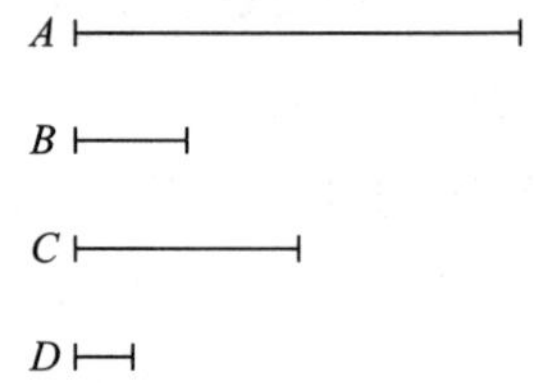

设数 A 被数 B 量尽。我说 A 的部分数与 B 同名称呼。

其理由如下。B 量尽 A 需要多少次,就设 C 中有多少个单位。由于 B 按照 C 中的单位数量尽 A,而单位 D 也按照 C 中的单位数量尽 C,单位 D 量尽数 C 的次数因此等于 B 量尽 A 的次数。所以,由更比例,单位 D 量尽数 B 的次数,如同 C 量尽 A 的次数[命题Ⅶ.15]。

于是,无论单位 D 是数 B 怎样的部分,C 也是 A 相同的部分。但单位 D 是数 B 的同名称呼部分(即 $1/B$),因而,A

[1] “同名称呼”的意义见下一命题。——译者注

的部分数 C 以 B 同名称呼(即 A 有 $1/B$ 个部分)。这就是需要证明的。

命题 38

若一个数有任一部分,则该数总是被与这部分同名称呼的数量尽。

设数 A 有任一部分 B,并设 C 与部分 B 同名称呼(即 B 是 A 的 $1/C$)。我说 C 量尽 A。

其理由如下。由于 B 是 A 的与 C 同名称呼的部分,且单位 D 也是 C 的与 C 同名称呼的部分(即 D 是 C 的 $1/C$),因此,无论单位 D 是数 C 怎样的部分,B 也是 A 相同的部分。因此单位 D 量尽 C 的次数,等于 B 量尽 A 的次数。于是,由更比例,单位 D 量尽 B 的次数与 C 量尽 A 的次数相同[命题Ⅶ.15]。因此 C 量尽 A。这就是需要证明的。

命题 39

求有给定几部分的最小数。

设 A,B,C 是给定的几部分。故要求的是找到有部分 A,B,C 的最小数(即一个 $1/A$,一个 $1/B$,与一个 $1/C$)。

设 D,E,F 分别是与 A,B,C 同名称呼的数,并设 G 是被 D,E,F 都量尽的最小数[命题Ⅶ.36]。

因此,G 有与 D,E,F 同名称呼的部分[命题Ⅶ.37]。A,B,C 分别是与 D,E,F 同名称呼的部分,因此 G 有几部分 A,B,C。我说 G 也是有几部分 A,B,C 的最小数。因为如若不然,存在小于 G 的某数 H 有几部分 A,B,C。由于 H 有几部分 A,B,C。H 因此被称呼 A,B,C 几部分的数量尽[命题Ⅶ.38]。D,E,F 分别是同名称呼 A,B,C 这几部分的数。因此,H 被 D,E,F 量尽。并且 H 小于 G。而这是不可能的。因此,不可能有一个小于 G 的数具有几部分 A,B,C。这就是需要证明的。

亚历山大图书馆想象图。

第八卷　连比例中的数①

• Book Ⅷ. Numbers in Continued Proportion •

几何学精神并不是和几何学紧紧捆在一起的，它也可以脱离几何学而转移到别的知识方面去。一部道德的、或者政治的、或者批评的著作，别的条件全都一样，如果能按照几何学者的风格来写，就会写得好些。

——丰特奈尔(B. B. Fontenelle，1657—1757)，法国哲学家

① 卷Ⅶ—Ⅸ包含的命题一般归功于毕达哥拉斯学派。

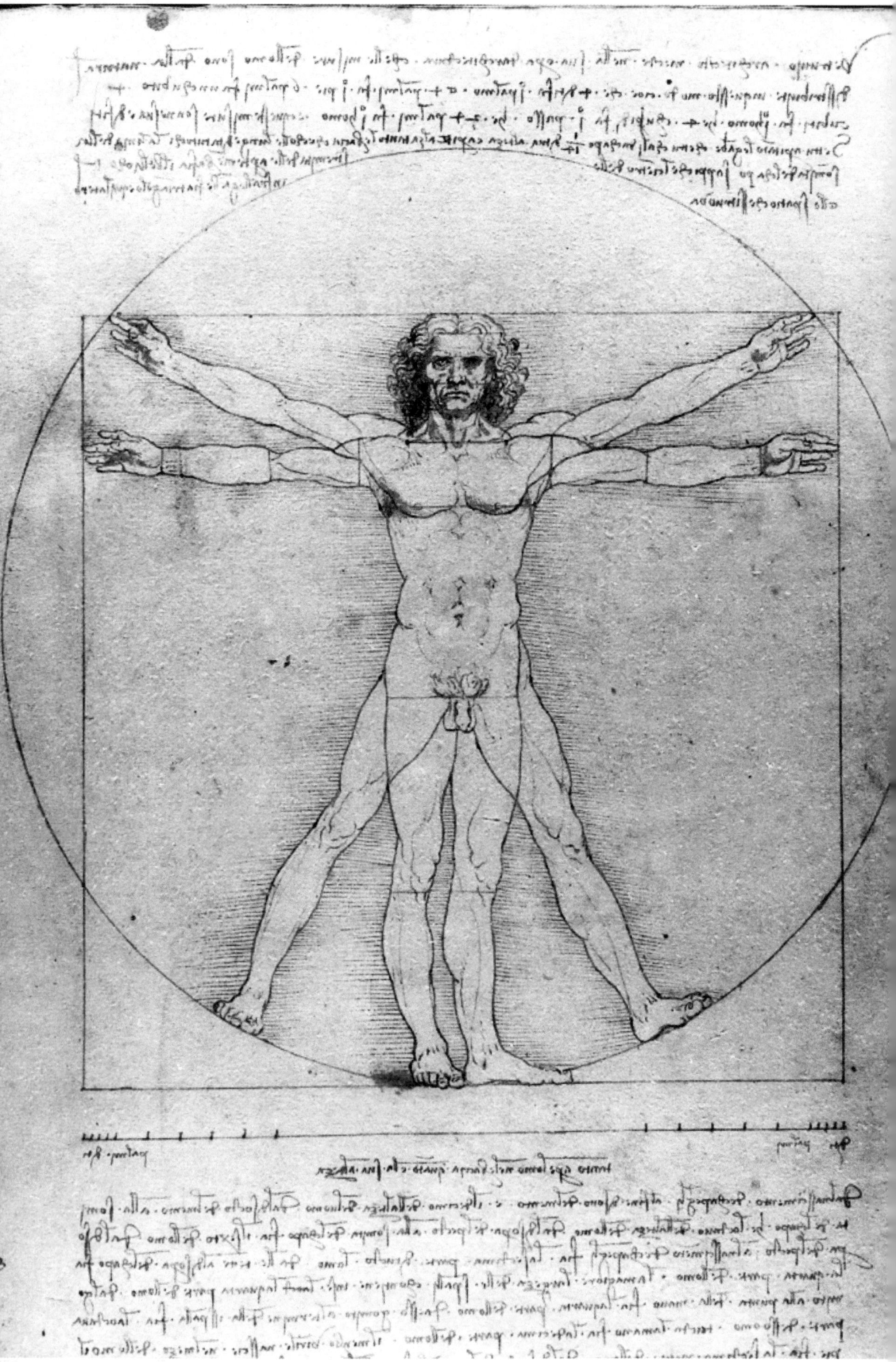

B

第八卷　内容提要

（译者编写）

第八、第九卷命题的分类见表 8.1。第九卷的内容可以看作是第八卷的继续，故放在一起叙述。

表 8.1　第八、第九卷中的命题分类

Ⅷ.1—4	A_1：成连比例的最小数组
Ⅷ.5	面数之比是其边之比的复比（单独命题）
Ⅷ.6—10	A_2：成连比例数组中数的互质和插入
Ⅷ.11—27	B_1：数字的几何学：相似面数和体数，比例中项
Ⅸ.1—6	B_2：数字的几何学：相似面数和体数，比例中项
Ⅸ.7	合数乘某个其他数得到体数（单独命题）
Ⅸ.8—13	A_3：从 1 开始的连比例数
Ⅸ.14—17	A_4：连比例中互素的数
Ⅸ.18—19	A_5：何时可对连比例数添加第三或第四个数
Ⅸ.20	存在无限多个素数（单独命题）
Ⅸ.21—34	C：偶数与奇数的理论
Ⅸ.35	A_6：比例数组之和（单独命题）
Ⅸ.36	构建一个完全数（单独命题）

这两卷中相当大的一部分（A_1—A_6，共 22 个命题）涉及连比例。这里所谓成连比例的数组 $a_0, a_1, a_2, a_3, \cdots, a_n$，其实就是一个等比级数。即 $a_0 : a_1 = a_1 : a_2 = a_2 : a_3 = \cdots$，或 $a_n = a_0 q^n$，但其各项均为自然数，故 q 只能是整数和简单的分数如 $\frac{3}{2}$，$\frac{5}{2}$ 之类。有时 $a_0 = 1$，于是 q 只能是整数。记住以上几点对理解相关的命题大有帮助。我们还对每个命题尽可能给出一个数字实例（注意它们不是唯一的），以帮助读者理解。

◀画作《维特鲁威人》。意大利文艺复兴时期著名画家、科学家、工程师达·芬奇，受古罗马建筑师维特鲁威（Vitruvius）的著作启发，在 1490 年左右，用钢笔和墨水绘制的手稿，描绘了一个裸体男子在同一位置上双手和双腿重叠展开成“十”字型和“火”字型的姿态，并分别嵌入到一个矩形和一个圆形当中。在这幅画中，达·芬奇用黄金分割法，表现了完美人体比例的理想。

另一大部分是(相似)面数和体数及比例中项(命题Ⅷ.5,B_1,B_2,命题Ⅸ.7,共25个命题),参考定义Ⅶ.16—19,21,应该不难理解。关于偶数与奇数的理论(C,14个命题),参考定义Ⅶ.6－10,也比较好懂。命题Ⅸ.20:"所有素数的集合中的素数比指定的任意多个素数更多"及其证明被誉为"数学的钻石"。

完全数是十分有趣的一类数,根据定义Ⅶ.22,"完全数等于其自身各部分之和",例如6＝1×2×3＝1＋2＋3。命题Ⅸ.36提出了构建完全数的方法。欧几里得找到了头四个完全数为6,28,496,8128,可写成$2^{n-1}\times(2^n-1)$,$n=2,3,5,7$。后世对完全数有很多研究,在此不赘述。

命题 1

若任意多个成连比例数[①]的最外项互素，则这个数组在与之有相同比数组中是最小者。

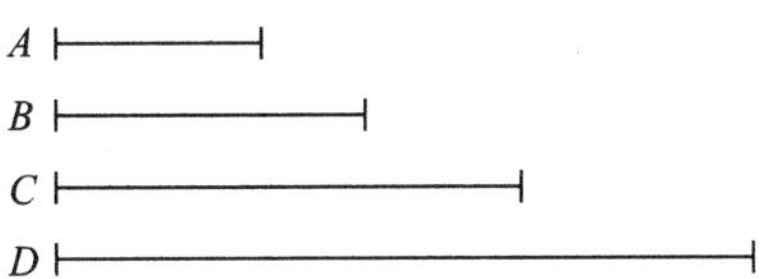

设 A,B,C,D 是成连比例的任意一组数字，又设其最外项 A 与 D 互素。我说 A,B,C,D 是与它们有相同比的数组中的最小者。

其理由如下。如若不然，设 E,F,G,H 分别小于 A,B,C,D，且与它们有相同比。由于 A,B,C,D 与 E,F,G,H 有相同比，而且 A,B,C,D 的个数等于 E,F,G,H 的个数，因此，由首末比例，A 比 D 如同 E 比 H[命题Ⅶ.14]。但 A 与 D 互素。而素数组是有相同比的数组中的最小者[命题Ⅶ.21]。最小数组量度与它们有相同比的那些数组时，较大数量尽较大数的次数与较小数量尽较小数的次数相同。也就是说，前项量尽前项的次数与后项量尽后项的次数相同[命题Ⅶ.20]。于是，A 量尽 E，即较大数量尽较小数。而这是不可能的。因此小于 A,B,C,D 的 E,F,G,H 不可能与前者有相同比。[②] 这就是需要证明的。

命题 2

找出按照给定比成连比例的指定个数的最小数组。

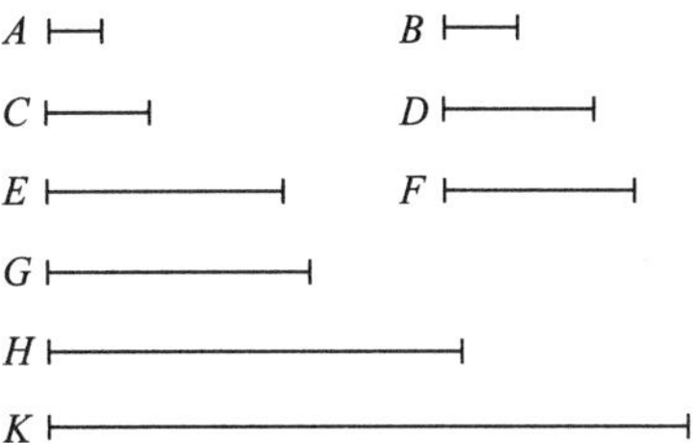

设在最小数组中的给定比为 A 比 B。故要求的是找到指定个数的按照 A 比 B 成连比例的最小数组。

设指定个数为 4，并设 A 自乘得到 C，又设它乘 B 得到 D。再设 B 自乘得到 E。又设 A 乘 C,D,E 得到 F,G,H，而 B 乘 E 得到 K。

由于 A 自乘得到 C，A 乘 B 得到 D，故 A 比 B 如同 C 比 D[命题Ⅶ.17]。再者，由于 A 乘 B 得到 D，而 B 自乘得到 E，A 与 B 分别乘 B 得到 D 与 E。因此，A 比 B 如同 D 比 E[命题Ⅶ.18]。但 A

---

① 对应的英语短语是 continuously proportional numbers。一般来说，比(ratio)是指两个或多个量之间的关系，而比例是指两个或多个比之间的关系。几个量之比应该称为连比。但在本书中，连比 $a:b:c:\cdots$ 都包含着某种比例关系，最常见的是按照给定的一个比($A:B$)，即 $a:b=b:c=\cdots$(若未加说明，便作如此理解)；或多个比($A:B,C:D,\cdots$)，即 $a:b=A:B,b:c=C:D,\cdots$(见本卷命题 4)。也就是说连比一般都包含了两个或多个比之间的关系，因此一般译为“连比例”。——译者注

② 命题Ⅷ.1 数字实例：$A,B,C,D=8,12,18,27$。——译者注

比 B 如同 C 比 D。因此 C 比 D 如同 D 比 E。且由于 A 与 C,D 相乘得到 F,G,因此,C 比 D 如同 F 比 G[命题Ⅶ.17]。但 C 比 D 也如同 A 比 B。因此,A 比 B 如同 F 比 G。再者,由于 A 与 D,E 相乘得到 G,H,因此,D 比 E 如同 G 比 H[命题Ⅶ.17]。但是,D 比 E 如同 A 比 B。且因此,A 比 B 如同 G 比 H。由于 A,B 乘 E 得到 H,K,因此,A 比 B 如同 H 比 K。但是 A 比 B 如同 F 比 G 及 G 比 H。因此,F 比 G 如同 G 比 H 及 H 比 K。于是,C,D,E 与 F,G,H,K 都按照 A 比 B 成连比例。[①] 我说它们也是有这个连比例的最小数组。

其理由如下。由于 A 与 B 是与之有相同比数组中的最小者,而有相同比的那些数组中的最小者互素[命题Ⅶ.22]。A 与 B 因此互素。而 A 与 B 分别自乘得到 C 与 E,又分别乘 C 与 E 得到 F,K。因此,C 与 E 互素及 F 与 K 互素[命题Ⅶ.27]。且若有任意多个连比例数,其最外项互素,则这个数组是与之有相同比的数组中的最小者[命题Ⅷ.1]。因此,C,D,E 与 F,G,H,K 是那些与 A,B 有相同比的连比例数组中的最小者。这就是需要证明的。

推　论

由此显然可知,若成连比例的三个数是与之有相同比的数组中的最小者,则它们的两个最外项是平方数。对四个数的类似情况,两个最外项是立方数。

命题 3

若任意个成连比例的数是与之有相同比的数组中的最小者,则它们的最外项互素。

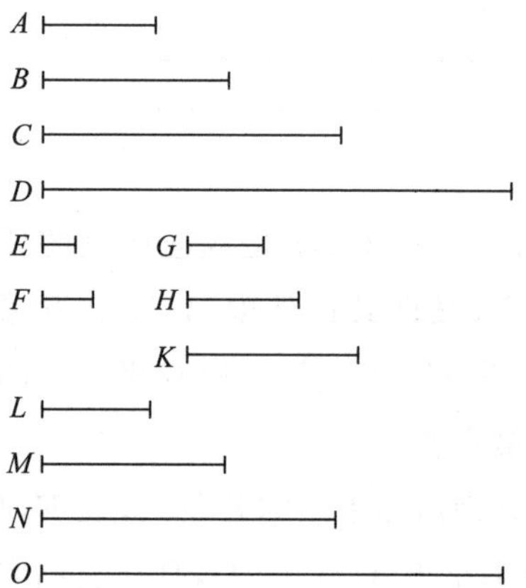

设 A,B,C,D 是任意个成连比例的数,且它们是与之有相同比的数组中的最小者,则它们的最外项 A 与 D 互素。

设取与 A,B,C,D 有相同比数组中的最小二数组 E,F[命题Ⅶ.33]。以及最小三数组 G,H,K[命题Ⅷ.2]。以此类推,每次增加一个。直至等于 A,B,C,D 的个数。设它们是 L,M,N,O。

由于 E 与 F 是与之有相同比数组中的最小者,它们互素[命题Ⅶ.22]。且由于 E,F 分别自乘得到 G,K[命题Ⅷ.2推论],又分别乘 G,K 得到 L,O[命题Ⅷ.2推论],G,K 与 L,O 因此也分别互素[命

① 命题Ⅷ.2数字实例:A,B=2,3;C,D,E=4,6,9;F,G,H,K=8,12,18,27。——译者注

题Ⅶ.27]。又由于A,B,C,D是与之有相同比数组中的最小者，而L,M,N,O也是与A,B,C,D有相同比数组中的最小者，且A,B,C,D的个数等于L,M,N,O的个数，于是A,B,C,D分别等于L,M,N,O。因此，A等于L，D等于O。但L与O互素，所以A也与D互素。[①] 这就是需要证明的。

命题 4

对最小数组中的任意多个给定比，找出按照这些给定比成连比例的最小数组。

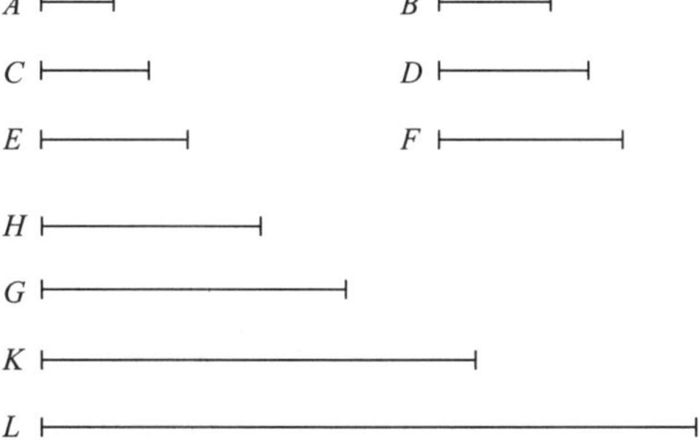

设在最小数组中给出的比是A比B，C比D与E比F。故要求的是找出按照A比B，C比D与E比F成连比例的最小数组。

设取被B与C都量尽的最小数G[命题Ⅶ.34]。B量尽G的次数是多少，就取A量尽H的次数也是多少。C量尽G的次数是多少，就取D量尽K的次数也是多少。而E或者量尽或者量不尽K。首先设E量尽K，E量尽K的次数是多少，就取F量尽L的次数也是多少。由于A量尽H的次数也是B量尽G的次数，因此A比B如同H比G[定义Ⅶ.20，命题Ⅶ.13]。同理，C比D如同G比K，E比F如同K比L。因此，H,G,K,L按照A比B，C比D与E比F成连比例。我说，它们也是按照这些比成连比例的最小数组。由于若H,G,K,L并非按照A比B，C比D与E比F成连比例的最小数组，设N,O,M,P是这样的最小数组。由于A比B如同N比O，且A与B是与之有相同比的数组中的最小者，而最小者量度那些与之有相同比的数组，较大数量尽较大数的次数与较小数量尽较小数的次数相同，也就是说，前项量尽前项的次数与后项量尽后项的次数相同[命题Ⅶ.20]。因此B量尽O。同理，C也量尽O，于是B与C都量尽O，因此，被B与C量尽的最小数也量尽O[命题Ⅶ.35]。G是被B与C都量尽的最小数，因此G量尽O，即较大数量尽较小数，而这是不可能的。因而不可能有任何比H,G,K,L更小的数组能按照A比B，C比D与E比F成连比例。[②]

---

① 命题Ⅷ.3的数字实例A,B,C,D=6,9,12,18;E,F=2,3;G,H,K=4,6,9;L,M,N,O=6,9,12,18。——译者注

② 命题Ⅷ.4第一部分数字实例：$A,B,C,D,E,F=2,3,3,4,4,5$；$H,G,K,L=6,9,12,15$。——译者注

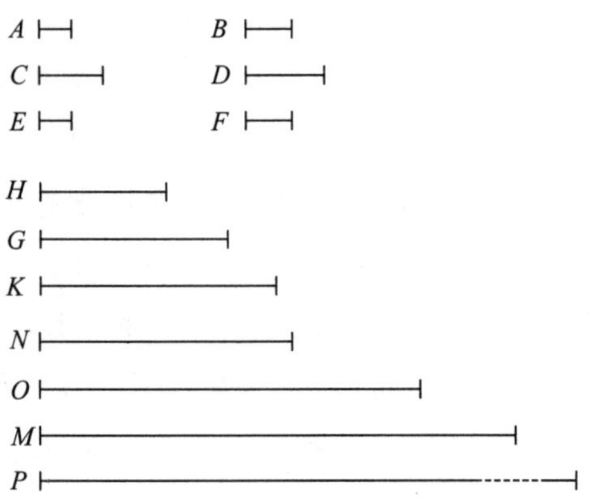

其次,[对另一组 A,B,C,D,重复以上的操作]设 E 量不尽 K。而 M 是被 E 与 K 量尽的最小数[命题Ⅶ.34]。K 量尽 M 需要多少次,就设 H,G 分别量尽 N,O 也需要多少次。且 E 量尽 M 需要多少次,就设 F 量尽 P 也需要多少次。由于 H 量尽 N 的次数与 G 量尽 O 的次数相同,因此,H 比 G 如同 N 比 O[定义Ⅶ.20,命题Ⅶ.13]。且 H 比 G 如同 A 比 B。故 A 比 B 如同 N 比 O。同理也有,C 比 D 如同 O 比 M。再者,由于 E 量尽 M 的次数与 F 量尽 P 的次数相同,因此,E 比 F 如同 M 比 P[定义Ⅶ.20,命题Ⅶ.13]。所以,N,O,M,P 是按照 A 比 B,C 比 D 与 E 比 F 成连比例的数组。[①]我说它们也是按照 A 比 B,C 比 D 与 E 比 F 成连比例的最小数组。

其理由如下。如若不然,就有某些小于 N,O,M,P 的数按照 A 比 B,C 比 D 与 E 比 F 成连比例。设它们是 Q,R,S,T。且由于 Q 比 R 如同 A 比 B,而 A 与 B 是与之有相同比数组中的最小数组,而最小数组量度与之有相同比的数组,前项量尽前项的次数与后项量尽后项的次数相同[命题Ⅶ.20],B 因此量尽 R。同理,C 也量尽 R。因此,B 与 C 都量尽 R。于是,被 B 与 C 都量尽的最小数也量尽 R[命题Ⅶ.35]。而 G 是被 B 与 C 都量尽的最小数,因此,G 量尽 R。且 G 比 R 如同 K 比 S,因此,K 也量尽 S[定义Ⅶ.20]。而 E 也量尽 S[命题Ⅶ.20],因此,E 与 K 都量尽 S。于是,被 E 与 K 都量尽的最小数也量尽 S[命题Ⅶ.35]。而 M 是被 E 与 K 都量尽的最小数,因此,M 量尽 S,较大数量尽较小数,而这是不可能的。因此,不可能有小于 N,O,M,P 的数组按照 A 比 B,C 比 D 与 E 比 F 成连比例。故 N,O,M,P 是按照 A 比 B,C 比 D 与 E 比 F 成连比例的最小数组。这就是需要证明的。

命题 5

面数之比是其边之比的复比。[②]

设 A,B 是面数,数 C,D 是 A 的边,数 E,F 是 B 的边。我说 A 比 B 是它们的边之比的复比。

对于给定的比值 C 比 E 与 D 比 F,取按照 C 比 E 与 D 比 F 成连比例的最小数组 G,H,K[命题Ⅷ.4],使得 C 比 E 如同 G 比 H,D 比 F 如同 H 比 K。并设 D 乘 E 得到 L。

① 命题Ⅷ.4 第二部分数字实例:$A,B,C,D,E,F=2,3,4,5,2,3$;$H,G,K=8,12,15$;$N,O,M,P=16,24,30,45$。——译者注

② 即相乘。

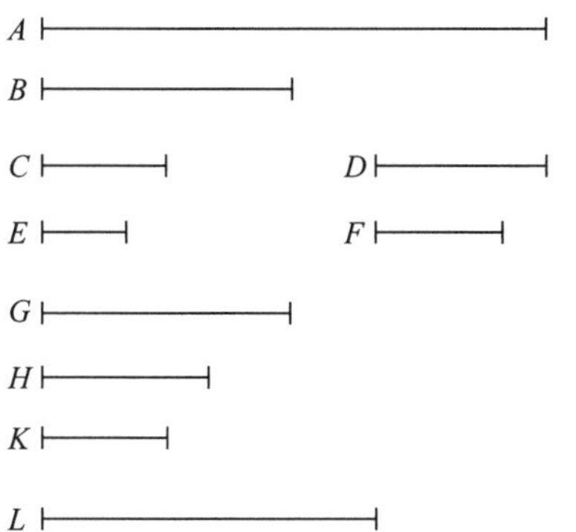

由于 D 乘 C 得到 A，D 乘 E 得到 L，因此，C 比 E 如同 A 比 L[命题Ⅶ.17]。但 C 比 E 如同 G 比 H，因此，G 比 H 如同 A 比 L。再者，由于 E 乘 D 得到 L[命题Ⅶ.16]，但事实上，E 乘 F 也得到 B，因此，D 比 F 如同 L 比 B[命题Ⅶ.17]。但是，D 比 F 如同 H 比 K，且因此，H 比 K 如同 L 比 B。并且也已证明，G 比 H 如同 A 比 L。因此，由首末比例，G 比 K 如同 A 比 B[命题Ⅶ.14]。而 G 比 K 是 A 与 B 的边之比的复比，因此 A 比 B 也是 A 与 B 的边之比的复比。① 这就是需要证明的。

命题 6

若有任意几个数成连比例，且第一数量不尽第二数，则其中任何其他数都量不尽任何其他数。

设成连比例的任意数为 A，B，C，D，E，且 A 量不尽 B。我说没有其他数可以量尽任何其他数。

现在很清楚，A，B，C，D，E 不能依次相互量尽，因为 A 甚至量不尽 B。故我说，也没有其他数可以量尽任何其他数。其理由如下。设 A 量尽 C，检验是否可能。在与 A，B，C 有相同比的数中，按照 A，B，C 的个数取相同个数的 F，G，H[命题Ⅶ.33]。由于 F，G，H 与 A，B，C 有相同比，A，B，C 的个数等于 F，G，H 的个数，因此，由首末比例，A 比 C 如同 F 比 H[命题Ⅶ.14]。又由于 A 比 B 如同 F 比 G，而 A 量不尽 B，F 也量不尽 G[定义Ⅶ.20]。因此，F 不是一单位，因为一单位量尽所有数。所以 F 与 H 是互素的[命题Ⅷ.3]。[且因此，F 也量不尽 H]。而 F 比 H 如同 A 比 C。所以 A 也量不尽 C[定义Ⅶ.20]。类似地，我们可以证明，也没有其他数可以量尽任何其他数。② 这就是需要证明的。

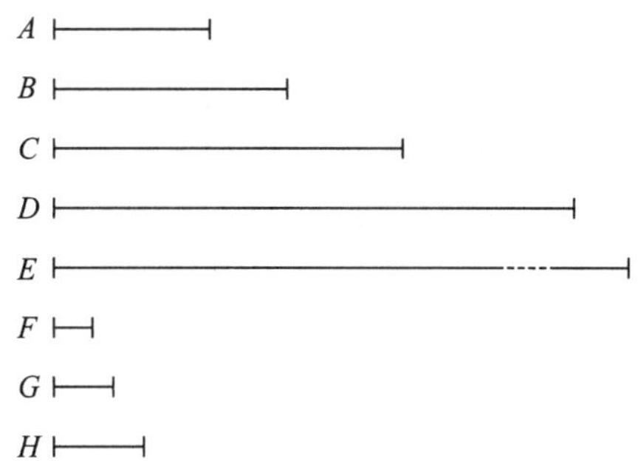

命题 7

若有任意几个数成连比例，且第一数量尽最末数，则第一数也量尽第二数。

① 命题Ⅷ.5 数字实例：$A, B, C, D, E, F=12, 6, 3, 4, 2, 3$；$G, H, K=6, 4, 3$。——译者注

② 命题Ⅷ.6 数字实例：$A, B, C, D, E=16, 24, 36, 54, 81$；$F, G, H=4, 6, 9$。——译者注

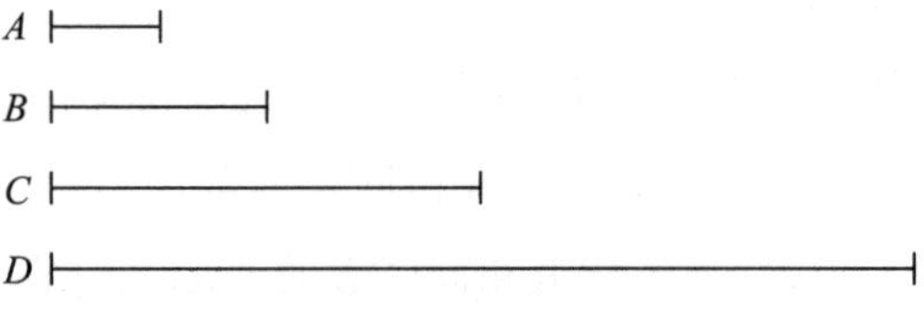

设 A,B,C,D 是成连比例的任意个数。并设 A 量尽 D。我说 A 也量尽 B。

其理由如下。若 A 量不尽 B,则没有其他数量尽任何其他数[命题Ⅷ.6]。但是,A 量尽 D,因此 A 也量尽 B。[①] 这就是需要证明的。

命题 8

若在两个数之间可以插入一些成连比例的数,则在它们之间可以插入多少个成连比例的数,与原来两个数有相同比的两个数之间也可以插入多少个成连比例的数。

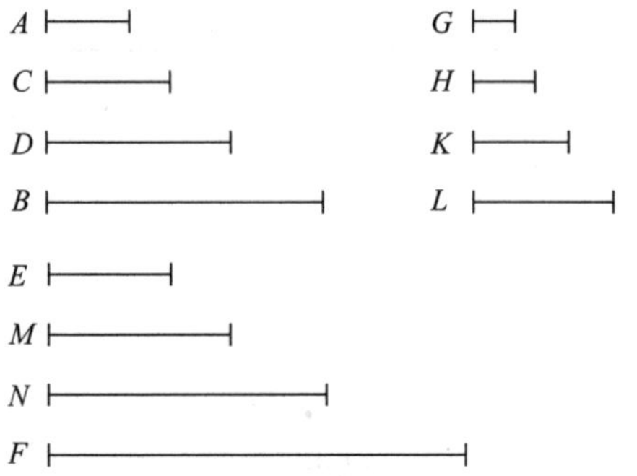

设数 A 与 B 之间可以插入两个数 C 与 D 成连比例,又设 A 比 B 如同 E 比 F。我说 A 与 B 之间可以插入多少个成连比例的数,E,F 之间也可以插入多少个成连比例的数。

其理由如下。A,B,C,D 有多少个,就取多少个最小数 G,H,K,L,它们与 A,C,D,B 有相同比[命题Ⅶ.33]。因此,它的最外项 G 与 L 互素[命题Ⅷ.3]。且由于 A,C,D,B 与 G,H,K,L 有相同比,A,C,D,B 的个数等于 G,H,K,L 的个数,因此,由首末比例,A 比 B 如同 G 比 L[命题Ⅶ.14]。且 A 比 B 如同 E 比 F。因此,G 比 L 如同 E 比 F。而 G 与 L 互素。互素的数组是与之有相同比数组中的最小者[命题Ⅶ.21]。且最小数组量度与之有相同比的数组时,较大数量尽较大数的次数与较小数量尽较小数的次数相同,即前项量尽前项的次数与后项量尽后项的次数相同[命题Ⅶ.20]。因此,G 量尽 E 的次数与 L 量尽 F 的次数相同。G 量尽 E 需要多少次,就设 H,K 也分别用多少次量尽 M,N。因此,G,H,K,L 分别以相同的次数量尽 E,M,N,F。所以,G,H,K,L 与 E,M,N,F 有相同的比[命题Ⅶ.20]。但是,G,H,K,L 与 A,C,D,B 有相同的比,因此,A,C,D,B 也与 E,M,N,F 有相同比。而 A,C,D,B 成连比例,因此,E,M,N,F 也成连比例。所以,在 A,B 之间可以插入多少个成连比例的数,则在 E,F 之间也可以插入多少个成连比例的数。[②] 这就是需要证明的。

① 命题Ⅷ.7 数字实例:$A,B,C,D=2,4,8,16$。——译者注

② 命题Ⅷ.8 数字实例:$A,C,D,B=16,24,36,54$;$E,M,N,F=24,36,54,81$;$G,H,K,L=8,12,18,27$。——译者注

命题 9

若两个数互素，且在它们之间可以插入一些数成连比例，则在它们之间可以插入多少个成连比例的数，它们中任一个与一单位之间也可以插入多少个成连比例的数。

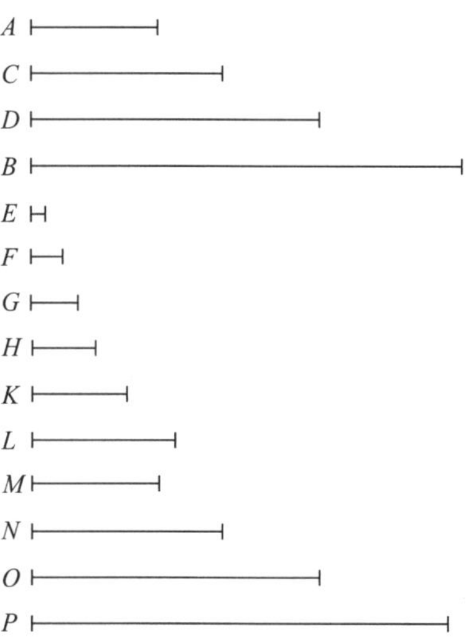

设 A 与 B 是互素的两个数，C 与 D 插入其间成连比例，设定单位 E。我说，在 A 与 B 之间可以插入多少个成连比例的数，则在数 A 及 B 的任一个与单位 E 之间也可以插入多少个成连比例的数。

设取与 A,C,D,B 有相同比的数中的最小者 F 与 G［命题Ⅷ.2］，以及三个最小数 H,K,L。以此类推，直到它们的个数等于 A,C,D,B 的个数［命题Ⅷ.2］。设这些数已经找到为 M,N,O,P，故很清楚，F 自乘得到 H，F 乘 H 得到 M，G 自乘得到 L，G 乘 L 得到 P［命题Ⅷ.2 推论］。又由于 M,N,O,P 是与 F,G 有相同比的最小者，A,C,D,B 也是与 F,G 有相同比的最小者［命题Ⅷ.2］，而 M,N,O,P 的个数等于 A,C,D,B 的个数，因此 M,N,O,P 分别等于 A,C,D,B。于是，M 等于 A，P 等于 B。又由于 F 自乘得到 H，因此，F 量尽 H 的次数为 F 中的单位数［定义Ⅶ.15］，且单位 E 也按照 F 中的单位数量尽 F。因此，单位 E 量尽数 F 的次数与 F 量尽数 H 的次数相同。所以，单位 E 比数 F 如同 F 比 H［定义Ⅶ.20］。再者，由于 F 乘 H 得到 M，因此，H 按照 F 中的单位数量尽数 M［定义Ⅶ.15］。单位 E 也按照 F 中的单位数量尽数 F，因此，单位 E 量尽数 F 的次数等于 H 量尽 M 的次数。所以，单位 E 比数 F 如同 H 比 M［命题Ⅶ.20］。且已证明，单位 E 比数 F 如同 F 比 H，因此，单位 E 比数 F 如同 F 比 H，也如同 H 比 M。且 M 等于 A。因此，单位 E 比数 F 如同 F 比 H，也如同 H 比 A。同理，单位 E 比数 G 如同 G 比 L，也如同 L 比 B。因此，在 A 与 B 之间可以插入多少个成连比例的数，在 A 及 B 每个与单位 E 之间也可以插入多少个成连比例的数。[①] 这就是需要证明的。

命题 10

两个数的每个与一单位之间都可以插入一些数成连比例，那么，在这两个数

① 命题Ⅷ.9 数字实例：$A,C,D,B=8,12,18,27$；$E=1$；$F,G=2,3$；$H,K,L=4,6,9$；$M,N,O,P=8,12,18,27$。——译者注

的每个与一单位之间可以插入多少个成连比例的数,在这两个数之间也可以插入多少个成连比例的数。

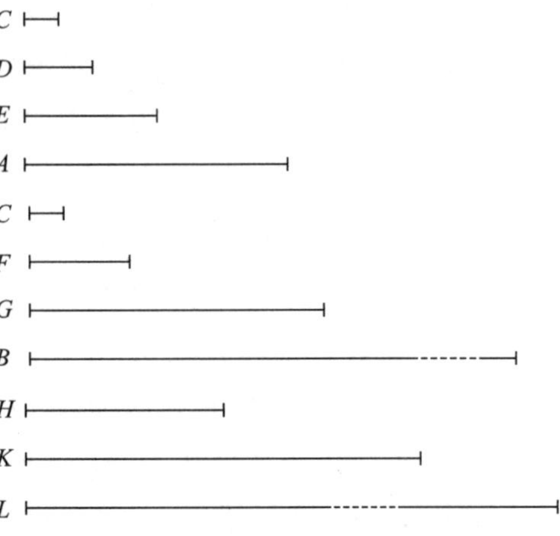

设数 D,E 与 F,G 分别是在两个数 A 及 B 与单位 C 之间成连比例的数。我说在数 A 及 B 中的任一个与单位 C 之间可以插入多少个成连比例的数,则在 A 与 B 之间也可以插入多少个成连比例的数。

其理由如下。设 D 乘 F 得到 H,并设 D,F 分别乘 H 得到 K,L。

由于单位 C 比数 D 如同 D 比 E,因此,单位 C 量尽数 D 的次数等于 D 量尽 E 的次数[定义Ⅶ.20]。并且 C 量尽 D 的次数等于 D 中的单位数。因此,数 D 也按照 D 中的单位数量尽 E。于是,D 自乘得到 E。再者,由于单位 C 比数 D 如同 E 比 A,因此,单位 C 量尽数 D 的次数等于 E 量尽 A 的次数[定义Ⅶ.20]。而单位 C 按照 D 中的单位数量尽数 D。因此,E 也按照 D 中的单位数量尽 A。所以,D 乘 E 得到 A。同理,F 自乘得到 G,F 乘 G 得到 B。又由于 D 自乘得到 E,D 乘 F 得到 H,因此,D 比 F 如同 E 比 H[命题Ⅶ.17]。同理,D 比 F 如同 H 比 G[命题Ⅶ.18],所以,E 比 H 如同 H 比 G。再者,由于 D 分别乘 E,H 得到 A,K,因此,E 比 H 如同 A 比 K[命题Ⅶ.17]。但 E 比 H 如同 D 比 F,因此 D 比 F 如同 A 比 K。再者,由于 D,F 分别乘 H 得到 K,L,因此,D 比 F 如同 K 比 L[命题Ⅶ.18]。但 D 比 F 如同 A 比 K,因此,A 比 K 如同 K 比 L。此外,由于 F 分别乘 H,G 得到 L,B,因此,H 比 G 如同 L 比 B[命题Ⅶ.17]。且 H 比 G 如同 D 比 F,因此 D 比 F 如同 L 比 B。且也已证明,D 比 F 如同 A 比 K,以及 K 比 L。于是 A 比 K 如同 K 比 L,也如同 L 比 B。因此,A,K,L,B 依次成连比例。于是,数 A 与 B 中的任一个与单位 C 之间有多少个成连比例的数,则在 A 与 B 之间也有多少个成连比例的数。[①] 这就是需要证明的。

命题 11

对两个给定平方数存在一个比例中项,[②]且平方数与平方数之比是前者的边与后者的边之平方比[③]。

设 A 与 B 是两个平方数,C 是 A 的边,D 是 B 的边。我说在 A 与 B 之间存

① 命题Ⅷ.10 数字实例:$C,D,E,A=1,2,4,8$;$C,F,G,B=1,3,9,27$;$H,K,L=6,12,18$。——译者注

② 换句话说,两个给定平方数之间存在一个与之成连比例的数。

③ 希腊语原文直译为“两倍”。

在一个比例中项数，且 A 比 B 是 C 与 D 之平方比。

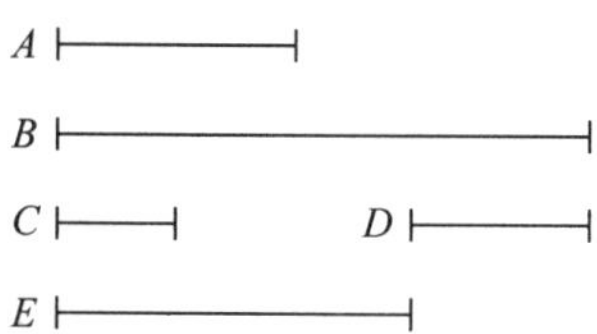

其理由如下。设 C 乘 D 得到 E。由于 A 是平方数，C 是它的边，因此 C 自乘得到 A，同理也有 D 自乘得到 B。由于 C 分别乘 C，D 得到 A，E，因此，C 比 D 如同 A 比 E[命题Ⅶ.17]。同理，C 比 D 也如同 E 比 B[命题Ⅶ.18]。且由于 A 比 E 如同 E 比 B，因此，有一个数（即 E）是 A 与 B 的比例中项。

故我说，A 比 B 如同 C 比 D 的平方。其理由如下。由于 A，E，B 是三个成连比例的数。

因此 A 比 B 如同 A 与 E 之平方比[定义Ⅴ.9]。且 A 比 E 如同 C 比 D。因此，A 比 B 是边 C 与边 D 之平方比。这就是需要证明的。

命题 12

存在两个数为两个给定立方数的比例中项，[①]且一个立方数比另一个立方数如同前者的边与后者的边之立方比[②]。

设 A 与 B 是两个立方数，C 是 A 的边，D 是 B 的边。我说存在两个数为 A 与 B 的比例中项，A 比 B 是 C 与 D 之立方比。

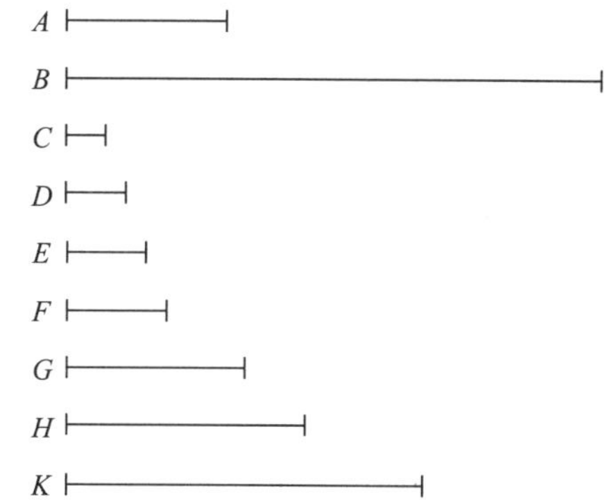

其理由如下。设 C 自乘得到 E，C 乘 D 得到 F，设 D 自乘得到 G，C，D 分别乘 F 得到 H，K。

由于 A 是立方数，C 是它的边，且 C 自乘得到 E，C 乘 E 得到 A。同理，D 自乘得到 G，D 乘 G 得到 B。又由于 C 分别乘 C，D 得到 E，F，因此，C 比 D 如同 E 比 F[命题Ⅶ.17]。同理，C 比 D 如同 F 比 G[命题Ⅶ.18]。再者，由于 C 分别乘 E，F 得到 A，H，因此 E 比 F 如同 A 比 H[命题Ⅶ.17]。又有 E 比 F 如同 C 比 D，因此也有 C 比 D 如同 A 比 H。再者，由于 C，D 分别乘 F 得到 H，K，因此 C 比 D 如同 H 比 K[命题Ⅶ.18]。又由于 D 分别乘 F，G 得到 K，B，因此 F 比 G 如同 K 比 B[命题Ⅶ.17]。且 F 比 G 如同 C 比 D，因此 C 比 D 如同 A 比 H，H 比 K 及 K 比 B。所以，H 与 K 这两个数是 A 与 B 的比例中项。

故我说 A 比 B 是 C 与 D 之立方比。其理由如下。由于 A，H，K，B 是四个成

---

① 换句话说，两个给定立方数之间存在两个与之成连比例的数。

② 希腊语原文直译为“三倍”。

连比例的数，因此 A 比 B 是 A 与 H 之立方比[定义Ⅴ.10]。且 A 比 H 如同 C 比 D，因此 A 比 B 是 C 与 D 之立方比。[①] 这就是需要证明的。

命题 13

若有任意多个成连比例的数，则它们自乘产生的每个数也成连比例。又把原数与自乘积相乘，则得到的数也成连比例[且以此类推，直至无穷]。

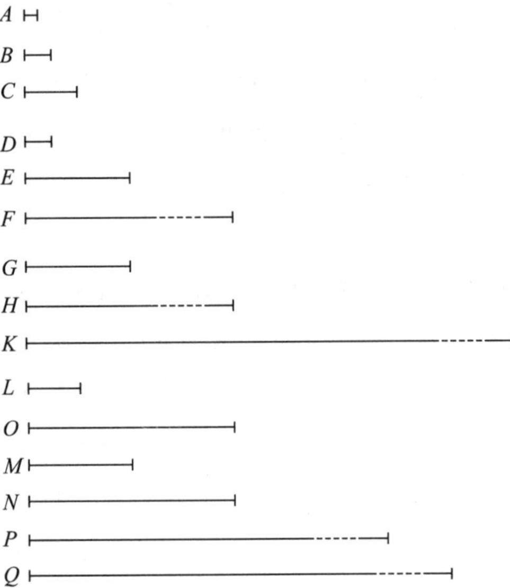

设 A，B，C 是任意多个成连比例的数，即 A 比 B 如同 B 比 C，又设 A，B，C 自乘得到 D，E，F，而 A，B，C 分别乘 D，E，F 得到 G，H，K。我说 D，E，F 及 G，H，K 都成连比例。

其理由如下。设 A 乘 B 得到 L，而 A，B 分别乘 L 得到 M，N，又设 B 乘 C 得到 O，B，C 分别乘 O 得到 P，Q。

与以上相类似，我们可以证明 D，L，E 与 G，M，N，H 都是按照 A 比 B 的连比例。E，O，F 与 H，P，Q，K 都是按照 B 比 C 的连比例。且 A 比 B 如同 B 比 C，因此 D，L，E 与 E，O，F 有相同的比，此外，G，M，N，H 与 H，P，Q，K 有相同的比。而 D，L，E 的个数等于 E，O，F 的个数，G，M，N，H 的个数等于 H，P，Q，K 的个数。因此，由首末比例，D 比 E 如同 E 比 F，而 G 比 H 如同 H 比 K[命题Ⅶ.14]。[②] 这就是需要证明的。

命题 14

若一个平方数量尽另一个平方数，则前者的边也量尽后者的边。且若一个平方数的边量尽另一个平方数的边，则前一个平方数也量尽后一个平方数。

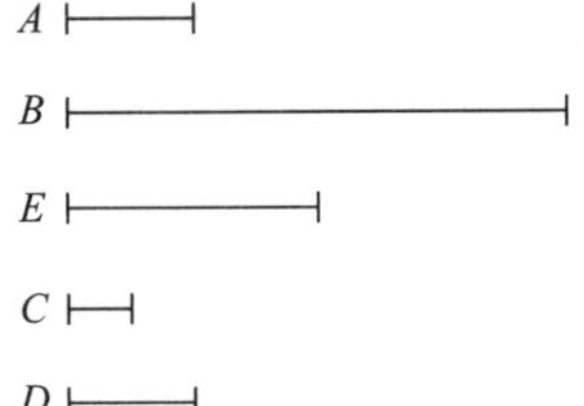

设 A 与 B 是平方数，C 与 D 分别是它们的边。A 量尽 B，我说 C 也量尽 D。

---

① 命题Ⅷ.12 数字实例：A，B C，D = 8，27，2，3；E，F，G，H，K = 4，6，9，12，18。——译者注

② 命题Ⅷ.13 数字实例：A，B，C，D，E，F，G，H，K，L，O，M，N，P，Q = 2，4，8，4，16，64，8，64，512，8，32，16，32，128，256。——译者注

其理由如下。由于设 C 乘 D 得到 E。[①] 因此，A，E，B 按照 C 比 D 成连比例［命题Ⅷ.11］。又由于 A，E，B 成连比例，且 A 量尽 B，因此 A 也量尽 E［命题Ⅷ.7］。而 A 比 E 如同 C 比 D，因此，C 也量尽 D［定义Ⅶ.20］。

再者，设 C 量尽 D，我说 A 也量尽 B。

其理由如下。类似地，用相同的构形，可以证明 A，E，B 按照 C 比 D 成连比例。且由于 C 比 D 如同 A 比 E，C 量尽 D，A 因此也量尽 E［定义Ⅶ.20］。又有 A，E，B 成连比例，因此 A 也量尽 B。

这样，若一个平方数量尽另一个平方数，则前者的边也量尽后者的边。且若一个平方数的边量尽另一个平方数的边，则前一个平方数也量尽后一个平方数。这就是需要证明的。

命题 15

若一个立方数量尽另一个立方数，则前者的边也量尽后者的边。反之，若一个立方数的边量尽另一个立方数的边，则前一个立方数也量尽后一个立方数。

设立方数 A 量尽立方数 B，C 是 A 的边，D 是 B 的边。我说 C 量尽 D。

其理由如下。设 C 自乘得到 E，D 自乘得到 G，C 乘 D 得到 F，设 C，D 分别乘 F 得到 H，K。所以很清楚，E，F，G 与 A，H，K，B 都按照 C 比 D 成连比例［命题Ⅷ.12］。[②] 且由于 A，H，K，B 成连比例，以及 A 量尽 B，因此 A 也量尽 H［命题Ⅷ.7］。且 A 比 H 如同 C 比 D，因此 C 也量尽 D［定义Ⅶ.20］。

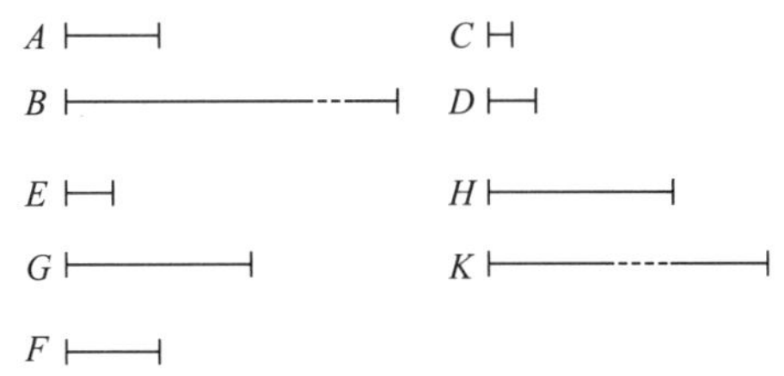

反之，设 C 量尽 D，我说 A 也量尽 B。

其理由如下。类似地，用相同的构形，可以证明 A，H，K，B 按照 C 与 D 成连比例。又由于 C 量尽 D，且 C 比 D 如同 A 比 H，因此 A 也量尽 H［定义Ⅶ.20］。因而 A 也量尽 B。这就是需要证明的。

命题 16

若一个平方数量不尽另一个平方数，则前者的边也量不尽后者的边。而若一个平方数的边量不尽另一个平方数的边，则前一个平方数也量不尽后一个平方数。

设 A 与 B 是平方数，C 与 D 是它们的边，又设 A 量不尽 B。我说 C 也量不尽 D。[③]

---

① 命题Ⅷ.14 数字实例：A，B，C，D，E＝4，16，2，4，8。——译者注

② 命题Ⅷ.15 数字实例：A，B，C，D，E，F，G，H，K＝8，64，2，4，4，8，16，16，32。——译者注

③ 命题Ⅷ.16 数字实例：A，B，C，D＝4，9，2，3。——译者注

其理由如下。若 C 量尽 D，则 A 也量尽 B[命题Ⅷ.14]。但 A 量不尽 B，因此 C 也量不尽 D。

再者，设 C 量不尽 D。我说 A 也量不尽 B。

（注：为方便读者阅读，译者将第183页图复制到此处。）

其理由如下。若 A 量尽 B，则 C 也量尽 D[命题Ⅷ.14]。但 C 量不尽 D。因此，A 也量不尽 B。这就是需要证明的。

命题 17

若一个立方数量不尽另一个立方数，则前者的边也量不尽后者的边。而若一个立方数的边量不尽另一个立方数的边，则前一个立方数也量不尽后一个立方数。

由于设立方数 A 量不尽立方数 B，C 是 A 的边，D 是 B 的边。我说 C 量不尽 D。[①]

其理由如下。若 C 量尽 D，则 A 也量尽 B[命题Ⅷ.15]。但 A 量不尽 B。因此，C 也量不尽 D。

又设 C 量不尽 D，我说 A 也量不尽 B。

其理由如下。若 A 量尽 B，则 C 也量尽 D[命题Ⅷ.15]。但 C 量不尽 D，因此 A 也量不尽 B。这就是需要证明的。

命题 18

两个相似面数之间必有一数为其比例中项，且这两个面数之比是其对应边之比的平方。

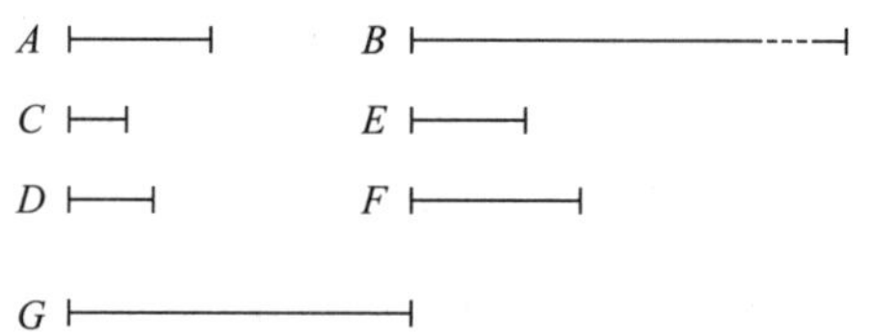

设 A 与 B 是两个相似面数，数 C，D 是 A 的两边，E，F 是 B 的两边。由于相似面数的两边对应成比例[定义Ⅶ.21]，因此 C 比 D 如同 E 比 F。所以我说，存在一个数为 A，B 的比例中项，且 A 比 B 是 C 比 E 的平方或 D 比 F 的平方，即两条对应边的平方。

其理由如下。由于 C 比 D 如同 E 比 F，因此由更比例，C 比 E 如同 D 比 F[命题Ⅶ.13]。又由于 A 是面数，C，D 是它的边，因此 D 乘 C 得到 A，同理，E 乘 F 得到 B。故设 D 乘 E 得到 G。且由于 D 乘 C 得到 A，D 乘 E 得到 G，因此 C 比 E 如同 A 比 G[命题Ⅶ.17]。但是，C 比 E 如同 D 比 F，因此，D 比 F 如同 A 比 G。再者，由于 E 乘 D 得到 G，E 乘 F 得到 B，因此，D 比 F 如同 G 比 B[命题Ⅶ.17]。但也已证明，D 比 F 如同 A 比 G。所以，A 比 G 如同 G 比 B。于是 A，G，B 成连

① 命题Ⅷ.17 数字实例：$A,B,C,D=8,27,2,3$。——译者注

比例。因此,存在一个数 G 是 A 与 B 的比例中项。[①]

我说 A 比 B 也如同它们的对应边(即 C 与 E 或 D 与 F)之平方比。由于 A,G,B 成连比例,A 比 B 是 A 与 G 之平方比[定义Ⅴ.9]。且 A 比 G 如同 C 比 E,也如同 D 比 F。因此,A 比 B 是 C 与 E 或 D 与 F 之平方比。这就是需要证明的。

命题 19

两个相似体数之间可以插入两个数为比例中项,且这两个体数之比是其对应边之立方比[②]。

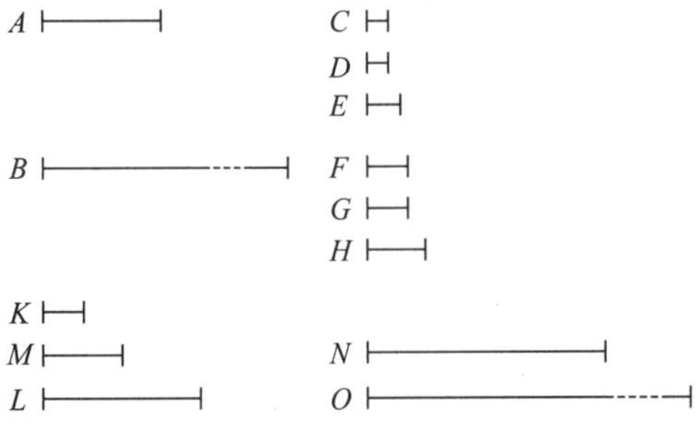

设 A 与 B 是两个相似的体数,C,D,E 是 A 的边,F,G,H 是 B 的边。由于相似体数的边对应成比例[定义Ⅶ.21],因此 C 比 D 如同 F 比 G,D 比 E 如同 G 比 H。我说 A 与 B 之间可以插入两个数为比例中项,而 A 比 B 是 C 与 F 或 D 与 G 或 E 与 H 之立方比。

其理由如下。由于设 C 乘 D 得到 K,F 乘 G 得到 L。且由于 C 比 D 如同 F 比 G,K 是 C,D 的乘积,以及 L 是 F,G 的乘积,K 与 L 是相似面数[定义Ⅶ.21],因此,有一个数是 K 与 L 的比例中项[命题Ⅷ.18]。设它是 M。因此 M 是 D,F 的乘积,如同前一个命题所说明的。且由于 D 乘 C 得到 K,D 乘 F 得到 M,因此,C 比 F 如同 K 比 M[命题Ⅶ.17]。但 K 比 M 如同 M 比 L。因此,K,M,L 按照 C 比 F 成连比例。又因为 C 比 D 如同 F 比 G,由更比例,C 比 F 如同 D 比 G[命题Ⅶ.13]。同理,D 比 G 如同 E 比 H。因此,K,M,L 按照 C 比 F,D 比 G 与 E 比 H 成连比例。设 E,H 分别乘 M 得到 N,O。由于 A 是体数,C,D,E 是它的各边,于是,E 与 C,D 的乘积相乘得到 A。且 K 是 C,D 的乘积,因此,E 乘 K 得到 A。同理,H 乘 L 得到 B。由于 E 乘 K 得到 A,但事实上,E 乘 M 也得到 N,因此,K 比 M 如同 A 比 N[命题Ⅶ.7]。而 K 比 M 如同 C 比 F,D 比 G 与 E 比 H。因此,C 比 F 如同 D 比 G 及 E 比 H,故如同 A 比 N。再者,由于 E,H 分别乘 M 得到 N,O,因此,E 比 H 如同 N 比 O[命题Ⅶ.18]。但是,E 比 H 如同 C 比 F 及 D 比 G,且因此,C 比 F 如同 D 比 G 及 E 比 H,故它如同 A 比 N 及 N 比 O。再者,由于 H 乘 M 得到 O,且事实上,H 乘 L 得到 B。因此,M 比 L 如同 O 比 B[命题Ⅶ.17]。但是,M 比 L 如同 C 比 F,D 比 G 及 E 比 H。因此,C 比 F 如同 D 比 G 及 E 比 H。所以,C 比 F 如同 D 比 G,而 E 比 H 不仅如同 O 比 B,也如同 A 比 N 及 N 比 O。因此,A,N,O,B 按照上面提

① 命题Ⅷ.18 数字实例:$A,B,C,D,E,F,G=6,24,2,3,4,6,12$。——译者注

② 希腊语原文直译为"三倍"。

到的各边之比成连比例。[1]

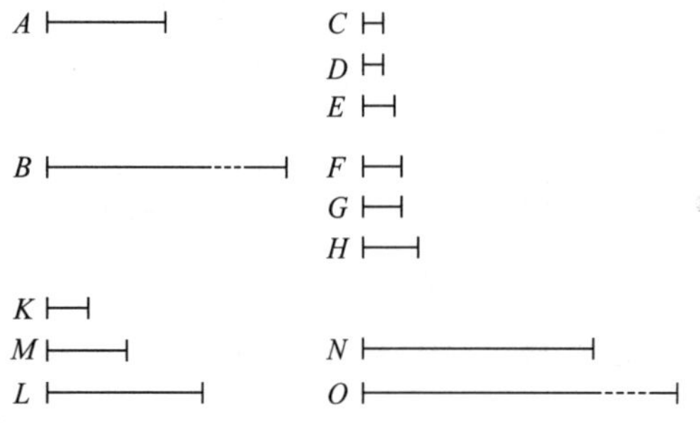

（注：为方便读者阅读，译者将第 185 页图复制到此处。）

故我说，A 比 B 是对应边（即 C 与 F 或 D 与 G 或 E 与 H）之立方比。由于 A，N，O，B 是四个成连比例的数，A 比 B 因此是 A 与 N 之立方比[定义Ⅴ.10]。但已证明 A 比 N 如同 C 比 F，D 比 G 及 E 比 H。因此 A 比 B 是它们的对应边（也就是 C 与 F，D 与 G，及 E 与 H）之立方比。这就是需要证明的。

命题 20

若两个数之间可以插入一个数为它们的比例中项，则这两个数是相似面数。

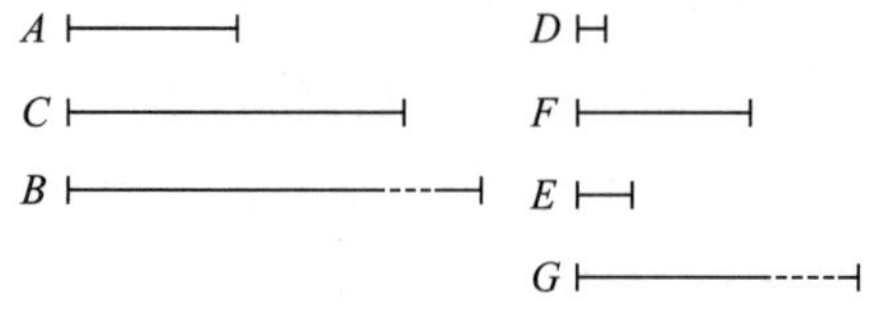

设两个数 A 与 B 之间可以插入一个数 C 为比例中项。我说 A 与 B 是相似面数。

其理由如下。设取 D，E 为与 A，C 有相同比的最小数对[命题Ⅶ.33]，因此 D 量尽 A 的次数等于 E 量尽 C 的次数[命题Ⅶ.20]。D 量尽 A 的次数是多少，就设在 F 中有多少个单位，于是，F 乘 D 得到 A[定义Ⅶ.15]，因而 A 是面数，D，F 是它的两边。再者，由于 D，E 是与 C，B 有相同比的数对中的最小者，因此，D 量尽 C 的次数与 E 量尽 B 的次数相同[命题Ⅶ.20]。E 量尽 B 的次数是多少，就设 G 中有多少个单位，因此，E 按照 G 中单位数量尽 B。所以，G 乘 E 得到 B[定义Ⅶ.15]。因此，B 是一个面数，且 E，G 是它的两边。所以，A 与 B 都是面数。我说它们也是相似的。

其理由如下。由于 F 乘 D 得到 A，F 乘 E 得到 C，因此 D 比 E 如同 A 比 C，亦即 C 比 B[命题Ⅶ.17]。[2] 再者，由于 E 分别乘 F，G 得到 C，B，因此，F 比 G 如同 C 比 B[命题Ⅶ.17]。但 C 比 B 如同 D 比 E，因此，D 比 E 如同 F 比 G。又由更比例，D 比 F 如同 E 比 G[命题Ⅶ.13]。因此，A 与 B 是相似面数。因为它们的边对应成比例[定义Ⅶ.21]。[3] 这就是需要证明的。

命题 21

若两个数之间可以插入两个数为比例中项，则前两个数是相似体数。

设两个数 A 与 B 之间可以插入两个

---

① 命题Ⅷ.19 数字实例：A，B，C，D，E，F，G，H，K，L，M，N，O = 12，96，2，2，3，4，4，6，4，16，8，24，48。——译者注

② 这部分证明有缺点，因为它未证明 $F\times E=C$。此外，无需证明 $D:E=A:C$，因为这由假设已成立。

③ 命题Ⅷ.20 数字实例：A，B，C，D，E，F，G = 6，24，12，1，2，6，12。——译者注

数 C 与 D 为比例中项。我说 A 与 B 是相似的体数。

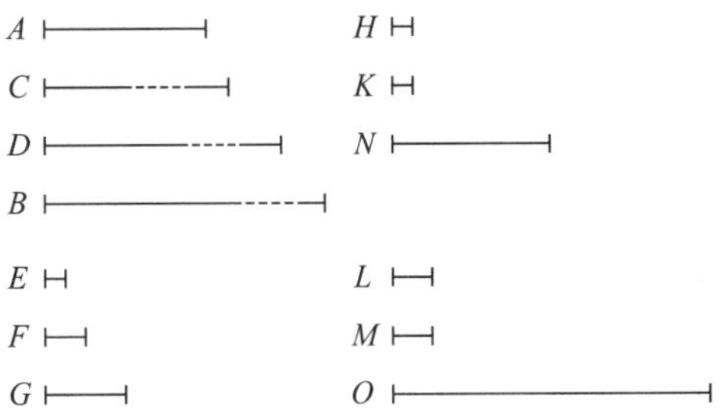

设三个数 E,F,G 是与 A,C,D 有相同比数组的最小者[命题Ⅷ.2]。因此，它们的最外端两数 E 与 G 是互素的[命题Ⅷ.3]。且由于在 E 与 G 之间有一个数 F 是它们的比例中项，E 与 G 因此是相似面数[命题Ⅷ.20]。于是，设 H,K 是 E 的两边，L,M 是 G 的两边。于是由前一个命题很清楚，E,F,G 按照 H 比 L 及 K 比 M 成连比例。由于 E,F,G 是与 A,C,D 有相同比的数组中的最小者，且 E,F,G 的个数等于 A,C,D 的个数，因此由首末比例，E 比 G 如同 A 比 D[命题Ⅶ.14]。而 E 与 G 是互素的，互素的各数也是与之有相同比的各数中的最小者[命题Ⅶ.21]，且最小数组量尽那些与之有相同比的数组，较大者量尽较大者的次数，与较小者量尽较小者的次数相同，即前项量尽前项的次数，与后项量尽后项的次数相同[命题Ⅶ.20]。因此，E 量尽 A 的次数与 G 量尽 D 的次数相同。而 E 量尽 A 的次数是多少，就设 N 中有多少个单位。于是，N 乘 E 得到 A[定义Ⅶ.15]。而 E 是 H 与 K 的乘积，于是，N 与 H,K 的乘积相乘得到 A。因此，A 是体数，它的各边是 H,K,N。再者，由于 E,F,G 是与 C,D,B 有相同比的数组中的最小者，因此 E 量尽 C 的次数与 G 量尽 B 的次数相同[命题Ⅶ.20]。E 量尽 C 的次数是多少，就设 O 中有多少个单位。因此，G 量尽 B 的次数是 O 中的单位数。所以，O 乘 G 得到 B。而 G 是 L 与 M 的乘积。因此，O 乘以 L 与 M 的乘积得到 B。所以 B 是体数，它的各边是 L,M,O。因此，A 与 B 都是体数。①

我说它们也是相似的。其理由如下。由于 N,O 分别乘 E 得到 A,C。因此 N 比 O 如同 A 比 C，即如同 E 比 F[命题Ⅶ.18]。但是 E 比 F 如同 H 比 L 及 K 比 M。且因此，H 比 L 如同 K 比 M 及 N 比 O。H,K,N 是 A 的各边，O,L,M 是 B 的各边，因此，A 与 B 是相似的体数[定义Ⅶ.21]。这就是需要证明的。

命题 22

若三个数成连比例，且第一数是平方数，则第三数也是平方数。

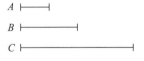

设 A,B,C 是三个成连比例的数，并设第一数 A 是平方数。我说第三数 C 也是平方数。

其理由如下。由于有一个数 B 是 A

① 命题Ⅷ.21数字实例：$A,B,C,D,E,F,G,H,K,L,M,N,O=8,64,16,32,1,2,4,1,1,2,2,8,16$。——译者注

与 C 的比例中项，因此 A 与 C 是相似面数[命题Ⅷ.20]。而 A 是平方数。因此 C 也是平方数[定义Ⅶ.21]。[①]这就是需要证明的。

命题 23

若四个数成连比例，且第一数是立方数，则第四数也是立方数。

设 A,B,C,D 是四个成连比例的数，且 A 是立方数。我说 D 也是立方数。

其理由如下。由于两个数 B 与 C 是两个数 A 与 D 的比例中项。因此 A 与 D 是相似体数[命题Ⅷ.21]。而 A 是立方数。因此，D 也是相似的立方数[定义Ⅶ.21]。[②] 这就是需要证明的。

命题 24

若两个数之比是某个平方数比某个平方数，且第一数是平方数，则第二数也是平方数。

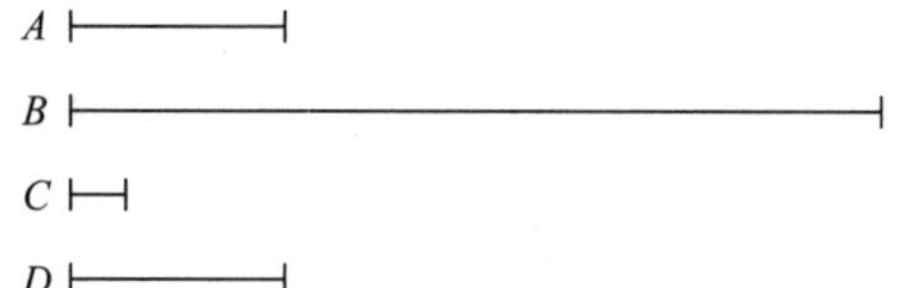

设两个数 A 与 B 之比如同平方数 C 与平方数 D 之比，且设 A 是平方数。我说 B 也是平方数。

其理由如下。由于 C 与 D 是平方数，因此 C 与 D 也是相似面数。所以在 C 与 D 之间有一个比例中项[命题Ⅷ.18]。且 C 比 D 如同 A 比 B，因此，在 A 与 B 之间可以插入一个数为比例中项[命题Ⅷ.18]。而 A 是平方数，因此，B 也是平方数[命题Ⅷ.22]。[③] 这就是需要证明的。

命题 25

若两个数之比是一个立方数与另一个立方数之比，且第一数是立方数，则第二数也是立方数。

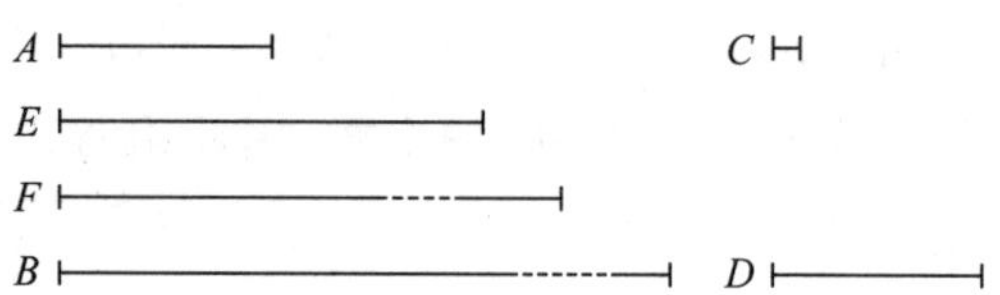

设两数 A 与 B 之比是立方数 C 与立方数 D 之比，又设 A 是立方数。我说 B 也是立方数。

其理由如下。由于 C 与 D 是立方数，因此 C 与 D 是相似的体数。所以，可以在 C 与 D 之插入两个数为比例中项[命题Ⅷ.19]。在 C 与 D 之间可以插入多少个

---

① 命题Ⅷ.22 数字实例：$A,B,C=4,8,16$。——译者注

② 命题Ⅷ.23 数字实例：$A,B,C,D=1,2,4,8$。——译者注

③ 命题Ⅷ.24 数字实例：$A,B,C,D=4,16,1,4$。——译者注

数成连比例，在 A 与 B 之间也可以插入多少个数成连比例[命题Ⅷ.8]。因而，在 A 与 B 之间可以插入两个数为比例中项，设它们是 E 与 F。于是，由于四个数 A，E，F，B 成连比例，且 A 是立方数，因此 B 也是立方数[命题Ⅷ.23]。[1] 这就是需要证明的。

命题 26

相似面数之比是某个平方数比某个平方数。

设 A 与 B 是两个相似面数。我说 A 比 B 是某个平方数比某个平方数。

其理由如下。由于 A 与 B 是相似面数，可以在 A 与 B 之间插入一个数为比例中项[命题Ⅷ.18]。设插入的数是 C。并设与 A，C，B 有相同比的最小数组为 D，E，F[命题Ⅷ.2]。其最外端的数 D 与 F 因此是平方数[命题Ⅷ.2 推论]。又由于 D 比 F 如同 A 比 B，且 D 与 F 是平方数，因此 A 与 B 之比是一个平方数与另一个平方数之比。[2] 这就是需要证明的。

命题 27

相似体数之比是一个立方数与另一个立方数之比。

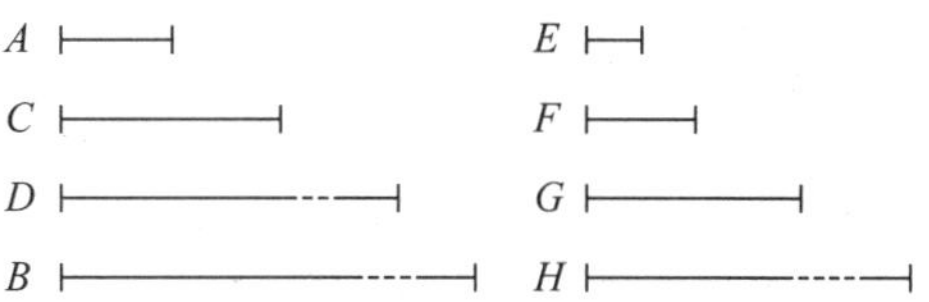

设 A 与 B 是两个相似的体数。我说 A 与 B 之比是一个立方数与另一个立方数之比。

其理由如下。由于 A 与 B 是相似的体数，因此在 A 与 B 之间可以插入两个数为比例中项[命题Ⅷ.19]，设它们是 C 与 D，并设与 A，C，D，B 有相同比的最小数组为 E，F，G，H，而且它们的个数相等[命题Ⅷ.2]。因此，它们两端的数 E 与 H 是立方数[命题Ⅷ.2 推论]。且 E 比 H 如同 A 比 B，因此，A 比 B 是两个立方数之比。[3] 这就是需要证明的。

---

① 命题Ⅷ.25 数字实例：$A,B,C,D,E,F=8,64,1,8,16,32$。——译者注

② 命题Ⅷ.26 数字实例：$A,B,C,D,E,F=2,8,4,1,2,4$。——译者注

③ 命题Ⅷ.27 数字实例：$A,B,C,D,E,F,G,H=2,16,4,8,1,2,4,8$。——译者注

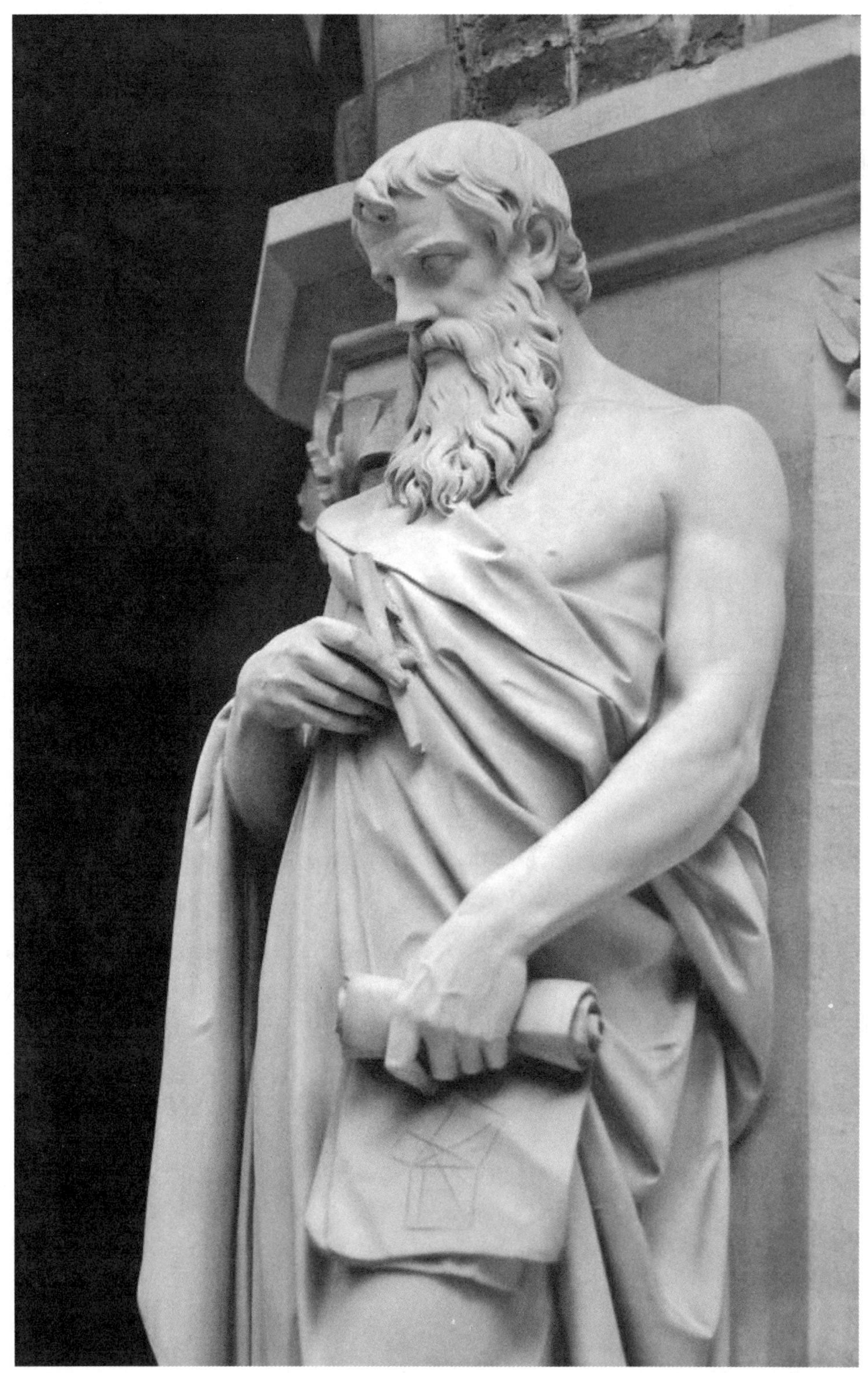

欧几里得雕像

第九卷 连比例中的数;奇偶数与完全数理论[①]

• Book Ⅸ. Numbers in Continued Proportion; The Theory of Even, Odd and Perfect Numbers •

和其他一切科学一样,数学是从人的需要中产生的,是从丈量土地和测量容积,从计算时间和制造器皿产生的。

——恩格斯(F. Engels,1820—1895)

① 卷Ⅶ—Ⅸ包含的命题一般归功于毕达哥拉斯学派。

第九卷内容可以看作是第八卷的继续,请参看第八卷的内容提要。

◀1861年恩格斯摄于德国故乡巴门(Barmen)。他认为"和其他一切科学一样,数学是从人的需要中产生的,是从丈量土地和测量容积,从计算时间和制造器皿产生的。"

命题 1

两个相似面数的乘积是平方数。

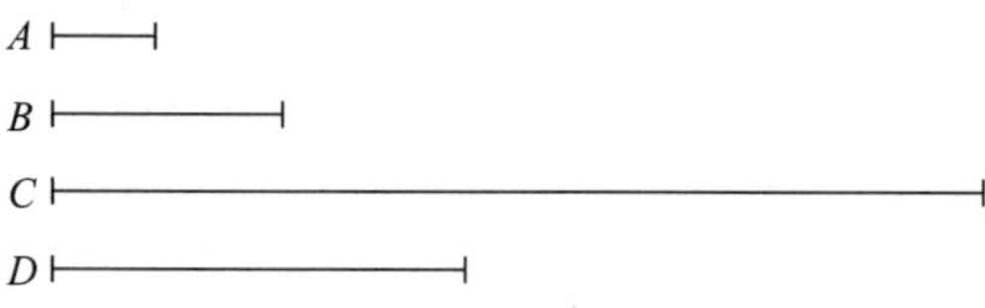

设 A 与 B 是两个相似面数，A 乘 B 得到 C。我说 C 是平方数。

设 A 自乘得到 D，故 D 是平方数。因此，由于 A 自乘得到 D，A 乘 B 得到 C，所以，A 比 B 如同 D 比 C[命题Ⅶ.17]。且由于 A 与 B 是相似面数，在 A 与 B 之间可以插入一个数为比例中项[命题Ⅷ.18]。若两个数之间可以插入一些数成连比例，则这些数有多少，有相同比的两个数之间可以插入成连比例的数也有多少[命题Ⅷ.8]。所以在 D 与 C 之间可以插入一个数为比例中项。但 D 是平方数，故 C 也是平方数[命题Ⅷ.22]。① 这就是需要证明的。

命题 2

相乘得到平方数的两个数是相似面数。

设有 A 与 B 两个数，A 乘 B 得到平方数 C。我说 A 与 B 是相似面数。

其理由如下。设 A 自乘得到 D，于是 D 是平方数。由于 A 自乘得到 D，A 乘 B 得到 C，因此，A 比 B 如同 D 比 C[命题Ⅶ.17]。且由于 D 是平方数，C 也是平方数，因此 D 与 C 是相似面数。所以，数 D 与 C 之间可以插入一个数为比例中项[命题Ⅷ.18]。且 D 比 C 如同 A 比 B，因此，A 与 B 之间也可以插入一个数为比例中项[命题Ⅷ.8]。又，若在两个数之间可以插入一个数为比例中项，则这两个数是相似面数[命题Ⅷ.20]，因此 A 与 B 是相似面数。这就是需要证明的。②

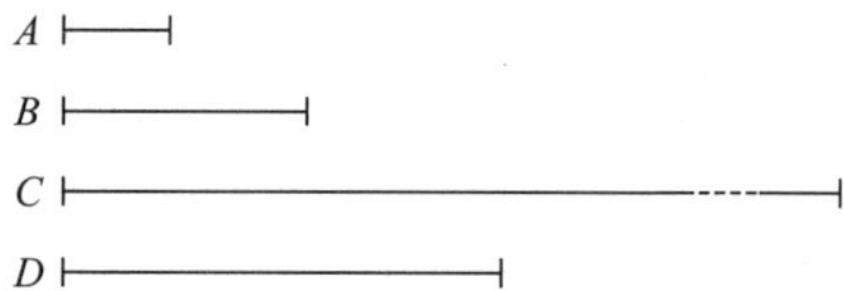

命题 3

立方数自乘得到的数是立方数。

设立方数 A 自乘得到 B。我说 B 也是立方数。

其理由如下。取 A 的边 C，C 自乘得到 D，于是很清楚，C 乘 D 得到 A。由于 C 自乘得到 D，因此 C 按照其中的单位数

① 命题Ⅸ.1 数字实例：$A,B,C,D=4,9,36,16$。——译者注

② 命题Ⅸ.2 数字实例：$A,B,C,D=4,9,36,16$。——译者注

量尽 D[定义Ⅶ.15]。但事实上,一单位也按照 C 中的单位数量尽 C[定义Ⅶ.20],因此,一单位比 C 如同 C 比 D。再者,由于 C 乘 D 得到 A,因此 D 按照 C 中的单位数量尽 A。并且,一单位也按照 C 中的单位数量尽 C,于是,一单位比 C 如同 D 比 A。但是,一单位比 C 如同 C 比 D,因此,一单位比 C 如同 C 比 D 及 D 比 A。于是,在一单位与数 A 之间可以插入作为比例中项的两个数 C 与 D 而成连比例。再者,由于 A 自乘得到 B,A 因此按照其中的单位数量尽 B。但是,一单位也按照 A 中的单位数量尽 A,因此,一单位比 A 如同 A 比 B。且在一单位与 A 之间可以插入两个数为比例中项,因此在 A 与 B 之间也可以插入两个数为比例中项[命题Ⅷ.8]。若两个数之间可以插入两个数为比例中项,且第一个数是立方数,则第二个数也是立方数[命题Ⅷ.23]。而 A 是立方数,因此 B 也是立方数。[①] 这就是需要证明的。

命题 4

两个立方数之积为立方数。

设立方数 A 乘立方数 B 得到 C。我说 C 也是立方数。

其理由如下。设 A 自乘得到 D,于是,D 是立方数[命题Ⅸ.3]。由于 A 自乘得到 D,且 A 乘 B 得到 C,因此,A 比 B 如同 D 比 C[命题Ⅶ.17]。由于 A 与 B 都是立方数,A 与 B 是相似的体数,于是,在 A 与 B 之间可以插入两个数为比例中项[命题Ⅷ.19]。所以,D 与 C 之间也可以插入两个数为比例中项[命题Ⅷ.8]。但已知 D 是立方数,因此,C 也是立方数[命题Ⅷ.23]。[②]这就是需要证明的。

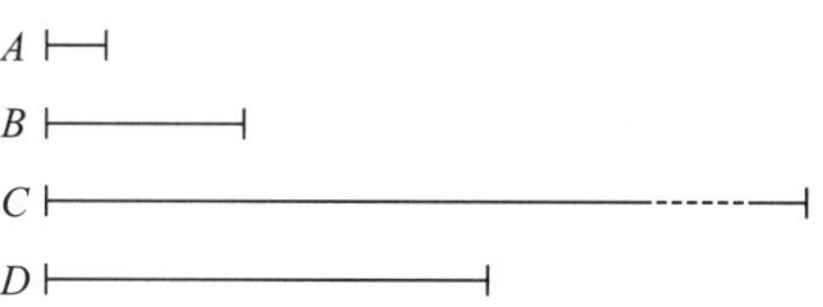

命题 5

若立方数乘某数得到另一个立方数,则这个被乘数也是立方数。

设立方数 A 乘某数 B 得到立方数 C。我说 B 也是立方数。

其理由如下。设 A 自乘得到 D,于是,D 因此是立方数[命题Ⅸ.3]。且由于 A 自乘得到 D,A 乘 B 得到 C,因此,A 比 B 如同 D 比 C[命题Ⅶ.17]。又由于 D 与 C 都是立方数,它们是相似的体数。因此,可以在 D 与 C 之间插入两个数为比例中项[命题Ⅷ.19]。且 D 比 C 如同 A 比 B,因此在 A 与 B 之间也可以插入两个数为比例中项[命题Ⅷ.8]。已知 A 是立方数,因此 B 也

① 命题Ⅸ.3 数字实例:$A,B,C,D=8,64,2,4$。——译者注

② 命题Ⅸ.4 数字实例:$A,B,C,D=8,27,216,64$。——译者注

是立方数[命题Ⅷ.23]。[1] 这就是需要证明的。

命题 6

自乘得到立方数的数本身也是立方数。

设数 A 自乘得到立方数 B,则 A 也是立方数。

其理由如下。设 A 乘 B 得到 C。因此,由于 A 自乘得到 B,且 A 乘 B 得到 C,C 是立方数。且由于 A 自乘得到 B,因此,A 按照 A 中的单位数量尽 B。而一单位也按照 A 中的单位数量尽 A。因此,一单位比 A 如同 A 比 B。又由于 A 乘 B 得到 C,因此,B 按照 A 中的单位数量尽 C。而一单位也按照 A 中的单位数量尽 A,所以,一单位比 A 如同 B 比 C。但是,一单位比 A 如同 A 比 B,且因此,A 比 B 如同 B 比 C。又因为 B 与 C 都是立方数,所以它们是相似的体数。因此,在 B 与 C 之间存在两个数为比例中项[命题Ⅷ.19]。且 B 比 C 如同 A 比 B,因此,A 与 B 之间也有两个数为比例中项[命题Ⅷ.8]。而 B 是立方数,因此,A 也是立方数[命题Ⅷ.23]。[2] 这就是需要证明的。

命题 7

合数乘某个其他数得到体数。

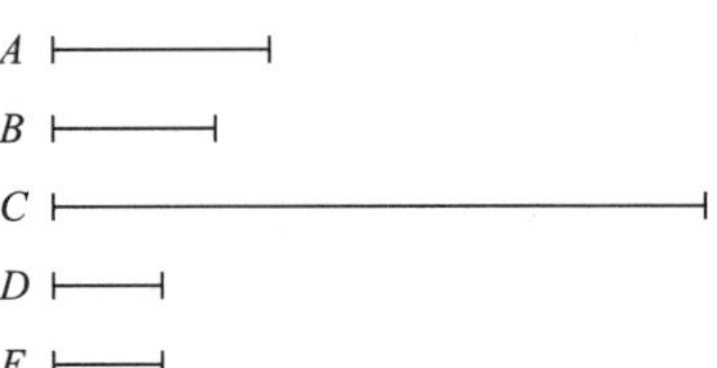

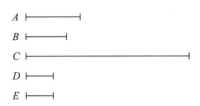

设合数 A 乘某个数 B 得到 C。我说 C 是体数。

由于 A 是合数,它被某个数量尽。设它被 D 量尽。D 量尽 A 的次数是多少,就设 E 中有多少个单位。因此,D 量尽 A 的次数等于 E 中的单位数。所以 E 乘 D 得到 A[定义Ⅶ.15]。又由于 A 乘 B 得到 C,A 又是 D,E 的乘积,因此 D,E 的乘积乘 B 得到 C。所以 C 是体数,D,E,B 分别是它的边。[3] 这就是需要证明的。

命题 8

前面还有一单位的任意多个数成连比例,由一单位算起的第三个是平方数,且以后每隔一个就是平方数,第四个是立方数,且以后每隔两个就是立方数,第七

---

① 命题Ⅸ.5 数字实例:$A,B,C,D=8,27,216,64$。——译者注

② 命题Ⅸ.6 数字实例:$A,B,C=8,64,512$。——译者注

③ 命题Ⅸ.7 数字实例:$A,B,C,D,E=4,3,12,2,2$。——译者注

个既是立方数又是平方数,且以后每隔五个既是立方数又是平方数。

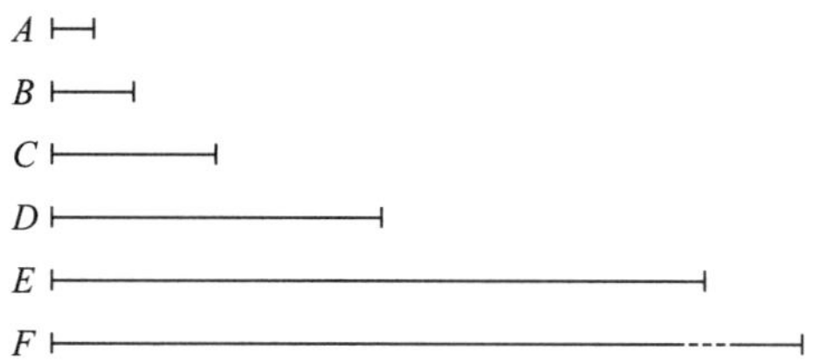

设任意多个前面还有一单位的数 A,B,C,D,E,F 成连比例。[①] 我说由一单位算起的第三数 B 是平方数,以后每隔一个都是平方数,第四数 C 是立方数,以后每隔两个都是立方数,第七数 F 既是立方数又是平方数,以后每隔五个既是立方数又是平方数。

其理由如下。由于一单位比 A 如同 A 比 B,一单位量尽 A 的次数因此与 A 量尽 B 的次数相同[定义Ⅶ.20]。但一单位按照 A 中的单位数量尽 A,因此,A 也按照 A 中的单位数量尽 B。于是,A 自乘得到 B[定义Ⅶ.15]。因此,B 是平方数。又由于 B,C,D 成连比例,且 B 是平方数,D 因此也是平方数[命题Ⅷ.22]。同理,F 也是平方数。类似地,我们也可以证明,所有以后的数中,每隔一个数是平方数。我也说,由一单位算起的第四数 C 是立方数,所有以后的数中,每隔两个数是立方数。这是因为,由于一单位比 A 如同 B 比 C,一单位量尽 A 的次数因此与 B 量尽 C 的次数相同。而一单位按照 A 中的单位数量尽 A。因此,B 按照 A 中的单位数量尽 C。于是 A 乘 B 得到 C。因此,由于 A 自乘得到 B,且 A 乘 B 得到 C,C 因此是立方数。又由于 C,D,E,F 成连比例,C 是立方数。F 因此也是立方数[命题Ⅷ.23]。但它也已被证明是平方数。因此,由一单位算起第七数既是立方数也是平方数。类似地,我们可以证明,所有以后的数中每隔五个既是立方数也是平方数。[②] 这就是需要证明的。

命题 9

前面还有一单位的任意多个数成连比例,若一单位后的数是平方数,则所有剩下的数都是平方数。若一单位后的数是立方数,则所有剩下的数都是立方数。

设前面还有一单位的任意多个数 A,B,C,D,E,F 成连比例。并设一单位以后的数 A 是平方数,我说所有剩下的数都是平方数。

事实上,已证明由一单位算起的第三个数 B 是平方数,而且所有以后的数中每隔一个都是平方数[命题Ⅸ.8]。我说所有剩下的数都是平方数。其理由如下。由于 A,B,C 成连比例,A 是平方数,C 因

① 意思是:A,B,C,D,E,F 是一个等比例数。——译者注

② 命题Ⅸ.8 数字实例:A,B,C,D,E,F=2,4,8,16,32,64。——译者注

此也是平方数[命题Ⅷ.22]。再者，由于B,C,D也成连比例，且B是平方数，因此D也是平方数[命题Ⅷ.22]。类似地，我们可以证明所有剩下的数也都是平方数。[①]

其次，设A是立方数。我说所有剩下的数也都是立方数。

事实上，已经证明了由一单位算起第四数C是立方数，且以后每隔两个都是立方数[命题Ⅸ.8]。我说所有剩下的数也都是立方数。其理由如下。由于一单位比A如同A比B，因此一单位量尽A的次数与A量尽B的次数相同。而一单位量尽A的次数等于A中的单位数，因此，A量尽B的次数也等于A中的单位数。所以，A自乘得到B。已知A是立方数，而立方数自乘得到的数也是立方数[命题Ⅸ.3]，因此B也是立方数。由于四个数A,B,C,D成连比例，且A是立方数，因此D也是立方数[命题Ⅷ.23]。同理，E也是立方数，类似地，所有剩下的数都是立方数。[②] 这就是需要证明的。

命题 10

前面还有一单位的任意多个数成连比例，且一单位后面的数不是平方数，则除了由一单位算起的第三个与以后每隔一个，不会有其他平方数。若一单位后面的数不是立方数，则除了由一单位算起的第四个与以后每隔两个，不会有其他立方数。

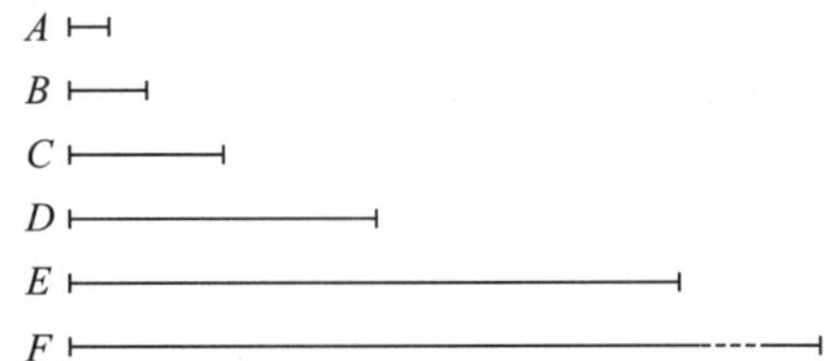

设前面还有一单位的任意多个数A,B,C,D,E,F成连比例，并设一单位后面的数A不是平方数。我说，除了由一单位算起的第三个与以后每隔一个以外，不会有其他平方数。

其理由如下。设C是平方数，检验是否可能。于是，B也是平方数[命题Ⅸ.8]。因此，B比C是某个平方数比某个平方数。且B比C如同A比B。所以，A比B如同某个平方数比某个平方数。因而，A与B是相似面数[命题Ⅷ.26]，且B是平方数。因此，A也是平方数，与我们的假设相左。C因此不是平方数。类似地，我们可以证明，除了由一单位算起第三个与以后每隔一个以外，不会有其他平方数。

其次，设A不是立方数。我说，除了由一单位算起的第四个与以后每隔两个，不会有其他立方数。

其理由如下。设D是立方数，检验是否可能。于是C也是立方数[命题Ⅸ.8]。因为C是由一单位算起的第四个数。又，C比D如同B比C，故B比C如同两个立方数之比。而且C是立方数。因此，B也是立方数[命题Ⅷ.13，命题

① 命题Ⅸ.9第一部分数字实例：A,B,C,D,E,F=4,16,64,256,1024,4096。——译者注

② 命题Ⅸ.9第二部分数字实例：A,B,C,D,E,F=8,64,512,4096,32768,262144。——译者注

Ⅷ.25]。且由于一单位比 A 如同 A 比 B,一单位按照 A 中的单位数量尽 A,A 因此按照 A 中的单位数量尽 B。于是,A 自乘得到立方数 B。且若一个数自乘得到一个立方数,则它本身也是立方数[命题Ⅸ.6]。因此,A 也是立方数。这与假设矛盾。因此,D 不是立方数。类似地,我们可以证明,除了由一单位算起的第四个与以后每隔两个以外,不会有其他立方数。① 这就是需要证明的。

命题 11

若前面还有一单位的任意多个数成连比例,则其中一个较小数按照连比例各数中的某数量尽一个较大数。

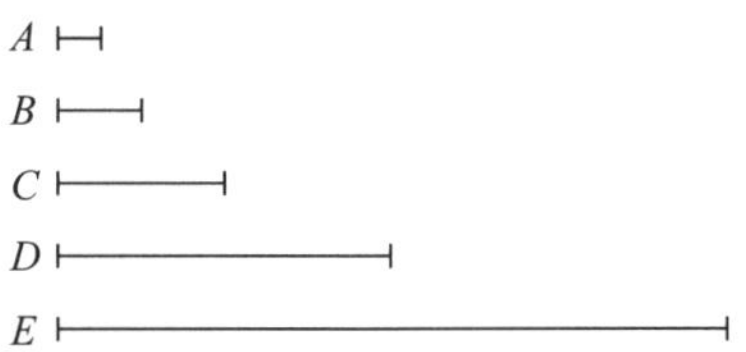

设由一单位 A 开始的任意多个数 B,C,D,E 成连比例。我说 B,C,D,E 中的最小数 B 按照 C,D 中的一个量尽 E。

其理由如下。由于单位 A 比 B 如同 D 比 E,因此单位 A 量尽 B 的次数与 D 量尽 E 的次数相同。所以,由更比例,单位 A 量尽 D 的次数与 B 量尽 E 的次数相同[命题Ⅶ.15]。但单位 A 量尽 D 的次数等于 D 中的单位数。因此,B 量尽 E 的次数也等于 D 中的单位数。因而,较小数 B 量尽较大数 E 的次数等于连比例各数中的某一个数(即 D)。②

推 论

由此显然可知,无论用作量度的数从一单位算起在什么位置,它量尽某数所需的次数等于被量尽数后退相同位数得到的数。这就是需要证明的。

命题 12

若前面还有一单位的任意多个数成连比例,则无论最后一个数被多少个素数量尽,一单位之后的那个数也被相同的素数量尽。

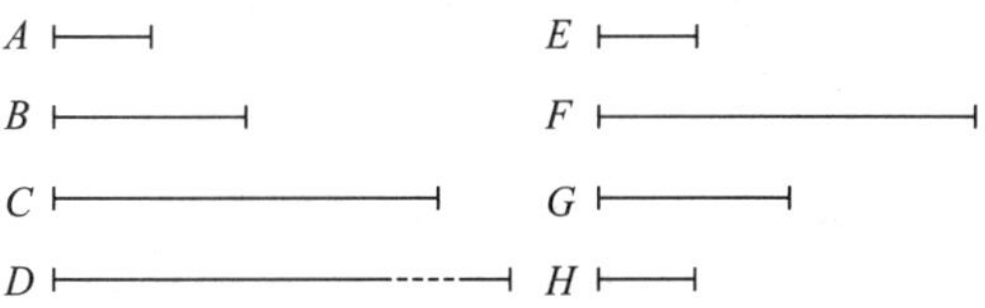

设前面还有一单位的任意多个数 A,B,C,D 成连比例。我说无论 D 被多少个素数量尽,A 也被相同的素数量尽。

其理由如下。设 D 被某个素数 E 量尽。我说 E 量尽 A。其理由如下。假定并非如此。E 是素数,而每个素数与它量不尽的数是互素的[命题Ⅶ.29]。因此,E 与 A 是互素的,又由于 E 量尽 D,设它按

① 命题Ⅸ.10 数字实例:$A,B,C,D,E,F=2,4,8,16,32,64$。——译者注

② 命题Ⅸ.11 数字实例:$A,B,C,D,E=1,2,4,8,16$。——译者注

照 F 量尽。因此 E 乘 F 得到 D。再者，由于 A 按照 C 中的单位数量尽 D[命题Ⅸ.11推论]，因此，A 乘 C 得到 D。但事实上，E 乘 F 也得到 D，因此，A，C 的乘积等于 E，F 的乘积。所以，A 比 E 如同 F 比 C[命题Ⅶ.19]。但 A 与 E 是互素的，且互素的数也是与之有相同比的数对中的最小者[命题Ⅶ.21]，而最小的数对量度那些与之有相同比的数对时，前项量尽前项的次数与后项量尽后项的次数相同[命题Ⅶ.20]。于是 E 量尽 C。设 E 按照 G 量尽 C。因此，E 乘 G 得到 C。但事实上，由前一个命题，A 乘 B 也得到 C[命题Ⅸ.11推论]。因此，A，B 的乘积等于 E，G 的乘积。所以，A 比 E 如同 G 比 B[命题Ⅶ.19]。但 A 与 E 是互素的，而互素的数对也是那些与之有相同比的数对中的最小者[命题Ⅶ.21]，且最小数对量度那些与之有相同比的数对时，前项量尽前项的次数与后项量尽后项的次数相同[命题Ⅶ.20]。因此，E 量尽 B，设 E 按照 H 量尽 B，因此，E 乘 H 得到 B。但事实上，A 自乘也得到 B[命题Ⅸ.8]，因此，E 与 H 的乘积等于 A 的平方。所以，E 比 A 如同 A 比 H[命题Ⅶ.19]。但 A 与 E 是互素的，互素的数也是与之有相同比的数组中的最小者[命题Ⅶ.21]，且最小数组量度那些与之有相同比的数组时，前项量尽前项的次数与后项量尽后项的次数相同[命题Ⅶ.20]。因此，E 量尽 A 如同前项量尽前项。但事实上，E 量不尽 A。故这是不可能的。因此 E 与 A 不是互素的。所以，它们互为合数。但是互为合数的各个数都被某一素数量尽[定义Ⅶ.14]。且由于已经假设 E 是素数，而素数除了自身不能被任何数量尽[定义Ⅶ.11]，E 因此量尽 A 与 E 二者。类似地，我们可以证明，无论 D 被多少个素数量尽，A 也被相同的素数量尽。[①] 这就是需要证明的。

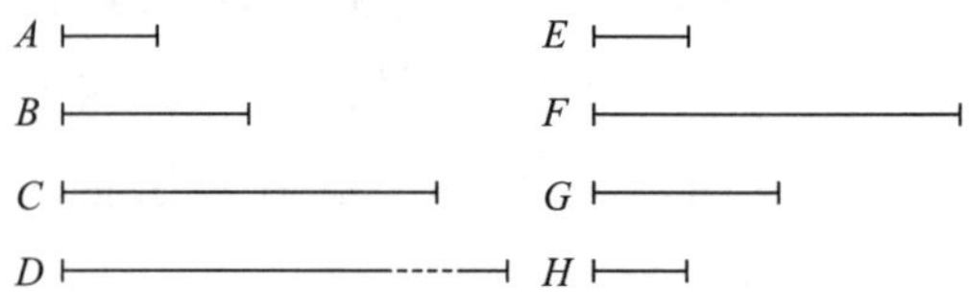

（注：为方便读者阅读，译者将第199页图复制到此处。）

命题 13

若前面还有一单位的任意多个数成连比例，且一单位后面的数是素数，则除了存在于这个连比例中的数，最大数不会被其他数量尽。

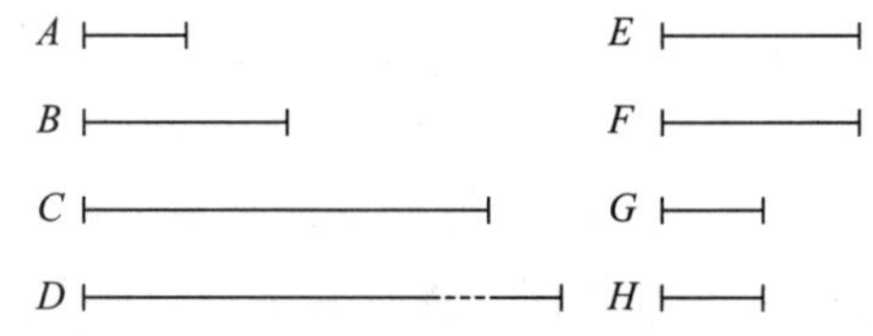

设前面还有一单位的任意多个数 A，B，C，D 成连比例，且一单位后面的数 A 是素数。则最大数 D 不会被其他数量尽，除了 A，B，C。

其理由如下。设 D 被 E 量尽，且 E 不等于 A，B，C 中任一个，检验是否可能。

① 命题Ⅸ.12数字实例：A，B，C，D，E，F，G，H =2，4，8，16，2，8，4，2。——译者注

显然 E 不是素数,因为若 E 是素数且量尽 D,则它也量尽 A,尽管 A 是一个素数且与之不同[命题Ⅸ.12]。而这是不可能的。因此,E 不是素数。于是它是合数。然而每个合数都会被某个素数量尽[命题Ⅶ.31]。于是,E 被某个素数量尽。我说它不会被 A 以外的素数量尽。其理由如下。若 E 被另一个素数量尽,且 E 量尽 D,于是这个素数也量尽 D,因而,它也量尽 A,尽管 A 是一个素数且与之不同[命题Ⅸ.12]。而这是不可能的。因此,A 量尽 E,由于 E 量尽 D,设它按照 F 量尽。我说 F 不可能与 A,B,C 之一相同。其理由如下。若 F 与 A,B,C 之一相同,且 F 按照 E 量尽 D,于是,A,B,C 之一也按照 E 量尽 D,但 A,B,C 之一只能按照 A,B,C 中的某一个量尽 D[命题Ⅸ.11]。且因此,E 与 A,B,C 之一相同。而这与假设相左。因此,F 不能与 A,B,C 之一相同,类似地,我们可以证明 F 被 A 量尽,这再次说明 F 不是素数。因为若 F 是素数并量尽 D,则它也量尽 A,尽管 A 是素数且与之不同[命题Ⅸ.12]。而这是不可能的。因此 F 不是素数。于是它是合数。而每个合数都被某个素数量尽[命题Ⅶ.31]。因此,F 被某个素数量尽。我说,除了 A 以外,F 不能被任何其他素数量尽。其理由如下。若某个其他素数量尽 F,但 F 量尽 D,则该素数因此也量尽 D。因而,它也量尽 A,尽管 A 是素数且与之不同[命题Ⅸ.12]。而这是不可能的。因此,A 量尽 F。而因为 E 按照 F 量尽 D,E 乘 F 得到 D。但事实上,A 乘 C 也得到 D[命题Ⅸ.11 推论]。因此,A,C 的乘积等于 E,F 的乘积。于是有比例:A 比 E 如同 F 比 C[命题Ⅶ.19]。且 A 量尽 E。因此,F 也量尽 C。设它按照 G 量尽 C。类似地,我们可以证明 G 不等于 A,B 中的任何一个,且它被 A 量尽。又由于 F 按照 G 量尽 C,F 乘 G 得到 C。但事实上,A 乘 B 也得到 C[命题Ⅸ.11 推论],因此,A,B 的乘积等于 F,G 的乘积。于是有比例:A 比 F 如同 G 比 B[命题Ⅶ.19]。并且 A 量尽 F。因此,G 也量尽 B。设它按照 H 量尽。类似地,我们可以证明,H 与 A 不同。且由于 G 按照 H 量尽 B,G 乘 H 得到 B。但事实上,A 自乘也得到 B[命题Ⅸ.8]。因此 H,G 相乘得到的数等于 A 的平方。因此,H 比 A 如同 A 比 G[命题Ⅶ.19]。并且 A 量尽 G。于是,H 也量尽 A,尽管 A 是素数且与之不同。而这是荒谬的。因此,较大数 D 不能被除了 A,B,C 之一以外的其他数量尽。[①] 这就是需要证明的。

命题 14

被若干素数量尽的最小数[②]不被任何其他素数量尽。

① 命题Ⅸ.13 数字实例:A,B,C,D,E,F,G,H=2,4,8,16,4,4,2,2。——译者注

② 即 A 是这些素数的最小公倍数。——译者注

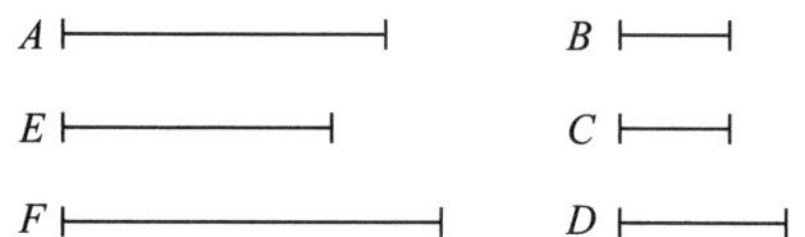

设 A 是被素数 B,C,D 量尽的最小数。我说 A 不被除了 B,C,D 以外的任何其他素数量尽。

其理由如下。设它被素数 E 量尽，检验是否可能。E 与 B,C,D 每一个都不相同，由于 E 量尽 A，设它按照 F 量尽。因此，E 乘 F 得到 A。又，A 被素数 B,C,D 量尽。但若两个数相乘得到某数，且某一素数量尽这个乘积，则它也量尽原来两个数之一[命题Ⅶ.30]。因此，B,C,D 量尽 E,F 之一。事实上，它们量不尽 E，因为 E 是素数且不等于数 B,C,D 中任何一个。于是它们都量尽 F，但 F 小于 A。而这是不可能的，因为已假设 A 是被 B,C,D 量尽的最小数，因此除 B,C,D 之一不可能有其他素数量尽 A。① 这就是需要证明的。

命题 15

若成连比例的三个数是那些与之有相同比的数组中的最小者，则其中任何两个之和与剩下的数互素。

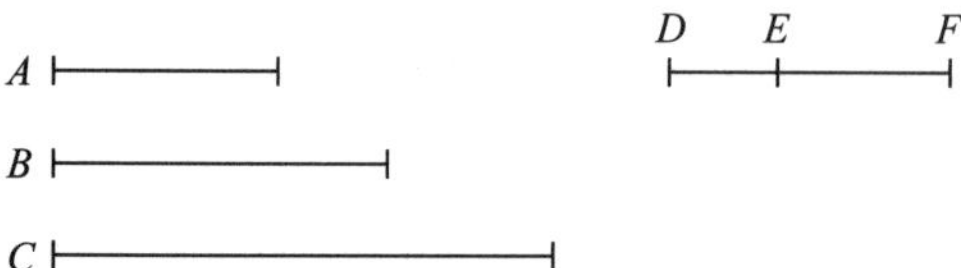

设 A,B,C 是三个成连比例的数，且它们是与之有相同比的数组中的最小者。我说 A,B,C 中任何两个之和与剩下的一个互素，即 A 加 B 与 C 互素，B 加 C 与 A 互素，A 加 C 与 B 互素。

设取与 A,B,C 有相同比的两个最小数 DE 与 EF[命题Ⅷ.2]。显然，DE 自乘得到 A，DE 乘 EF 得到 B，此外，EF 自乘得到 C[命题Ⅷ.2]。且由于 DE 与 EF 是与之有相同比的数对中的最小者，它们是互素的[命题Ⅶ.22]。而若两个数是互素的，则其和也与每个数互素[命题Ⅶ.28]。因此，DF 也与 DE,EF 每个都互素。但事实上，DE 也与 EF 互素，因此，DF，DE 二者都与 EF 互素。且若两个数都与某数互素，则它们的乘积也与该数互素[命题Ⅶ.24]。因而，FD,DE 的乘积与 EF 互素。FD,DE 的乘积与 EF 的平方互素[命题Ⅶ.25]。[因为若两个数都与另一个数互素，则它们的平方也与该数互素。]但 FD,DE 的乘积是 DE 的平方加上 DE,EF 的乘积[命题Ⅱ.3]，因此，DE 的平方加上 DE,EF 的乘积与 EF 的平方互素。而 DE 的平方是 A，DE,EF 的乘积是 B，EF 的平方是 C。因此，A,B 之和与 C 互素。类似地，我们可以证明 B,C 之和与 A 互素。我说 A,C 之和也与 B 互素。其理由如下。由于 DF 与 DE,EF 每个都互素，因此 DF 的平方也与 DE,EF 的乘积互素[命题Ⅶ.25]。但是 DE,EF 的平方之和加上 DE 与 EF 乘积的两倍等于 DF 的平方[命题Ⅱ.4]，因此，DE,EF 上

① 命题Ⅸ.14 数字实例：$A,B,C,D,E,F=6,2,2,3,5,7$。——译者注

的正方形之和加上 DE,EF 所夹矩形的两倍与 DE,EF 所夹矩形互素。① 再者,经过分离,DE,EF 上的正方形之和与 DE,EF 所夹矩形互素。而 DE 上的正方形是 A,DE,EF 所夹矩形是 B,EF 上的正方形是 C。因此 A,C 之和与 B 互素。② 这就是需要证明的。

命题 16

若两个数互素,则第一数比第二数不会如同第二数比某个其他数。

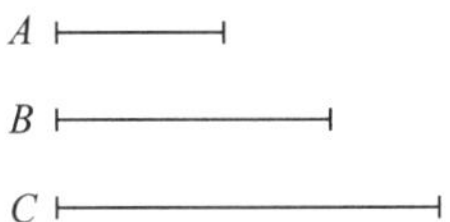

设两个数 A 与 B 互素。我说 A 比 B 不会如同 B 比某个其他数。

其理由如下。设 A 比 B 如同 B 比 C,检验是否可能。已知 A 与 B 互素,而互素的数对在与之有相同比的数对中是最小的[命题Ⅶ.21]。且最小数对量度与之有相同比的数对时,前项量尽前项的次数与后项量尽后项的次数相同[命题Ⅶ.20]。于是 A 量尽 B,因为前项量尽前项。但 A 也量尽其自身,于是 A 量尽互素的数 A 与 B。这是荒谬的。于是 A 比 B 不可能如同 B 比 C。③ 这就是需要证明的。

命题 17

若有任意多个数成连比例,且其最外端二数互素,则第一数比第二数不可能如同最末数比某个其他数。

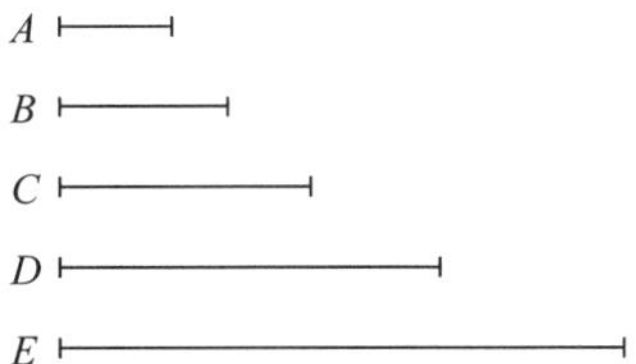

设 A,B,C,D 是任意多个成连比例的数,且设它们的最外端二数 A 与 D 互素。我说 A 比 B 不可能如同 D 比某个其他数。

其理由如下。设 A 比 B 如同 D 比 E,检验是否可能。由更比例,A 比 D 如同 B 比 E[命题Ⅶ.13]。但 A 与 D 互素。互素各数是与之有相同比各数中的最小者[命题Ⅶ.21]。且最小数量度与之有相同比的数对时,前项量尽前项的次数与后项量尽后项的次数相同[命题Ⅶ.20]。因此,A 量尽 B。又,A 比 B 如同 B 比 C。因此,B 也量尽 C。且因而,A 也量尽 C[命题Ⅶ.20]。又由于 B 比 C 如同 C 比 D,而 B 量尽 C,C 因此也量尽 D[命题Ⅶ.20]。但已知 A 量尽 C,因而,A 也量尽 D。且 A 也量尽其自身。因此,A 量尽互素的 A 与 D。而这是不可能的。所以 A 比 B 不可能如同 D 比某个其他数。④ 这就是需要证明的。

---

① 因为若 $\alpha\beta$ 除尽 $\alpha^2+\beta^2+2\alpha\beta$,则它也除尽 $\alpha^2+\beta^2+\alpha\beta$,反之亦然。

② 命题Ⅸ.15 数字实例:A,B,C,DE,$EF=4$,6,9,2,3。这里隐含一个假定:$A:B$ 不是自然数。——译者注

③ 命题Ⅸ.16 数字实例:A,B,$C=3$,5,7。——译者注

④ 命题Ⅸ.17 数字实例:A,B,C,$D=8$,12,18,27。注意这里述及的只是自然数,由 $A:B=D:E$ 求得的是 $E=40.5$,不是自然数。——译者注

命题 18

对给定的两个数,探讨能否找到与它们成比例的第三个数。

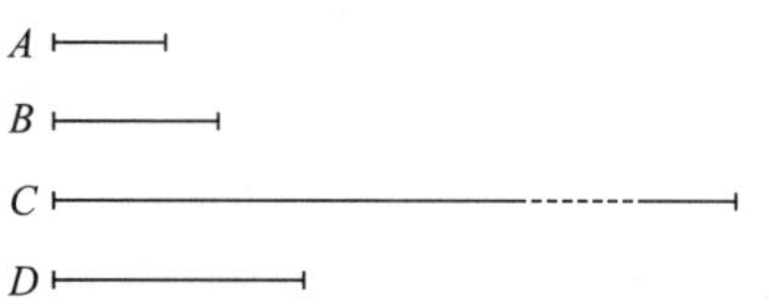

设 A 与 B 是两个给定的数,故要求的是探讨能否找到第三个数与之成比例。

A 与 B 或者互素或者不互素。若它们是互素的,已经证明了不可能找到与它们成比例的第三个数[命题Ⅸ.16]。

故设 A 与 B 不互素,并设 B 自乘得到 C。故 A 或者量尽 C 或者量不尽 C。首先,设 A 按照 D 量尽 C。因此,A 乘 D 得到 C。但事实上,C 也可以通过 B 的自乘得到,因此,A,D 的乘积等于 B 的平方。故 A 比 B 如同 B 比 D[命题Ⅶ.19]。所以,与 A,B 成比例的第三个数已经找到,它就是 D。

现在设 A 量不尽 C。我说不可能找到与 A,B 成比例的第三个数。其理由如下。如若可能,设它已被找到为 D。因此,A,D 的乘积等于 B 的平方[命题Ⅶ.19]。而 B 的平方是 C。因此,A,D 的乘积等于 C。因而,A 乘 D 得到 C。因此,A 按照 D 量尽 C。但事实上,A 已被假设为量不尽 C。这是荒谬的。因此,若 A 量不尽 C,则不可能找到与 A,B 成比例的第三个数。[①] 这就是需要证明的。

命题 19[②]

对给定的三个数,研究能否找到与它们成比例的第四个数。

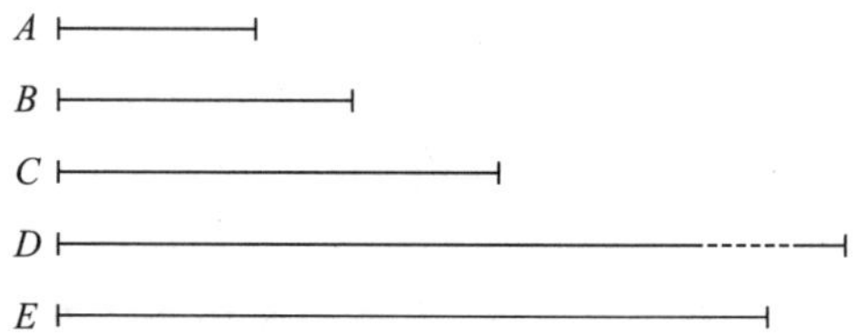

设 A,B,C 是三个给定的数。故要求的是研究能否找到第四个数与之成比例。

事实上,A,B,C 或者不成连比例且其最外端的数互素,或者成连比例且其最外端的数不互素,或者既不成连比例且其最外端的数不互素,或者成连比例且其最外端的数互素。

事实上,若 A,B,C 成连比例且其最外端的数 A,C 互素,则已经证明不可能找到与之成比例的第四个数[命题Ⅸ.17]。故设 A,B,C 不成连比例,但其最外端数仍然是互素的。我说在这种情况下,也不可能找到第四个数与之成比例。其理由如下。如若可能,设它已被找到为 D,因

① 命题Ⅸ.18 数字实例:A,B,C,D = 4,6,36,9。——译者注

② 本命题的证明是有缺陷的。事实上,只有两种情形。或者 A,B,C 成连比例且 A 与 C 互素,或者并非如此。在第一种情形,不可能找到第四个成比例的数。在第二种情形,若 A 量尽 B 需 C 次,可能找到第四个成比例的数。在欧几里得考虑的四种情形中,对第二种情形给出的证明是不正确的,因为它只说明了若 $A:B=C:D$,则不可能找到一个数 E,使得 $B:C=D:E$。对其他三种情形给出的证明是正确的。

而有 A 比 B 如同 C 比 D。并使得 B 比 C 如同 D 比 E。则由于 A 比 B 如同 C 比 D,以及 B 比 C 如同 D 比 E。因此,由首末比例,A 比 C 如同 C 比 E[命题Ⅶ.14]。但 A 与 C 互素。而互素的数对也是与之有相同比的数对中的最小者[命题Ⅶ.21]。而最小数量度与之有相同比的数对时,前数量尽前数的次数与后数量尽后数的次数相同[命题Ⅶ.20]。因此,A 量尽 C,因为前数量尽前数,但它也量尽其自身。所以,A 量尽互素的 A 与 C,而这是不可能的。因此,不可能找到第四个数与 A,B,C 成比例。

然后仍设 A,B,C 成连比例,但 A 与 C 不互素。我说可能找到第四个数与 A,B,C 成比例。由于设 B 乘 C 得到 D,于是,A 或者量尽 D 或者量不尽 D。首先设 A 按照 E 量尽 D。于是,A 乘 E 得到 D。但事实上,B 乘 C 也得到 D。因此,A,E 的乘积等于 B,C 的乘积。所以有比例:A 比 B 如同 C 比 E[命题Ⅶ.19]。于是找到了与 A,B,C 成比例的第四个数,即 E。

再设 A 量不尽 D。我说不可能找到第四个数与 A,B,C 成比例。其理由如下。如若可能,设它已被找到为 E。因此,A,E 的乘积等于 B,C 的乘积。但 B,C 的乘积为 D。因此,A,E 的乘积也是 D。所以,A 乘 E 得到 D。于是,A 按照 E 量尽 D。因而,A 量尽 D。但它也量不尽 D。这是荒谬的。因此,当 A 量不尽 D 时,不可能找到第四个数与 A,B,C 成比例。又设 A,B,C 既不成连比例,其最外端数也不是互素的。类似地可以证明,若 A 量尽 D,则可能找到第四个数与 A,B,C 成比例,但是若 A 量不尽 D 则不可能。[①] 这就是需要证明的。

命题 20

所有素数的集合中的素数比指定的任意多个素数更多。

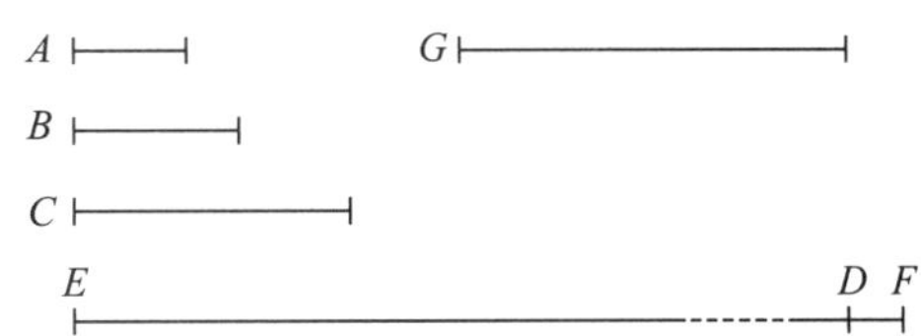

设 A,B,C 是指定的素数。我说所有素数的集合中素数的数目比 A,B,C 更多。

其理由如下。设取被 A,B,C 量尽的最小数为 DE[命题Ⅶ.36]。并设对 DE 加上一单位 DF。则 EF 或者是素数或者不是。首先,设它是素数。于是已找到多于 A,B,C 的素数集合 A,B,C,EF。

又设 EF 不是素数。于是 EF 可以被某个素数量尽[命题Ⅶ.31]。设它被素数 G 量尽。我说 G 与 A,B,C 中的任何一个都不同。其理由如下。设它们相同,检验是否可能。已知 A,B,C 都量尽 DE,因此,G 也量尽 DE。且它也量尽 EF。故 G 也量尽剩下的数,即一单位 DF,尽管 G 是一个数。这是荒谬的。因此 G 与 A,B,C 中的任何一个都不同。且已假设它是素

① 命题Ⅸ.19 数字实例:$A,B,C,D,E=8,12,18,216,27$。——译者注

数。这样就找到了素数集合 A,B,C,G，其个数多于指定的 A,B,C 的个数。[①] 这就是需要证明的。

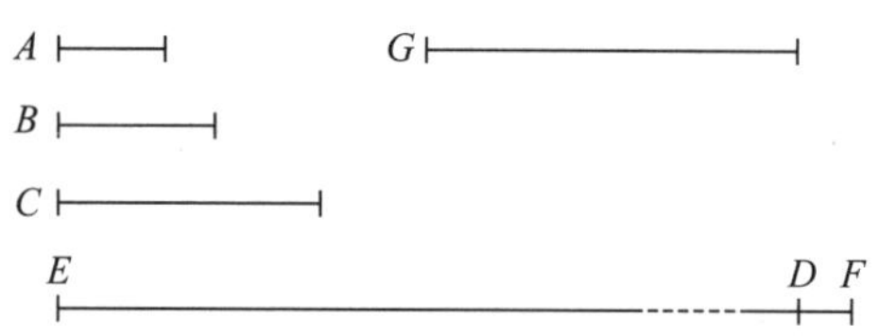

（注：为方便读者阅读，译者将第 205 页图复制到此处。）

命题 21

任意多个偶数之和是偶数。

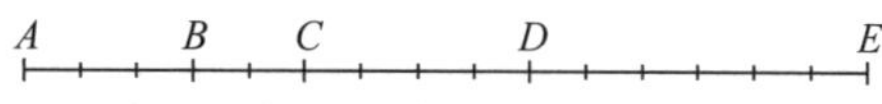

设把任意多个偶数 AB,BC,CD,DE 相加。我说总和 AE 也是偶数。

其理由如下。由于 AB,BC,CD,DE 每个都是偶数，它们各有它们的一半[定义Ⅶ.6]。因而总和 AE 也有它的一半。而偶数是可以被分为一半的数[定义Ⅶ.6]。因此，AE 是偶数。这就是需要证明的。

命题 22

任意多偶数个奇数之和是偶数。

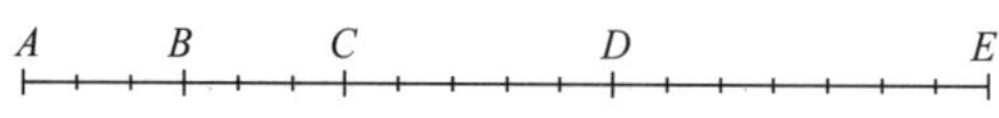

设有任意多偶数个奇数 AB,BC,CD,DE 相加。我说总和 AE 是偶数。

其理由如下。由于 AB,BC,CD,DE 每个都是奇数，若从每个减去一单位，则每一个余数都是偶数[定义Ⅶ.7]。于是它们的总和是偶数[命题Ⅸ.21]。但一单位的总数也是偶数。因此，总和 AE 也是偶数[命题Ⅸ.21]。这就是需要证明的。

命题 23

任意多奇数个奇数之和是奇数。

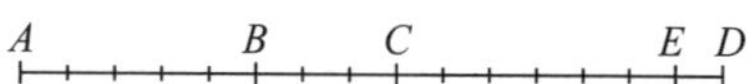

设把一些奇数 AB,BC,CD（共奇数个）加在一起，则总和 AD 是奇数。

其理由如下。设从 CD 中减去一单位 DE，则余数 CE 是偶数[定义Ⅶ.7]。但 CA 也是偶数[命题Ⅸ.22]。因此，总和 AE 也是偶数[命题Ⅸ.21]。又由于 DE 是一单位，因此 AD 是奇数[定义Ⅶ.7]。这就是需要证明的。

命题 24

偶数减偶数得到的余数是偶数。

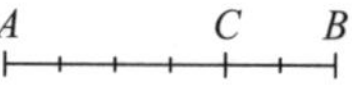

设从偶数 AB 减去偶数 BC，我说余数 AC 是偶数。

---

① 命题Ⅸ.20 数字实例：$A,B,C,ED,DF,G=2,3,5,30,1,7$。——译者注

由于 AB 是偶数,它有它的一半[定义Ⅶ.6],同理 BC 也有它的一半。且余数 CA 也有它的一半,因此 AC 是偶数。这就是需要证明的。

命题 25

偶数减奇数得到的余数是奇数。

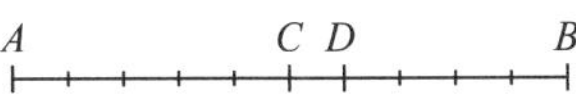

设从偶数 AB 减去奇数 BC。我说余数 CA 是奇数。

其理由如下。设从 BC 减去一单位 CD,则 DB 是偶数[定义Ⅶ.7],但是 AB 也是偶数,且余数 AD 也是偶数[命题Ⅸ.24]。而 CD 是一单位,因此 CA 是奇数[定义Ⅶ.7]。这就是需要证明的。

命题 26

奇数减奇数得到的余数是偶数。

设从奇数 AB 减去奇数 BC,我说余数 CA 是偶数。

其理由如下。由于 AB 是奇数,设由之减去一单位 BD,于是,余数 AD 是偶数[定义Ⅶ.7]。同理,CD 也是偶数,因而余数 CA 也是偶数[命题Ⅸ.24]。这就是需要证明的。

命题 27

奇数减偶数得到的余数是奇数。

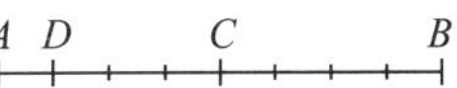

设从奇数 AB 减去偶数 BC,则余数 CA 是奇数。

其理由如下。设从奇数 AB 减去一单位 AD。我说余数 DB 是偶数[定义Ⅶ.7]。而 BC 也是偶数。因此,余数 CD 也是偶数[命题Ⅸ.24],所以,CA 是奇数[定义Ⅶ.7]。这就是需要证明的。

命题 28

奇数与偶数之乘积是偶数。

设奇数 A 乘偶数 B 得到 C,我说 C 是偶数。

其理由如下。由于 A 乘 B 得到 C,因此在 A 中有多少个单位,C 也就由多少个等于 B 的数组成[定义Ⅶ.15]。而 B 是偶数,因此 C 由偶数组成。且若任意多个偶数加在一起,则其总和是偶数[命题Ⅸ.21]。因此,C 是偶数。这就是需要证明的。

命题 29

奇数与奇数之乘积也是奇数。

设奇数 A 乘奇数 B 得到 C，我说 C 是奇数。

其理由如下。由于 A 乘 B 得到 C，因此在 A 中有多少个单位，C 也就由多少个等于 B 的数组成[定义Ⅶ.15]。且 A，B 每个都是奇数。因此，C 由奇数个奇数组成。因而 C 是奇数[命题Ⅸ.23]。这就是需要证明的。

命题 30

若一个奇数量尽一个偶数，则该奇数也量尽该偶数的一半。

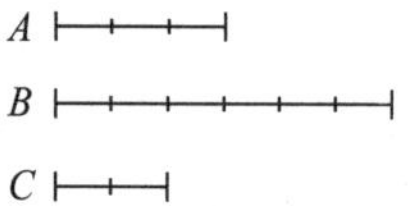

设奇数 A 量尽偶数 B，我说 A 也量尽 B 的一半。

其理由如下。A 量尽 B，并设 A 按照 C 量尽 B。我说 C 不是奇数。其理由如下。设它是奇数，检验是否可能。由于 A 按照 C 量尽 B，因此 A 乘 C 得到 B。于是 B 由奇数个奇数组成。因此 B 是奇数[命题Ⅸ.23]。这是荒谬的。因此，C 不是奇数，而是偶数。有鉴于此，A 也量尽 B 的一半。这就是需要证明的。

命题 31

若一个奇数与某数互素，则它也与该数的两倍互素。

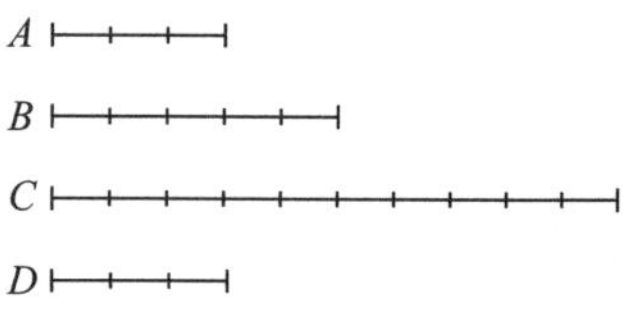

设奇数 A 与某数 B 互素，C 是 B 的两倍，我说 A 与 C 互素。

其理由如下。若 A 与 C 不互素，则有某数量尽它们，设该数是 D，但 A 是奇数，于是 D 也是奇数。又由于 D 是量尽 C 的奇数，而 C 是偶数，因此 D 也量尽 C 的一半[命题Ⅸ.30]。而 B 是 C 的一半，因此 D 量尽 B。且它也量尽 A。因此 D 量尽 A 与 B，尽管它们是互素的，而这是不可能的。因此 A 并非不与 C 互素，所以 A 与 C 互素。这就是需要证明的。

命题 32

从 2 开始连续加倍的每一个数，都只能是偶数倍偶数。

设 B，C，D 是从 2 开始连续加倍的任意多个数。我说 B，C，D 只能是偶数倍偶数。

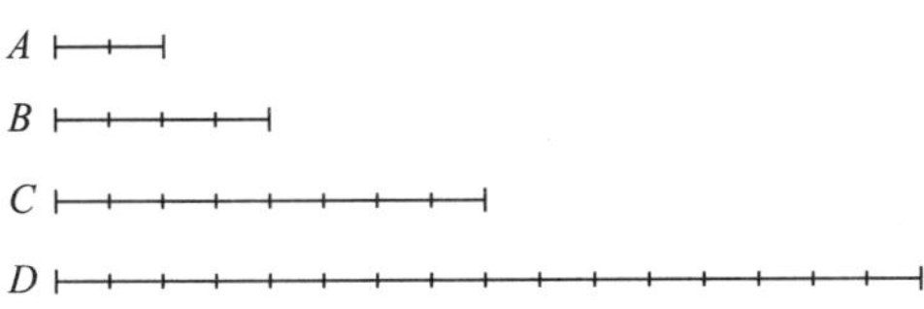

事实上很显然，B，C，D 每个都是偶数倍偶数，由于它们是从 2 开始加倍的[定义Ⅶ.8]，我也说它们只能是偶数倍偶数。其理由如下。设给定一单位。因此，由于由一单位开始(且其后的数 A 是素数)的任意多个数成连比例，则 A，B，C，D 中的最大者，即 D，不会被除了 A，B，C 以外的任何数量尽[命题Ⅸ.13]。且 A，B，C 每个都是偶数。因此，D 只能是偶数倍偶数[定义Ⅶ.8]。类似地，我们可以证明 B，C 也每个只能是偶数倍偶数。这就是需要证明的。

命题 33

若一个数的一半是奇数，则它只能是一个偶数倍奇数。

设数 A 的一半是奇数，我说 A 只能是偶数倍奇数。

A

事实上，显然 A 是偶数倍奇数。因为它的一半是奇数，该奇数量尽原数的次数是偶数[定义Ⅶ.9]。我也说它只能是偶数倍奇数。因为若 A 是一个偶数倍偶数，则它被一个偶数量尽的次数是偶数[定义Ⅶ.8]。因而，它的一半也被一个偶数量尽，尽管这个一半是奇数，这是荒谬的。因此，A 只能是一个偶数倍奇数。这就是需要证明的。

命题 34

若一个数既不是由 2 加倍得到的数，它的一半也不是奇数，则它既是偶数倍偶数，也是偶数倍奇数。

A

设 A 既不是由 2 加倍得到的数，它的一半也不是奇数。我说 A 既是偶数倍偶数也是偶数倍奇数。

事实上很显然，A 是一个偶数倍偶数[定义Ⅶ.8]。由于它的一半不是奇数。我说它也是一个偶数倍奇数。因为若我们等分 A，然后等分它的一半，而且继续这样做下去，我们会得到某个奇数，它量尽 A 的次数是偶数。否则，我们得到 2，而 A 是由 2 加倍得到的数之一。但这与假设矛盾。因而，A 是一个偶数倍奇数[定义Ⅶ.9]。且它也已被证明是一个偶数倍偶数。于是 A 既是一个偶数倍偶数，也是一个偶数倍奇数。这就是需要证明的。

命题 35[①]

若有任意多个成连比例的数，从第二数与最末数减去第一数，则第二数超过第一数的差额比第一数如同最末数超过第一数的差额比它之前所有数之和。

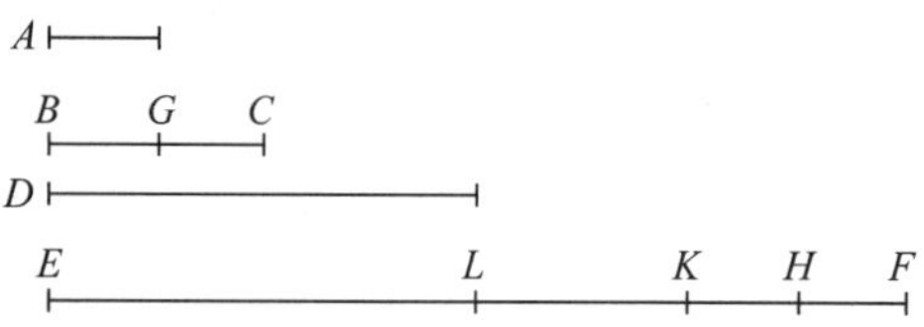

设从最小的 A 开始的任意多个数 A，BC，D，EF 成连比例，又设从 BC 与 EF 中分别减去等于 A 的 BG 与 FH。我说 GC 比 A 如同 EH 比 A，BC，D 之和。

设作 FK 等于 BC，FL 等于 D，则由于 FK 等于 BC，且其中 FH 等于 BG。因此余数 HK 等于余数 GC。又由于 EF 比 D 如同 D 比 BC，也如同 BC 比 A[命题Ⅶ.13]，而 D 等于 FL，BC 等于 FK，以及 A 等于 FH。因此，EF 比 FL 如同 LF 比 FK，又如同 FK 比 FH。由分比例，EL 比 LF 如同 LK 比 FK，又如同 KH 比 FH[命题Ⅶ.11，命题Ⅶ.13]。而前项之一比后项之一如同所有前项之和比所有后项之和[命题Ⅶ.12]。因此，KH 比 FH 如同 EL，LK，KH 之和比 LF，FK，HF 之和。但 KH 等于 CG，FH 等于 A，以及 LF，FK，HF 之和等于 D，BC，A 之和。因此，CG 比 A 如同 EH 比 D，BC，A 之和。这样，第二数超过第一数的差额比第一数如同最末数超过第一数的差额比它之前所有数之和。这就是需要证明的。

命题 36[②]

设从一单位开始的任意多个数不断加倍，当它们加在一起的总和是素数时，该总和与最后一个数的乘积是一个完全数。

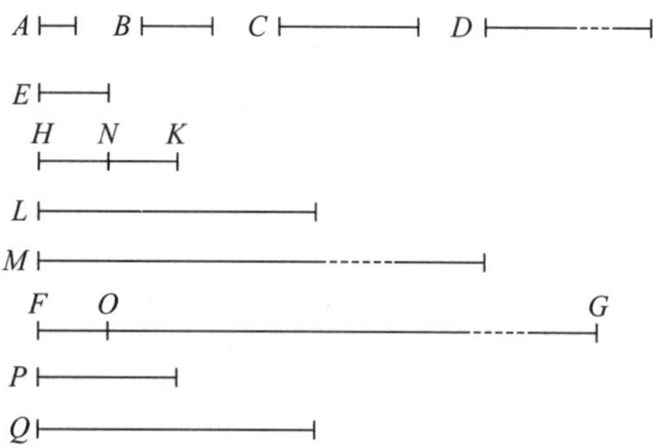

设从一单位开始的任意多个数 A，B，C，D 不断加倍，直到它们加在一起的总和是素数。[③] 设 E 等于这个总和，并设 E 乘 D 得到 FG。我说 FG 是完全数。

其理由如下。A，B，C，D 有多少个，设从 E 开始也取多少个不断加倍的数 E，HK，L，M。于是，由首末比例，A 比 D 如同 E 比 M[命题Ⅶ.14]。因此，E，D 的乘积等于 A，M 的乘积。而 FG 是 E，D 的乘

① 这个命题使我们可以对形为 $a, ar, ar^2, ar^3, \cdots, ar^{n-1}$ 的级数求和。按照欧几里得，总和 S_n 满足 $(ar-a)/a=(ar^n-a)/S_n$。由之可以导出 $S_n=a(r^n-1)/(r-1)$。

② 本命题说明完全数有形式 $2^{n-1}(2^n-1)$，假定 2^n 1是一个素数。古希腊人知道四个完全数，6，28，496，8128，它们分别对应于 $n=2,3,5,7$。

③ 注意这个总和包括一单位在内。——译者注

积。所以,FG 也是 A,M 的乘积[命题Ⅶ.19]。因此,A 乘 M 得到 FG。所以,M 按照 A 中的单位数量尽 FG。而 A 中有两个单位。因此 FG 是 M 的两倍。而 M,L,HK,E 也是彼此不断加倍的数。因此 E,HK,L,M,FG 按照加倍的比成连比例。现在设从第二数 HK 与最末数 FG 分别减去等于第一数 E 的 HN 与 FO。因此,第二数超过第一数的差额比第一数如同最末数超过第一数的差额比它之前所有数之和[命题Ⅸ.35]。所以,NK 比 E 如同 OG 比 M,L,HK,E 之和。而 NK 等于 E,因此,OG 等于 M,L,HK,E 之和。且 FO 也等于 E,而 E 等于 A,B,C,D 与一单位之和。因此,整个 FG 等于 E,HK,L,M 与 A,B,C,D 与一单位之和。而且 FG 被它们量尽。我也说,FG 不会被其他数量尽,除了 A,B,C,D,E,HK,L,M 与一单位。其理由如下。设某个数 P 量尽 FG,且 P 与 A,B,C,D,E,HK,L,M 中的任何一个都不同,检验是否可能。P 量尽 FG 的次数是多少,就设在 Q 中有多少个单位。于是,Q 乘 P 得到 FG。但事实上,E 乘 D 也得到 FG。因此,E 比 Q 如同 P 比 D[命题Ⅶ.19]。且因为 A,B,C,D 是前面还有一单位的连比例数,D 因此不会被任何其他数量尽,除了 A,B,C[命题Ⅸ.13]。但已假设 P 不等于 A,B,C 中的任何一个。因此,P 量不尽 D。但是 P 比 D 等于 E 比 Q,因此,E 也量不尽 Q[定义Ⅶ.20]。且 E 是一个素数。而每个素数都与它量不尽的每个数互素[命题Ⅶ.29]。因此,E 与 Q 互素。而互素的数对在与之有相同比的数对中是最小者[命题Ⅶ.21],而最小数对量尽与之有相同比的那些数对时,前项量尽前项的次数与后项量尽后项的次数相同[命题Ⅶ.20]。且 E 比 Q 等于 P 比 D,因此,E 量尽 P 的次数与 Q 量尽 D 的次数相同。且 D 不能被除了 A,B,C 以外的任何其他数量尽。所以,Q 与 A,B,C 之一相同。设它与 B 相同。且 B,C,D 有多少个,就从 E 开始的我们的数组(即 E,HK,L)中也取多少个。而 E,HK,L 与 B,C,D 有相同比。于是由首末比例,B 比 D 如同 E 比 L[命题Ⅶ.14]。因此,B,L 的乘积等于 D,E 的乘积[命题Ⅶ.19]。但是 D,E 的乘积等于 Q,P 的乘积。因此,Q,P 的乘积等于 B,L 的乘积。所以,Q 比 B 如同 L 比 P[命题Ⅶ.19]。且 Q 与 B 相同,因此,L 与 P 也相同。这是不可能的。由于已假设 P 与给定数中任何一个都不相同。因此,FG 不能被任何其他数量尽,除了 A,B,C,D,E,HK,L,M 与一单位。而 FG 已被证明等于 A,B,C,D,E,HK,L,M 与一单位之和。而完全数等于其自身各部分之和[定义Ⅶ.22]。因此,FG 是一个完全数。[①] 这就是需要证明的。

① 命题Ⅸ.36 数字实例:$A,B,C,D=2,4,8,16$;$E,HN,HK,L,M,FO,FG=31,31,62,124,248,31,496$,对应的完全数是 496。注意本例中 A,B,C,D 是一个等比数例,HN,HK,L,M 也是一个等比数例。——译者注

古希腊奥林匹克运动会想象图。

《几何原本》最早在元代由波斯人札马鲁丁引入中国。元世祖忽必烈至元年间，札马鲁丁在大都朝廷任职。至元十年（1273 年），他被提升为秘书监负责人，掌管典籍、图书和皇家档案等并兼辖司天台。他引入百余部波斯、阿拉伯文书籍，涉及天文、历法、数学、医学、历史、地理等许多领域，其中就包括《几何原本》，不过当时并未翻译成中文。

位于宁夏吴忠回族历史人物园的扎马鲁丁雕像。

札马鲁丁设计制造的天球仪和地球仪。

中国最早的《几何原本》译本，是 1607 年意大利传教士利玛窦和中国学者徐光启根据克拉维乌斯校订增补的拉丁文本《欧几里得原本》(15 卷）合译的，定名为《几何原本》。

利玛窦和徐光启蜡像。

利玛窦（Matteo Ricci，1552—1610），字西泰，意大利天主教耶稣会最早来华的传教士之一，著名学者。他是明代第一位定居中国的传教士。万历十年（1582 年）来华，万历二十九年至北京，以传授西方科学知识为布道手段，同时把中国科学文化成就介绍到欧洲。

克拉维乌斯，德国耶稣会传教士，天文学家、数学家。

1610 年利玛窦病逝于北京。万历皇帝亲赐葬地。下葬时，朝廷文武百官都参加了葬礼。墓地现位于北京行政学院内。墓碑刻有“耶稣会士利公之墓”碑文。

利玛窦和徐光启当时只翻译了《几何原本》前6卷，后9卷是1857年由英国人伟烈亚力和中国科学家李善兰译出。这一过程跨越了从明朝万历年间到清朝咸丰年间整整250年。

李善兰（1811—1882），浙江海宁人。9岁时，李善兰对父亲书房的一本《九章算术》产生了浓厚兴趣。14岁时，他靠自学读懂了欧几里得《几何原本》前6卷。欧氏几何严密的逻辑体系，与偏重实用计算技巧的中国古代数学思想大为不同，这对他产生了极大震撼。李善兰决心把后9卷翻译出来。

从1852年到1859年，李善兰在上海墨海书馆与英国人伟烈亚力合作，翻译完成了《几何原本》后9卷。（下）

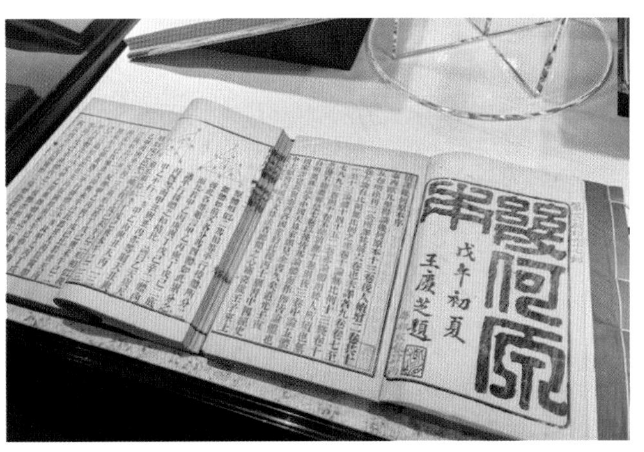

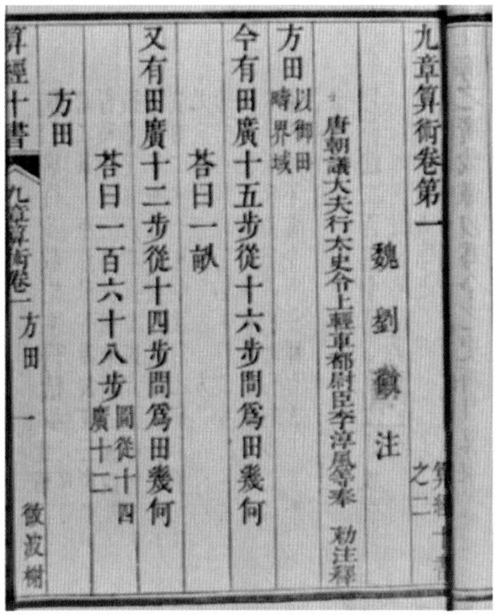
九章算術卷第一

魏 劉 徽 注

唐朝議大夫行太史令上輕車都尉臣李淳風等奉 勅注釋

方田 以御田疇界域

今有田廣十五步從十六步問爲田幾何

荅曰一畝

又有田廣十二步從十四步問爲田幾何

荅曰一百六十八步 圖從十四 廣十二

方田

算經十書 九章算術卷一 方田 一 微波榭

木刻版《九章算术》第一卷内页。

李善兰还翻译了大量西方科学著作，其中包括《奈端数理》（即牛顿《自然哲学之数学原理》）（未译完）。许多中文科学名词术语，如“代数”“函数”“方程式”“微分”“积分”“级数”“植物”“细胞”等都是他创造的。

经广东巡抚郭嵩焘举荐，1868年，李善兰任北京同文馆天文算学总教习。他是中国近代数学教育的先驱。上图为李善兰（中坐者）及其弟子合影。

浙江海宁李善兰公园一角。

伟烈亚力（A. Wylie，1815—1887），英国汉学家。1847 年 8 月 26 日，伟烈亚力被基督教伦敦宣道会派遣到上海，协助宣教士麦都思管理墨海书馆。此后他在中国 30 年，致力传播西学，并向西方介绍中国文化，对中西文化交流有重要贡献。

談天卷一

英國侯失勒原本

英國偉烈亞力口譯

海寧李善蘭刪述

無錫徐建寅續述

1852 年夏，李善兰经人介绍来到上海墨海书馆礼拜堂，将自己的数学著作给麦都思展阅，受到伟烈亚力等人赞赏，随后被聘为墨海书馆编译。从此开始了他与外国人合作翻译西学著作的生涯。

麦都思（W. H. Medhurst，1796—1857），英国传教士，汉学家，晚年自号“墨海老人”。1843 年，伦敦会派遣麦都思到上海宣教。为了传播福音和西学，他将巴达维亚的印刷所迁来上海，创设中国第一个近代印刷所墨海书馆。右图为 50 岁时的麦都思。

中西通書

耶穌降世一千八百五十九年

上海墨海書館印

墨海书馆 1859 年出版的《中西通书》。

麦都思招募了一批中国知识精英，协助宣教士译书、编书，培养了许多通晓西学的杰出人才，如中国最早的政论家王韬、数学家和物理学家李善兰等。他们和伟烈亚力、艾约瑟（Joseph Edkins，1823—1905）等撰写、翻译了许多介绍西方政治、科学、宗教的书籍，对晚清文化启蒙影响极大。左图为麦都思（左起）、理雅各（James Legge，1815—1897）与王韬。

墨海书馆是上海第一家近代意义上的出版社，也是上海最早采用西式汉文铅活字印刷术的印刷厂。印刷机为铁制，以牛力带动，传动带通过墙孔延伸过来，带动印刷机运转，大大提高了工作效率。

现代读者能阅读到《几何原本》，得益于丹麦学者海贝格。他于 1883—1888 年出版了一个最接近欧几里得原始著作的希腊文版本，得到学术界公认。海贝格还对希腊文版《几何原本》做了大量拉丁文评注，极大增加了这个版本的附加值。

海贝格（J. L. Heiberg，1854—1928），丹麦数学史家和古典语言学家。

海贝格于 1906 年在君士坦丁堡（今伊斯坦布尔）一个教堂图书馆里，发现了阿基米德著作羊皮书手抄本。这是公元 900 多年时被人抄写上去的阿基米德原文。书中借助力学原理，运用积分方法，得到了抛物线弓形面积、球体积、旋转体体积等用初等几何方法难以得到的结果。1998 年，该书被佳士得拍卖行以 220 万美元拍卖。

1908 年，希思基于海贝格的希腊文版，在剑桥大学出版社出版了英文译本，并附上了大量英文评注。1926 年又出版了英译本第二版。上图为希思翻译的带有详细评注的三卷本《几何原本》。

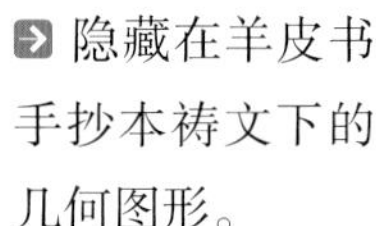

隐藏在羊皮书手抄本祷文下的几何图形。

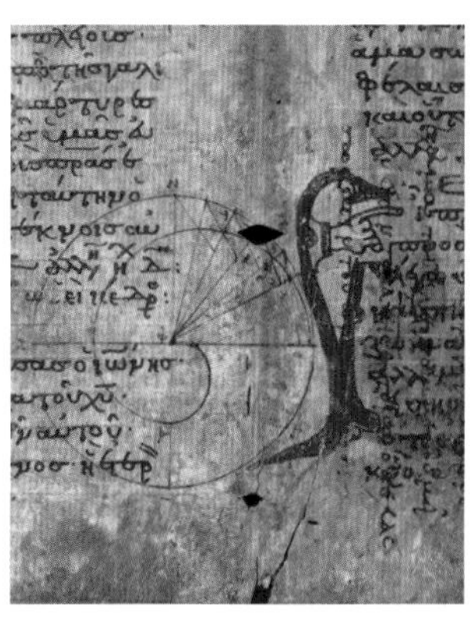

希思爵士（Sir T. L. Heath，1861—1940），英国古典学家、数学史家和翻译家。毕业于剑桥大学三一学院，长期任职于英国财政部。他最重要的学术贡献，是将欧几里得、阿基米德、阿波罗尼奥斯、阿里斯塔克的作品翻译成英文。1912 年被选为英国皇家学会会员。

《几何原本》成书于2300年前，并非欧几里得一个人的成果，而是包括了欧几里得以前古希腊数学的所有重要成果，如毕达哥拉斯、欧多克斯和特埃特图斯等数学家的成果。内容包括几何（平面几何与立体几何）、算术、数论，以及几何型代数学。更重要的是，它总结了古希腊时期发展出来的普遍与严格的论证方法。在这个意义上，它起到了“承上”的作用。

毕达哥拉斯（Pythagoras，约前570—约前495），古希腊哲学家、数学家，毕达哥拉斯学派的创立者。他试图用数学解释世上一切事物，首先在希腊数学中引入毕达哥拉斯定理（即勾股定理），见《几何原本》第一卷。他最早提出比例理论，以及识别了五种正多面体。左图为毕达哥拉斯雕像。

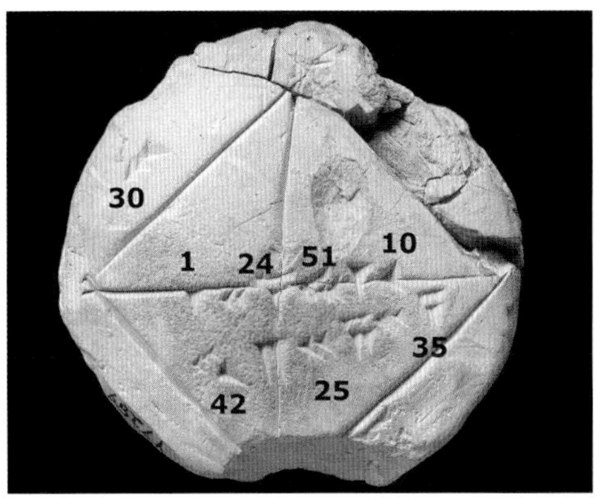

古巴比伦和古埃及都有类似勾股定理的计算。目前最早记述，见于公元前1800年巴比伦人在泥板上用楔形文字所作的描述。

在中国，西周早期的商高提出了“勾三股四弦五”的勾股定理的特例。公元前1世纪《周髀算经》对其进行了证明。公元3世纪，刘徽在《九章算术》中，对勾股定理做了更加一般的表达：“把勾和股分别自乘，然后把它们的积加起来，再进行开方，便可以得到弦。”右图为“科学元典丛书”中《九章算术》的封面。

欧多克斯（Eudoxus of Cnidus，前408—前355），古希腊数学家、力学家和天文学家。他最著名的贡献是比例论，他也是穷举法的首创者。欧多克斯与柏拉图是同时代人，曾求学于柏拉图学园，之后返校执教。

特埃特图斯（Theaetetus of Athens，前417—前369），古希腊数学家，苏格拉底和柏拉图的朋友。他对无理数进行了分类，成果收录在《几何原本》第十卷中；证明了只存在五种正多面体，并讨论了它们的性质，该内容收录在《几何原本》第十三卷中。

《几何原本》具有重要的“启下”作用，它直接影响了阿基米德、阿波罗尼奥斯和阿里斯塔克等科学大师。虽然他们和欧几里得没有明确记载的师承关系，但他们在数学研究的目标、方法和风格上都以《几何原本》为典范，鲜明地传承了欧几里得的学术传统。他们的著作是古希腊科学登峰造极之作。此外，后世的许多伟人，如开普勒、牛顿、爱因斯坦等，都称自己受到《几何原本》的极大影响。

阿基米德（Archimedes，前 287—前 212），古希腊数学家、物理学家、发明家、工程师、天文学家。他家喻户晓的贡献是发现了浮力定律和杠杆原理。

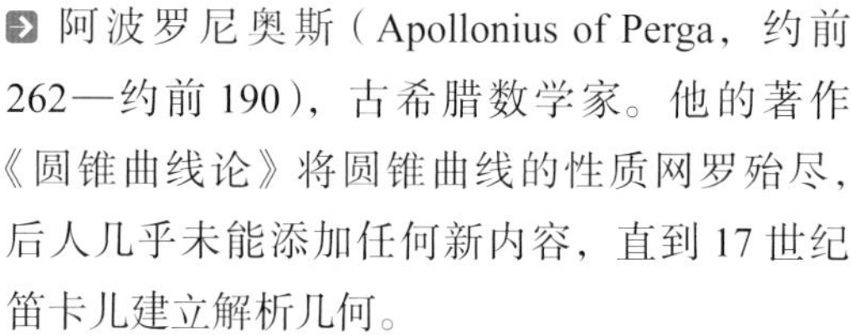

阿波罗尼奥斯（Apollonius of Perga，约前 262—约前 190），古希腊数学家。他的著作《圆锥曲线论》将圆锥曲线的性质网罗殆尽，后人几乎未能添加任何新内容，直到 17 世纪笛卡儿建立解析几何。

阿里斯塔克（Aristarchus of Samos，前 310—前 230），古希腊数学家和天文学家，他是历史上最早提出日心说的人，也是最早测定太阳和月球对地球距离近似比值的人。左图是位于希腊北部城市塞萨洛尼基（Thessaloniki）的阿里斯塔克雕像。

“科学元典丛书”中《阿基米德经典著作集》和《圆锥曲线论》封面。

喜帕恰斯（Hipparchus of Nicaea，约前 190—前 120）

托勒密（Claudius Ptolemy，约 90—168）

帕普斯（Pappus of Alexandria，约 290—350）

亚历山大后期的重要学者，如喜帕恰斯、托勒密、帕普斯等人的学术风格和学术方向，仍然继承了欧几里得的研究。

《几何原本》中提出了五条公理和五条公设。这是全书的逻辑起点。除了第五公设（又称平行公设），这些公理和公设都不证自明。第五公设可以等价表述为：“通过直线 AB 外一点 C，在平面 ABC 上可作且仅可作一条直线与 AB 不相交”。

两千多年来，许多数学家试图证明第五公设，至今无果。但近代有人另辟蹊径，用其他公设取而代之，从而创立了非欧几何——罗氏几何（罗巴切夫斯基几何）与黎氏几何。

从 24 岁开始，罗巴切夫斯基（N. I. Lobachevsky，1792—1856）就试图用欧几里得其他公设来证明第五公设。在屡遭失败后，1826 年 2 月 23 日，他在俄国喀山大学举办的学术讨论会上，提出了与欧几里得第五公设相反的观点：“通过直线 AB 外一点 C，在平面 ABC 上至少可以作两条直线与 AB 不相交。”经过严密的推导得到一系列命题，他构建了逻辑上无矛盾的新几何体系——罗氏几何。这一天也被后人公认为非欧几何学诞生的日子。

喀山大学

黎曼（B. Riemann，1826—1866），德国数学家。1854 年，他在哥廷根大学的一次演讲中，将欧几里得第五公设改为：“过直线外一点所作任何直线都与该直线相交。”他保留了欧氏几何的其他公设，经过严密逻辑推理建立了一种新的几何体系——黎氏几何。

1893 年，为了纪念罗巴切夫斯基的伟大成就，喀山大学给他建了一尊纪念雕像。

欧氏几何、罗氏几何、黎氏几何反映了不同曲率空间的性质。欧氏几何是平直空间中的几何，罗氏几何是负曲率空间中的几何，黎氏几何是正曲率空间中的几何。

19 世纪之前，如果说有一门学科的知识一直被当作“真理”的完美典范的话，那它就是欧几里得几何。它被普遍作为一种绝对精确、永远有效的推理结构。

荷兰哲学家斯宾诺莎（B. Spinoza，1632—1677）把他那试图将科学、宗教、伦理和推理统一起来的学说，命名为“用几何方法证明的伦理学”。

德国哲学家康德（I. Kant，1724—1804）认为，欧几里得几何是绝对确定的真理。

英国哲学家休谟（D. Hume，1711—1776）把欧几里得几何学的基础比喻成坚固的直布罗陀海峡岩石。

非欧几何的创立，打破了两千多年来欧氏几何的一统天下，为几何学乃至整个数学及其应用开辟了崭新的途径。

20 世纪初，非欧几何在广义相对论里得到了重要的应用。爱因斯坦放弃了牛顿关于时空均匀性的观念。他认为时空只是在充分小的空间里近似均匀，平坦的时空只不过是宇宙小尺度上的特例，而在大尺度上时空是不均匀的。由此，爱因斯坦重塑了整个宇宙的时空结构。

希尔伯特（D. Hilbert，1862—1943），德国数学家。1899 年建立了完备的欧氏几何公理体系。这种研究方法推动了现代数学的公理化运动。

爱因斯坦（A. Einstein，1879—1955），德裔美国物理学家、思想家和哲学家。创立了狭义相对论和广义相对论，建立了质能方程。1921 年获得诺贝尔物理学奖。

牛顿（I. Newton，1643—1727），英国物理学家、天文学家、数学家、哲学家、炼金术士，曾担任英国皇家学会会长。牛顿的经典著作《自然哲学之数学原理》在写作结构上，完全仿照欧几里得《几何原本》，建立了一套标准的公理化体系。它从最基本的定义和公理出发，全部的论述都以命题形式给出，对每一个命题都给出了证明或求解。

第十卷　不可公度线段[①]

• Book Ⅹ. Incommensurable Line Segments •

《几何原本》不言法而言理，括一切有形而概之曰"点面线体"。学者通乎声音训诂之端，而后古书之奥衍者可读也；明乎点线面体之理，而后数之繁难者可通也。九章之法各适其用，《几何原本》则彻乎九章立法之原，而凡九章所未及者无不赅也。

——曾国藩

① 本卷关于不可公度量的内容一般归功于雅典的特埃特图斯(Theaetetus of Athens)。在本卷的脚注中，k，k'表示正整数的各种比值。

the teaching of the subject for eighteen hundred years preceding that time. He is the only man to whom there ever

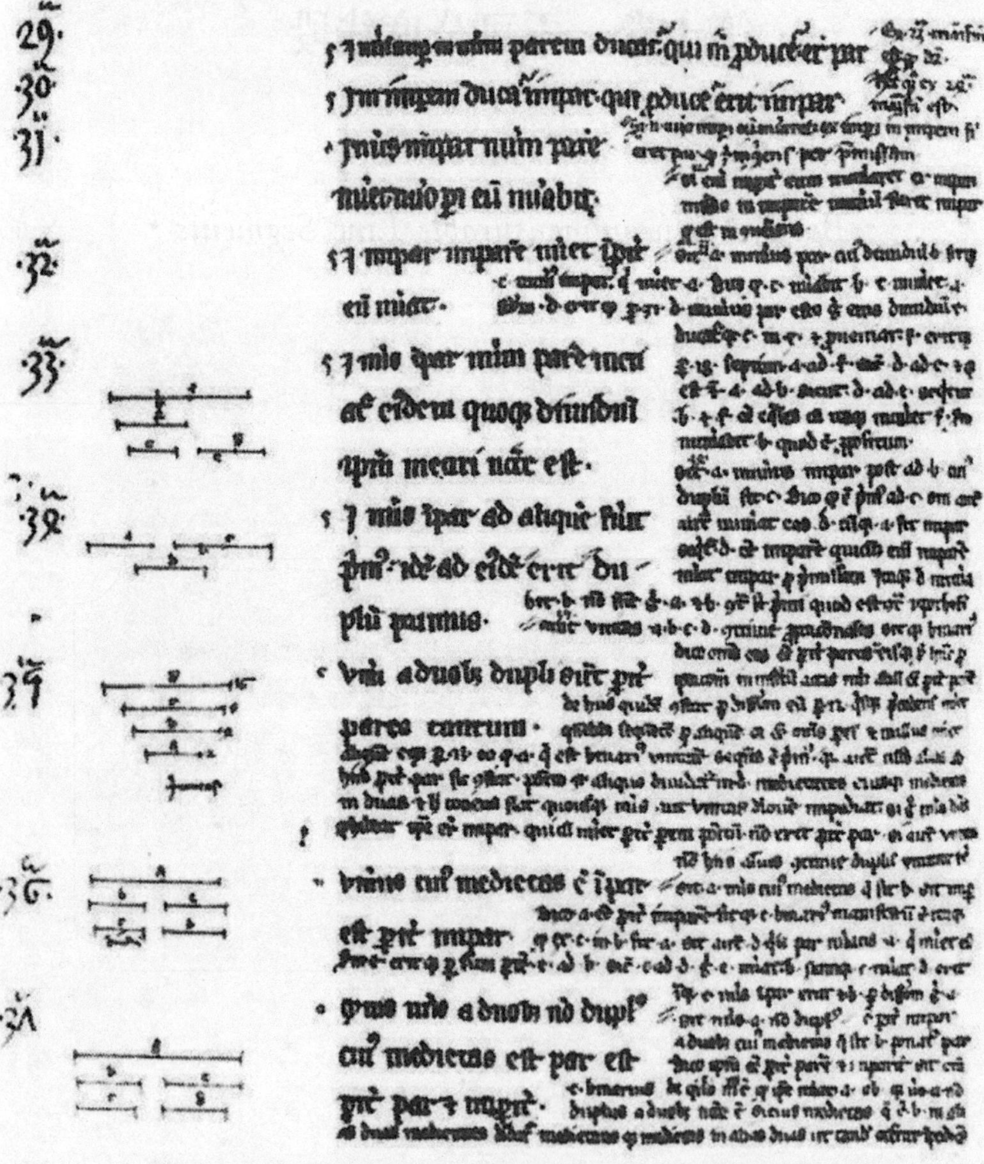

PAGE FROM A TRANSLATION OF EUCLID'S ELEMENTS

This manuscript was written *c.* 1204. The page relates to the propositions on the theory of numbers as given in Book IX of the *Elements*. The first line gives Proposition 28 as usually numbered in modern editions

第十卷 内容提要

（译者编写）

第十卷占全书篇幅的四分之一。第一个命题给出了十分重要的穷举法基础，其余讨论可公度量与不可公度量。记住把这些量用指定为一单位的量度量得到一个数，就可以与现代数学中常用的有理数和无理数联系起来，从而降低阅读的难度。

不可公度（无理）量的发现代表了古希腊数学的最高成就之一。首先要理解两个概念："可公度性"（commensurability），这是自然数的"可公约性"对实数和一般的"量"（例如线和面）的推广，以及"量尽"（measured）这是"除尽"的推广。差别在于，自然数是客观存在的数，而可公度性的参考量，是一个人为指定的尺度，它可以是一个实数，也可以是例如线段或面积。衍生的概念如公度量及最大公度量，不难由公约数及最大公约数类比得到，再如公倍量及最小公倍量，不难由公倍数及最小公倍数类比得到。

可公度性其实比可公约性更为一般，因为例如对线段而言，它还包含了平方可公度性如下。若一条线段可以与指定线段被同一个长度尺度量尽，则它们长度可公度，否则长度不可公度。若二者上的正方形可以被同一个面积尺度量尽，则它们平方可公度（但不一定是长度可公度的），否则平方不可公度。简而言之，一条线段可以与指定线段仅平方可公度（长度不可公度）。或者长度及平方均可公度/不可公度。这样一来，设指定线段的长度为1，一般会认为有理线段的长度有形式$\frac{m}{n}$，而欧几里得的定义也包括$\sqrt{k}\frac{m}{n}$，这里k,m,n都是整数。然而对面积而言，可公度性只涉及面积本身。理论上也可以对其他量，如体积、温度等作类似的定义，不过未见有人提及。

我们先把第十卷的16个定义的摘要列于表10.1。

表10.1 第十卷定义摘要

定义 I(218页)	
1	量尽⇒可公度；量不尽⇒不可公度
2	线段上正方形面积量(不)尽⇒相应线段平方可(不可)公度
3	可公度⇒有理线段；不可公度⇒无理线段
4	指定线段上正方形有理⇒与之可/不可公度的面积有/无理

◀《几何原本》拉丁语版本的其中一页。

续表

定义Ⅱ(253 页)		定义Ⅲ(285 页)	
5	第一二项线	11	第一余线
6	第二二项线	12	第二余线
7	第三二项线	13	第三余线
8	第四二项线	14	第四余线
9	第五二项线	15	第五余线
10	第六二项线	16	第六余线

命题Ⅹ.111 推论列出了 13 种无理线段:中项线、二项线、第一双中项线、第二双中项线、主线、有理面与中项面之和的面积的平方根、两个中项面之和的面积的平方根、余线、中项线的第一余线、中项线的第二余线、次线、中项面与有理面之差的面积的平方根、中项面与中项面之差的面积的平方根。这些概念的定义有些在定义Ⅱ和定义Ⅲ中给出,有些可在相关命题中找到,略举数例如下:

仅平方可公度的两条有理线段所夹矩形是无理的,且其面积的平方根是无理的,称之为中项线。

仅平方可公度的两条有理线段相加所得全线段是无理的,称之为二项线。

中项线上的正方形是中项面(其定义见 223 页注②)。

本卷命题的分类见表 10.2。

表 10.2 第十卷命题分类

Ⅹ.1	穷举法基础
Ⅹ.2	A_1:可公度性
Ⅹ.3—4	A_2:可公度性(最大公度量)
Ⅹ.5—8	B:量与数的关系
Ⅹ.9	A_3:可公度性(平方可公度性)
Ⅹ.10—20	A_4:可公度性(详细探讨)
Ⅹ.21—35	C_1:无理线段(中项线与中项面)
Ⅹ.36—41	C_2:无理线段(其他)
Ⅹ.42—47	C_3:无理线段(组成线段分解唯一性)
Ⅹ.48—53	C_4:无理线段(求第一至第六二项线)
Ⅹ.54—59	D_1:无理线段作为面积的平方根(两线段所夹面积)
Ⅹ.60—65	E_1:适配产生的无理线段(无理线段上的正方形适配于有理线段)
Ⅹ.66—70	F_1:可公度无理线段之间的关系
Ⅹ.71—72	D_2:无理线段作为面积的平方根(由中项面之和)
Ⅹ.73—78	D_3:无理线段作为面积的平方根(由两线段之差)
Ⅹ.79—84	C_5:无理线段(附加线段)
Ⅹ.85—90	C_6:无理线段(求第一至第六余线)
Ⅹ.91—96	D_4:无理线段的产生(由有理线段与余线所夹面积的平方根)
Ⅹ.97—102	E_2:适配产生的无理线段(无理线段上的正方形适配于有理线段)
Ⅹ.103—107	F_2:可公度无理线段之间的关系

续表

Ⅹ.108－110	D_5:无理线段作为面积的平方根(由两个面积之差)
Ⅹ.111	余线与二项线不同
Ⅹ.112－113	E_3:适配产生的无理线段(有理线段上的正方形适配于无理线段)
Ⅹ.114	D_6:无理线段作为面积的平方根(两线段所夹面积)
Ⅹ.115	无理线段的无穷序列

建议读者初次阅读时专注于对之有广泛兴趣的开始部分,即命题Ⅹ.1:穷举法基础;A_1-A_4:可公度性,包括最大公度量及平方可公度性;B:量与数的关系。

本卷的其他部分讨论无理线段,C_1-C_6 关于无理线段的一般性质及求取;D_1-D_6 关于无理线段作为面积的平方根而生成;E_1-E_3 是适配生成的无理线段;F_1-F_2 关于可公度无理线段之间的关系。另外,命题Ⅹ.111 指出余线与二项线不同,命题Ⅹ.115 构造了无理线段的一个无穷序列。

定义 Ⅰ

1. 能被同一尺度**量尽的那些量称为可公度的**，不能被同一尺度量尽的那些量称为**不可公度**的。

2. 两条线段被称为**平方可公度的**，若它们之上的正方形可被同一面积量尽；但它们被称为**平方不可公度的**，若它们之上的正方形不可能有一个面积作为公共尺度。

3. 基于这些假设，已经证明存在无穷多条线段，它们与指定线段或者可公度或者不可公度，有些仅长度不可公度，另一些也是平方可公度或不可公度。因此，把指定线段称为**有理的**，并把与之或者长度及平方可公度，或者仅平方可公度的线段也称为**有理的**。但与之不可公度的线段被称为**无理的**。

4. 称指定线段上的正方形是**有理的**。与之可公度的面积也称为**有理的**。但与之不可公度的面积称为**无理的**，后一个**面积的平方根**也称为**无理的**，若面积是正方形，这个平方根就是边本身，若面积是某个其他直线图形，它是与该图形相等的**正方形的边**。

命题 1①

若从两个给定不等量中的较大者减去大于一半的部分，又从剩下的部分再减去大于一半的部分，如此继续，则最终一定会留下小于开始时较小者的某个量。

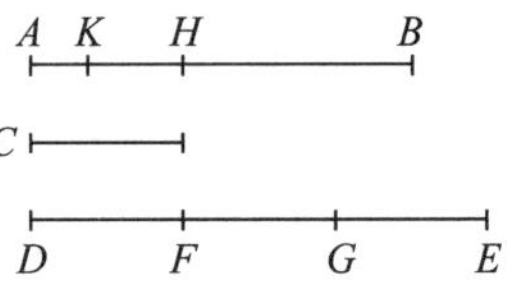

设 AB 与 C 是两个不等量，其中 AB 较大。我说若从 AB 减去大于其一半的量，又从余量减去大于其一半的量，如此继续，则最终会留下某个小于 C 的量。

其理由如下。C 的若干倍 DE 大于 AB[定义 V. 4]。设已这样做了。并设 DE 既是 C 的倍量，又大于 AB。又把 DE 分为都等于 C 的 DF，FG，GE 三部分，从 AB 减去大于其一半的 BH，又从 AH 减去大于其一半的 HK，如此继续，直到 AB 中的分段在数目上等于 DE 中的分段。

因此，设 AB 中分段 AK，KH，HB 的个数等于 DF，FG，GE 的个数。且因为 DE 大于 AB，又从 DE 减去小于其一半的 EG，再从 AB 减去大于其一半的 BH，剩下的 GD 因此大于剩下的 HA。又因为 GD 大于 HA，从 GD 减去是其一半的 GF，再从 HA 减去大于其一半的 HK，剩下的 DF 因此大于剩下的 AK。且 DF 等于 C，C 因此也大于 AK。于是，AK 小于 C。

这样，量 AB 留下小于较小给定量 C 的 AK。这就是需要证明的。即使若减去的部分是一半，也可以类似地证明本定理。

---

① 本定理是所谓穷举法的基础，一般归功于尼多斯的欧多克斯。

命题 2

交替地不断从两个不相等量的较大量减去较小量，若剩余量从未量尽它前面的量，则这两个量不可公度。

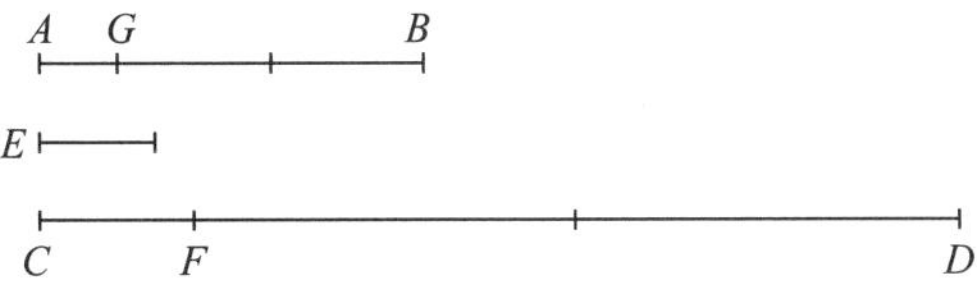

设有两个不相等的量 AB 与 CD，其中 AB 较小，设交替地不断从较大量减去较小量，而剩下的量从未量尽它前面的量。我说 AB 与 CD 不可公度。

其理由如下。若它们可公度，则有某个量量尽二者。设这个量为 E，检验是否可能。设 AB 量度 CD 剩下 CF 小于 AB 自身，CF 量度 BA 剩下 AG 小于 CF 自身，如此不断继续，直到剩下的某个量小于 E。设这已发生，[①]并设剩下的 AG 小于 E。因此，由于 E 量尽 AB，但 AB 量尽 DF，因此 E 也量尽 FD。且它也量尽整个 CD，因此它也量尽剩下的 CF。但 CF 量尽 BG，因此，E 也量尽 BG。且它也量尽整个 AB。因此，它也量尽余量 AG。这样，较大量 E 量尽较小量 AG。而这是不可能的。因此，不可能有一个量量尽 AB 与 CD 二者。所以，量 AB 与 CD 不可公度[定义Ⅹ.1]。

这样，如果…… 两个不相等量的，等等。

命题 3

求两个给定可公度量的最大公度量。

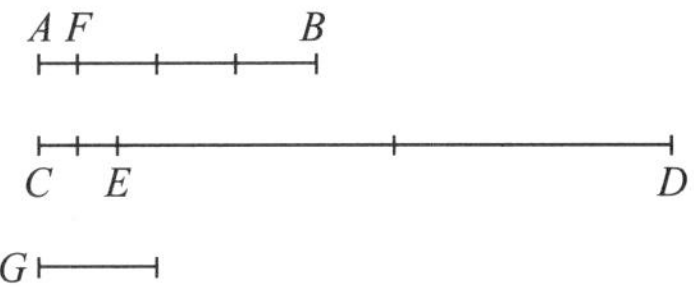

设 AB 与 CD 是两个给定的量，其中 AB 较小。故要求的是找出 AB 与 CD 的最大公度量。

因为量 AB 或者量尽 CD，或者量不尽 CD。因此，若 AB 量尽 CD，则由于它也量尽自身。AB 便是 AB 与 CD 的一个公度量。显然，它是最大的，因为大于 AB 的量不会量尽 AB。

然后设 AB 量不尽 CD。考虑到 AB 与 CD 并非不可公度的，若交替地不断从较大量中减去较小量，余量在某一时刻量尽它前面的量[命题Ⅹ.2]。并设 AB 量度 ED 剩下 EC 小于其自身，又设 EC 量度 FB 剩下 AF 小于其自身，再设 AF 量尽 CE。

因此，由于 AF 量尽 CE，但 CE 量尽 FB，AF 量尽 FB。且 AF 也量尽它自身，因此 AF 也量尽整个 AB。但 AB 量尽 DE，因此 AF 也量尽 ED。且它也量尽 CE，因此它也量尽整个 CD。所以，AF 是 AB 与 CD 的公度量。我说它也是最大公度量。其理由如下。如若不然，必有某个

① 命题Ⅹ.1 保证了这一事件最终将发生。

大于 AF 的量量尽 AB 与 CD。设它是 G。因此，由于 G 量尽 AB，但 AB 量尽 ED，G 因此也量尽 ED。且它也量尽整个 CD，因此 G 也量尽余量 CE。但 CE 量尽 FB，因此，G 也量尽 FB。但它也量尽整个 AB，故它也量尽余量 AF，即较大量量尽较小量。而这是不可能的。因此，不可能有某个大于 AF 的量量尽 AB 与 CD。所以 AF 是 AB 与 CD 的最大公度量。

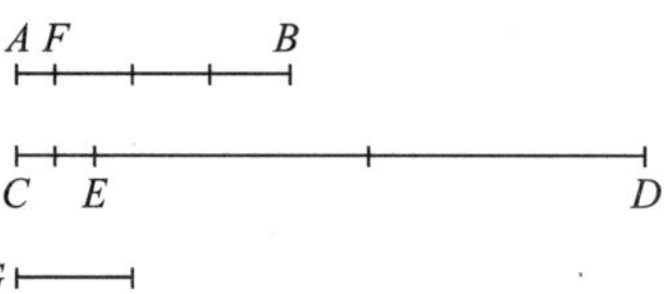

（注：为方便读者阅读，译者将第 219 页图复制到此处。）

这样就找到了两个给定可公度量 AB 与 CD 的最大公度量。这就是需要做的。

推　　论

由此显然可知，量尽两个量的量也量尽它们的最大公度量。

命题 4

求三个给定可公度量的最大公度量。

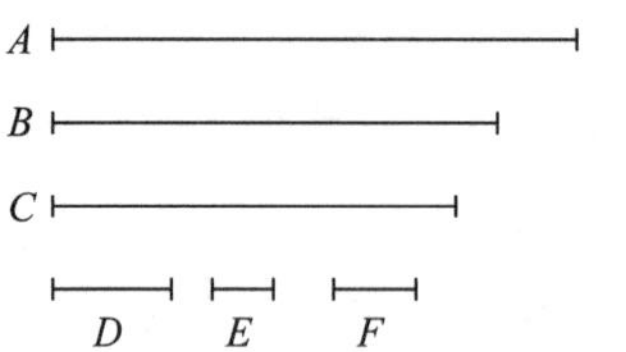

设 A,B,C 是三个给定的可公度量。故要求的是找出 A,B,C 的最大公度量。

设已找出两个量 A 与 B 的最大公度量[命题Ⅹ.3]，设它为 D。则 D 或者量尽 C 或者量不尽 C。首先设它量尽 C。但它也量尽 A 与 B，D 因此量尽 A,B,C。从而 D 是 A,B,C 的一个公度量。我说它也是最大公度量。它显然是最大公度量，因为没有大于 D 的量可以量尽 A 与 B 二者。

其次，设 D 量不尽 C。我说，C 与 D 可公度。其理由如下。若 A,B,C 可公度，则有某个量量尽它们，而该量显然也量尽 A 与 B，因而，它也量尽 A 与 B 的最大公度量 D[命题Ⅹ.3 推论]。且它也量尽 C，因而，该量量尽 C 与 D 二者，因此，C 与 D 可公度[定义Ⅹ.1]。所以，设已求出它们的最大公度量[命题Ⅹ.3]，并设其为 E。因此，由于 E 量尽 D，但 D 量尽 A 与 B 二者，E 因此也量尽 A 与 B。且它也量尽 C。于是，E 量尽 A,B,C。所以 E 是 A,B,C 的公度量。我说，它也是最大公度量。其理由如下。设 F 是某个大于 E 的量，并设它量尽 A,B,C，检验是否可能。由于 F 量尽 A,B,C，它因此也量尽 A 与 B，并因此量尽 A 与 B 的最大公度量[命题Ⅹ.3 推论]。而 D 是 A 与 B 的最大公度量。因此，F 量尽 D。所以，F 量尽 C 与 D。于是，F 也量尽 C 与 D 的最大公度量[命题Ⅹ.3 推论]。而这个最大公度量是 E。因此，F 量尽 E，即较大量量尽较小量。而这是不可能的。于是，不可能有一个大于 E 的量量尽 A,B,C。因此，若 D

量不尽 C，则 E 便是 A，B，C 的最大公度量，而若 D 量尽 C，则 D 就是它们的最大公度量。

这样就找到了三个给定可公度量的最大公度量。这就是需要做的。

推　论

由此显然可知，若一个量量尽三个量，则它也量尽它们的最大公度量。

类似地可以得出多于三个量的最大公度量，从而进一步扩展以上推论。这就是需要证明的。

命题 5

可公度量之比是某个数比某个数。

设 A 与 B 是两个可公度量。我说 A 比 B 是某个数比某个数。

其理由如下。若 A 与 B 是可公度量，则有某个量量尽它们。设该量是 C。而且 C 量尽 A 的次数是多少，便设 D 中有多少个单位。而 C 量尽 B 的次数是多少，E 中就有多少个单位。

因此，由于 C 按照 D 中的单位数量尽 A，一单位也按照 D 中的单位数量尽 D。因此，C 比 A 如同一单位比 D［定义Ⅶ.20］[①]。由反比例，A 比 C 如同 D 比一单位［命题Ⅴ.7 推论］。再者，由于 C 按照 E 中的单位数量尽 B，一单位也按照 E 中的单位数量尽 E，与 C 量尽 B 的次数相同。于是，C 比 B 如同一单位比 E［定义Ⅶ.20］。且也已证明，A 比 C 如同 D 比一单位，于是，由首末比例，A 比 B 如同数 D 比数 E［命题Ⅴ.22］。

这样，可公度量 A 与 B 彼此之比如同数 D 比数 E。这就是需要证明的。

命题 6

若两个量之比是某个数比某个数，[②] 则这两个量可公度。

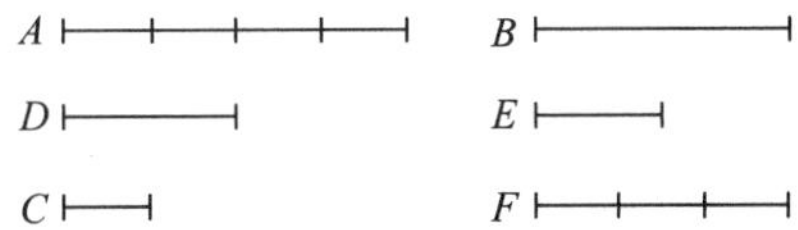

设两个量 A 比 B 如同数 D 比数 E。我说 A 与 B 可公度。

其理由如下。D 中有多少个单位，就设 A 被分为多少份，并设 C 等于其中一份。E 中有多少个单位，就设 F 是多少个等于 C 的量之和。

因此，由于在 D 中有多少个单位，A 中也有多少个等于 C 的量，于是，无论一单位是 D 的怎样的一部分，C 也是 A 的相同的一部分。于是，C 比 A 等于一单位比 D［定义Ⅶ.20］。但一单位量尽数 D。

① 这里有一点逻辑问题，因为定义Ⅶ.20 适用于四个数，而不是两个数与两个量。

② 这里的“数”，应该是指有理数。下同。——译者注

因此，C 也量尽 A。由于 C 比 A 如同一单位比 D，因此由反比例，A 比 C 如同数 D 比一单位[命题Ⅴ.7 推论]。再者，由于 E 中有多少个单位，F 中就有多少个等于 C 的量。因此，C 比 F 如同一单位比数 E[定义Ⅶ.20]。但是也已证明，A 比 C 如同 D 比一单位。因此由首末比例，A 比 F 如同 D 比 E[命题Ⅴ.22]。但是，D 比 E 如同 A 比 B。因此也有 A 比 B 如同 A 比 F[命题Ⅴ.11]。于是，A 与 B，F 每个都有相同的比，因此 B 等于 F[命题Ⅴ.9]。但 C 量尽 F，因此，它也量尽 B，而事实上，它也量尽 A，因此，C 量尽 A 与 B 二者。于是，A 与 B 可公度[定义Ⅹ.1]。

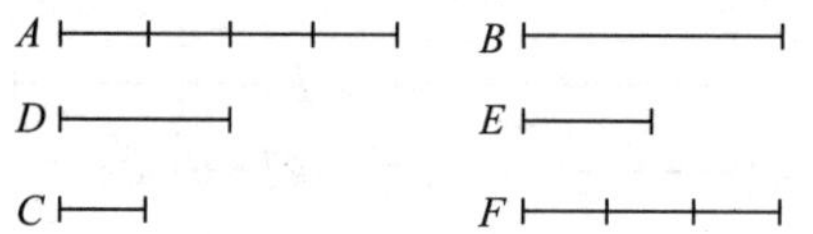

（注：为方便读者阅读，译者将第 221 页图复制到此处。）

这样，若两个量之比……，等等。

推　论

由此显然可知，若有两个数如 D 与 E 及一条线段如 A，则可以使得数 D 比数 E 如同线段 A 比另一条线段（即 F）。且若取 A 与 F 的比例中项（例如）B，则 A 比 F 如同 A 上的正方形比 B 上的正方形，也就是说，第一条线段比第三条线段如同第一条线段上的图形比第二条线段上与之相似且位置相似的图形[命题Ⅵ.19 推论]。但 A 比 F 如同数 D 比数 E。因此，也可以使数 D 比数 E 如同线段 A 上的图形比线段 B 上的相似图形。这就是需要证明的。

命题 7

不可公度量之比不可能是某个数比某个数。

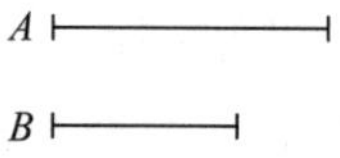

设 A 与 B 是不可公度量。我说 A 与 B 之比不可能等于某个数比某个数。

其理由如下。若 A 比 B 是某个数比某个数，则 A 与 B 可公度[命题Ⅹ.6]。但它们不是，因此 A 比 B 不可能等于某个数比某个数。

这样，不可公度量之比不同于，等等。

命题 8

若两个量之比不同于某个数比某个数，则这两个量不可公度。

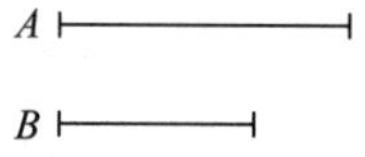

设两个量 A 比 B 不同于某个数比某个数。我说量 A 与 B 不可公度。

其理由如下。若它们可公度，则 A 比 B 是某个数比某个数[命题Ⅹ.5]。但并非如此。因此 A 与 B 不可公度。

这样，若两个量之比……，等等。

命题 9

长度可公度线段上的正方形相互之比是某个平方数比某个平方数。而若正方形相互之比是某个平方数比某个平方数,则它们的边长度可公度。但长度不可公度线段上的正方形之比不可能是某个平方数比某个平方数。而若两个正方形之比不同于某个平方数比某个平方数,则它们的边也是长度不可公度的。

设 A 与 B 是长度可公度线段。我说 A 上的正方形比 B 上的正方形是某个平方数比某个平方数。

A ——— B ———
C —— D ——

其理由如下。由于 A 与 B 长度可公度,因此 A 比 B 是某个数比某个数[命题Ⅹ.5]。设这是 C 与 D。因此,A 比 B 如同 C 比 D。但 A 上的正方形比 B 上的正方形是 A 与 B 之比的平方。因为相似图形之比是其对应边之比的平方[命题Ⅵ.20 推论]。且 C 上的正方形与 D 上的正方形之比是数 C 与数 D 之比的平方。因为对两个平方数存在一个比例中项,且某个平方数比某个平方数是前者的边与后者的边之比的平方[命题Ⅷ.11]。因此,A 上的正方形比 B 上的正方形如同数字 C 的平方比数字 D 的平方。①

其次,设 A 上的正方形比 B 上的正方形如同数 C 的平方比数 D 的平方。我说 A 与 B 长度可公度。

其理由如下。由于 A 上的正方形比 B 上的正方形如同数 C 与数 D 的平方比。但 A 上的正方形与 B 上的正方形之比是 A 与 B 之比的平方[命题Ⅵ.20 推论],而数 C 的平方与数 D 的平方之比是数 C 与数 D 之比的平方[命题Ⅷ.11]。因此,A 比 B 如同数 C 比数 D。于是,A 与 B 之比是数 C 与数 D 之比。所以,A 与 B 长度可公度[命题Ⅹ.6]。②

然后设 A 与 B 长度不可公度,我说 A 上的正方形比 B 上的正方形不同于某个平方数比某个平方数。

其理由如下。若 A 上的正方形比 B 上的正方形是某个平方数比某个平方数,则 A 与 B 长度可公度。但并非如此。因此,A 上的正方形与 B 上的正方形之比不同于某个平方数比某个平方数。

再者,设 A 上的正方形与 B 上的正方形之比不同于某个平方数比某个平方数,我说 A 与 B 长度不可公度。

其理由如下。若 A 与 B 长度可公度,则 A 上的正方形与 B 上的正方形之比是某个平方数比某个平方数,但并非如此。因此,A 与 B 长度不可公度。

这样,长度可公度线段上的正方形,等等。

---

① 这里有一个未陈述的假设:若 $\alpha:\beta=\gamma:\delta$,则 $\alpha^2:\beta^2=\gamma^2:\delta^2$。

② 这里有一个未陈述的假设:若 $\alpha^2:\beta^2=\gamma^2:\delta^2$,则 $\alpha:\beta=\gamma:\delta$。

推　论

由此显然可知，长度可公度线段总是平方可公度的，但平方可公度线段并非总是长度可公度的。

命题 10[①]

求与给定线段不可公度的两条线段，其中一条只是长度不可公度，另一条也是平方不可公度。

设 A 是给定线段。故要求的是找到与 A 不可公度的两条线段，其中一条与之只是长度不可公度，另一条与之也是平方不可公度。

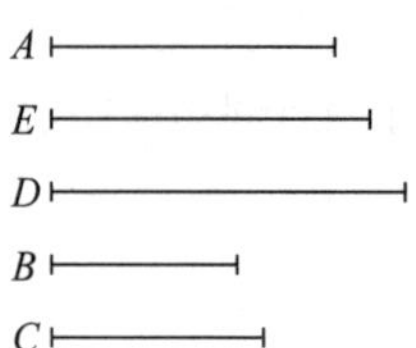

其做法如下。设两个数 B 与 C 的比值不同于一个平方数比一个平方数，即它们不是相似面数。设使得 B 比 C 如同 A 上的正方形比 D 上的正方形。对此我们已经知道如何实现[命题Ⅹ.6 推论]。因此，A 上的正方形与 D 上的正方形可公度[命题Ⅹ.6]。又由于 B 与 C 之比不同于一个平方数比一个平方数，A 上的正方形比 D 上的正方形也不同于一个平方数比一个平方数。因此 A 与 D 长度不可公度[命题Ⅹ.9]。设线段 E 为 A 与 D 的比例中项[命题Ⅵ.13]。于是，A 比 D 如同 A 上的正方形比 E 上的正方形[定义Ⅴ.9]。且 A 与 D 长度不可公度，因此 A 上的正方形也与 E 上的正方形不可公度[命题Ⅹ.11]。所以，A 与 E 平方不可公度。

这样就作出了与指定线段 A 不可公度的两条线段 D 与 E，其中之一，D，只是长度不可公度，而另一条，E，平方不可公度，并显然也是长度不可公度。这就是需要做的。

命题 11

若四个量成比例，且第一量与第二量可公度，则第三量与第四量也可公度。若第一量与第二量不可公度，则第三量也与第四量不可公度。

设 A，B，C，D 是四个成比例的量，即 A 比 B 如同 C 比 D，并设 A 与 B 可公度。我说 C 与 D 也可公度。

A ──────　B ──────
C ─────　D ────

其理由如下。由于 A 与 B 可公度，因此 A 比 B 是某个数比某个数[命题Ⅹ.5]。且 A 比 B 如同 C 比 D。因此，C 比 D 也是某个数比某个数。所以，C 与 D 可公度[命题Ⅹ.6]。

其次，设 A 与 B 不可公度。我说 C 与 D 也不可公度。其理由如下。由于 A 与 B 不可公度，因此 A 与 B 之比不可能是某个数比某个数[命题Ⅹ.7]。又 A 比 B 如同 C 比

① 海贝格认为这个命题是后人对原文的增补。

D。因此 C 与 D 之比也不可能是某个数比某个数。所以，C 与 D 不可公度[命题Ⅹ.8]。

这样，若四个量，等等。

命题 12

与同一量可公度的诸量彼此也可公度。

设 A 与 B 每个都与 C 可公度。我说 A 与 B 也可公度。

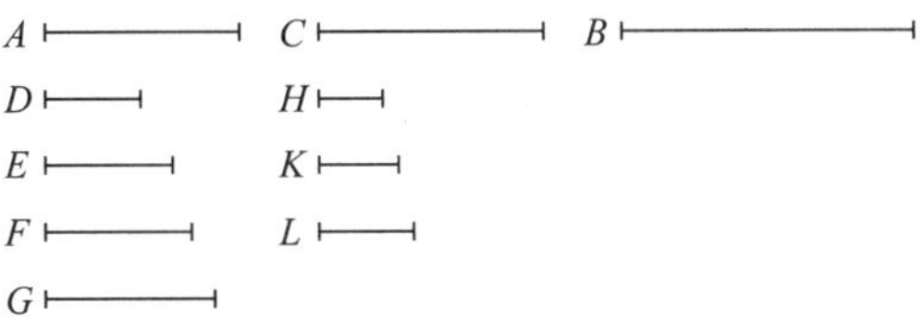

其理由如下。由于 A 与 C 可公度。因此 A 比 C 是某个数比某个数[命题Ⅹ.5]。设这个比是 D 比 E。再者，由于 C 与 B 可公度。C 与 B 之比也是某个数比某个数[命题Ⅹ.5]。设这个比等于 F 比 G。对任意多个给定比值，如 D 比 E 及 F 比 G，设成连比例的数 H，K，L 取这些给定比值[命题Ⅷ.4]。因而，D 比 E 如同 H 比 K，F 比 G 如同 K 比 L。

因此，由于 A 比 C 如同 D 比 E，但 D 比 E 如同 H 比 K，因此也有 A 比 C 如同 H 比 K[命题Ⅴ.11]。再者，由于 C 比 B 如同 F 比 G。而 F 比 G 如同 K 比 L，因此也有 C 比 B 如同 K 比 L[命题Ⅴ.11]。且也有 A 比 C 如同 H 比 K。因此，由首末比例，A 比 B 如同 H 比 L[命题Ⅴ.22]。因此，A 比 B 如同数 H 比数 L。所以，A 与 B 可公度[命题Ⅹ.6]。

这样，与同一量可公度的诸量彼此也可公度。这就是需要证明的。

命题 13

可公度的两个量之一与某量不可公度，则另一量也与该量不可公度。

设 A 与 B 是两个可公度的量，且其中之一，A，与另一量 C 不可公度。我说剩下的量 B 也与 C 不可公度。

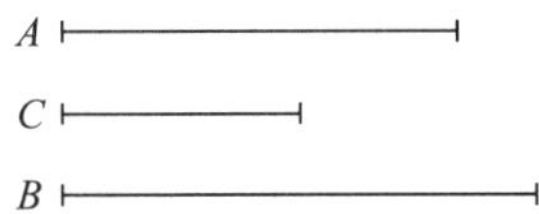

其理由如下。若 B 与 C 可公度，但 A 与 B 也可公度，A 因此也与 C 可公度[命题Ⅹ.12]。但 A 也与 C 不可公度。这是不可能的。因此，B 与 C 不可公度。

这样，可公度的两个量，等等。

引　　理

对两条给定不等线段求一条线段，使得其上的正方形等于较大线段上的正方形与较小线段上的正方形之差。[①]

① 也就是，若 α 与 β 是两条给定线段，α 大于 β，求一条长为 γ 的线段，使得 $\alpha^2=\beta^2+\gamma^2$。类似地，我们也可以找到 γ，使得 $\gamma^2=\alpha^2+\beta^2$。

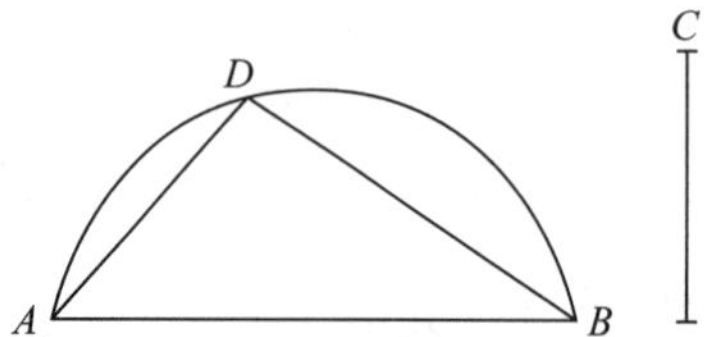

设 AB 与 C 是两条给定的不等线段，并设 AB 是其中较大者。故要求的是找到一条线段，其上的正方形为 AB 上的正方形与 C 上的正方形之差。

设在 AB 上作半圆 ADB，并设在其中插入等于 C 的 AD［命题Ⅳ.1］。连接 DB。显然角 ADB 是直角［命题Ⅲ.31］，且 AB 上的正方形大于 AD 上的正方形，也就是 C 上的正方形，其差额是 DB 上的正方形［命题Ⅰ.47］。

类似地，两条给定线段上正方形之和的面积的平方根也可以如此求得。

设 AD 与 DB 是两条给定线段。于是必须求出在它们之上的正方形之和的面积的平方根。设它们夹一个直角，即 AD 与 DB 所夹的角。连接 AB。很显然，AB 是 AD 与 DB 上的正方形之和的面积的平方根［命题Ⅰ.47］。这就是需要证明的。

命题 14

若四条线段成比例，第一条上的正方形大于第二条上的正方形，且差额是与第一条长度可公度的一条线段上的正方形，则第三条上的正方形也大于第四条上的正方形，其差额是与第三条可公度的一条线段上的正方形。又若第一条上的正方形大于第二条上的正方形之差额，是与第一条不可公度的一条线段上的正方形，则第三条上的正方形大于第四条上的正方形之差额，也是与第三条不可公度的一条线段上的正方形。

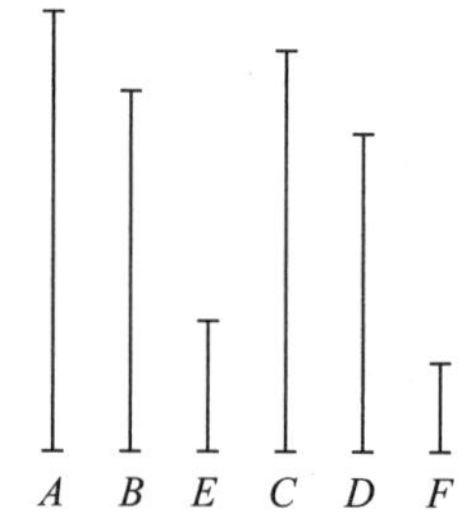

设 A，B，C，D 是四条成比例的线段，即 A 比 B 如同 C 比 D，且设 A 上的正方形大于 B 上的正方形，其差额等于 E 上的正方形，又设 C 上的正方形大于 D 上的正方形，其差额等于 F 上的正方形。我说或者 A 与 E 长度可公度，则 C 与 F 也可公度，或者 A 与 E 长度不可公度，则 C 与 F 也不可公度。

其理由如下。由于 A 比 B 如同 C 比 D，因此，A 上的正方形比 B 上的正方形如同 C 上的正方形比 D 上的正方形［命题Ⅵ.22］。但是 E 与 B 上的正方形之和等于 A 上的正方形，且 D 与 F 上的正方形之和等于 C 上的正方形。因此，E 与 B 上的正方形之和比 B 上的正方形等于 D 与 F 上的正方形之和比 D 上的正方形。所以，由分比，E 上的正方形比 B 上的正方形如同 F 上的正方形比 D 上的正方形［命题Ⅴ.17］。因此也有，E 比 B 如同 F 比 D［命题Ⅵ.22］。所以，由反比例，B 比 E 如

同 D 比 F[命题Ⅴ.7 推论]。但是 A 比 B 如同 C 比 D。于是由首末比例，A 比 E 如同 C 比 F[命题Ⅴ.22]。因此，A 或者与 E 长度可公度，则 C 与 F 也可公度，A 或者与 E 长度不可公度，则 C 与 F 也不可公度[命题Ⅹ.11]。

这样，若，等等。

命题 15

若把两个可公度量相加，则其和也与它们每一个可公度。若这个和与其中之一可公度，则原来两个量彼此也可公度。

设把两个可公度量 AB 与 BC 相加。我说整个 AC 也与 AB，BC 每个都可公度。

其理由如下。由于 AB 与 BC 可公度，有某个量可以量尽它们，设量尽它们的量是 D。因此，由于 D 量尽 AB 与 BC，则它也量尽整个 AC。又因为它也量尽 AB 与 BC，因此，D 量尽 AB，BC 与 AC。所以，AC 与 AB，BC 每个都可公度[定义Ⅹ.1]。

然后设 AC 与 AB 可公度。我说 AB 与 BC 也可公度。

其理由如下。由于 AC 与 AB 可公度，某个量量尽它们。设这个量是 D。因此，由于 D 量尽 AC 与 AB，则它也量尽剩下的 BC。且它也量尽 AB。因此，D 量尽 AB 与 BC，所以，AB 与 BC 可公度[定义Ⅹ.1]。

这样，若两个量，等等。

命题 16

若把两个不可公度量相加，则和也与它们每个不可公度。若和与相加量之一不可公度，则原来两个量彼此也不可公度。

把两个不可公度量 AB，BC 相加。我说整个 AC 与 AB，BC 每个都不可公度。

其理由如下。若 CA 与 AB 并非不可公度的，则有一个量量尽它们。设该量是 D，检验是否可能。由于 D 量尽 CA 与 AB，它因此也量尽剩下的量 BC。但是它也量尽 AB，因此 D 量尽 AB 与 BC。于是 AB 与 BC 可公度[定义Ⅹ.1]。但是它们已被假设为不可公度的。故这是不可能的。因此，不可能有一个量可以量尽 CA 与 AB 二者。所以，CA 与 AB 不可公度[定义Ⅹ.1]。类似地，我们可以证明 AC 也与 CB 不可公度。因此，AC 与 AB，BC 每个都不可公度。

其次，设 AC 与 AB，BC 之一不可公度。首先设 AC 与 AB 不可公度。我说 AB 也与 BC 不可公度。其理由如下。若它们可公度，则某量量尽它们。设这个量是 D。由于 D 量尽 AB 与 BC，它因此也

量尽整个 AC。它也量尽 AB，因此 D 量尽 AC 与 AB 二者。于是，AC 与 AB 可公度[定义Ⅹ.1]。但它们已被假设为不可公度的。故这是不可能的。于是，没有一个量可以量尽 AB 与 BC 二者，因此，AB 与 BC 不可公度[定义Ⅹ.1]。

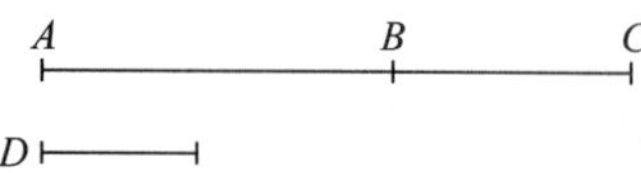

（注：为方便读者阅读，译者将第 227 页图复制到此处。）

这样，若两个……量，等等。

引　理

若一个平行四边形[①]被适配于一条线段但亏缺一个正方形，则被适配的平行四边形在面积上等于一个矩形，它被因适配平行四边形而产生的线段所夹。

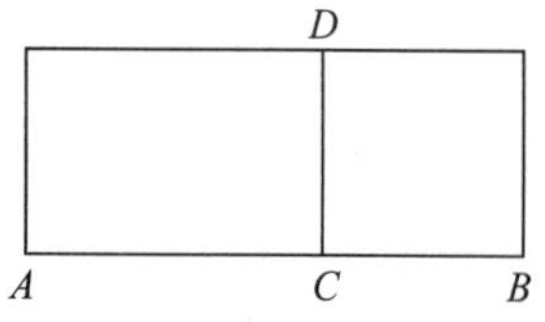

其理由如下。设平行四边形 AD 被适配于一条线段 AB 但亏缺一个正方形 DB。我说 AD 等于 AC 与 CB 所夹矩形。

这是立即显然可见的。其理由如下。由于 DB 是正方形，DC 等于 CB。且 AD 是 AC 与 CD 所夹矩形，也就是 AC 与 CB 所夹矩形。

这样，若……于某条线段，等等。

命题 17[②]

若有两条不相等的线段，并且把一个等于较小者上正方形四分之一的矩形适配于较大者但亏缺一个正方形，这样就把较大者分为长度可公度的两部分，而较大者上的正方形与较小者上的正方形之差额，是与较大者可公度的一条线段上的正方形。又若较大者上的正方形与较小者上的正方形之差额，是与较大者长度可公度的一条线段上的正方形，并且有一个等于较小者上的正方形四分之一的矩形被适配于较大者但亏缺一个正方形，则较大者被分为长度可公度的两部分。

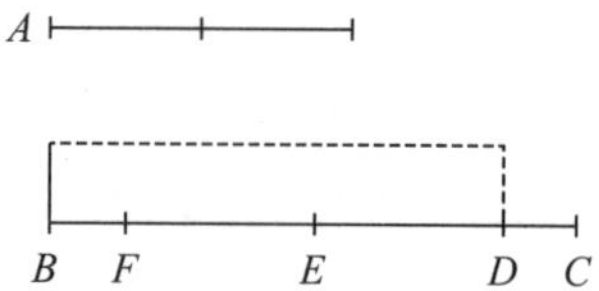

设 A 与 BC 是两条不等线段，其中 BC 较大。在 BC 上适配一个矩形，它等于 A 上的正方形的四分之一（即等于线段 A 的一半上的正方形），并亏缺一个正方形。设它就是由 BD 与 DC 所夹矩形[见前面的引理]。并设 BD 与 DC 长度可公度。我说 BC 上的正方形与 A 上的正方形之差等于与 BC 长度可公度的一条线段上的正方形。

---

① 注意本引理只适用于矩形。

② 本命题陈述的是：若 $\alpha x - x^2 = \beta^2/4$（其中 $\alpha = BC$，$x = DC$ 及 $\beta = A$），则 α 与 $\sqrt{\alpha^2-\beta^2}$ 可公度，若 $\alpha - x$ 与 x 可公度，反之亦然。

其理由如下。设 BC 被等分于点 E[命题Ⅰ.10],取 EF 等于 DE[命题Ⅰ.3]。因此,剩余量 DC 等于 BF。由于线段 BC 在点 E 被等分,在 D 被分为不相等的两部分,因此,BD 与 DC 所夹矩形加上 ED 上的正方形等于 EC 上的正方形[命题Ⅱ.5]。把它们扩大四倍后同样正确,因此,BD 与 CD 所夹矩形的四倍与 DE 上的正方形的四倍之和,等于 EC 上的正方形的四倍。但是,A 上的正方形等于 BD 与 DC 所夹矩形的四倍,且 DF 上的正方形等于 DE 上的正方形的四倍。因为 DF 是 DE 的两倍。而 BC 上的正方形等于 EC 上的正方形的四倍。又因为 BC 是 EC 的两倍。因此,A 与 DF 上的正方形之和等于 BC 上的正方形。因而,BC 上的正方形大于 A 上的正方形,其差额是 DF 上的正方形。于是,就其上的正方形而言,BC 比 A 大 DF。也必须证明,BC 与 DF 长度可公度。其理由如下。由于 BD 与 DC 长度可公度。BC 因此也与 CD 长度可公度[命题Ⅹ.15]。但 CD 与 CD 加上 BF 长度可公度。由于 CD 等于 BF[命题Ⅹ.6]。因此,BC 也与 BF 加上 CD 长度可公度[命题Ⅹ.12]。因而,BC 也与剩下的 FD 长度可公度[命题Ⅹ.15]。所以,BC 上的正方形大于 A 上的正方形,其差额是某条与 BC 长度可公度线段上的正方形。

然后设 BC 上的正方形大于 A 上的正方形,且差额是某条与 BC 长度可公度线段上的正方形。在 BC 上适配一个矩形,它等于 A 上的正方形的四分之一,并亏缺一个正方形。设它是 BD 与 DC 所夹矩形。于是必须证明 BD 与 DC 长度可公度。

为了简单起见,按照相同的构形,我们可以证明 BC 上的正方形大于 A 上的正方形,其差额是 FD 上的正方形。而 BC 上的正方形大于 A 上的正方形,其差额是一条与 BC 长度可公度线段上的正方形。因此,BC 与 FD 长度可公度。因而,BC 与剩下的 BF 与 DC 之和长度可公度[命题Ⅹ.15]。但是,BF 与 DC 之和与 DC 长度可公度[命题Ⅹ.6]。因而,BC 与 CD 长度也可公度[命题Ⅹ.12]。所以,由分比例,BD 也与 DC 长度可公度[命题Ⅹ.15]。

这样,若有两条不等线段,等等。

命题 18[①]

若有两条不相等的线段,并且把一个等于较小者上正方形四分之一的矩形适配于较大者但亏缺一个正方形,这样就把较大者分为长度不可公度的两部分,则较大者上的正方形与较小者上的正方形之差额,是与较大者不可公度的一条线段上的正方形。又若较大者上的正方形与较小者上的正方形之差额,是与较大者长度不可公度的一条线段上的正方形,并且有一个等于较小者上正方形四分之一的矩

① 本命题陈述的是:若 $\alpha x-x^2=\beta^2/4$(其中 $\alpha=BC, x=DC$ 及 $\beta=A$),则 α 与 $\sqrt{\alpha^2-\beta^2}$ 不可公度,若 $\alpha-x$ 与 x 不可公度,反之亦然。

形被适配于较大者但亏缺一个正方形，则较大者因此被分为长度不可公度的两部分。

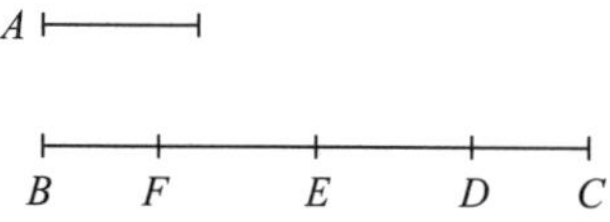

设 A 与 BC 是两条不等线段，其中 BC 较大。在 BC 上适配一个矩形，它等于 A 上的正方形的四分之一（即等于线段 A 之半上的正方形），但亏缺一个正方形。设该矩形由 BD 与 DC 所夹。并设 BD 与 DC 长度不可公度。我说 BC 上的正方形大于 A 上的正方形，其差额是与 BC 长度不可公度的一条线段上的正方形。

类似地，用与前相同的构形，我们可以证明 BC 上的正方形大于 A 上的正方形，差额是 FD 上的正方形。因此必须证明，BC 与 DF 长度不可公度。其理由如下。由于 BD 与 DC 长度不可公度，BC 也与 CD 长度不可公度[命题 Ⅹ.16]。但是，DC 与 BF，DC 之和长度可公度。故 BC 与 BF，DC 之和长度不可公度[命题 Ⅹ.13]。因而，BC 也与剩下的 FD 长度不可公度[命题 Ⅹ.16]。且 BC 上的正方形大于 A 上的正方形，其差额是 FD 上的正方形。因此，BC 上的正方形大于 A 上的正方形，其差额是与 BC 长度不可公度的一条线段上的正方形。

再者，设 BC 上的正方形与 A 上的正方形之差等于某条与 BC 长度不可公度线段上的正方形。并在 BC 上适配一个矩形，它等于 A 上的正方形的四分之一，但亏缺一个正方形。设该矩形由 BD 与 DC 所夹。必须证明 BD 与 DC 长度不可公度。

其理由如下。类似地，按照相同的构形，BC 上的正方形大于 A 上的正方形，其差额是 FD 上的正方形。但是，BC 上的正方形大于 A 上的正方形，其差额是某条与 BC 长度不可公度线段上的正方形。因此，BC 与 FD 长度不可公度。因而，BC 也与剩下的 BF，DC 之和长度不可公度[命题 Ⅹ.16]。但是，BF，DC 之和与 DC 长度不可公度[命题 Ⅹ.6]。因此，BC 也与 DC 长度不可公度[命题 Ⅹ.13]。因而，由分比例，BD 也与 DC 长度不可公度[命题 Ⅹ.16]。

这样，若有两条……线段，等等。

命题 19

两条长度可公度的有理线段所夹矩形是有理的。

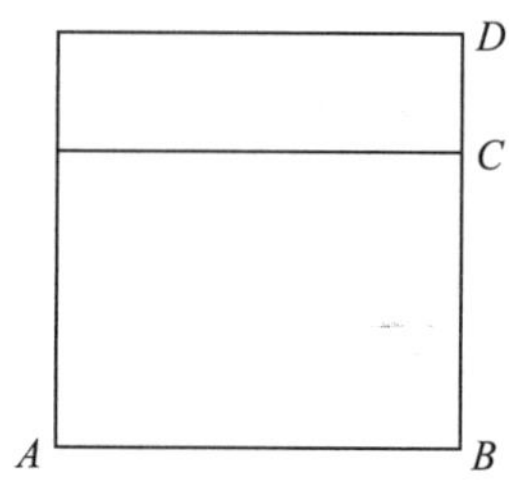

设矩形 AC 由长度可公度的有理线段 AB 与 BC 所夹。我说矩形 AC 是有理的。

其理由如下。在 AB 上作一个正方形 AD。AD 因此是有理的[定义 Ⅹ.4]。且由于 AB 与 BC 长度可公度，AB 等于

BD，BD 因此与 BC 长度可公度。又 BD 比 BC 如同 DA 比 AC[命题Ⅵ.1]。因此，DA 与 AC 可公度[命题Ⅹ.11]。又，DA 是有理的，因此 AC 也是有理的[定义Ⅹ.4]。这样，……有理线段……可公度的，等等。

命题 20

若把有理面积适配于有理线段，则产生的宽是有理线段，并与原线段长度可公度。

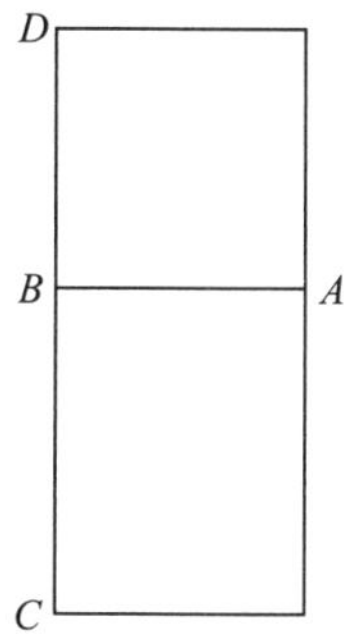

在有理线段 AB 上作有理矩形 AC，产生宽 BC。我说 BC 是有理的，且与 BA 长度可公度。

其理由如下。设在 AB 上作一个正方形 AD，AD 因此是有理的[定义Ⅹ.4]。且 AC 也是有理的。DA 因此与 AC 可公度。且 DA 比 AC 如同 DB 比 BC[命题Ⅵ.1]。所以，DB 也与 BC 长度可公度[命题Ⅹ.11]。且 DB 等于 BA。因此，AB 也与 BC 长度可公度。且 AB 是有理的，于是，BC 也是有理的，且与 AB 长度可公度[定义Ⅹ.3]。

这样，若把一个有理面积适配于一条有理线段，等等。

命题 21

仅平方可公度的两条有理线段所夹矩形是无理的，且其面积的平方根是无理的，被称为中项线[①]。

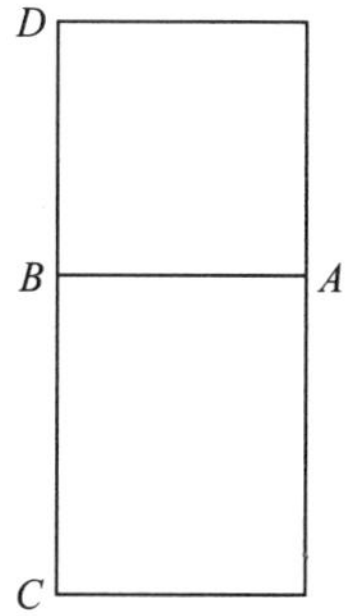

设矩形 AC 由两条仅平方可公度的有理线段 AB 与 BC 所夹。我说矩形 AC 是无理的，且其面积的平方根是无理的，被称为中项线。

其理由如下。在 AB 边上作正方形 AD，则 AD 是有理的[定义Ⅹ.4]。且由于 AB 与 BC 长度不可公度，因为假设它们仅平方可公度，而 AB 等于 BD。DB 因此也与 BC 长度不可公度。且 DB 比 BC 如同 AD 比 AC[命题Ⅵ.1]。因此，DA 与 AC 不可公度[命题Ⅹ.11]。且 DA 是有理的。所以，AC 是无理的[定义Ⅹ.4]。因而，其面积的平方根(即与之相等的正方形的面积的平方根)也是无理的[定义Ⅹ.4]。被称为中项线。这就是需要证明的。

---

① 因此，中项线的长度可以表达为 $k^{1/4}$。

引　理

两条线段的第一条比第二条如同第一条上的正方形比这两条线段所夹矩形。

设 FE 与 EG 是两条线段。我说 FE 比 EG 如同 FE 上的正方形比 EF 与 EG 所夹矩形。

其理由如下。设在 FE 上作正方形 DF，又作出 GD。因此，由于 FE 比 EG 如同 FD 比 DG[命题Ⅵ.1]，且 FD 是 FE 上的正方形，DG 是 DE 与 EG 所夹矩形，也就是 FE 与 EG 所夹矩形。因此，FE 比 EG 如同 FE 上的正方形比 FE 与 EG 所夹矩形。类似地也有，GE 与 EF 所夹矩形比 EF 上的正方形，即 GD 比 FD 如同 GE 比 EF。这就是需要证明的。

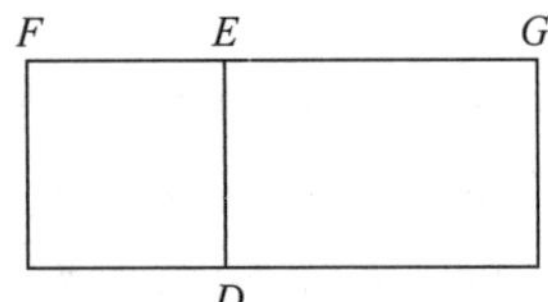

命题 22

中项线上的正方形被适配于有理线段，产生的宽是有理的，并且它与被适配线段长度不可公度。

设 A 是中项线，CB 是有理线段，又设在 BC 上适配一个矩形 BD 等于 A 上的正方形，产生宽 CD。我说 CD 是有理的，且与 CB 长度不可公度。

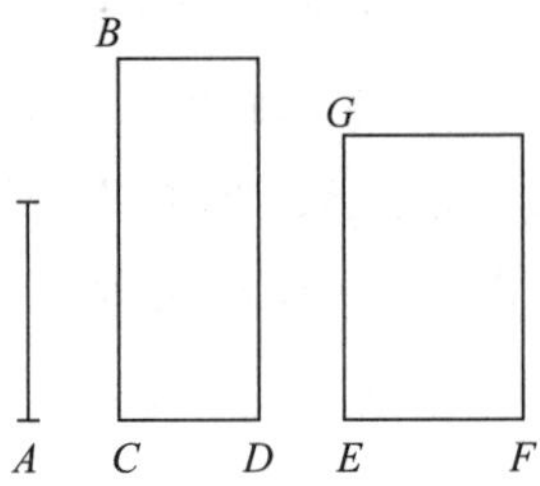

其理由如下。由于 A 是中项线，其上的正方形等于仅平方可公度的两条有理线段所夹矩形[命题Ⅹ.21]。设 A 上的正方形等于 GF，则 A 上的正方形也等于 BD。因为 BD 等于 GF。且 BD 与 GF 也等角。而在相等且等角的两个平行四边形中，夹等角的两边互成反比例[命题Ⅵ.14]。因此有比例：BC 比 EG 如同 EF 比 CD。也有，BC 上的正方形比 EG 上的正方形如同 EF 上的正方形比 CD 上的正方形[命题Ⅵ.22]。但是 CB 上的正方形与 EG 上的正方形可公度。因为这些线段都是有理的。因此，EF 上的正方形也与 CD 上的正方形可公度[命题Ⅹ.11]。但 EF 上的正方形是有理的，因此，CD 上的正方形也是有理的[定义Ⅹ.4]。所以，CD 是有理的。由于 EF 与 EG 长度不可公度。因为它们仅平方可公度。且 EF 比 EG 如同 EF 上的正方形比 EF 与 EG 所夹矩形[见前一个引理]。因此，EF 上的正方形与 FE，EG 所夹矩形不可公度[命题Ⅹ.11]。但 CD 上的正方形与 EF 上的正方形可公度。因为两条线段的平方都是有理的。而 DC，CB 所夹矩形与 FE，EG 所夹矩形可公度。因为它们都等于 A 上的正方形。因此，CD 上的正方形也与

DC,CB 所夹矩形不可公度[命题Ⅹ.13]。且 CD 上的正方形比 DC 与 CB 所夹矩形如同 DC 比 CB[见前一个引理]。因此,DC 与 CB 长度不可公度[命题Ⅹ.11]。于是,CD 是有理的,且与 CB 长度不可公度。这就是需要证明的。

命题 23

与中项线可公度的线段也是中项线。

设 A 是一条中项线,又设 B 与 A 可公度。我说 B 也是中项线。

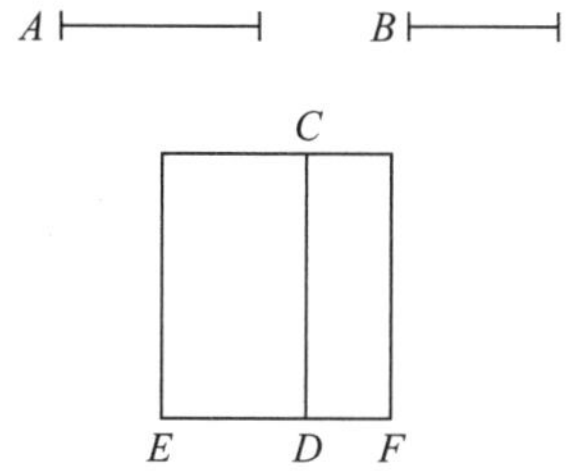

设给定有理线段 CD,对 CD 匹配一个等于 A 上的正方形的矩形 CE,产生宽 ED,ED 因此是有理的,且与 CD 长度不可公度[命题Ⅹ.22]。又对 CD 匹配一个等于 B 上正方形面积的矩形 CF,产生宽 DF。因此,由于 A 与 B 可公度,A 上的正方形与 B 上的正方形也可公度。但 EC 等于 A 上的正方形,CF 等于 B 上的正方形,因此,EC 与 CF 可公度。且 EC 比 CF 如同 ED 比 DF[命题Ⅵ.1]。所以,ED 与 DF 长度可公度[命题Ⅹ.11]。且 ED 是有理的,它与 DC 长度不可公度,DF 因此也是有理的[定义Ⅹ.3],且与 DC 长度不可公度[命题Ⅹ.13]。因此,CD 与 DF 都是有理的,且仅平方可公度。若一条线段上的正方形等于两条仅平方可公度有理线段所夹矩形,则该线段是中项线[命题Ⅹ.21]。因此,CD 与 DF 所夹矩形的面积的平方根是中项线。且 B 上的正方形等于 CD 与 DF 所夹矩形。因此,B 是中项线。

推　　论

由此显然可知,与一个中项面[①]可公度的面是中项面。

命题 24

长度可公度的两条中项线所夹矩形是中项面。

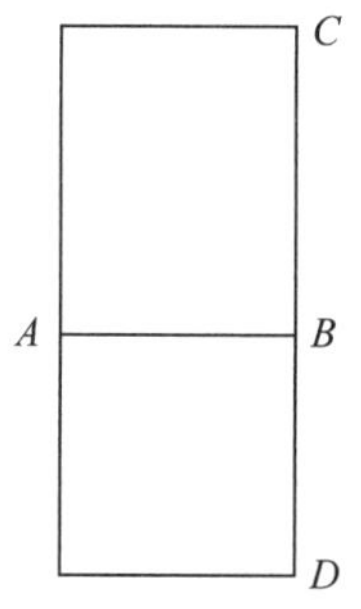

设矩形 AC 是长度可公度的两条中项线 AB 与 BC 所夹。我说 AC 是中项面。

其理由如下。设在 AB 上作正方形 AD,AD 因此是中项面[见前面的脚注]。且由于 AB 与 BC 长度可公度,而 AB 等

① 中项面是在中项线上的正方形。因而,一个中项面可以表达为 $k^{1/2}$。

于 BD，DB 因此也与 BC 长度可公度。因而，DA 与 AC 也可公度［命题Ⅵ.1，命题Ⅹ.11］。且 DA 是中项面。因此 AC 也是中项面［命题Ⅹ.23 推论］。这就是需要证明的。

命题 25

仅平方可公度的两条中项线所夹矩形或者是有理面或者是中项面。

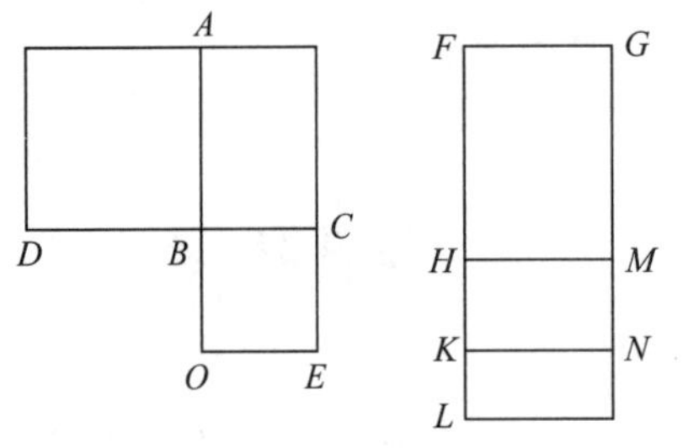

设矩形 AC 被仅平方可公度的两条中项线 AB 与 BC 所夹。我说 AC 或者是有理面或者是中项面。

其理由如下。设在 AB 与 BC 上分别作正方形 AD 与 BE。正方形 AD 与 BE 因此每个都是中项面。设给定有理线段 FG。对 FG 适配等于 AD 的矩形 GH，产生宽 FH。又对 HM 适配等于 AC 的矩形 MK，产生宽 HK。最后，对 KN 类似地适配等于 BE 的矩形 NL，产生宽 KL。于是 FH，HK 与 KL 在一条直线上。因此，由于 AD 与 BE 每个都是中项面，且 AD 等于 GH 及 BE 等于 NL，GH 与 NL 因此每个都是中项面。且它们被适配于有理线段 FG。而 FH 与 KL 因此每个都是有理的，且与 FG 长度不可公度［命题Ⅹ.22］。又由于 AD 与 BE 可公度，GH 与 NL 因此也可公度。且 GH 比 NL 如同 FH 比 KL［命题Ⅵ.1］。因此，FH 与 KL 长度可公度［命题Ⅹ.11］。所以，FH 与 KL 是长度可公度的两条有理线段。于是，FH 与 KL 所夹矩形是有理的［命题Ⅹ.19］。又由于 DB 等于 BA，OB 等于 BC，因此，DB 比 BC 如同 AB 比 BO。但 DB 比 BC 如同 DA 比 AC［命题Ⅵ.1］。且 AB 比 BO 如同 AC 比 CO［命题Ⅵ.1］。因此，DA 比 AC 如同 AC 比 CO，且 AD 等于 GH，AC 等于 MK，以及 CO 等于 NL。所以，GH 比 MK 如同 MK 比 NL。因此也有，FH 比 HK 如同 HK 比 KL［命题Ⅵ.1，Ⅴ.11］。于是，FH 与 KL 所夹矩形等于 HK 上的正方形［命题Ⅵ.17］。又，FH 与 KL 所夹矩形是有理的。于是，HK 上的正方形是有理的。因此，HK 是有理的。且若它与 FG 长度可公度，则 HN 是有理的［命题Ⅹ.19］。再若它与 FG 长度不可公度，则 KH 与 HM 是仅平方可公度的两条有理线段：因此，HN 是中项面［命题Ⅹ.21］。于是，HN 或者是有理面或者是中项面，且 HN 等于 AC。因此，AC 或者是有理面或者是中项面。

这样，……仅平方可公度的中项线……，等等。

命题 26

一个中项面不会比另一个中项面大一个有理面。①

---

① 换句话说，$\sqrt{k}-\sqrt{k'}\neq k''$。

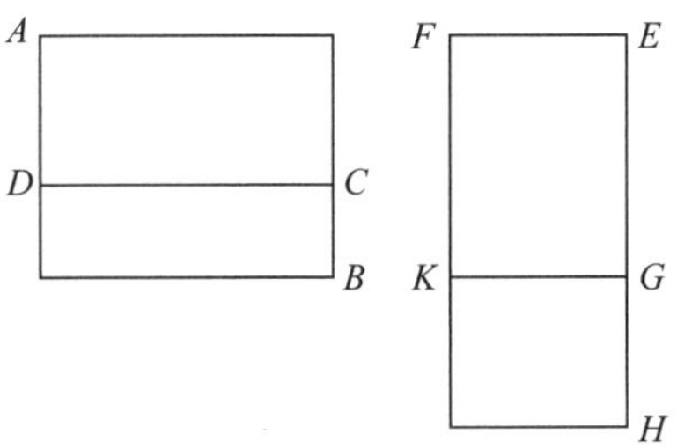

其理由如下。设中项面 AB 超出中项面 AC 一个有理面 DB，检验是否可能。给出有理线段 EF，对 EF 适配一个等于 AB 的矩形 FH，其宽为 EH。设由 FH 截下等于 AC 的 FG。因此，余量 BD 等于余量 KH。且 DB 是有理的，于是，KH 也是有理的。因此，由于 AB 与 AC 每个都是中项面，而且 AB 等于 FH，AC 等于 FG，FH 与 FG 因此每个都是中项面。且它们都被适配于有理线段 EF。所以，HE 与 EG 每个都是有理的，且与 EF 长度不可公度[命题Ⅹ.22]。又由于 DB 是有理的，而且等于 KH，因此 KH 也是有理的。且它被适配于有理线段 EF。因此 GH 是有理的，且与 EF 长度可公度[命题Ⅹ.20]。但 EG 也是有理的，且与 EF 长度不可公度。所以，EG 与 GH 长度不可公度[命题Ⅹ.13]。且 EG 比 GH 如同 EG 上的正方形比 EG 与 GH 所夹矩形。因此，EG 上的正方形与 EG，GH 所夹矩形不可公度[命题Ⅹ.11]。但 EG，GH 上的正方形之和与 EG 上的正方形可公度。因为 EG，GH 都是有理的。且 EG，GH 所夹矩形的两倍与 EG，GH 所夹矩形可公度[命题Ⅹ.6]。由于前者是后者的两倍。因此，EG，GH 上的正方形之和与 EG，GH 所夹矩形的两倍不可公度[命题Ⅹ.13]。所以，EG，GH 上的正方形之和加上 EG，GH 所夹矩形的两倍，即 EH 上的正方形[命题Ⅱ.4]，与 EG，GH 上的正方形之和不可公度[命题Ⅹ.16]。且 EG，GH 上的正方形之和是有理的。因此，EH 上的正方形是无理的[定义Ⅹ.4]。于是，EH 是无理的[定义Ⅹ.4]。但它也是有理的，而这是不可能的。

这样，中项面不会超出中项面一个有理面。这就是需要证明的。

命题 27

求夹有理面的仅平方可公度的两条中项线。

设给定仅平方可公度的两条有理线段 A 与 B。并设 C 为 A 与 B 的比例中项[命题Ⅵ.13]。又设使得 A 比 B 如同 C 比 D[命题Ⅵ.12]。

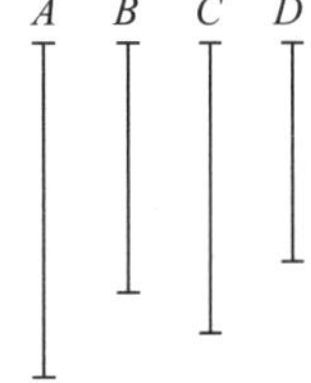

由于有理线段 A 与 B 仅平方可公度，A 与 B 所夹矩形，也就是 C 上的正方形[命题Ⅵ.17]，因此是中项面[命题Ⅹ.21]。于是，C 是中项线[命题Ⅹ.21]。且由于 A 比 B 如同 C 比 D，而 A 与 B 仅平方可公度，C 与 D 因此也仅平方可公度[命题

Ⅹ.11]。且 C 是中项线。因此,D 也是中项线[命题Ⅹ.23]。所以,C 与 D 是仅平方可公度的中项线。我说它们也夹一个有理面。其理由如下。由于 A 比 B 如同 C 比 D,因此,由更比例,A 比 C 如同 B 比 D[命题Ⅴ.16]。但是,A 比 C 如同 C 比 B。且因此,C 比 B 如同 B 比 D[命题Ⅴ.11]。所以,C 与 D 所夹矩形等于 B 上的正方形[命题Ⅵ.17]。而 B 上的正方形是有理的。因此,C 与 D 所夹矩形也是有理的。

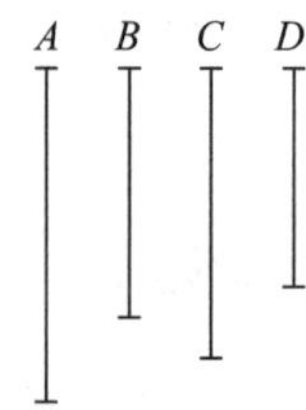

(注:为方便读者阅读,译者将第 235 页图复制到此处。)

这样就作出了夹有理面的仅平方可公度的两条中项线 C 与 D[①]。这就是需要做的。

命题 28

求所夹矩形为中项面的仅平方可公度的两条中项线。

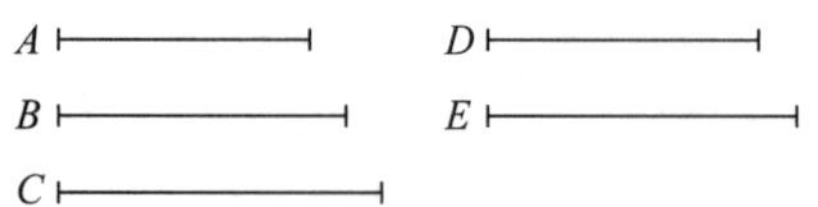

设给定仅平方可公度的三条有理线段 A,B,C。并设 D 为 A 与 B 的比例中项[命题Ⅵ.13]。设使得 B 比 C 如同 D 比 E[命题Ⅵ.12]。

由于有理线段 A 与 B 仅平方可公度,A 与 B 所夹矩形,即 D 上的正方形[命题Ⅵ.17],是中项面[命题Ⅹ.21]。因此,D 是中项线[命题Ⅹ.21]。又由于 B 与 C 仅平方可公度,且 B 比 C 如同 D 比 E,D 与 E 因此也仅平方可公度[命题Ⅹ.11]。而 D 是中项线。因此 E 也是中项线[命题Ⅹ.23]。于是,D 与 E 是仅平方可公度的两条中项线。我说,它们也夹一个中项面。由于 B 比 C 如同 D 比 E,因此由更比例,B 比 D 如同 C 比 E[命题Ⅴ.16]。而 B 比 D 如同 D 比 A,且因此,D 比 A 如同 C 比 E。于是,A 与 C 所夹矩形等于 D 与 E 所夹矩形[命题Ⅵ.16]。且 A 与 C 所夹矩形是中项面[命题Ⅹ.21]。因此,D 与 E 所夹矩形也是中项面。

这样就作出了所夹矩形为中项面的仅平方可公度的两条中项线 D 与 E。[②] 这就是需要做的。

引理 1

求其和也是平方数的两个平方数。

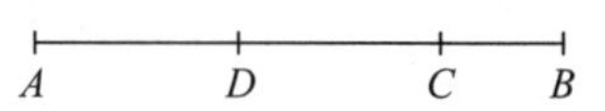

设给出两个数 AB 与 BC,并且它们或者都是偶数或者都是奇数。且由于,若从偶数减去偶数或者从奇数减去奇数,则

① C 与 D 的长度分别是 A 的 $k^{1/4}$ 与 $k^{3/4}$ 倍,而 B 是 A 的 $k^{1/2}$ 倍。

② D 与 E 的长度分别是 A 的 $k^{1/4}$ 与 $k^{1/2}/k^{1/4}$ 倍,而 B 与 C 的长度分别是 A 的 $k^{1/2}$ 与 $k^{1/2}$ 倍。

余数都是偶数[命题Ⅸ.24,命题Ⅸ.26]。因此,余数 AC 是偶数。设 AC 被等分于 D。并设 AB 与 BC 也或者是相似面数或者是平方数,平方数本身也是相似面数。于是,AB 与 BC 的乘积加上 CD 的平方等于 BD 的平方[命题Ⅱ.6]。且 AB 与 BC 的乘积是一个平方数,因为已经证明了,两个相似面数的乘积是平方数[命题Ⅸ.1]。这样就找到了两个平方数,即 AB 与 BC 的乘积与 CD 的平方,其和是 BD 的平方。

并且显然又找到了两个平方数,即 BD 的平方与 CD 的平方,它们的差,即 AB 与 BC 的乘积是一个平方数,若 AB 与 BC 是相似面数。但当它们不是相似面数时,两个已求得的平方数(即 BD 平方与 DC 平方)之差,即 AB 与 BC 的乘积,不是平方数。这就是需要做的。

引理 2

求其和不是平方数的两个平方数。

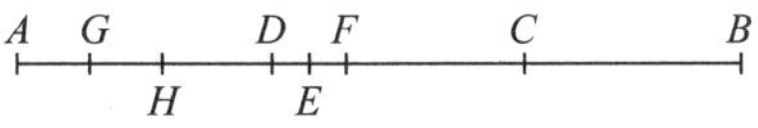

设 AB 与 BC 的乘积,如我们说过的,是平方数。又设 CA 是偶数并被等分于 D。显然 AB 与 BC 的乘积加上 CD 的平方等于 BD 平方[见前面的引理]。设由 BD 减去一单位 DE。因此,AB 与 BC 的乘积加上 CE 的平方小于 BD 的平方。所以我说,AB 与 BC 的乘积加上 CE 的平方不是平方数。

其理由如下。若它是平方数,则它或者等于 BE 的平方或者小于 BE 的平方,但不可能大于 BE 的平方,因为一单位不能再分。首先,设 AB 与 BC 的乘积加上 CE 的平方等于 BE 的平方,检验是否可能。又设 GA 是单位 DE 的两倍。因此,由于整个 AC 是整个 CD 的两倍,其中 AG 是 DE 的两倍,余数 GC 因此也是余数 EC 的两倍。故 GC 在 E 被等分。于是,GB 与 BC 的乘积加上 CE 的平方等于 BE 的平方[命题Ⅱ.6]。但 AB 与 BC 的乘积加上 CE 的平方已假设为等于 BE 的平方。因此,GB 与 BC 的乘积加上 CE 的平方等于 AB 与 BC 的乘积加上 CE 的平方。由二者都减去 CE 的平方,可推断 AB 等于 GB。而这是荒谬的。因此,AB 与 BC 的乘积加上 CE 的平方不等于 BE 的平方。我说它也不小于 BE 的平方。

其理由如下。设它等于 BF 的平方(因而小于 BE 的平方),检验是否可能。并设 HA 是 DF 的两倍。又可以推断,HC 是 CF 的两倍。因而,CH 也在 F 被等分。有鉴于此,HB 与 BC 的乘积加上 FC 的平方,便等于 BF 的平方[命题Ⅱ.6]。且 AB 与 BC 的乘积加上 CE 的平方,也被假设为等于 BF 的平方。因而,HB 与 BC 的乘积加上 CF 的平方,也等于 AB 与 BC 的乘积加上 CE 的平方。而这是荒谬的。因此,AB 与 BC 的乘积加上 CE 的平方不小于 BE 平方的数。且也已证明了它也不等于 BE 的平方,因此,由 AB 与 BC 的乘积加上 CE 的平方得到的数不是平方数。这就是需要证明的。

命题 29

求仅平方可公度的两条有理线段，其中较大线段上的正方形与较小线段上的正方形之差，是与较大线段长度可公度的一条线段上的正方形。

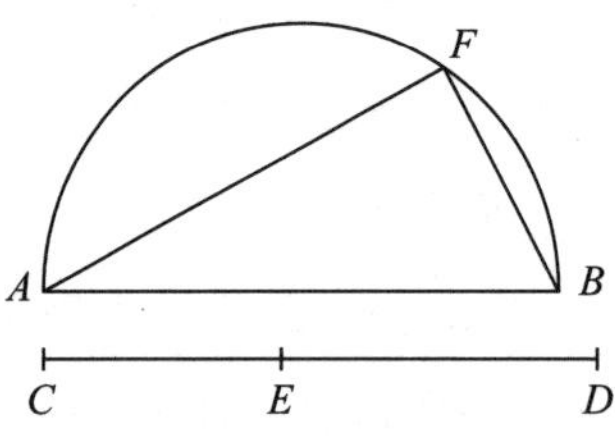

设给出一条有理线段 AB，以及两个平方数 CD 与 DE，使得它们之间的差 CE 不是平方数[命题Ⅹ.28 引理Ⅰ]。在 AB 上作半圆 AFB，使得 DC 比 CE 如同 BA 上的正方形比 AF 上的正方形[命题Ⅹ.6 推论]。连接 FB。

因此，由于 BA 上的正方形比 AF 上的正方形如同 DC 比 CE，所以，BA 上的正方形比 AF 上的正方形是数 DC 比数 CE。于是，BA 上的正方形与 AF 上的正方形可公度[命题Ⅹ.6]。且 AB 上的正方形是有理的[定义Ⅹ.4]。因此，AF 上的正方形也是有理的。所以 AF 也是有理的。又由于 DC 比 CE 不同于某个平方数比某个平方数，BA 上的正方形比 AF 上的正方形因此也不同于某个平方数比某个平方数。于是，AB 与 AF 长度不可公度[命题Ⅹ.9]。所以，有理线段 BA 与 AF 仅平方可公度。又由于 DC 比 CE 如同 BA 上的正方形比 AF 上的正方形，因此，由更比例，CD 比 DE 如同 AB 上的正方形比 BF 上的正方形[命题Ⅴ.19 推论，Ⅲ.31，Ⅰ.47]。且 CD 比 DE 是某个平方数比某个平方数。因此也有，AB 上的正方形比 BF 上的正方形是某个平方数比某个平方数。因此 AB 与 BF 长度可公度[命题Ⅹ.9]。而 AB 上的正方形等于 AF 与 FB 上的正方形之和[命题Ⅰ.47]。因此，AB 上的正方形大于 AF 上的正方形，其差额是与 AB 可公度的线段 BF 上的正方形。

这样就作出了两条有理线段 BA 与 AF，它们仅平方可公度，且较大线段 AB 上的正方形与较小线段 AF 上的正方形之差，是与 AB 长度可公度的 BF 上的一个正方形①。这就是需要做的。

命题 30

求仅平方可公度的两条有理线段，其中较大线段上的正方形与较小线段上的正方形之差，是与较大线段长度不可公度的一条线段上的正方形。

给出一条有理线段 AB 与两个平方数 CE，ED，使得其和 CD 并非平方数[命题Ⅹ.28 引理 2]。在 AB 上作半圆 AFB，

① BA 与 AF 的长度分别是 AB 的一倍与 $\sqrt{1-k^2}$ 倍，其中 $k=\sqrt{DE/CD}$。

使得 DC 比 CE 如同 AB 上的正方形比 AF 上的正方形[命题Ⅹ.6 推论]。连接 FB。

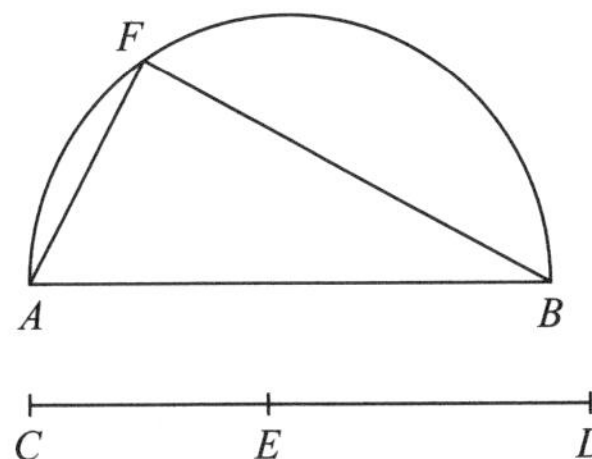

类似于前一命题，我们可以证明，BA 与 AF 是仅平方可公度有理线段。又由于 DC 比 CE 如同 BA 上的正方形比 AF 上的正方形，因此，由更比例，CD 比 DE 如同 AB 上的正方形比 BF 上的正方形[命题Ⅴ.19 推论，Ⅲ.31，Ⅰ.47]。且 CD 比 DE 不同于某个平方数比某个平方数。因此，AB 上的正方形比 BF 上的正方形不同于某个平方数比某个平方数。于是，AB 与 BF 长度不可公度[命题Ⅹ.9]。且 AB 上的正方形大于 AF 上的正方形，其差额是与 AB 长度不可公度的 FB 上的正方形[命题Ⅰ.47]。

这样就作出了仅平方可公度的两条有理线段 AB 与 AF，且 AB 上的正方形大于 AF 上的正方形，其差额是与 AB 长度不可公度的 FB 上的正方形。[①] 这就是需要做的。

命题 31

求夹一个有理矩形的仅平方可公度的两条中项线，其中较大线段上的正方形与较小线段上的正方形之差，是与较大线段长度可公度的一条线段上的正方形。

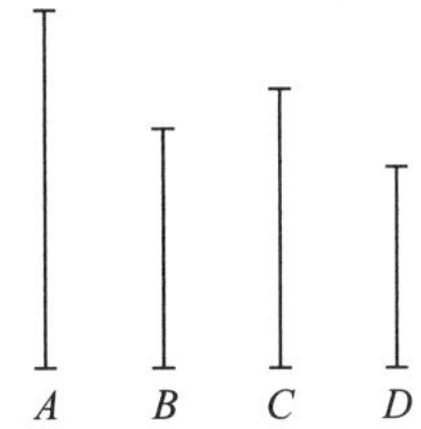

给出仅平方可公度的有理线段 A 与 B，使得较大的 A 上的正方形与较小的 B 上的正方形之差，是与 A 长度可公度的一条线段上的正方形[命题Ⅹ.29]。设 C 上的正方形等于 A 与 B 所夹矩形。于是 A 与 B 所夹矩形是中项面[命题Ⅹ.21]。因此，C 上的正方形也是中项面。于是 C 也是中项线[命题Ⅹ.21]。并设 C 与 D 所夹矩形等于 B 上的正方形。且 B 上的正方形是有理的。因此，C 与 D 所夹矩形也是有理的。又由于 A 比 B 如同 A 与 B 所夹矩形比 B 上的正方形[命题Ⅹ.21 引理]，但 C 上的正方形等于 A 与 B 所夹矩形，且 C 与 D 所夹矩形等于 B 上的正方形，因此，A 比 B 如同 C 上的正方形比 C 与 D 所夹矩形。且 C 上的正方形比 C 与 D 所夹矩形如同 C 比 D[命题Ⅹ.21 引理]。因此，A 比 B 如同 C 比 D。但 A 与 B 仅平方可公度，因此，C 与 D 也仅平方可公度[命题Ⅹ.11]。又 C 是中项线，因此，D 也是中项线[命题Ⅹ.23]。且由于 A 比 B 如同 C 比 D，A 上的正方形大于 B 上的正

① AB 与 AF 的长度分别为 AB 的一倍与 $\sqrt{1+k^2}$ 倍，其中 $k=\sqrt{DE/CE}$。

方形，其差额是与 A 可公度的一条线段上的正方形，因此也有 C 上的正方形大于 D 上的正方形，其差额是与 C 可公度的一条线段上的正方形[命题Ⅹ.14]。

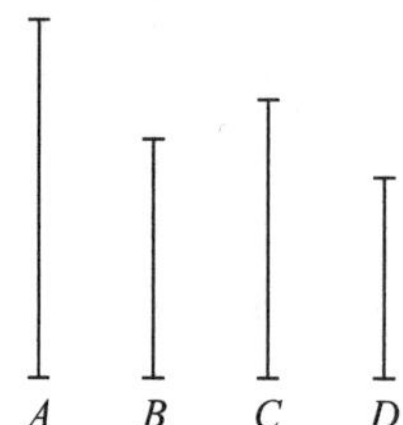

（注：为方便读者阅读，译者将第 239 页图复制到此处。）

这样就作出了仅平方可公度并包含有理面的两条中项线 C 与 D。其中 C 上的正方形大于 D 上的正方形，其差额是与 C 长度可公度的一条线段上的正方形。[①]

类似地，也可以对与 C 长度不可公度的某一线段证明本定理，若 A 上的正方形大于 B 上的正方形，且其差额是与 A 不可公度的一条线段上的正方形[命题Ⅹ.30]。[②]

命题 32

求夹一个中项面的仅平方可公度的两条中项线，其中较大线段上的正方形与较小线段上的正方形之差，是与较大线段长度可公度的一条线段上的正方形。

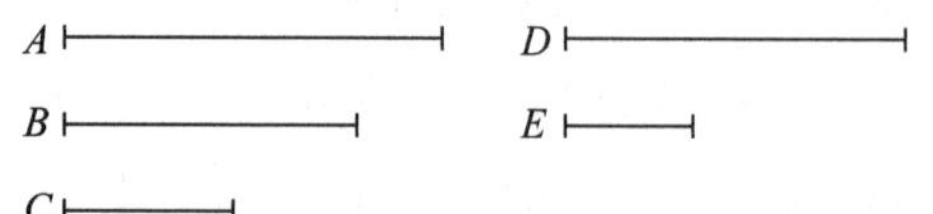

设给出仅平方可公度的三条有理线段 A,B,C，并使 A 上的正方形大于 C 上的正方形，其差额是与 A 可公度的一条线段上的正方形[命题Ⅹ.29]。又设 D 上的正方形等于 A 与 B 所夹矩形，则 D 上的正方形是中项面。因此 D 也是中项线[命题Ⅹ.21]。设 D 与 E 所夹矩形等于 B 与 C 所夹矩形。又由于 A 与 B 所夹矩形比 B 与 C 所夹矩形如同 A 比 C[命题Ⅹ.21 引理]，但 D 上的正方形等于 A 与 B 所夹矩形，而 D 与 E 所夹矩形等于 B 与 C 所夹矩形。因此，A 比 C 如同 D 上的正方形比 D 与 E 所夹矩形。且 D 上的正方形比 D 与 E 所夹矩形如同 D 比 E[命题Ⅹ.21 引理]。且因此，A 比 C 如同 D 比 E。而 A 与 C 仅平方可公度，因此 D 与 E 也仅平方可公度[命题Ⅹ.11]。而 D 是中项线。因此，E 也是中项线[命题Ⅹ.23]。又由于 A 比 C 如同 D 比 E，而 A 上的正方形大于 C 上的正方形，其差额是与 A 可公度的一条线段上的正方形，D 上的正方形因此也大于 E 上的正方形，其差额是与 D 可公度的一条线段上的正方形[命题Ⅹ.14]。我也说 D 与 E 所夹矩形是中项面。其理由如下。由于 B 与 C 所夹矩形等于 D 与 E 所夹矩形，且 B 与 C 所夹矩形是中项面[由于 B 与 C 为仅平方可公度有理线段][命题Ⅹ.21]，D 与 E 所夹矩形因此也是中项面。

① C 与 D 的长度分别是 A 的 $(1-k^2)^{1/4}$ 倍与 $(1-k^2)^{3/4}$ 倍，其中 k 在命题Ⅹ.29 的脚注中定义。

② C 与 D 的长度分别是 A 的 $(1-k^2)^{1/4}$ 倍与 $(1-k^2)^{3/4}$ 倍，其中 k 在命题Ⅹ.30 的脚注中定义。

这样就作出了仅平方可公度并夹一个中项面的两条中项线 D 与 E，且较大线段上的正方形大于较小线段上的正方形，其差额是与较大线段可公度的一条线段上的正方形。①

类似地，本命题也可以对与较大线段长度不可公度的某条线段证明，若 A 上的正方形大于 C 上的正方形，其差额是与 A 不可公度的一条线段上的正方形[命题Ⅹ.30]。②

引　理

设 ABC 是一个直角三角形，角 A 是直角。作垂线 AD。我说 CB 与 BD 所夹矩形等于 BA 上的正方形，BC 与 CD 所夹矩形等于 CA 上的正方形，BD 与 DC 所夹矩形等于 AD 上的正方形，还有 BC 与 AD 所夹矩形等于 BA 与 AC 所夹矩形。

首先证明 CB 与 BD 所夹矩形等于 BA 上的正方形。

其理由如下。由于已由直角三角形的直角角顶向底边作垂线 AD，ABD 与 ADC 因此都相似于三角形 ABC，并彼此相似[命题Ⅵ.8]。又由于三角形 ABC 相似于三角形 ABD，因此 CB 比 BA 如同 BA 比 BD[命题Ⅵ.4]。所以，CB 与 BD 所夹矩形等于 AB 上的正方形[命题Ⅵ.17]。

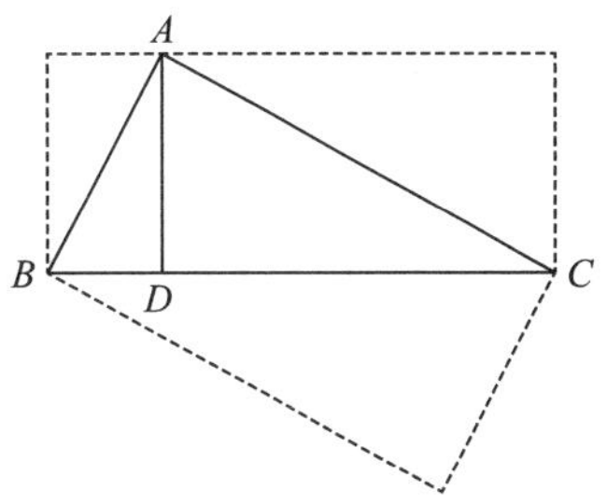

同理，BC 与 CD 所夹矩形也等于 AC 上的正方形。

且由于若由直角三角形的直角角顶向底边作垂线，该垂线是底边被分成的两段的比例中项[命题Ⅵ.8推论]，因此，BD 比 DA 如同 AD 比 DC。于是，BD 与 DC 所夹矩形等于 DA 上的正方形[命题Ⅵ.17]。

我也说 BC 与 AD 所夹矩形等于 BA 与 AC 所夹矩形。其理由如下。由于如我们说过的，ABC 与 ADC 相似，因此，BC 比 CA 如同 BA 比 AD[命题Ⅵ.4]。于是 BC 与 AD 所夹矩形等于 BA 与 AC 所夹矩形[命题Ⅵ.16]。这就是需要证明的。

① D 与 E 的长度分别是 A 的 $k'^{1/4}$ 倍与 $k'^{1/4}\sqrt{1-k^2}$ 倍，其中 B 的长度是 A 的 $k'^{1/2}$，k 在命题Ⅹ.29的脚注中定义。

② D 与 E 的长度会分别是 A 的 $k'^{1/4}$ 倍与 $k'^{1/4}\sqrt{1+k^2}$ 倍，其中 B 的长度是 A 的 $k'^{1/2}$，k 在命题Ⅹ.30的脚注中定义。

命题 33

求平方不可公度的两条线段，它们之上的正方形之和是有理的，且它们所夹矩形是中项面。

给出仅平方可公度的两条有理线段 AB 与 BC，较大线段 AB 上的正方形与较小线段 BC 上的正方形之差，是与 AB 不可公度的一条线段上的正方形[命题Ⅹ.30]。设 BC 被等分于 D。对 AB 适配一个矩形，它或者等于 BD 上的正方形，或者等于 DC 上的正方形，但亏缺一个正方形[命题Ⅵ.28]。设它是 AE 与 EB 所夹矩形。在 AB 上画出半圆 AFB，作 EF 与 AB 成直角，连接 AF 与 FB。

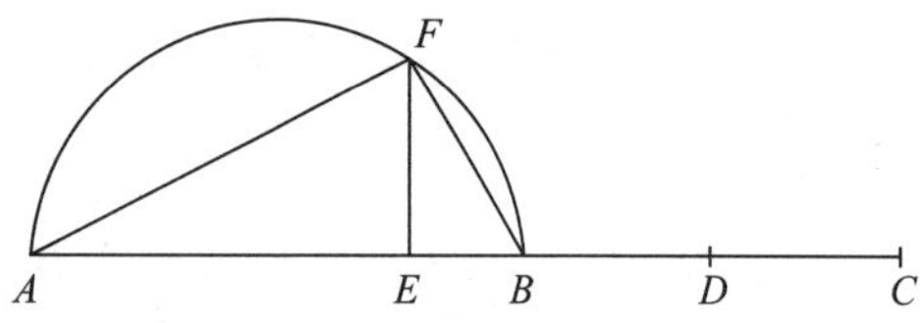

且由于 AB 与 BC 是两条不相等的线段，AB 上的正方形大于 BC 上的正方形，其差额是与 AB 不可公度的一条线段上的正方形。把等于 BC 上正方形四分之一(即 BC 之半上的正方形)的矩形适配于 AB，但亏缺一个正方形。得到的是 AE 与 EB 所夹矩形。因此，AE 与 EB 长度不可公度[命题Ⅹ.18]。且 AE 比 EB 如同 BA 与 AE 所夹矩形比 AB 与 BE 所夹矩形。而 BA 与 AE 所夹矩形等于 AF 上的正方形，AB 与 BE 所夹矩形等于 BF 上的正方形[命题Ⅹ.32 引理]。因此，AF 上的正方形与 FB 上的正方形不可公度[命题Ⅹ.11]。所以，AF 与 FB 平方不可公度。又由于 AB 是有理的，AB 上的正方形也是有理的。因而，AF 与 FB 上的正方形之和也是有理的[命题Ⅰ.47]。再者，由于 AE 与 EB 所夹矩形等于 EF 上的正方形。而 AE 与 EB 所夹矩形已被假设为等于 BD 上的正方形，FE 因此等于 BD。于是，BC 是 FE 的两倍。且因而，AB，BC 所夹矩形与 AB，EF 所夹矩形可公度[命题Ⅹ.6]。而 AB 与 BC 所夹矩形是中项面[命题Ⅹ.21]。因此，AB 与 EF 所夹矩形也是中项面[命题Ⅹ.23 推论]。而 AB 与 EF 所夹矩形等于 AF 与 FB 所夹矩形[命题Ⅹ.32 引理]。因此，AF 与 FB 所夹矩形也是中项面。这些线段上的正方形之和也已被证明是有理的。

这样就作出了平方不可公度的两条线段 AF 与 FB，[①]它们之上的正方形之和是有理的，且它们所夹矩形是中项面。这就是需要做的。

命题 34

求平方不可公度的两条线段，它们之上的正方形之和是中项面，而它们所夹矩形是有理面。

---

① AF 与 FB 的长度分别是 AB 的 $\sqrt{[1+k/(1+k^2)^{1/2}]/2}$ 与 $\sqrt{[1-k/(1+k^2)^{1/2}]/2}$ 倍，其中 k 在命题Ⅹ.30 的脚注中定义。

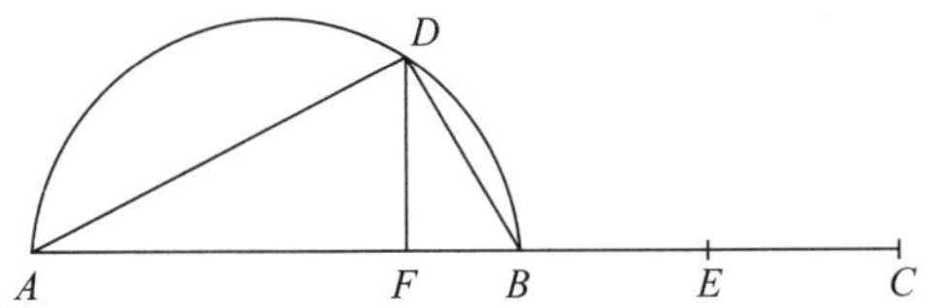

设给出仅平方可公度的两条中项线 AB 与 BC，它们所夹矩形是有理的，且 AB 上的正方形比 BC 上的正方形大，其差额是与 AB 不可公度的一条线段上的正方形[命题Ⅹ.31]。在 AB 上作半圆 ADB，设 BC 在 E 被等分，对 AB 适配一个等于 BE 上的正方形的矩形，但亏缺一个正方形，设它为 AF 与 FB 所夹矩形[命题Ⅵ.28]。因此，AF 与 FB 长度不可公度[命题Ⅹ.18]。由 F 作 FD 与 AB 成直角。连接 AD 与 DB。

由于 AF 与 FB 长度不可公度，BA，AF 所夹矩形因此也与 AB，BF 所夹矩形不可公度[命题Ⅹ.11]。而 BA 与 AF 所夹矩形等于 AD 上的正方形，AB 与 BF 所夹矩形等于 DB 上的正方形，因此 AD 上的正方形也与 DB 上的正方形不可公度。又由于 AB 上的正方形是中项面，AD 与 DB 上的正方形之和因此也是中项面[命题Ⅲ.31，Ⅰ.47]。又由于 BC 是 DF 的两倍[见前一个命题]，AB 与 BC 所夹矩形也是 AB 与 FD 所夹矩形的两倍。而 AB 与 BC 所夹矩形是有理的，因此，AB 与 FD 所夹矩形也是有理的[命题Ⅹ.6，定义Ⅹ.4]。且 AB 与 FD 所夹矩形等于 AD 与 DB 所夹矩形[命题Ⅹ.32 引理]。因而，AD 与 DB 所夹矩形是有理的。

这样就找到了平方不可公度的两条线段 AD 与 DB，它们之上的正方形是中项面，而它们所夹矩形是有理面。[①]这就是需要证明的。

命题 35

求平方不可公度的两条线段，其上的正方形之和为中项面，且它们所夹矩形也是中项面，而且该矩形与上述两个正方形之和不可公度。

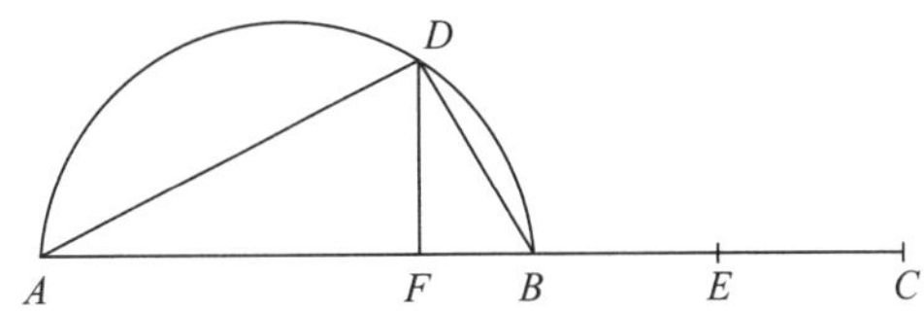

设给出仅平方可公度且所夹矩形是中项面的两条中项线 AB 与 BC，其中 AB 上的正方形大于 BC 上的正方形，其差额是与 AB 不可公度的一条线段上的正方形[命题Ⅹ.32]。在 AB 上作半圆 ADB，并与上一命题类似地作出图的剩余部分。

由于 AF 与 FB 长度不可公度[命题Ⅹ.18]，AD 也与 DB 平方不可公度[命题Ⅹ.11]。由于 AB 上的正方形是中项面，AD 与 DB 上的正方形之和因此也是中项面[命题Ⅲ.31，Ⅰ.47]。由于 AF 与 FB 所夹矩形等于 BE 与 DF 每个之上的正方形，BE 因此等于 DF。所以，BC 是 FD

① AD 与 DB 的长度分别是 AB 的 $\sqrt{[(1+k^2)^{1/2}+k]/[2(1+k^2)]}$ 与 $\sqrt{[(1+k^2)^{1/2}-k]/[2(1+k^2)]}$ 倍，其中 k 在命题Ⅹ.29 的脚注中定义。

的两倍。因而，AB 与 BC 所夹矩形也是 AB 与 FD 所夹矩形的两倍。且 AB 与 BC 所夹矩形是中项面，因此，AB 与 FD 所夹矩形也是中项面[命题Ⅹ.32 引理]。所以，AD 与 DB 所夹矩形也是中项面。又由于 AB 与 BC 长度不可公度，而 CB 与 BE 长度可公度，AB 因此也与 BE 长度不可公度[命题Ⅹ.13]。因而 AB 上的正方形也与 AB，BE 所夹矩形不可公度[命题Ⅹ.11]。但 AD 与 DB 上的正方形之和等于 AB 上的正方形[命题Ⅰ.47]。且 AB 与 FD 所夹矩形，即 AD 与 DB 所夹矩形，等于 AB 与 BE 所夹矩形。因此，AD 与 DB 上的正方形之和与 AD，DB 所夹矩形不可公度。

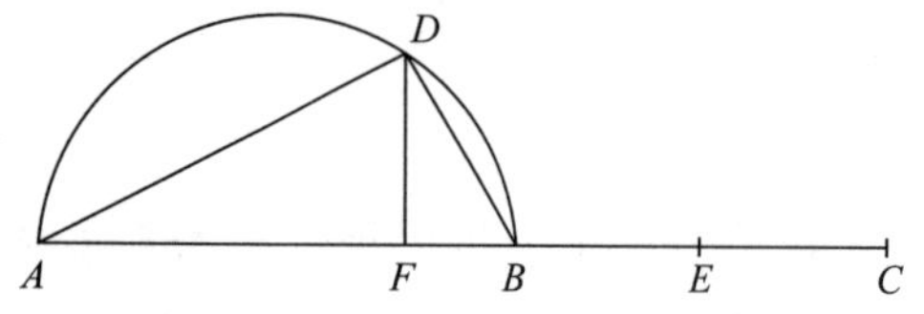

（注：为方便读者阅读，译者将第 243 页图复制到此处。）

这样就作出了平方不可公度且其上的正方形之和为中项面的两条线段 AD 与 DB，并且它们所夹矩形也是中项面，因此还有，该矩形与上述两个正方形之和不可公度①。这就是需要证明的。

命题 36

仅平方可公度的两条有理线段相加所得全线段是无理的，被称为二项线②。

设把仅平方可公度的两条有理线段 AB 与 BC 相加。我说整条线段 AC 是无理的。其理由如下。由于 AB 与 BC 长度不可公度，因为它们仅平方可公度，且 AB 比 BC 如同 AB 与 BC 所夹矩形比 BC 上的正方形。因此 AB 与 BC 所夹矩形与 BC 上的正方形不可公度[命题Ⅹ.11]。但 AB，BC 所夹矩形的两倍与 AB，BC 所夹矩形可公度[命题Ⅹ.6]。而 AB，BC 上的正方形之和与 BC 上的正方形可公度。由于有理线段 AB 与 BC 仅平方可公度[命题Ⅹ.15]。因此，AB，BC 所夹矩形的两倍与 AB，BC 上的正方形之和不可公度[命题Ⅹ.13]。且由合比例，AB 与 BC 所夹矩形的两倍，加上 AB 与 BC 上的正方形之和，即加上 AC 上的正方形[命题Ⅱ.4]，与 AB，BC 上的正方形之和不可公度[命题Ⅹ.16]。且 AB，BC 上的正方形之和是有理的。因此，AC 上的正方形是无理的[定义Ⅹ.4]。因而，AC 也是无理

① AD 与 DB 的长度分别是 AB 的 $k'^{1/4}\sqrt{[1+k/(1+k^2)^{1/2}]/2}$ 与 $k'^{1/4}\sqrt{[1-k/(1+k^2)^{1/2}]/2}$ 倍，其中 k 与 k' 在命题Ⅹ.32 的脚注中定义。

② 希腊语原文直译为“来自两个名称”。

的[定义X.4]，被称为二项线。[①] 这就是需要证明的。

命题 37

仅平方可公度且夹有理面的两条中项线相加所得全线段是无理的，被称为第一双中项线。[②]

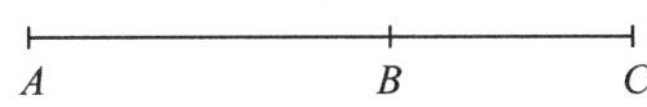

设把仅平方可公度且夹有理面的两条中项线 AB 与 BC 相加。我说全线段 AC 是无理的。

其理由如下。由于 AB 与 BC 长度不可公度，AB，BC 上的正方形之和也与 AB，BC 所夹矩形的两倍不可公度[见前一个命题]。又由合比例，AB，BC 上的正方形之和加上 AB，BC 所夹矩形的两倍，即 AC 上的正方形[命题Ⅱ.4]，与 AB，BC 所夹矩形不可公度[命题X.16]。而 AB，BC 所夹矩形是有理的，因为已假设 AB，BC 夹一个有理面。因此，AC 上的正方形是无理的。所以 AC 是无理的[定义X.4]，被称为第一双中项线。[③] 这就是需要证明的。

命题 38

仅平方可公度且夹中项面的两条中项线相加所得全线段是无理的，被称为第二双中项线。[④]

设把仅平方可公度且夹中项面的中项线 AB 与 BC 相加。我说全线段 AC 是无理的。

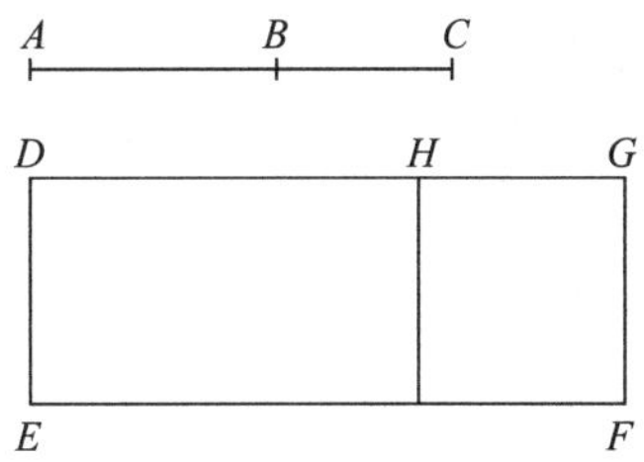

其理由如下。设给出有理线段 DE，并对 DE 适配等于 AC 上的正方形的矩形 DF，产生宽为 DG[命题Ⅰ.44]。且由于 AC 上的正方形等于 AB 与 BC 上的正方形加上 AB 与 BC 所夹矩形的两倍[命题Ⅱ.4]，故设等于 AB 与 BC 上的正方形之和的矩形 EH 被适配于 DE。余量 HF 因此等于 AB 与 BC 所夹矩形的两倍。且由于 AB 与 BC 每条都是中项线，AB 与 BC 上的正方形之和因此也是中项面[⑤]。且 EH 等于 AB 与 BC 上的正方形之和。FH 等于 AB 与 BC 所夹矩形的两倍。因此，EH 与 HF 每个都是中项面。且它们被适配于有理线段 DE。所以，DH 与 HG 每条都是有理线段，并且与 DE 皆长

---

① 于是，二项线的长度可以表达为 $1+k^{1/2}$[或者更一般地，$\rho(1+k^{1/2})$，其中 ρ 是有理数——应用于以下命题中定义的限制性条件]。二项线及其他对应的类同物，其长度可以表达为 $1-k^{1/2}$（见命题X.73），是四次方程 $x^4-2(1+k)x^2+(1-k)^2=0$ 的正根。

② 希腊语原文直译为“两条中项线的第一条”。

③ 于是，第一双中项线的长度可以表达为 $k^{1/4}+k^{3/4}$。第一双中项线及其对应的中项线的第一余线（长度可以表达为 $k^{1/4}-k^{3/4}$，见命题X.74）是四次方程 $x^4-2\sqrt{k}(1+k)x^2+(1-k)^2=0$ 的正根。

④ 希腊语原文直译为“两条中项线中的第二条”。

⑤ 因为由假设，AB 与 BC 的平方可公度——见命题X.15，X.23.

度不可公度[命题Ⅹ.22]。于是，由于 AB 与 BC 长度不可公度，且 AB 比 BC 如同 AB 上的正方形比 AB 与 BC 所夹矩形[命题Ⅹ.21 引理]，AB 上的正方形因此与 AB，BC 所夹矩形不可公度[命题Ⅹ.11]。但是 AB，BC 上的正方形之和与 AB 上的正方形可公度[命题Ⅹ.15]，而 AB，BC 所夹矩形的两倍与 AB，BC 所夹矩形可公度[命题Ⅹ.6]。因此 AB，BC 上的正方形之和与 AB，BC 所夹矩形的两倍不可公度[命题Ⅹ.13]。但是，EH 等于 AB，BC 上的正方形之和，而 HF 等于 AB 与 BC 所夹矩形的两倍，因此，EH 与 HF 不可公度。因而，DH 也与 HG 长度不可公度[命题Ⅵ.1，Ⅹ.11]。因此，DH 与 HG 是仅平方可公度有理线段。因而，DG 是无理的[命题Ⅹ.36]。而 DE 是有理的，且无理线段与有理线段所夹矩形是无理面[命题Ⅹ.20]，所以 DF 是无理面，故其面积的平方根是无理的[定义Ⅹ.4]。但是 AC 是 DF 的面积的平方根，因此 AC 是无理线段，被称为第二双中项线。[①] 这就是需要证明的。

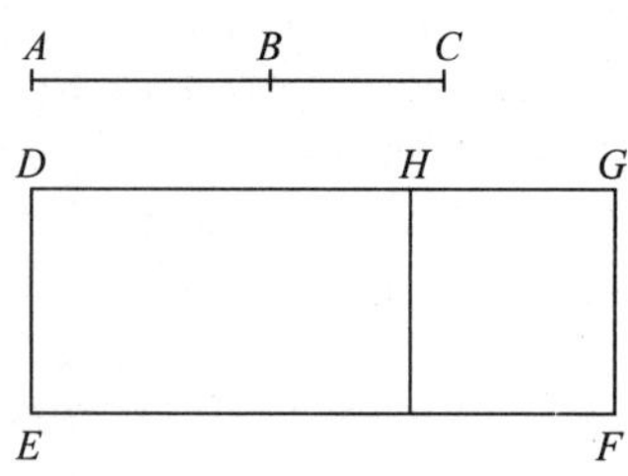

（注：为方便读者阅读，译者将第 245 页图复制到此处。）

命题 39

若平方不可公度的两条线段上的正方形之和是有理的，且它们所夹矩形是中项面，则它们相加所得到的整条线段是无理的，被称为主线。

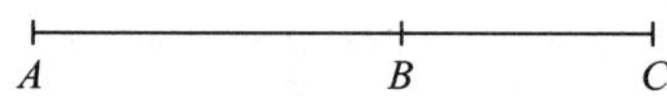

设给出两条线段 AB 与 BC，它们平方不可公度且满足预设条件，把两条线段相加[命题Ⅹ.33]。我说 AC 是无理线段。

其理由如下。由于 AB 与 BC 所夹矩形是中项面，AB 与 BC 所夹矩形的两倍因此也是中项面[命题Ⅹ.6，Ⅹ.23 推论]。而 AB 与 BC 上的正方形之和是有理的，因此，AB 与 BC 所夹矩形的两倍与 AB 与 BC 上的正方形之和不可公度[定义Ⅹ.4]，因而，AB 与 BC 上的正方形加上 AB 与 BC 所夹矩形的两倍，即加上 AC 上的正方形[命题Ⅱ.4]，也与 AB 与 BC 上的正方形之和不可公度[命题Ⅹ.16][并且 AB 与 BC 上的正方形之和是有理的]。因此，AC 上的正方形是无理的，因而，AC

① 于是，第二双中项线的长度可以表达为 $k^{1/4}+k'^{1/2}/k^{1/4}$。第二双中项线及其对应的中项线的第二余线（其长度可以表达为 $k^{1/4}-k'^{1/2}/k^{1/4}$，见命题Ⅹ.75）是四次方程 $x^4-2[(k+k')/\sqrt{k}]x^2+[(k-k')^2/k]=0$ 的正根。

也是无理的[定义Ⅹ.4]，被称为主线。① 这就是需要证明的。

命题 40

若平方不可公度的两条线段使其上的正方形之和是中项面，且它们所夹矩形是有理的，则两条线段相加得到的全线段是无理的，被称为一个有理面与一个中项面之和的面积的平方根。

设给出两条线段 AB 与 BC，它们平方不可公度且满足预设条件，把两条线段相加[命题Ⅹ.34]。我说 AC 是无理线段。

其理由如下。由于 AB 与 BC 上的正方形之和是中项面，AB 与 BC 所夹矩形的两倍是有理面，且 AB，BC 上的正方形之和是中项面，因此，AB，BC 上的正方形之和与 AB，BC 所夹矩形的两倍不可公度[命题Ⅹ.16]。且 AB 与 BC 所夹矩形的两倍是有理面。而 AC 上的正方形是无理的。因此，AC 是无理的[定义Ⅹ.4]，被称为一个有理面与一个中项面之和的面积的平方根。② 这就是需要证明的。

命题 41

若平方不可公度的两条线段使其上的正方形之和为中项面，且它们所夹矩形也是中项面，并且，矩形与上述正方形之和不可公度，则两条线段相加得到的全线段是无理的，被称为两个中项面之和的面积的平方根。

设两条平方不可公度线段 AB 与 BC 满足指定条件，把两条线段连在一起[命题Ⅹ.35]。我说 AC 是无理的。

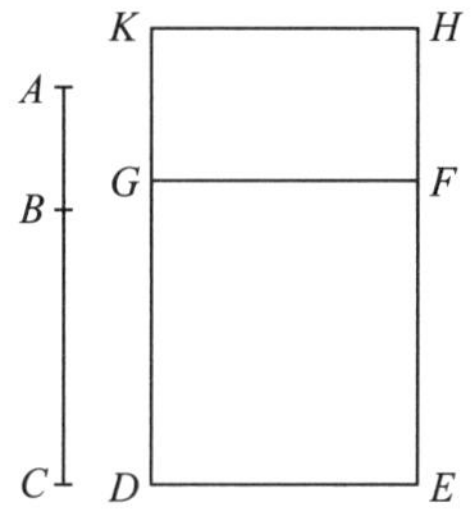

给出有理线段 DE，对之适配等于 AB 与 BC 上正方形之和的矩形 DF，又适配等于 AB 与 BC 所夹矩形两倍的矩形 GH。因此，整个 DH 等于 AC 上的正方形[命题Ⅱ.4]。且由于 AB 与 BC 上的正方形之和是中项面，并等于 DF，DF 因此也是中项面。且它适配于有理线段 DE。

---

① 于是，主线的长度可以表达为 $\sqrt{[1+k/(1+k^2)^{1/2}]/2}+\sqrt{[1-k/(1+k^2)^{1/2}]/2}$。主线与相应的次线(其长度可以表达为 $\sqrt{[1+k/(1+k^2)^{1/2}]/2}-\sqrt{[1-k/(1+k^2)^{1/2}]/2}$，见命题Ⅹ.76)是四次方程 $x^4-2x^2+k^2/(1+k^2)=0$ 的正根。

② 于是，有理面与中项面之和的平方根的长度可以表达为 $\sqrt{[(1+k^2)^{1/2}+k]/[2(1+k^2)]}+\sqrt{[(1+k^2)^{1/2}-k]/[2(1+k^2)]}$。这与相应的无理线段，是四次方程 $x^4-(2/\sqrt{1+k^2})x^2+k^2/(1+k^2)^2=0$ 的正根，上述无理线段的长度可以表达为 $\sqrt{[(1+k^2)^{1/2}+k]/[2(1+k^2)]}-\sqrt{[(1+k^2)^{1/2}-k]/[2(1+k^2)]}$，见命题Ⅹ.77。

于是，DG 是有理的，且与 DE 长度不可公度[命题Ⅹ.22]。同理，GK 也是有理的，且与 GF，即 DE，长度不可公度。又由于 AB，BC 上的正方形之和与 AB，BC 所夹矩形的两倍不可公度，DF 与 GH 不可公度，因而，DG 也与 GK 长度不可公度[命题Ⅵ.1，Ⅹ.11]。且它们也是有理的，因此，DG 与 GK 是仅平方可公度的有理线段。所以，DK 是无理的，且该线段被称为二项线[命题Ⅹ.36]。而 DE 是有理的，因此，DH 是无理的[定义Ⅹ.4]。且其面积的平方根是无理的[定义Ⅹ.4]。AC 是 HD 的面积的平方根。因此，AC 是无理的，该线段被称为两个中项面之和的面积的平方根。[①] 这就是需要证明的。

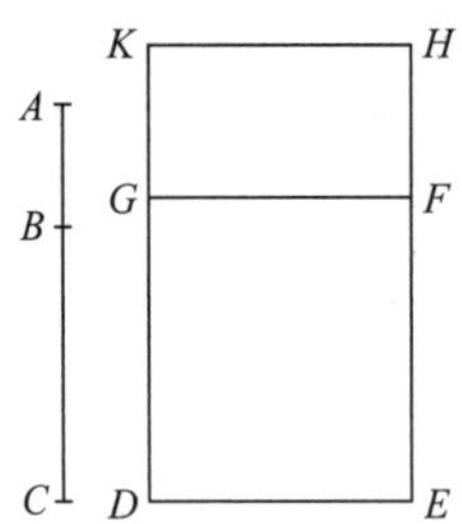

（注：为方便读者阅读，译者将第 247 页图复制到此处。）

引　　理

前面提到的无理线段都只能用一种方式分为它们的组成线段之和，从而产生指定的各种类型，我们以下面的引理为前提给出证明。

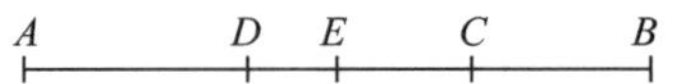

设给出线段 AB，并设全线段在每个点 C 与 D 被分为不相等的两部分，又假设 AC 大于 DB。[②] 我说 AC 与 CB 上的正方形之和大于 AD 与 DB 上的正方形之和。

其理由如下。设 AB 在 E 被等分，由于 AC 大于 DB，设由二者都减去 DC。因此，余量 AD 大于余量 CB。而 AE 等于 EB，于是，DE 小于 EC，所以，C 与 D 两点与中点的距离不等。又由于 AC 与 CB 所夹矩形加上 EC 上的正方形等于 EB 上的正方形[命题Ⅱ.5]，AC 与 CB 所夹矩形加上 EC 上的正方形因此等于 AD 与 DB 所夹矩形加上 DE 上的正方形。而由这些，DE 上的正方形小于 EC 上的正方形。且因此，余量即 AC 与 CB 所夹矩形小于 AD 与 DB 所夹矩形。因而，AC 与 CB 所夹矩形的两倍小于 AD 与 DB 所夹矩形的两倍。因此，剩下的 AC 与 CB 上的正方形之和，大于 AD 与 DB 上的正方形之和。[③] 这就是需要证明的。

---

① 于是，两个中项面之和的面积的平方根的长度可以表达为 $k'^{1/4}\left(\sqrt{[1+k/(1+k^2)^{1/2}]/2}+\sqrt{[1-k/(1+k^2)^{1/2}]/2}\right)$。这与带负号的相应无理线段，是四次方程 $x^4-2k'^{1/2}x^2+k'k^2/(1+k^2)=0$ 的正根，上述无理线段的长度可以表达为 $k'^{1/4}\left(\sqrt{[1+k/(1+k^2)^{1/2}]/2}-\sqrt{[1+k/(1+k^2)^{1/2}]/2}\right)$，见命题Ⅹ.78。

② 若 AC 等于 DB，则显然 AB 在 C 与 D 都被分为它的两部分。这种对称情况在本书中被视为同一种方式。——译者注

③ 因为，$AC^2+CB^2+2AC\times CB=AD^2+DB^2+2AD\times DB=AB^2$。

命题 42

二项线只能在一点被分为它的组成线段[①]。

设 AB 是一条二项线,在 C 点被分为它的组成线段。AC 与 CB 因此是仅平方可公度有理线段[命题Ⅹ.36]。我说 AB 不可能在另一点被分为仅平方可公度的两条有理线段。

其理由如下。设它被分割于 D 点,使得 AD 与 DB 也是仅平方可公度有理线段,检验是否可能。显然,AC 与 DB 不同。设它们相同,检验是否可能。于是 AD 也与 CB 相同。且 AC 比 CB 如同 BD 比 DA。因此,AB 被分割于 C 的方式与其被分割于 D 的方式相同,而这与假设的正好相反。因此,AC 与 DB 不同。有鉴于此,点 C 与 D 到中点的距离不等。因此,AC,CB 上的正方形之和与 AD,DB 上的正方形之和相差的面积是多少,AD,DB 所夹矩形的两倍与 AC,CB 所夹矩形的两倍也相差相同的面积,其根据是,AC 与 CB 上的正方形之和加上 AC 与 CB 所夹矩形的两倍,以及 AD 与 DB 上的正方形之和加上 AD 与 DB 所夹矩形的两倍,都等于 AB 上的正方形[命题Ⅱ.4]。但 AC,CB 上的正方形之和与 AD,DB 上的正方形之和相差一个有理面。因为二者都是有理面。因此,AD,DB 所夹矩形的两倍与 AC,CB 所夹矩形的两倍之差也是一个有理面,尽管它们都是中项面[命题Ⅹ.21]。而这是荒谬的。因为两个中项面之差不可能是一个有理面[命题Ⅹ.26]。

这样,二项线不能在不同点被分为它的组成线段。因此它只能在一点被分为它的组成线段。这就是需要证明的。

命题 43

第一双中项线只能在一点被分为它的组成线段。[②]

设 AB 是一条第一双中项线,它在 C 点被分割,使得 AC 与 CB 是仅平方可公度的中项线,且它们夹一个有理面[命题Ⅹ.37]。我说 AB 不能在另一点如此分割。

其理由如下。设它也在 D 点如此被分割,使 AD 与 DB 也是仅平方可公度且夹一个有理面的中项线,检验是否可能。这时,由于 AD,DB 所夹矩形的两倍与 AC,CB 所夹矩形的两倍相差的面积是多少,AC,CB 上的正方形之和与 AD,DB 上的正方形之和也相差相同的面积[命题

① 换句话说,$k+k'^{1/2}=k''+k'''^{1/2}$ 只有一个解:即 $k''=k$ 及 $k'''=k'$。类似地,$k^{1/2}+k'^{1/2}=k''^{1/2}+k'''^{1/2}$ 只有一个解:即 $k''=k$ 及 $k'''=k'$(或等价地,$k''=k'$ 及 $k'''=k$)。

② 换句话说,$k^{1/4}+k^{3/4}=k'^{1/4}+k'^{3/4}$ 有一个解:即 $k'=k$。

X.41 引理]。而 AD,DB 所夹矩形的两倍与 AC,CB 所夹矩形的两倍相差一个有理面，尽管二者都是中项面。并且 AC,CB 上的正方形之和与 AD,DB 上的正方形之和也相差一个有理面，尽管二者都是中项面，而这是荒谬的[命题X.26]。

A D C B

(注：为方便读者阅读，译者将第 249 页图复制到此处。)

这样，第一双中项线不能在不同点被分为它的组成线段。因此，它只能在一点被分为它的组成线段。这就是需要证明的。

命题 44

第二双中项线只能在一点被分为它的组成线段。①

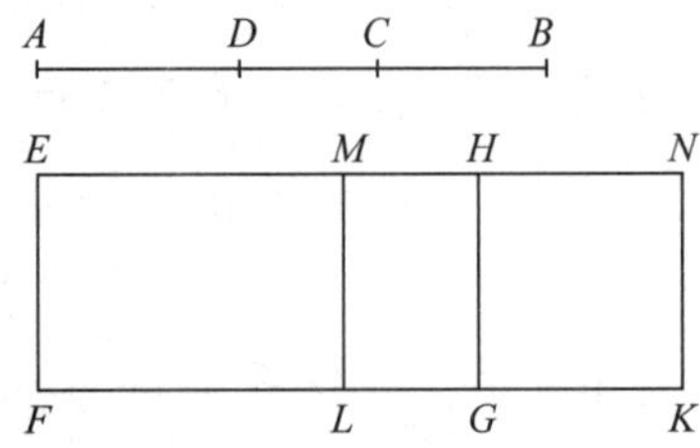

设 AB 是一条第二双中项线，它在 C 点被分割，使得 AC 与 CB 为仅平方可公度的中项线，且它们所夹矩形是中项面[命题X.38]。故显然，C 不在等分点上，由于 AC 与 BC 长度不可公度。我说 AB 不可能在另一点如此被分割。

其理由如下。设它也可以在 D 被分割，故显然 AC 与 DB 并不相同，但按假设，AC 是较大的，检验是否可能。显然，AD 与 DB 上的正方形之和小于 AC 与 CB 上的正方形之和，如我们上面所证明的[命题X.41 引理]。并且 AD 与 DB 是仅平方可公度并夹中项面的中项线。又设给出有理线段 EF。并设对 EF 匹配等于在 AB 上的正方形的矩形 EK。由 EK 减去等于 AC 与 CB 上的正方形之和的 EG，因此，余量 HK 等于 AC 与 CB 所夹矩形的两倍[命题Ⅱ.4]。再者，设由 EK 减去等于 AD 与 DB 上的正方形之和的 EL，而且已经证明它小于 AC 与 CB 上的正方形之和。于是，余量 MK 等于 AD 与 DB 所夹矩形的两倍。且由于 AC 与 CB 上的正方形都是中项面，EG 也是中项面。且它被适配于有理线段 EF。因此，EH 是有理的，且与 EF 长度不可公度[命题X.22]。同理，HN 也是有理的，且与 EF 长度不可公度。又由于 AC 与 CB 是仅平方可公度的中项线，AC 因此与 CB 长度不可公度。且 AC 比 CB 如同 AC 上的正方形比 AC 与 CB 所夹矩形[命题X.21 引理]。因此 AC 上的正方形与 AC,CB 所夹矩形不可公度[命题X.11]。但是，AC,CB 上的正方形之和与 AC 上的正方形可公度，其理由如下。AC 与 CB 是平方可公度的[命题X.15]。且 AC,CB 所夹矩形的两倍与 AC,CB 所夹矩形可公度[命题X.6]。因此，AC,CB 上的正方形之和也与 AC,CB 所夹矩形的两倍不可

① 换句话说，$k^{1/4}+k'^{1/2}/k^{1/4}=k''^{1/4}+k'''^{1/2}/k''^{1/4}$ 只有一个解：即 $k''=k$ 及 $k'''=k'$。

公度[命题Ⅹ.13]。但 EG 等于 AC 与 CB 上的正方形之和，而 HK 等于 AC 与 CB 所夹矩形的两倍，因此，EG 与 HK 不可公度。因而，也有 EH 与 HN 长度不可公度[命题Ⅵ.1，命题Ⅴ.11]。而它们是有理线段。因此，EH 与 HN 是仅平方可公度有理线段。而若仅平方可公度的两条有理线段相加，则整条线段是被称为二项线的无理线段［命题Ⅹ.36]。因此，EN 是在点 H 被分为其组成线段的二项线。根据相同的理由可以证明，EM 与 MN 是仅平方可公度的有理线段。且 EN 因此是一条二项线，它在不同点 H 与 M 被分为其组成线段{而这是荒谬的[命题Ⅹ.42]}。又，EH 与 MN 不同，由于 AC 与 CB 上的正方形之和大于 AD 与 DB 上的正方形之和。但是 AD 与 DB 上的正方形之和大于 AD 与 DB 所夹矩形的两倍[命题Ⅹ.59 引理]。因此，AC 与 CB 上的正方形之和(即 EG)也更大于 AD 与 DB 所夹矩形的两倍(即 MK)。因而，EH 也更大于 MN[命题Ⅵ.1]。所以，EH 与 MN 不同。这就是需要证明的。

命题 45

主线只可能在一点被分为它的组成线段。[①]

设 AB 是一条主线，它在 C 点被分割，使得 AC 与 CB 平方不可公度，AC 与 CB 上的正方形之和是有理面，但 AC 与 CD 所夹矩形是中项面[命题Ⅹ.39]。我说 AB 不能在其他点如此被分割。

A D C B

其理由如下。设它也可以在 D 如此被分割，使得 AD 与 DB 平方不可公度，AD 与 DB 上的正方形之和是有理面，且 AC 与 CD 所夹矩形是中项面，检验是否可能。又由于，AC，CB 上的正方形之和与 AD，DB 上的正方形之和相差的面积是多少，AD，DB 所夹矩形的两倍与 AC，CB 所夹矩形的两倍就相差相同的面积。而 AC 与 CB 上的正方形之和超过 AD 与 DB 上的正方形之和的差额是一个有理面。因为这两个和都是有理面。因此，AD 与 DB 所夹矩形的两倍超过 AC 与 CB 所夹矩形的两倍的差额也是一个有理面，尽管二者都是中项面，而这是不可能的[命题Ⅹ.26]。因此，一条主线不可能在不同点被分为它的组成线段。所以它只能在同一点被分割。这就是需要证明的。

命题 46[②]

有理面与中项面之和的面积的平方

① 换句话说，$\sqrt{[1+k/(1+k^2)^{1/2}]/2}+\sqrt{[1-k/(1+k^2)^{1/2}]/2}=\sqrt{[1+k'/(1+k'^2)^{1/2}]/2}+\sqrt{[1-k'/(1+k'^2)^{1/2}]/2}$ 只有一个解：即 $k'=k$。

② 换句话说，$\sqrt{[(1+k^2)^{1/2}+k]/[2(1+k^2)]}+\sqrt{[(1+k^2)^{1/2}-k]/[2(1+k^2)]}=\sqrt{[(1+k'^2)^{1/2}+k']/[2(1+k'^2)]}+\sqrt{[(1+k'^2)^{1/2}-k']/[2(1+k'^2)]}$ 只有一个解：即 $k'=k$。

根只可能在一点被分为它的组成线段。

设 AB 是有理面与中项面之和的面积的平方根，它在点 C 被分为两部分，使得 AC 与 CB 平方不可公度，AC 与 CB 上的正方形之和是中项面，AC 与 CB 所夹矩形的两倍是有理的[命题Ⅹ.40]。我说 AB 不可能在另一点如此被分割。

其理由如下。设它在 D 点被如此分割，使得 AD 与 DB 也是平方不可公度的，AD 与 DB 上的正方形之和是中项面，且 AD 与 DB 所夹矩形的两倍是有理面，检验是否可能。又由于，AC，CB 上的正方形之和与 AD，DB 上的正方形之和相差的面积是多少，AD，DB 所夹矩形的两倍与 AC，CB 所夹矩形的两倍也相差相同的面积。AC，CB 所夹矩形的两倍超过 AD，DB 所夹矩形的两倍的差额是一个有理面。而 AD 与 DB 上的正方形之和超过 AC 与 CB 上的正方形之和的差额也是一个有理面。由于这两个和都是有理的。因此，AD 与 DB 所夹矩形的两倍超过 AC 与 CB 所夹矩形的两倍的差额是有理面，尽管二者都是中项面，而这是不可能的[命题Ⅹ.26]。因此，一个有理面与一个中项面之和的面积的平方根不可能在不同点被分为它的两个组成线段。所以它只能在一点被如此分割。这就是需要证明的。

命题 47

两个中项面之和的面积的平方根只能在一点被分为它的两个组成线段。①

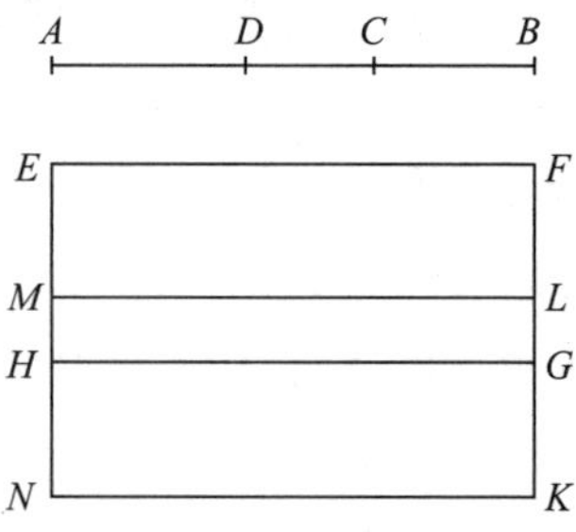

设 AB 是两个中项面之和的面积的平方根，它被分割于 C 点，使得 AC 与 CB 平方不可公度，且 AC 与 CB 上的正方形之和是中项面，AC 与 CB 所夹矩形是中项面，并且这个矩形与 AC，CB 上的正方形之和不可公度[命题Ⅹ.41]。我说 AB 不可能在另一点分为满足规定条件的两部分。

其理由如下。设它在 D 点被分割，使得 AC 又显然与 DB 不同，但 AC 按假设较大。又设给出有理线段 EF，对 EF 适配一个矩形 EG，它等于 AC 与 CB 上的正方形之和，又适配另一个矩形 HK，它等于 AC 与 CB 所夹矩形的两倍。因此，整个 EK 等于 AB 上的正方形[命题Ⅱ.4]。

① 换句话说，$k'^{1/4}\sqrt{[1+k/(1+k^2)^{1/2}]/2}+k'^{1/4}\sqrt{[1-k/(1+k^2)^{1/2}]/2}=k'''^{1/4}\sqrt{[1+k''/(1+k''^2)^{1/2}]/2}+k'''^{1/4}\sqrt{[1-k''/(1+k''^2)^{1/2}]/2}$ 只有一个解：即 $k''=k$ 及 $k'''=k'$。

再对 EF 适配一个矩形 EL，它等于 AD 与 DB 上的正方形之和。因此，剩余部分，即 AD 与 DB 所夹矩形的两倍，等于剩余部分 MK。且由于 AC 与 CB 上的正方形之和被假设为中项面，EG 也是中项面。而且它适配于有理线段 EF，HE 因此是有理的，且与 EF 长度不可公度[命题Ⅹ.22]。同理，HN 也是有理的，且与 EF 长度不可公度。又由于 AC，CB 上的正方形之和与 AC，CB 所夹矩形的两倍不可公度，EG 因此也与 GN 不可公度。因而，EH 也与 HN 不可公度[命题Ⅵ.1，Ⅹ.11]。且它们都是有理线段。因此，EH 与 HN 是仅平方可公度的有理线段，所以，EN 是在 H 点被分为它的两个组成线段的二项线[命题Ⅹ.36]。类似地，我们可以证明，它也如此被分割于 M 点。而 EH 不等于 MN，因此，一条二项线在不同点被分为它的组成线段。而这是荒谬的[命题Ⅹ.42]。因此，两个中项面之和的面积的平方根不能在不同点被分为它的两个组成线段。因此，它只能在一点被如此分割。

定义 II

5. 给定一条有理线段与一条二项线，并把二项线分为它的组成项，使较大者上的正方形与较小者上的正方形之差，是**与较大者长度可公度**的一条线段上的正方形，若**较大者**与前面给出的有理线段**长度可公度**，称原二项线为**第一二项线**。

6. 若**较小者**与前面给出的有理线段**长度可公度**，则称原二项线为**第二二项线**。

7. 若两个组成项与前面给出的有理线段皆长度不可公度，则称原二项线为**第三二项线**。

8. 再者，若较大者上的正方形与较小者上的正方形之差，是**与较大者长度不可公度**的一条线段上的正方形，则若较大者与前面给出的有理线段长度可公度，称原二项线为**第四二项线**。

9. 若较小者与前面给出的有理线段可公度，称原二项线为**第五二项线**。

10. 若两个组成项与前面给出的有理线段皆不可公度，称原二项线为**第六二项线**。

命题 48

求一条第一二项线。

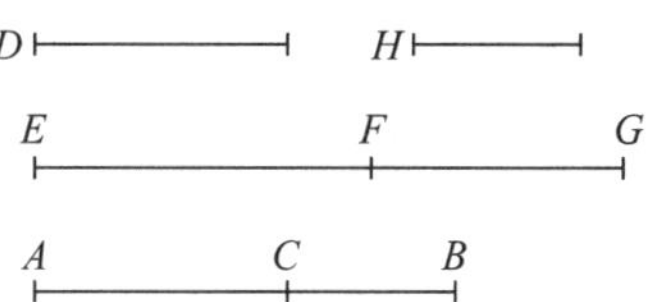

给出两个数 AC 与 CB，使得其和 AB 比 BC 如同某个平方数比某个平方数，但是与 CA 之比不同于某个平方数比某个平方数[命题Ⅹ.28 引理 I]。并设给出某条有理线段 D，设 EF 与 D 长度可公度。因此 EF 也是有理的[定义Ⅹ.3]。又设使得数 BA 比 AC 如同 EF 上的正方形比 FG 上的正方形[命题Ⅹ.6 推论]。且 AB 比 AC 如同某个数比某个数。因此，EF 上的正方形比 FG 上的正方形也如同某个数比某个数。因而，EF 上的正方形与 FG 上的正方形可公度[命题Ⅹ.6]。且 EF 是有理的，所以，FG 也是有理的。且由于 BA 比 AC 也不同于某个平方数比某个平方数。因此，EF 上的正方形比 FG 上的正方形不同于某个平方数比某个平方数。于是 EF 与 FG 长度不可公度[命题Ⅹ.9]。EF 与 FG 因此是仅平方可公度的有理线段。所以，EG 是一条二项线[命题Ⅹ.36]。我说它也是一条第一二项线。

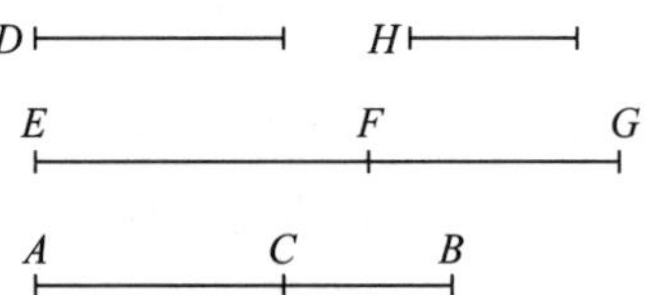

（注：为方便读者阅读，译者将第 253 页图复制到此处。）

其理由如下。由于数 BA 比 AC 如同 EF 上的正方形比 FG 上的正方形，而 BA 大于 AC，EF 上的正方形，因此也大于 FG 上的正方形[命题Ⅴ.14]。所以，设 FG 与 H 上的正方形之和等于 EF 上的正方形。而由于 BA 比 AC 如同 EF 上的正方形比 FG 上的正方形，因此，由更比例，AB 比 BC 如同 EF 上的正方形比 H 上的正方形[命题Ⅴ.19 推论]。且 AB 比 BC 如同某个平方数比某个平方数。因此，EF 上的正方形比 H 上的正方形也如同某个平方数比某个平方数。所以，EF 与 H 长度可公度[命题Ⅹ.9]。于是，EF 上的正方形大于 FG 上的正方形，其差额是与 EF 可公度的一条线段上的正方形，且 EF 与 FG 都是有理线段，而且 EF 与 D 长度可公度。

因此 EG 是一条第一二项线[定义Ⅹ.5]。[①]。这就是需要做的。

命题 49

求一条第二二项线。

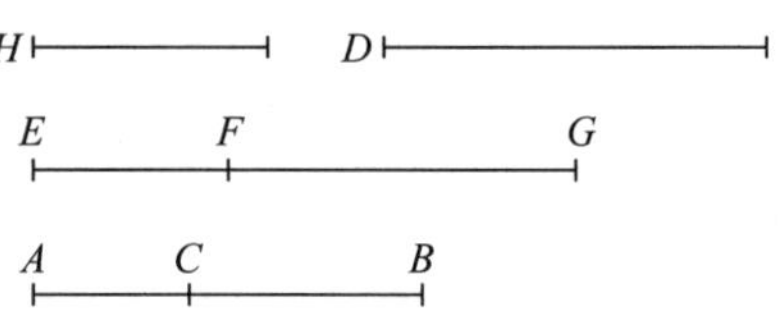

设给出两个数 AC 与 CB，其和 AB 比 BC 如同某个平方数比某个平方数，但 AB 比 AC 不同于某个平方数比某个平方数[命题Ⅹ.28 引理 1]。又设给出有理线段 D。并设 EF 与 D 长度可公度，EF 因此是有理线段。设也使得数 CA 比 AB 如同 EF 上的正方形比 FG 上的正方形[命题Ⅹ.6 推论]。因此，EF 上的正方形与 FG 上的正方形可公度[命题Ⅹ.6]。所以，FG 也是有理线段。且由于数 CA 比 AB 不同于某个平方数比某个平方数。EF 上的正方形比 FG 上的正方形也不同于某个平方数比某个平方数。于是，EF 与 FG 长度不可公度[命题Ⅹ.9]。EF 与 FG 因此是仅平方可公度的有理线段。于是，EG 是一条二项线[命题Ⅹ.36]。我们还需要证明，它也是一条第二二项线。

其理由如下。由反比例，数 BA 比 AC 如同 GF 上的正方形比 FE 上的正方

① 若有理线段的长度是一单位，则第一二项线的长度是 $k+k\sqrt{1-k'^2}$ 它与长度是 $k-k\sqrt{1-k'^2}$ 的第一余线[命题Ⅹ.85]，是 $x^2-2kx+k^2k'^2=0$ 的根。

形[命题Ⅴ.7 推论]。且 BA 大于 AC，GF 上的正方形因此也大于 FE 上的正方形[命题Ⅴ.14]。设 EF 与 H 上的正方形之和等于 GF 上的正方形。因此，由更比例，AB 比 BC 如同 FG 上的正方形比 H 上的正方形[命题Ⅴ.19 推论]。但是，AB 比 BC 如同某个平方数比某个平方数。因此，FG 上的正方形比 H 上的正方形也如同某个平方数比某个平方数。于是，FG 与 H 长度可公度[命题Ⅹ.9]。因而，FG 上的正方形大于 FE 上的正方形，其差额是与 FG 可公度的一条线段上的正方形。且 FG 与 FE 是仅平方可公度的有理线段。而且较小者 EF 与前面给出的有理线段 D 长度可公度。

这样，EG 是一条第二二项线[命题Ⅹ.6]。[①] 这就是需要做的。

命题 50

求一条第三二项线。

设给出两个数 AC 与 CB，使得其和 AB 比 BC 如同某个平方数比某个平方数，但是 AB 比 AC 不同于某个平方数比某个平方数。并设给出其他非平方数 D，使得它与 BA，AC 每个之比都不同于某个平方数比某个平方数。又设给出一条有理线段 E，使得 D 比 AB 如同 E 上的正方形比 FG 上的正方形[命题Ⅹ.6 推论]。因此，E 上的正方形与 FG 上的正方形可公度[命题Ⅹ.6]。而 E 是一条有理线段。因此，FG 也是有理线段。又由于 D 比 AB 不同于某个平方数比某个平方数，E 上的正方形比 FG 上的正方形不同于某个平方数比某个平方数。E 因此与 FG 长度不可公度[命题Ⅹ.9]。再者，设使得数 BA 比 AC 如同 FG 上的正方形比 GH 上的正方形[命题Ⅹ.6 推论]。因此，FG 上的正方形也与 GH 上的正方形可公度[命题Ⅹ.6]。且 FG 是有理线段。因此，GH 也是有理线段。且由于 BA 比 AC 不同于某个平方数比某个平方数，FG 上的正方形比 HG 上的正方形也不同于某个平方数比某个平方数。因此，FG 与 GH 长度不可公度[命题Ⅹ.9]。FG 与 GH 因此是仅平方可公度的有理线段。所以，FH 是一条二项线[命题Ⅹ.36]。我说它也是一条第三二项线。

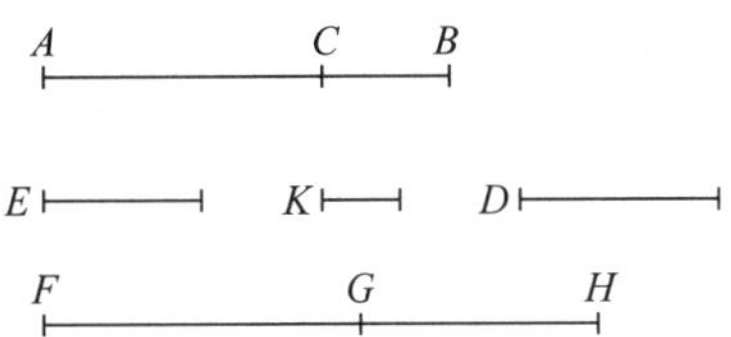

其理由如下。由于 D 比 AB 如同 E 上的正方形比 FG 上的正方形，且 BA 比 AC 如同 FG 上的正方形比 GH 上的正方形。因此由首末比例，D 比 AC 如同 E 上的正方形比 GH 上的正方形[命题Ⅴ.22]。但 D 比 AC 不同于某个平方数比某个平方数。因此，E 上的正方形比 GH 上的正方形不同于某个平方数比某个平方数，所以，E 与 GH 长度不可公度[命题Ⅹ.9]。

① 若有理线段的长度是一单位，则第二二项线的长度是 $k/\sqrt{1-k'^2}+k$。它与长度是 $k/\sqrt{1-k'^2}-k$[命题Ⅹ.86]的第二余线，是 $x^2-(2k/\sqrt{1-k'^2})x+k^2\left[k'^2/\sqrt{1-k'^2}\right]=0$ 的根。

又由于 BA 比 AC 如同 FG 上的正方形比 GH 上的正方形，FG 上的正方形大于 GH 上的正方形[命题Ⅴ.14]。因此可设 GH 与 K 上的正方形之和等于 FG 上的正方形。于是由更比例，AB 比 BC 如同 FG 上的正方形比 K 上的正方形[命题Ⅹ.19 推论]。但是 AB 比 BC 如同某个平方数比某个平方数，因此，FG 上的正方形与 K 上的正方形也如同某个平方数比某个平方数。所以，FG 与 K 长度可公度[命题Ⅹ.9]。于是，FG 上的正方形大于 GH 上的正方形，其差额是与 FG 可公度的一条线段 K 上的正方形[命题Ⅹ.9]。且 FG 与 GH 是仅平方可公度的有理线段，而且它们都与 E 长度不可公度。

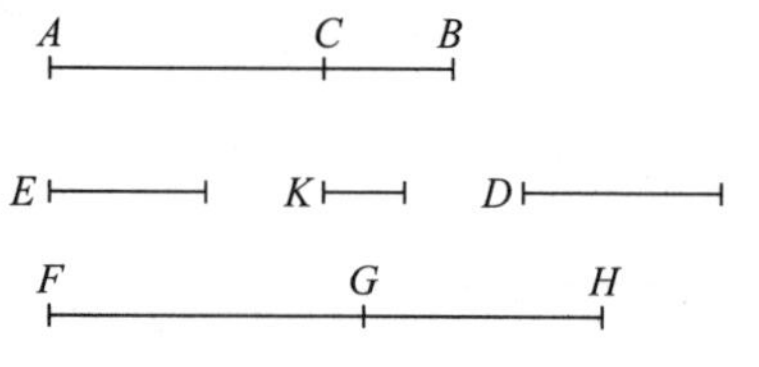

(注：为方便读者阅读，译者将第 255 页图复制到此处。)

这样，FH 是第三二项线[定义Ⅹ.7][①]。这就是需要做的。

命题 51

求一条第四二项线。

设给出两个数 AC 与 CB，使得 AB 比 BC 或 AB 比 AC 都不同于某个平方数比某个平方数[命题Ⅹ.28 引理 1]。并设给出有理线段 D，使 EF 与 D 长度可公度，因此，EF 也是有理线段。使得数 BA 比 AC 如同 EF 上的正方形比 FG 上的正方形[命题Ⅹ.6 推论]。因此，EF 上的正方形与 FG 上的正方形可公度[命题Ⅹ.6]。所以，FG 也是有理线段。且由于 BA 比 AC 不同于某个平方数比某个平方数，EF 上的正方形比 FG 上的正方形也不同于某个平方数比某个平方数，因此 EF 与 FG 长度不可公度[命题Ⅹ.9]。所以，EF 与 FG 是仅平方可公度的有理线段。因而，EG 是一条二项线[命题Ⅹ.36]。我说它也是一条第四二项线。

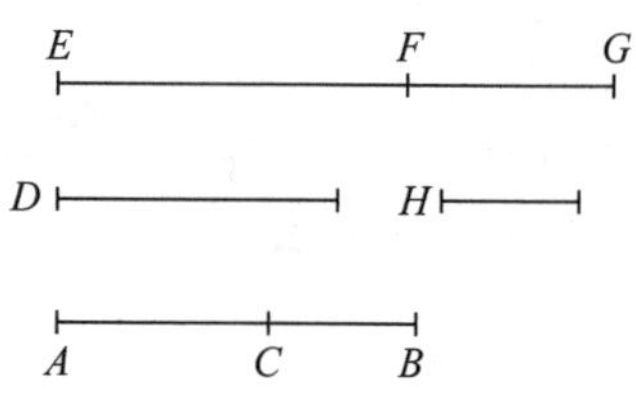

其理由如下。由于 BA 比 AC 如同 EF 上的正方形比 FG 上的正方形。EF 上的正方形大于 FG 上的正方形[命题Ⅴ.14]。因此，可以设 FG 与 H 上的正方形之和等于 EF 上的正方形，由更比例，数 AB 比 BC 如同 EF 上的正方形比 H 上的正方形[命题Ⅴ.19 推论]。且 AB 比 BC 不同于某个平方数比某个平方数。因此，EF 上的正方形比 H 上的正方形不同于某个平方数比某个平方数。所以，EF 与 H 长度不可公度[命题Ⅹ.9]。于是，EF 上的正方形大于 GF 上的正方形，其差额是与 EF 不可公

① 若有理线段的长度是一单位，则第三二项线的长度是 $k^{1/2}(1+\sqrt{1-k'^2})$。它与长度是 $k^{1/2}(1-\sqrt{1-k'^2})$[命题Ⅹ.87]的第三余线，是 $x^2-2k^{1/2}x+kk'^2=0$ 的根。

度的一条线段上的正方形。又 EF 与 FG 是仅平方可公度的有理线段,且 EF 与 D 长度可公度。

这样,EG 是一条第四二项线[定义Ⅹ.8]。[①] 这就是需要做的。

命题 52

求一条第五二项线。

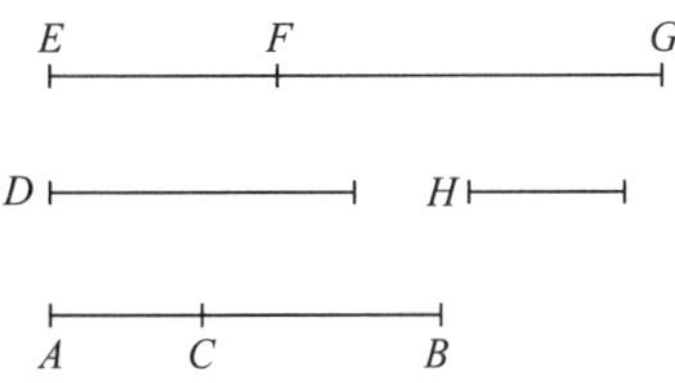

给出两个数 AC 与 CB,使得 AB 与二者之比都不同于某个平方数比某个平方数[命题Ⅹ.28 引理]。给出有理线段 D,并使 EF 与 D 长度可公度,因此,EF 是有理线段。使得 CA 比 AB 如同 EF 上的正方形比 FG 上的正方形[命题Ⅹ.6 推论]。且 CA 比 AB 不同于某个平方数比某个平方数。因此,EF 上的正方形比 FG 上的正方形也不同于某个平方数比某个平方数。所以,EF 与 FG 是仅平方可公度的有理线段[命题Ⅹ.9]。因而,EG 是一条二项线[命题Ⅹ.36]。我说它也是一条第五二项线。

其理由如下。由于 CA 比 AB 如同 EF 上的正方形比 FG 上的正方形。EF 上的正方形大于 FG 上的正方形,由反比例,BA 比 AC 如同 FG 上的正方形比 FE 上的正方形[命题Ⅴ.7 推论]。所以,GF 上的正方形大于 EF 上的正方形[命题Ⅴ.14]。因此,设 EF 与 H 上的正方形之和等于 GF 上的正方形,于是由更比例,数 AB 比 BC 如同 GF 上的正方形比 H 上的正方形[命题Ⅴ.19 推论]。且 AB 比 BC 不同于某个平方数比某个平方数。因此,FG 上的正方形比 H 上的正方形也不同于某个平方数比某个平方数。所以,FG 与 H 长度不可公度[命题Ⅹ.9]。因而,FG 上的正方形大于 FE 上的正方形,其差额是与 FG 长度不可公度的一条线段上的正方形。又,GF 与 FE 是仅平方可公度的有理线段。且较小者 EF 与前面给出的有理线段 D 长度可公度。

这样,EG 是一条第五二项线。[②] 这就是需要做的。

命题 53

求一条第六二项线。

---

① 若有理线段的长度是一单位,则第四二项线的长度是 $k(1+1/\sqrt{1-k'})$。它与长度是 $k(1-1/\sqrt{1-k'})$ 的第四余线[命题Ⅹ.88],是 $x^2-2kx+k^2k'/(1+k')=0$ 的根。

② 若有理线段的长度是一单位,则第五二项线的长度是 $k(\sqrt{1+k'}+1)$。它与长度是 $k(\sqrt{1+k'}-1)$ 的第五余线[命题Ⅹ.89],是 $x^2-2k\sqrt{1+k'}x+k^2k'=0$ 的根。

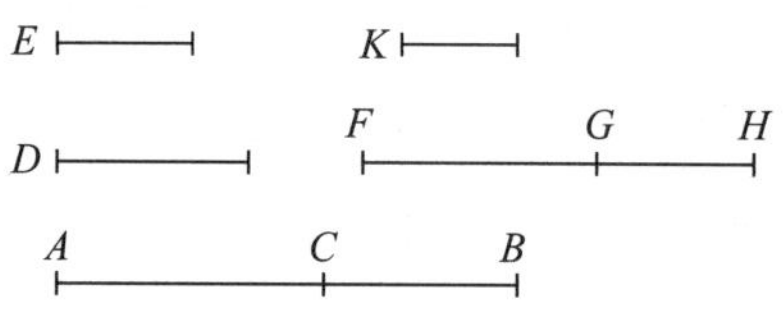

给出两个数 AC 与 CB，使得 AB 与二者之比都不同于某个平方数比某个平方数。并设也有另一个非平方数 D，D 与 BA 和 AC 每个之比都不同于某个数比某个数[命题Ⅹ.28 引理 1]。又给出一条有理线段 E。并设它使得 D 比 AB 如同 E 上的正方形比 FG 上的正方形[命题Ⅹ.6 推论]。因此，E 上的正方形与 FG 上的正方形可公度[命题Ⅹ.6]。且 E 是有理的。于是，FG 也是有理的。又由于 D 比 AB 不同于某个平方数比某个平方数，E 上的正方形比 FG 上的正方形也不同于某个平方数比某个平方数。因此 E 与 FG 长度不可公度[命题Ⅹ.9]。再者，使得 BA 比 AC 如同 FG 上的正方形比 GH 上的正方形[命题Ⅹ.6 推论]。FG 上的正方形因此与 GH 上的正方形可公度[命题Ⅹ.6]。HG 上的正方形因此是有理的。所以，HG 是有理的。又由于 BA 比 AC 不同于某个平方数比某个平方数。FG 上的正方形比 GH 上的正方形也不同于某个平方数比某个平方数。因此，FG 与 GH 长度不可公度[命题Ⅹ.9]。于是，FG 与 GH 是仅平方可公度的有理线段，所以，FH 是一条二项线[命题Ⅹ.36]。我们还需要证明，FH 也是一条第六二项线。

其理由如下。由于 D 比 AB 如同 E 上的正方形比 FG 上的正方形，也如同 BA 比 AC 并且还如同 FG 上的正方形比 GH 上的正方形，因此由首末比例，D 比 AC 如同 E 上的正方形比 GH 上的正方形[命题Ⅴ.22]。且 D 比 AC 不同于某个平方数比某个平方数。因此，E 上的正方形比 GH 上的正方形也不同于某个平方数比某个平方数。E 因此与 GH 长度不可公度[命题Ⅹ.9]。但是已证明 E 与 FG 长度不可公度。所以，FG 与 GH 每个都与 E 长度不可公度。又由于 BA 比 AC 如同 FG 上的正方形比 GH 上的正方形，FG 上的正方形因此大于 GH 上的正方形[命题Ⅹ.14]。所以，设 GH 与 K 上的正方形之和等于 FG 上的正方形。由更比例，AB 比 BC 如同 FG 上的正方形比 K 上的正方形[命题Ⅴ.19 推论]。且 AB 比 BC 不同于某个平方数比某个平方数。因而，FG 上的正方形比 K 上的正方形也不同于某个平方数比某个平方数。因此，FG 与 K 长度不可公度[命题Ⅹ.9]。FG 上的正方形因此大于 GH 上的正方形，其差额是与 FG 不可公度的一条线段上的正方形。而 FG 与 GH 是仅平方可公度的有理线段，且它们每个都与给定的有理线段 E 长度不可公度。

这样，FH 是一条第六二项线。① 这就是需要做的。

① 若有理线段的长度是一单位，则第六二项线的长度是 $\sqrt{k}+\sqrt{k'}$。它与长度是 $\sqrt{k}-\sqrt{k'}$ 的第六余线[命题Ⅹ.90]，是 $x^2-2\sqrt{k}x+(k-k')=0$ 的根。

引　理

设给出两个正方形 AB 与 BC，并使得 DB 与 BE 在同一直线上接续。FB 因此也与 BG 在同一直线上接续。作出平行四边形 AC。我说 AC 是正方形，且 DG 是 AB 与 BC 的比例中项，此外，DC 是 AC 与 CB 的比例中项。

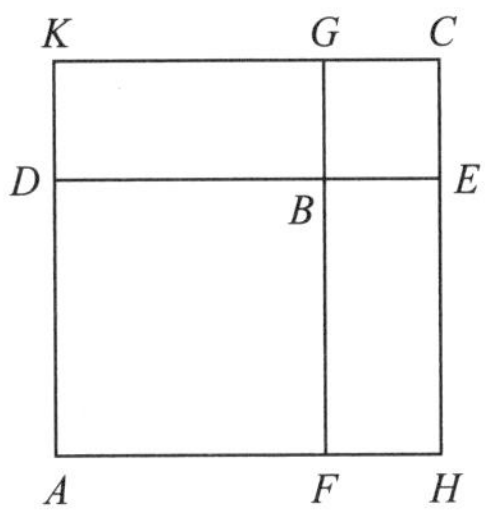

其理由如下。由于 DB 等于 BF，BE 等于 BG，整条 DE 因此等于整条 FG。但是 DE 等于 AH 与 KC 每个，而 FG 等于 AK 与 HC 每个[命题Ⅰ.34]。因此，AH 与 KC 也分别等于 AK 与 HC。于是，平行四边形 AC 是等边的。且它也是直角的。所以，AC 是一个正方形。

又由于 FB 比 BG 如同 DB 比 BE，故 FB 比 BG 如同 AB 比 DG，DB 比 BE 如同 DG 比 BC[命题Ⅵ.1]，因此，AB 比 DG 如同 DG 比 BC[命题Ⅴ.11]。于是，DG 是 AB 与 BC 的比例中项。

我说，DC 也是 AC 与 BC 的比例中项。

其理由如下。由于 AD 比 DK 如同 KG 比 GC，因为它们分别相等。由合比例，AK 比 KD 如同 KC 比 CG[命题Ⅴ.18]。但 AK 比 KD 如同 AC 比 CD，KC 比 CG 如同 DC 比 BC[命题Ⅵ.1]。因此也有，AC 比 DC 如同 DC 比 BC[命题Ⅴ.11]。于是，DC 是 AC 与 CB 的比例中项。这就是需要证明的。

命题 54

有理线段与第一二项线所夹面积的平方根是无理线段，被称为二项线。①

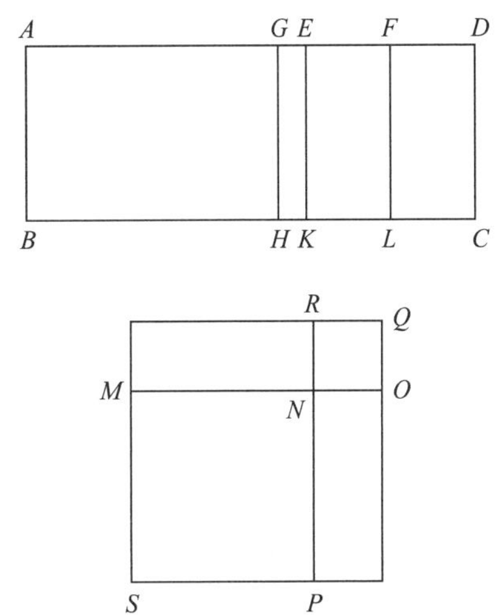

设有理线段 AB 与第一二项线 AD 夹一个面积 AC。我说 AC 的面积的平方根是无理线段，被称为二项线。

其理由如下。由于 AD 是一条第一二项线，设它在 E 被分为它的组成线段，且设 AE 是较大者。因此显然，AE 与 ED

① 若有理线段的长度是一单位，则本命题陈述的是：第一二项线的平方根是一条二项线：即，第一二项线有长度 $k+k\sqrt{1-k'^2}$，其平方根可以被写成 $\rho(1+\sqrt{k''})$，其中 $\rho=\sqrt{k(1+k')/2}$ 及 $k''=(1-k')/(1+k')$。这是一条二项线的长度（见命题Ⅹ.36），因为 ρ 是有理的。

是仅平方可公度的有理线段，而且 AE 上的正方形大于 ED 上的正方形，其差额是与 AE 长度可公度的一条线段上的正方形。而且 AE 与前面给出的有理线段 AB 长度可公度[定义 X.5]。设 ED 在点 F 被等分，且由于 AE 上的正方形大于 ED 上的正方形，其差额是与 AE 可公度的一条线段上的正方形，因此，若等于较小者上的正方形的四分之一(即 EF 上的正方形)的一个矩形，适配于较大者 AE 但亏缺一个正方形，则 AE 被分为长度可公度的两段[命题 X.17]。因此，设把等于 EF 上的正方形的 AG 与 GE 所夹矩形适配于 AE。AG 因此是与 EG 长度可公度的。又设由 G，E，F 分别作平行于 AB 或 CD 的线段 GH，EK，FL。并设已作出等于平行四边形 AH 的正方形 SN，以及等于矩形 GK 的正方形 NQ[命题 Ⅱ.14]。并设给出 MN 与 NO 在同一直线上接续。RN 因此也与 NP 在同一直线上接续。作平行四边形 SQ，则 SQ 是正方形[命题 53 引理]。且由于 AG 与 GE 所夹矩形等于 EF 上的正方形，因此，AG 比 EF 如同 FE 比 EG[命题 Ⅵ.17]。且因此，AH 比 EL 如同 EL 比 KG[命题 Ⅵ.1]。于是，EL 是 AH 与 GK 的比例中项。但 AH 等于 SN，GK 等于 NQ。EL 因此是 SN 与 NQ 的比例中项。且 MR 也是 SN 与 NQ 的比例中项[命题 53 引理]。EL 因此等于 MR，因而，它也等于 PO[命题 Ⅰ.43]。且 AH 加 GK 等于 SN 加 NQ，因此，整个 AC 等于整个 SQ，也就是说，等于 MO 上的正方形，因此，MO 是面积 AC 的平方根。我说 MO 是一条二项线。

其理由如下。由于 AG 与 GE 长度可公度，AE 也与 AG，GE 每个都长度可公度[命题 X.15]。而 AE 也已被假设为与 AB 长度可公度。因此，AG，GE 也与 AB 长度可公度[命题 X.12]。且 AB 是有理的。AG 与 GE 因此每个都是有理的。于是，AH 与 GK 每个都是有理面，且 AH 与 GK 可公度。[命题 X.19]。但是，AH 等于 SN，GK 等于 NQ，SN 与 NQ(分别是 MN 与 NO 上的正方形)因此也都是有理的且可公度的。又由于 AE 与 ED 长度不可公度，但 AE 与 AG 长度可公度，DE 与 EF 长度可公度，AG 因此也与 EF 长度不可公度[命题 X.13]。因而，AH 也与 EL 长度不可公度[命题 Ⅵ.1，X.11]。但是，AH 等于 SN，EL 等于 MR。因此，SN 也与 MR 不可公度。然而，SN 比 MR 如同 PN 比 NR[命题 Ⅵ.1]。PN 因此与 NR 长度不可公度[命题 X.11]。且 PN 等于 MN，NR 等于 NO。因此，MN 与 NO 长度不可公度。而 MN 上的正方形与 NO 上的正方形可公度，且每一个都是有理的，MN 与 NO 因此是仅平方可公度的有理线段。

这样，MO 既是二项线[命题 X.36]，又是 AC 的面积的平方根。这就是需要证明的。

命题 55

有理线段与第二二项线所夹面积的

平方根是无理线段，被称为第一双中项线。①

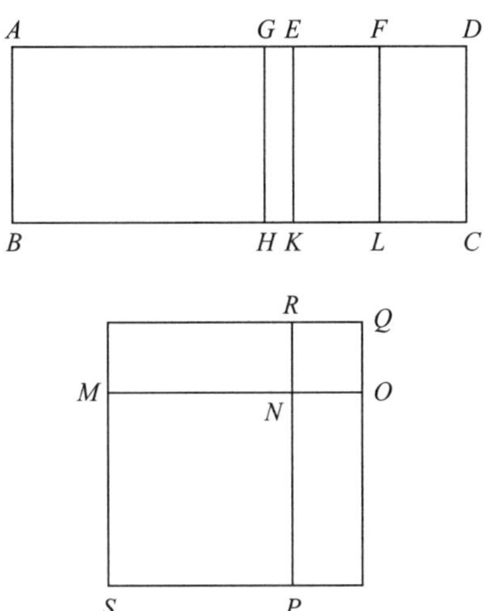

设面积 ABCD 被有理线段 AB 与第二二项线 AD 所夹。我说 AC 的面积的平方根是第一双中项线。

其理由如下。由于 AD 是一条第二二项线，设它在 E 被分为两个组成线段，AE 是较大者。于是，AE 与 ED 是仅平方可公度的有理线段，且 AE 上的正方形大于 ED 上的正方形，其差额是与 AE 可公度的一条线段上的正方形，而较小者 ED 与 AB 长度可公度[定义Ⅹ.6]。设 ED 在 F 被等分，又设对 AE 适配等于 EF 上正方形的 AG 与 GE 所夹矩形，亏缺一个正方形。AG 因此与 GE 长度可公度[命题Ⅹ.17]。并设通过点 G，E，F 分别作 GH，EK，FL 平行于 AB 与 CD。作正方形 SN 等于平行四边形 AH，作正方形 NQ 等于 GK。并作 MN 与 NO 在同一直线上接续。因此，RN 也与 NP 在同一直线上接续。完成正方形 SQ。故由前已证明的显然有[命题Ⅹ.53 引理]，MR 是 SN 与 NQ 的比例中项，且它等于 EL，而且 MO 是 AC 的面积的平方根。我们还需要证明 MO 是一条第一双中项线。

其理由如下。由于 AE 与 ED 长度不可公度，而 ED 与 AB 长度可公度，AE 因此与 AB 长度不可公度[命题Ⅹ.13]。由于 AG 与 EG 长度可公度，AE 也与 AG，GE 每个都长度可公度[命题Ⅹ.15]。但是 AE 与 AB 长度不可公度，因此，AG 与 GE 二者也都与 AB 长度不可公度[命题Ⅹ.13]。因此，BA 与 AG 以及 BA 与 GE 是两对仅平方可公度的有理线段。因而，AH 与 GK 每个都是中项面[命题Ⅹ.21]。因而，SN 与 NQ 每个也都是中项面。所以，MN 与 NO 都是中项线。又由于 AG 与 GE 长度可公度，AH 与 GK（即 SN 与 NQ）也可公度，而这就是 MN 与 NO 上的正方形[因而，MN 与 NO 是平方可公度的][命题Ⅵ.1，命题Ⅹ.11]。又由于 AE 与 ED 长度不可公度。但 AE 与 AG 长度可公度，ED 与 EF 长度可公度，AG 因此与 EF 长度不可公度[命题Ⅹ.13]。因而，AH 也与 EL（即 PN 也与 NR）不可公度，也就是说，SN 与 MR（即 MN 与 NO）长度不可公度[命题Ⅵ.1，Ⅹ.11]。但是，MN 与 NO 也已被证明是

---

① 若有理线段的长度是一单位，则本命题陈述的是：第二二项线的平方根是第一双中项线，即，第二二项线有长度 $k/\sqrt{1-k'^2}+k$，其平方根可以被写成 $\rho(k''^{1/4}+k''^{3/4})$，其中 $\rho=\sqrt{(k/2)(1+k')/(1-k')}$ 及 $k''=(1-k')/(1+k')$。这是第一双中项线的长度（见命题Ⅹ.37），因为 ρ 是有理的。

仅平方可公度的中项线。我说，它们夹一个有理面。

其理由如下。由于 DE 被假设为与 AB，EF 每个都可公度。EF 因此也与 EK 可公度[命题Ⅹ.12]。且它们都是有理的。所以，EL 即 MR 是有理的[命题Ⅹ.19]。且 MR 是 MN 与 NO 所夹矩形。而若仅平方可公度并夹一个有理面的两条中项线加在一起，则全线段是一条无理线段，被称为第一双中项线[命题Ⅹ.37]。

这样，MO 是一条第一双中项线。这就是需要证明的。

命题 56

有理线段与第三二项线所夹面积的平方根是一条无理线段，被称为第二双中项线。①

设面积 $ABCD$ 被有理线段 AB 与第三二项线 AD 所夹，AD 在 E 被分为它的两个组成线段，AE 是较长段，我说面积 AC 的平方根是一条无理线段，被称为第二双中项线。

采用与前相同的构形。由于 AD 是一条第三二项线，AE 与 ED 因此是仅平方可公度的有理线段，且 AE 上的正方形大于 ED 上的正方形，其差额是与 AE 可公度的一条线段上的正方形，AE 与 ED，AB 都长度不可公度[定义Ⅹ.7]。故与前面说明的相仿，我们可以证明 MO 是 AC 的面积的平方根，且 MN 与 NO 是仅平方可公度的中项线，因此，MO 是一条双中项线。我们还需要证明 MO 也是一条第二双中项线。

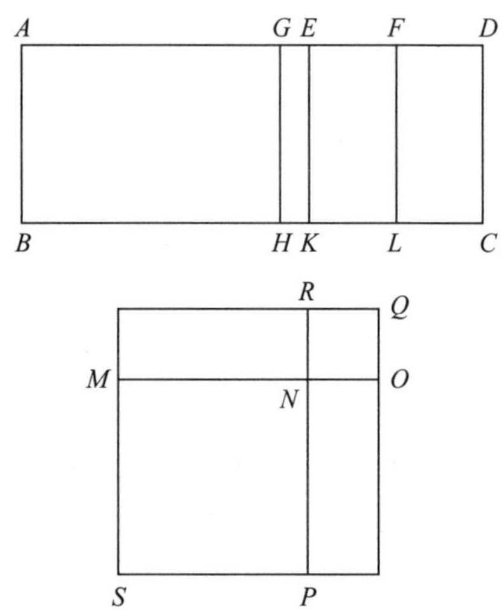

由于 DE 与 AB，即 DE 与 EK，长度不可公度，而 DE 与 EF 长度可公度，因此 EF 与 EK 长度不可公度[命题Ⅹ.13]。且它们都是有理线段。因此，FE 与 EK 是仅平方可公度的有理线段。所以 EL（即 MR）是中项面[命题Ⅹ.21]。而它是被 MN 与 NO 所夹的。因此 MN 与 NO 所夹矩形是中项面。

这样，MO 是一条第二双中项线[命题Ⅹ.38]。这就是需要证明的。

---

① 若有理线段的长度是一单位，则本命题陈述的是：第三二项线的平方根是第二双中项线，即，第三二项线有长度 $k^{1/2}(1+\sqrt{1-k'^2})$，其平方根可以被写成 $\rho(k^{1/4}+k''^{1/2}/k^{1/4})$，其中 $\rho=\sqrt{(1+k')/2}$ 及 $k''=k(1-k')/(1+k')$。这是第二双中项线的长度（见命题Ⅹ.38），因为 ρ 是有理的。

命题 57

有理线段与第四二项线所夹面积的平方根是无理线段，被称为主线。[①]

设面积 AC 被有理线段 AB 与第四二项线 AD 所夹，AD 在 E 被分为它的两个组成线段，其中 AE 较大。我说 AC 的面积的平方根是无理线段，被称为主线。

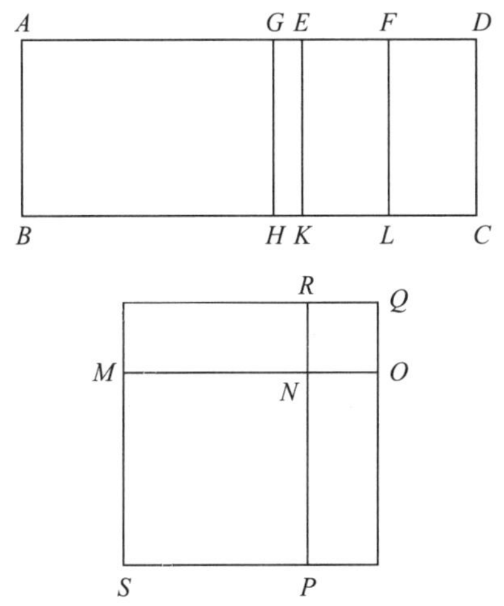

其理由如下。由于 AD 是一条第四二项线，AE 与 ED 因此是仅平方可公度的有理线段，并且 AE 上的正方形大于 ED 上的正方形，其差额是与 AE 不可公度的一条线段上的正方形，而 AE 与 EB 长度可公度[定义Ⅹ.8]。设 DE 在 F 被等分，并设 AG 与 GE 所夹矩形等于正方形 EF，该矩形适配于 AE，但亏缺一个正方形。AG 因此与 GE 长度不可公度[命题Ⅹ.18]。作 GH，EK，FL 平行于 AB，并设其余构形与前一个命题的相同。故显然，MO 是 AC 的面积的平方根。我们还需要证明，MO 是无理线段，被称为主线。

由于 AG 与 EG 长度不可公度，AH 也与 GK，即 SN 与 NQ 不可公度[命题Ⅵ.1，Ⅹ.11]。因此，MN 与 NO 平方不可公度。又由于 AE 与 AB 长度可公度，AK 是有理的[命题Ⅹ.19]。并且它等于 MN 与 NO 上的正方形之和。因此，MN 与 NO 上的正方形之和也是有理的。由于 DE 与 AB（也就是与 EK）长度不可公度[命题Ⅹ.13]，但 DE 与 EF 长度可公度，EF 因此与 EK 长度不可公度[命题Ⅹ.13]。所以，EK 与 EF 是仅平方可公度的有理线段。LE 即 MR 因此是中项面[命题Ⅹ.21]。且它是被 MN 与 NO 所夹的。MN 与 NO 所夹矩形因此是中项面。MN 与 NO 上的正方形之和是有理的，且 MN 与 NO 平方不可公度。而若平方不可公度的两条线段上的正方形之和是有理的，且它们所夹矩形是中项面，则它们相加所得到的整条线段是无理的，被称为主线[命题Ⅹ.39]。

这样，MO 是无理线段，被称为主线。且它是 AC 的面积的平方根。这就是需要证明的。

---

① 若有理线段的长度是一单位，则本命题陈述的是：第四二项线的平方根是主线，即，第四二项线有长度 $k(1+1/\sqrt{1+k'})$，其平方根可以写成 $\rho\sqrt{[1+k''/(1+k''^2)^{1/2}]/2}+\rho\sqrt{[1-k''/(1+k''^2)^{1/2}]/2}$，其中 $\rho=\sqrt{k}$ 及 $k''^2=k'$。这是主线的长度（见命题Ⅹ.39），因为 ρ 是有理的。

命题 58

有理线段与第五二项线所夹面积的平方根是无理线段，被称为有理面与中项面之和的面积的平方根。[①]

设面积 AC 被有理线段 AB 与第五二项线 AD 所夹，AD 被 E 分为其组成线段，其中 AE 较大。我说 AC 的面积的平方根是无理线段，被称为有理面与中项面之和的面积的平方根。

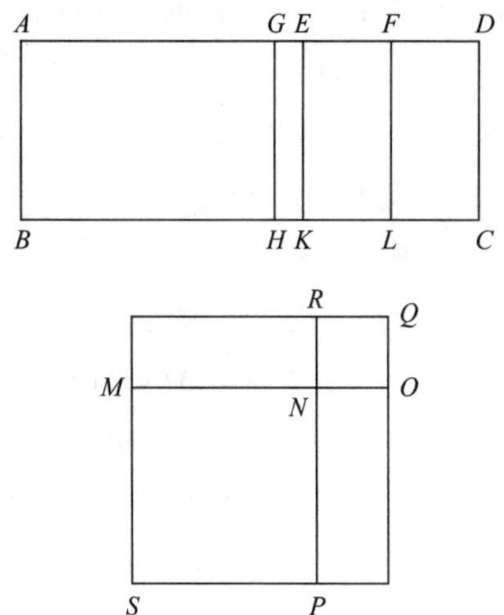

采取与前相同的构形。显然 MO 是面积 AC 的平方根。我们还需要证明，MO 是中项面与有理面之和的面积的平方根。

其理由如下。由于 AG 与 GE 长度不可公度[命题Ⅹ.18]，AH 因此也与 HE 不可公度，也就是说，MN 上的正方形与 NO 上的正方形不可公度[命题Ⅵ.1，命题Ⅹ.11]。于是，MN 与 NO 平方不可公度。又由于 AD 是一条第五二项线，ED 是它的较小组成线段，因此 ED 与 AB 长度不可公度[定义Ⅹ.9]。但 AE 与 ED 长度不可公度，因此，AB 也与 AE 长度不可公度[BA 与 AE 是仅平方可公度的有理线段][命题Ⅹ.13]。因此，AK，即 MN 与 NO 上的正方形之和是中项面[命题Ⅹ.21]。且由于 DE 与 AB，即与 EK 长度可公度，但 DE 与 EF 长度可公度，因此 EF 也与 EK 长度可公度[命题Ⅹ.12]。并且 EK 是有理的，因此 EL 即 MR，也就是 MN 与 NO 所夹矩形也是有理的[命题Ⅹ.19]。MN 与 NO 因此是平方不可公度线段，其上的正方形之和是中项面，且它们所夹矩形是有理的。

这样，MO 是有理面与中项面之和的面积的平方根[命题Ⅹ.40]。且它是面积 AC 的平方根。这就是需要证明的。

命题 59

有理线段与第六二项线所夹面积的平方根是无理线段，被称为两个中项面之

① 若有理线段的长度是一单位，则本命题陈述的是：第五二项线的平方根是有理面与中项面之和的平方根：即，第五二项线有长度 $k(\sqrt{1+k'}+1)$，其平方根可以写成 $\rho\sqrt{[(1+k''^2)^{1/2}+k'']/[2(1+k''^2)]}+\rho\sqrt{[(1+k''^2)^{1/2}-k'']/[2(1+k''^2)]}$，其中 $\rho=\sqrt{k(1+k''^2)}$ 及 $k''^2=k'$。这是有理面与中项面之和的面积的平方根(见命题Ⅹ.40)，因为 ρ 是有理的。

和的面积的平方根。[1]

设面积 $ABCD$ 被有理线段 AB 与第六二项线 AD 所夹，AD 在 E 被分为其组成线段，其中 AE 较大。我说 AC 的面积的平方根是两个中项面之和的面积的平方根。

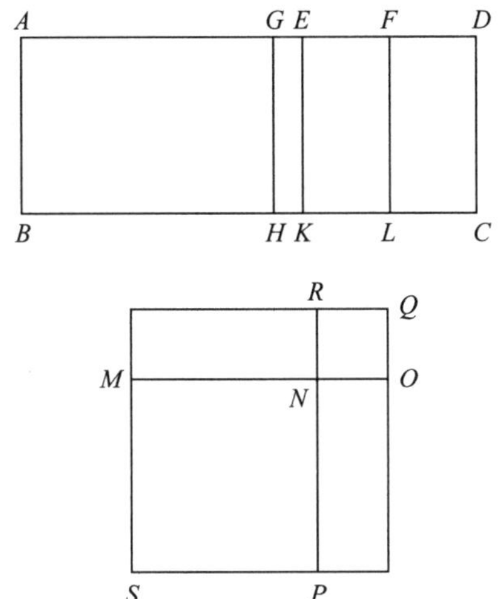

其理由如下。采用与前面相同的构形，显然 MO 是 AC 的面积的平方根，并且 MN 与 NO 平方不可公度。又由于 EA 与 AB 长度不可公度[定义 Ⅹ.10]，EA 与 AB 是仅平方可公度的有理线段。于是 AK，即 MN 与 NO 上的正方形之和，是中项面[命题 Ⅹ.21]。再者，由于 ED 与 AB 长度不可公度[定义 Ⅹ.10]，FE 因此也与 EK 长度不可公度[命题 Ⅹ.13]。因此，FE 与 EK 是仅平方可公度的有理线段。所以 EL（即 MR）也就是 MN 与 NO 所夹矩形是中项面[命题 Ⅹ.21]。又由于 AE 与 EF 长度不可公度，AK 与 EL 也不可公度[命题 Ⅵ.1，Ⅹ.11]。但是 AK 是 MN 与 NO 上的正方形之和，并且 EL 是 MN 与 NO 所夹矩形，因此 MN 与 NO 上的正方形之和与 MN 与 NO 所夹矩形不可公度。且它们都是中项面，并且 MN 与 NO 平方不可公度。

这样，MO 是两个中项面之和的面积的平方根[命题 Ⅹ.41]，它就是 AC 的面积的平方根。这就是需要证明的。

引 理

若一条线段被分为不相等的两段，则不相等两段上的正方形之和大于两段所夹矩形的两倍。

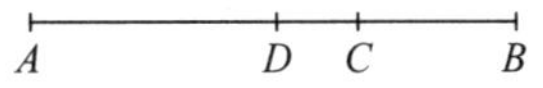

设 AB 是一条线段，它在 C 被分为不相等的两部分，并且 AC 大于 CB。我说 AC 与 CB 上的正方形之和大于 AC 与 CB 所夹矩形的两倍。

其理由如下。设 AB 在 D 被等分。因此，由于一条线段在 D 被分为相等的两部分，又在 C 被分为不相等的两部分。AC 与 CB 所夹矩形加上 CD 上的正方形因此等于 AD 上的正方形[命题 Ⅱ.5]，因而，AC 与 CB 所夹矩形小于 AD 上的正方形，因此，AC 与 CB 所夹矩形的两倍小于

① 若有理线段的长度是一单位，则本命题陈述的是：第六二项线的平方根是两个中项面之和的平方根，即，第六二项线有长度 $\sqrt{k}+\sqrt{k'}$，其平方根可以写成 $k^{1/4}\left(\sqrt{[1+k''/(1+k''^2)^{1/2}]/2}+\sqrt{[1-k''/(1+k''^2)^{1/2}]/2}\right)$，其中 $k''^2=(k-k')/k'$。这是两个中项面之和的平方根（见命题 Ⅹ.41）。

AD 上的正方形的两倍。但 AC 与 CB 上的正方形之和等于 AD 与 DC 上的正方形之和的两倍[命题Ⅱ.9]。所以,AC 与 CB 上的正方形之和大于 AC 与 CB 所夹矩形的两倍。这就是需要证明的。

命题 60

一条二项线上的正方形适配于一条有理线段,产生的宽是一条第一二项线。①

设 AB 是一条二项线,它在 C 被分为它的两个组成线段,AC 较大。给出有理线段 DE,对 DE 适配等于 AB 上的正方形的矩形 DEFG,产生宽 DG。我说 DG 是一条第一二项线。

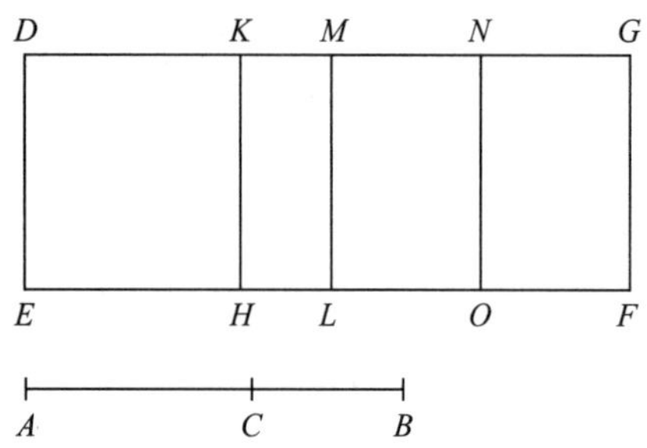

其理由如下。设等于 AC 上的正方形的 DH 与等于 BC 上的正方形的 KL 适配于 DE。因此,剩下的 AC 与 CB 所夹矩形的两倍等于 MF[命题Ⅱ.4]。设 MG 在 N 被等分,并作 NO 平行于 ML 与 GF 每个。MO 与 NF 因此每个都等于 AC 与 CB 所夹矩形。且由于 AB 是二项线,在 C 被分为它的组成线段,AC 与 CB 因此是仅平方可公度的有理线段[命题Ⅹ.36]。所以,AC 与 CB 上的正方形都是有理的且彼此可公度。因而,AC 与 CB 上的正方形之和是有理的[命题Ⅹ.15],并等于 DL。因此,DL 是有理的,且它适配于有理线段 DE。DM 因此是有理的,并且与 DE 长度可公度[命题Ⅹ.20]。再者,由于 AC 与 CB 是仅平方可公度的有理线段,AC 与 CB 所夹矩形的两倍(即 MF)也是中项面[命题Ⅹ.21]。并且它适配于有理线段 ML。MG 因此也是有理的,并且与 ML(即与 DE)长度不可公度[命题Ⅹ.22]。但 MD 也是有理的,并且与 DE 长度可公度,于是,DM 与 MG 长度不可公度[命题Ⅹ.13]。且它们都是有理的,DM 与 MG 因此是仅平方可公度的有理线段,所以 DG 是二项线[命题Ⅹ.36]。我们还需要证明它也是一条第一二项线。

由于 AC 与 CB 所夹矩形是 AC 与 CB 上的正方形的比例中项[命题Ⅹ.53 引理],MO 因此也是 DH 与 KL 的比例中项。所以,DH 比 MO 如同 MO 比 KL,即 DK 比 MN 如同 MN 比 MK[命题Ⅵ.1]。因此,DK 与 KM 所夹矩形等于 MN 上的正方形[命题Ⅵ.17]。又由于 AC 上的正方形与 CB 上的正方形可公度,DH 与 KL 也可公度,因而 DK 与 KM 也可公度[命题Ⅵ.1,Ⅹ.11]。再由于 AC 与 CB 上的正方形之和大于 AC 与 CB 所夹矩形的两倍[命题Ⅹ.59 引理],DL 因此大于 MF。因而,DM 也大于 MG[命题Ⅵ.1,Ⅴ.14]。DK 与 KM 所夹矩形等于 MN 上

① 换句话说,二项线的平方(除以有理线段)是一条第一二项线。见命题Ⅹ.54。

的正方形,也就是 MG 上的正方形的四分之一。并且 DK 与 KM 长度可公度。且若有两条不相等的线段,并且把等于较小者上正方形四分之一的矩形适配于较大者但亏缺一个正方形,这就把较大者分为长度可公度的两部分,较大者上的正方形与较小者上的正方形之差额,是与较大者可公度的一条线段上的正方形[命题Ⅹ.17]。因此,DM 上的正方形大于 MG 上的正方形,其差额是与 DM 可公度的一条线段上的正方形。而 DM 与 MG 都是有理的,且较大者 DM 与前面给出的有理线段 DE 长度可公度。

这样,DG 是一条第一二项线[定义Ⅹ.5]。这就是需要证明的。

命题 61

第一双中项线上的正方形适配于一条有理线段,产生的宽是一条第二二项线。①

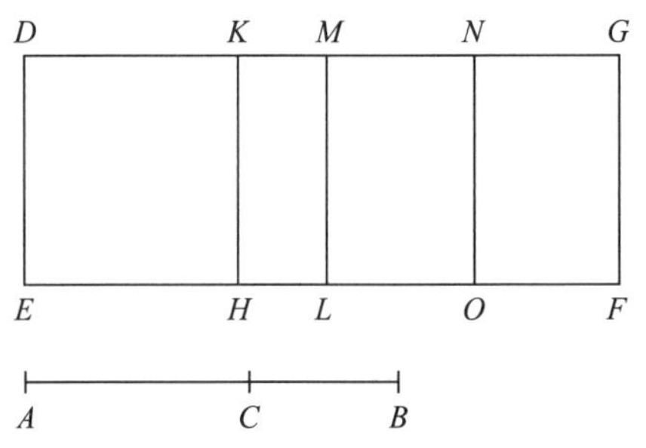

设 AB 是一条第一双中项线,它在 C 被分为它的两个组成中项线,其中 AC 较大,又给出有理线段 DE,把等于 AB 上的正方形的矩形 DF 适配于 DE,产生宽 DG。我说 DG 是一条第二二项线。

其理由如下。采用与前一命题相同的构形,由于 AB 是一条第一双中项线,它在 C 被分割,AC 与 CB 因此是仅平方可公度的中项线,它们夹一个有理面[命题Ⅹ.37]。因而,AC 与 CB 上的正方形也是中项面[命题Ⅹ.21]。所以,DL 是中项面[命题Ⅹ.15,Ⅹ.23 推论]。且它适配于有理线段 DE。MD 因此是有理的,且与 DE 长度不可公度[命题Ⅹ.22]。再者,由于 AC 与 CB 所夹矩形的两倍是有理的,MF 也是有理的。且它适配于有理线段 ML。因此,MG 也是有理的,且与 ML(即与 DE)长度可公度[命题Ⅹ.20]。DM 因此与 MG 长度不可公度[命题Ⅹ.13]。且它们是有理的,DM 与 MG 因此是仅平方可公度的有理线段。于是 DG 是一条二项线[命题Ⅹ.36]。我们还需要证明它也是一条第二二项线。

其理由如下。由于 AC 与 CB 上的正方形之和大于 AC 与 CB 所夹矩形的两倍[命题Ⅹ.59],DL 因此也大于 MF。因而,DM 也大于 MG[命题Ⅵ.1]。又由于 AC 上的正方形与 CB 上的正方形可公度,DH 与 KL 也可公度。因而,DK 也与 KM 长度可公度[命题Ⅵ.1,Ⅹ.11]。且 DK 与 KM 所夹矩形等于 MN 上的正方形,因此,DM 上的正方形大于 MG 上的正方形,其差额是与 DM 可公度的一条线段上的正方形[命题Ⅹ.17]。且 MG 与

① 换句话说,第一双中项线的平方(除以有理线段)是一条第二二项线。见命题Ⅹ.55。

DE 长度可公度。

这样,*DG* 是一条第二二项线[定义 Ⅹ.6]。

命题 62

第二双中项线上的正方形适配于一条有理线段,产生的宽为一条第三二项线。[①]

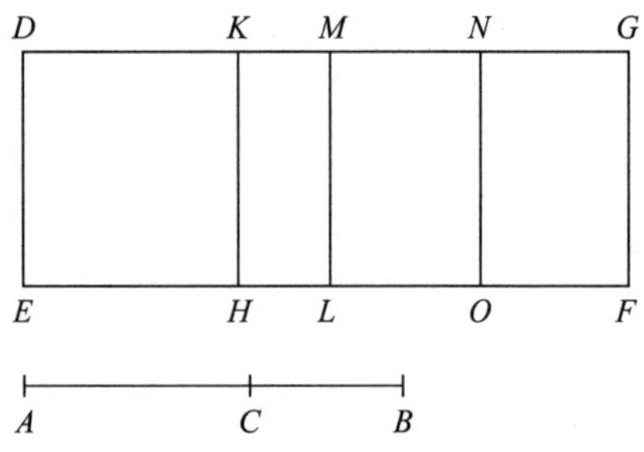

设 *AB* 是一条第二双中项线,它在 *C* 被分为它的组成中项线,其中 *AC* 较大。设 *DE* 为一条有理线段,把等于 *AB* 上的正方形的 *DF* 适配于 *DE*,产生的宽为 *DG*。我说 *DG* 是一条第三二项线。

采用与前面相同的构形。由于 *AB* 是一条第二双中项线,它在 *C* 被分割,*AC* 与 *CB* 因此是仅平方可公度的中项线,它们夹一个中项面[命题 Ⅹ.38],因而,*AC* 与 *CB* 上的正方形之和也是中项面[命题 Ⅹ.15,Ⅹ.23 推论]。且它等于 *DL*。因此,*DL* 也是一个中项面。且它适配于有理线段 *DE*。*MD* 因此也是有理的,并且与 *DE* 长度不可公度[命题 Ⅹ.22]。同理,*MG* 也是有理的,且与 *ML*(即与 *DE*)长度不可公度。因此,*DM* 与 *MG* 每个都是有理的,并且与 *DE* 长度不可公度。又由于 *AC* 与 *CB* 长度不可公度,并且 *AC* 比 *CB* 如同 *AC* 上的正方形比 *AC* 与 *CB* 所夹矩形[命题 Ⅹ.21 引理],*AC* 上的正方形与 *AC* 及 *CB* 所夹矩形也不可公度[命题 Ⅹ.11]。且因而,*AC* 及 *CB* 上的正方形之和与 *AC* 及 *CB* 所夹矩形的两倍(即 *DL* 与 *MF*)不可公度[命题 Ⅹ.12,Ⅹ.13]。因而,*DM* 也与 *MG* 长度不可公度[命题Ⅵ.1,Ⅹ.11]。且它们是有理的。*DG* 因此是一条二项线[命题 Ⅹ.36]。我们还需要证明它也是一条第三二项线。

类似于前一个命题,我们可以得出结论:*DM* 大于 *MG*,并且 *DK* 与 *KM* 长度可公度。且 *DK* 与 *KM* 所夹矩形等于 *MN* 上的正方形。因此,*DM* 上的正方形大于 *MG* 上的正方形,其差额是与 *DM* 可公度的一条线段上的正方形[命题 Ⅹ.17]。且无论是 *DM* 还是 *MG*,都与 *DE* 长度不可公度。

这样,*DG* 是一条第三二项线[定义 Ⅹ.7]。这就是需要证明的。

命题 63

主线上的正方形适配于一条有理线段,产生的宽是一条第四二项线。[②]

设 *AB* 是一条主线,在 *C* 被分,*AC* 大

① 换句话说,第二双中项线的平方(除以有理线段)是一条第三二项线。见命题 Ⅹ.56。

② 换句话说,主线的平方(除以有理线段)是一条第四二项线。见命题 Ⅹ.57。

于 CB，又设 DE 是一条有理线段，对 DE 适配等于 AB 上的正方形的矩形 DF，产生宽 DG。我说 DG 是一条第四二项线。

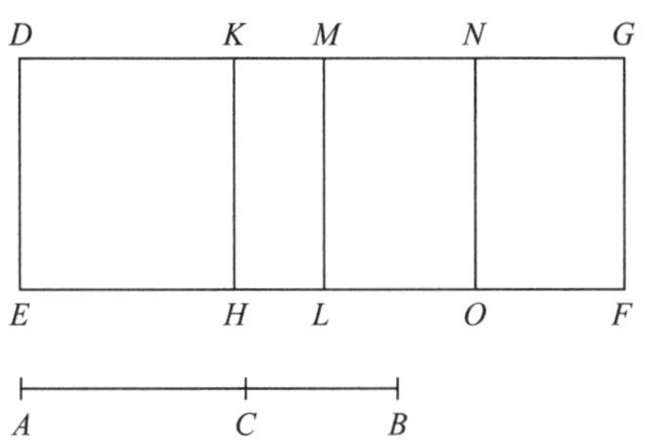

采用与前面相同的构形。且由于 AB 是一条主线，在 C 被分割，AC 与 CB 平方不可公度，其上的正方形之和是有理的，而它们所夹矩形是中项面[命题Ⅹ.39]。因此，AC 与 CB 上的正方形之和是有理的，所以 DL 是有理的。于是，DM 也是有理的，且与 DE 长度可公度[命题Ⅹ.20]。再者，由于 AC 与 CB 所夹矩形的两倍(即 MF)是中项面，并且适配于有理线段 ML，MG 因此也是有理的，且与 DE 长度不可公度[命题Ⅹ.22]。DM 因此也与 MG 长度不可公度[命题Ⅹ.13]。DM 与 MG 因此是仅平方可公度的有理线段，所以，DG 是一条二项线[命题Ⅹ.36]。我们还需要证明它也是一条第四二项线。

类似于前面的命题，我们可以证明 DM 大于 MG，且 DK 与 KM 所夹矩形等于 MN 上的正方形。因此，由于 AC 上的正方形与 CB 上的正方形不可公度，DH 与 KL 也不可公度。因而，DK 与 KM 也不可公度[命题Ⅵ.1，Ⅹ.11]。且若有两条不相等的线段，并且把一个等于较小者上的正方形的四分之一的矩形适配于较大者但亏缺一个正方形，则较大者被分为长度不可公度的两部分，较大者上的正方形与较小者上的正方形之差额，是与较大者不可公度的一条线段上的正方形[命题Ⅹ.18]。因此，DM 上的正方形大于 MG 上的正方形，其差额是与 DM 不可公度的一条线段上的正方形。又 DM 与 MG 是仅平方可公度的有理线段，而 DM 与前面给出的有理线段 DE 可公度。

这样，DG 是一条第四二项线[定义Ⅹ.8]。这就是需要证明的。

命题 64

有理面与中项面之和的面积的平方根上的正方形适配于一条有理线段，产生的宽是一条第五二项线。[①]

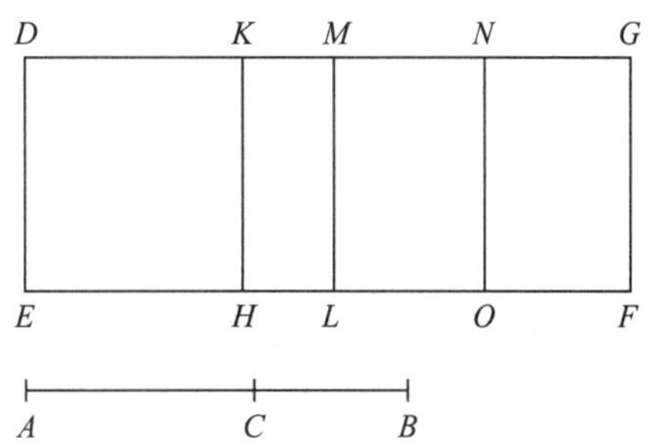

设 AB 是有理面与中项面之和的面积的平方根，它在 C 被分为它的两个组成线段，AC 较大。又给出有理线段 DE，把等于 AB 上的正方形的矩形 DF 适配于

① 换句话说，有理面与中项面之和的面积的平方根的平方(除以有理线段)是一条第五二项线。见命题Ⅹ.58。

DE,产生宽 *DG*。我说 *DG* 是一条第五二项线。

采用与前一命题相同的构形。因此,由于 *AB* 是一个有理面与一个中项面之和的面积的平方根,它在 *C* 被分割,*AC* 与 *CB* 因此平方不可公度,其上的正方形之和是中项面,且它们所夹矩形是有理的[命题Ⅹ.40]。因此,由于 *AC* 与 *CB* 上的正方形之和是中项面,*DL* 因此是中项面,因而,*DM* 是有理的,且与 *DE* 长度不可公度[命题Ⅹ.22]。再者,由于 *AC* 与 *CB* 所夹矩形的两倍(*MF*)是有理的,*MG* 因此是有理的,且与 *DE* 长度可公度[命题Ⅹ.20]。*DM* 因此与 *MG* 长度不可公度[命题Ⅹ.13],所以,*DM* 与 *MG* 是仅平方可公度的有理线段,因此,*DG* 是一条二项线[命题Ⅹ.36]。我说它也是一条第五二项线。

其理由如下。由于与前面诸命题的类似性可以证明,*DK* 与 *KM* 所夹矩形等于 *MN* 上的正方形,且 *DK* 与 *KM* 长度不可公度。因此,*DM* 上的正方形大于 *MG* 上的正方形,其差额是与 *DM* 不可公度的一条线段上的正方形[命题Ⅹ.18]。而 *DM* 与 *MG* 是仅平方可公度的有理线段,且较小的 *MG* 与 *DE* 长度可公度。

这样,*DG* 是一条第五二项线[命题Ⅹ.9]。这就是需要证明的。

命题 65

两个中项面之和的面积的平方根上的正方形适配于一条有理线段,产生的宽是一条第六二项线。[①]

设 *AB* 是两个中项面之和的面积的平方根,它在 *C* 被分割。又设 *DE* 是一条有理线段。把等于 *AB* 上的正方形的矩形 *DF* 适配于 *DE*,产生宽 *DG*。我说 *DG* 是一条第六二项线。

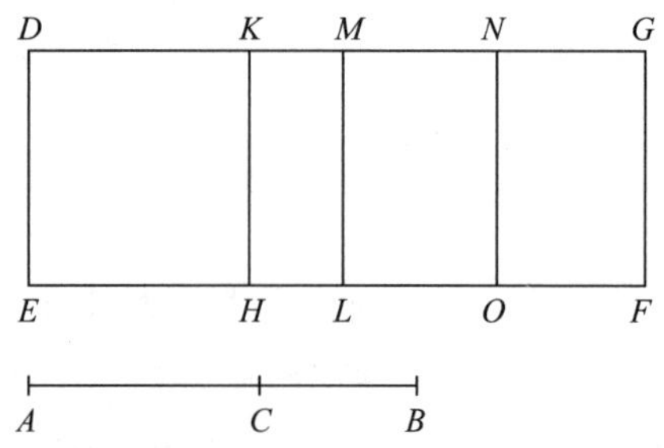

其理由如下。采用与前面命题相同的构形。且由于 *AB* 是两个中项面之和的面积的平方根,它在 *C* 被分割,*AC* 与 *CB* 因此平方不可公度,它们之上的正方形之和是中项面,此外,它们之上的正方形之和与它们所夹矩形不可公度[命题Ⅹ.41]。因而,根据前面所证明的,*DL* 与 *MF* 都是中项面。且它们适配于有理线段 *DE*。因此,*DM* 与 *MG* 每个都是有理的,并与 *DE* 长度不可公度[命题Ⅹ.22]。又由于 *AC* 及 *CB* 上的正方形之和与 *AC* 及 *CB* 所夹矩形的两倍不可公度,*DL* 与 *MF* 不可公度。因此,*DM* 也与 *MG* 长度不可公度[命题Ⅵ.1,Ⅹ.11]。*DM* 与 *MG* 因此是仅平方可公度的有理线段,所以,*DG* 是一条二项线[命题Ⅹ.36]。我说它也是一条第六二项线。

---

① 换句话说,两个中项面之和的面积的平方根的平方(除以有理线段)是一条第六二项线。见命题Ⅹ.59。

类似于前面的命题,我们又可以证明 DK 与 KM 所夹矩形等于 MN 上的正方形,且 DK 与 KM 长度不可公度。同理,DM 上的正方形大于 MG 上的正方形,其差额是与 DM 长度不可公度的一条线段上的正方形[命题Ⅹ.18]。且无论 DM 还是 MG 都与以前给出的有理线段 DE 长度不可公度。

这样,DG 是一条第六二项线[定义Ⅹ.10]。这就是需要证明的。

命题 66

与二项线长度可公度的线段本身也是二项线,且是同级的。

A E B

C F D

设 AB 是一条二项线,且 CD 与 AB 长度可公度。我说 CD 也是一条二项线,且它与 AB 是同级的。

其理由如下。由于 AB 是一条二项线,设它在 E 被分为它的两个组成线段,设 AE 较大。AE 与 EB 因此是仅平方可公度的有理线段[命题Ⅹ.36]。设使得 AB 比 CD 如同 AE 比 CF[命题Ⅵ.12]。因此,余量 EB 比余量 FD 也如同 AB 比 CD[命题Ⅵ.16,Ⅴ.19 推论]。且 AB 与 CD 长度可公度。因此,AE 与 CF 以及 EB 与 FD 皆长度可公度[命题Ⅹ.11]。而 AE 与 EB 是有理的,因此 CF 与 FD 也是有理的。又有 AE 比 CF 如同 EB 比 FD[命题Ⅴ.11]。因此,由更比例,AE 比 EB 如同 CF 比 FD[命题Ⅴ.16]。且 AE 与 EB 仅平方可公度。因此,CF 与 FD 也仅平方可公度[命题Ⅹ.11]。并且它们是有理的。CD 因此是一条二项线[命题Ⅹ.36]。我说它与 AB 是同级的。

其理由如下。AE 上的正方形大于 EB 上的正方形,其差额是一条线段上的正方形,该线段与 AE 或者长度可公度,或者长度不可公度。因此,若 AE 上的正方形大于 EB 上的正方形,其差额是与 AE 长度可公度的一条线段上的正方形,则 CF 上的正方形也大于 FD 上的正方形,其差额是与 CF 长度可公度的一条线段上的正方形[命题Ⅹ.14]。又若 AE 与一条预先给出的有理线段可公度,则 CF 也与它长度可公度[命题Ⅹ.12]。且正因为如此,AB 与 CD 每条都是第一二项线[定义Ⅹ.5],也就是它们是同级的。又若 EB 与以前给出的有理线段长度可公度,则 FD 也是与之长度可公度的[命题Ⅹ.12]。再者,正因为如此,CD 与 AB 是同级的,它们都是第二二项线[定义Ⅹ.6]。且若无论是 AE 还是 EB 都与以前给出的有理线段不可公度,则无论是 CF 还是 FD 也是如此[命题Ⅹ.13]。且 AB 与 CD 每个都是第三二项线[定义Ⅹ.7]。又若 AE 上的正方形大于 EB 上的正方形,其差额是与 AE 长度不可公度的一条线段上的正方形,则 CF 上的正方形也大于 FD 上的正方形,其差额是与 CF 长度不可公度的一条线段上的正方形

[命题X.14]。再若 AE 与以前给出的有理线段长度可公度,则 CF 也与之长度可公度[命题X.12],而 AB 与 CD 每条都是第四二项线 [定义X.8]。又若 EB 与以前给出的有理线段长度可公度,则 FD 也是如此,且 AB 与 CD 每条都是第五二项线 [定义X.9]。又若无论是 AE 还是 EB 都与以前给出的有理线段不可公度,则无论是 CF 还是 FD 也都是如此,且 AB 与 CD 每个都是第六二项线 [定义X.10]。

因而,与二项线长度可公度的线段是同级的二项线。这就是需要证明的。

命题 67

与双中项线长度可公度的线段本身也是双中项线,并且它们是同级的。

设 AB 是双中项线,CD 与 AB 长度可公度。我说 CD 也是双中项线,且与 AB 是同级的。

其理由如下。由于 AB 是双中项线,设它在 E 被分为它的两个组成线段,因此 AE 与 EB 是仅平方可公度的中项线[命题X.37,X.38]。AB 比 CD 如同 AE 比 CF[命题Ⅵ.12]。因此余量 EB 比余量 FD 如同 AB 比 CD[命题Ⅴ.19 推论,6.16]。而 AB 与 CD 长度可公度,故 AE,EB 也分别与 CF,FD 长度可公度 [命题X.11]。且 AE 与 EB 是中项线,因此,CF 与 FD 也是中项线[命题X.23]。又由于 AE 比 EB 如同 CF 比 FD,且 AE 与 EB 仅平方可公度,CF 与 FD 因此也仅平方可公度 [命题X.11]。且它们也已被证明是中项线,因此 CD 是双中项线。我说它与 AB 也是同级的。

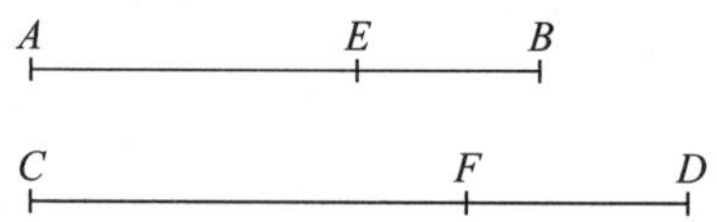

其理由如下。由于 AE 比 EB 如同 CF 比 FD,因此 AE 上的正方形比 AE 与 EB 所夹矩形如同 CF 上的正方形比 CF 与 FD 所夹矩形[命题X.21 引理]。由更比例,AE 上的正方形比 CF 上的正方形如同 AE 与 EB 所夹矩形比 CF 与 FD 所夹矩形[命题Ⅴ.16]。而 AE 上的正方形与 CF 上的正方形可公度。因此,AE,EB 所夹矩形与 CF,FD 所夹矩形也可公度 [命题X.11]。因此,或者 AE,EB 所夹矩形与 CF,FD 所夹矩形都是有理的[正因为如此,AE 与 CD 都是第一双中项线],则 CD 与 AB 都是第一双中项线,或者 AE,EB 所夹矩形与 CF,FD 所夹矩形都是中项面,则 AB 与 CD 都是双中项线[命题X.23,X.37,X.38]。

且正因为如此,CD 与 AB 是同级的。这就是需要证明的。

命题 68

与主线长度可公度的线段本身也是主线。

设 AB 是一条主线,CD 与 AB 长度可公度。我说 CD 也是一条主线。

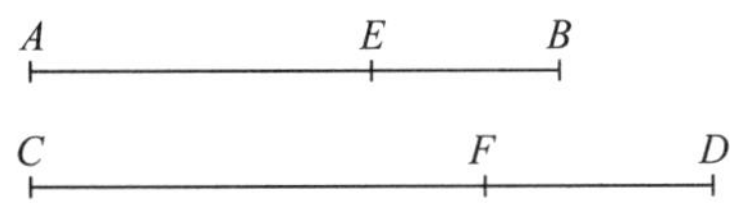

其理由如下。设 AB 在 E 被分为它的两个组成线段。AE 与 EB 因此是平方可公度的，而它们之上的正方形之和是有理的，它们所夹矩形是中项面[命题Ⅹ.39]。做与前面命题中相同的事情。由于 AB 比 CD 如同 AE 比 CF 及 EB 比 FD，因此也有，AE 比 CF 如同 EB 比 FD[命题Ⅴ.11]。且 AB 与 CD 长度可公度。因此，AE 与 EB 也分别与 CF，FD 长度可公度[命题Ⅹ.11]。又由于 AE 比 CF 如同 EB 比 FD，由更比例也有，AE 比 EB 如同 CF 比 FD[命题Ⅴ.16]，因此由合比例，AB 比 BE 如同 CD 比 DF[命题Ⅴ.18]。于是，AB 上的正方形比 BE 上的正方形等于 CD 上的正方形比 DF 上的正方形[命题Ⅵ.20]。类似地，我们也可以证明，AB 上的正方形比 AE 上的正方形等于 CD 上的正方形比 CF 上的正方形。且因此，AB 上的正方形比 AE 与 EB 上的正方形之和如同 CD 上的正方形比 CF 与 FD 上的正方形之和。且因此，由更比例，AB 上的正方形比 CD 上的正方形如同 AE 与 EB 上的正方形之和比 CF 与 FD 上的正方形之和[命题Ⅴ.16]。而 AB 上的正方形与 CD 上的正方形可公度。于是，AE，EB 上的正方形之和与 CF，FD 上的正方形之和也可公度[命题Ⅹ.11]。且 AE 与 EB 上的正方形之和是有理的。因此 CF 与 FD 上的正方形之和也是有理的。类似地，AE，EB 所夹矩形的两倍与 CF，FD 所夹矩形的两倍也可公度。且 AE，EB 所夹矩形的两倍是中项面，因此 CF，FD 所夹矩形的两倍是中项面[命题Ⅹ.23推论]。CF 与 DF 因此是平方不可公度线段[命题Ⅹ.13]，类似地，它们之上的正方形之和是有理的，且它们所夹矩形的两倍是中项面。全线段 CD 因此是无理线段，被称为主线[命题Ⅹ.39]。

这样，与主线长度可公度的线段本身也是主线。

命题 69

与有理面及中项面之和的面积的平方根长度可公度的线段本身也是有理面与中项面之和的面积的平方根。

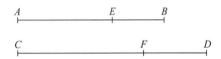

设 AB 是有理面与中项面之和的面积的平方根，并且 AB 与 CD 长度可公度。我们还需要证明，CD 也是有理面与中项面之和的面积的平方根。

设 AB 在 E 被分为它的两个组成线段，AE 与 EB 因此平方不可公度，它们之上的正方形之和是中项面，而它们所夹矩形是有理面[命题Ⅹ.40]。类似地可以证明，CF 与 FD 平方不可公度，且 AE，EB 上的正方形之和与 CF，FD 上的正方形之和可公度，又，AE，EB 所夹矩形与 CF，FD 所夹矩形可公度，因而 CF，FD 上的正方形之和也是中项面，而 CF，FD 所夹矩形是有理的。

这样，CD 是一个有理面与一个中项面之和的面积的平方根[命题 X. 40]。这就是需要证明的。

命题 70

与两个中项面之和的面积的平方根长度可公度的线段本身也是两个中项面之和的面积的平方根。

设 AB 是两个中项面之和的面积的平方根，CD 与 AB 长度可公度，我们还需要证明，CD 也是两个中项面之和的面积的平方根。

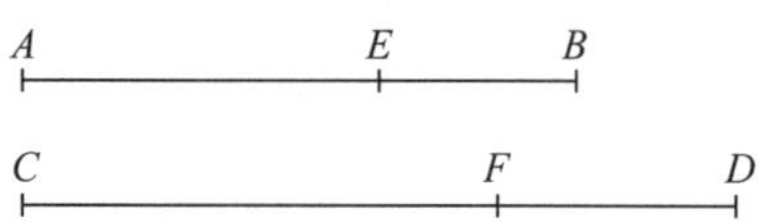

其理由如下。由于 AB 是两个中项面之和的面积的平方根，设它在 E 被分为它的两个组成线段，因此 AE 与 EB 平方不可公度，它们之上的正方形之和是中项面，且它们所夹矩形是中项面，更有 AE，EB 上的正方形之和与 AE，EB 所夹矩形不可公度[命题 X. 41]。采用与前面命题中相同的构形，于是类似地，我们可以证明 CF 也与 FD 平方不可公度，而 AE，EB 上的正方形之和与 CF，FD 上的正方形之和可公度，且 AE，EB 所夹矩形与 CF，FD 所夹矩形可公度。因而，CF，FD 上的正方形之和也是中项面，此外，CF，FD 上的正方形之和与 CF，FD 所夹矩形不可公度。

这样，CD 是两个中项面之和的面积的平方根[命题 X. 41]。这就是需要证明的。

命题 71

有理面与中项面相加所得总面积的平方根，只可能是以下四种无理线段之一：二项线、第一双中项线、主线及有理面与中项面之和的面积的平方根。

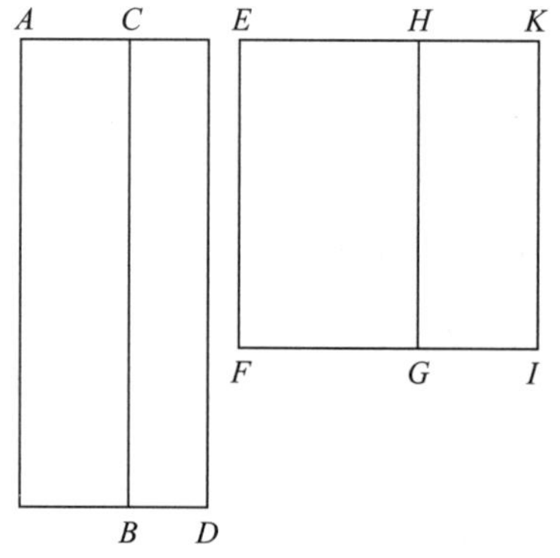

设 AB 是一个有理面，CD 是一个中项面。我说 AD 的面积的平方根，只可能是以下四种无理线段之一：二项线、第一双中项线、主线及有理面与中项面之和的面积的平方根。

其理由如下。AB 或者大于或者小于 CD。首先设 AB 大于 CD，并设给出一条有理线段 EF，对 EF 适配一个等于 AB 的矩形 EG，产生宽 EH。又对 EF 适配一个等于 DC 的矩形 HI，产生宽 HK。且由于 AB 是有理面，并等于 EG，因此 EG 也是有理面。它适配于有理线段 EF，产生宽 EH。EH 因此是有理的，且与 EF 长度可公度[命题 X. 20]。再者，由于 CD

是中项面并等于 HI，因此 HI 也是中项面。它适配于有理线段 EF，产生宽 HK。HK 因此是有理的，且与 EF 长度不可公度[命题Ⅹ.22]。又由于 CD 是中项面，AB 是有理面，AB 因此与 CD 不可公度，因而，EG 与 HI 也不可公度。且 EG 比 HI 如同 EH 比 HK[命题Ⅵ.1]，因此，EH 与 HK 长度不可公度[命题Ⅹ.11]。并且它们都是有理的。所以，EH 与 HK 是仅平方可公度的有理线段，EK 因此是一条二项线，并在 H 被分为两个组成线段[命题Ⅹ.36]。又由于 AB 大于 CD，且 AB 等于 EG，CD 等于 HI，EG 因此也大于 HI。于是，EH 也大于 HK[命题Ⅴ.14]。所以，EH 上的正方形大于 HK 上的正方形，其差额或者是与 EH 长度可公度的一条线段上的正方形，或者是与 EH 长度不可公度的一条线段上的正方形。

首先设该差额是与 EH 长度可公度的一条线段上的正方形，且 EK 的两个组成线段中的较大者 HE，与前面给出的有理线段 EF 长度可公度，EK 因此是第一二项线[定义Ⅹ.5]。但 EF 是有理的，且若一个面积被有理线段与第一二项线所夹，则该面积的平方根是二项线[命题Ⅹ.54]。因此，EI 的面积的平方根是二项线。因而，AD 的面积的平方根也是二项线。设 EH 上的正方形大于 HK 上的正方形，其差额是与 EH 不可公度的一条线段上的正方形。EK 的两个组成线段中的较大者 EH，与前面给出的有理线段 EF 长度可公度，因此，EK 是第四二项线[定义Ⅹ.8]。且 EF 也是有理的，而若一个面积被有理线段与第四二项线所夹，则该面积的平方根是一条无理线段，被称为主线[命题Ⅹ.57]。因此，EI 的面积的平方根是主线。因而，AD 的面积的平方根也是主线。

其次，设 AB 小于 CD。因此，EG 也小于 HI。因而，EH 也小于 HK[命题Ⅵ.1，Ⅴ.14]。且 HK 上的正方形大于 EH 上的正方形，其差额或者等于与 HK 可公度的一条线段上的正方形，或者等于与 HK 不可公度的一条线段上的正方形。首先设该差额是与 HK 长度可公度的一条线段上的正方形。而 EK 的两个组成线段中较小者 EH 与前面给出的有理线段 EF 长度可公度，因此，EK 是第二二项线[定义Ⅹ.6]。而 EF 是有理线段。若一个面积是有理线段与第二二项线所夹，则该面积的平方根是第一双中项线[命题Ⅹ.55]。因此，EI 的面积的平方根是第一双中项线。因而，AD 的面积的平方根也是第一双中项线。然后设 HK 上的正方形大于 HE 上的正方形，其差额是与 HK 长度不可公度的一条线段上的正方形。而 EK 的两个组成线段中较小者 EH 与前面给出的有理线段 EF 长度可公度。因此，EK 是第五二项线[定义Ⅹ.9]。但 EF 是有理线段，且若一个面积是有理线段与第五二项线所夹，则该面积的平方根是有理面与中项面之和的平方根[命题Ⅹ.58]。因此，EI 的面积的平方根是有理面与中项面之和的平方根，因而，AD 的面积的平方根也是有理面与中项面之和的面积的平方根。

这样，有理面与中项面相加所得总面积的平方根，只可能是以下四种无理线段之一:二项线、第一双中项线、主线及有理面与中项面之和的面积的平方根。这就是需要证明的。

命题 72

彼此不可公度的两个中项面相加所得总面积的平方根,只可能是以下两种无理线段之一:第二双中项线或两个中项面之和的面积的平方根。

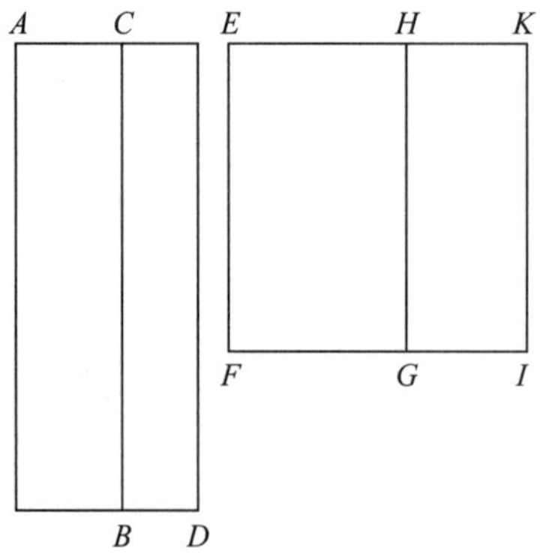

设彼此不可公度的两个中项面 AB 与 CD 相加。我说 AD 的面积的平方根或者是一条第二双中项线,或者是两个中项面之和的面积的平方根。

其理由如下。AB 或者大于或者小于 CD。首先设 AB 大于 CD。并设给出有理线段 EF。把等于 AB 的 EG 适配于 EF,产生宽 EH,又把等于 CD 的 HI 适配于 EF,产生宽 HK。由于 AB 与 CD 都是中项面,EG 与 HI 也都是中项面。且它们都是适配于有理线段 FE 的矩形,分别产生宽 EH 与 HK。因此,EH 与 HK 每个都是有理线段,且都与 EF 长度不可公度[命题Ⅹ.22]。又由于 AB 与 CD 不可公度,且 AB 等于 EG,CD 等于 HI,EG 因此也与 HI 长度不可公度。但是,EG 比 HI 等于 EH 比 HK[命题Ⅵ.1],EH 因此也与 HK 长度不可公度[命题Ⅹ.11]。于是,EH 与 HK 是仅平方可公度的有理线段。EK 因此是二项线[命题Ⅹ.36]。且 EH 上的正方形大于 HK 上的正方形,其差额或者是与 EH 可公度的一条线段上的正方形,或者是与 EH 不可公度的一条线段上的正方形。首先设这个正方形等于与 EH 长度可公度的一条线段上的正方形,而无论是 EH 还是 HK 都与前面给出的有理线段 EF 长度不可公度。因此 EK 是第三二项线[定义Ⅹ.7]。但是 EF 是有理的,且若一个面积是一条有理线段与一条第三二项线所夹,则该面积的平方根是一条第二双中项线[命题Ⅹ.56]。因此,EI 的面积,也就是 AD 的面积的平方根,是一条第二双中项线。所以,设 EH 上的正方形大于 HK 上的正方形,其差额是与 EH 长度不可公度的一条线段上的正方形。且 EH 与 HK 都与 EF 长度不可公度,因此,EK 是第六二项线[定义Ⅹ.10]。又若一个面积是有理线段与第六二项线所夹,则该面积的平方根是两个中项面之和的面积的平方根[命题Ⅹ.59]。因而,AD 的面积的平方根也是两个中项面之和的面积的平方根。

[类似地,我们可以证明,即使若 AB 小于 CD,AD 的面积的平方根也或者是第二双中项线,或者是两个中项面之和的面积的平方根。]

这样,彼此不可公度的两个中项面相

加所得总面积的平方根，只可能是以下两种无理线段之一：第二双中项线或两个中项面之和的面积的平方根。

二项线与随后出现的其他无理线段，既不同于中项线，又彼此不同。由于若把中项线上的正方形适配于有理线段，则产生的宽是有理线段，它与被它适配的有理线段长度不可公度［命题Ⅹ.22］。但是，若把二项线上的正方形适配于有理线段，则产生的宽是第二二项线［命题Ⅹ.61］。若把第二二项线上的正方形适配于有理线段，则产生的宽是第三二项线［命题Ⅹ.62］。若把主线上的正方形适配于有理线段，则产生的宽是第四二项线［命题Ⅹ.63］。而若把有理面与中项面之和的面积的平方根上的正方形适配于有理线段，则产生的宽是第五二项线［命题Ⅹ.64］。把两个中项面之和的面积的平方根上的正方形适配于有理线段，则产生的宽是第六二项线［命题Ⅹ.65］。且以上提到的各个宽与第一个宽不同，由于后者是有理的，彼此之间也不同，由于它们不是同级的。因而，前面提到的诸有理线段本身也互不相同。

命题 73

若从一条有理线段减去与之仅平方可公度的另一条有理线段，则剩下的是无理线段，被称为余线。

设从有理线段 AB 减去与 AB 仅平方可公度的有理线段 BC。我说剩下的 AC 是一条无理线段，被称为余线。

其理由如下。由于 AB 与 BC 长度不可公度，且 AB 比 BC 如同 AB 上的正方形比 AB 与 BC 所夹矩形［命题Ⅹ.21引理］，AB 上的正方形因此与 AB 与 BC 所夹矩形不可公度［命题Ⅹ.11］。但是，AB 与 BC 上的正方形之和与 AB 上的正方形可公度［命题Ⅹ.15］。而 AB 与 BC 所夹矩形的两倍与 AB 与 BC 所夹矩形可公度［命题Ⅹ.6］。因此，只要 AB 与 BC 上的正方形之和等于 AB 与 BC 所夹矩形的两倍加上 CA 上的正方形［命题Ⅱ.7］，AB 与 BC 上的正方形之和与剩下的 AC 上的正方形就不可公度［命题Ⅹ.13，Ⅹ.16］。而 AB 与 BC 上的正方形之和是有理的，AC 因此是无理线段［定义Ⅹ.4］，被称为余线。这就是需要证明的。

命题 74

若从一条中项线减去与之仅平方可公度，且与之夹有理面的另一条中项线，则剩下的是无理线段，被称为中项线的第一余线。

设从中项线 AB 减去与 AB 仅平方可公度，且与 AB 夹一个有理矩形的中项线 BC［命题Ⅹ.27］。我说余量 AC 是一条无理线段，被称为一条中项线的第一余线。

其理由如下。由于AB与BC是中项线，AB与BC之和也是中项线。AB与BC所夹矩形的两倍是有理的。AB与BC上的正方形之和因此与AB与BC所夹矩形的两倍不可公度。所以，AB与BC所夹矩形的两倍与剩下的AC上的正方形也不可公度[命题Ⅱ.7]，由于若总量与其组成量之一不可公度，则原来诸量也不可公度[命题Ⅹ.16]。而AB与BC所夹矩形的两倍是有理的。所以，AC是一条无理线段[定义Ⅹ.4]。被称为中项线的第一余线。

A C B

（注：为方便读者阅读，译者将第277页图复制到此处。）

命题75

若从一条中项线减去与之仅平方可公度，且与之夹中项面的另一条中项线，则剩下的是无理线段，被称为中项线的第二余线。

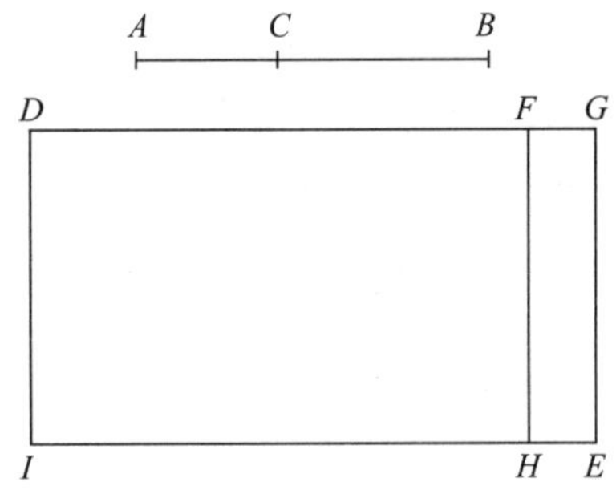

从中项线AB减去与AB仅平方可公度的中项线CB，CB与AB夹中项矩形[命题Ⅹ.28]。我说剩下的AC是无理线段，被称为中项线的第二余线。

其理由如下。设给出有理线段DI，并把等于AB与BC上的正方形之和的DE适配于DI，产生宽DG。又把等于AB与BC所夹矩形两倍的DH适配于DI，产生宽DF。剩下的FE因此等于AC上的正方形[命题Ⅱ.7]。又由于AB与BC上的正方形都是中项面，且彼此可公度，DE因此也是中项面[命题Ⅹ.15，Ⅹ.23推论]。把它适配于有理线段DI，产生宽DG。因此，DG是有理的，且与DI长度不可公度[命题Ⅹ.22]。再者，由于AB与BC所夹矩形是中项面，AB与BC所夹矩形的两倍因此也是中项面[命题Ⅹ.23推论]。且它等于DH，因此，DH也是中项面。并且把它适配于有理线段DI，产生宽DF，DF因此是有理的，且与DI长度不可公度[命题Ⅹ.22]。又由于AB与BC仅平方可公度，AB因此与BC长度不可公度。于是，AB上的正方形与AB，BC所夹矩形也不可公度[命题Ⅹ.21引理，Ⅹ.11]。但是，AB，BC上的正方形之和与AB上的正方形可公度[命题Ⅹ.15]，且AB，BC所夹矩形的两倍与AB，BC所夹矩形可公度，因此AB，BC所夹矩形的两倍与AB，BC所夹矩形可公度[命题Ⅹ.6]。于是，AB，BC所夹矩形的两倍与AB，BC上的正方形之和不可公度[命题Ⅹ.13]。而DE等于AB，BC上的正方形之和，DH等于AB，BC所夹矩形的两倍，因此，DE与DH不可公度。而DE比DH如同GD比DF[命题Ⅵ.1]，因此，GD与DF不可公度[命题Ⅹ.11]。且它们都是有理线段。于是，GD与DF

是仅平方可公度的有理线段，所以，FG 是一条余线[命题Ⅹ.73]。而 DI 是有理的。但有理线段与无理线段所夹矩形是无理的[命题Ⅹ.20]，且其面积的平方根也是无理的。而 AC 是 FE 的面积的平方根，因此 AC 是无理线段[定义Ⅹ.4]。被称为中项线的第二余线。这就是需要证明的。

命题 76

若从一条线段减去与之平方不可公度的另一条线段，且它们之上的正方形之和是有理的，它们所夹矩形是中项面，则剩下的是一条无理线段，被称为次线。

A C B

从线段 AB 中减去与之平方不可公度且满足给定条件的线段 BC [命题Ⅹ.33]。我说剩下的 AC 是被称为次线的无理线段。

其理由如下。由于 AB，BC 上的正方形之和是有理的，而 AB，BC 所夹矩形的两倍是中项面，AB，BC 上的正方形之和因此与 AB，BC 所夹矩形的两倍不可公度。由更比例，AB，BC 上的正方形之和与剩下的 AC 上的正方形不可公度[命题Ⅱ.7，Ⅹ.16]。但 AB，BC 上的正方形之和是有理的，因此，AC 上的正方形是无理的[定义Ⅹ.4]。称 AC 为次线。这就是需要证明的。

命题 77

若从一条线段减去与之平方不可公度的另一条线段，且它们之上的正方形之和是中项面，它们所夹矩形的两倍是有理面，则剩下的是一条无理线段，被称为中项面与有理面之差的面积的平方根。

A C B

从线段 AB 减去与 AB 平方不可公度且满足给定条件的线段 BC[命题Ⅹ.34]。我说剩下的 AC 是上述无理线段。

其理由如下。由于 AB 与 BC 上的正方形之和是中项面，而 AB 与 BC 所夹矩形的两倍是有理的，AB 与 BC 上的正方形之和因此与 AB 与 BC 所夹矩形的两倍不可公度。所以，剩下的 AC 上的正方形也与 AB 与 BC 所夹矩形的两倍不可公度[命题Ⅱ.7，命题Ⅹ.16]。而 AB 与 BC 所夹矩形的两倍是有理的。因此，AC 上的正方形是无理的，所以，AC 是一条无理线段[定义Ⅹ.4]。被称为中项面与有理面之差的面积的平方根。这就是需要证明的。

命题 78

若从一条线段减去与之平方不可公度的另一条线段，且它们之上的正方形之和是中项面，它们所夹矩形的两倍是中项

面，则剩下的是一条无理线段，被称为中项面与中项面之差的面积的平方根。

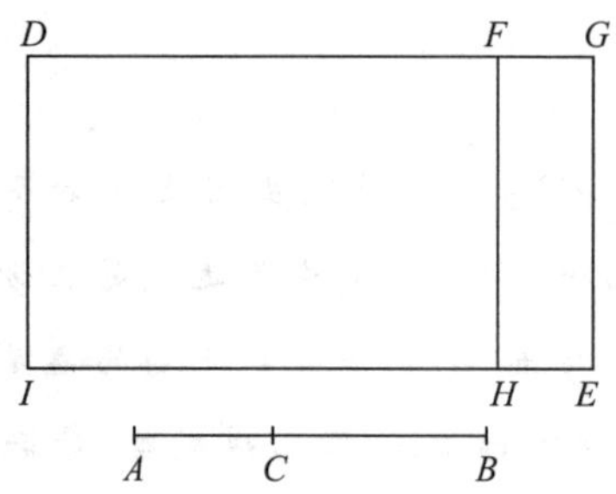

从线段 AB 减去一条与 AB 平方不可公度且满足给定条件的线段 BC[定义 X.35]。我说剩下的 AC 是上述无理线段，被称为中项面与中项面之差的面积的平方根。

其理由如下。设给出有理线段 DI，对 DI 适配等于 AB 与 BC 上的正方形之和的 DE，产生宽 DG。从 DE 减去等于 AB 与 BC 所夹矩形两倍的 DH，[产生宽 DF]。因此剩下的 FE 等于 AC 上的正方形[命题 II.7]。因而，AC 是 FE 的面积的平方根。且由于 AB 与 BC 上的正方形之和是中项面，并等于 DE，因此 DE 是中项面。并且它适配于有理线段 DI，产生宽 DG。所以，DG 是有理的，并与 DI 长度不可公度[命题 X.22]。再者，由于 AB 与 BC 所夹矩形的两倍是中项面，并等于 DH，DH 因此是中项面。且它适配于有理线段 DI，产生宽 DF。因此，DF 是有理的，并与 DI 长度不可公度[命题 X.22]。又由于 AB，BC 上的正方形之和与 AB，BC 所夹矩形的两倍不可公度，DE 与 DH 也不可公度。且 DE 比 DH 等于 DG 比 DF[命题 VI.1]。因此，DG 与 DF 长度不可公度[命题 X.11]。且它们二者都是有理的。因此，GD 与 DF 是仅平方可公度的有理线段。所以，FG 是一条余线[命题 X.73]。且 FH 是有理的。而有理线段与余线所夹矩形是无理的[命题 X.20]，且其平方根是无理的。又，AC 是 FE 的面积的平方根，因此 AC 是无理线段。被称为中项面与中项面之差的面积的平方根。这就是需要证明的。

命题 79

只可能有一条有理线段，它附加于余线后生成的全线段与它仅平方可公度。[①]

A B C D

设 AB 是一条余线，BC 附加于它。AC 与 CB 因此是仅平方可公度的有理线段[命题 X.73]。我说不可能找到另一条有理线段，它附加于 AB 得到的全线段也与它仅平方可公度。

其理由如下。设把 BD 附加于 AB，检验是否可能。因此，AD 与 DB 也是仅平方可公度的有理线段[命题 X.73]。且由于 AD 与 DB 上的正方形之和超过 AD 与 DB 所夹矩形两倍的面积是多少，AC 与 CB 上的正方形之和超过 AC 与 CB 所夹矩形的两倍也是相同的面积。因为二者超过的面积都是 AB 上的正方形[命题

① 本命题等价于命题 X.42，但以附加代替了分割。

Ⅱ.7]。因此,由更比例,AD 与 DB 上的正方形之和超过 AC 与 CB 上的正方形之和的面积是多少,AD 与 DB 所夹矩形的两倍超过 AC 与 CB 所夹矩形的两倍也是相同的面积。而 AD 与 DB 上的正方形之和超过 AC 与 CB 上的正方形之和的部分是一个有理面。因为二者都是有理面。因此,AD 与 DB 所夹矩形的两倍超过 AC 与 CB 所夹矩形的两倍也是有理面。而这是不可能的。因为二者都是中项面[命题Ⅹ.21],而一个中项面超过另一个中项面的部分不可能是一个有理面[命题Ⅹ.26]。因此,不可能找到另一条有理线段,它附加在 AB 上与全线段仅平方可公度。

这样,只可能有一条有理线段,它附加于余线后生成的全线段与它仅平方可公度。这就是需要证明的。

命题 80

只可能有一条中项线,它附加于中项线的第一余线后生成的全线段与它仅平方可公度,且它们所夹矩形是有理的。

A B C D

设 AB 是一条中项线的第一余线,BC 如上述附加于 AB。于是,AC 与 CB 是仅平方可公度的中项线,它们夹一个有理面[命题Ⅹ.74]。我说不可能找到附加于 AB 的另一条中项线,它与全线段仅平方可公度,且它们所夹矩形是有理面。

其理由如下。设 DB 也如上述附加于 AB,检验是否可能。于是,AD 与 DB 是仅平方可公度的中项线,且它们夹一个有理面[命题Ⅹ.74]。又由于 AD 与 DB 上的正方形之和超过 AD 与 DB 所夹矩形的两倍的面积是多少,AC 与 CB 上的正方形之和也超过 AC 与 CB 所夹矩形的两倍相同的面积。因为二者超过的面积都是 AB 上的正方形[命题Ⅱ.7]。因此,由更比例,AD 与 DB 上的正方形之和超过 AC 与 CB 上的正方形之和的面积是多少,AD 与 DB 所夹矩形的两倍也超过 AC 与 CB 所夹矩形的两倍相同的面积。而 AD 与 DB 所夹矩形的两倍超过 AC 与 CB 所夹矩形的两倍一个有理面。因为二者都是有理面,因此,AD 与 DB 上的正方形之和也超过 AC 与 CB 上的正方形之和一个有理面。而这是不可能的。因为二者都是中项面[命题Ⅹ.15,Ⅹ.23 推论],而一个中项面不能超过另一个中项面一个有理面[命题Ⅹ.26]。

这样,只可能有一条中项线,它附加于中项线的第一余线后生成的全线段与它仅平方可公度,且它们夹一个有理面。这就是需要证明的。

命题 81

只可能有一条中项线,它附加于中项线的第二余线后生成的全线段与它仅平

方可公度，且它们夹一个中项面。[①]

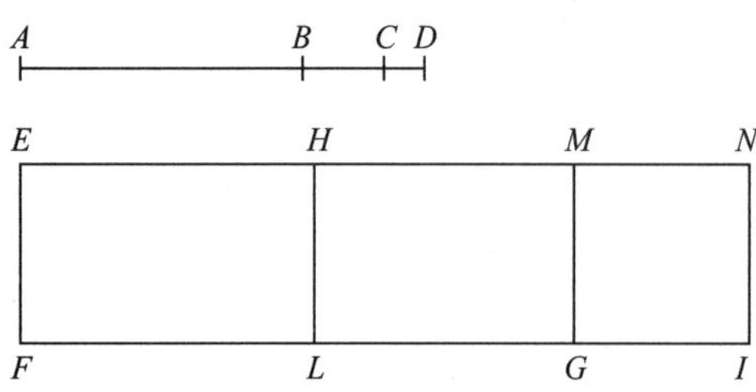

设AB是一条中项线的第二余线，BC如上述附加于AB。于是，AC与CB是仅平方可公度的中项线，它们夹一个中项面[命题Ⅹ.75]。我说不可能找到另一条中项线附加于AB，它与全线段仅平方可公度，且它们所夹的是中项面。

其理由如下。设BD如上述附加，检验是否可能。于是，AD与DB也是仅平方可公度的中项线，它们夹一个中项面[命题Ⅹ.75]。又设给出有理线段EF。并把等于AC与CB上的正方形之和的EG适配于EF，产生宽EM。又设由EG减去等于AC与CB所夹矩形两倍的HG，它相应的宽为HM。剩下的EL因此等于AB上的正方形[命题Ⅱ.7]。因而，AB是EL的面积的平方根。又设等于AD与DB上的正方形之和的EI适配于EF，产生宽EN。且EL也等于AB上的正方形。因此，剩下的HI等于AD与DB所夹矩形的两倍[命题Ⅱ.7]。且由于AC与CB都是中项线，AC与CB上的正方形之和也是中项面。且它等于EG。因此，EG也是中项面[命题Ⅹ.15，命题Ⅹ.23推论]。且它适配于有理线段EF，产生宽EM。因此，EM是有理的，且与EF长度不可公度[命题Ⅹ.22]。再者，由于AC与CB所夹矩形是中项面，AC与CB所夹矩形的两倍也是中项面[命题Ⅹ.23推论]。并且它等于HG，因此HG也是中项面。它适配于有理线段EF，产生宽HM。因此HM也是有理的，且与EF长度不可公度[命题Ⅹ.22]。又由于AC与CB仅平方可公度，AC因此与CB长度不可公度。且AC比CB如同AC上的正方形比AC与CB所夹矩形[命题Ⅹ.21推论]。因此，AC上的正方形与AC与CB所夹矩形不可公度[命题Ⅹ.11]。但是，AC，CB上的正方形之和与AC上的正方形可公度，而AC，CB所夹矩形的两倍与AC，CB所夹矩形可公度[命题Ⅹ.6]。因此，AC，CB上的正方形之和与AC，CB所夹矩形的两倍不可公度[命题Ⅹ.13]。且EG等于AC，CB上的正方形之和。而GH等于AC，CB所夹矩形的两倍，因此，EG与HG不可公度。而EG比HG如同EM比HM[命题Ⅵ.1]，所以，EM与MH长度不可公度[命题Ⅹ.11]。且它们二者都是有理线段。于是，EM与MH是仅平方可公度的有理线段。所以，EH是一条余线[命题Ⅹ.73]，且HM附加于它。类似地，我们可以证明HN也与EN仅平方可公度，并且是附加于EH上的线段。因此，不同的线段附加于一条余线，且它们与所得到的全线段都仅平方可公度，而这是不可能的[命题Ⅹ.79]。

这样，只可能有一条中项线，它附加于中项线的第二余线后生成的全线段与

① 本命题等价于命题Ⅹ.44，但以附加代替了分割。

它仅平方可公度,且它们夹一个中项面。这就是需要证明的。

命题 82

只可能有一条线段,它附加于次线后生成的全线段与它不是平方可公度的,且它们之上的正方形之和是有理的,它们所夹矩形的两倍是中项面。①

设 AB 是一条次线,BC 是附加于 AB 的线段。于是,AC 与 CB 平方不可公度,它们之上的正方形之和是有理的,而且它们所夹矩形的两倍是中项面[命题Ⅹ.76]。我说不可能找到另一条线段附加于 AB 满足相同的条件。

其理由如下。设 BD 如上述附加于 AB,检验是否可能。于是,AD 与 DB 也平方不可公度,且满足上面提到的条件。又由于 AD 与 DB 上的正方形之和超过 AC 与 CB 上的正方形之和的面积是多少,AD 与 DB 所夹矩形的两倍也超过 AC 与 CB 所夹矩形的两倍相同的面积[命题Ⅱ.7]。而 AD 与 DB 上的正方形之和超过 AC 与 CB 上的正方形之和的部分是一个有理面。于是,AD 与 DB 所夹矩形的两倍超过 AC 与 CB 所夹矩形两倍的部分也是一个有理面。而这是不可能的,因为二者都是中项面[命题Ⅹ.26]。

这样,只可能有一条线段,它附加于次线后生成的全线段与它不是平方可公度的,且它们之上的正方形之和是有理的,它们所夹矩形的两倍是中项面。这就是需要证明的。

命题 83

附加于中项面减去有理面之差的平方根且满足以下条件的线段只可能有一条,该线段与整条线段平方不可公度,它们之上的正方形之和是中项面,以及它们所夹矩形的两倍是有理面。

设 AB 是中项面减去有理面之差的平方根,BC 为其附加线段。因此,AC 与 CB 是满足上述其他条件的平方不可公度线段。我说 AB 不可能有满足相同条件的其他附加线段。

其理由如下。设 BD 如上述附加于 AB,检验是否可能。于是 AD 与 DB 也是满足以上条件的平方不可公度的线段[命题Ⅹ.77]。因此,与前一个命题相似,由于 AD 与 DB 上的正方形之和超过 AC 与 CB 上的正方形之和的面积是多少,AD 与 DB 所夹矩形的两倍也超过 AC 与 CB 所夹矩形的两倍相同的面积。而 AD 与 DB 所夹矩形的两倍超过 AC 与 CB 所夹矩形的两倍一个有理面,因为二者都是有理

① 本命题等价于命题Ⅹ.45,但以附加代替了分割。

面。因此，AD 与 DB 上的正方形之和也超过 AC 与 CB 上的正方形之和一个有理面，而这是不可能的，因为二者都是中项面［命题Ⅹ.26］。

A B C D

（注：为方便读者阅读，译者将第283页图复制到此处。）

因此，不可能找到另一条线段附加于 AB，它与全线段平方不可公度，并与全线段满足上述条件。这样，只有一条这样的附加线段。这就是需要证明的。

命题 84

附加于中项面减去中项面之差的面积的平方根且满足以下条件的线段只可能有一条，该线段与整条线段平方不可公度，它们之上的正方形之和是中项面，以及它们所夹矩形的两倍也是中项面。

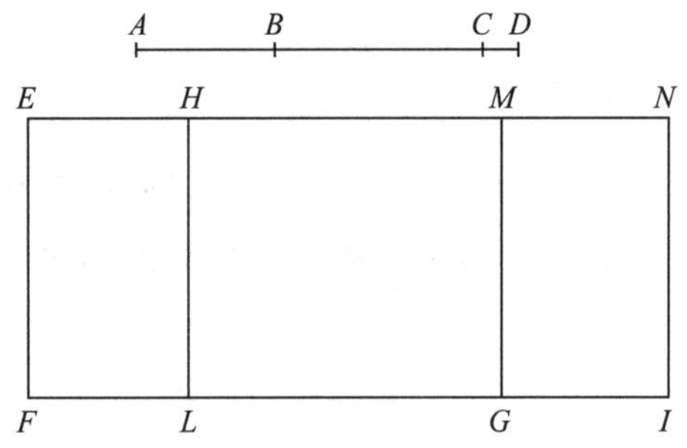

设 AB 是中项面减去中项面之差的面积的平方根，BC 为其附加线段。因此，AC 与 CB 是满足上述其他条件的平方不可公度线段。我说 AB 不可能有满足相同条件的其他附加线段。

其理由如下。设 BD 如上述附加于 AB，检验是否可能。因而，AD 与 DB 也是平方不可公度的两条线段，AD 与 DB 上的正方形之和是中项面，此外，AD，DB 上的正方形之和与 AD，DB 所夹矩形的两倍不可公度［命题Ⅹ.78］。给出有理线段 EF。把等于 AC 与 CB 上的正方形之和的 EG 适配于 EF，产生宽 EM。又把等于 AC 与 CB 所夹矩形两倍的 HG 适配于 EF，产生宽 HM。因此，剩下的 AB 上的正方形等于 EL［命题Ⅱ.7］。所以，AB 是 EL 的面积的平方根。又设等于 AD 与 DB 上的正方形之和的 EI 适配于 EF，产生宽 EN。而 AB 上的正方形也等于 EL。因此，剩下的 AD 与 DB 所夹矩形的两倍等于 HI［命题Ⅱ.7］。且由于 AC 与 CB 上的正方形之和是中项面，并等于 EG，EG 因此也是中项面。又把它适配于有理线段 EF，产生宽 EM。EM 因此是有理的，且与 EF 长度不可公度［命题Ⅹ.22］。又由于 AC 与 CB 所夹矩形的两倍是中项面，且等于 HG，HG 因此也是中项面。它又适配于有理线段 EF，产生宽 HM，HM 因此是有理的，且与 EF 长度不可公度［命题Ⅹ.22］。又由于 AC 与 CB 上的正方形之和与 AC 与 CB 所夹矩形的两倍不可公度，EG 与 HG 也不可公度。因此，EM 也与 MH 长度不可公度［命题Ⅵ.1，Ⅹ.11］。且二者都是有理线段，因此，EM 与 MH 是仅平方可公度的有理线段，所以，EH 是一条余线［命题Ⅹ.73］，而 HM 附加于它。类似地，我们又可以证明 EH 是一条余线，而 HN 附加于它。因此，与整条线段仅平方可公度的不同有理线段附加于一条余线。而这已被证明是不可能的[命题X.79]。因此,不可能有另一条线段可以如上述附加于 AB。

这样,附加于中项面与中项面之差的面积的平方根且满足以下条件的线段只可能有一条,该线段与整条线段平方不可公度,它们之上的正方形之和是中项面,以及它们所夹矩形的两倍也是中项面。这就是需要证明的。

定义Ⅲ

11. 给定有理线段与余线。若全线段上的正方形大于附加于余线的线段上的正方形,其差额是与全线段长度可公度的一条线段上的正方形,且全线段与前面给出的有理线段长度可公度,则称该余线为**第一余线**。

12. 若附加线段与前面给出的有理线段长度可公度,且全线段上的正方形大于附加线段上的正方形的差额,是与全线段长度可公度的一条线段上的正方形,则称该余线为**第二余线**。

13. 若全线段与附加线段都与前面给出的有理线段长度不可公度,且全线段上的正方形大于附加线段上的正方形的差额是与全线段长度可公度的一条线段上的正方形,则称该余线为**第三余线**。

14. 若全线段上的正方形大于附加线段上的正方形的差额,是与全线段不可公度的一条线段上的正方形,且全线段与给定有理线段长度可公度,则称该余线为**第四余线**。

15. 若附加线段与给定有理线段长度可公度,则称该余线为**第五余线**。

16. 若附加线段与全线段及给定有理线段长度都不可公度,则称该余线为**第六余线**。

命题 85

求一条第一余线。

给出有理线段 A。并设 BG 与 A 长度可公度,BG 因此也是有理线段。给出两个平方数 DE 与 EF,并设它们的差 FD 不是平方数[命题X.28 引理1]。因此,ED 比 DF 不同于某个平方数比某个平方数。设使得 ED 比 DF 如同 BG 上的正方形比 GC 上的正方形[命题X.6 推论]。因此,BG 上的正方形与 GC 上的正方形可公度[命题X.6]。且 BG 上的正方形是有理的。因此,GC 上的正方形也是有理的。于是,GC 也是有理的。又由于 ED 比 DF 不同于某个平方数比某个平方数,BG 上的正方形比 GC 上的正方形因此也不同于某个平方数比某个平方数。于是,BG 与 GC 长度不可公度[命题X.9]。且二者都是有理线段,因此,BG 与 GC 是仅平方可公度的有理线段。所以,BC 是一条余线

[命题Ⅹ.73]。我说它也是一条第一余线。

(注:为方便读者阅读,译者将第285页图复制到此处。)

其理由如下。设 H 上的正方形是 BG 上的正方形大于 GC 上的正方形的差额[命题Ⅹ.13引理]。且由于 ED 比 FD 等于 BG 上的正方形比 GC 上的正方形,因此,由更比例,DE 比 EF 如同 GB 上的正方形比 H 上的正方形[命题Ⅴ.19推论]。且 DE 比 EF 是某个平方数比某个平方数,由于它们每个都是平方数,因此,GB 上的正方形比 H 上的正方形是某个平方数比某个平方数。于是,BG 与 H 长度可公度[命题Ⅹ.9]。又,BG 上的正方形大于 GC 上的正方形,其差额是与 BG 长度可公度的一条线段上的正方形。而全线段 BG 与前面给出的有理线段 A 长度可公度,因此,BC 是第一余线[定义Ⅹ.11]。[①]

这样就找到了第一余线 BC。这就是需要做的。

命题 86

求一条第二余线。

设给出有理线段 A,以及与 A 长度可公度的 GC。因此,GC 是一条有理线段。并设给出两个平方数 DE 与 EF,设它们的差额 DF 不是平方数[命题Ⅹ.28引理1]。设使得 FD 比 DE 如同 CG 上的正方形比 GB 上的正方形[命题Ⅹ.6推论]。因此,CG 上的正方形与 GB 上的正方形可公度[命题Ⅹ.6]。而 CG 上的正方形是有理的,因此,GB 上的正方形也是有理的。所以,BG 是有理线段。且由于 GC 上的正方形比 GB 上的正方形不同于某个平方数比某个平方数,CG 与 GB 长度不可公度[命题Ⅹ.9]。且二者都是有理线段,因此,CG 与 GB 是仅平方可公度的有理线段。所以,BC 是余线[命题Ⅹ.73]。我说它也是第二余线。

其理由如下。设 H 上的正方形是 BG 上的正方形大于 GC 上的正方形的差额[命题Ⅹ.13引理]。因此,由于 BG 上的正方形比 GC 上的正方形如同数 ED 比数 DF,所以,由更比例也有,BG 上的正方形比 H 上的正方形如同 DE 比 EF[命题Ⅴ.19推论]。而 DE 与 EF 每个都是平方数。因此,BG 与 H 长度可公度[命题Ⅹ.9]。且 BG 上的正方形大于 GC 上的正方形,其差额为 H 上的正方形。因此,BG 上的正方形大于 GC 上的正方形,其差额是与 BG 长度可公度的一条线段上的正方形。又,附加线段 CG 与前面给出的有理线段 A 可公度,所以,BC 是第二余线[定义Ⅹ.12]。[②]

这样就找到了第二余线 BC。这就是

① 见命题Ⅹ.48的脚注。

② 见命题Ⅹ.49的脚注。

需要做的。

命题 87

求一条第三余线。

A E K B D C F H G

给出有理线段 A，又给出三个数 E，BC 与 CD，其彼此之比都不同于某个平方数比某个平方数。但设 CB 比 BD 如同某个平方数比某个平方数。并使 E 比 BC 如同 A 上的正方形比 FG 上的正方形，BC 比 CD 如同 FG 上的正方形比 GH 上的正方形[命题Ⅹ.6 推论]。因此，由于 E 比 BC 如同 A 上的正方形比 FG 上的正方形，A 上的正方形因此与 FG 上的正方形可公度[命题Ⅹ.6]。且 A 上的正方形是有理的，因此，FG 上的正方形也是有理的。所以，FG 是有理线段。又由于 E 与 BC 之比不同于某个平方数比某个平方数，A 上的正方形与 FG 上的正方形之比因此不同于某个平方数比某个平方数。所以，A 与 FG 长度不可公度[命题Ⅹ.9]。又由于 BC 比 CD 如同 FG 上的正方形比 GH 上的正方形，FG 上的正方形因此与 GH 上的正方形可公度[命题Ⅹ.6]。而 FG 上的正方形是有理的。因此，GH 上的正方形也是有理的，所以，GH 是有理线段。且由于 BC 与 CD 不同于某个平方数比某个平方数，FG 上的正方形比 GH 上的正方形也不同于某个平方数比某个平方数。因此，FG 与 GH 长度不可公度[命题Ⅹ.9]。且二者都是有理线段，FG 与 GH 因此是仅平方可公度的有理线段，所以 FH 是一条余线[命题Ⅹ.73]。我说它也是一条第三余线。

其理由如下。由于 E 比 BC 如同 A 上的正方形比 FG 上的正方形，BC 比 CD 如同 FG 上的正方形比 HG 上的正方形，因此，由首末比例，E 比 CD 如同 A 上的正方形比 HG 上的正方形[命题Ⅴ.22]。但是 E 比 CD 不同于某个平方数比某个平方数，因此 A 上的正方形比 GH 上的正方形不同于某个平方数比某个平方数。所以，A 与 GH 长度不可公度[命题Ⅹ.9]。因此，无论是 FG 还是 GH，都与前面给出的有理线段 A 长度不可公度。因此，设 K 上的正方形是 FG 上的正方形大于 GH 上的正方形的差额，[命题Ⅹ.13 引理]。于是，由于 BC 比 CD 如同 FG 上的正方形比 GH 上的正方形，所以由更比例，BC 比 BD 如同 FG 上的正方形比 K 上的正方形[命题Ⅴ.19 推论]。而 BC 比 BD 是某个平方数比某个平方数。所以，FG 上的正方形比 K 上的正方形也是某个平方数比某个平方数。FG 因此与 K 长度可公度[命题Ⅹ.9]。且 FG 上的正方形因此大于 GH 上的正方形，其差额是与 FG 可公度的一条线段上的正方形。无论是 FG 还是 GH 都与前面给出的有理线段 A 长度不可公度。因此，FH 是一条第三余线[定义Ⅹ.13]。[①]

这样就找到了第三余线 FH。这就是需要做的。

命题 88

求一条第四余线。

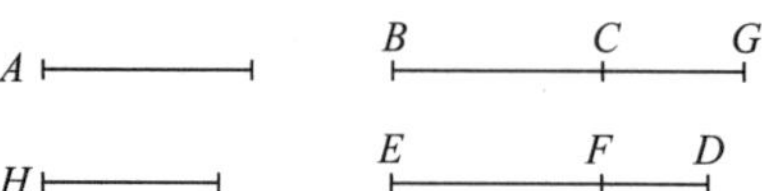

给出有理线段 A，以及与 A 长度可公度的 BG，因此 BG 也是有理线段。并给出两个数 DF 与 FE，使二者之和 DE 与 DF，EF 之比都不同于某个平方数比某个平方数。并使得 DE 比 EF 如同 BG 上的正方形比 GC 上的正方形[命题Ⅹ.6 推论]。BG 上的正方形因此与 GC 上的正方形可公度[命题Ⅹ.6]。BG 上的正方形因此是有理的，所以，GC 上的正方形也是有理的。于是，GC 是有理线段。且由于 DE 比 EF 不同于某个平方数比某个平方数，BG 上的正方形比 GC 上的正方形因此也不同于某个平方数比某个平方数。因此，BG 与 GC 长度不可公度[命题Ⅹ.9]。且它们二者都是有理线段。因此，BG 与 GC 是仅平方可公度的有理线段。所以，BC 是一条余线[命题Ⅹ.73]。[我说它也是一条第四余线。]

现在设 H 上的正方形与 BG 上的正方形大于 GC 上的正方形的差额相等[命题Ⅹ.13 引理]。因此，由于 DE 比 EF 如同 BG 上的正方形比 GC 上的正方形，所以由更比例，ED 比 DF 如同 GB 上的正方形比 H 上的正方形[命题Ⅴ.19 推论]。且 ED 比 DF 不同于某个平方数比某个平方数。因此，GB 上的正方形比 H 上的正方形不同于某个平方数比某个平方数。所以，BG 与 H 长度不可公度[命题Ⅹ.9]。又，BG 上的正方形大于 GC 上的正方形，其差额是 H 上的正方形。因此，BG 上的正方形大于 GC 上的正方形，其差额是与 BG 不可公度的一条线段上的正方形。而全线段 BG 与前面给出的有理线段 A 长度可公度。因此，BC 是一条第四余线[定义Ⅹ.14]。[②]

这样就找到了一条第四余线。这就是需要做的。

命题 89

求一条第五余线。

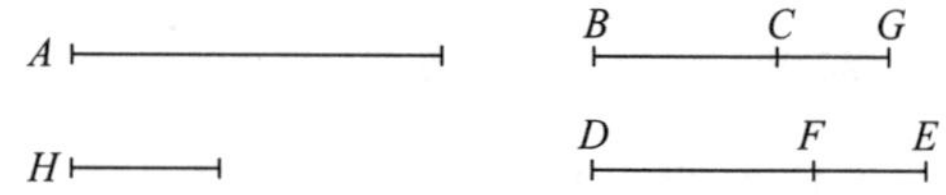

给出有理线段 A，并设 CG 与 A 长度可公度。因此，CG 是一条有理线段。又给出两个数 DF 与 FE，并使 DE 与 DF，FE 每个之比都不同于某个平方数比某个平方数。又使得 FE 比 ED 如同 CG 上的正方形比 GB 上的正方形。因此，GB 上的正方形也是有理的[命题Ⅹ.6]，所以，

① 见命题Ⅹ.50 的脚注。

② 见命题Ⅹ.51 的脚注。

BG 也是有理的。且由于 *DE* 比 *EF* 如同 *BG* 上的正方形比 *GC* 上的正方形，而 *DE* 比 *EF* 不同于某个平方数比某个平方数，因此，*BG* 上的正方形比 *GC* 上的正方形不同于某个平方数比某个平方数。所以，*BG* 与 *GC* 长度不可公度[命题Ⅹ.9]。且它们二者都是有理的。*BG* 与 *GC* 因此是仅平方可公度的有理线段，所以，*BC* 是一条余线[命题Ⅹ.73]。我说它也是一条第五余线。

其理由如下。设 *H* 上的正方形是 *BG* 上的正方形大于 *GC* 上的正方形的差额[命题Ⅹ.13 引理]。因此，由于 *BG* 上的正方形比 *GC* 上的正方形如同 *DE* 比 *EF*，所以，由更比例，*ED* 比 *DF* 如同 *BG* 上的正方形比 *H* 上的正方形[命题Ⅴ.19 推论]。而 *ED* 比 *DF* 不同于某个平方数比某个平方数，因此，*BG* 上的正方形比 *H* 上的正方形不同于某个平方数比某个平方数。所以，*BG* 与 *H* 长度不可公度[命题Ⅹ.9]。且 *BG* 上的正方形大于 *GC* 上的正方形，其差额是 *H* 上的正方形。而附加线段 *CG* 与前面给出的有理线段 *A* 长度可公度。因此 *BC* 是一条第五余线[定义Ⅹ.14]。①

这样就找到了第五余线 *BC*。这就是需要做的。

命题 90

求一条第六余线。

A B D C E F H G K

给出有理线段 *A*，以及彼此之比都不同于某个平方数比某个平方数的三个数 *E*，*BC* 与 *CD*。此外，又设 *CB* 比 *DB* 也不同于某个平方数比某个平方数。设使得 *E* 比 *BC* 如同 *A* 上的正方形比 *FG* 上的正方形，以及 *BC* 比 *CD* 如同 *FG* 上的正方形比 *GH* 上的正方形[命题Ⅹ.6 推论]。

因此，由于 *E* 比 *BC* 如同 *A* 上的正方形比 *FG* 上的正方形，*A* 上的正方形与 *FG* 上的正方形因此可公度[命题Ⅹ.6]。而 *A* 上的正方形是有理的，因此，*FG* 上的正方形也是有理的，所以，*FG* 也是有理线段。且由于 *E* 比 *BC* 不同于某个平方数比某个平方数，*A* 上的正方形比 *FG* 上的正方形因此也不同于某个平方数比某个平方数。于是，*A* 与 *FG* 长度不可公度[命题Ⅹ.9]。且二者都是有理线段。所以，*FG* 与 *GH* 是仅平方可公度的有理线段。于是，*FH* 是一条余线。我说它也是一条第六余线。

其理由如下。由于 *E* 比 *BC* 如同 *A* 上的正方形比 *FG* 上的正方形，且 *BC* 比 *CD* 如同 *FG* 上的正方形比 *GH* 上的正方形，因此，由首末比例，*E* 比 *CD* 如同 *A* 上的正方形比 *GH* 上的正方形[命题Ⅴ.22]。且 *E* 比 *CD* 不同于某个平方数比某个平

① 见命题Ⅹ.52 的脚注。

方数，因此 A 上的正方形与 GH 上的正方形之比也不同于某个平方数比某个平方数。A 因此与 GH 长度不可公度［命题Ⅹ.9］。于是，无论是 FG 还是 GH，都与有理线段 A 长度不可公度。因此，设 K 上的正方形是 FG 上的正方形大于 GH 上的正方形的差额［命题Ⅹ.13推论］。所以，由于 BC 比 CD 如同 FG 上的正方形比 GH 上的正方形，由更比例，CB 比 BD 如同 FG 上的正方形比 K 上的正方形［命题Ⅴ.19推论］。且 CB 比 BD 不同于某个平方数比某个平方数。因此，FG 上的正方形比 K 上的正方形不同于某个平方数比某个平方数。FG 因此与 K 长度不可公度［命题Ⅹ.9］。且 FG 上的正方形大于 GH 上的正方形的差额是 K 上的正方形。因此，FG 上的正方形大于 GH 上的正方形的差额，等于与 FG 长度不可公度的一条线段上的正方形，且无论是 FG 还是 GH，都与前面给出的有理线段 A 不可公度。因此，FH 是一条第六余线［定义Ⅹ.16］。[①]

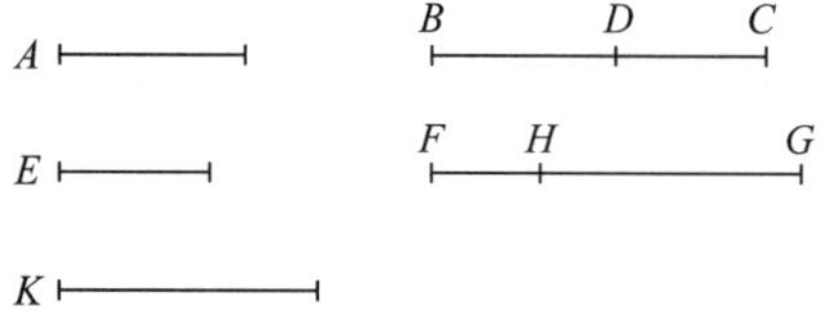

（注：为方便读者阅读，译者将第289页图复制到此处。）

这样就找到了第六余线 FH。这就是需要做的。

命题 91

有理线段与第一余线所夹面积的平方根是余线。

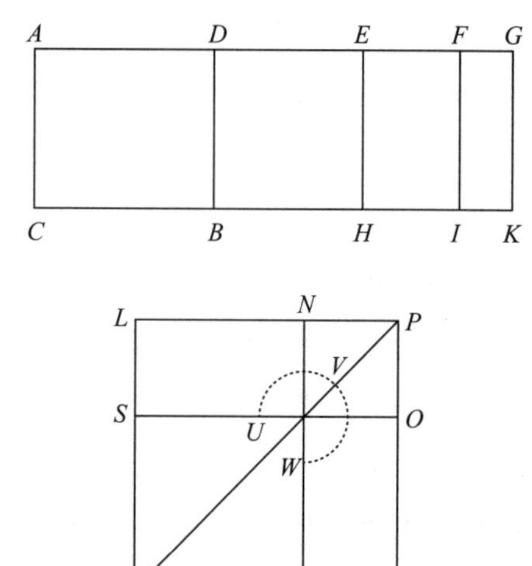

设 AB 是有理线段 AC 与第一余线 AD 所夹的面积。我说 AB 的面积的平方根是一条余线。

其理由如下。由于 AD 是第一余线，设 DG 是附加线段。因此，AG 与 DG 是仅平方可公度的有理线段［命题Ⅹ.73］。全线段 AG 与前面给出的有理线段 AC 长度可公度，且 AG 上的正方形大于 GD 上的正方形，其差额是与 AG 长度可公度的一条线段上的正方形［定义Ⅹ.11］。因此，若把等于 DG 上的正方形四分之一的面积适配于 AG 但亏缺一正方形，则它分 AG 为可公度的两部分［命题Ⅹ.17］。设 DG 在 E 被等分，把等于 EG 上的正方形

① 见命题Ⅹ.53的脚注。

的面积适配于 AG，但亏缺一个正方形。并设它是 AF 与 FG 所夹矩形，AF 因此与 FG 长度可公度。又通过点 E，F 与 G 分别作 EH，FI 与 GK 平行于 AC。

且由于 AF 与 FG 长度可公度，AG 因此与线段 AF 与 FG 每个也都长度可公度[命题Ⅹ.15]。但 AG 与 AC 长度可公度，因此，AF 与 FG 每个也都与 AC 长度可公度[命题Ⅹ.12]。而 AC 是有理线段，因此，AF 与 FG 每个都是有理线段。因而，AI 与 FK 也每个都是有理面[命题Ⅹ.19]。且由于 DE 与 EG 长度可公度，DG 因此也与 DE，EG 每个都长度可公度[命题Ⅹ.15]。且 DG 是有理的，并与 AC 长度不可公度。DE 与 EG 因此每个都是有理的，并与 AC 长度不可公度[命题Ⅹ.13]。于是，矩形 DH 与 EK 每个都是中项面[命题Ⅹ.21]。

给出等于 AI 的正方形 LM，从中减去与它有公共角 LPM 且等于 FK 的正方形 NO。于是，正方形 LM 与 NO 的对角线在同一直线上[命题Ⅵ.26]。设 PR 是它们的公共对角线，并设已完成剩下的图形。因此，由于 AF 与 FG 所夹矩形等于 EG 上的正方形，于是，AF 比 EG 如同 EG 比 FG[命题Ⅵ.17]。但是，AF 比 EG 如同 AI 比 EK，且 EG 比 FG 如同 EK 比 KF[命题Ⅵ.1]，因此，EK 是 AI 与 KF 的比例中项[命题Ⅴ.11]。而如以前所证明的，MN 也是 LM 与 NO 的比例中项[命题Ⅹ.53 引理]。且 AI 等于正方形 LM，以及 KF 等于 NO。因此 MN 也等于 EK。但是，EK 等于 DH，且 MN 等于 LO[命题Ⅰ.43]。因此，DK 等于拐尺形 UVW 与 NO 之和。而 AK 也等于正方形 LM 与 NO 之和，所以，剩下的 AB 等于 ST。且 ST 是 LN 上的正方形，因此，LN 上的正方形等于 AB，所以，LN 是 AB 的面积的平方根。我说 LN 是一条余线。

其理由如下。由于 AI 与 FK 每个都是有理面，且它们分别等于 LM 与 NO，因此，LM 与 NO——亦即分别在 LP 与 PN 上的每个正方形——也是有理面。因此，LP 与 PN 也每个都是有理线段。再者，由于 DH 是一个中项面，且等于 LO，LO 因此也是一个中项面。由于 LO 是中项面，NO 是有理面，LO 因此与 NO 不可公度。且 LO 比 NO 如同 LP 比 PN[命题Ⅵ.1]。LP 与 PN 因此长度不可公度[命题Ⅹ.11]。且它们二者都是有理线段。因此，LP 与 PN 是仅平方可公度的有理线段。于是，LN 是余线[命题Ⅹ.73]。且它是 AB 的面积的平方根。因此，AB 的面积的平方根是一条线。

这样，若一个面积是一条有理线段……，等等。

命题 92

有理线段与第二余线所夹面积的平方根是中项线的第一余线。

设面积 AB 被有理线段 AC 与第二余线 AD 所夹。我说面积 AB 的平方根是中项线的第一余线。

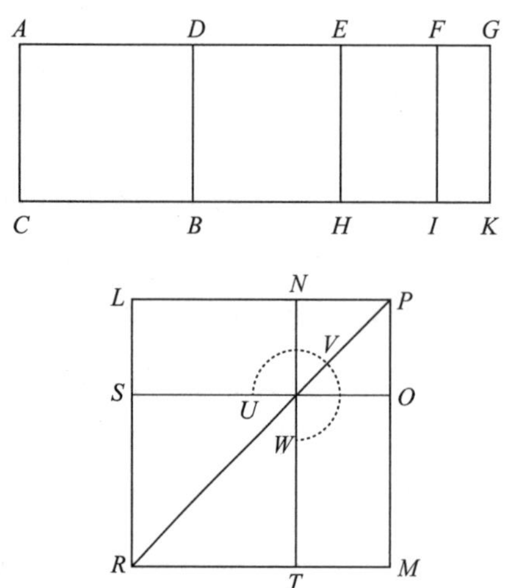

其理由如下。设 DG 是附加于 AD 的线段，因此，AG 与 GD 是仅平方可公度的有理线段[命题Ⅹ.73]。且附加线段 DG 与前面给出的有理线段 AC 长度可公度，而全线段 AG 上的正方形大于附加线段 GD 上的正方形，其差额是与 AG 长度可公度的一条线段上的正方形[命题Ⅹ.12]。因此，由于 AG 上的正方形大于 GD 上的正方形，其差额是与 AG 长度可公度的一条线段上的正方形，所以若对 AG 适配等于 GD 上正方形四分之一的面积，但亏缺一个正方形，则 AG 被分为可公度的两部分[命题Ⅹ.17]。因此，设 DG 在 E 被等分，对 AG 适配一个等于 EG 上的正方形的面积，但亏缺一个正方形。设它为 AF 与 FG 所夹矩形，于是 AF 与 FG 长度可公度，AG 因此与线段 AF，FG 每个也都长度可公度[命题Ⅹ.15]。且 AG 是有理线段，与 AC 长度不可公度。AF 与 FG 因此每个也都是有理线段，且都与 AC 长度不可公度[命题Ⅹ.13]。于是，AI 与 FK 每个都是中项面[命题Ⅹ.21]。再者，由于 DE 与 EG 长度可公度，DG 也与 DE，EG 每个都长度可公度[命题Ⅹ.15]。但 DG 与 AC 长度可公度[因此，DE 与 EG 也每个都是有理的，并与 AC 长度可公度]。因此，DH 与 EK 每个都是有理的[命题Ⅹ.19]。

因此，设作等于 AI 的正方形 LM，并从其中减去等于 FK，且与 LM 有相同角 LPM 的 NO。于是，正方形 LM 与 NO 的对角线在同一直线上[命题Ⅵ.26]。设 OR[①] 是它们的公共对角线，并设剩下的图形已经作出。因此，由于 AI 与 FK 都是中项面，且分别等于 LP 与 PN 上的正方形，于是 LP 与 PN 上的正方形也都是中项面，因此，LP 与 PN 也是仅平方可公度的中项线。[②] 又由于 AF 与 FG 所夹矩形等于 EG 上的正方形，因此 AF 比 EG 如同 EG 比 FG[命题Ⅹ.17]。但 AF 比 EG 如同 AI 比 EK，且 EG 比 FG 如同 EK 比 FK[命题Ⅵ.1]。因此，EK 是 AI 与 FK 的比例中项[命题Ⅴ.11]。且 MN 也是正方形 LM 与 NO 的比例中项[命题Ⅹ.53 引理]。而 AI 等于 LM，且 FK 等于 NO。因此，MN 也等于 EK。但是 DH 等于 EK，且 LO 等于 MN[命题Ⅰ.43]。所以，整个 DK 等于拐尺形 UVW 与 NO 之和。因此，由于整个 AK 等于 LM 与 NO 之和，其中 DK 等于拐尺形 UVW 与 NO 之和，剩下的 AB 因此等于 TS。而 TS 是

① 原文误作 PR。——译者注

② 在本论据中有一个错误。应该说 LP 与 PN 是平方可公度的，而并非仅平方可公度的，因为 LP 与 PN 的长度不可公度是在后面证明的。

LN 上的正方形,因此,LN 上的正方形等于面积 AB,LN 因此是面积 AB 的平方根。我说 LN 是中项线的第一余线。

其理由如下。由于 EK 是有理面且等于 LO,因此 LO,即 LP,PN 所夹矩形,是有理的,且已经证明 NO 是一个中项面,因此,LO 与 NO 不可公度。且 LO 比 NO 如同 LP 比 PN[命题Ⅵ.1]。所以,LP 与 PN 长度不可公度 [命题Ⅹ.11]。LP 与 PN 因此是仅平方可公度的中项线,且它们夹一个有理面。因此,LN 是一条中项线的第一余线[命题Ⅹ.74],而且它等于 AB 的面积的平方根。

这样,AB 的面积的平方根是中项线的第一余线。这就是需要证明的。

命题 93

有理线段与第三余线所夹面积的平方根是中项线的第二余线。

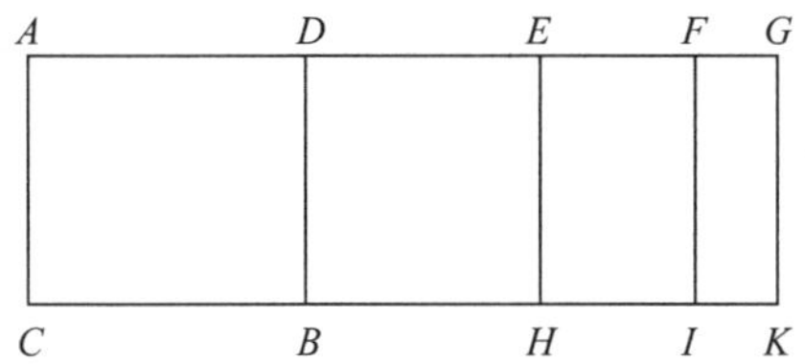

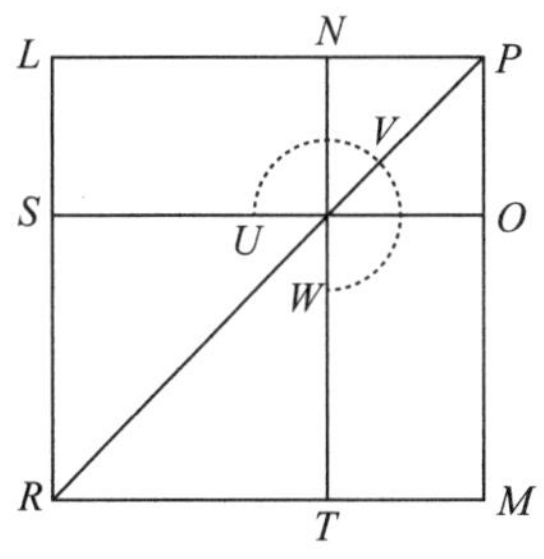

设 AB 的面积被有理线段 AC 与第三余线 AD 所夹。我说 AB 的面积的平方根是一条中项线的第二余线。

其理由如下。设 DG 附加于 AD。因此,AG 与 GD 是仅平方可公度的有理线段[命题Ⅹ.73],且无论是 AG 还是 GD 都与前面给出的有理线段 AC 长度不可公度,而全线段 AG 上的正方形大于附加线段 DG 上的正方形的差额,是与 AG 可公度的一条线段上的正方形[定义Ⅹ.13]。因此,由于 AG 上的正方形大于 GD 上的正方形,其差额是与 AG 可公度的一条线段上的正方形,因此,若把等于 DG 上的正方形四分之一的一个面积适配于 AG 但亏缺一个正方形,则 AG 被分为长度可公度的两部分[定义Ⅹ.17]。因此,DG 在 E 被等分。又把等于 EG 上的正方形的面积适配于 AG 但亏缺一个正方形,并设这是 AF 与 FG 所夹矩形。通过点 E,F,G 分别作 EH,FI,GK 平行于 AC。因此,AF 与 FG 长度可公度,AI 因此也与 FK 长度可公度[命题Ⅵ.1,Ⅹ.11]。且由于 AF 与 FG 长度可公度,AG 因此也与 AF,FG 每个都长度可公度[命题Ⅹ.15]。且 AG 是有理的,它与 AC 长度不可公度。因而,AF 与 FG 也是有理的,且与 AC 长度不可公度[命题Ⅹ.13]。因此,AI 与 FK 每个都是中项面[命题Ⅹ.21]。再则,由于 DE 与 EG 长度可公度,DG 也与 DE,EG 每个都长度可公度[命题Ⅹ.15]。且 GD 是有理的,与 AC 长度不可公度,因此,DE 与 EG 每个都是有理的,且与 AC 长度不可公度[命题Ⅹ.13]。DH 与 EK 因此每个都是中项面[命题Ⅹ.21]。且由于 AG 与 GD 仅平方可公度，AG 因此与 GD 长度不可公度。但 AG 与 AF 长度可公度，DG 与 EG 也是如此。因此，AF 与 EG 长度不可公度[命题Ⅹ.13]。且 AF 比 EG 如同 AI 比 EK[命题Ⅵ.1]。因此，AI 与 EK 不可公度[命题Ⅹ.11]。

因此，设已作出等于 AI 的正方形 LM，并由之减去等于 FK 的正方形 NO，它与 LM 有公共角 LPM。因此，LM 与 NO 的对角线共线[命题Ⅵ.26]。设 PR 是它们的公共对角线，并设剩下的图形已完成。因此，由于 AF 与 FG 所夹矩形等于 EG 上的正方形，AF 比 EG 如同 EG 比 FG[命题Ⅵ.17]。但 AF 比 EG 也如同 AI 比 EK[命题Ⅵ.1]。EG 比 FG 如同 EK 比 FK[命题Ⅵ.1]。因此，AI 比 EK 如同 EK 比 FK[命题Ⅴ.11]。所以，EK 是 AI 与 FK 的比例中项。且 MN 也是正方形 LM 与 NO 的比例中项[命题Ⅹ.53引理]。而 AI 等于 LM，FK 等于 NO，因此 EK 也等于 MN。但是 MN 等于 LO，且 EK 等于 DH[命题Ⅰ.43]。因此整个 DK 等于拐尺形 UVW 与 NO 之和。且 AK 也等于 LM 与 NO 之和。于是，剩下的 AB 等于 ST，即等于 LN 上的正方形。因此，LN 是 AB 的面积的平方根。我说 LN 是中项线的第二余线。

其理由如下。由于 AI 与 FK 已被证明是中项面，且它们分别等于 LP 与 PN 上的正方形，LP 与 PN 每个上的正方形因此也都是中项面。所以，LP 与 PN 每个都是中项线。且由于 AI 与 FK 可公度[命题Ⅵ.1，Ⅹ.11]。LP 上的正方形因此也与 PN 上的正方形可公度。再者，由于 AI 已被证明与 EK 不可公度，LM 因此也与 MN 不可公度，也就是 LP 上的正方形与 LP，PN 所夹矩形不可公度。因而，LP 也与 PN 长度不可公度[命题Ⅵ.1，Ⅹ.11]。于是，LP 与 PN 是仅平方可公度的中项线。我说它们也夹一个中项面。

其理由如下。由于 EK 已被证明是一个中项面，且等于 LP 与 PN 所夹矩形，LP 与 PN 所夹矩形因此也是中项面。因而，LP 与 PN 是仅平方可公度的中项线，且它们夹一个中项面。所以，LN 是一条中项线的第二余线[命题Ⅹ.75]，它就是 AB 的面积的平方根。

这样，AB 的面积的平方根是中项线的第二余线。这就是需要证明的。

命题 94

有理线段与第四余线所夹面积的平方根是次线。

设面积 AB 被有理线段 AC 与第四余线 AD 所夹。我说 AB 的面积的平方根是次线。

其理由如下。设 DG 附加于 AD。于是，AG 与 GD 是仅平方可公度的有理线段[命题Ⅹ.73]，且 AG 与以前给出的有理线段 AC 长度可公度，而全线段 AG 上的正方形大于附加线段 DG 上的正方形，其差额是与 AG 长度可公度的一条线段上的正方形[定义Ⅹ.13]。因此，由于 AG 上

的正方形大于 GD 上的正方形，其差额是与 AG 长度可公度的一条线段上的正方形，于是，若等于 DG 上的正方形四分之一的面积适配于 AG，但亏缺一个正方形，则 AG 被分为不可公度的两部分[命题Ⅹ.17]。因此，设 DG 在 E 被等分，并设等于 EG 上的正方形的一个面积适配于 AG，但亏缺一个正方形。设它是 AF 与 FG 所夹矩形。于是，AF 与 FG 长度不可公度。因此，通过点 E，F 与 G 分别作 EH，FI 与 GK 平行于 AC 与 BD。由于 AG 是有理的且与 AC 长度可公度，整个面积 AK 是有理的[命题Ⅹ.19]。又由于 DG 与 AC 长度不可公度，且二者都是有理线段，因此 DK 是中项面[命题Ⅹ.21]。又由于 AF 与 FG 长度不可公度，AI 因此也与 FK 不可公度[命题Ⅵ.1，Ⅹ.11]。

因此，作等于 AI 的正方形 LM。从中减去等于 FK 的正方形 NO，NO 与 LM 有公共角 LPM。因此，正方形 LM 与 NO 的对角线共线[命题Ⅵ.26]。设 PR 是它们的公共对角线，并设图形的剩余部分已经作出。因此，由于 AF 与 FG 所夹矩形等于 EG 上的正方形，于是有比例：AF 比 EG 如同 EG 比 FG[命题Ⅵ.17]。但 AF 比 EG 如同 AI 比 EK，且 EG 比 FG 如同 EK 比 FK [命题Ⅵ.1]。因此，EK 是 AI 与 FK 的比例中项[命题Ⅴ.11]。且 MN 也是正方形 LM 与 NO 的比例中项[命题Ⅹ.13 引理]，而 AI 等于 LM，FK 等于 NO，EK 因此也等于 MN。但 DH 等于 EK，LO 等于 MN[命题Ⅰ.43]。于是，整个 DK 等于拐尺形 UVW 与正方形 NO 之和。所以，由于整个 AK 等于正方形 LM 与 NO 之和，故 DK 等于拐尺形 UVW 与 NO 之和，剩下的 AB 因此等于 ST，也就是 LN 上的正方形。所以，LN 是 AB 的面积的平方根。我说 LN 是无理线段，被称为次线。

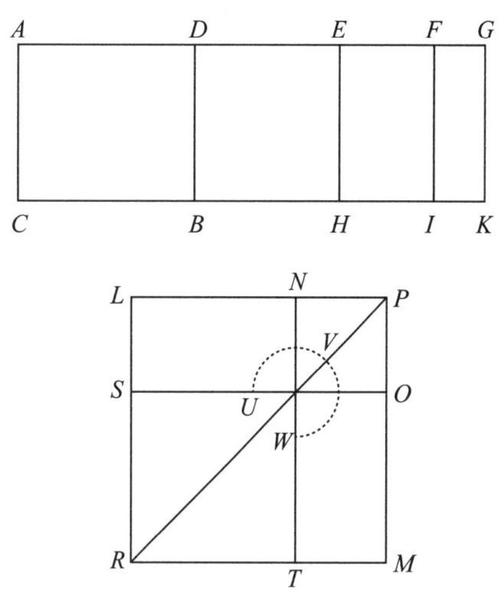

其理由如下。由于 AK 是有理的，且等于 LP 与 PN 上的正方形之和，LP 与 PN 上的正方形之和因此是有理的。再者，由于 DK 是中项面，且 DK 等于 LP 与 PN 所夹矩形的两倍，于是 LP 与 PN 所夹矩形的两倍是中项面。且由于 AI 已被证明与 FK 不可公度，LP 上的正方形因此也与 PN 上的正方形不可公度。于是，LP 与 PN 是平方不可公度的线段，其上的正方形之和是有理的，且它们所夹矩形的两倍是中项面。LN 因此是有理线段，被称为次线[命题Ⅹ.76]，且它是 AB 的面积的平方根。

这样，AB 的面积的平方根是一条次线。这就是需要证明的。

命题95

有理线段与第五余线所夹面积的平方根是中项面与有理面之差的面积的平方根。

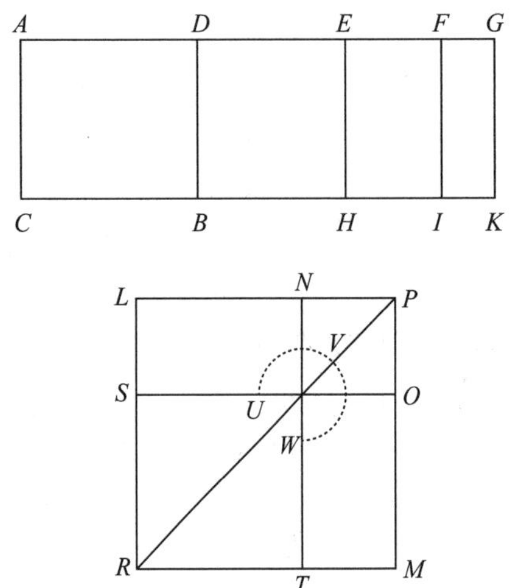

设面积 AB 被有理线段 AC 与第五余线 AD 所夹。我说 AB 的面积的平方根是中项面与有理面之差的面积的平方根。

其理由如下。设 DG 附加于 AD，因此，AG 与 DG 是仅平方可公度的有理线段[命题X.73]。且附加线段 GD 与前面给出的有理线段 AC 长度可公度，而全线段 AG 上的正方形大于附加线段 DG 上的正方形，其差额是与 AG 不可公度的一条线段上的正方形[定义X.15]。因此，若等于 DG 上的正方形的四分之一的面积适配于 AG 但亏缺一个正方形，则 AG 被分为长度不可公度的两部分[命题X.18]。因此，设 DG 在点 E 被等分，并设等于 EG 上的正方形的面积适配于 AG 但亏缺一个正方形，并设该适配图形是 AF 与 FG 所夹矩形，因此，AF 与 FG 长度不可公度。且由于 AG 与 CA 长度不可公度，以及二者都是有理线段，AK 因此是一个中项面[命题X.21]。又由于 DG 是有理的，且与 AC 长度可公度，DK 是一个有理面[命题X.19]。

因此，设作等于 AI 的正方形 LM，并由之减去等于 FK 的正方形 NO，NO 与 LM 有公共角 LPM。因此，LM 与 NO 的对角线共线[命题VI.26]。设 PR 是它们的公共对角线。并设图形的剩余部分已作出。类似于前面的命题，我们可以证明 LN 是 AB 的面积的平方根。我说 LN 是中项面与有理面之差的面积的平方根。

其理由如下。由于 AK 已被证明是中项面，并等于 LP 与 PN 上的正方形之和，LP 与 PN 上的正方形之和因此是中项面。再者，由于 DK 是有理面，且等于 LP 与 PN 所夹矩形的两倍，后者也是有理面。且由于 AI 与 FK 不可公度，LP 上的正方形因此也与 PN 上的正方形不可公度。于是，LP 与 PN 是平方不可公度线段，它们之上的正方形之和是中项面，且它们所夹矩形的两倍是有理面。因此，剩下的 LN 是无理线段，被称为中项面与有理面之差的面积的平方根[命题X.19]。即 AB 的面积的平方根。

这样，AB 的面积的平方根是这样一条线段，它是中项面与有理面之差的面积的平方根。这就是需要证明的。

命题 96

有理线段与第六余线所夹面积的平方根是两个中项面之差的面积的平方根。

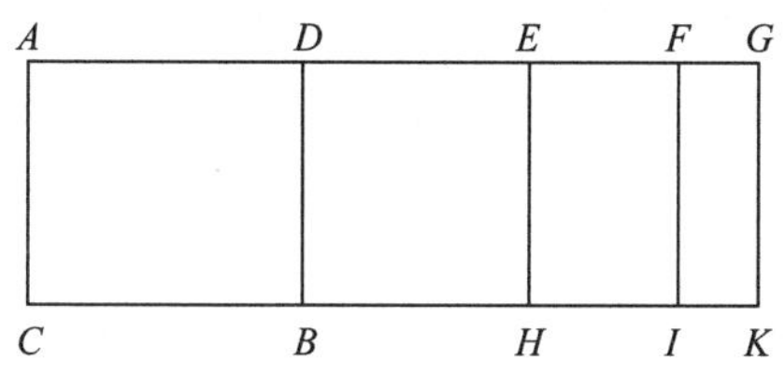

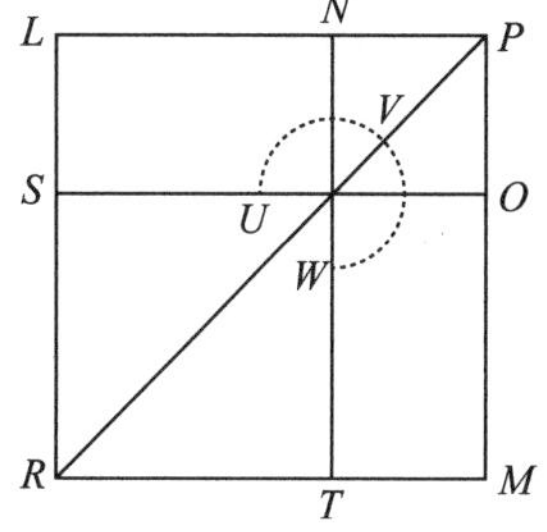

设面积 AB 被有理线段 AC 与第六余线 AD 所夹。我说 AB 的面积的平方根是中项面与另一中项面之差的面积的平方根。

设 DG 附加于 AD。因此,AG 与 GD 是仅平方可公度的有理线段[命题Ⅹ.73],且它们与前面给出的有理线段 AC 皆长度不可公度,全线段 AG 上的正方形大于附加线段 DG 上的正方形,其差额是与 AG 长度不可公度的一条线段上的正方形[定义Ⅹ.16]。因此,由于 AG 上的正方形大于 GD 上的正方形,差额是与 AG 长度不可公度的一条线段上的正方形,故若等于 DG 上的正方形的四分之一面积适配于 AG 但亏缺一个正方形,则 AG 被分为不可公度的两条线段[命题Ⅹ.18]。因此,设 DG 在点 E 被等分,并设把等于 EG 上正方形的面积适配于 AG 但亏缺一个正方形,并设它是 AF 与 FG 所夹矩形。AF 因此与 FG 长度不可公度。且 AF 比 FG 如同 AI 比 FK[命题Ⅵ.1],因此,AI 与 FK 不可公度[命题Ⅹ.11]。且由于 AG 与 AC 是仅平方可公度的有理线段,AK 是一个中项面[命题Ⅹ.21]。再者,由于 AC 与 DG 是长度不可公度的有理线段,DK 也是一个中项面[命题Ⅹ.21]。因此,由于 AG 与 GD 仅平方可公度,AG 因此与 GD 长度不可公度。且 AG 比 GD 如同 AK 比 KD[命题Ⅵ.1],所以,AK 与 KD 不可公度[命题Ⅹ.11]。

因此,设作等于 AI 的正方形 LM。并由 LM 减去等于 FK,且与 LM 有相同角度的正方形 NO,因此,LM 与 NO 的对角线共线[命题Ⅵ.26]。设 PR 是它们的公共对角线。并设图形的剩余部分已作出。故类似于前面的命题,我们可以证明 LN 是 AB 的面积的平方根。我说 LN 是两个中项面之差的面积的平方根。

其理由如下。由于 AK 已被证明是中项面,且等于 LP 与 PN 上的正方形之和,LP 与 PN 上的正方形之和是中项面。再者,由于 DK 已被证明是中项面,并等于 LP 与 PN 所夹矩形的两倍,于是 LP 与 PN 所夹矩形的两倍也是中项面。又由于 AK 已被证明与 DK 不可公度,因此,LP,PN 上的正方形之和也与 LP,PN 所夹矩形的两倍不可公度。且由于 AI 与 FK 不可公度,LP 上的正方形因此也与 PN 上的正方形不可公度。于是,LP 与 PN 是平方不可公度线段,其上的正方形之和是中项面,且它们所夹矩形的两倍是中项面,此外,其上的正方形之和与它们所夹矩形的两倍不可公度。因此,余线 *LN* 是无理线段,被称为两个中项面之差的面积的平方根[命题Ⅹ.78]。且它是 *AB* 的面积的平方根。

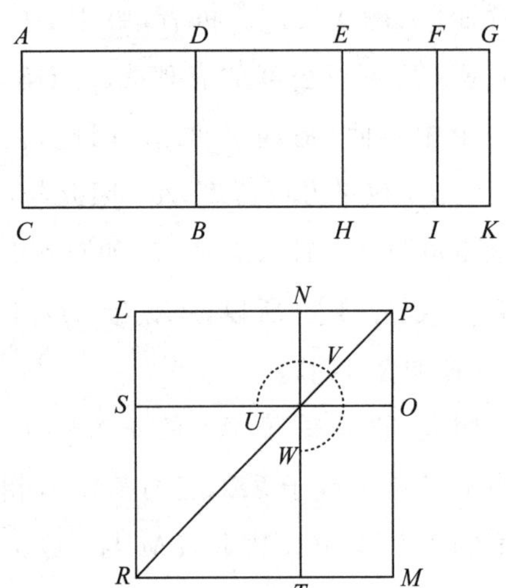

(注:为方便读者阅读,译者将第 297 页图复制到此处。)

这样,*AB* 的面积的平方根是两个中项面之差的面积的平方根。这就是需要证明的。

命题 97

余线上的正方形适配于有理线段,产生的宽是第一余线。

设 *AB* 是余线,*CD* 是有理线段,把等于 *AB* 上正方形的 *CE* 适配于 *CD*,产生宽 *CF*。我说 *CF* 是第一余线。

其理由如下。设 *BG* 附加于 *AB*。因此,*AG* 与 *GB* 是仅平方可公度的有理线段[命题Ⅹ.73]。并对 *CD* 适配等于 *AG* 上正方形的 *CH* 及等于 *BG* 上正方形的 *KL*。于是,整个 *CL* 等于 *AG* 与 *GB* 上的正方形之和,其中 *CE* 等于 *AB* 上的正方形,剩下的 *FL* 因此等于 *AG* 与 *GB* 所夹矩形的两倍[命题Ⅱ.7]。设 *FM* 在点 *N* 被等分,且通过 *N* 作 *NO* 平行于 *CD*,因此,*FO* 与 *LN* 每个都等于 *AG* 与 *GB* 所夹矩形。且由于 *AG* 与 *GB* 上的正方形之和是有理的,而 *DM* 等于 *AG* 与 *GB* 上的正方形之和,*DM* 因此是有理的,它被适配于有理线段 *CD*,产生宽 *CM*。因此,*CM* 是有理的,且与 *CD* 长度可公度[命题Ⅹ.20]。又由于 *AG* 与 *GB* 所夹矩形的两倍是中项面,且 *FL* 等于 *AG* 与 *GB* 所夹矩形的两倍,*FL* 因此是中项面。且它适配于有理线段 *CD*,产生宽 *FM*,*FM* 因此是有理的,且与 *CD* 长度不可公度[命题Ⅹ.22]。又由于 *AG* 与 *GB* 上的正方形都是有理的,而 *AG* 与 *GB* 所夹矩形的两倍是中项面,*AG*,*GB* 上的正方形之和与 *AG*,*GB* 所夹矩形的两倍不可公度。且 *CL* 等于 *AG* 与 *GB* 上的正方形之和,*FL* 等于 *AG* 与 *GB* 所夹矩形的两倍,*DM* 因此与 *FL* 不可公度。且 *DM* 比 *FL* 如同 *CM* 比 *FM*[命题Ⅵ.1],*CM* 与 *FM* 因此长度不可公度[命题Ⅹ.11]。且二者都是有理线段。因此,*CM* 与 *FM* 是仅平方可公度的有理线段,*CF* 因此是余线[命题Ⅹ.73]。我说它也是第一余线。

其理由如下。由于 *AG* 与 *GB* 所夹矩形是 *AG* 与 *GB* 上正方形的比例中项[命题Ⅹ.21 引理],且 *CH* 等于 *AG* 上的正方形，KL 等于 BG 上的正方形，NL 等于 AG 与 GB 所夹矩形，NL 因此也是 CH 与 KL 的比例中项。于是，CH 比 NL 等于 NL 比 KL。但是，CH 比 NL 等于 CK 比 NM，且 NL 比 KL 如同 NM 比 KM[命题Ⅵ.1]。因此，CK 与 KM 所夹矩形等于 NM 上的正方形，即等于 FM 上的正方形的四分之一[命题Ⅵ.17]。且由于 AG 上的正方形与 GB 上的正方形可公度，CH 与 KL 也可公度[命题Ⅵ.1]。CK 因此与 KM 长度可公度[命题Ⅹ.11]。所以，由于 CM 与 MF 是两条不等的线段，且 CK 与 KM 所夹矩形等于 FM 上的正方形的四分之一，它适配于 CM 但亏缺一个正方形，且 CK 与 KM 长度可公度，CM 上的正方形因此大于 MF 上的正方形，其差额是与 CM 长度可公度的一条线段上的正方形[命题Ⅹ.17]。而 CM 与前面给出的有理线段 CD 长度可公度，因此，CF 是第一余线[定义Ⅹ.15]。

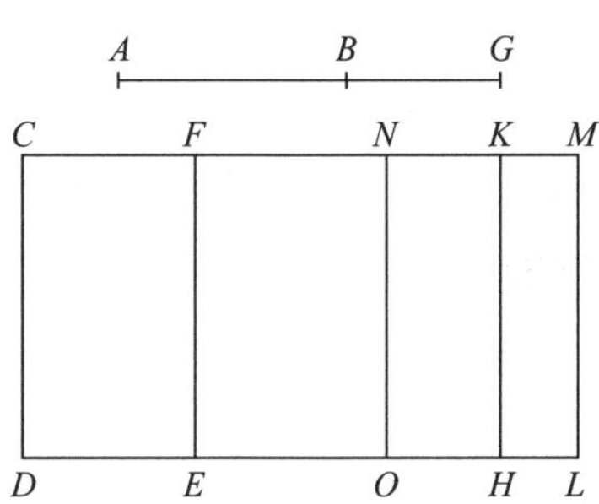

这样，余线上的正方形适配于有理线段，产生的宽是第一余线。这就是需要证明的。

命题 98

中项线的第一余线上的正方形适配于有理线段，产生的宽是第二余线。

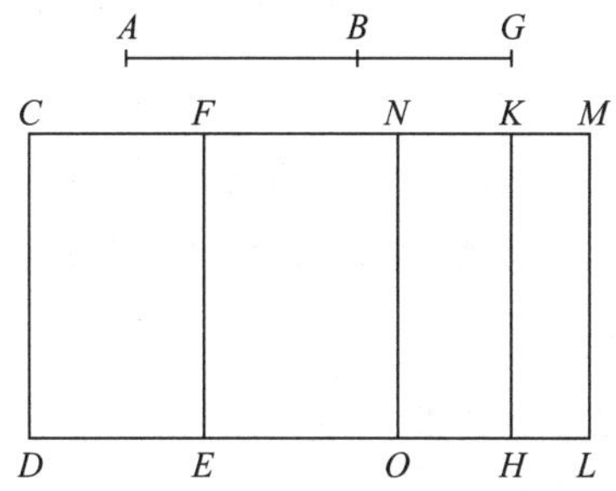

设 AB 是中项线的第一余线，CD 是有理线段。并设等于 AB 上正方形的 CE 适配于 CD，产生宽 CF。我说 CF 是第二余线。

其理由如下。设 BG 附加于 AB。因此，AG 与 GB 是仅平方可公度的中项线，它们夹一个有理面[命题Ⅹ.74]。对 CD 适配等于 AG 上正方形的 CH，产生宽 CK，以及适配等于 GB 上的正方形的 KL，产生宽 KM。于是，整个 CL 等于 AG 与 GB 上的正方形之和。因此，CL 也是一个中项面[命题Ⅹ.15，Ⅹ.23 推论]。且它适配于有理线段 CD，产生宽 CM，CM 因此是有理的，并且与 CD 长度不可公度[命题Ⅹ.22]。又由于 CL 等于 AG 与 GB 上的正方形之和，其中 AB 上的正方形等于 CE，因此剩下的 AG 与 GB 所夹矩形的两倍等于矩形 FL[命题Ⅱ.7]。而 AG 与 GB 所夹矩形的两倍是有理的，因此，FL 是有理的。且它适配于有理线段 FE，产

生宽 FM。FM 因此也是有理的,并与 CD 长度可公度[命题Ⅹ.20]。所以,由于 AG 与 GB 上的正方形之和(即 CL)是中项面,而 AG 与 GB 所夹矩形的两倍(即 FL)是有理的。CL 因此与 FL 不可公度。且 CL 比 FL 如同 CM 比 FM[命题Ⅵ.1],所以 CM 与 FM 长度不可公度[命题Ⅹ.11]。且它们二者都是有理线段,于是,CM 与 MF 是仅平方可公度的有理线段,CF 因此是一条余线[命题Ⅹ.73]。我说它也是第二余线。

其理由如下。设 FM 在 N 被等分,且通过点 N 作 NO 平行于 CD。因此,FO 与 NL 每个都等于 AG 与 GB 所夹矩形。由于 AG 与 GB 所夹矩形是 AG 与 GB 上正方形的比例中项[命题Ⅹ.21 引理],且 AG 上的正方形等于 CH,而 AG 与 GB 所夹矩形等于 NL,BG 上的正方形等于 KL,NL 因此它也是 CH 与 KL 的比例中项。于是,CH 比 NL 等于 NL 比 KL[命题Ⅴ.11]。但是 CH 比 NL 如同 CK 比 NM,且 NL 比 KL 如同 NM 比 MK[命题Ⅵ.1],因此,CK 比 NM 如同 NM 比 KM[命题Ⅴ.11]。CK 与 KM 所夹矩形因此等于 NM 上的正方形[命题Ⅵ.17],亦即等于 FM 上的正方形的四分之一[且由于 AG 上的正方形与 BG 上的正方形可公度,CH 也与 KL 可公度,也就是 CK 与 KM 可公度]。因此,由于 CM 与 MF 是两条不相等的线段,且 CK 与 KM 所夹矩形等于 MF 上的正方形的四分之一,它适配于较大的 CM 但亏缺一个正方形,并分 CM 为可公度的两部分,CM 上的正方形因此大于 MF 上的正方形,其差额是与 CM 长度可公度的一条线段上的正方形[命题Ⅹ.17]。附加的 FM 也与前面给出的有理线段 CD 长度可公度。CF 因此是第二余线[定义Ⅹ.16]。

这样,中项线的第一余线上的正方形适配于有理线段,产生的宽是第二余线。这就是需要证明的。

命题 99

中项线的第二余线上的正方形适配于有理线段,产生的宽是第三余线。

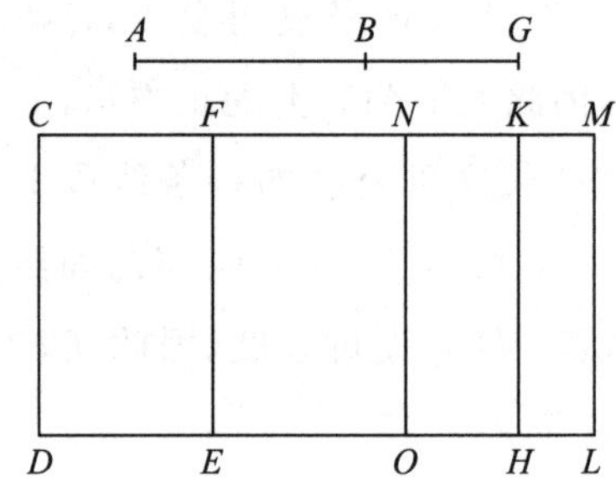

设 AB 是中项线的第二余线,CD 是有理线段。设等于 AB 上的正方形的 CE 适配于 CD,所产生的宽是 CF。我说 CF 是第三余线。

其理由如下。设 BG 附加于 AB,因此,AG 与 GB 是仅平方可公度的中项线,它们夹一个中项面[命题Ⅹ.75]。设等于 AG 上的正方形的 CH 适配于 CD,产生宽 CK。又设等于 BG 上的正方形的 KL 适配于 KH,产生宽 KM。于是,整个 CL 等于 AG 与 GB 上的正方形之和[且 AG 与 GB 上的正方形之和是中项面]。CL 因此也是中项面[命题Ⅹ.15,Ⅹ.23推论]。把它适配于有理线段 CD,产生宽 CM。因此,CM 是有理的,且与 CD 长度不可公度[命题Ⅹ.22]。且由于整个 CL 等于 AG 与 GB 上的正方形之和,其中 CE 等于 AB 上的正方形,剩下的 LF 等于 AG 与 GB 所夹矩形的两倍[命题Ⅱ.7]。因此,设 FM 在点 N 被等分,并设作 NO 平行于 CD,于是,FO 与 NL 每个都等于 AG 与 GB 所夹矩形,且 AG 与 GB 所夹矩形是中项面。因此,FL 也是中项面。且它适配于有理线段 EF,产生宽 FM。FM 因此是有理的,且与 CD 长度不可公度[命题Ⅹ.22]。又由于 AG 与 GB 仅平方可公度,AG 因此与 GB 长度不可公度,所以,AG 上的正方形也与 AG 与 GB 所夹矩形不可公度[命题Ⅵ.1,Ⅹ.11]。但是,AG,GB 上的正方形之和与 AG 上的正方形可公度,且 AG,GB 所夹矩形的两倍与 AG,GB 所夹矩形可公度。AG,GB 上的正方形之和因此与 AG,GB 所夹矩形的两倍不可公度[命题Ⅹ.13]。但是,CL 等于 AG 与 GB 上的正方形之和,且 FL 等于 AG 与 GB 所夹矩形的两倍。因此,CL 与 FL 不可公度。且 CL 比 FL 如同 CM 比 FM[命题Ⅵ.1]。CM 因此与 FM 长度不可公度[命题Ⅹ.11]。且它们二者都是有理线段。于是,CM 与 MF 是仅平方可公度的有理线段,CF 因此是一条余线[命题Ⅹ.13]。我说它也是一条第三余线。

其理由如下。由于 AG 上的正方形与 GB 上的正方形可公度,CH 因此与 KL 也可公度,因而,CK 也与 KM 长度可公度[命题Ⅵ.1,Ⅹ.11]。且由于 AG 与 GB 所夹矩形是 AG 与 GB 上的正方形的比例中项[命题Ⅹ.21 引理],而 CH 等于 AG 上的正方形,KL 等于 GB 上的正方形,以及 NL 等于 AG 与 GB 所夹矩形,NL 因此也是 CH 与 KL 的比例中项。所以,CH 比 NL 如同 NL 比 KL。但 NL 比 KL 如同 NM 比 KM[命题Ⅵ.1]。于是,CK 比 MN 如同 MN 比 KM[命题Ⅴ.11],所以,CK 与 KM 所夹矩形等于[MN 上的正方形,即] FM 上的正方形的四分之一[命题Ⅵ.17]。因此,由于 CM 与 MF 是两条不相等的线段,而等于 FM 上正方形四分之一的面积适配于 CM,但亏缺一个正方形,CM 被分为可公度的两部分,CM 上的正方形因此大于 MF 上的正方形,其差额是与 CM 可公度的一条线段上的正方形[命题Ⅹ.17]。且无论是 CM 还是 MF 都与前面给出的有理线段 CD 长度不可公度。CF 因此是第三余线[定义Ⅹ.13]。

这样,中项线的第二余线上的正方形适配于有理线段,产生的宽是第三余线。这就是需要证明的。

命题 100

次线上的正方形适配于有理线段,产生的宽是第四余线。

设 AB 是次线,CD 是有理线段,且设等于 AB 上的正方形的 CE 适配于 CD,产生宽 CF。我说 CF 是第四余线。

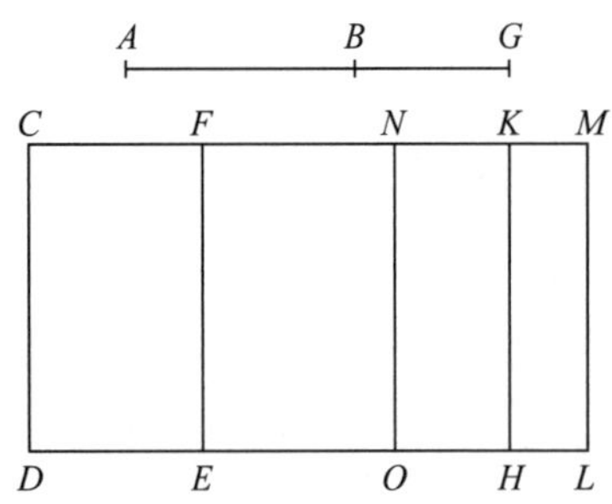

其理由如下。设 BG 附加于 AB。因此，AG 与 GB 平方不可公度，且 AG 与 GB 上的正方形之和是有理的，AG 与 GB 所夹矩形的两倍是中项面[命题Ⅹ.76]。并设等于 AG 上的正方形的 CH 适配于 CD，产生宽 CK，以及等于 BG 上的正方形的 KL 适配于 CD，产生宽 KM，因此，整个 CL 等于 AG 与 GB 上的正方形之和。而 AG 与 GB 上的正方形之和是有理的。CL 因此也是有理的。且它适配于有理线段 CD，产生宽 CM，因此，CM 也是有理的，并与 CD 长度可公度[命题Ⅹ.20]。且由于整个 CL 等于 AG 与 GB 上的正方形之和，其中 CE 等于 AB 上的正方形，剩下的 FL 因此等于 AG 与 GB 所夹矩形的两倍[命题Ⅱ.7]。因此，设 FM 在点 N 被等分。并通过 N 作 NO 平行于 CD 或 ML。所以，FO 与 NL 每个都等于 AG 与 GB 所夹矩形。又由于 AG 与 GB 所夹矩形的两倍是中项面且等于 FL，FL 因此也是中项面。且它适配于有理线段 FE，产生宽 FM。因此，FM 是有理的，且与 CD 长度不可公度[命题Ⅹ.22]。又由于 AG 与 GB 上的正方形之和是有理的，而 AG 与 GB 所夹矩形的两倍是中项面，AG，GB 上的正方形之和与 AG，GB 所夹矩形的两倍不可公度。而 CL 等于 AG 与 GB 上的正方形之和，FL 等于 AG 与 GB 所夹矩形的两倍，CL 因此与 FL 不可公度。且 CL 比 FL 如同 CM 比 MF[命题Ⅵ.1]。CM 因此与 MF 长度不可公度[命题Ⅹ.11]。且二者都是有理线段。CM 因此与 MF 是仅平方可公度的有理线段。CF 因此是一条余线[命题Ⅹ.73]。我说它也是一条第四余线。

其理由如下。由于 AG 与 GB 平方不可公度，AG 上的正方形因此也与 GB 上的正方形不可公度。且 CH 等于 AG 上的正方形，而 KL 等于 GB 上的正方形。因此，CH 与 KL 不可公度。且 CH 比 KL 如同 CK 比 NM[命题Ⅵ.1]。CK 因此与 KM 长度不可公度[命题Ⅹ.11]。且由于 AG 与 GB 所夹矩形是 AG 与 GB 上的正方形的比例中项[命题Ⅹ.21 引理]，且 AG 上的正方形等于 CH，GB 上的正方形等于 KL，AG 与 GB 所夹矩形等于 NL，NL 因此是 CH 与 KL 的比例中项。于是，CH 比 NL 如同 NL 比 KL。但是，CH 比 NL 如同 CK 比 NM，且 NL 比 KL 如同 NM 比 KM[命题Ⅵ.1]。因此，CK 比 MN 如同 MN 比 KM[命题Ⅴ.11]。CK 与 KM 所夹矩形因此等于 MN 上的正方形，也就是等于 FM 上的正方形的四分之一[命题Ⅵ.17]。因此，由于 CM 与 MF 是两条不相等的线段，且等于 MF 上的正方形的四分之一的 CK 与 KM 所夹矩形，适配于 CM 但亏缺一个正方形，并把 CM 分为不可公度的两条线段，CM 上的正方形因此大于 MF 上的正方形，其差额是与 CM 长度不可公度的一条线段上的正方形[命题Ⅹ.18]。且全线段 CM 与前面给出的有理线段 CD 长度可公度,因此,CF 是一条第四余线[定义Ⅹ.14]。

这样,次线上的正方形,等等。

命题 101

中项面与有理面之差的面积的平方根上的正方形适配于有理线段,产生的宽是第五余线。

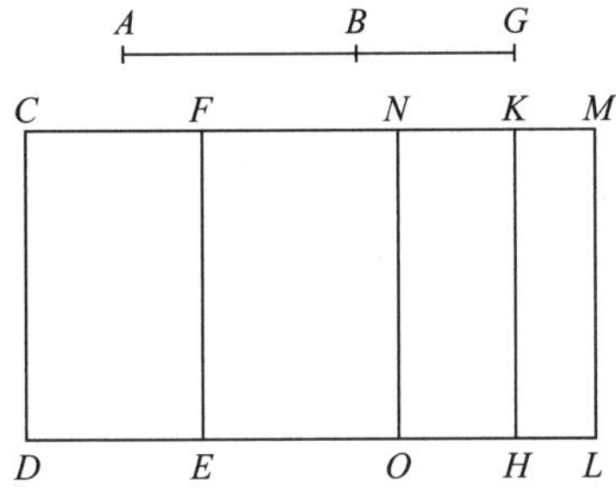

设 AB 是中项面与有理面之差的面积的平方根,CD 是一条有理线段。又设把等于 AB 上正方形的 CE 适配于 CD,产生宽 CF。我说 CF 是一条第五余线。

设 BG 是 AB 的附加线段。因此,AG 与 GB 是平方不可公度线段,且它们之上的正方形之和是中项面,它们所夹矩形的两倍是有理面[命题Ⅹ.77]。并设等于 AG 上的正方形的 CH 适配于 CD,以及等于 GB 上的正方形的 KL 适配于 CD,整个 CL 因此等于 AG 与 GB 上的正方形之和。而 AG 与 GB 上的正方形之和是中项面,因此,CL 是中项面。它适配于有理线段 CD,产生宽 CM,CM 因此是有理的,且与 CD 长度不可公度[命题Ⅹ.22]。又由于整个 CL 等于 AG 与 GB 上的正方形之和,其中 CE 等于 AB 上的正方形,剩下的 FL 因此等于 AG 与 GB 所夹矩形的两倍[命题Ⅱ.7]。所以,设 FM 在点 N 被等分,并通过 N 作 NO 平行于 CD 或 ML。于是,FO 与 NL 每个都等于 AG 与 GB 所夹矩形。又由于 AG 与 GB 所夹矩形的两倍是有理面且等于 FL,FL 因此是有理面。且它适配于有理线段 EF,产生宽 FM。因此,FM 是有理的,且与 CD 长度可公度[命题Ⅹ.20]。又由于 CL 是中项面,FL 是有理面,CL 因此与 FL 平方不可公度。且 CL 比 FL 如同 CM 比 MF[命题Ⅵ.1],CM 因此与 MF 长度不可公度[命题Ⅹ.11]。且二者都是有理的,因此,CM 与 MF 是仅平方可公度的有理线段。CF 因此是一条余线[命题Ⅹ.73]。我说它也是一条第五余线。

其理由如下。与前面诸命题类似,我们可以证明,CK 与 KM 所夹矩形等于 NM 上的正方形,即 FM 上的正方形的四分之一。又由于 AG 上的正方形与 GB 上的正方形不可公度,AG 上的正方形等于 CH,GB 上的正方形等于 KL,CH 因此与 KL 不可公度。且 CH 比 KL 如同 CK 比 KM[命题Ⅵ.1]。于是,CK 与 KM 长度不可公度[命题Ⅹ.11]。因此,由于 CM 与 MF 是两条不相等的线段,且等于 FM 上的正方形四分之一的面积适配于 CM,但亏缺一个正方形,而 CM 被分为不可公度的两部分,CM 上的正方形因此大于 MF 上的正方形,其差额是与 CM 不可公度的一条线段上的正方形[命题Ⅹ.18]。但附加线段 FM 与前面给出的有理线段 CD 可公度。因此,CF 是一条第五余线[定义Ⅹ.15]。这就是需要证明的。

命题 102

两个中项面之差的平方根上的正方形适配于有理线段,产生的宽是第六余线。

设 AB 是两个中项面之差的面积的平方根,CD 是一条有理线段,把面积等于 AB 上的正方形的 CE 适配于 CD,产生宽 CF。我说 CF 是一条第六余线。

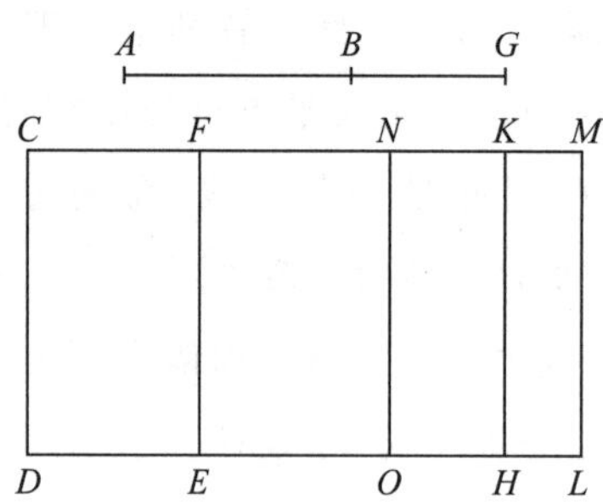

其理由如下。设 BG 附加于 AB。因此,AG 与 GB 平方不可公度,AG 与 GB 上的正方形之和是中项面,且 AG 与 GB 所夹矩形的两倍是中项面,AG,GB 上的正方形之和与 AG,GB 所夹矩形的两倍不可公度[命题Ⅹ.78]。因此,设等于 AG 上的正方形的 CH 适配于 CD,产生宽 CK,以及等于 BG 上的正方形的 KL 适配于 CD。因此,整个 CL 等于 AG 与 GB 上的正方形之和,CL 因此是中项面。且它适配于有理线段 CD,产生宽 CM,因此,CM 是有理的,且与 CD 长度不可公度[命题Ⅹ.22]。所以,由于 CL 等于 AG 与 GB 上的正方形之和,其中 CE 等于 AB 上的正方形,剩下的 FL 因此等于 AG 与 GB 所夹矩形的两倍[命题Ⅱ.7]。而 AG 与 GB 所夹矩形的两倍是中项面,因此 FL 也是中项面。且它适配于有理线段 EF,产生宽 FM。FM 因此是有理的,且与 CD 长度不可公度[命题Ⅹ.22]。又由于 AG,GB 上的正方形之和与 AG,GB 所夹矩形的两倍不可公度,且 CL 等于 AG,GB 上的正方形之和,FL 等于 AG,GB 所夹矩形的两倍,CL 因此与 FL 不可公度。且 CL 比 FL 如同 CM 比 MF[命题Ⅵ.1]。因此,CM 与 MF 长度不可公度[命题Ⅹ.11]。且它们二者都是有理的。所以,CM 与 MF 是仅平方可公度的有理线段,CF 因此是余线[命题Ⅹ.73]。我说 CF 也是第六余线。

其理由如下。由于 FL 等于 AG 与 GB 所夹矩形的两倍,设 FM 在点 N 被等分,且通过点 N 作 NO 平行于 CD,因此,矩形 FO 与 NL 每个都等于 AG 与 GB 所夹矩形。而由于 AG 与 GB 平方不可公度,AG 上的正方形与 GB 上的正方形因此不可公度。但是 CH 等于 AG 上的正方形,KL 等于 GB 上的正方形。于是,CH 与 KL 不可公度。且 CH 比 KL 如同 CK 比 KM[命题Ⅵ.1],因此,CK 与 KM 长度不可公度[命题Ⅹ.11]。又由于 AG 与 GB 所夹矩形是 AG 与 GB 上的正方形的比例中项[命题Ⅹ.21 引理],而 CH 等于 AG 上的正方形,KL 等于 GB 上的正方形，NL 等于 AG 与 GB 所夹矩形，NL 因此也是 CH 与 KL 的比例中项。根据与前面诸命题相同的理由，CM 上的正方形大于 MF 上的正方形，其差额是与 CM 长度不可公度的一条线段上的正方形[命题Ⅹ.18]。且它们都与前面给出的有理线段 CD 不可公度。因此 CF 是一条第六余线[定义Ⅹ.16]。这就是需要证明的。

命题 103

与余线长度可公度的线段也是余线，且等级相同。

设 AB 是一条余线，又设 CD 与 AB 长度可公度。我说 CD 也是一条余线，且与 AB 同级。

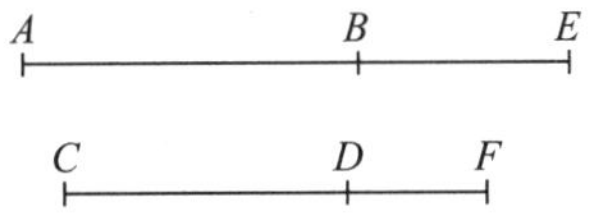

其理由如下。由于 AB 是一条余线，设 BE 附加于它。因此，AE 与 EB 是仅平方可公度的有理线段[命题Ⅹ.73]。且使得 BE 比 DF 如同 AB 比 CD[命题Ⅵ.12]。所以也有，一段比一段等于全体比全体[命题Ⅴ.12]。且因此，整个 AE 比整个 CF 如同 AB 比 CD。且 AB 与 CD 长度可公度，AE 因此也与 CF 长度可公度，BE 与 DF 也是如此[命题Ⅹ.11]。又，AE 与 EB 是仅平方可公度的有理线段，因此，CF 与 FD 也是仅平方可公度的有理线段[命题Ⅹ.13]。[CD 因此是一条余线。我说它也与 AB 同级。]

于是，由于 AE 比 CF 如同 BE 比 DF，所以，由更比例，AE 比 EB 如同 CF 比 FD[命题Ⅴ.16]。故 AE 上的正方形大于 EB 上的正方形，其差额或者是与 AE 可公度的一条线段上的正方形，或者是与 AE 不可公度的一条线段上的正方形。因此，若 AE 上的正方形大于 EB 上的正方形，其差额是与 AE 长度可公度的一条线段上的正方形，则 CF 上的正方形也大于 FD 上的正方形，其差额是与 CF 长度可公度的一条线段上的正方形[命题Ⅹ.14]。且若 AE 与前面给出的有理线段长度可公度，则 CF 也是如此[命题Ⅹ.12]，若 BE 可公度，则 DF 也是如此，若无论 AE 还是 EB 都不可公度，则无论 CF 还是 FD 也是如此[命题Ⅹ.13]。且若 AE 上的正方形大于 EB 上的正方形，其差额是与 AE 长度不可公度的一条线段上的正方形，则 CF 上的正方形也大于 FD 上的正方形，其差额是与 CF 不可公度的一条线段上的正方形[命题Ⅹ.14]。且若 AE 与前面给出的有理线段长度可公度，则 CF 也是如此[命题Ⅹ.12]，若 BE 可公度，则 DF 也是如此，若无论是 AE 还是 EB 都不可公度，则无论是 CF 还是 FD 也都是如此[命题Ⅹ.13]。

这样，CD 是余线，而且与 AB 是同级的[定义Ⅹ.11—Ⅹ.16]。这就是需要证明的。

命题 104

与中项线的余线长度可公度的线段仍是中项线的余线，且等级相同。

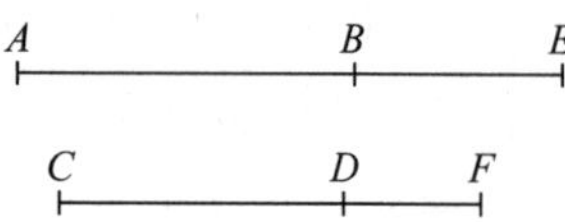

设 AB 是中项线的余线，CD 与 AB 长度可公度。我说 CD 也是中项线的余线，并与 AB 同级。

其理由如下。由于 AB 是中项线的余线，设 EB 是其附加线段，因此，AE 与 EB 是仅平方可公度的中项线[命题Ⅹ.74，Ⅹ.75]。并使得 AB 比 CD 如同 BE 比 DF[命题Ⅵ.12]。因此，AE 也与 CF 长度可公度，BE 也与 DF 长度可公度[命题Ⅴ.12，Ⅹ.11]。且 AE 与 EB 是仅平方可公度的中项线，CF 与 FD 因此也是仅平方可公度的中项线[命题Ⅹ.23，Ⅹ.13]。因此，CD 是中项线的余线[命题Ⅹ.74，Ⅹ.75]。我说它也与 AB 同级。

其理由如下。由于 AE 比 EB 如同 CF 比 FD[命题Ⅴ.12，Ⅴ.16][但 AE 比 EB 如同 AE 上的正方形比 AE 与 EB 所夹矩形，如同 CF 上的正方形比 CF 与 FD 所夹矩形]，因此，AE 上的正方形比 AE 与 EB 所夹矩形也如同 CF 上的正方形比 CF 与 FD 所夹矩形[命题Ⅹ.21 引理]。[且由更比例，AE 上的正方形比 CF 上的正方形如同 AE 与 EB 所夹矩形比 CF 与 FD 所夹矩形]。而 AE 上的正方形与 CF 上的正方形可公度，于是，AE，EB 所夹矩形与 CF，FD 所夹矩形也可公度[命题Ⅴ.16，Ⅹ.11]。因此，或者 AE，EB 所夹矩形是有理的，则 CF，FD 所夹矩形也是有理的[命题Ⅹ.4]，或者 AE，EB 所夹矩形是中项面，则 CF，FD 所夹矩形也是中项面[命题Ⅹ.23 推论]。

因此，CD 是中项线的余线，并且与 AB 是同级的[命题Ⅹ.74，Ⅹ.75]。这就是需要证明的。

命题 105

与次线可公度的线段是次线。

设 AB 是一条次线，且 CD 与 AB 可公度。我说 CD 也是一条次线。

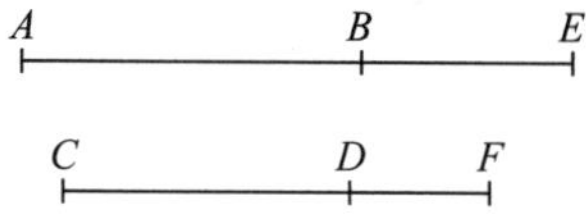

其理由如下。做与前一命题相同的事情。由于 AE 与 EB 平方不可公度[命题Ⅹ.76]，CF 与 FD 因此也平方不可公度[命题Ⅹ.13]。于是，由于 AE 比 EB 如同 CF 比 FD[命题Ⅴ.12，Ⅴ.16]，于是也有 AE 上的正方形比 EB 上的正方形如同 CF 上的正方形比 FD 上的正方形[命题Ⅵ.22]。于是由合比例，AE 与 EB 上的正方形之和比 EB 上的正方形，如同 CF 与 FD 上的正方形之和比 FD 上的正方形[命题Ⅴ.18]，[也由更比例]。而 BE 上的正方形与 DF 上的正方形可公度[命题

Ⅹ.104]。AE 与 EB 上的正方形之和因此与 CF,FD 上的正方形之和也可公度[命题Ⅴ.16,Ⅹ.11]。且 AE 与 EB 上的正方形之和是有理的[命题Ⅹ.76],因此,CF 与 FD 上的正方形之和也是有理的[定义Ⅹ.4]。又由于 AE 上的正方形比 AE 与 EB 所夹矩形如同 CF 上的正方形比 CF 与 FD 所夹矩形[命题Ⅹ.21 引理],AE 上的正方形与 CF 上的正方形可公度,AE 与 EB 所夹矩形因此与 CF 与 FD 所夹矩形也可公度。但 AE 与 EB 所夹矩形是中项面[命题Ⅹ.76],因此,CF 与 FD 所夹矩形也是中项面[命题Ⅹ.23 推论]。CF 与 FD 因此平方不可公度,使得它们之上的正方形之和是有理的,它们所夹矩形是中项面。

这样,CD 是次线[命题Ⅹ.76]。这就是需要证明的。

命题 106

与中项面及有理面之差的面积的平方根长度可公度的线段,也是中项面及有理面之差的面积的平方根。

A B E
C D F

设 AB 是中项面及有理面之差的面积的平方根,又设 CD 与 AB 长度可公度。我说 CD 也是中项面及有理面之差的面积的平方根。

设 BE 是 AB 的附加线段,因此,AE 与 EB 是平方不可公度线段,AE 与 EB 上的正方形之和是中项面,且它们所夹矩形是有理的[命题Ⅹ.77]。采用与前面诸命题相同的构形。于是,类似于前面诸命题,我们可以证明 CF 比 FD 如同 AE 比 EB,AE,EB 上的正方形之和与 CF,FD 上的正方形之和可公度,且 AE,EB 所夹矩形与 CF,FD 所夹矩形可公度。因而,CF 与 FD 也是平方不可公度线段,它们使得 CF 与 FD 上的正方形之和是中项面,且它们所夹矩形是有理的。

这样,CD 是中项面及有理面之差的面积的平方根[命题Ⅹ.77]。这就是需要证明的。

命题 107

与两个中项面之差的面积的平方根长度可公度的线段,也是两个中项面之差的面积的平方根。

A B E
C D F

设 AB 是两个中项面之差的面积的平方根,CD 与 AB 可公度。我说 CD 也是两个中项面之差的面积的平方根。

其理由如下。设 BE 是附加于 AB 的线段。采用与前面诸命题相同的构形。于是,AE 与 EB 是平方不可公度线段,且它们之上的正方形之和是中项面,它们所夹矩形是中项面,此外,它们之上的正方形之和与它们所夹矩形不可公度[命题

Ⅹ.78]。如同前面已经证明的，AE，EB分别与CF，FD长度可公度，AE，EB上的正方形之和与CF，FD上的正方形之和可公度，AE，EB所夹矩形与CF，FD所夹矩形也可公度。因此，CF与FD也是平方不可公度线段，这使得它们之上的正方形之和是中项面，它们所夹矩形也是中项面，此外，它们之上的正方形之和与它们所夹矩形不可公度。

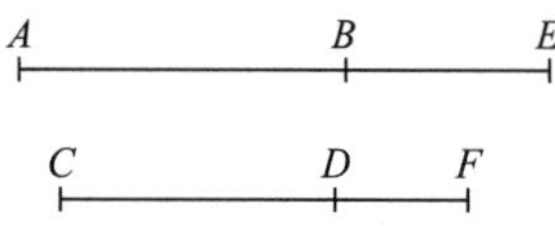

（注：为方便读者阅读，译者将第307页图复制到此处。）

这样，CD是两个中项面之差的面积的平方根[命题Ⅹ.78]。这就是需要证明的。

命题108

从有理面减去中项面，剩余面积的平方根是两条无理线段之一，它或者是余线，或者是次线。

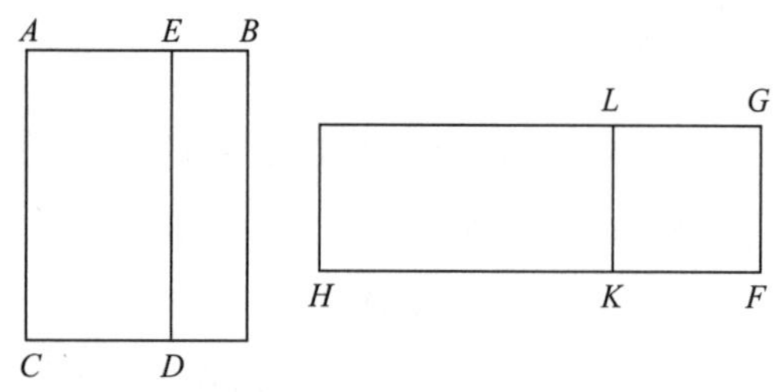

设从有理面BC减去中项面BD，我说剩余面积EC的平方根是无理线段，它或者是余线，或者是次线。

其理由如下。给出有理线段FG，对FG适配等于BC的矩形GH，又从GH减去等于DB的GK。于是，剩下的EC等于LH。因此，由于BC是有理面，BD是中项面，BC等于GH，BD等于GK，GH因此是有理面，且GK是中项面。它们都适配于有理线段FG，因此，FH是有理的，且与FG长度可公度[命题Ⅹ.20]，而FK也是有理的，且与FG长度可公度[命题Ⅹ.22]。于是，FH与FK长度不可公度[命题Ⅹ.13]。FH与FK因此是仅平方可公度的有理线段。所以，KH是一条余线[命题Ⅹ.73]，且KF是附加于它的线段。故HF上的正方形大于FK上的正方形，其差额是与HF或者长度可公度或者长度不可公度的一条线段上的正方形。

首先，设HF上的正方形大于FK上的正方形的差额是与HF长度可公度的一条线段上的正方形。且整个HF与以前给出的有理线段FG长度可公度。因此，KH是第一余线[定义Ⅹ.1]。但是，有理线段与第一余线所夹矩形面积的平方根是余线[命题Ⅹ.91]。因此，LH的面积的平方根（即EC）是余线。

若HF上的正方形大于FK上的正方形的差额是与HF不可公度的一条线段上的正方形，且由于整个FH与以前给出的有理线段FG长度可公度，KH是第四余线[定义Ⅹ.14]。而有理线段与第四余线所夹矩形面积的平方根是次线[命题Ⅹ.94]。这就是需要证明的。

命题 109

从中项面减去有理面所得剩余面积的平方根是另外两条无理线段之一，它或者是中项线的第一余线，或者是中项面与有理面之差的面积的平方根。

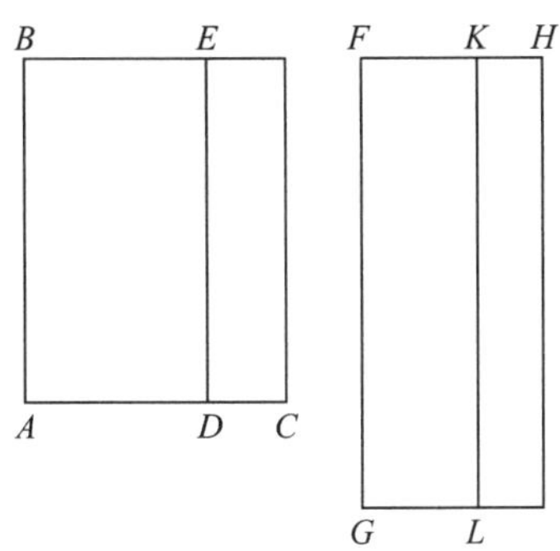

设从中项面 BC 减去有理面 BD。我说剩下的 EC 的面积的平方根是两条无理线段之一，或者是中项线的第一余线或者是中项面与有理面之差的面积的平方根。

其理由如下。设给出有理线段 FG，并对之适配与前一命题相似的面积。因此，FH 是有理的，并与 FG 长度不可公度，而 KF 也是有理的，但与 FG 长度可公度。因此，FH 与 FK 是仅平方可公度的有理线段[命题 X.13]。KH 因此是余线[命题 X.73]，且 FK 是其附加线段。所以，HF 上的正方形大于 FK 上的正方形，其差额或者是与 HF 长度可公度的一条线段上的正方形，或者是与 HF 长度不可公度的一条线段上的正方形。

因此，若 HF 上的正方形大于 FK 上的正方形，其差额是与 HF 可公度的一条线段上的正方形，而由于附加线段 FK 与前面给出的有理线段 FG 长度可公度，KH 是第二余线[定义 X.12]。且 FG 是有理的，因而，LH 的面积的平方根，即 EC 的面积的平方根，是中项线的第一余线[命题 X.92]。

并且，若 HF 上的正方形大于 FK 上的正方形，其差额是与 HF 不可公度的一条线段上的正方形，且由于附加线段 FK 与前面给出的有理线段 FG 长度可公度，KH 是一条第五余线[定义 X.15]。因而，EC 的面积的平方根是中项面与有理面之差的面积的平方根 [命题 X.95]。这就是需要证明的。

命题 110

从中项面减去与之不可公度的中项面，剩余面积的平方根是以下两条无理线段之一，或者是一条中项线的第二余线，或者是两个中项面之差的面积的平方根。

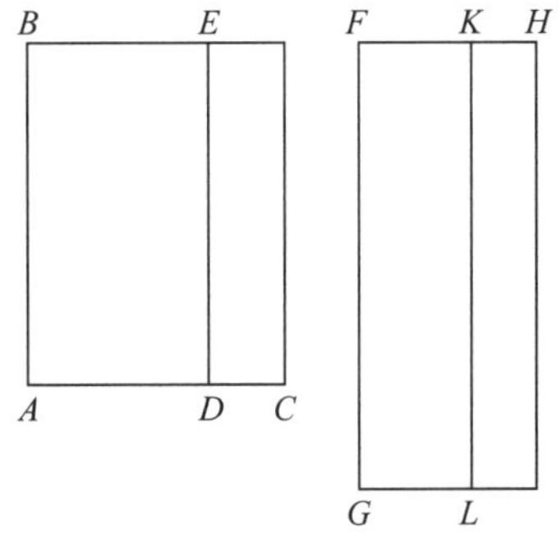

其理由如下。如在前面的图中，设从中项面 BC 减去与之不可公度的中项面 BD。我说 EC 的面积的平方根是两条无理线段之一，或者是中项线的第二余线或者是与一个中项面一起生成一个中项面的线段。

其理由如下。由于 BC 与 BD 每个都是中项面，且 BC 与 BD 不可公度，因而，FH 与 FK 每条都是有理线段，且与 FG 长度不可公度[命题Ⅹ.22]。又由于 BC 与 BD（即 GH 与 GK）不可公度，HF 也与 FK 长度不可公度[命题Ⅵ.1，Ⅹ.11]。因此，FH 与 FK 是仅平方可公度的有理线段，KH 因此是余线[命题Ⅹ.73]。[且 FK 是它的一条附加线段。故 FH 上的正方形大于 FK 上的正方形，其差额或者是一条与 FH 长度可公度线段上的正方形，或者是与 FH 长度不可公度的一条线段上的正方形。]

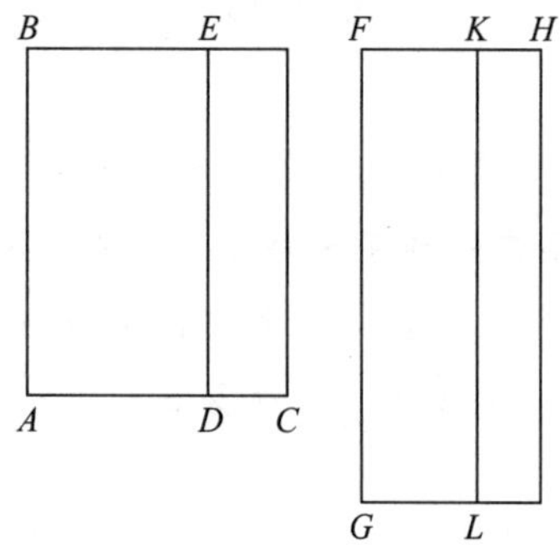

（注：为方便读者阅读，译者将第 309 页图复制到此处。）

故若 FH 上的正方形大于 FK 上的正方形，其差额是与 FH 可公度的一条线段上的正方形，且由于无论是 HF 还是 FK 都与 FG 长度可公度，KH 是一条第三余线[定义Ⅹ.13]。但 KL 是有理的。而一条有理线段与一条第三余线所夹矩形是无理的，它的面积的平方根是无理线段，被称为一条中项线的第二余线[命题Ⅹ.93]。因而，LH 的面积的平方根（即 EC）是一条中项线的第二余线。

但是若 FH 上的正方形大于 FK 上的正方形，其差额是与 FH 不可公度的一条线段上的正方形，且由于无论是 HF 还是 FK 都与 FG 长度不可公度，KH 是一条第六余线[定义Ⅹ.16]。而一条有理线段与一条第六余线所夹矩形面积的平方根是两个中项面之差的面积的平方根[命题Ⅹ.96]，因此，LH 的面积（即 EC 的面积）的平方根是两个中项面之差的面积的平方根。这就是需要证明的。

命题 111

余线与二项线不同。

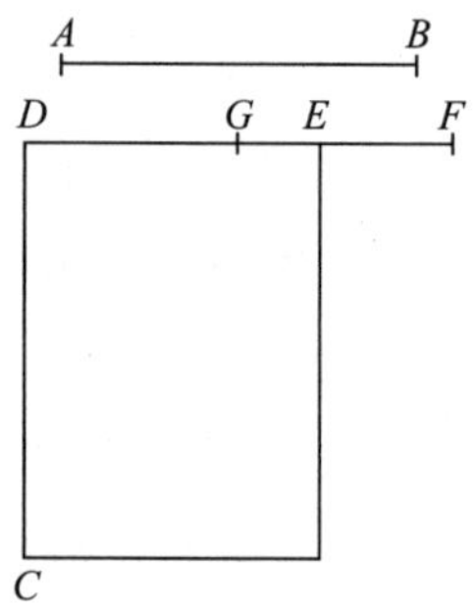

设 AB 是一条余线，我说 AB 与二项线不同。

其理由如下。设它们相同，检验是否可能。又给出有理线段 DC。并设等于 AB 上的正方形的 CE 适配于 CD，产生宽 DE。因此，由于 AB 是一条余线。DE 是一条第一余线[定义Ⅹ.97]。设 EF 附加于 DE。因此，DF 与 FE 是仅平方可公度的有理线段，且 DF 上的正方形大于 FE 上的正方形，其差额是与 DF 长度可公度的一条线段上的正方形，而 DF 与前面给出的有理线段 DC 长度可公度[定义 X.10]。又由于 AB 是二项线，DE 因此是一条第一二项线[命题 X.60]。设 DE 在点 G 被分为它的两个组成线段，且 DG 是较大者，因此，DG 与 GE 是仅平方可公度的有理线段，且 DG 上的正方形大于 GE 上的正方形，其差额是与 DG 可公度的一条线段上的正方形，且较大者 DG 与前面给出的有理线段 DC 长度可公度[定义 X.5]。因此，DF 也与 DG 长度可公度[命题 X.12]。剩下的 GF 因此与 DF 长度可公度[命题 X.15]。[因此，由于 DF 与 GF 长度可公度，且 DF 是有理的。故 GF 也是有理的，于是，由于 DF 与 GF 长度可公度，]DF 与 EF 长度不可公度。所以，FG 也与 EF 长度不可公度[命题 X.13]，GF 与 FE 因此是仅平方可公度的有理线段。因此，EG 是一条余线[命题 X.73]。但它是有理的，而这是不可能的。

这样，余线与二项线不同。这就是需要证明的。

推　论

余线及随后的无理线段既与中项线不同，彼此间也不同。

其理由如下。中项线上的正方形适配于一条有理线段，产生的宽是另一条有理线段，它与该面积适配的有理线段长度不可公度[命题 X.22]。把余线上的正方形适配于有理线段，产生的宽是第一余线[命题 X.97]。中项线的第一余线上的正方形适配于有理线段，产生的宽是第二余线[命题 X.98]。中项线的第二余线上的正方形适配于有理线段，产生的宽是第三余线[命题 X.99]。中项线的第三余线上的正方形适配于有理线段，产生的宽是第四余线[命题 X.100]。中项线的第四余线上的正方形适配于有理线段，产生的宽是第五余线[命题 X.101]。中项线的第五余线上的正方形适配于有理线段，产生的宽是第六余线[命题 X.102]。因此，由于上述诸宽与第一个宽不同，且它们彼此间也不同——与第一个不同，由于它是有理的，彼此间不同，由于它们的等级不同——显然，无理线段本身也彼此不同。且由于已证明余线与二项线不同[命题 X.111]，余线之后的无理线段①，适配于一条有理线段，产生的宽每一条都是遵循它们自己等级的余线，而二项线之后的无理线段产生的宽也都是遵循它们自己等级的二项线，余线之后的无理线段因此是不同的，二项线之后的无理线段，因此也是不同的，故依次共有 13 种无理线段：

中项线；

二项线；

第一双中项线；

第二双中项线；

主线；

有理面与中项面之和的面积的平方根；

两个中项面之和的面积的平方根；

余线；

中项线的第一余线；

---

① 指该无理线段上的正方形。——译者注

中项线的第二余线；

次线；

中项面与有理面之差的面积的平方根；

中项面与中项面之差的面积的平方根。

命题 112[①]

有理线段上的正方形适配于二项线产生的宽为一条余线，该余线的组成线段与二项线的组成线段长度可公度，并有相同的比。此外，这样造成的余线与二项线同级。

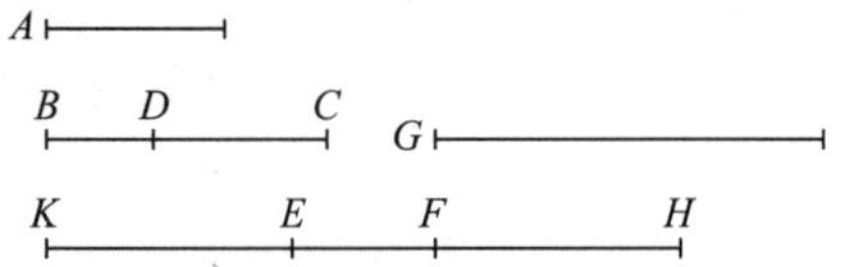

设 *A* 是一条有理线段，*BC* 是一条二项线，*DC* 为其中较大者，*BC* 与 *EF* 所夹矩形等于 *A* 上的正方形。我说 *EF* 是一条余线，它的组成线段与 *CD*，*DB* 长度可公度，且有相同的比，此外，*EF* 与 *BC* 同级。

其理由如下。又设 *BD* 与 *G* 所夹矩形等于 *A* 上的正方形。因此，由于 *BC* 与 *EF* 所夹矩形等于 *BD* 与 *G* 所夹矩形，*CB* 比 *BD* 如同 *G* 比 *EF*[命题Ⅵ.16]。且 *CB* 大于 *BD*，因此 *G* 也大于 *EF* [命题Ⅴ.16，Ⅴ.14]。设 *EH* 等于 *G*，因此，*CB* 比 *BD* 如同 *HE* 比 *EF*，于是，由分比例，*CD* 比 *BD* 如同 *HF* 比 *FE*[命题Ⅴ.17]。设使得 *HF* 比 *EF* 如同 *FK* 比 *KE*。因此，整个 *HK* 比整个 *KF* 如同 *FK* 比 *KE*。因为(成比例诸量的)前项之一比后项之一如同所有前项之和比所有后项之和[命题Ⅴ.12]。且 *FK* 比 *KE* 如同 *CD* 比 *DB*[命题Ⅴ.11]，因此，*HK* 比 *KF* 如同 *CD* 比 *DB*[命题Ⅴ.11]。且 *CD* 上的正方形与 *DB* 上的正方形可公度[命题Ⅹ.36]。*HK* 上的正方形因此与 *KF* 上的正方形也可公度 [命题Ⅵ.22，Ⅹ.11]。又 *HK* 上的正方形比 *KF* 上的正方形如同 *KH* 比 *KE*，由于三条线段 *HK*，*KF* 与 *KE* 成比例[定义Ⅴ.9]，*HK* 因此与 *KE* 长度可公度[命题Ⅹ.11]。因而，*HE* 也与 *EK* 长度可公度 [命题Ⅹ.15]。且由于 *A* 上的正方形等于 *EH* 与 *BD* 所夹矩形，而 *A* 上的正方形是有理的，因此 *EH* 与 *BD* 所夹矩形也是有理的。且它适配于有理线段 *BD*。因此，*EH* 是有理的，且与 *BD* 长度可公度[命题Ⅹ.20]。因而，与它长度可公度的线段 *EK* 也是有理的[命题Ⅹ.3]，且与 *BD* 长度可公度[命题Ⅹ.12]。因此，由于 *CD* 比 *DB* 如同 *FK* 比 *KE*，而且 *CD* 与 *DB* 是仅平方可公度线段，因此，*FK* 与 *KE* 也是仅平方可公度线段[命题Ⅹ.11]。而 *KE* 是有理的，因此，*FK* 也是有理的，*FK* 与 *KE* 因此是仅平方可公度的有理线段，所以，*EF* 是一条余线[命题Ⅹ.73]。

而且 *CD* 上的正方形大于 *DB* 上的正方形，其差额或者是与 *CD* 可公度的，或者是与 *CD* 不可公度的一条线段上的正方形。

因此，若 *CD* 上的正方形大于 *DB* 上

① 海贝格把本命题及随后的诸命题，看作对原始文字的相对较早的诠释。

的正方形，且差额是与 *CD* 可公度的一条线段上的正方形，则 *FK* 上的正方形也大于 *KE* 上的正方形，且差额是与 *FK* 可公度的一条线段上的正方形［命题Ⅹ.14］。若 *CD* 与以前给出的有理线段 *A* 长度可公度，则 *FK* 也是如此［命题Ⅹ.11，Ⅹ.12］。而若 *BD* 与之可公度，则 *KE* 也是如此［命题Ⅹ.12］。且若无论 *CD* 还是 *DB* 都不可公度，无论 *FK* 还是 *KE* 也都不可公度。因而，*FE* 是一条余线，且它的两段 *FK* 与 *KE* 与二项线的两段 *CD* 与 *DB* 长度可公度，且有相同的比，而且 *FE* 与 *BC* 同级［定义Ⅹ.5－Ⅹ.10］。这就是需要证明的。

命题 113

有理线段上的正方形适配于余线，产生的宽是二项线，其组成线段与余线的组成线段可公度，且有相同的比。此外，产生的二项线与余线同级。

A
B D C G
K E F H

设 *A* 是有理线段，*BD* 是余线。设 *BD* 与 *KH* 所夹矩形等于 *A* 上的正方形，把有理线段 *A* 上的正方形适配于余线 *BD*，产生宽 *KH*。我说 *KH* 是二项线，它的组成线段与 *BD* 的组成线段可公度，且有相同的比，此外 *KH* 与 *BD* 同级。

其理由如下。设 *DC* 是 *BD* 的附加线段。因此，*BC* 与 *CD* 是仅平方可公度的有理线段［命题Ⅹ.73］。设 *BC* 与 *G* 所夹矩形也等于 *A* 上的正方形。且 *A* 上的正方形是有理的，*BC* 与 *G* 所夹矩形是有理的。且它适配于有理线段 *BC*。因此，*G* 是有理的，且与 *BC* 长度可公度［命题Ⅹ.20］。因此，由于 *BC* 与 *G* 所夹矩形等于 *BD* 与 *KH* 所夹矩形，所以有比例：*CB* 比 *BD* 如同 *KH* 比 *G*［命题Ⅵ.16］。且 *BC* 大于 *BD*。因此，*KH* 也大于 *G*［命题Ⅴ.16，Ⅴ.14］。设使得 *KE* 等于 *G*，*KE* 因此与 *BC* 长度可公度。又由于 *CB* 比 *BD* 如同 *HK* 比 *KE*，因此，由更比例，*BC* 比 *CD* 如同 *KH* 比 *HE*［命题Ⅴ.19 推论］。设使得 *KH* 比 *HE* 如同 *HF* 比 *FE*。于是剩下的 *KF* 比 *FH* 如同 *KH* 比 *HE*，即如同 *BC* 比 *CD*［命题Ⅴ.19］。且 *BC* 与 *CD* 仅平方可公度。*KF* 与 *FH* 因此也仅平方可公度［命题Ⅹ.11］。且由于 *KH* 比 *HE* 如同 *KF* 比 *FH*，而 *KH* 比 *HE* 如同 *HF* 比 *FE*，因此也有 *KF* 比 *FH* 如同 *FH* 比 *FE*［命题Ⅴ.11］。因而，第一项比第三项如同第一项上的正方形比第二项上的正方形［定义Ⅴ.9］。于是，*KF* 比 *FE* 如同 *KF* 上的正方形比 *FH* 上的正方形。而 *KF* 上的正方形与 *FH* 上的正方形可公度。因为 *KF* 与 *FH* 是平方可公度的。于是，*KF* 也与 *FE* 长度可公度［命题Ⅹ.11］。因而，*KF* 也与 *KE* 长度可公度［命题Ⅹ.15］。而 *KE* 是有理的且与 *BC* 长度可公度。因此，*KF* 也是有理的且与 *BC* 长度可公度［命题Ⅹ.12］。又由于 *BC* 比 *CD* 如同 *KF* 比 *FH*，由更比例，*BC* 比 *KF* 如同 *DC* 比 *FH*［命题Ⅴ.16］。而 *BC*

与 KF 长度可公度。因此，FH 也与 CD 长度可公度[命题 Ⅹ.11]。而 BC 与 CD 是仅平方可公度的有理线段，KF 与 FH 因此也是仅平方可公度的有理线段[定义 Ⅹ.3，命题 Ⅹ.13]。于是，KH 是一条二项线[命题 Ⅹ.36]。

（注：为方便读者阅读，译者将第 313 页图复制到此处。）

因此，若 BC 上的正方形大于 CD 上的正方形，其差额是与 BC 长度可公度的一条线段上的正方形，则 KF 上的正方形也大于 FH 上的正方形，其差额是与 KF 可公度的一条线段上的正方形[命题 Ⅹ.14]。且若 BC 与以前给出的有理线段长度可公度，则 KF 也是如此[命题 Ⅹ.12]。若 CD 与以前给出的有理线段长度可公度，则 FH 也是如此[命题 Ⅹ.12]。但若无论是 BC 还是 CD 都不可公度，则无论是 KF 还是 FH 也都是如此[命题 Ⅹ.13]。

若 BC 上的正方形大于 CD 上的正方形，其差额是与 BC 长度不可公度的一条线段上的正方形，则 KF 上的正方形也大于 FH 上的正方形，其差额是与 KF 不可公度的一条线段上的正方形[命题 Ⅹ.14]。且若 BC 与预先给出的有理线段长度可公度，则 KF 也是如此[命题 Ⅹ.12]。若 CD 与预先给出的有理线段长度可公度，则 FH 也是如此[命题 Ⅹ.12]。而若无论是 BC 还是 CD 都不可公度，则无论是 KF 还是 FH 也都是如此[命题 Ⅹ.13]。

KH 因此是一条二项线，其组成线段 KF，FH 与余线的组成线段 BC，CD 长度可公度，且有相同的比。此外，KH 与 BD 同级[定义 Ⅹ.5－Ⅹ.10]。这就是需要证明的。

命题 114

若一个面积被余线与二项线所夹，且二者的组成线段可公度并有相同的比，则该面积的平方根是有理线段。

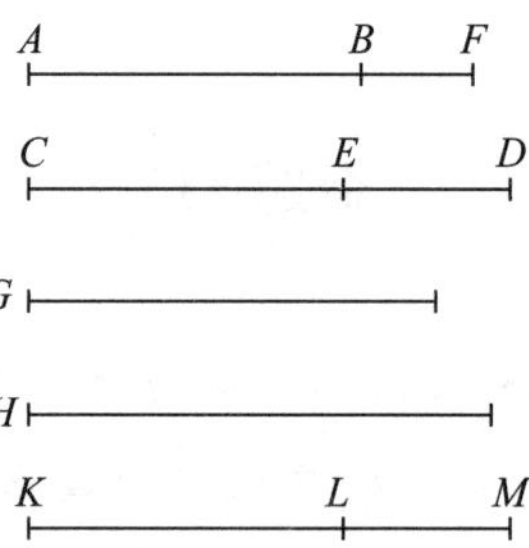

其理由如下。设一个面积——AB 与 CD 所夹矩形，被余线 AB 与二项线 CD 所夹，CD 中的较大者为 CE，又设二项线的组成线段 CE 与 ED，与余线的组成线段 AF 与 FB 分别可公度，且有相同的比。又设 AB 与 CD 所夹矩形面积的平方根是 G。我说 G 是有理线段。

其理由如下。设给出有理线段 H。又设等于 H 上的正方形的一个矩形适配于 CD，产生宽 KL。因此，KL 是一条余线。设其组成线段 KM 与 ML 与二项线 CD 的组成线段 CE 与 ED 分别可公度，且它们的比相同[命题 Ⅹ.112]。但是，CE，

ED 也与 AF,FB 分别可公度,并有相同的比,因此,AF 比 FB 如同 KM 比 ML。所以,由更比例,AF 比 KM 如同 BF 比 LM [命题Ⅴ.16]。于是,剩下的 AB 比剩下的 KL 也如同 AF 比 KM[命题Ⅴ.19]。且 AF 与 KM 可公度[命题Ⅹ.12]。AB 因此也与 KL 可公度 [命题Ⅹ.11]。且 AB 比 KL 如同 CD 与 AB 所夹矩形比 CD 与 KL 所夹矩形[命题Ⅵ.1]。因此,CD,AB 所夹矩形也与 CD,KL 所夹矩形可公度 [命题Ⅹ.11]。且 CD 与 KL 所夹矩形如同 H 上的正方形。因此,CD 与 AB 所夹矩形与 H 上的正方形可公度。而 G 上的正方形等于 CD 与 AB 所夹矩形。G 上的正方形因此与 H 上的正方形可公度。而 H 上的正方形是有理的。因此,G 上的正方形也是有理的。G 因此是有理的。它是 CD 与 AB 所夹矩形面积的平方根。

这样,若一个面积被余线与二项线所夹,且二者的组成线段可公度并有相同的比,则该面积的平方根是有理线段。

推　论

由此显然可知,有理面可以被两条无理线段所夹。这就是需要证明的。

命题 115

由一条中项线可以生成无理线段的一个无穷序列,且其中任何一条都与前面的任何一条不同。

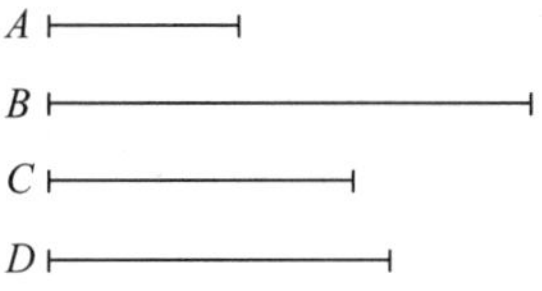

设 A 是中项线。我说由 A 可以生成无理线段的一个无穷序列,且其中任何一条都与前面的任何一条不同。

设给出有理线段 B,并设 C 上的正方形等于 B 与 A 所夹矩形,因此,C 是无理的[定义Ⅹ.4]。因为无理线段与有理线段所夹矩形是无理的 [命题Ⅹ.20]。且 C 与前面的任何一条线段不同。因为没有一条前面的线段上的正方形,可以适配于有理线段,使得产生的宽是中项线。再者,设 D 上的正方形等于 B 与 C 所夹矩形。因此,D 上的正方形是无理的[命题Ⅹ.20]。D 因此是无理的[定义Ⅹ.4],且它与前面任何一条无理线段都不同。由于没有前面的一条无理线段上的正方形可以适配于一条有理线段而产生宽 C。类似地,若这种运作进行到无穷,显然由一条中项线能生成无理线段的一个无穷序列,而且其中没有一条与前面的线段相同。这就是需要证明的。

EUCLIDE Mathematicien
Renommé par ses Elements de Geometrie
il fleurissoit 319 avant l'ere Ch.
à Paris chés Daumont rue St. Martin
Cet ancien auteur, qui s'offre à tes regards
Est digne d'estre mis au rang des plus illustres
C'est luy qui rassembla ces Elements Epars.
Qu'on cite même Encor, depuis quatre cent lustres.
R.

欧几里得画像。

第十一卷　立体几何基础

• Book Ⅺ. Foundations of Solid Geometry •

几何学的伟大之处就在于，它能用如此少的原理推导出那么多的内容。

——牛顿

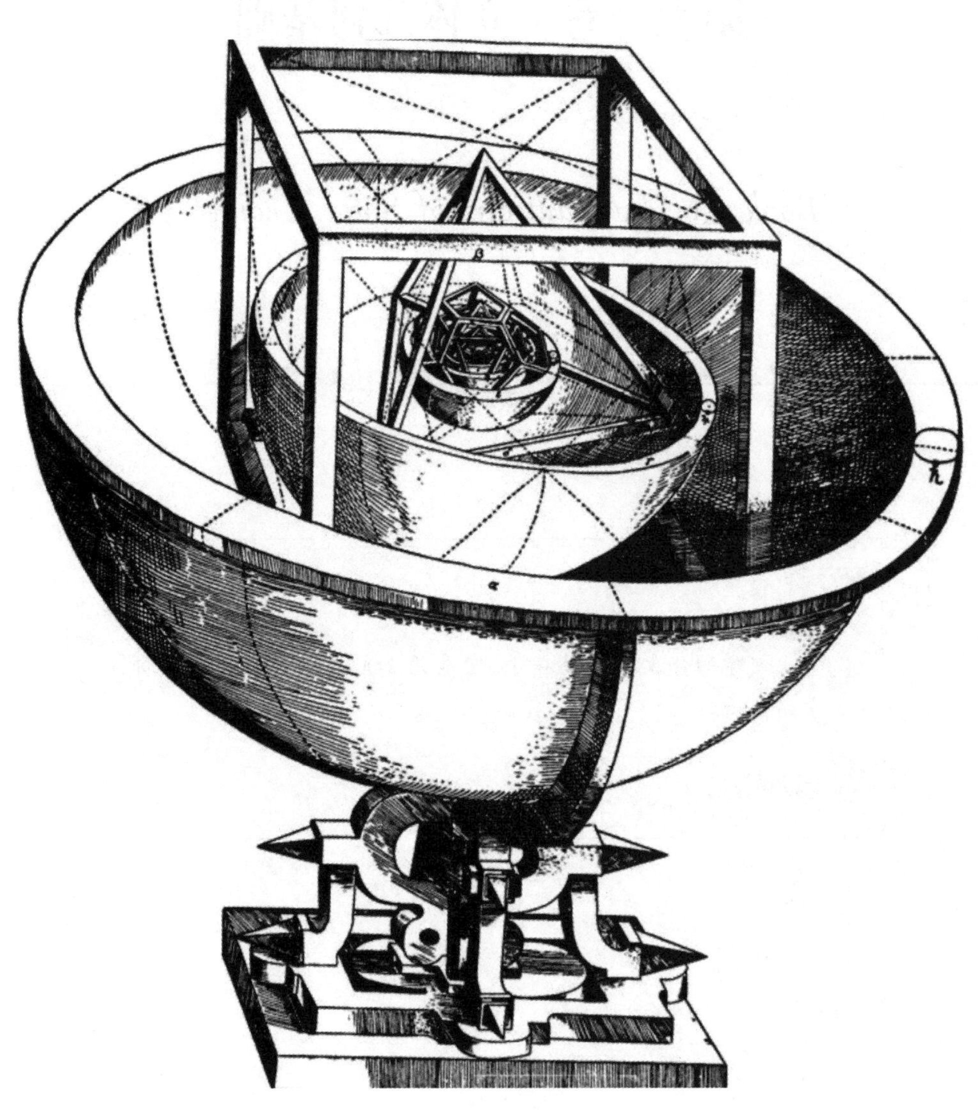

第十一卷 内容提要

（译者编写）

第十一卷的28个定义示于图11.1。它们可以分类如表11.1。这些定义应用于第十一至十三卷。第十一卷命题的分类见表11.2，可以看出第十一卷主要研究了立体角和平行六面体，它们分别相当于平面几何中的三角形和平行四边形。这从表11.3给出的第一卷与第十一卷部分命题的类比中可以看得很清楚。

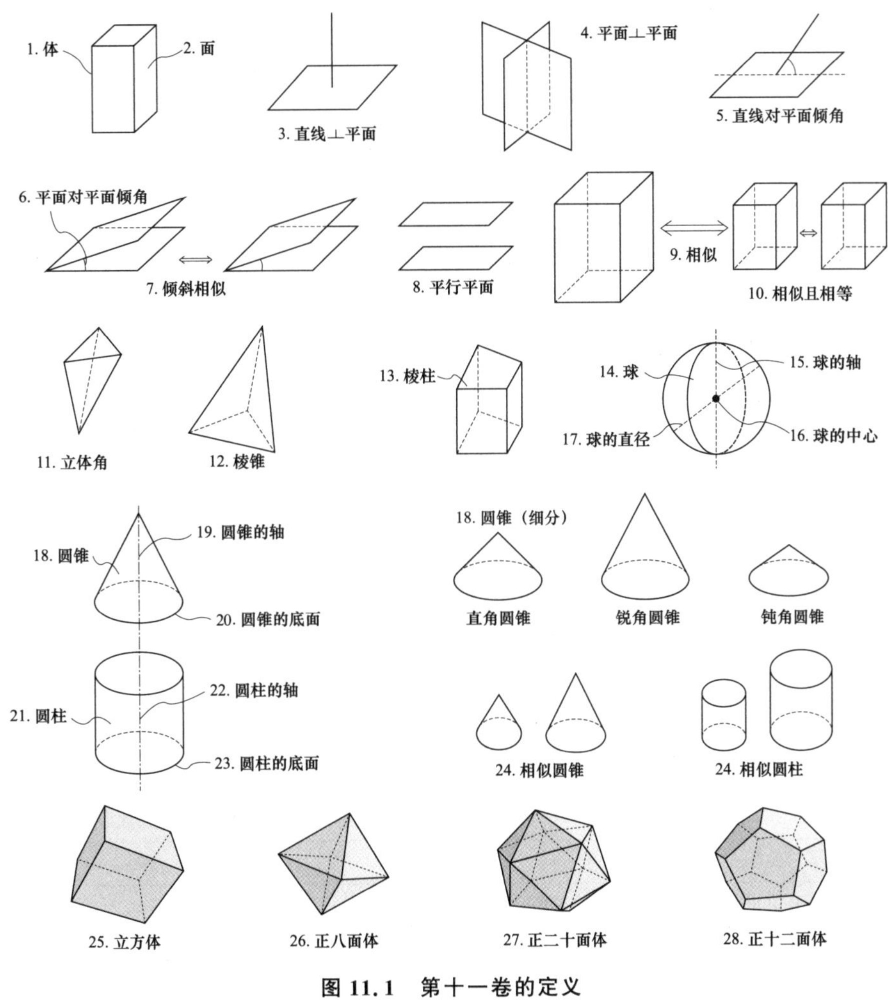

图11.1 第十一卷的定义

◀开普勒在《宇宙的神秘》中关于太阳系的柏拉图式实体模型（1596年）。

表 11.1　第十一卷中的定义的分类

Ⅺ.1,2	体和面
Ⅺ.3—7	平面与直线之间的夹角
Ⅺ.8	平行平面
Ⅺ.11—23	立体角、棱锥、棱柱、球圆锥和圆柱
Ⅺ.9,10,24	相似立体、圆锥和圆柱
Ⅺ.25—28	正多面体

表 11.2　第十一卷中的命题的分类

Ⅺ.1—19	A:立体几何的基本事实
Ⅺ.20—23	B_1:立体角与构成它的平面角
Ⅺ.24,25	C_1:平行六面体
Ⅺ.26	B_2:过给定点作立体角
Ⅺ.27	C_2:过给定线段作平行六面体
Ⅺ.28—34	C_3:平行六面体的性质
Ⅺ.35	平面角的一个性质
Ⅺ.36—37	C_4:连比例线段与平行六面体
Ⅺ.38,39	第十二卷的两个引理

表 11.3　第一卷与十一卷部分命题的类比

第一卷		第十一卷	
(Aa)		(Aa)	
Ⅰ.1—10	基础知识	Ⅺ.1—5	基础知识
		Ⅺ.6—10	线和面的平行性与角
Ⅰ.11,12	作直线垂直于给定直线	Ⅺ.11—13	作直线垂直于给定面
		Ⅺ.14	与同一条直线正交的二平面相互平行
(Ab)		(Ab)	
Ⅰ.13—15	直线间的角	Ⅺ.15,16,18,19	直线与平面的正交和平行
Ⅰ.16,17	三角形中的角		
		Ⅺ.17	平行平面截得的线段成比例(与Ⅵ.2 相似)
(Ac)		(Ac)	
Ⅰ.18,19	三角形中的大边和大角		
Ⅰ.20	三角形两边之和大于第三边	Ⅺ.20	构成立体角的两平面角之和大于其第三角
		Ⅺ.21	立体角的诸平面角之和小于四个直角
Ⅰ.21,22	由三边作三角形	Ⅺ.22,23	由三个平面角作立体角
Ⅰ.23	在给定点复制给定直线角	Ⅺ.26	在给定点复制给定立体角
Ⅰ.24,25	两个三角形的边与角关系		

定　义

1. **体**是有长、宽与高之物。

2. 体之**边界**是面。

3. **直线与平面成直角**，若它与也在该平面中并与它相连接的所有直线都成直角。

4. **平面与平面成直角**，若在一个平面中与两个平面的交线成直角的所有直线，都与另一平面成直角。

5. **直线对平面的倾角**是该直线与平面中一条直线之间的夹角，后一条直线是该直线上平面外一点向平面所作垂线的垂足与该直线在平面中的点的连线。

6. **平面对平面的倾角**，是每个平面中各一条直线之间所夹的锐角，这两条直线通过同一点，并与两个平面的交线成直角。

7. 一个平面对一个平面的倾斜被称为与另一个平面对另一个平面的**倾斜相似**，若上述倾角彼此相等。

8. **平行平面**彼此不会相遇。

9. **相似的立体图形**包含个数相等且位置相似的多个相似平面。

10. **相似且相等的立体图形**包含个数与大小相等且位置相似的多个平面。

11. **立体角**由多于两条不在同一面中且相互连接于一点的线组成。或者说，立体角由构建于同一点的不在同一平面中的多于两个平面角组成。

12. **棱锥**是由同一平面向一点作出的多个平面围成的立体图形。

13. **棱柱**是由多个平面围成的立体图形，其中两个相对平面相等、相似且平行，剩下的诸平面是平行四边形。

14. **球**是一个半圆环绕其保持固定的直径旋转并回到起始位置形成的封闭图形。

15. **球的轴**是半圆环绕之旋转成球的那条固定直径。

16. **球的中心**与半圆的中心相同。

17. **球的直径**是通过球心的任意直线被球面截出的线段。

18. **圆锥**是直角三角形环绕其保持固定的直角边旋转并回到起始位置形成的封闭图形。若固定直角边等于剩下的旋转的直角边，得到**直角圆锥**，若小于，**钝角圆锥**，以及若大于，**锐角圆锥**。

19. **圆锥的轴**是三角形环绕之旋转的固定边。

20. **圆锥的底面**是剩下的直角边环绕轴旋转所作的圆。

21. **圆柱**是矩形环绕其保持固定的一边旋转并回到起始位置形成的封闭图形。

22. **圆柱的轴**是矩形环绕之旋转的固定边。

23. **圆柱的底面**是两条旋转的相对边所作的圆。

24. **相似圆锥或圆柱**的轴与底面直径成比例。

25. **立方体**是六个相等的正方形围成的立体图形。

26. **正八面体**是八个相等的等边三角形围成的立体图形。

27. **正二十面体**是二十个相等的等边三角形围成的立体图形。

28. **正十二面体**是十二个相等的等边五边形围成的立体图形。

命题 1[①]

直线不可能一部分在参考平面中，一部分在平面外。

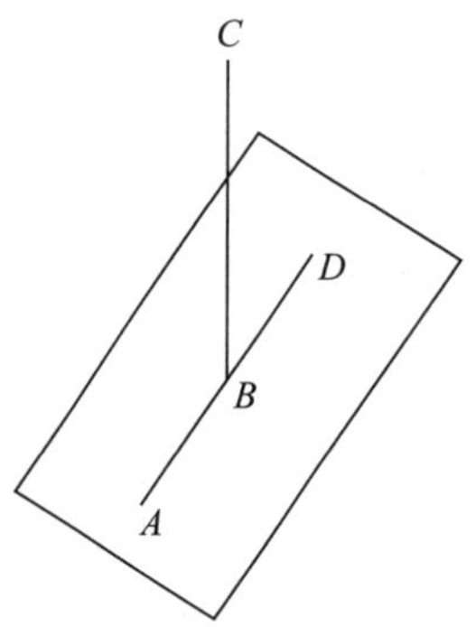

因为如若可能，设直线 *ABC* 的一部分 *AB* 在参考平面中，另一部分 *BC* 在平面外。

在参考平面中，有一条直线与 *AB* 接续成同一条直线，[②]设它为 *BD*。因此，*AB* 是两条不同直线 *ABC* 与 *ABD* 的公共部分，而这是不可能的。由于若以 *B* 为圆心，以 *AB* 为半径作圆，则直径（*ABD* 及 *ABC*）截出的圆弧不相等。

因此，一条直线不可能一部分在参考平面中，另一部分在平面外。这就是需要证明的。

命题 2

若两条直线彼此相交，则它们在一个平面中，用两条直线的截段构成的每个三角形都在该平面中。

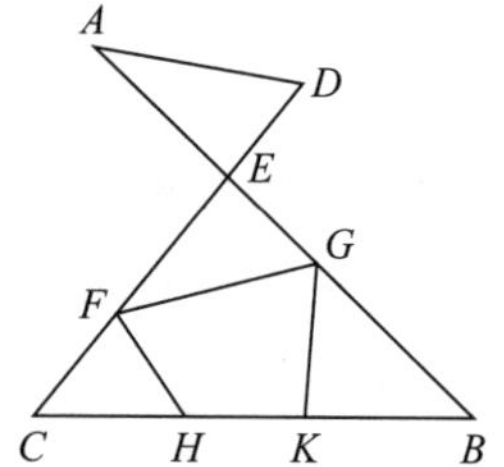

设两条直线 *AB* 与 *CD* 交于点 *E*。我说 *AB* 与 *CD* 在同一平面中，并且由两条直线的截段构成的每个三角形也在该平面中。

其理由如下。在 *EC* 与 *EB* 上分别任意取点 *F* 与 *G*。连接 *CB* 与 *FG*，并设 *FH* 与 *GK* 已作出。首先我说，三角形 *ECB* 在同一参考平面中。因为若三角形 *ECB* 的一部分，或者是 *FHC*，或者是 *GBK*，在参考平面中，而剩下的部分在平面外。则直线 *EC* 与 *EB* 之一的一部分也在参考平面中，而另一部分在平面外。且若三角形 *ECB* 的一部分 *FCBG* 在参考平面中，而剩余部分在平面外。则两条直线 *EC* 与 *EB* 的一部分也在参考平面中，而另一部分在平面外，而这已经被证明是荒谬的

① 本卷前三个命题的证明并不十分严格。因而，把这三个命题视为附加的公理更为妥当。

② 这个假设实际上预先肯定了被讨论命题是成立的。

[命题Ⅺ.1]。因此,三角形 ECB 在一个平面中,而无论在哪一个平面中找到三角形 ECB,在该平面中也找到 EC 与 EB。并且无论在哪一个平面中找到 EC 与 EB,则在该平面中也找到 AB 与 CD[命题Ⅺ.1]。于是,线段 AB 与 CD 在同一平面中,并且由两条直线的截段构成的每个三角形也在该平面中。这就是需要证明的。

命题 3

若两个平面相交,则它们的交线是一条直线。

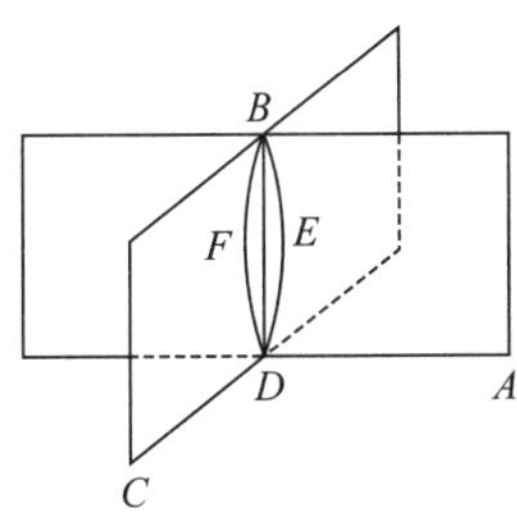

设两个平面 AB 与 BC 相交,DB 是其交线。我说 DB 是一条直线。

其理由如下。如若不然,即若 DB 不是直线,设在平面 AB 中从 D 到 B 连直线 DEB,并设在平面 BC 中连直线 DFB。故两条直线 DEB 与 DFB 有相同的端点,且它们显然围成一个平面,而这是荒谬的。因此,DEB 与 DFB 不是直线。类似地,我们可以证明,除了平面 AB 与 BC 的交线 DB 之外,不可能从 D 到 B 连接任何其他直线。

这样,若两个平面相交,则它们的交线是一条直线。这就是需要证明的。

命题 4

若作一条直线与另外两条彼此相交的直线在交点处成直角,则该直线也与通过这两条直线的平面成直角。

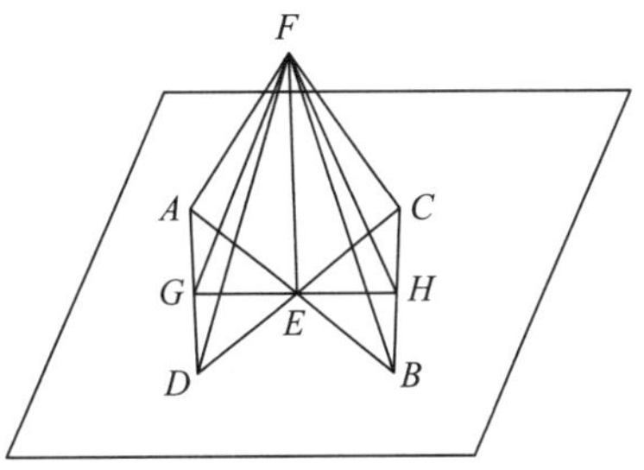

设直线 EF 与两条相交的直线 AB 与 CD 在它们的交点 E 处成直角,我说 EF 也与 AB,CD 所在的平面成直角。

其理由如下。设从两条直线截下彼此相等的 AE,EB,CE,ED,通过 E 在 AB 与 CD 所在的平面中作任意直线 GEH。连接 AD 与 CB。此外,由 EF 上的任意点 F 连接 FA,FG,FD,FC,FH,FB。

由于两条线段 AE 与 ED 分别等于线段 CE 与 EB,而且其夹角也相等[命题Ⅰ.15]。底边 AD 因此等于底边 CB。并且三角形 AED 等于三角形 CEB[命题Ⅰ.4]。因而,角 DAE 等于角 EBC。且角 AEG 也等于角 BEH[命题Ⅰ.15]。故 AGE 与 BEH 是有两个角分别等于两个角,一边等于一边(在相等角之间的 AE 与 EB)的两个三角形。因此,它们剩下的两边也相等[命题Ⅰ.26]。于是,GE 等于

EH,AG 等于 BH。又由于 AE 等于 EB,而 FE 是两个直角处的公共边,底边 FA 因此等于底边 FB[命题Ⅰ.4]。同理,FC 也等于 FD。又由于 AD 等于 CB,且 FA 也等于 FB,两边 FA 与 AD 分别等于两边 FB 与 BC。而底边 FD 已被证明等于底边 FC。因此,角 FAD 也等于角 FBC[命题Ⅰ.8]。又由于 AG 已被证明等于 BH,但 FA 也等于 FB,两条线段 FA 与 AG 分别等于两条线段 FB 与 BH。且角 FAG 已被证明等于角 FBH。因此,底边 FG 等于底边 FH[命题Ⅰ.4]。又由于 GE 已被证明等于 EH,且 EF 是公共边,两条线段 GE 与 EF 分别等于两条线段 HE 与 EF。而底边 FG 等于底边 FH,因此,角 GEF 等于角 HEF[命题Ⅰ.8]。角 GEF 与角 HEF 因此每个都是直角[定义Ⅰ.10]。所以,FE 与 GH 成直角,后者是在 AB 与 CD 所在的参考平面中通过 E 任意作出的。类似地,我们可以证明,FE 与参考平面中与它相连的所有直线都成直角[定义Ⅺ.3]。因此,FE 与参考平面成直角。且参考平面通过直线 AB 与 CD。因此,FE 与通过 AB 和 CD 的平面成直角。

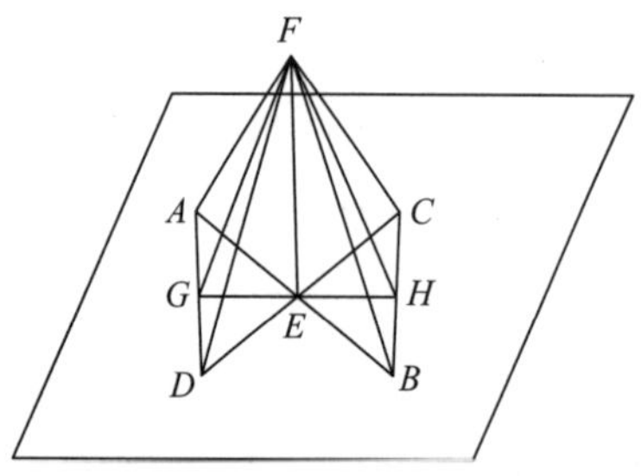

(注:为方便读者阅读,译者将第 323 页图复制到此处。)

这样,若作一条直线与另外两条彼此相交的直线在交点处成直角,则该直线也与通过这两条直线的平面成直角。这就是需要证明的。

命题 5

若一条直线与三条相交于一点的直线在交点处成直角,则这三条直线在同一平面中。

设作直线 AB 通过三条直线 BC,BD,BE 的公共点 B,并与它们都成直角。我说 BC,BD,BE 在同一平面中。

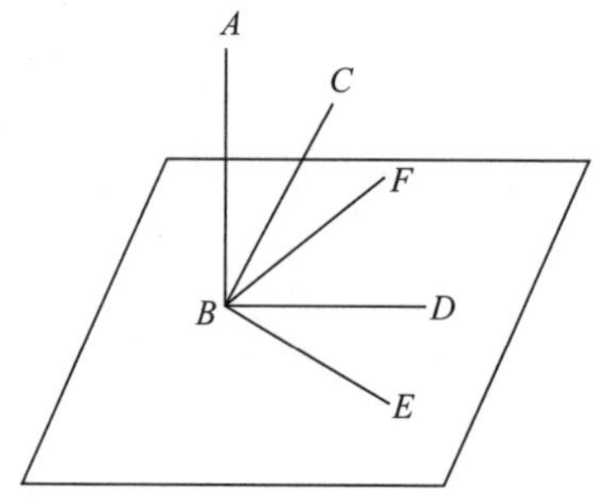

其理由如下。如若不然,设 BD 与 BE 在参考平面中,BC 在平面外,检验是否可能。设已作出通过 AB 与 BC 的一个平面,则它与参考平面相交于一条直线[命题Ⅺ.3]。设它为 BF。于是,三条直线 AB,BC,BF 在一个平面中,即通过 AB 与 BC 所作的平面中。且由于 AB 与 BD,BE 每个都成直角,AB 因此也与通过 BD 与 BE 的平面成直角[命题Ⅺ.4]。而通过 BD 与 BE 的平面是参考平面。因此,AB 与参考平面成直角。因而,AB 也与参考平面中与它连接的所有直线成直角[定义

Ⅺ.3］。而 BF 在参考平面中，并与它相连接。因此，角 ABF 是一个直角，而 ABC 已被假设为是一个直角。因此，角 ABF 等于角 ABC，且它们在同一平面中，而这是不可能的。因此，直线 BC 不能在该平面外，所以，三条直线 BC，BD，BE 在同一平面中。

这样，若一条直线与三条相交于一点的直线在交点处成直角，则这三条直线在一个平面中。这就是需要证明的。

命题 6

与同一平面成直角的两条直线相互平行。①

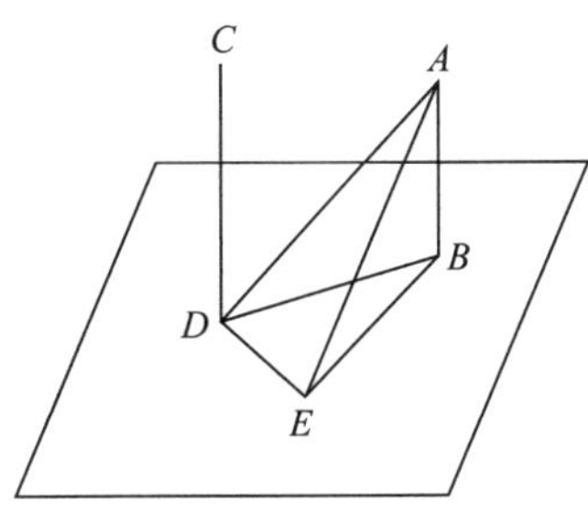

设两条直线 AB 与 CD 都与一个参考平面成直角。我说 AB 平行于 CD。

其理由如下。设它们与参考平面分别相交于点 B 与 D。连接直线 BD。设在参考平面中作 DE 与 BD 成直角，并取 DE 等于 AB，连接 BE，AE，AD。

由于 AB 与参考平面成直角，它也与该平面中与之相交的所有直线成直角［定义Ⅺ.3］。而参考平面中的 BD 与 BE 都与 AB 相连接，因此，角 ABD 与角 ABE 每个都是直角。同理，角 CDB 与角 CDE 也每个都是直角。

又由于 AB 等于 DE，BD 是公共的。两条线段 AB 与 BD 分别等于两条线段 ED 与 DB，它们都夹直角。因此，底边 AD 等于底边 BE［命题Ⅰ.4］。又由于 AB 等于 DE，AD 也等于 BE。两条线段 AB 与 BE 分别等于两条线段 ED 与 DA，且它们的底边 AE 是公共的。因此，角 ABE 等于角 EDA［命题Ⅰ.8］。而 ABE 是直角，因此，EDA 也是直角。ED 因此与 DA 成直角。且它与 BD，DC 每个都成直角。所以，ED 成直角立在三条线段 BD，DA，DC 的交点处。因此，三条直线 BD，DA，DC 在同一平面中［命题Ⅺ.5］。于是无论在哪个平面中找到 DB 与 DA，在该平面中也可以找到 AB。因为每个三角形都在同一平面中［命题Ⅺ.2］。且角 ABD 与 BDC 都是直角，因此，AB 平行于 CD［命题Ⅰ.28］。

这样，与同一平面成直角的两条直线相互平行。这就是需要证明的。

命题 7

若在两条平行直线的每条上各任取一点，则两点的连线与两条平行直线在同一平面中。

① 换句话说，在同一平面中的两条直线，向两个方向延长都绝不相交。

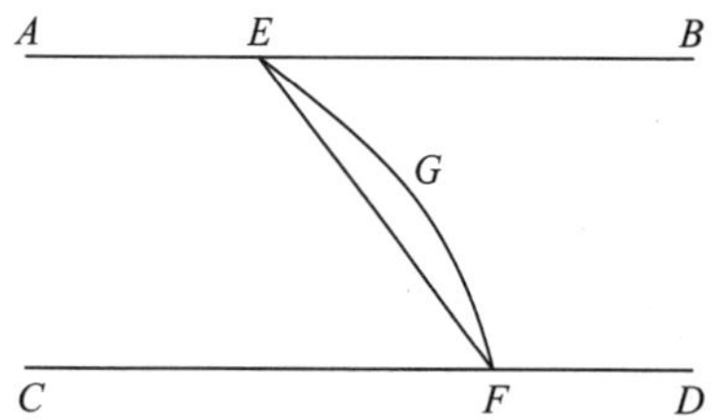

设 AB 与 CD 是两条平行直线，在每一条上分别任意取点 E 与 F。我说连接点 E 与 F 的直线与这两条平行直线在同一平面中。

其理由如下。设连线在平面外，例如 EGF，检验是否可能。设通过 EGF 作一平面，则它切割参考平面于一条直线［命题Ⅺ.3］。设为 EF。因此，有相同端点的两条直线 EGF 与 EF 围成一个面积，而这是不可能的。因此，E 到 F 的连线不在平面外。该连线因此在两条平行直线 AB 与 CD 所在的平面中。

这样，若在两条平行直线的每条上各任取一点，则两点的连线与两条平行直线在同一平面中。这就是需要证明的。

命题 8

若两条平行直线中的一条与一个平面成直角，则另一条也与该平面成直角。

设 AB 与 CD 是两条平行直线，并设其中之一 AB 与参考平面成直角。我说另一条 CD 也与同一平面成直角。

设 AB 与 CD 分别与参考平面相交于点 B 与 D。连接 BD，因此 AB，CD，BD 在同一平面中［命题Ⅺ.7］。在参考平面中作 DE 与 BD 成直角，并取 DE 等于 AB。连接 BE，AE，AD。

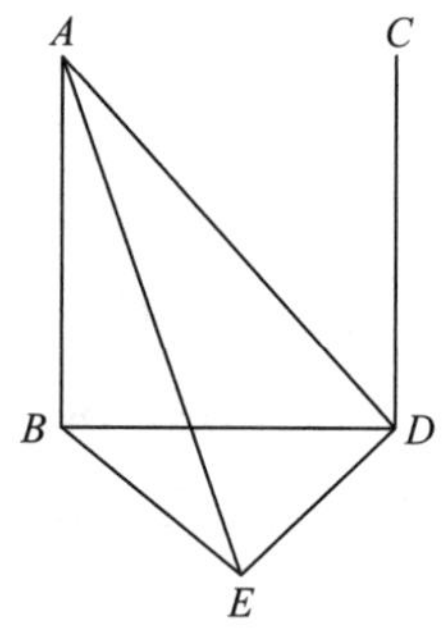

由于 AB 与参考平面成直角。AB 因此也与该平面中与它相交的所有直线成直角［定义Ⅺ.3］。因此，角 ABD 与 ABE 每个都是直角。且由于直线 BD 与平行线 AB，CD 相交，角 ABD 与 CDB 之和因此等于两个直角［命题Ⅰ.29］。而角 ABD 是直角，因此，CDB 也是直角。CD 因此与 BD 成直角。又由于 AB 等于 DE，且 BD 是公共的，两条线段 AB 与 BD 分别等于两条线段 ED 与 DB。且角 ABD 等于 EDB，由于它们每个都是直角。因此，底边 AD 等于底边 BE［命题Ⅰ.4］。又由于 AB 等于 DE，BE 等于 AD，两边 AB 与 BE 分别等于两边 ED 与 DA，且其底边 AE 是公共的。因此，角 ABE 等于角 EDA［命题Ⅰ.8］。而 ABE 是直角。EDA 因此也是直角。所以，ED 与 AD 成直角，它也与 DB 成直角，因此，ED 也与通过 BD 及 DA 的平面成直角［命题Ⅺ.4］。ED 因此与所有与它相连接，并也在通过 BDA 的平面中的直线都成直角。而 DC 在通过 BDA 的平面中，只要 AB 与 BD 在通过 BDA 的平面中［命题Ⅺ.2］，并且无论在哪个平面中找到 AB 与 BD，也会找到 DC。因此，ED 与 DC 成直角，因而，CD 也与 DE 成直角。并且

CD 也与 BD 成直角。所以，CD 与相交于点 D 的两条直线 DE 与 DB 成直角。因而，CD 也与通过 DE 与 DB 的平面成直角[命题Ⅺ.4]。而通过 DE 与 DB 的平面是参考平面。CD 因此与参考平面成直角。

这样，若两条平行直线中的一条与一个平面成直角，则另一条也与该平面成直角。这就是需要证明的。

命题 9

与不共面的同一直线平行的诸直线彼此平行。

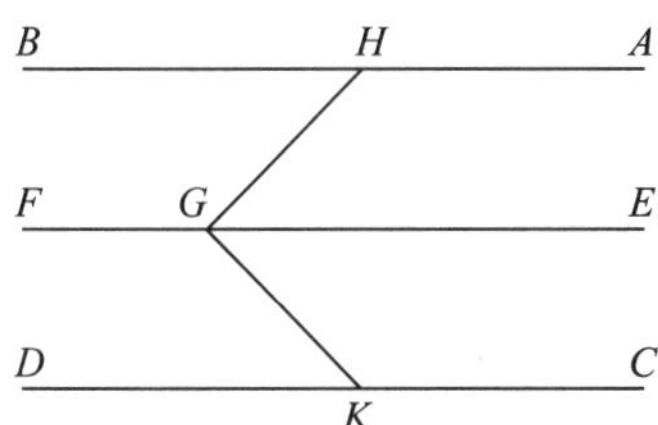

设 AB 与 CD 每条都平行于与之不共面的 EF。我说 AB 平行于 CD。

其理由如下。设在 EF 上任取一点 G，由之在 EF 与 AB 所在的平面中作 GH 与 EF 成直角。在 FE 与 CD 所在的平面中作 GK 与 EF 成直角。

由于 EF 与直线 GH，GK 每条都成直角，EF 因此也与通过 GH，GK 的平面成直角[命题Ⅺ.4]。且 EF 平行于 AB。因此，AB 也与通过 HGK 的平面成直角[命题Ⅺ.8]。同理，CD 也与通过 HGK 的平面成直角。因此，AB，CD 每个都与通过 HGK 的平面成直角。且若两条直线都与同一平面成直角，则它们平行[命题Ⅺ.6]。因此，AB 平行于 CD。这就是需要证明的。

命题 10

若两条相交直线分别平行于不在同一平面中的两条相交直线，则它们的夹角相等。

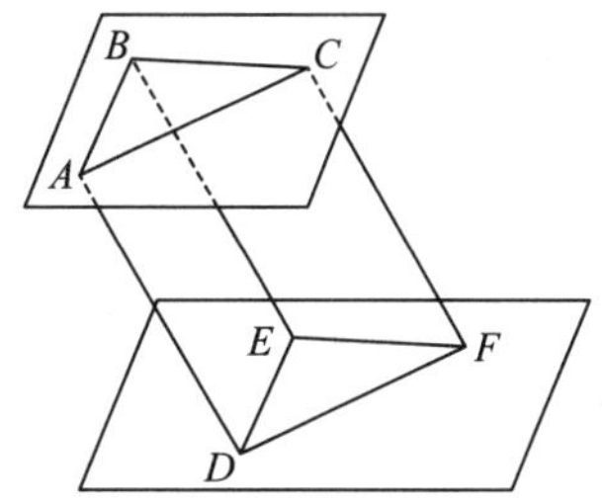

设两条直线 AB 与 BC 相交，且它们分别平行于不在同一平面中的两条相交直线 DE 与 EF。我说角 ABC 等于角 DEF。

截取彼此相等的 BA，BC，ED，EF。并连接 AD，CF，BE，AC，DF。

由于 BA 等于且平行于 ED，AD 因此也等于且平行于 BE[命题Ⅰ.33]。同理，CF 也等于且平行于 BE。因此，AD 与 CF 每个都等于且平行于 BE。而平行于不共面直线的诸直线彼此平行[命题Ⅺ.9]。因此，AD 平行且等于 CF。而 AC 与 DF 把它们相连接，因此，AC 也平行且等于 DF[命题Ⅰ.33]。且由于两条线段 AB 与 BC 分别等于两条线段 DE 与 EF，底边 AC 等于底边 DF，角 ABC 因此等于角 DEF[命题Ⅰ.8]。

这样，若两条相交直线分别平行于不在同一平面中的两条相交直线，则它们的夹角相等。这就是需要证明的。

命题 11

由平面外给定点作给定平面的垂线。

给定参考平面，设 A 为平面外给定点。要求由点 A 对参考平面作一条垂线。

设在参考平面中作任意直线 BC，并由点 A 作 AD 垂直于 BC[命题Ⅰ.12]。因此，若 AD 也垂直于参考平面，则所要求的已实现。若并非如此，在参考平面中由点 D 作 DE 垂直于 BC[命题Ⅰ.11]，再由点 A 作 AF 垂直于 DE[命题Ⅰ.12]，并设通过点 F 作 GH 平行于 BC [命题Ⅰ.31]。

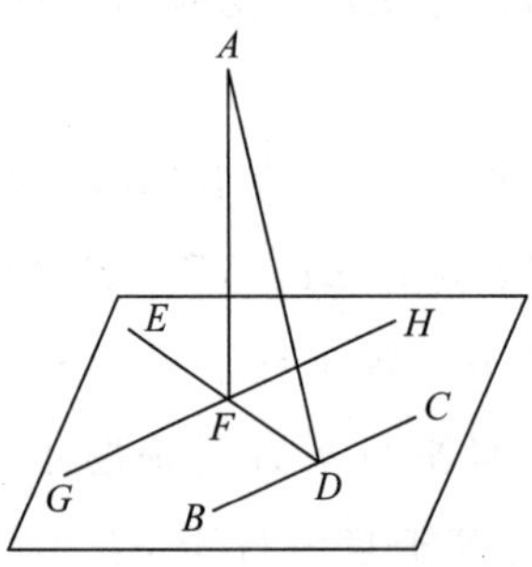

且由于 BC 与 DA，DE 都成直角，BC 因此也与通过 ED，DA 的平面成直角[命题Ⅺ.4]。且 GH 与之平行。又若两条直线平行，其中之一与一个平面成直角，则另一条也与同一平面成直角[命题Ⅺ.8]。因此 GH 也与通过 ED，DA 的平面成直角。所以，GH 也与通过 ED，DA 的平面中与之相连接的所有直线成直角[定义Ⅺ.3]。而在通过 ED，DA 的平面中的 AF 与之相连接。因此，GH 与 FA 成直角，因而，FA 也与 HG 成直角，而 AF 也与 DE 成直角。因此，AF 也与 GH，DE 每个都成直角。且若一条直线在两条直线的交点处与它们成直角，则这条直线与通过它们的平面成直角[命题Ⅺ.4]。因此，FA 与通过 ED，GH 的平面成直角。而通过 ED，GH 的平面是参考平面。因此，AF 与参考平面成直角。

这样，由给定平面外一点 A 作出了垂直于参考平面的直线 AF。这就是需要做的。

命题 12

由给定平面中给定点作一条直线与给定平面成直角。

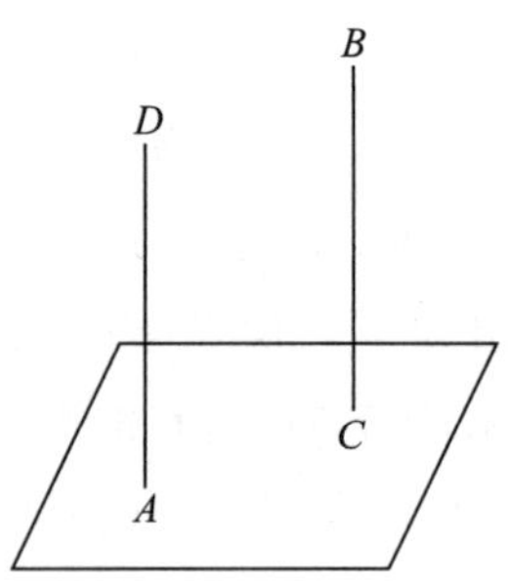

设给定平面是参考平面，A 是其中一点。故要求的是在点 A 作一条直线与参考平面成直角。

假设取平面外一点 B，由 B 对参考平面作垂线 BC[命题Ⅺ.11]，并设由 A 作 AD 平行于 BC [命题Ⅰ.31]。

因此，由于 AD 与 BC 是两条平行直线，且其中之一，BC，与参考平面成直角，剩下的 AD 因此也与参考平面成直角[命题Ⅺ.8]。

这样，由 AD 中的点 A 作出了与给定平面成直角的 AD。这就是需要做的。

命题 13

不可能在一个平面中的同一点向同一侧作两条与该平面成直角的直线。

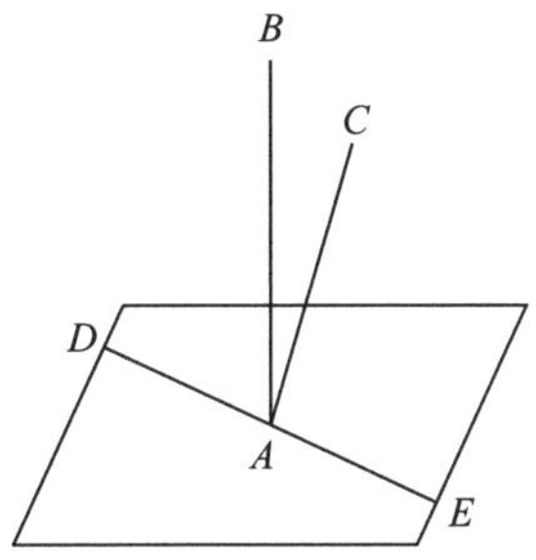

其理由如下。假设在同一点 A 朝向同一侧作出与参考平面成直角的两条直线 AB 与 AC，检验是否可能。设已作出通过 BA 与 AC 的平面。该平面与参考平面相交于一条通过点 A 的直线[命题Ⅺ.3]，设这条直线为 DAE。因此，AB，AC，DAE 是同一平面中的直线。且由于 CA 与参考平面成直角，它因此也与参考平面中所有与它相连接的直线成直角[定义Ⅺ.3]。在参考平面中的 DAE 也与它相连接。因此，角 CAE 是一个直角。同理，BAE 也是一个直角。因此，CAE 等于 BAE，并且它们在同一平面中，而这是不可能的。

这样，不可能在一个平面中的同一点向同一侧作两条与该平面成直角的直线。这就是需要证明的。

命题 14

与同一条直线成直角的平面相互平行。

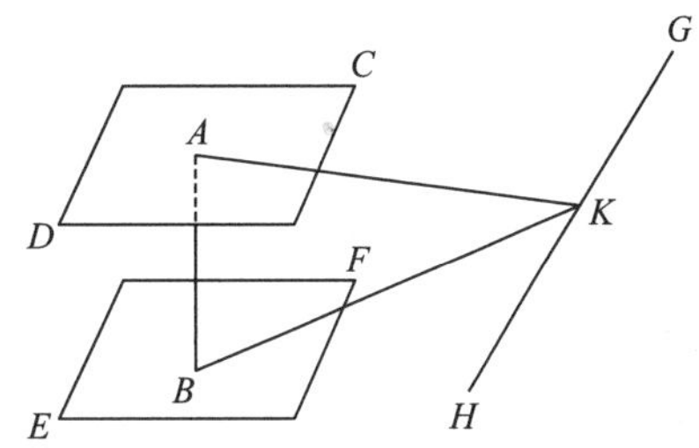

设直线 AB 与平面 CD，EF 每个都成直角。我说这些平面是平行的。

其理由如下。如若不然，它们延伸后会相交。设它们已相交而有一条交线[命题Ⅺ.3]。设交线为 GH。并设在 GH 上取任意点 K，连接 AK 与 BK。

由于 AB 与平面 EF 成直角，AB 因此也与 BK 成直角。BK 是在平面 EF 的延伸中的一条直线[定义Ⅺ.3]。因此，角 ABK 是一个直角，同理 BAK 也是一个直角。于是，三角形 ABK 中的两个角 ABK 与 BAK 之和等于两个直角，而这是不可能的[命题Ⅰ.17]。因此，平面 CD 与 EF 延伸后不可能相交，因此它们是平行的[定义Ⅺ.8]。

这样，与同一条直线垂直的平面相互平行。这就是需要证明的。

命题 15

若相互连接的两条直线平行于另一平面中相互连接的两条直线，则通过它们的平面相互平行。

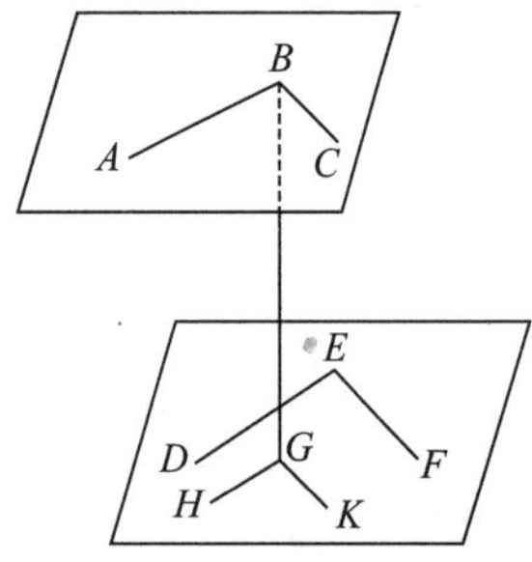

设相互连接的两条直线 AB 与 BC，分别平行于另一平面中相互连接的两条直线 DE 与 EF。我说通过 AB，BC 与通过 DE，EF 的平面延伸后不会相交。

其理由如下。由点 B 作 BG 垂直于 DE 与 EF 所在的平面［命题Ⅺ.11］。且设通过 G 作 GH 平行于 ED，作 GK 平行于 EF［命题Ⅰ.31］。

由于 BG 与通过 DE，EF 的平面成直角，它也因此与该平面中所有与它连接的直线都成直角［定义Ⅺ.3］。位于通过 DE 与 EF 的平面中的 GH 与 GK 每个都与之相连接。因此，角 BGH 与 BGK 都是直角。由于 BA 平行于 GH［命题Ⅺ.9］，角 GBA 与 BGH 之和等于两个直角［命题Ⅰ.29］。而 BGH 是直角，GBA 因此也是直角。于是，GB 与 BA 成直角。同理，GB 也与 BC 成直角。因此，由于直线 GB 被作成与两条相交直线 BA 与 BC 成直角，GB 因此与通过 BA 与 BC 的平面成直角［命题Ⅺ.4］。［同理，BG 也与通过 GH 与 GK 的平面成直角。而通过 GH 与 GK 的平面是通过 DE 与 EF 的平面。且也已证明，GB 与通过 AB，BC 的平面成直角。］且与同一条直线成直角的平面是平行平面［命题Ⅺ.14］。所以，通过 AB 与 BC 的平面平行于通过 DE 与 EF 的平面。

这样，若相互连接的两条直线分别平行于另一个平面中相互连接的两条直线，则通过它们的平面相互平行。这就是需要证明的。

命题 16

若两个平行平面被另一个平面所截，则截得的交线是平行的。

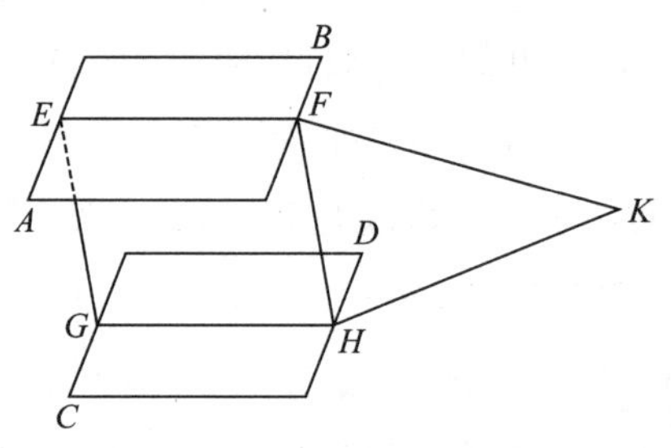

设两个平行平面 AB 与 CD 被平面 $EGHF$ 所截，并设 EF 与 GH 分别是它们的交线。我说 EF 平行于 GH。

其理由如下。如若不然，EF 与 GH 延长后或者在 F，H 的方向，或者在 E，G 的方向相交。设它们在 F，H 的方向延长，并首先设它们相交于点 K。由于 EFK 在平面 AB 中，EFK 中的所有点因

此也在平面 AB 中[命题Ⅺ.1]。而 K 是 EFK 中的一点，因此，K 在平面 AB 中。同理，K 也在平面 CD 中。因此，平面 AB 与 CD 延伸后相交。但由于一开始就已假设它们相互平行，它们不会相交。因此，在 F，H 的方向延长线段 EF 与 GH 不会使它们相交。同理，我们也可以证明 EF 与 GH 在 E，G 的方向延长后也不会相交。而若在一个平面中的线段延长后在任一方向都不相交，则它们是平行的[定义Ⅰ.23]。EF 因此平行于 GH。

这样，若两个平行平面被另一个平面所截，则截得的交线是平行的。这就是需要证明的。

命题 17

若两条直线被几个平行平面所截，则截得的线段对应成比例。

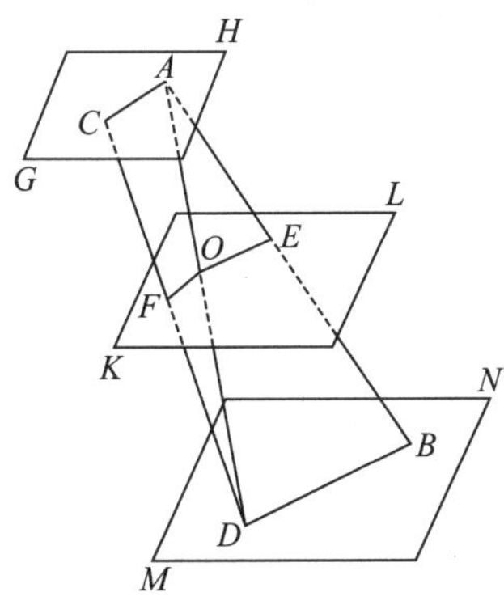

设两条直线 AB 与 CD 被平行平面 GH，KL 与 MN 分别截于点 A，E，B 与 C，F，D。我说线段 AE 比 EB 如同 CF 比 FD。

其理由如下。连接 AC，BD，AD。设 AD 与平面 KL 相交于点 O。并连接 EO 与 FO。

由于两个平行平面 KL 与 MN 被平面 $EBDO$ 所截，因此它们的交线 EO 与 BD 是平行的[命题Ⅺ.16]。同理，由于两个平行平面 GH 与 KL 被平面 $AOFC$ 所截，它们的交线 AC 与 OF 是平行的[命题Ⅺ.16]。且由于线段 EO 平行于三角形 ABD 的一边 BD，因此按比例，AE 比 EB 如同 AO 比 OD[命题Ⅵ.2]。又由于线段 OF 平行于三角形 ADC 的一边 AC，因此按比例，AO 比 OD 如同 CF 比 FD[命题Ⅵ.2]。且已证明，AO 比 OD 等于 AE 比 EB。因此，AE 比 EB 如同 CF 比 FD[命题Ⅴ.11]。

这样，若两条直线被几个平行平面所截，则截得的线段对应成比例。这就是需要证明的。

命题 18

若一条直线与平面成直角，则通过该直线的所有平面都与该平面成直角。

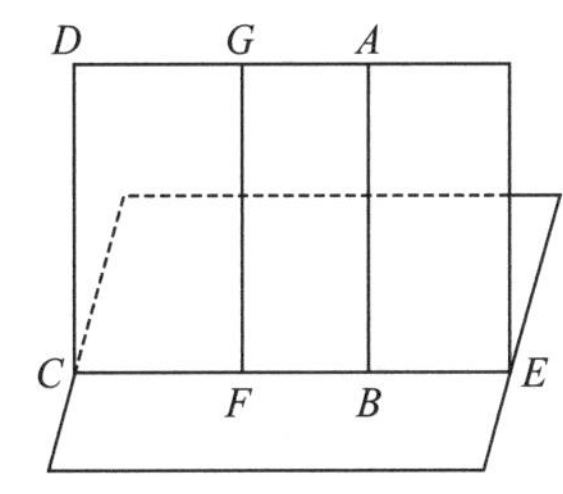

设直线 AB 与参考平面成直角。我说通过 AB 的所有平面也与参考平面成

直角。

其理由如下。设已通过 AB 作出平面 DE。并设 CE 是平面 DE 与参考平面的交线,在 CE 上取任意点 F。并设在平面 DE 中由 F 作 FG 与 CE 成直角[命题Ⅰ.11]。

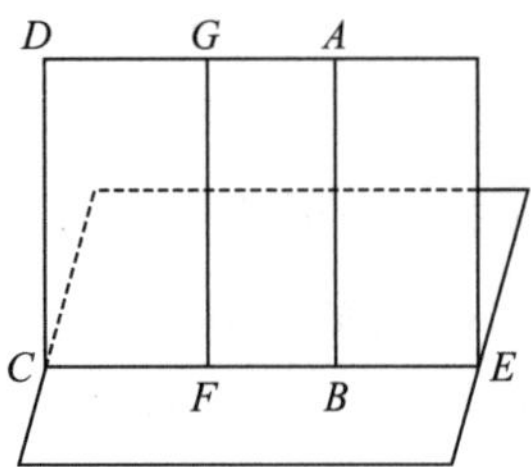

(注:为方便读者阅读,译者将第331页图复制到此处。)

由于 AB 与参考平面成直角,AB 因此也与该平面中所有与它相连接的直线成直角[定义Ⅺ.3]。因而,它也与 CE 成直角。因此,角 ABF 是直角。且 GFB 也是直角,于是,AB 平行于 FG[命题Ⅰ.28]。而 AB 与参考平面成直角。所以,FG 也与参考平面成直角[命题Ⅺ.8]。且若一个平面与另一个平面成直角,在一个平面中所作与交线成直角的直线,必定与另一个平面成直角[定义Ⅺ.4]。而在平面 DE 中所作与交线 CE 成直角的 FG,已被证明与参考平面成直角,因此,平面 DE 与参考平面成直角。类似地可以证明,所有通过 AB 的平面与参考平面成直角。

这样,若直线与平面成直角,则通过该直线的所有平面都与该平面成直角。这就是需要证明的。

命题 19

若两个相交平面与另一个平面成直角,则它们的交线也与该平面成直角。

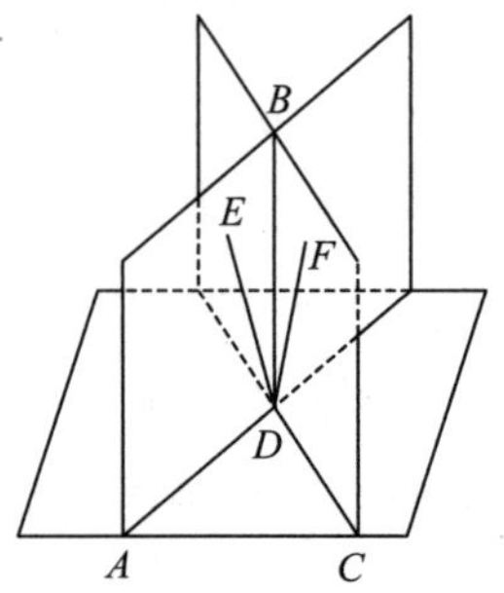

设两个平面 AB,BC 与一个参考平面成直角,AB 与 BC 的交线为 BD。我说 BD 与参考平面成直角。

其理由如下。如若不然,设在平面 AB 中也可以由点 D 作 DE 与直线 AD 成直角,又在平面 BC 中作 DF 与 CD 成直角。

由于平面 AB 与参考平面成直角,并在平面 AB 中作 DE 与它们的交线 AD 成直角,DE 因此与参考平面成直角[定义Ⅺ.4]。类似地,我们可以证明 DF 也与参考平面成直角。于是,通过同一点 D 在平面的同一侧有两条直线与参考平面成直角,而这是不可能的[命题Ⅺ.13]。因此,除了平面 AB 与 BC 的交线 DB 以外,在点 D 不可能有其他直线与参考平面成直角。

这样,若两个相交平面与另一个平面成直角,则它们的交线也与该平面成直角。这就是需要证明的。

命题 20

若立体角由任意三个平面角围成，则其中任何两个之和大于剩下的一个。

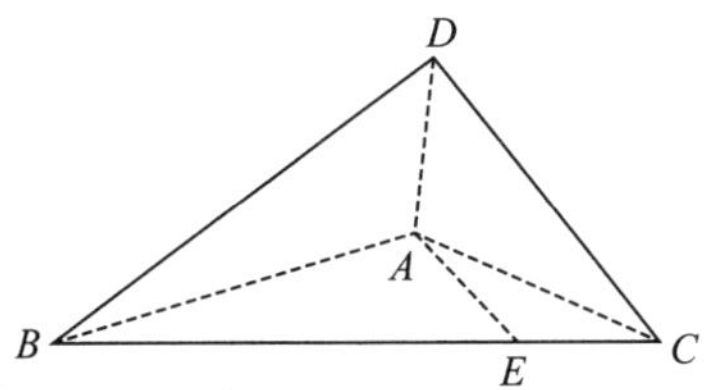

设立体角 A 由平面角 BAC，CAD，DAB 围成。我说角 BAC，CAD，DAB 中任意两个之和大于剩下的一个。

其理由如下。若角 BAC，CAD，DAB 彼此相等，则显然任何两个角之和大于剩下的角。如若不然，设 BAC 大于 CAD 或 DAB。又设在通过 BAC 的平面中直线 AB 上的 A 点作角 BAE 等于角 DAB。并设使 AE 等于 AD，通过点 E 作 BEC，设它分别截直线 AB 与 AC 于 B 与 C。连接 DB 与 DC。

由于 DA 等于 AE，AB 是公共的，两条线段 AD 与 AB 分别等于两条线段 EA 与 AB。并且角 DAB 等于角 BAE。因此，底边 DB 等于底边 BE［命题Ⅰ.4］。且由于两条线段 BD 与 DC 之和大于 BC［命题Ⅰ.20］，其中 DB 已被证明等于 BE。剩下的 DC 因此大于剩下的 EC。又由于 DA 等于 AE，AC 是公共边，而底边 DC 大于底边 EC，角 DAC 因此大于角 EAC［命题Ⅰ.25］。且 DAB 也已被证明等于 BAE，因此，DAB 与 DAC 之和大于 BAC。类似地，我们也可以证明任何其他两个角之和大于剩下的角。

这样，若立体角由任意三个平面角围成，则其中任何两个之和大于剩下的一个。这就是需要证明的。

命题 21

围成任何一个立体角的所有平面角之和小于四个直角。[①]

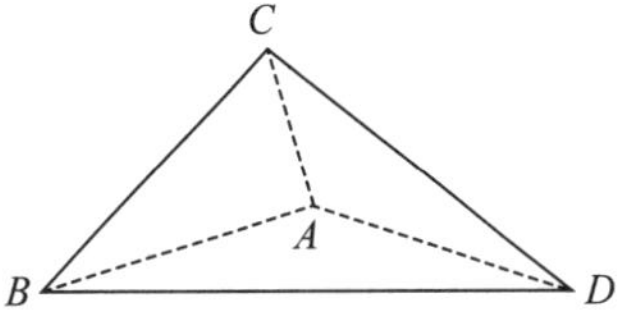

设立体角 A 由平面角 BAC，CAD 与 DAB 围成。我说 BAC，CAD，DAB 之和小于四个直角。

其理由如下。设在直线 AB，AC，AD 上分别任取一点 B，C，D，连接 BC，CD，DB。由于在 B 的立体角由三个平面角 CBA，ABD，CBD 围成，且其中任意两个之和大于剩下的一个［命题Ⅺ.20］。因此，CBA 与 ABD 之和大于 CBD。同理，BCA 与 ACD 之和大于 BCD，CDA 与 ADB 之和大于 CDB。因此，六个角 CBA，ABD，BCA，ACD，ADB，CDA 之

① 本命题仅对一个立体角由三个平面角构成的情形作出证明。然而推广到一个立体角由多于三个平面角构成的情形是直截了当的。

和大于三个角 CBD，BCD，CDB 之和。但是，三个角 CBD，BDC，BCD 之和等于两个直角［命题Ⅰ.32］。因此，六个角 CBA，ABD，BCA，ACD，CDA，ADB 之和大于两个直角。又由于，三角形 ABC，ACD，ADB 每个的三个内角之和都等于两个直角。因此，这三个三角形的九个角 CBA，ACB，BAC，ACD，CDA，CAD，ADB，DBA，BAD 之和等于六个直角，其中六个角 ABC，BCA，ACD，CDA，ADB，DBA 之和大于两个直角。因此，剩下的围成立体角的三个角 BAC，CAD，DAB 之和小于四个直角。

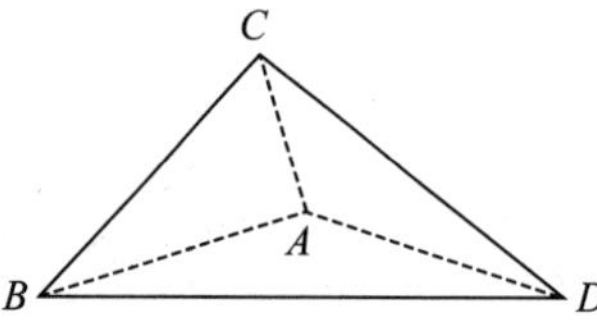

（注：为方便读者阅读，译者将第 333 页图复制到此处。）

这样，围成任何一个立体角的所有平面角之和小于四个直角。这就是需要证明的。

命题 22

若有三个平面角，其中任意两个角之和大于剩下的角，且夹这些角的诸边均相等，则可以由连接相等线段端点的三条线段构建一个三角形。

设有三个平面角 ABC，DEF 与 GHK，其中任意两个角之和大于剩下的角，即 ABC 与 DEF 之和大于 GHK，DEF 与 GHK 之和大于 ABC，GHK 与 ABC 之和大于 DEF。又设线段 AB，BC，DE，EF，GH，HK 均相等，连接 AC，DF，GK。我说可以作一个三边分别等于 AC，DF，GK 的三角形，即线段 AC，DF，GK 中任意两条之和大于第三条。

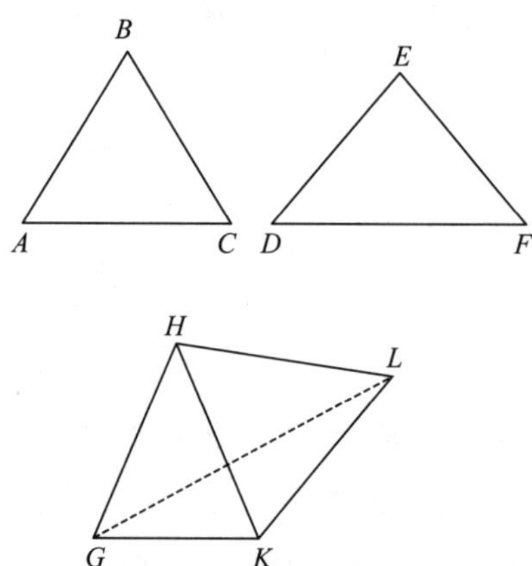

现在，若角 ABC，DEF，GHK 彼此相等，则显然，AC，DF，GK 也相等，可以由等于 AC，DF，GK 的线段构建一个三角形。否则，设它们不等，在线段 HK 上的点 H 处作角 KHL 等于角 ABC，并使 HL 等于 AB，BC，DE，EF，GH，HK 之一，连接 KL 与 GL。由于两条线段 AB 与 BC 分别等于两条线段 HK 与 HL。且在 B 的角等于角 KHL，底边 AC 因此等于底边 KL［命题Ⅰ.4］。又由于 ABC 与 GHK 之和大于 DEF，ABC 等于 KHL，GHL 因此大于 DEF。且由于两条线段 GH 与 HL 分别等于两条线段 DE 与 EF，并且角 GHL 大于 DEF，底边 GL 因此大于底边 DF［命题Ⅰ.24］。但 GK 与 KL 之和大于 GL［命题Ⅰ.20］，因此，GK 与 KL 之和更大于 DF。且 KL 等于 AC。于是，AC 与

GK 之和大于剩下的线段 DF。类似地，我们可以证明，AC 与 DF 之和大于 GK，此外，DF 与 GK 之和大于 AC。因此，可以由分别等于 AC，DF，GK 的线段作出一个三角形。这就是需要证明的。

命题 23

由三个给定的平面角构建一个立体角，其中任意选取的两个角之和大于剩下的角。则三个角之和必定小于四个直角［**命题** Ⅺ.21］。

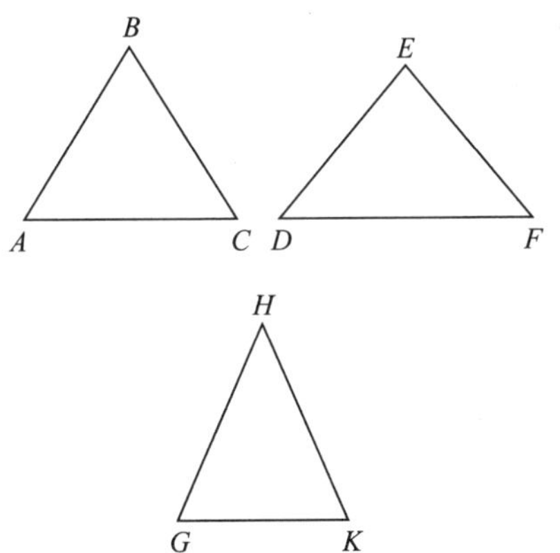

设 ABC，DEF 与 GHK 是三个给定的平面角，其中任意选取的两个角之和大于剩下的角，又设三个角之和小于四个直角。故必须由等于角 ABC，DEF，GHK 的平面角。构建一个立体角。

设截取彼此相等的 AB，BC，DE，EF，GH，HK。连接 AC，DF，GK。因此可以由等于 AC，DF，GK 的线段构建一个三角形［命题Ⅺ.22］。设构建了这样的一个三角形 LMN，使 AC 等于 LM，DF 等于 MN，以及 GK 等于 NL。并设圆 LMN 外接于三角形 LMN［命题Ⅳ.5］。求出它的圆心，设它为 O。连接 LO，MO，NO。

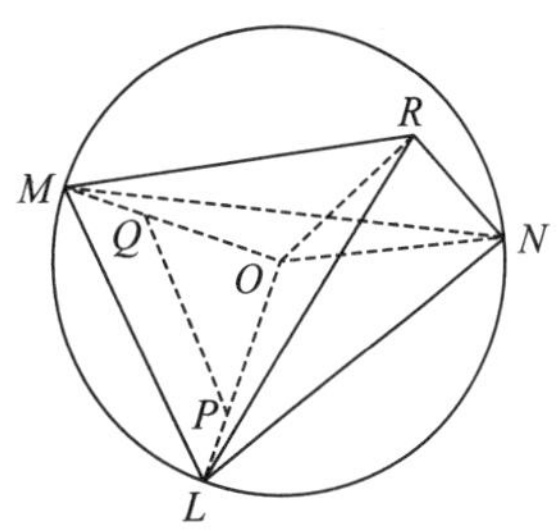

我说 AB 大于 LO。其理由如下。如若不然，AB 或者等于或者小于 LO。首先设它们相等。由于 AB 等于 LO，但 AB 也等于 BC，OL 等于 OM，故两条线段 AB 与 BC 分别等于两条线段 LO 与 OM。而底边 AC 被假设为等于底边 LM。因此，角 ABC 等于角 LOM［命题Ⅰ.8］。同理，DEF 也等于 MON，而且更有 GHK 等于 NOL。所以，三个角 ABC，DEF 与 GHK 分别等于三个角 LOM，MON 与 NOL。但是，三个角 LOM，MON 与 NOL 之和等于四个直角，因此，三个角 ABC，DEF 与 GHK 之和也等于四个直角。但它也被假设为小于四个直角，而这是荒谬的。因此，AB 不等于 LO。我说 AB 也不小于 LO。其理由如下。设它较小，检验是否可能。使得 OP 等于 AB，OQ 等于 BC，并连接 PQ。且由于 AB 等于 BC，OP 也等于 OQ，因而，剩下的 LP 也等于剩下的 QM。LM 因此平行于 PQ［命题Ⅵ.2］，且三角形 LMO 与三角形 PQO 等角［命题Ⅰ.29］。因此，OL 比 LM 如同 OP 比 PQ［命题Ⅵ.4］。由更比例，LO 比

OP 如同*LM* 比*PQ*［命题Ⅴ.16］。且*LO* 大于*OP*。因此，*LM* 也大于*PQ*［命题Ⅴ.14］。但是已使*LM* 等于*AC*。于是，*AC* 也大于*PQ*。因此，由于两条线段*AB* 与*BC* 分别等于两条线段*OP* 与*OQ*，且底边*AC* 大于底边*PQ*，角*ABC* 因此大于角*POQ*［命题Ⅰ.25］。类似地，我们可以证明，*DEF* 也大于*MON*，*GHK* 大于*NOL*。因此，三个角*ABC*，*DEF* 与*GHK* 之和大于三个角*LOM*，*MON* 与*NOL* 之和。但是，已假设三个角*ABC*，*DEF* 与*GHK* 之和小于四个直角，因此，*LOM*，*MON* 与*NOL* 之和更小于四个直角。但已假设它等于四个直角。因而这是荒谬的。因此，*AB* 不小于*LO*。且已证明它们也不相等，因此，*AB* 大于*LO*。

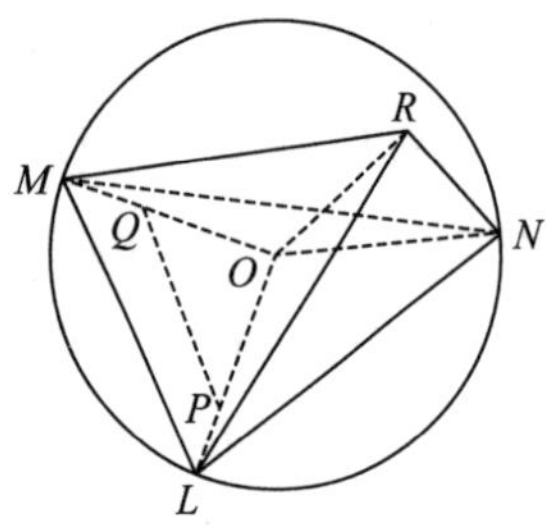

（注：为方便读者阅读，译者将第335页图复制到此处。）

设在点*O* 作*OR* 与圆*LMN* 的平面成直角［命题Ⅺ.12］。并设*OR* 上的正方形是*AB* 上的正方形大于*OL* 上的正方形的差额［命题Ⅺ.23 引理］。连接*RL*，*RM* 与*RN*。

由于*RO* 与圆*LMN* 的平面成直角，*RO* 因此也与*LO*，*MO* 与*NO* 每个都成直角。又由于*LO* 等于*OM*，且*OR* 是公共边也是直角边，底边*RL* 因此等于底边*RM*［命题Ⅰ.4］。同理，*RN* 也等于线段*RL* 与*RM* 每个，因此，三条线段*RL*，*RM*，*RN* 彼此相等。且由于已假设*OR* 上的正方形是*AB* 上的正方形大于*OL* 上的正方形的差额，*AB* 上的正方形因此等于*LO* 与*OR* 上的正方形之和。但*LR* 上的正方形等于*LO* 与*OR* 上的正方形之和［命题Ⅰ.47］。因此，*AB* 上的正方形等于*RL* 上的正方形。所以，*AB* 等于*RL*。但*BC*，*DE*，*EF*，*GH*，*HK* 每个都等于*AB*，而*RM* 与*RN* 每个都等于*RL*。因此，每个*AB*，*BC*，*DE*，*EF*，*GH*，*HK* 都等于每个*RL*，*RM*，*RN*。又由于两条线段*LR* 与*RM* 分别等于两条线段*AB* 与*BC*，且已假设底边*LM* 等于底边*AC*，角*LRM* 因此等于角*ABC*［命题Ⅰ.8］。同理，*MRN* 也等于*DEF*，且*LRN* 等于*GHK*。

这样，由三个平面角*LRM*，*MRN* 与*LRN* 构建了它们围成的立体角*R*，这三个平面角分别等于三个给定的平面角*ABC*，*DEF* 与*GHK*。这就是需要证明的。

引　理

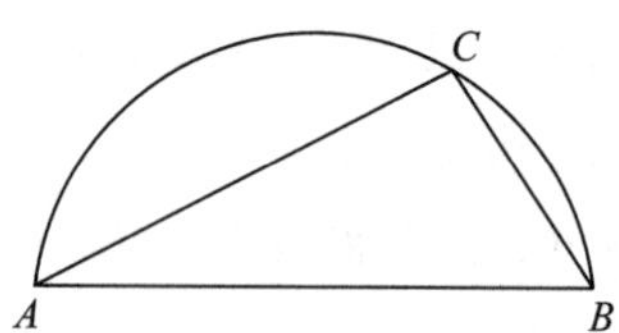

我们可以说明如何取*OR* 上的正方形等于*AB* 上的正方形大于*LO* 上的正方形的差额。设给出两条线段*AB* 与*LO*，*AB* 较大，在*AB* 上作半圆*ABC*。设把等于

LO（不大于直径 AB）的线段 AC 插入半圆 ABC 中［命题Ⅳ.1］。连接 CB。因此，由于角 ACB 在半圆 ACB 中，ACB 是直角［命题Ⅲ.31］。于是，AB 上的正方形等于 AC 与 CB 上的正方形之和［命题Ⅰ.47］。因而，AB 上的正方形大于 AC 上的正方形，其差额是 CB 上的正方形。且 AC 等于 LO。于是，AB 上的正方形大于 LO 上的正方形，其差额是 CB 上的正方形。所以，若取 OR 等于 BC，则 AB 上的正方形大于 LO 上的正方形，其差额是 OR 上的正方形。这就是需要做的。

命题 24

若一个立体图形由六个平行平面围成，则相对平面相等且都是平行四边形。

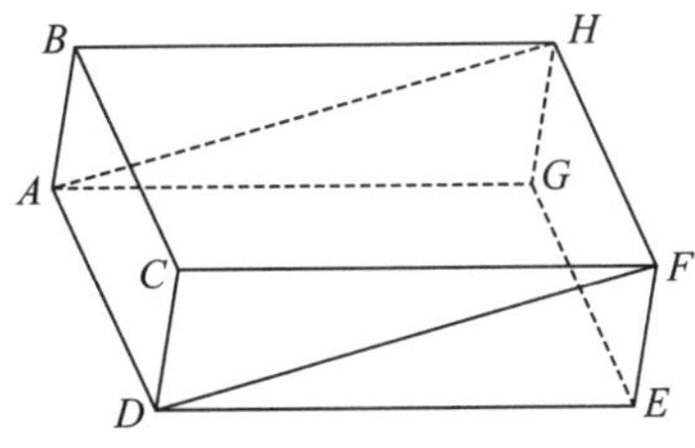

其理由如下。设立体图形 $CDHG$ 由平行平面 AC，GF 及平行平面 AH，DF，以及平行平面 BF，AE 围成。我说相对平面既相等又是平行四边形。

其理由如下。由于两个平行平面 BG 与 CE 被平面 AC 所截，它们的交线是平行的［命题Ⅺ.16］。因此，AB 平行于 DC。又由于两个平行平面 BF 与 AE 被平面 AC 所截，它们的交线是平行的［命题Ⅺ.16］。因此，BC 平行于 AD。而 AB 已被证明平行于 DC。因此，AC 是平行四边形。类似地，我们也可以证明，DF，FG，GB，BF，AE 每个都是平行四边形。

连接 AH 与 DF。由于 AB 平行于 DC，BH 平行于 CF，故两条相连接的线段 AB 与 BH 分别平行于不在同一平面中的两条相连接的线段 DC 与 CF。因此它们的夹角相等［命题Ⅺ.10］。于是，角 ABH 等于角 DCF。又由于两条线段 AB 与 BH 分别等于两条线段 DC 与 CF［命题Ⅰ.34］，且角 ABH 等于角 DCF，底边 AH 因此等于底边 DF，三角形 ABH 等于三角形 DCF［命题Ⅰ.4］。而平行四边形 BG 是三角形 ABH 的两倍，平行四边形 CE 是三角形 DCF 的两倍［命题Ⅰ.34］。因此，平行四边形 BG 等于平行四边形 CE。类似地，我们可以证明，AC 等于 GF，AE 等于 BF。

这样，若一个立体图形由六个平行平面围成，则相对平面相等且都是平行四边形。这就是需要证明的。

命题 25

若平行六面体被与其两个相对平面平行的面所截，则底面比底面如同立体比立体。

其理由如下。设平行六面体 $ABCD$ 被平行于两个相对平面 RA 与 DH 的 FG 所截。我说底面 $AEFV$ 比底面 $EHCF$ 如同立体 $ABFU$ 比立体 $EGCD$。

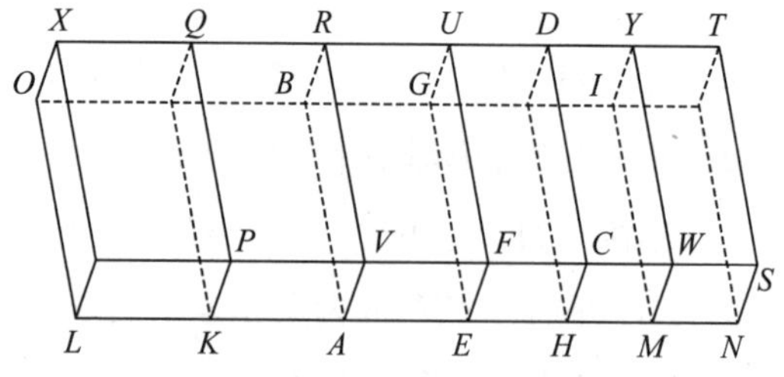

其理由如下。向两端延长 AH。并设作无论多少条线段 AK 与 KL 等于 AE，又作无论多少条线段 HM 与 MN 等于 EH。并设平行四边形 LP，KV，HW 与 MS 已完成，立体 LQ，KR，DM 与 MT 也已完成。

由于线段 LK，KA 与 AE 彼此相等，平行四边形 LP，KV 与 AF 也彼此相等。KO，KB 与 AG 彼此相等，此外，LX，KQ 与 AR 彼此相等。因为它们是相对的[命题Ⅺ.24]。同理，平行四边形 EC，HW 与 MS 也彼此相等，且 HG，HI 与 IN 彼此相等，此外，DH，MY 与 NT 彼此相等。因此，立体 LQ，KR 与 AU 之一的三个平面等于其他立体的三个对应平面[命题Ⅺ.24]。所以，三个立体 LQ，KR 与 AU 彼此相等[定义Ⅺ.10]。同理，三个立体 ED，DM 与 MT 也彼此相等。于是，底面 LF 是底面 AF 的多少倍，立体 LU 也是立体 AU 的多少倍。同理，底面 NF 是底面 FH 的多少倍，立体 NU 也是 HU 的多少倍。且若底面 LF 等于底面 NF，则立体 LU 也等于立体 NU①。若底面 LF 超过底面 NF，则立体 LU 超过立体 NU。若 LF 小于 NF，则 LU 也小于 NU。故有四个量，两个底面 AF 与 FH 及两个立体 AU 与 UH，并取底面 AF 与立体 AU 的同倍量，即底面 LF 与立体 LU，又取底面 HF 与立体 HU 的同倍量，即底面 NF 与立体 NU。且已证明，若底面 LF 超过底面 FN，则立体 LU 也超过立体 NU，若 LF 等于 FN，则 LU 等于 NU，若 LF 小于 FN，则 LU 小于 NU。因此，底面 AF 比底面 FH 如同立体 AU 比立体 UH[定义Ⅴ.5]。这就是需要证明的。

命题 26

在给定直线上的一个给定点，构建一个立体角等于给定的立体角。

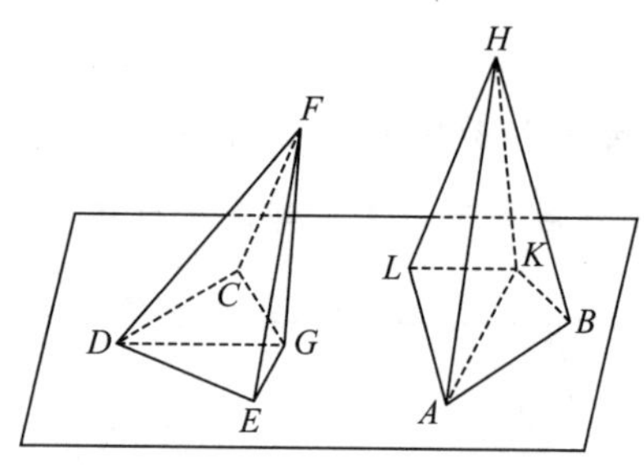

设 AB 是给定直线，A 是其上的给定点，D 是平面角 EDC，EDF 与 FDC 围成的给定立体角，故需要的是在 AB 上的点 A 处构建一个立体角等于在 D 的给定立体角。

在 DF 上取任意点 F，并设由 F 作 FG 垂直于通过 ED 与 DC 的平面[命题Ⅺ.11]，且设它与该平面相交于 G，连接 DG。又设在直线 AB 上点 A 处构建等于角 EDC 的 BAL，以及等于 EDG 的 BAK

① 这里欧几里得假设 $LF \gtreqless NF$ 意味着 $LU \gtreqless NU$。这一点很容易证明。

[命题Ⅰ.23]。并使 AK 等于 DG。设在点 K 作 KH 与通过 BAL 的平面成直角[命题Ⅺ.12]。并使 KH 等于 GF。连接 HA。我说 BAL，BAH，HAL 围成的在 A 的立体角等于平面角 EDC，EDF，FDC 围成的在 D 的立体角。

其做法如下。设截取相等的 DE 与 AB，并连接 HB，KB，FE 与 GE。由于 FG 与参考平面(EDC)成直角，它也与平面中所有与它相连接的直线成直角[定义Ⅺ.3]。因此，角 FGD 与 FGE 都是直角。同理，角 HKA 与 HKB 也都是直角。又由于两条线段 KA 与 AB 分别等于两条线段 GD 与 DE，且它们的夹角相等，底边 KB 因此等于底边 GE[命题Ⅰ.4]。KH 也等于 GF，且它们与各自的底边夹直角，因此，HB 也等于 FE[命题Ⅰ.4]。又由于两条线段 AK 与 KH 分别等于两条线段 DG 与 GF，且它们夹直角，底边 AH 因此等于底边 FD[命题Ⅰ.4]。而 AB 也等于 DE。故两条线段 HA 与 AB 分别等于两条线段 DF 与 DE，又有底边 HB 等于底边 FE。因此，角 BAH 等于角 EDF[命题Ⅰ.8]。同理，HAL 也等于 FDC。BAL 也等于 EDC。

这样，在给定直线 AB 上的给定点 A，作出了等于给定立体角 D 的一个立体角。这就是需要做的。

命题 27

在一条给定线段上作一个与给定平行六面体相似且位置相似的平行六面体。

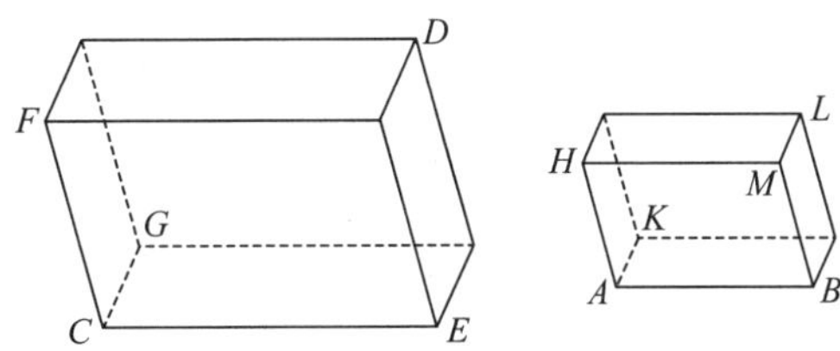

设给定线段 AB 及平行六面体 CD。故必须在给定线段 AB 上作与给定平行六面体 CD 相似且位置相似的平行六面体。

其做法如下。设已在线段 AB 上点 A 处构建了由平面角 BAH，HAK，KAB 围成的一个立体角，它等于在 C 的立体角[命题Ⅺ.26]，并使得角 BAH 等于 ECF，BAK 等于 ECG，以及 KAH 等于 GCF。又使得 EC 比 CG 如同 BA 比 AK，GC 比 CF 如同 KA 比 AH[命题Ⅵ.12]。因此，由首末比例，EC 比 CF 如同 BA 比 AH[命题Ⅴ.22]。并设平行四边形 HB 与立体 AL 已完成。

由于 EC 比 CG 如同 BA 比 AK，夹等角 ECG 与 BAK 的边成比例，平行四边形 GE 因此相似于平行四边形 KB。同理，平行四边形 KH 也与平行四边形 GF 相似，还有 EF 相似于 HB。因此，立体 CD 的三个平行四边形相似于立体 AL 的三个平行四边形。但是，前三个平行四边形等于并相似于三个相对的平行四边形，而后三个平行四边形也等于并相似于三个相对的平行四边形。因此，整个立体 CD 相似于整个立体 AL[定义Ⅺ.9]。

这样，在给定线段 AB 上作出了与给定平行六面体 CD 相似且位置相似的平行六面体 AL。这就是需要做的。

命题 28

若一个平行六面体被通过一对相对面的两条对角线的一个平面所截，则该立体被该平面等分。

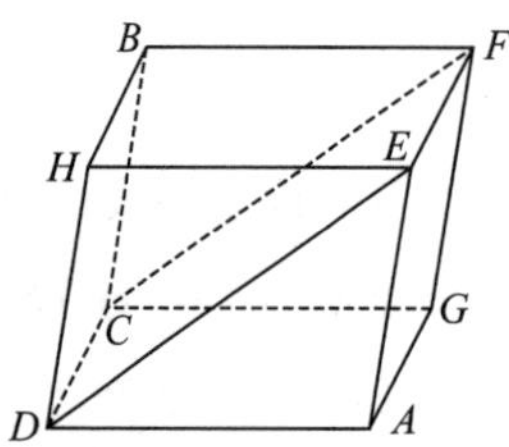

设平行六面体 AB 被通过相对平面 CF 与 DE 的对角线的平面 $CDEF$ 所截。①我说立体 AB 被 $CDEF$ 等分。

其理由如下。由于三角形 CGF 等于三角形 CFB，ADE 等于 DEH［命题Ⅰ.34］，且平行四边形 CA 也等于平行四边形 EB（因为它们是相对的［命题Ⅺ.24］），且 GE 等于 CH，因此，两个三角形 CGF 与 ADE，以及平行四边形 GE，AC 与 CE 所围成的棱柱也等于两个三角形 CFB 与 DEH，以及平行四边形 CH，BE 与 CE 围成的棱柱。因为它们由个数与大小相同的多个平面围成［定义Ⅺ.10］。② 所以，整个立体 AB 被平面 $CDEF$ 等分。这就是需要证明的。

命题 29

同底等高且侧棱的上端点在相同直线上的平行六面体相等。

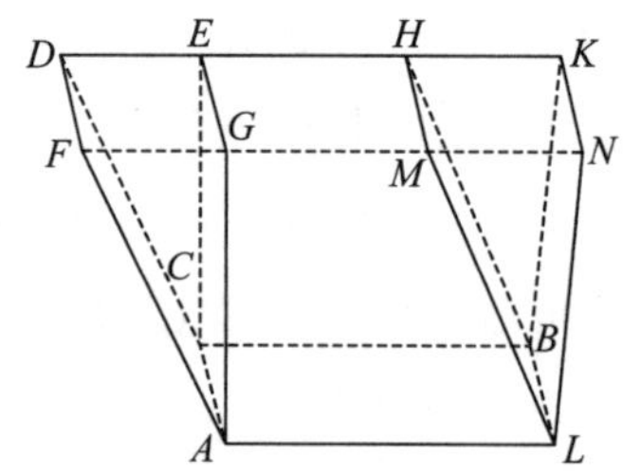

设平行六面体 CM 与 CN 在同一底面 AB 上并且等高，又设立于底面上的侧棱 AG，AF，LM，LN 与 CD，CE，BH，BK 的端点在相同的直线 FN 与 DK 上。我说立体 CM 等于立体 CN。

其理由如下。由于 CH 与 CK 每个都是平行四边形，CB 等于线段 DH 与 EK 每个［命题Ⅰ.34］。因而，DH 也等于 EK。设由二者各减去 EH。于是，剩下的 DE 等于剩下的 HK。因而，三角形 DEC 也等于三角形 HBK［命题Ⅰ.4，Ⅰ.8］，且平行四边形 DG 等于平行四边形 HN［命题Ⅰ.36］。同理，三角形 AFG 也等于三角形 MLN，平行四边形 CF 也等于平行四边形 BM，且 CG 等于 BN［命题Ⅺ.24］。因为它们是相对的面。因此，两个三角形 AFG，DCE 与平行四边形 AD，DG，CG 围成的棱柱等于两个三角形 MLN，HBK 与平行四边形 BM，HN，BN 围成的棱柱。设把底面是平行四边形 AB，相对面是 $GEHM$ 的立体加到两个棱柱上。于是，整个平行六面体 CM 等于整个平行六面体 CN。

这样，同底等高且侧棱的上端点在相同

① 这里假设两条对角线在同一平面中。其证明容易给出。

② 然而严格地说，这些棱柱并非位置相似的，它们互为镜像。

直线上的平行六面体相等。这就是需要证明的。

命题 30

同底等高且侧棱的上端点不在相同直线上的平行六面体相等。

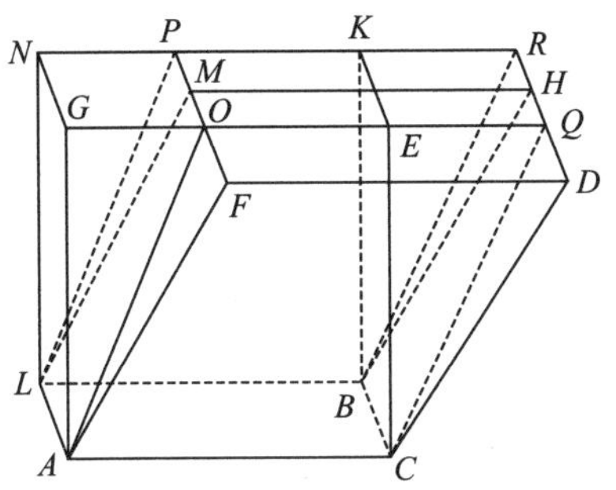

设平行六面体 CM 与 CN 在相同底面 AB 上且等高，又设立于底面的侧棱 AF，AG，LM，LN，CD，CE，BH，BK 的端点不在相同的直线上。我说立体 CM 等于立体 CN。

其理由如下。延长 NK 与 DH 相交于 R，又延长 FM 与 GE 分别至 P 与 Q。连接 AO，LP，CQ，BR。故底面为平行四边形 $ACBL$（其相对面为 $FDHM$）的立体 CM 等于底面为平行四边形 $ACBL$（其相对面为 $OQRP$）的立体 CP。因为它们在相同的底面 $ACBL$ 上且等高，并且立于底面上的侧棱 AF，AO，LM，LP，CD，CQ，BH，BR 的端点分别在相同的直线 FP 与 DR 上[命题Ⅺ.29]。但是底面为平行四边形 $ACBL$，相对面为 $OQRP$ 的立体 CP，等于底面为平行四边形 $ACBL$，相对面为 $GEKN$ 的立体 CN。这又是因为，它们在相同的底面 $ACBL$ 上且等高，并且立在底面上的侧棱 AG，AO，CE，CQ，LN，LP，BK，BR 的端点在相同的直线 GQ 与 NR 上[命题Ⅺ.29]。因而，立体 CM 等于立体 CN。

这样，同底等高且侧棱的上端点不在相同直线上的平行六面体相等。这就是需要证明的。

命题 31

同底等高的平行六面体相等。

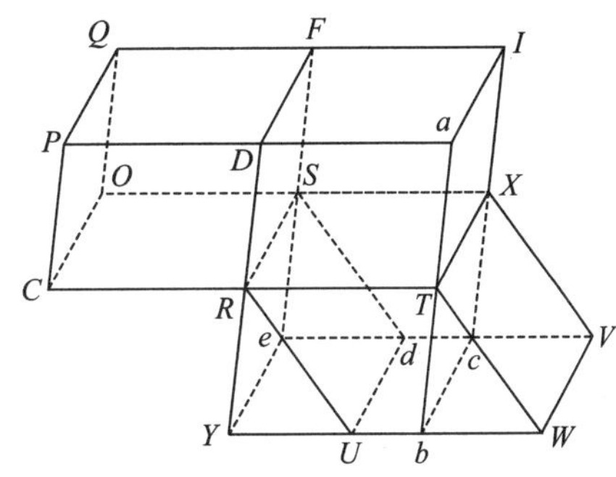

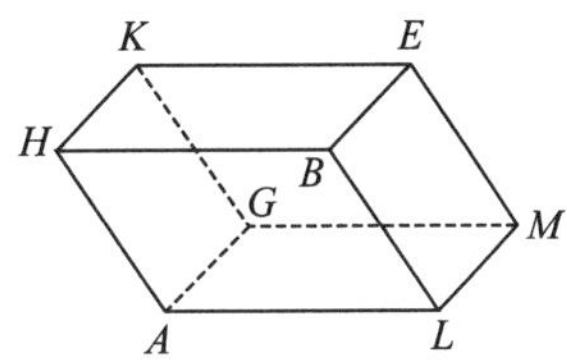

设有两个平行六面体 AE 与 CF 分别在相同的底面 AB 与 CD 上并且等高。我说立体 AE 等于立体 CF。

首先，设侧棱 HK，BE，AG，LM，PQ，DF，CO，RS 成直角立在底面 AB 与 CD 上，并设延长 CR 得到 RT。又设在直线 RT 上点 R 构建角 TRU 等于角 ALB[命题 Ⅰ.23]。使 RT 等于 AL，RU 等于 LB，并设底面 RW 与立体 XU 已经完成。

由于两条线段 TR 与 RU 分别等于两

条线段 AL 与 LB，且其夹角相等，平行四边形 RW 因此等于且相似于平行四边形 HL[命题Ⅵ.14]。又由于 AL 等于 RT，LM 等于 RS，且它们的夹角都是直角，平行四边形 RX 因此等于且相似于平行四边形 AM[命题Ⅵ.14]。同理，LE 也等于且相似于 SU。因此，立体 AE 的三个平行四边形等于且相似于立体 XU 的三个平行四边形。但是，前一个立体的三个面等于且相似于三个相对的面，后一个立体的三个面也等于且相似于三个相对的面[命题Ⅺ.24]，于是，整个平行六面体 AE 等于整个平行六面体 XU[定义Ⅺ.10]。设延长 DR 与 WU 相交于另一点 Y。又设通过 T 作 aTb 平行于 DY，并把 PD 延长至 a。完成立体 YX 与 RI。故底面为平行四边形 RX 与相对面为 Yc 的立体 XY，等于底面为平行四边形 RX 与相对面为 UV 的立体 XU。因为它们在相同的底面 RX 上且等高，并且立在底面上的侧棱 RY，RU，Tb，TW，Se，Sd，Xc，XV 的上端在相同的直线 YW 与 eV 上[命题Ⅺ.29]。但是立体 XU 等于 AE。于是，立体 XY 也等于立体 AE。又由于平行四边形 $RUWT$ 等于平行四边形 YT。因为它们在相同的底边 RT 上，且在相同的平行线 RT 与 YW 之间[命题Ⅰ.35]。但是 $RUWT$ 等于 CD，因为它也等于 AB。平行四边形 YT 因此也等于 CD。但 DT 是另一个平行四边形。因此，CD 比 DT 如同 YT 比 DT[命题Ⅴ.7]。又由于平行六面体 CI 被平面 RF（它平行于 CI 的两个相对面）所截，底面 CD 比底面 DT 如同立体 CF 比立体 RI[命题Ⅺ.25]。同理，由于平行六面体 YI 被平面 RX（它平行于 YI 的两个相对平面）所截，故底面 YT 比底面 TD 如同立体 XY 比立体 RI[命题Ⅺ.25]。但是，底面 CD 比底面 DT 如同 YT 比 DT。且因此，立体 CF 与 YX 每个都与立体 RI 有相同的比[命题Ⅴ.11]。因此，立体 CF 等于立体 YX[命题Ⅴ.9]。但是，YX 已被证明等于 AE。因此，AE 也等于 CF。

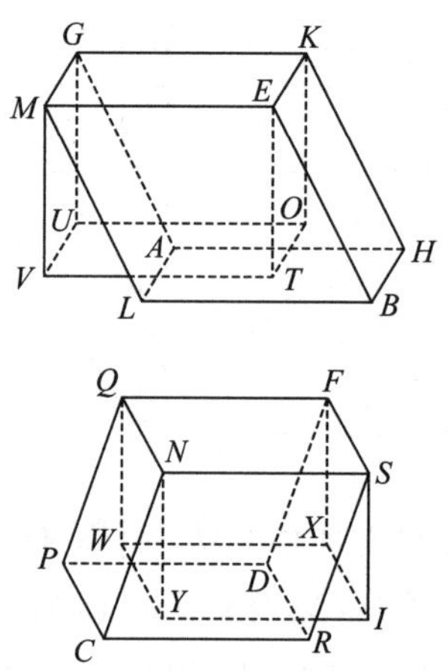

然后设侧棱 AG，HK，BE，LM，CN，PQ，DF，RS 并不与底面 AB，CD 成直角。我又说立体 AE 等于立体 CF。其理由如下。由于设由点 K，E，G，M，Q，F，N，S 分别作 KO，ET，GU，MV，QW，FX，NY，SI 垂直于参考平面（即底面 AB 与 CD 所在的平面），并设它们与平面分别相交于点 O，T，U，V，W，X，Y，I。连接 OT，OU，UV，TV，WX，WY，YI，IX。故立体 KV 等于立体 QI，由于它们在相等的底面 KM 与 QS 上并有相等的高，且立在底面上的侧棱与它们的底面成直角（见本命题第一部分）。但是立体 KV 等于立体 AE，以及 QI 等于 CF，因为它们同底等高，但其中侧棱的上端点不在同一直线上[命题Ⅺ.30]。因此，立体 AE 也等于立

体 CF。

这样，同底等高的平行六面体彼此相等。这就是需要证明的。

命题 32

等高平行六面体之比如同它们的底面之比。

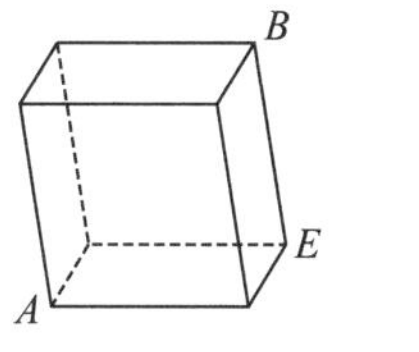

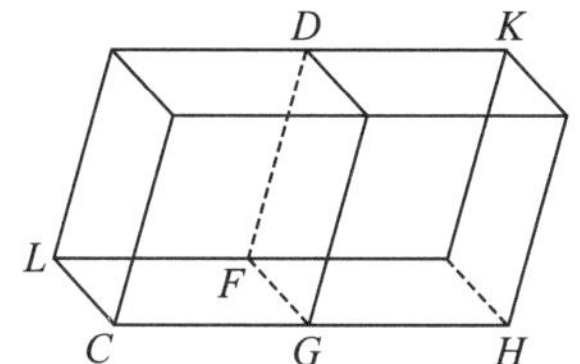

设 AB 与 CD 是等高的平行六面体。我说平行六面体 AB 与 CD 之比如同它们的底面之比。也就是底面 AE 比底面 LG 如同立体 AB 比立体 CD。

其理由如下。设等于 AE 的 FH 适配于 FG（角 FGH 等于角 LCG）[命题Ⅰ.45]。并设与 CD 等高的平行六面体 GK 在底面 FH 上。故立体 AB 等于立体 GK，由于它们在相等的底面 AE 与 FH 上，且与 CD 等高[命题Ⅺ.31]。又由于平行六面体 CK 被平行于 CK 的两个相对平面 DG 所截，因此，底面 CF 比底面 FH 如同立体 CD 比立体 DH [命题Ⅺ.25]。且底面 FH 等于底面 AE，立体 GK 等于立体 AB。所以，底面 AE 比底面 LG 如同立体 AB 比立体 CD。

这样，等高平行六面体之比如同它们的底面之比。这就是需要证明的。

命题 33

相似平行六面体之比如同其对应边之立方比。

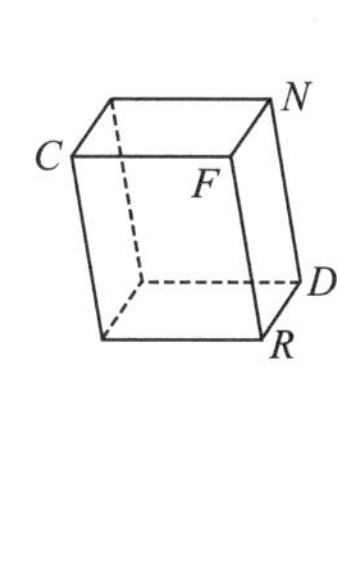

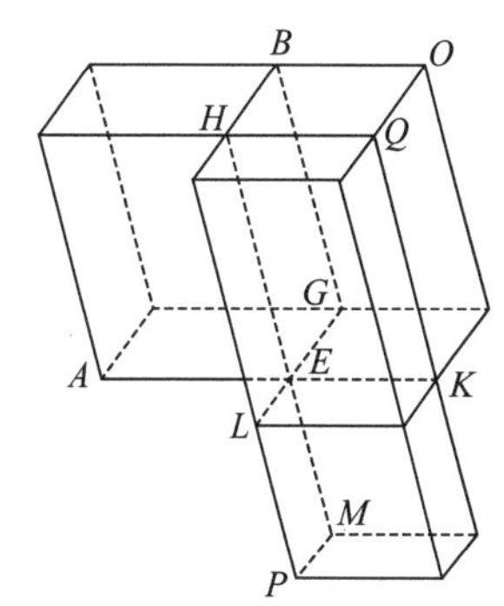

设 AB 与 CD 是相似平行六面体，AE 对应于 CF。我说立体 AB 比立体 CD 如同 AE 与 CF 之立方比。

其理由如下。延长 EK，EL，EM，使之分别与 AE，GE，HE 连成直线。又使 EK 等于 CF，EL 等于 FN，以及 EM 等于 FR。作出平行四边形 KL 与立体 KP。

由于两条线段 KE 与 EL 分别等于两条线段 CF 与 FN，但角 KEL 也等于角 CFN，因为 AEG 也等于 CFN，则由于立体 AB 与 CD 的相似性，平行四边形 KL 因此等于并相似于平行四边形 CN。同理，平行四边形 KM 也等于并相似于平行四边形 CR，此外，EP 等于并相似于 DF。因此，立体 KP 的三个平行四边形等于并相似于 CD 的三个平行四边形，但前面的三个平行四边形等于并相似于与其三个相对的平行四边形，而后面的三个平行四边形也等于并相似于与其三个相对的平行四边形[命题Ⅺ.24]。因此,整个立体 KP 等于并相似于整个立体 CD[定义Ⅺ.10]。完成平行四边形 GK。又完成分别以平行四边形 GK 与 KL 为底面,有相同的高 AB 的立体 EO 与 LQ。故基于立体 AB 与 CD 的相似性,AE 比 CF 如同 EG 比 FN,也如同 EH 比 FR[定义Ⅵ.1,Ⅺ.9],而 CF 等于 EK,FN 等于 EL,FR 等于 EM,因此,AE 比 EK 如同 GE 比 EL,也如同 HE 比 EM。但 AE 比 EK 如同平行四边形 AG 比平行四边形 GK,以及 GE 比 EL 如同 GK 比 KL,并且 HE 比 EM 如同 QE 比 KM[命题Ⅵ.1]。因此,平行四边形 AG 比 GK 如同 GK 比 KL,也如同 QE 比 KM。但是,AG 比 GK 如同立体 AB 比立体 EO,GK 比 KL 如同立体 OE 比立体 QL,而 QE 比 KM 如同立体 QL 比立体 KP[命题Ⅺ.32]。因此,立体 AB 比 EO 如同 EO 比 QL,也如同 QL 比 KP。若四个量成连比例,则第一量比第四量是第一量与第二量之立方比[定义Ⅴ.10]。因此,立体 AB 比 KP 是 AB 与 EO 之立方比。但是,AB 比 EO 如同平行四边形 AG 比 GK,也如同线段 AE 比 EK[命题Ⅵ.1]。因而,立体 AB 比 KP 也如同 AE 与 EK 之立方比。立体 KP 等于立体 CD,线段 EK 等于 CF,因此,立体 AB 比立体 CD 也如同对应边 AE 与对应边 CF 之立方比。

这样,相似平行六面体之比如同其对应边之立方比。这就是需要证明的。

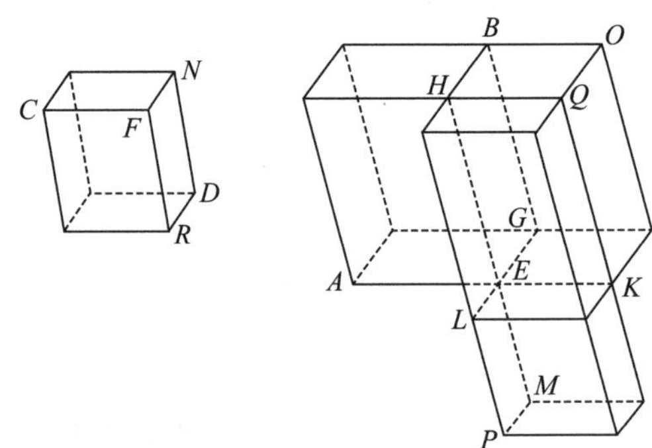

(注:为方便读者阅读,译者将第 343 页图复制到此处。)

推论

由此显然可知,若四条线段成连比例,则第一条与第四条之比如同第一条上的平行六面体与第二条上与之相似且位置相似的平行六面体之比。因为第一条与第四条之比是第一条与第二条之立方比。

命题 34[①]

相等平行六面体的底面与高互成反比例。底面与高互成反比例的平行六面体彼此相等。

设 AB 与 CD 是相等的平行六面体。我说平行六面体 AB 与 CD 中底面与高互成反比例,即底面 EH 比底面 NQ 等于立体 CD 的高比立体 AB 的高。

其理由如下。首先设侧棱 AG,EF,

① 本命题假设,(a)若两个平行六面体相等并有相等的底面,则它们的高相等,(b)若两个相等的平行六面体的底面不相等,则底面较小的立体较高。

LB，HK，CM，NO，PD，QR 与它们的底面都成直角。我说底面 EH 比底面 NQ 等于 CM 比 AG。

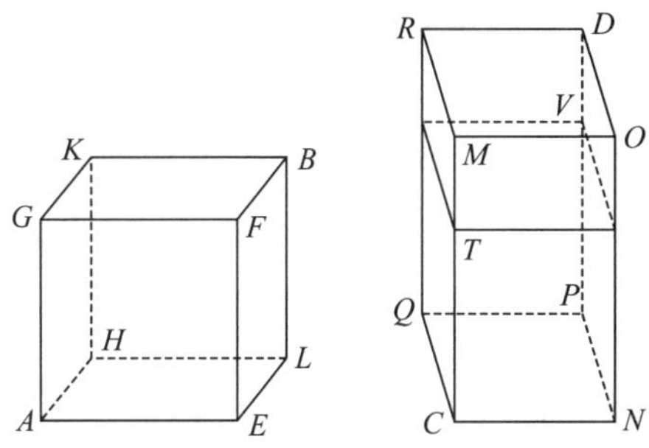

因此，若底面 EH 等于底面 NQ，立体 AB 也等于立体 CD，CM 也等于 AG。由于等高的多个平行六面体之比如同它们的底面之比[命题Ⅺ.32]。且底面 EH 比 NQ 如同 CM 比 AG。故显然，平行六面体 AB 与 CD 的底面与高互成反比例。

其次，设底面 EH 不等于底面 NQ，且设 EH 较大。而立体 AB 也等于立体 CD。于是，CM 也大于 AG。因此，作 CT 等于 AG，以 NQ 为底面完成高为 CT 的平行六面体 VC。由于立体 AB 等于立体 CD，并且 CV 与它们不同，而相等量与同一量的比相同[命题Ⅴ.7]，因此，立体 AB 比立体 CV 如同立体 CD 比立体 CV，但是，立体 AB 比立体 CV 如同底面 EH 比底面 NQ，因为立体 AB 与 CV 等高[命题Ⅺ.32]。并且立体 CD 比立体 CV 如同底面 MQ 比底面 TQ[命题Ⅺ.25]，也如同 CM 比 CT[命题Ⅵ.1]。因此，底面 EH 比底面 NQ 如同 MC 比 AG。而 CT 等于 AG，所以，底面 EH 比底面 NQ 如同 MC 比 AG。于是，平行六面体 AB 与 CD 的底面与它们的高互成反比例。

再者，设平行六面体 AB 与 CD 的底面与高互成反比例，即底面 EH 比底面 NQ 如同立体 CD 的高比立体 AB 的高。我说立体 AB 等于立体 CD。其理由如下。设侧棱与底面成直角。若底面 EH 等于底面 NQ，且底面 EH 比底面 NQ 如同立体CD 的高比立体AB 的高，立体 CD 的高因此也等于立体 AB 的高。而同底等高的平行六面体彼此相等[命题Ⅺ.31]。因此，立体 AB 等于立体CD。

又设底面 EH 不同于底面 NQ，EH 较大。因此，立体 CD 的高也大于立体 AB 的高，即 CM 大于AG。再使 CT 等于 AG，并设平行六面体 CV 已类似地完成。由于底面 EH 比底面 NQ 如同 MC 比 AG，且 AG 等于CT，因此，底面 EH 比底面 NQ 如同 CM 比 CT。但是，底面 EH 比底面 NQ 如同立体 AB 比立体 CV。因为立体 AB 与 CV 等高[命题Ⅺ.32]。而 CM 比CT 如同底面MQ 比底面QT[命题Ⅵ.1]，也如同立体 CD 比立体 CV[命题Ⅺ.25]。因此也有，立体 AB 比立体 CV 如同立体 CD 比立体 CV。所以，AB 与 CD 每个都与 CV 有相同的比。于是，立体 AB 等于立体CD[命题Ⅴ.9]。

然后设侧棱 FE，BL，GA，HK，ON，DP，MC，RQ 都不与它们的底面成直角。由点 F，G，B，K，O，M，R，D 向通过EH 与 NQ 的平面作垂线，分别交平面于点 S，T，U，V，W，X，Y，a。设立体 FV 与 MY 已经完成。在这种情况下，我也说，由于立体 AB 与 CD 相等，它们的底面与它们的高互成反比例，即底面 EH 比底面 NQ

如同立体 CD 的高比立体 AB 的高。

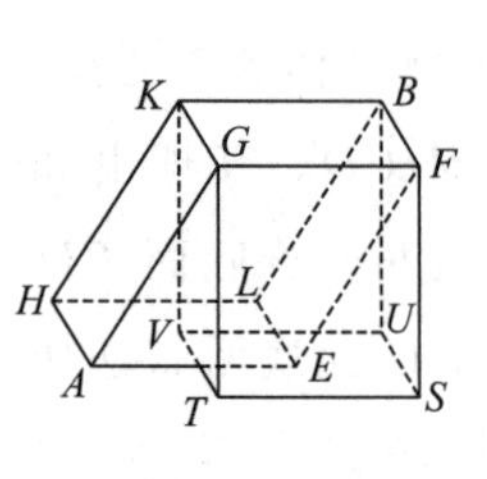

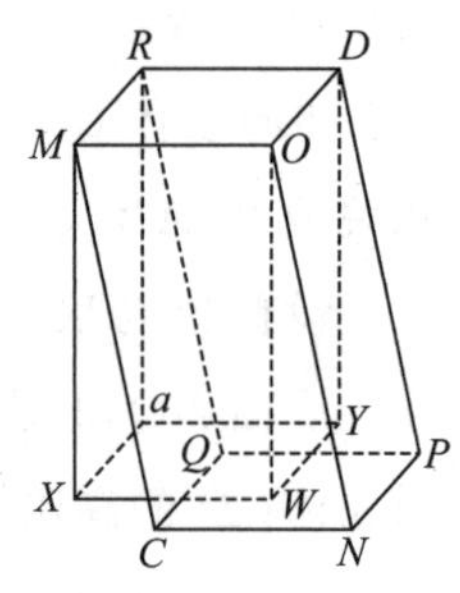

立体 AB 等于立体 CD，且 AB 等于 BT，因为它们有相同的底面 FK 及相同的高[命题Ⅺ.29，Ⅺ.30]。还有立体 CD 等于 DX，因为它们又有相同的底面 RO 及相同的高，于是立体 BT 也等于立体 DX，所以底面 FK 比底面 OR 如同立体 DX 的高比立体 BT 的高(见本命题的第一部分)。而底面 FK 等于底面 EH，底面 OR 等于 NQ。因此，底面 EH 比底面 NQ 如同立体 DX 的高比立体 BT 的高。且立体 DX，BT 与立体 DC，BA 分别有相同的高。因此，底面 EH 比底面 NQ 如同立体 DC 的高比立体 AB 的高。所以，平行六面体 AB 与 CD 的底面与它们的高互成反比例。

又设平行六面体 AB 与 CD 的底面与高互成反比例，以及设底面 EH 比底面 NQ 如同立体 CD 的高比立体 AB 的高。我说立体 AB 等于立体 CD。

其理由如下。采用与前面相同的构形，由于底面 EH 比底面 NQ 等于立体 CD 的高比立体 AB 的高，且底面 EH 等于底面 FK，NQ 等于 OR。因此，底面 FK 比底面 OR 如同立体 CD 的高比立体 AB 的高。且立体 AB，CD 的高分别与立体 BT，DX 的高相等。因此，底面 FK 比底面 OR 如同立体 DX 的高比立体 BT 的高。所以，平行六面体 BT 与 DX 的底面与它们的高互成反比例。于是，立体 BT 等于立体 DX(见本命题的第一部分)。但是，BT 等于 BA，因为它们有相同的底面 FK 且等高[命题Ⅺ.29，Ⅺ.30]。而立体 DX 等于立体 DC[命题Ⅺ.29，Ⅺ.30]。因此，立体 AB 等于立体 CD。这就是需要证明的。

命题 35

若有两个相等的平面角，以及分别立在它们角顶上的两条平面外直线，它们与形成平面角的直线的夹角对应相等，若在两条平面外直线上各任取一点，并由之向原来的角所在的平面分别作垂线，则垂足至角顶的两条连线与对应的平面外直线所夹的角相等。

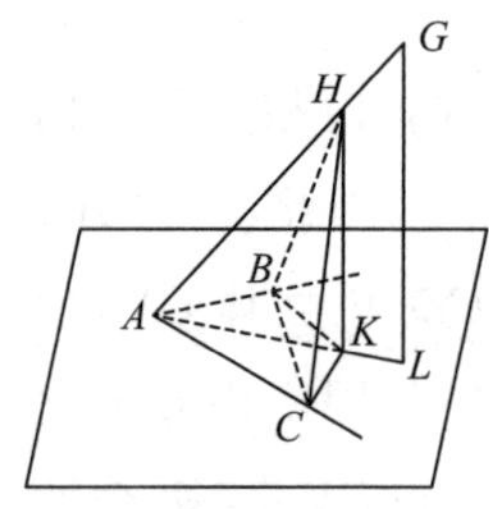

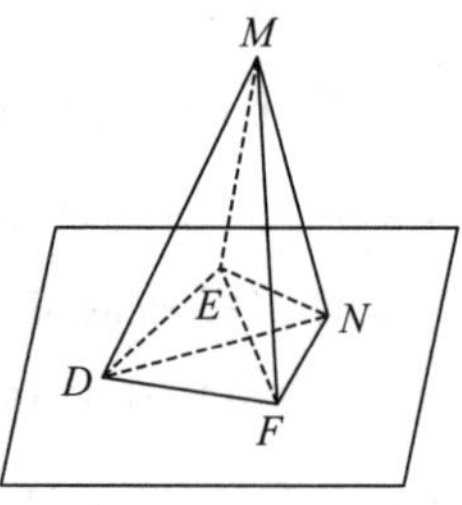

设 BAC 与 EDF 是两个相等的直线角。平面外直线 AG 与 DM 分别立在点 A 与 D 上，它们与原直线的夹角分别相等。即 MDE 等于 GAB，MDF 等于 GAC。在 AG 与 DM 上分别任取点 G 与 M。由点 G 与 M 作 GL 与 MN 分别垂直于 BAC 与 EDF 所在的平面。并设它们分别与两个平面相交于点 L 与 N。连接 LA 与 ND。我说角 GAL 等于角 MDN。

设作 AH 等于 DM。并设通过点 H 作 HK 平行于 GL。而 GL 垂直于 BAC 所在的平面，因此 HK 也垂直于通过 BAC 的平面[命题Ⅺ.8]。由点 K 与 N 作直线 KC，NF，KB，NE 分别垂直于直线 AC，DF，AB，DE。连接 HC，CB，MF，FE。由于 HA 上的正方形等于 HK 与 KA 上的正方形之和[命题Ⅰ.47]，而 KC 与 CA 上的正方形之和等于 KA 上的正方形[命题Ⅰ.47]，因此，HA 上的正方形等于 HK，KC，CA 上的正方形之和。而 HC 上的正方形等于 HK 与 KC 上的正方形之和[命题Ⅰ.47]，因此，HA 上的正方形等于 HC，CA 上的正方形之和。所以，角 HCA 是直角[命题Ⅰ.48]。同理，角 DFM 也是直角。因此，角 ACH 等于角 DFM，且 HAC 也等于 MDF。故 MDF 与 HAC 是分别有两个角等于两个角及一边等于一边(对向相等的角之一)的两个三角形。因此，剩下的边也等于剩下的边[命题Ⅰ.26]。所以，AC 等于 DF。类似地，我们可以证明 AB 也等于 DE。因此，由于 AC 等于 DF，AB 等于 DE，故两条线段 CA 与 AB 分别等于两条线段 FD 与 DE。但是角 CAB 也等于角 FDE。因此，底边 BC 等于底边 EF，三角形 ACB 等于三角形 DFE，剩下的角分别等于剩下的角[命题Ⅰ.4]。所以，角 ACB 等于 DFE。而直角 ACK 也等于直角 DFN，因此，剩下的 BCK 等于剩下的 EFN。同理，CBK 也等于 FEN。故 BCK 与 EFN 是这样的两个三角形，它们分别有两个角等于两个角，一边等于一边(在相等的角之间)，即 BC 等于 EF。因此剩下的两条边也等于剩下的两条边[命题Ⅰ.26]。所以，CK 等于 FN，且 AC 也等于 DF。故两条线段 AC 与 CK 分别等于两条线段 DF 与 FN。且它们的夹角都是直角。因此，底边 AK 等于底边 DN[命题Ⅰ.4]。又由于 AH 等于 DM，AH 上的正方形也等于 DM 上的正方形。因为 AKH 是直角[命题Ⅰ.47]，且 AK 与 KH 上的正方形之和等于 AH 上的正方形。因为 DNM 是直角[命题Ⅰ.47]。因此，AK 与 KH 上的正方形之和等于 DN 与 NM 上的正方形之和，其中 AK 上的正方形等于 DN 上的正方形。于是，剩下的 KH 上的正方形等于 NM 上的正方形，所以 HK 等于 MN。又由于两条线段 HA 与 AK 分别等于两条线段 MD 与 DN，且底边 HK 已被证明等于边 MN，角 HAK 因此等于角 MDN[命题Ⅰ.8]。

这样，若有两个相等的平面角，等等如命题所述。这就是需要证明的。

推　论

由此显然可知，若有两个相等的平面角，以及分别立在它们角顶上的两条相等的面外线段，它们与形成平面角的直线的夹角对应相等，则由它们的上端点向原来的平面角所在的平面所作的垂线相等。这就是需要证明的。

命题 36

若三条线段成连比例，则这三条线段形成的平行六面体等于以中间线段为边，并与上述平行六面体等角的等边平行六面体。

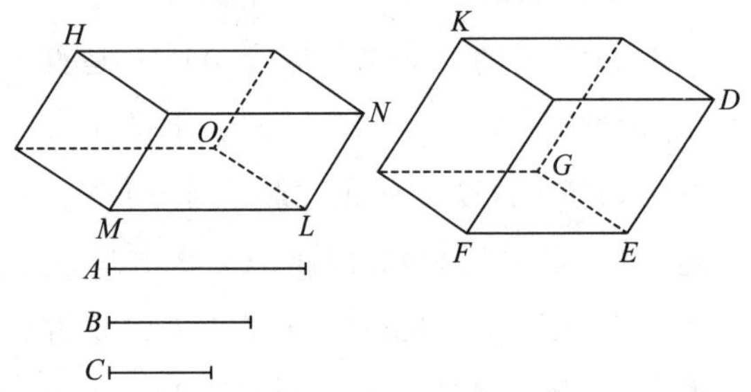

设 A，B 与 C 是三条成连比例的线段，即 A 比 B 如同 B 比 C。我说由 A，B，C 形成的平行六面体等于以 B 为边且与之等角的等边平行六面体。

设给出 DEG，GEF，FED 围成的在 E 的立体角。作 DE，GE，EF 均等于 B，完成平行六面体 EK，作 LM 等于 A，并在直线 LM 上点 L 作 NLO，OLM，MLN 围成的一个立体角等于在点 E 的立体角[命题Ⅺ.23]。并作 LO 等于 B，LN 等于 C。由于 A 比 B 如同 B 比 C，A 等于 LM，B 等于 LO 与 ED 每个，C 等于 LN，于是，LM 比 EF 如同 DE 比 LN。故夹两个等角 NLM，DEF 的两条线段互成反比例。因此，平行四边形 MN 等于平行四边形 DF[命题Ⅵ.14]。又由于两个平面直线角 DEF 与 NLM 相等，且立在它们顶点上的面外线段 LO 与 EG 彼此相等，二线段与形成平面角的线段的夹角分别相等，由点 G 与 O 分别向 NLM 与 DEF 所在平面作的垂线彼此相等[命题Ⅺ.35推论]。因此，立体 HL 与 EK 有相同的高。而同底等高的平行六面体相等[命题Ⅺ.31]。因此，立体 HL 等于立体 EK。而 A，B，C 形成的平行六面体 LH，与 B 形成的与上述立体等角的等边立体 EK 相等。因此，A，B，C 形成的平行六面体等于 B 形成的上述立体。这就是需要证明的。

命题 37[①]

若四条线段成比例，则在它们之上的相似且位置相似的平行六面体也成比例。而若在四条线段上的相似且位置相似的平行六面体成比例，则这四条线段也成比例。

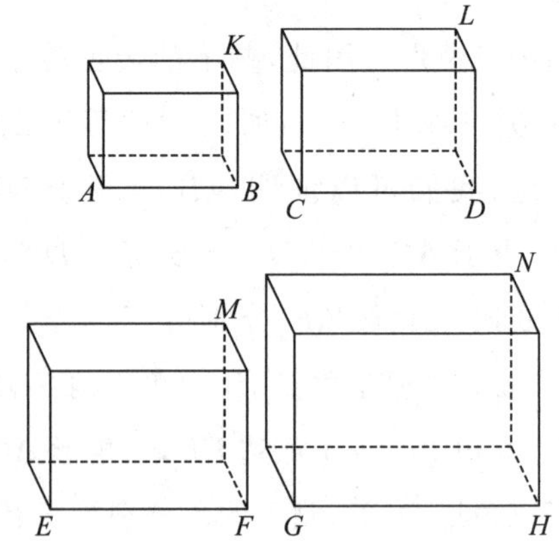

① 本命题假设，若两个比值相等，则在前者的立体也等于后者上的立体。反之亦然。

设 AB，CD，EF，GH 是四条成比例的线段，AB 比 CD 如同 EF 比 GH。并在 AB，CD，EF，GH 上分别作相似且位置相似的平行六面体 KA，LC，ME，NG。我说 KA 比 LC 如同 ME 比 NG。

其理由如下。由于平行六面体 KA 与 LC 相似，KA 比 LC 因此是 AB 与 CD 之立方比[命题Ⅺ.33]。同理，ME 比 NG 是 EF 与 GH 之立方比[命题Ⅺ.33]。又由于 AB 比 CD 如同 EF 比 GH，因此也有 AK 比 LC 如同 ME 比 NG。

然后设立体 AK 比立体 LC 如同立体 ME 比立体 NG。我说 AB 比 CD 如同 EF 比 GH。

其理由如下。又由于 KA 比 LC 是 AB 与 CD 之立方比[命题Ⅺ.33]。ME 比 NG 是 EF 与 GH 之立方比[命题Ⅺ.33]，且 KA 比 LC 如同 ME 比 NG。因此也有，AB 比 CD 如同 EF 比 GH。

这样，若四条线段成比例，等等如命题所述。这就是需要证明的。

命题 38

若一个立方体的相对面的各边被等分，又过分点作两个平面，则两个平面的交线与立方体的对角线相互等分。

设立方体 AF 的相对平面 CF 与 AH 在点 K，L，M，N，O，P，Q，R 被等分，通过分点作平面 KN 与 OR，并设 US 是二平面的交线，DG 是立方体 AF 的对角线。我说 UT 等于 TS，DT 等于 TG。

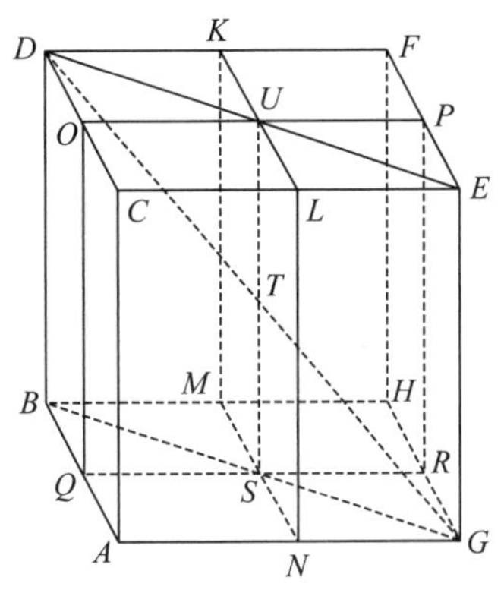

其理由如下。连接 DU，UE，BS，SG。由于 DO 平行于 PE，内错角 DOU 与 UPE 相等[命题Ⅰ.29]。且由于 DO 等于 PE，OU 等于 UP，且它们所夹的角相等，底边 DU 因此等于底边 UE，三角形 DOU 等于三角形 PUE，且剩下的角等于剩下的角[命题Ⅰ.4]。因此，角 OUD 等于角 PUE。有鉴于此，DUE 是一条直线[命题Ⅰ.14]。同理，BSG 也是一条直线，而 BS 等于 SG。由于 CA 等于且平行于 DB，但 CA 也等于且平行于 EG。DB 因此也等于且平行于 EG[命题Ⅺ.9]。线段 DE 与 BG 把它们相连接。DE 因此平行于 BG[命题Ⅰ.33]。于是，角 EDT 等于 BGT。因为它们是内错角[命题Ⅰ.29]。而角 DTU 等于 GTS[命题Ⅰ.15]。故 DTU 与 GTS 是这样的两个三角形，它们有两个角等于两个角及一边等于一边(对向相等的角，即 DU 等于 GS)。因为它们分别是 DE 与 BG 的一半。于是，它们也有剩下的两边等于剩下的两边[命题Ⅰ.26]。所以，DT 等于 TG，UT 等于 TS。

这样，若一个立方体的相对面的各边被等分，又过分点作两个平面，则两个平面的交线与立方体的对角线相互等分。这就是需要证明的。

命题 39

若有两个等高的棱柱，一个以平行四边形为底面，另一个以三角形为底面，且平行四边形是三角形的两倍，则这两个棱柱相等。

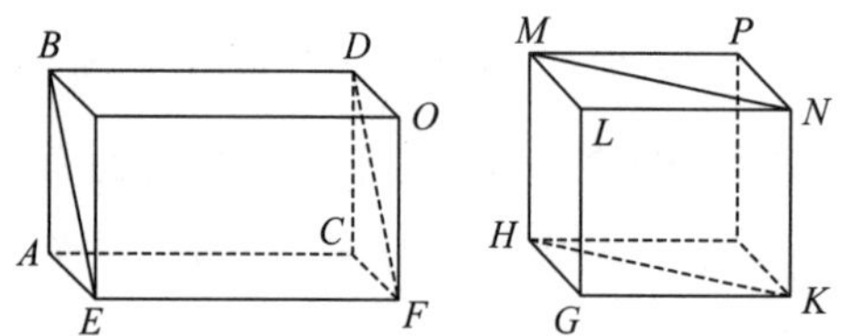

设 $ABCDEF$ 与 $GHKLMN$ 是两个等高的棱柱，[①]前者以平行四边形 AF 为底面，后者以三角形 GHK 为底面，[②]且平行四边形 AF 等于三角形 GHK 的两倍。我说棱柱 $ABCDEF$ 等于棱柱 $GHKLMN$。

其理由如下。完成立体 AO 与 GP，由于平行四边形 AF 是三角形 GHK 的两倍，而平行四边形 HK 也是三角形 GHK 的两倍[命题Ⅰ.34]，平行四边形 AF 因此等于平行四边形 HK。且同底等高的平行六面体相等[命题Ⅺ.31]。因此，立体 AO 等于立体 GP。而棱柱 $ABCDEF$ 是立体 AO 的一半，棱柱 $GHKLMN$ 是立体 GP 的一半[命题Ⅺ.28]。因此，棱柱 $ABCDEF$ 等于棱柱 $GHKLMN$。

---

① 现代棱柱定义包括平行六面体在内。但这里拟把平行六面体排除在外。因此，平行六面体 AO 不被看作以平行四边形 AF 为底面的棱柱。——译者注

② 这里的表达方式似有些不一致。棱柱的底面一般理解为定义Ⅺ.13 中两个相对平面，而棱柱的高一般理解为定义Ⅺ.13 中两个相对平面间的距离，这里所述 $GHKLMN$ 的底面和高确实如此。但对 $ABCDEF$，这里底面指平行四边形侧面，而高指三角形角顶至平行四边形的距离。希思在其英译本第三卷的第 364 页中谈及这一点，称之为“用语很有趣”(phraseology is interesting)。——译者注

第十二卷 面积与体积;欧多克斯穷举法[①]

• Book Ⅻ. Areas and Volumes; Eudoxus's Method of Exhaustion •

夫欧几里得之书,条理统系,精密绝伦,非仅论数论象之书,实为希腊民族精神之所表现。——陈寅恪

① 本卷的新特点是所谓穷举法的应用(见命题Ⅹ.1),穷举法是积分法的一个先导,一般归功于尼多斯的欧多克斯(Eudoxus of Cnidus)。

第十二卷　内容提要

（译者编写）

命题Ⅻ.1 可以归结为命题Ⅵ.1。使用穷举法,即无限增加圆内接多边形的边数,可以证明命题Ⅻ.2,最后在命题Ⅻ.18 中证明了球的体积与直径立方成正比。中间的命题Ⅻ.3—9 讨论棱锥,命题Ⅻ.10—15 讨论圆柱与圆锥。注意欧几里得对具体数字不感兴趣,圆周率 π 要到后来由阿基米德发现。命题Ⅻ.16—17 是两道有趣的作图题。

第十二卷命题的分类见表 12.1。

表 12.1　第十二卷中的命题分类

Ⅻ.1	相似的圆内接多边形之比是圆直径之平方比
Ⅻ.2	圆与圆之比是其直径之平方比
Ⅻ.3－9	棱锥及其体积之比
Ⅻ.10－15	圆柱与圆锥及其体积之比
Ⅻ.16	同心圆中不与内圆相切的内接正多边形
Ⅻ.17	同心球中不与内球相切的内接多面体
Ⅻ.18	球与球之比是其直径之立方比

◀康熙皇帝在少年时期曾向比利时传教士南怀仁(F. Verbiest,1623－1688)学习欧几里得几何学,所用教材为利玛窦、徐光启翻译的《几何原本》。从 1690 年开始,法国传教士白晋(J. Bouvet,1656－1730)、张诚(J. F. Gerbillon,1654－1707)改用法国耶稣会数学家巴蒂(I. G. Pardies, 1636－1674)改编的《几何原本》作为教材。图为少年康熙便装画像。

命题 1

圆的内接相似多边形之比如同这些圆的直径上的正方形之比。

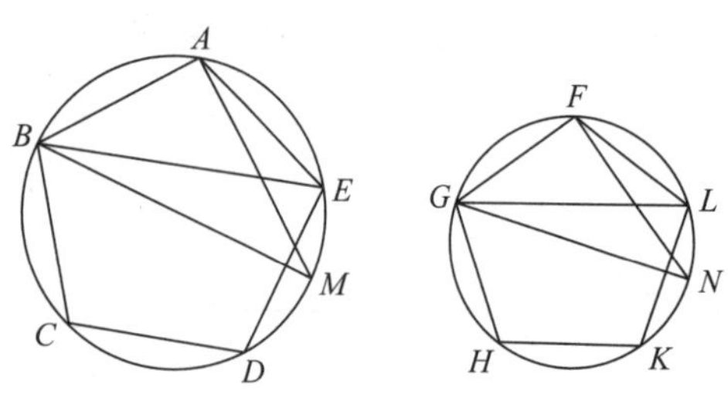

设 ABC 与 FGH 为两个圆，$ABCDE$ 与 $FGHKL$ 分别是其中的相似直线图形，BM 与 GN 分别是两个圆的直径。我说 BM 上的正方形比 GN 上的正方形如同多边形 $ABCDE$ 比多边形 $FGHKL$。

设连接 BE，AM，GL，FN。由于多边形 $ABCDE$ 相似于多边形 $FGHKL$，角 BAE 也等于角 GFL，并且 BA 比 AE 如同 GF 比 FL［定义 Ⅵ.1］。故 BAE 与 GFL 是这样的两个三角形，它们有一个角等于一个角，即 BAE 等于 GFL，并且夹等角的两条边成比例。三角形 ABE 因此与三角形 FGL 等角［命题 Ⅵ.6］。于是角 AEB 等于角 FLG。但 AEB 等于 AMB，以及 FLG 等于 FNG。因为它们立在同一段圆弧上［命题 Ⅲ.27］。因此，AMB 也等于 FNG。而直角 BAM 也等于直角 GFN［命题 Ⅲ.31］，因此，剩下的角也等于剩下的角［命题 Ⅰ.32］。所以，三角形 ABM 与三角形 FGN 等角，因此，BM 比 GN 如同 BA 比 GF［命题 Ⅵ.4］。但是，BM 上的正方形与 GN 上的正方形之比是 BM 与 GN 之比的平方，且多边形 $ABCDE$ 与多边形 $FGHKL$ 之比是 BF 与 GN 之比的平方［命题 Ⅵ.20］。故多边形 $ABCDE$ 与多边形 $FGHKL$ 之比也是 BM 与 GN 之比的平方。

这样，圆的内接相似多边形之比如同这些圆的直径上的正方形之比。这就是需要证明的。

命题 2

圆与圆之比如同其直径上的正方形之比。

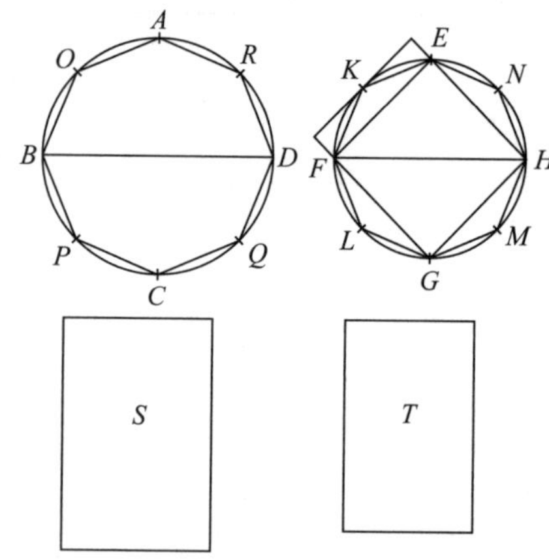

设 $ABCD$ 与 $EFGH$ 是两个圆，BD 与 FH 分别是它们的直径。我说圆 $ABCD$ 比圆 $EFGH$ 如同 BD 上的正方形比 FH 上的正方形。

其理由如下。若圆 $ABCD$ 比圆 $EFGH$ 不同于 BD 上的正方形比 FH 上的正方形，则 BD 上的正方形比 FH 上的正方形如同圆 ABCD 比某个面积,该面积或者大于,或者小于圆 EFGH。首先设这是一个较小的面积 S,并设正方形 EFGH 内接于圆 EFGH 中[命题Ⅳ.6]。故内接正方形大于圆 EFGH 的一半,因为若我们通过点 E,G,F,H 作该圆的切线,正方形 EFGH 便是该圆的外切正方形的一半,而该圆小于此外切正方形。因而,内接正方形 EFGH 大于圆 EFGH 的一半。设圆弧 EF,FG,GH,HE 分别在 K,L,M,N 被等分,并连接 EK,KF,FL,LG,GM,MH,HN,NE。于是,每个三角形 EKF,FLG,GMH,HNE 都大于三角形所在弓形的一半,因为通过点 K,L,M,N 作圆的切线,且在线段 EF,FG,GH,HE 上完成平行四边形,则三角形 EKF,FLG,GMH,HNE 每个都是包含它的平行四边形的一半,但包含它的弓形小于包含它的平行四边形。因而,三角形 EKF,FLG,GMH,HNE 每个都大于包含它的弓形的一半。等分剩下的圆弧,从分点作弦,这样继续下去,我们最终得到一些弓形,其和小于圆 EFGH 超过面积 S 的部分。因为我们在第十卷的第一个定理中证明了,若给出两个不等的量,则若从较大者减去大于其一半的部分,又从剩下的部分减去大于其一半的部分,如此继续下去,则最终会留下某个量,它小于以前给出量中的较小者[命题Ⅹ.1]。因此,设留下多个弓形,并设圆 EFGH 中 EK,KF,FL,LG,GM,MH,HN,NE 上的弓形之和小于 EFGH 超过 S 的部分。因此,剩下的多边形 EKFLGMHN 大于 S。并设与多边形 EKFLGMHN 相似的多边形 AOBPCQDR 内接于圆 ABCD。于是,BD 上的正方形比 FH 上的正方形如同多边形 AOBPCQDR 比多边形 EKFLGMHN[命题Ⅻ.1]。但是,BD 上的正方形比 FH 上的正方形也如同圆 ABCD 比面积 S,所以,圆 ABCD 比面积 S 如同多边形 AOBPCQDR 比多边形 EKFLGMHN[命题Ⅴ.11]。因此,由更比例,圆 ABCD 比其中的内接多边形如同面积 S 比多边形 EKFLGMHN[命题Ⅴ.16]。而且圆 ABCD 大于圆中的内接多边形。因此,面积 S 也大于多边形 EKFLGMHN。但是它也小于。而这是不可能的。因此,BD 上的正方形比 FH 上的正方形不同于圆 ABCD 比小于圆 EFGH 的某个面积。类似地,我们可以证明,FH 上的正方形比 BD 上的正方形也不同于圆 EFGH 比小于圆 ABCD 的某个面积。

我说,BD 上的正方形与 FH 上的正方形之比也不同于圆 ABCD 与大于圆 EFGH 的某个面积之比。

其理由如下。设这是一个较大的面积 S,检验是否可能。于是,由反比例,FH 上的正方形比 DB 上的正方形如同面积 S 比圆 ABCD[命题Ⅴ.7 推论]。但是面积 S 比圆 ABCD 如同圆 EFGH 比小于圆 ABCD 的某个面积(见引理)。且因此,FH 上的正方形比 BD 上的正方形如同圆 EFGH 比小于圆 ABCD 的某个面积[命题Ⅴ.11]。而这是不可能的。因此,BD 上的正方形与 FH 上的正方形之比,不同于圆 ABCD 与大于圆 EFGH 的某个面积之比。且已经证明,这也不同于与某个较小面积之比。因此,BD 上的正方形比 FH 上的正方形如同圆 $ABCD$ 比圆 $EFGH$。

这样,圆与圆之比等于其直径上的正方形之比。这就是需要证明的。

引　理

我说,若面积 S 大于圆 $EFGH$,则面积 S 比圆 $ABCD$ 如同圆 $EFGH$ 比某个小于圆 $ABCD$ 的面积。

其理由如下。设使得面积 S 比圆 $ABCD$ 如同圆 $EFGH$ 比面积 T。我说面积 T 小于圆 $ABCD$。因为,由于面积 S 比圆 $ABCD$ 如同圆 $EFGH$ 比面积 T。由更比例,面积 S 比圆 $EFGH$ 如同圆 $ABCD$ 比 T[命题Ⅴ.16]。而面积 S 大于圆 $EFGH$,因此,圆 $ABCD$ 也大于面积 T[命题Ⅴ.14]。因而,面积 S 比圆 $ABCD$ 如同圆 $EFGH$ 比某个小于圆 $ABCD$ 的面积。这就是需要证明的。

命题 3

任何一个底面为三角形的棱锥,都可以被分为两个棱锥,它们的底面是三角形,彼此相等相似且与整个棱锥相似,再加上其和大于整个棱锥一半的两个相等的棱柱。

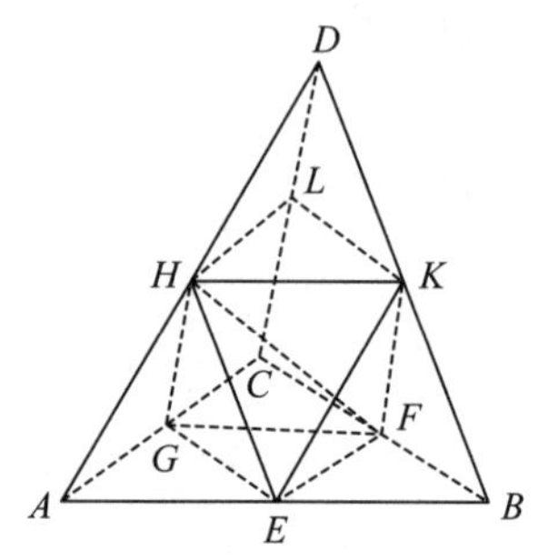

设有一个底面为三角形 ABC,顶点为 D 的棱锥 $ABCD$。我说棱锥 $ABCD$ 可以被分为有相等三角形底面、彼此相似并与整个棱锥相似的两个棱锥,加上其和大于整个棱锥一半的两个相等的棱柱。

其理由如下。设 AB,BC,CA,AD,DB,DC 分别在 E,F,G,H,K,L 被等分。连接 HE,EG,GH,HK,KL,LH,KF,FG,EF,HF。[①] 由于 AE 等于 EB,AH 等于 DH,EH 因此平行于 DB[命题Ⅵ.2]。同理,HK 也平行于 AB。因此,$HEBK$ 是一个平行四边形,所以,HK 等于 EB[命题Ⅰ.34]。但 EB 等于 EA,因此,AE 也等于 HK。而 AH 也等于 HD,故两条线段 EA 与 AH 分别等于两条线段 KH 与 HD,且角 EAH 等于角 KHD[命题Ⅰ.29]。因此,底边 EH 等于底边 KD[命题Ⅰ.4]。所以,三角形 AEH 等于并相似于三角形 HKD[命题Ⅰ.4]。同理,三角形 AHG 也等于且相似于三角形 HLD。又由于彼此相连接的两条线段 EH 与 HG 分别平行于不在同一平面中的彼此相连接的两条线段 KD 与 DL[命题Ⅺ.10]。因此,角 EHG 等于角 KDL。

① 原文遗漏 EF,HF。——译者注

又由于两条线段 EH 与 HG 分别等于两条线段 KD 与 DL,而且角 EHG 等于角 KDL,底边 EG 因此等于底边 KL[命题Ⅰ.4]。所以,三角形 EHG 等于并相似于三角形 KDL。同理,三角形 AEG 也等于并相似于三角形 HKL。因此,底面为三角形 AEG,顶点为 H 的棱锥,等于且相似于底面为三角形 HKL 及顶点为 D 的棱锥[定义Ⅺ.10]。又由于已作 HK 平行于三角形 ADB 的一边 AB,三角形 ADB 与三角形 DHK 等角[命题Ⅰ.29],且它们的边成比例,因此三角形 ADB 相似于三角形 DHK[定义Ⅵ.1]。同理,三角形 DBC 也相似于三角形 DKL, ADC 相似于 DLH。又由于两条相互连接的线段 BA 与 AC,分别平行于不在同一平面中的两条相互连接的线段 KH 与 HL,它们所夹的角相等[命题Ⅺ.10]。因此,角 BAC 等于角 KHL。且 BA 比 AC 如同 KH 比 HL。于是,三角形 ABC 相似于三角形 HKL[命题Ⅵ.6]。所以,底面为三角形 ABC、顶点为 D 的棱锥,相似于底面为三角形 HKL,顶点为 D 的棱锥[定义Ⅺ.9]。但是,底面为三角形 HKL、顶点为 D 的棱锥,已被证明相似于底面为三角形 AEG,顶点为 H 的棱锥。因此,棱锥 $AEGH$ 与 $HKLD$ 每个都相似于棱锥 $ABCD$。

由于 BF 等于 FC,平行四边形 $EBFG$ 是三角形 GFC 的两倍[命题Ⅰ.41]。又由于,若两个棱柱等高,且前一个以平行四边形为底面,后一个以三角形为底面,且平行四边形是三角形的两倍,则二棱柱相等[命题Ⅺ.39],由两个三角形 BFK 与 EHG 及三个平行四边形 $EBFG$,$EBKH$ 与 $GHKF$ 围成的棱柱,因此等于由两个三角形 GFC 与 HKL 及三个平行四边形 $KFCL$,$LCGH$ 与 $HKFG$ 围成的棱柱。显然,底面为平行四边形 $EBFG$,相对棱为线段 HK 的每个棱柱,以及底面为三角形 GFC,相对面为三角形 HKL 的每个棱柱,都大于底面分别为三角形 AEG 与 HKL,顶点分别为 H 与 D 的每个棱锥,因为若我们也连接线段 EF 与 EK,则底面为平行四边形 $EBFG$ 与相对棱为 HK 的棱柱,大于底面为三角形 EBF 且顶点为 K 的棱锥。但是,底面为三角形 EBF 且顶点为 K 的棱锥,等于底面为三角形 AEG 且顶点为 H 的棱锥。因为它们被相等且相似的平面围成。因而,底面为平行四边形 $EBFG$ 且相对棱为线段 HK 的棱柱,大于底面为三角形 AEG 且顶点为 H 的棱锥。而底面为平行四边形 $EBFG$ 且相对棱为线段 HK 的棱柱,等于底面为三角形 GFC 且相对面为三角形 HKL 的棱柱。而底面为三角形 AEG 且顶点为 H 的棱锥,等于底面为三角形 HKL 且顶点为 D 的棱锥。因此,上述两个棱柱之和大于上述两个棱锥之和。其底面分别为三角形 AEG 与 HKL,顶点分别为 H 与 D。

这样,底面为三角形 ABC 且顶点为 D 的整个棱锥,被分为有三角形底面、彼此相等且相似并与整个棱锥相似的两个棱锥,加上其和大于整个棱锥一半的两个相等的棱柱。这就是需要证明的。

命题 4

若有底面为三角形且等高的两个棱锥,它们每个都被分为彼此相似且相似于整个棱锥的两个相等的棱锥,以及两个彼此相等的棱柱,则一个棱锥的底面比另一个棱锥的底面如同该棱锥内两个棱柱的体积之和比另一个棱锥内两个棱柱的体积之和。

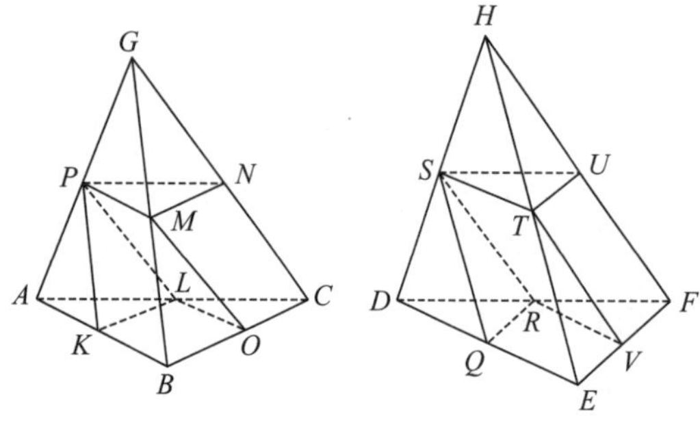

设有两个等高且分别以三角形 ABC 与 DEF 为底面,以 G 与 H 为顶点的棱锥。并设它们每个都被分为彼此相等且与整个棱锥相似的两个棱锥,以及两个相等的棱柱[命题Ⅻ.3]。我说底面 ABC 比底面 DEF 等于棱锥 $ABCG$ 内所有棱柱之和比棱锥 $DEFH$ 内个数相同的所有棱柱之和。

其理由如下。由于 BO 等于 OC,AL 等于 LC,LO 因此平行于 AB,且三角形 ABC 相似于三角形 LOC[命题Ⅻ.3]。同理,三角形 DEF 也相似于三角形 RVF。又由于 BC 是 CO 的两倍,EF 是 FV 的两倍,因此,BC 比 CO 如同 EF 比 FV。在 BC 与 CO 上分别作出两个相似且位置相似的直线图形 ABC 与 LOC。以及在 EF 与 FV 上作相似且位置相似的两个直线图形 DEF 与 RVF。因此,三角形 ABC 比三角形 LOC,如同三角形 DEF 比三角形 RVF[命题Ⅵ.22]。所以,由更比例,三角形 ABC 比三角形 DEF 如同三角形 LOC 比三角形 RVF[命题Ⅴ.16]。但是,三角形 LOC 比三角形 RVF,如同底面为三角形 LOC 且其相对面为 PMN 的棱柱,与底面为三角形 RVF、其相对面为 STU 的棱柱之比(见引理)。且因此,三角形 ABC 与三角形 DEF 之比,如同底面为三角形 LOC 且其相对面为 PMN 的棱柱,与底面为三角形 RVF 且其相对面为 STU 的棱柱之比。且以上提到的棱柱相互之比,也如同底面为平行四边形 $KBOL$ 且相对棱为线段 PM 的棱柱,与底面为平行四边形 $QEVR$ 且相对棱为线段 ST 的棱柱之比[命题Ⅺ.39,Ⅻ.3]。因此也有,如同两个棱柱(底面为平行四边形 $KBOL$ 且相对棱为线段 PM 的棱柱,以及底面为 LOC 且其相对面为 PMN 的棱柱)之和比两个棱柱(底面为平行四边形 $QEVR$ 且相对棱为线段 ST 的棱柱,以及底面为三角形 RVF、相对面为 STU 的棱柱)之和[命题Ⅴ.12]。且因此,底面 ABC 比底面 DEF 等于第一对上述两个棱柱之和比第二对上述两个棱柱之和。

类似地,若棱锥 $PMNG$ 与 $STUH$ 被分为两个棱锥与两个棱柱,则底面 PMN 比底面 STU 如同棱锥 $PMNG$ 中两个棱柱之和比棱锥 $STUH$ 中两个棱柱之和。

但是底面 PMN 比底面 STU 如同底面 ABC 比底面 DEF。因为三角形 PMN 与 STU 分别等于 LOC 与 RVF。因此,底面 ABC 比底面 DEF 如同四个棱柱之和比四个棱柱之和[命题Ⅴ.12]。类似地,甚至我们把剩下的棱锥分为两个棱锥与两个棱柱,底面 ABC 比底面 DEF 如同棱锥 $ABCG$ 内所有棱柱之和比棱锥 $DEFH$ 内相同个数的所有棱柱之和。这就是需要证明的。

引　理

可以证明,三角形 LOC 比三角形 RVF,如同底面为三角形 LOC 且其相对面为三角形 PMN 的棱柱比底面为三角形 RVF 且其相对面为三角形 STU 的棱柱,如下所述。

其理由如下。在相同图形中,设由点 G 与 H 向平面 ABC 与 DEF 分别作垂线,考虑到已假设两个棱锥等高,二垂线显然相等。又由于两条线段 GC 与由 G 所作的垂线被两个平行平面 ABC 与 PMN 切割,它们被截出有相同比的线段[命题Ⅺ.17]。且 GC 被平面 PMN 在 N 等分。因此,由 G 到平面 ABC 的垂线也被平面 PMN 等分。同理,由点 H 到平面 DEF 的垂线也被平面 STU 等分。且由 G 与 H 分别到平面 ABC 与 DEF 的垂线也相等,因此,分别从三角形 PMN 与 STU 到平面 ABC 与 DEF 的垂线也相等。所以,底面分别为三角形 LOC 与 RVF 且其相对面分别为 PMN 与 STU 的二棱柱等高。且因而,在上述棱锥上所作的等高平行六面体的比如同它们的底面之比[命题Ⅺ.32]。类似地,立体的一半也是如此[命题Ⅺ.28]。因此,底面 LOC 比底面 RVF 如同上述两棱柱相互之比。这就是需要证明的。

命题 5

以不同三角形为底面但等高的两个棱锥之比等于其底面之比。

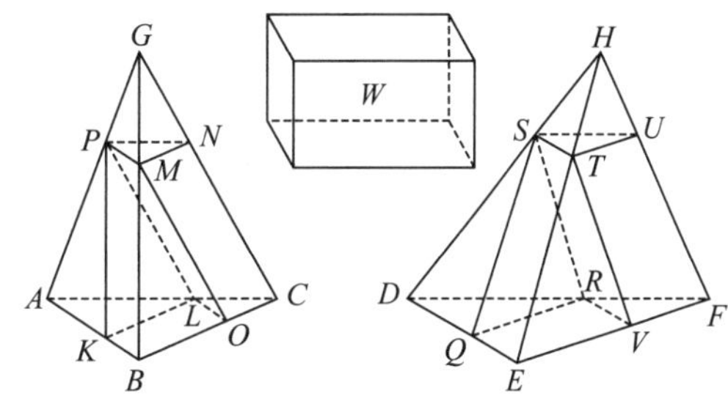

设有分别以三角形 ABC 与 DEF 为底面,G 与 H 为顶点的等高棱锥。我说底面 ABC 比底面 DEF 如同棱锥 $ABCG$ 比棱锥 $DEFH$。

其理由如下。若底面 ABC 比底面 DEF 不同于棱锥 $ABCG$ 比棱锥 $DEFH$,则底面 ABC 比底面 DEF 如同棱锥 AB-CG 比某个小于或大于 $DEFH$ 的立体。首先,设这是一个较小的立体 W。且棱锥 $DEFG$ 被分为与整个棱锥相似的两个相等的棱锥,加上两个相等的棱柱。两个棱柱之和大于整个棱锥的一半[命题Ⅻ.3]。

再对分割得到的棱锥类似地分割，如此继续，直至棱锥 $DEFH$ 中剩下的棱锥之和，小于棱锥 $DEFH$ 超过立体 W 的差额[命题Ⅹ.1]。设这已做到，为了论证方便起见，设它们是 $DQRS$ 与 $STUH$，于是，棱锥 $DEFH$ 中剩下的棱柱之和大于立体 W。设棱锥 $ABCG$ 也被类似地分割，且与分割棱锥 $DEFH$ 的次数相似。于是，底面 ABC 比底面 DEF 等于棱锥 $ABCG$ 中棱柱之和比棱锥 $DEFH$ 中棱柱之和[命题Ⅻ.4]。但也有，底面 ABC 比底面 DEF 如同棱锥 $ABCG$ 比立体 W。所以，棱锥 $ABCG$ 比立体 W 等于棱锥 $ABCG$ 中各棱柱之和比棱锥 $DEFH$ 中各棱柱之和[命题Ⅴ.11]。因此，由更比例，棱锥 $ABCG$ 与其中棱柱之和的比，如同立体 W 与棱锥 $DEFH$ 中棱柱之和的比[命题Ⅴ.16]。且棱锥 $ABCG$ 大于其中所有棱柱之和。因此，立体 W 也大于棱锥 $DEFH$ 中所有棱柱之和[命题Ⅴ.14]。但是它也小于。而这是不可能的。因此，底面 ABC 比底面 DEF，不同于棱锥 $ABCG$ 比某个小于棱锥 $DEFH$ 的立体。类似地我们可以证明，底面 DEF 比底面 ABC，也不同于棱锥 $DEFH$ 比某个小于棱锥 $ABCG$ 的立体。

故我说，底面 ABC 比底面 DEF，也不同于棱锥 $ABCG$ 比某个大于棱锥 $DEFH$ 的立体。

其理由如下。设这个比中有一个较大的立体 W，检验是否可能。于是由反比例，底面 DEF 比底面 ABC 如同立体 W 比棱锥 $ABCG$[命题Ⅴ.7推论]。且立体 W 比棱锥 $ABCG$ 如同棱锥 $DEFH$ 比某个小于棱锥 $ABCG$ 的立体，如前已证明[命题Ⅻ.2引理]。且因此，底面 DEF 比底面 ABC 如同棱锥 $DEFH$ 比某个小于棱锥 $ABCG$ 的立体[命题Ⅴ.11]。而这已被证明是荒谬的。因此，底面 ABC 比底面 DEF 不同于棱锥 $ABCG$ 比某个大于棱锥 $DEFH$ 的立体。而且已经证明了这个比对一个较小的立体也不成立。因此，底面 ABC 比底面 DEF 如同棱锥 $ABCG$ 比棱锥 $DEFH$。这就是需要证明的。

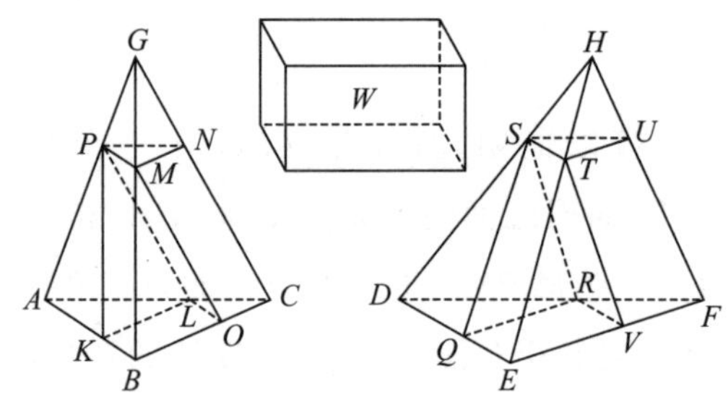

（注：为方便读者阅读，译者将第359页图复制到此处。）

命题6

以多边形为底面且等高的棱锥之比等于其底面之比。

设等高的两个棱锥分别以多边形 $ABCDE$ 与 $FGHKL$ 为底面，以 M 与 N 为顶点。我说底面 $ABCDE$ 比底面 $FGHKL$ 如同棱锥 $ABCDEM$ 比棱锥 $FGHKLN$。

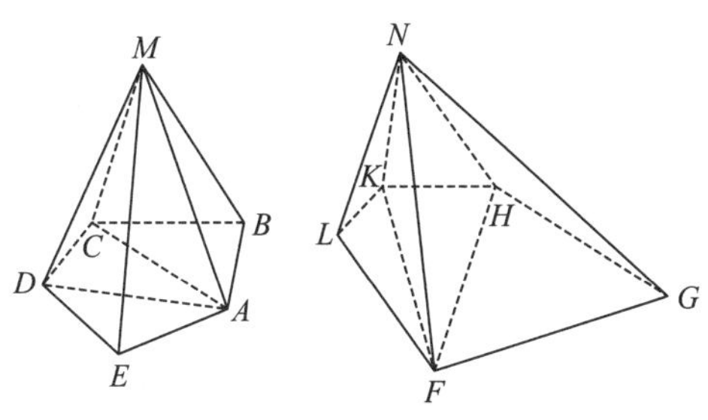

其理由如下。连接 AC,AD,FH,FK。因此,由于 ABCM 与 ACDM 是以三角形为底面且等高的两个棱锥,二者之比如同二者的底面之比[命题Ⅻ.5]。因此,底面 ABC 比底面 ACD 如同棱锥 ABCM 比棱锥 ACDM。由合比例,底面 ABCD 比底面 ACD 如同棱锥 ABCDM 比棱锥 ACDM[命题Ⅴ.18]。但底面 ACD 比底面 ADE 如同棱锥 ACDM 比棱锥 ADEM[命题Ⅻ.5]。因此,由首末比例,底面 ABCD 比底面 ADE 如同棱锥 ABCDEM 比棱锥 ADEM[命题Ⅴ.22]。又由合比例,底面 ABCDE 比底面 ADE 如同棱锥 ABCDEM 比棱锥 ADEM[命题Ⅴ.18]。故类似地也可以证明,底面 FGHKL 比底面 FGH 如同棱锥 FGHKLN 比棱锥 FGHN。又由于 ADEM 与 FGHN 是以三角形为底面且等高的两个棱锥,因此,底面 ADE 比底面 FGH 如同棱锥 ADEM 比棱锥 FGHN[命题Ⅻ.5]。但是,底面 ADE 比底面 ABCDE 如同棱锥 ADEM 比棱锥 ABCDEM。因此,由首末比例,底面 ABCDE 比底面 FGH,也如同棱锥 ABCDEM 比棱锥 FGHN[命题Ⅴ.22]。此外,底面 FGH 比底面 FGHKL 如同棱锥 FGHN 比棱锥 FGHKLN。因此,由首末比例,底面 ABCDE 比底面 FGHKL,也如同棱锥 ABCDEM 比棱锥 FGHKLN[命题Ⅴ.22]。这就是需要证明的。

命题 7

任何一个以三角形为底面的棱柱可以被分为以三角形为底面的三个彼此相等的棱锥。

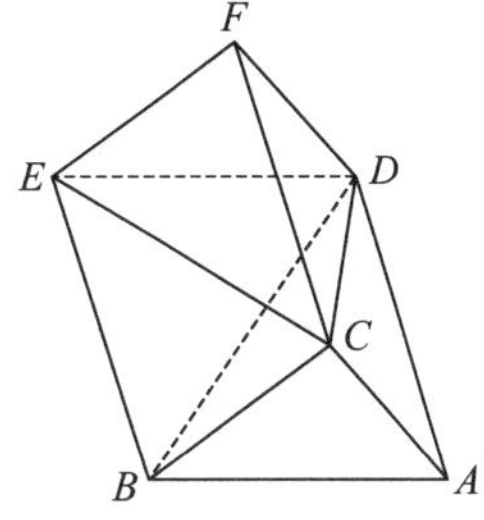

设有一个以三角形 ABC 为底面、相对面为三角形 DEF 的棱柱。我说棱柱 ABCDEF 可以被分为三个彼此相等的以三角形为底面的棱锥。

连接 BD,EC,CD。由于 ABED 是一个平行四边形,BD 是其对角线。三角形 ABD 因此等于三角形 EBD[命题Ⅰ.34]。且因此,以三角形 ABD 为底面、以 C 为顶点的棱锥,等于以三角形 DEB 为底面、以 C 为顶点的棱锥[命题Ⅻ.5]。但是,以三角形 DEB 为底面,以 C 为顶点的棱锥,与以三角形 EBC 为底面,以点 D 为顶点的棱锥相等。因为它们被相同的平面围成。又由于以三角形 ABD 为底面,以 C 为顶点的棱锥,等于以三角形 EBC 为底面,以 D 为顶点的棱锥。再者,

由于 $FCBE$ 是平行四边形，且 CE 为其对角线，三角形 CEF 等于三角形 CBE[命题Ⅰ.34]。因此也有，以三角形 BCE 为底面，以 D 为顶点的棱锥等于以三角形 EFC 为底面，以 D 为顶点的棱锥[命题Ⅻ.5]。以三角形 BCE 为底面，以 D 为顶点的棱锥，已被证明等于以三角形 ABD 为底面，以 C 为顶点的棱锥。因此以三角形 EFC 为底面，以 C 为顶点的棱锥，也等于以三角形 ABD 为底面，以 C 为顶点的棱锥。所以，棱柱 $ABCDEF$ 已被分为以三角形为底面的三个相等的棱锥。

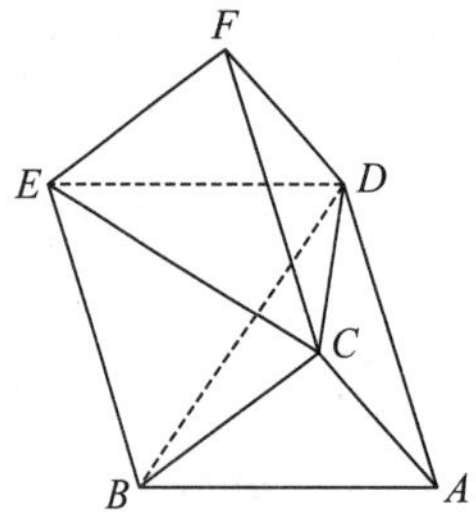

(注：为方便读者阅读，译者将第 361 页图复制到此处。)

又由于以三角形 ABD 为底面，以 C 为顶点的棱锥，与以三角形 CAB 为底面，以 D 为顶点的棱锥相同。因为它们是由相同的平面围成的。以三角形 ABD 为底面，以 C 为顶点的棱锥，已经被证明是以三角形 ABC 为底面，以 DEF 为其相对面的棱柱的三分之一。因此，以 ABC 为底面、以 D 为顶点的棱锥，也是有相同底面，以 DEF 为其相对面的棱柱的三分之一。

推　论

由此显然可知，任何棱锥都是与之有相同底面且等高的棱柱的三分之一。

命题 8

以三角形为底面的相似棱锥之比是它们的对应边之立方比。

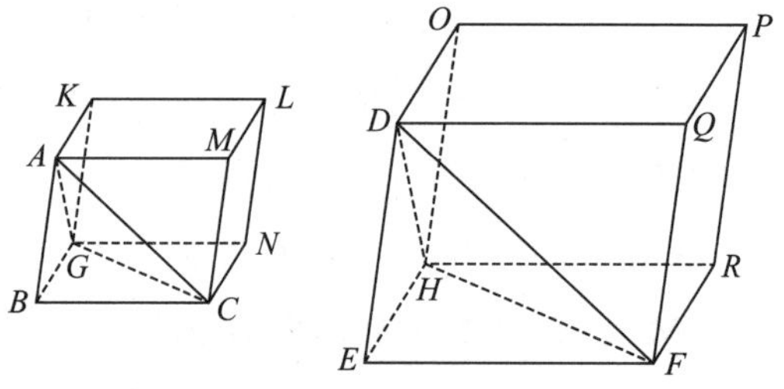

设有分别以 ABC 与 DEF 为底面，以 G 与 H 为顶点的相似且位置相似的两个棱锥。我说棱锥 $ABCG$ 与棱锥 $DEFH$ 之比是 BC 与 EF 之立方比。

其理由如下。设已完成平行六面体 $BGML$ 与 $EHQP$。由于棱锥 $ABCG$ 相似于棱锥 $DEFH$，角 ABC 因此等于角 DEF，GBC 等于 HEF，ABG 等于 DEH。且 AB 比 DE 如同 BC 比 EF，也如同 BG 比 EH[定义Ⅺ.9]。而由于 AB 比 DE 如同 BC 比 EF，夹相等角的边对应成比例，平行四边形 BM 因此相似于平行四边形 EQ。同理，BN 也相似于 ER，BK 相似于 EO。因此，三个平行四边形 MB，BK，BN 分别相似于三个平行四边形 EQ，EO，ER。但三个平行四边形 MB，BK，BN 分别相似于三个平行四边形 EQ，EO，ER。且三个平行四边形 MB，BK，BN 既等于又相似于它们相对的平行四边形，而三个

平行四边形 EQ，EO，ER 既等于又相似于它们相对的平行四边形[命题Ⅺ.24]。因此，立体 $BGML$ 与 $EHQP$ 被个数相同的相似且位置相似的平面围成。所以，立体 $BGML$ 相似于立体 $EHQP$[定义Ⅺ.9]。且相似平行六面体之比是对应两边之立方比[命题Ⅺ.33]。因此，立体 $BGML$ 比立体 $EHQP$ 是对应边 BC 与对应边 EF 之立方比。且立体 $BGML$ 比立体 $EHQP$ 等于棱锥 $ABCG$ 比棱锥 $DEFH$，由于棱锥是平行六面体的六分之一。又由于棱柱是平行六面体的一半[命题Ⅺ.28]，也是棱锥的三倍[命题Ⅻ.7]，因此，棱锥 $ABCG$ 比棱锥 $DEFH$ 也是 BC 与 EF 之立方比。这就是需要证明的。

推　论

由此显然可知，以多边形为底面的相似棱锥之比是它们的对应边之立方比。其理由如下。可以把相似多边形底面分为一些相似三角形，它们既在数量上相同，也在与整个棱锥的对应关系方面相同，于是，这些棱锥可以分为它们包含的有三角形底面的棱锥[命题Ⅵ.20]。前一组以多边形为底面的棱锥中有三角形底面的一个棱锥，与后一组以多边形为底面的棱锥中有三角形底面的一个棱锥之比，如同前一组以多边形为底面的棱锥中所有以三角形为底面的棱锥之和，与后一组以多边形为底面的棱锥中所有以三角形为底面的棱锥之和的比[命题Ⅴ.12]，也就是以多边形为底面的前一组棱锥本身与以多边形为底面的后一组棱锥之比。而以三角形为底面的棱锥与以三角形为底面的棱锥之比，是对应边之间的立方比[命题Ⅻ.8]。这样，以多边形为底面的棱锥与以相似多边形为底面的棱锥之比，也是对应边与对应边的立方比。

命题 9

以三角形为底面的相等棱锥的底面与高互成反比例。且底面与高互成反比例的以三角形为底面的棱锥相等。

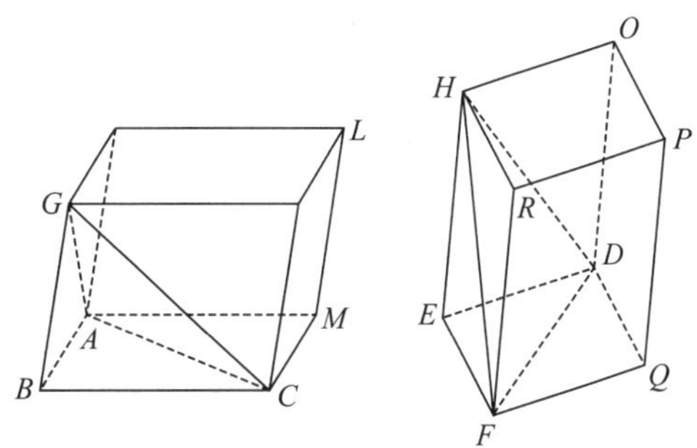

设有分别以三角形 ABC 与 DEF 为底面，以 G 与 H 为顶点的两个相等的棱锥。我说棱锥 $ABCG$ 与棱锥 $DEFH$ 的底面与它们的高互成反比例，即底面 ABC 比 DEF 等于棱锥 $DEFH$ 的高比棱锥 $ABCG$ 的高。

其理由如下。作出平行六面体 $BGML$ 与 $EHQP$。由于棱锥 $ABCG$ 等于棱锥 $DEFH$，并且立体 $BGML$ 是棱锥 $ABCG$ 的六倍（见前一个命题），而立体 $EHQP$ 等于棱锥 $DEFH$ 的六倍，立体 $BGML$ 因此等于立体 $EHQP$。相等平行六面体的底面与其高互成反比例[命题Ⅺ.34]。因此,底面 BM 比底面 EQ,等于立体 EHQP 的高比立体 BGML 的高。但底面 BM 比底面 EQ,等于三角形 ABC 比三角形 DEF[命题Ⅰ.34]。且因此,三角形 ABC 比三角形 DEF 等于立体 EHQP 的高比立体 BGML 的高[命题Ⅴ.11]。但立体 EHQP 的高与棱锥 DEFH 的高相等,且立体 BGML 的高与棱锥 ABCG 的高相同。因此,底面 ABC 比底面 DEF 等于棱锥 DEFH 的高比棱锥 ABCG 的高。所以,棱锥 ABCG 与 DEFH 的底面与它们的高互成反比例。

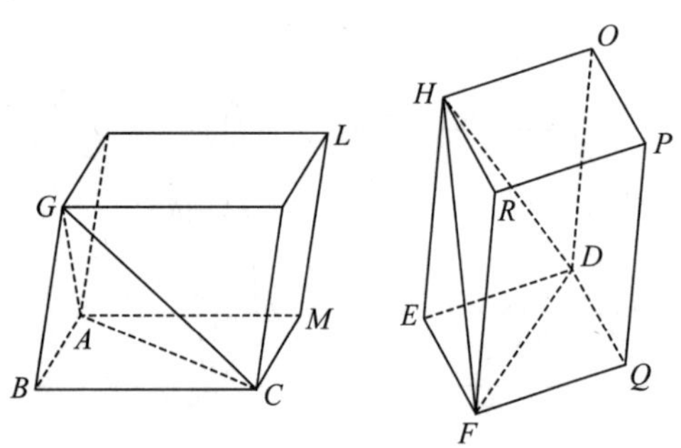

(注:为方便读者阅读,译者将第 363 页图复制到此处。)

然后设棱锥 ABCG 及 DEFH 的底面与它们的高互成反比例,且因此设底面 ABC 比底面 DEF 等于棱锥 DEFH 的高比棱锥 ABCG 的高。我说棱锥 ABCG 等于棱锥 DEFH。

其理由如下。按照相同的构形,由于底面 ABC 比底面 DEF 等于棱锥 DEFH 的高比棱锥 ABCG 的高,但底面 ABC 比底面 DEF 等于平行四边形 BM 比平行四边形 EQ[命题Ⅰ.34],因此,平行四边形 BM 比平行四边形 EQ 也等于棱锥 DEFH 的高比棱锥 ABCG 的高[命题Ⅴ.11]。但棱锥 DEFH 的高与平行六面体 EHQP 的高相同,且棱锥 ABCG 的高与平行六面体 BGML 的高相同,因此,底面 BM 比底面 EQ 等于平行六面体 EHQP 的高比平行六面体 BGML 的高。底面与高互成反比例的平行六面体彼此相等[命题Ⅺ.34]。因此,平行六面体 EHQP 等于平行六面体 BGML,而棱锥 ABCG 是 BGML 的六分之一,棱锥 DEFH 是平行六面体 EHQP 的六分之一。所以,棱锥 ABCG 等于棱锥 DEFH。

这样,以三角形为底面的相等棱锥的底面与高互成反比例。且底面与高互成反比例的以三角形为底面的棱锥相等。这就是需要证明的。

命题 10

圆锥是与它同底等高圆柱的三分之一。

设圆锥与圆柱的底面相同,即都是圆 ABCD,且等高。我说该圆锥为该圆柱的三分之一,也就是圆柱为圆锥的三倍。

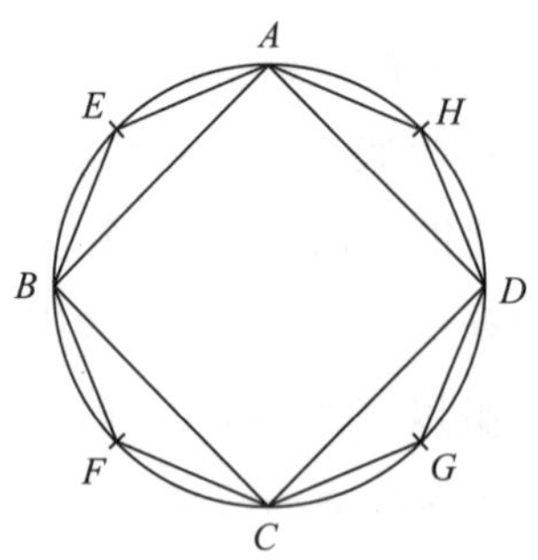

其理由如下。若圆柱不是圆锥的三倍,则圆柱或者大于圆锥的三倍或者小于圆锥的三倍。首先设它大于圆锥的三倍,又设正方形 *ABCD* 内接于圆 *ABCD*[命题Ⅵ.6]。故正方形 *ABCD* 大于圆 *ABCD* 的一半[命题Ⅻ.2]。在正方形 *ABCD* 上作一个与圆柱等高的棱柱。该棱柱大于圆柱的一半,因为若也作正方形外切于圆 *ABCD*[命题Ⅳ.7],则圆 *ABCD* 中的内接正方形是其外切正方形的一半。且在其上所作的立体是等高平行六面体。而等高平行六面体彼此之比等于其底面之比[命题Ⅺ.32]。且因此,立在正方形 *ABCD* 上的棱柱是立在圆 *ABCD* 外切正方形上棱柱的一半。而该圆柱小于立在圆 *ABCD* 外切正方形上的棱柱,因此,立在正方形 *ABCD* 上与圆柱等高的棱柱大于圆柱的一半。设把圆弧 *AB*,*BC*,*CD*,*DA* 在点 *E*,*F*,*G*,*H* 等分,并连接 *AE*,*EB*,*BF*,*FC*,*CG*,*GD*,*DH*,*HA*。因此,如前已证明,三角形 *AEB*,*BFC*,*CGD*,*DHA* 每个都大于圆 *ABCD* 的弓形的一半[命题Ⅻ.2]。设在每个三角形 *AEB*,*BFC*,*CGD*,*DHA* 之上作与圆柱等高的棱柱,则每个棱柱都大于包含它的弓形柱的一半,因为若通过点 *E*,*F*,*G*,*H* 分别作 *AB*,*BC*,*CD*,*DA* 的平行线,完成在 *AB*,*BC*,*CD*,*DA* 上的平行四边形,且在其上立与圆柱等高的平行六面体,则在三角形 *AEB*,*BFC*,*CGD*,*DHA* 上的每个棱柱都是所立平行六面体的一半。而弓形柱小于相应的平行六面体。因而,三角形 *AEB*,*BFC*,*CGD*,*DHA* 上的棱柱,也大于包含它们的弓形柱之半。故若等分剩下的圆弧,连接其分点,在每个三角形上立与圆柱等高的棱柱,如此继续,直至最终留下一些弓形柱,其总和小于圆柱超过圆锥三倍的部分[命题Ⅹ.1]。设留下的弓形柱为 *AE*,*EB*,*BF*,*FC*,*CG*,*GD*,*DH*,*HA*。因此,以多边形 *AEBFCGDH* 为底面且与圆柱等高的棱柱大于圆锥的三倍。但是,以多边形 *AEBFCGDH* 为底面且与圆柱等高的棱柱,是以多边形 *AEBFCGDH* 为底面且与圆锥有同一顶点的棱锥的三倍[命题Ⅻ.7推论]。因此,以多边形 *AEBFCGDH* 为底面且与圆锥有同一顶点的棱锥大于以圆 *ABCD* 为底面的圆锥。但是它也小于。因为棱锥被圆锥包含,而这是不可能的。因此,圆柱不大于圆锥的三倍。

我说圆柱也不可能小于圆锥的三倍。

其理由如下。设圆柱小于圆锥的三倍,检验是否可能。由反比,圆锥大于圆柱的三分之一。设正方形 *ABCD* 内接于圆 *ABCD*[命题Ⅳ.6],于是,正方形 *ABCD* 大于圆 *ABCD* 的一半。设在正方形 *ABCD* 上立一个与圆锥有相同顶点的棱锥。于是所立的棱锥大于圆锥的一半。因为我们前面已经证明,若作圆的外切正方形[命题Ⅳ.7],则正方形 *ABCD* 是圆的外切正方形的一半[命题Ⅻ.2]。且若我们在两个正方形上作与圆锥等高的平行六面体(也叫作棱柱),则正方形 *ABCD* 上的棱柱是圆外切正方形上棱柱的一半。因为二者之比如同二者的底面之比[命题Ⅺ.32]。因而,对三分之一也有相同的结果。因此,以正方形 *ABCD* 为底面的棱锥是立在圆的外切正方形上棱锥的一半[命题Ⅻ.7 推论]。而立在圆外切正方形上的棱锥大于圆锥。因为棱锥包含圆锥。因此，以正方形 $ABCD$ 为底面，顶点与圆锥的相同的棱锥大于圆锥的一半。设圆弧 AB，BC，CD，DA 分别在点 E，F，G，H 被等分。连接 AE，EB，BF，FC，CG，GD，DH，HA。于是，每个三角形 AEB，BFC，CGD，DHA 都大于圆 $ABCD$ 上包含它们的弓形的一半[命题Ⅻ.2]。又设在三角形 AEB，BFC，CGD，DHA 每个之上作与圆锥有相同顶点的棱锥。于是同样，所作每个棱锥大于包含它的圆锥弓形柱的一半。故若等分剩下的圆弧，连接分点，再在每个三角形上作与圆锥有相同顶点的棱锥，如此继续，我们最终留下一些弓形锥，其和小于圆锥超过圆柱的三分之一的部分[命题Ⅹ.1]。设这些弓形锥已经得到，并设它们是 AE，EB，BF，FC，CG，GD，DH，HA 上的弓形锥。因此，以多边形 $AEBFCGDH$ 为底面，与圆锥有相同顶点的剩下的棱锥大于圆柱的三分之一。但是，以多边形 $AEBFCGDH$ 为底面，且与圆锥有相同顶点的棱锥是以多边形 $AEBFCGDH$ 为底面且与圆柱等高的棱柱的三分之一[命题Ⅻ.7 推论]。因此，以多边形 $EBFCGDHA$ 为底面且与圆柱等高的棱柱大于以圆 $ABCD$ 为底面的圆柱。但是，棱柱也小于圆柱。因为棱柱被圆柱包含，而这是不可能的。因此圆柱不可能小于圆锥的三倍。前面已经证明了，圆柱不大于圆锥的三倍，因此圆柱是圆锥的三倍。因而圆锥是圆柱的三分之一。

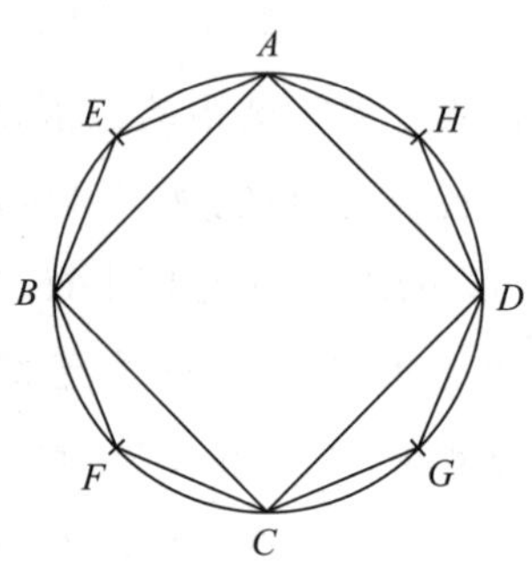

(注：为方便读者阅读，译者将第 364 页图复制到此处。)

这样，圆锥是与它同底等高圆柱的三分之一。这就是需要证明的。

命题 11

等高的圆锥或圆柱之比如同其底面之比。

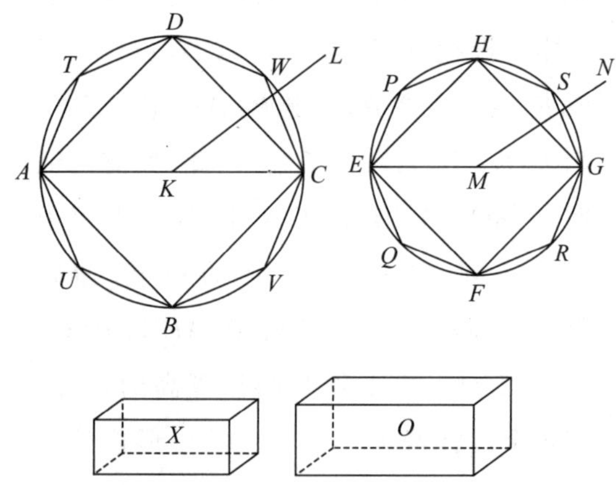

设有等高的圆锥与圆柱，分别以圆 $ABCD$ 与 $EFGH$ 为底面，以 KL 与 MN 为轴，底面的直径为 AC 与 EG，则圆 $ABCD$ 比圆 $EFGH$ 如同圆锥 AL 比圆锥 EN。

其理由如下。如若不然，则圆 $ABCD$ 比圆 $EFGH$ 如同圆锥 AL 与或者小于或者大于圆锥 EN 的某一立体之比。首先，设这是一个较小的立体 O,又设立体 X 等于立体 O 小于圆锥 EN 的差额。因此,圆锥 EN 等于立体 O 与 X 之和。设正方形 $EFGH$ 内接于圆 $EFGH$[命题Ⅳ.6]。因此,正方形大于圆的一半[命题Ⅻ.2]。设在正方形 $EFGH$ 上作与圆锥等高的棱锥。于是,该棱锥大于圆锥的一半,因为,若作圆的外切正方形[命题Ⅳ.7],且在其上作与圆锥等高的棱锥,则内接棱锥是外切棱锥的一半。因为二者之比如同二者的底面之比[命题Ⅻ.6]。而圆锥小于外切棱锥。设圆弧 EF,FG,GH,HE 在点 Q,R,S,P 被等分,并连接 HP,PE,EQ,QF,FR,RG,GS,SH。于是,每个三角形 HPE,EQF,FRG,GSH 都大于包含它的弓形的一半[命题Ⅻ.2]。设在每个三角形 HPE,EQF,FRG,GSH 上作与圆锥等高的棱锥,于是,每个所作的棱锥大于包含它的弓形锥的一半[命题Ⅻ.10]。故若剩余的周边被切成一半,连接直线并在每个三角形上作等于圆锥高度的棱锥体。如此继续,我们最终会得到一些弓形锥,① 其和小于立体 X[命题Ⅹ.1]。设留下的是在 HDE,EQF,FRG 和 GSH 上的弓形。因此,剩下的以多边形 $HPEQFRGS$ 为底面且与圆锥等高的棱锥大于立体 O。又设与多边形 $HPEQFRGS$ 相似且位置相似的多边形 $DTAUBVCW$ 内接于圆 $ABCD$,并在其上作与圆锥 AL 等高的棱锥。因此,由于 AC 上的正方形比 EG 上的正方形如同多边形 $DTAUBVCW$ 比多边形 $HPEQFRGS$[命题Ⅻ.1],且 AC 上的正方形比 EG 上的正方形如同圆 $ABCD$ 比圆 $EFGH$[命题Ⅻ.2],因此,圆 $ABCD$ 比圆 $EFGH$ 也如同多边形 $DTAUBVCW$ 比多边形 $HPEQFRGS$。而圆 $ABCD$ 比圆 $EFGH$ 如同圆锥 AL 比立体 O,且多边形 $DTAUBVCW$ 比多边形 $HPEQFRGS$ 如同以多边形 $DTAUBVCW$ 为底面、以 L 为顶点的棱锥比以多边形 $HPEQFRGS$ 为底面、以 N 为顶点的棱锥[命题Ⅻ.6]。因此也有,圆锥 AL 比立体 O 如同以多边形 $DTAUBVCW$ 为底面,以 L 为顶点的棱锥比以多边形 $HPEQFRGS$ 为底面,以 N 为顶点的棱锥[命题Ⅴ.11]。于是由更比例,圆锥 AL 比其中的棱锥如同立体 O 比圆锥 EN 中的棱锥[命题Ⅴ.16]。但是,圆锥 AL 大于其中的棱锥。因此,立体 O 也大于圆锥 EN 中的棱锥[命题Ⅴ.14]。但是它也小于。而这是荒谬的。因此,圆 $ABCD$ 比圆 $EFGH$ 不同于圆锥 AL 比小于圆锥 EN 的某个立体。类似地,我们可以证明,圆 $EFGH$ 比圆 $ABCD$ 也不同于圆锥 EN 比某个小于圆锥 AL 的立体。

我说圆 $ABCD$ 比圆 $EFGH$ 也不同于圆锥 AL 比大于圆锥 EN 的某个立体。

其理由如下。设在这个比中是一个较大的立体 O,检验是否可能。于是由反比,圆 $EFGH$ 比圆 $ABCD$ 如同立体 O 比圆锥 AL[命题Ⅴ.7推论]。但是,立体 O 比圆锥 AL 如同圆锥 EN 比某个小于圆锥 AL 的立体[命题Ⅻ.2引理]。且因此,圆 $EFGH$ 比圆 $ABCD$ 如同圆锥 EN 比某个

① 即以弓形为底面,与圆锥等高的椎体。——译者注

小于圆锥 AL 的立体。但这已被证明是不可能的。因此，圆 $ABCD$ 比圆 $EFGH$ 不同于圆锥 AL 比某一个大于圆锥 EN 的立体。而且已经证明了，这也不可能是一个较小的立体。因此，圆 $ABCD$ 比圆 $EFGH$ 如同圆锥 AL 比圆锥 EN。

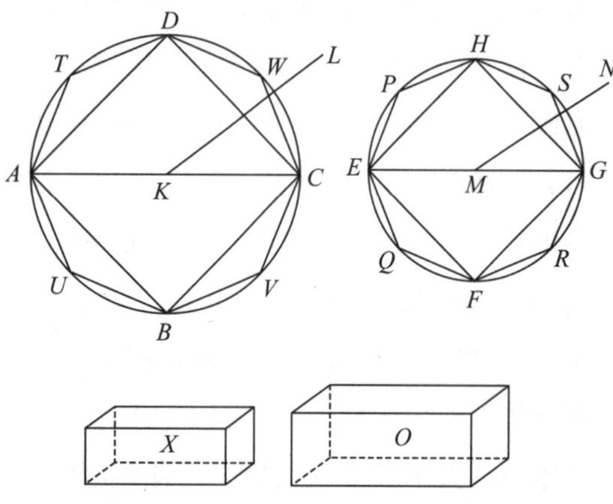

（注：为方便读者阅读，译者将第 367 页图复制到此处。）

但是，圆锥比圆锥如同圆柱比圆柱。因为每个圆柱都是每个圆锥的三倍[命题Ⅻ.10]。因此，圆 $ABCD$ 比圆 $EFGH$ 也如同在它们之上等高的圆柱之比。

这样，等高的圆锥或圆柱之比如同其底面之比。这就是需要证明的。

命题 12

相似圆锥或相似圆柱相互之比是其底面直径之立方比。

设有分别以圆 $ABCD$ 与 $EFGH$ 为底面的相似圆锥与相似圆柱，底面的直径为 BD 与 FH，KL 与 MN 分别是圆锥与圆柱的轴。我说以圆 $ABCD$ 为底面及顶点在 L 的圆锥与以 $EFGH$ 为底面及顶点在 N 的圆锥之比是 BD 与 FH 之立方比。

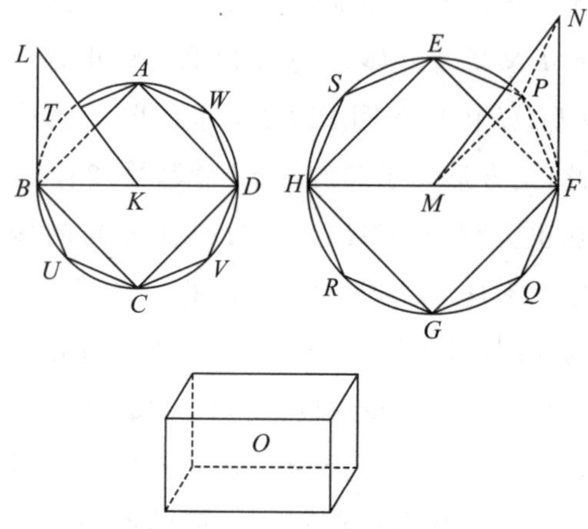

其理由如下。若圆锥 $ABCDL$ 与圆锥 $EFGHN$ 不是 BD 与 FH 之立方比，则圆锥 $ABCDL$ 与一个或者小于或者大于圆锥 $EFGHN$ 的立体之比是 BD 与 FH 之立方比。首先，设这是一个较小的立体 O，并设正方形 $EFGH$ 内接于圆 $EFGH$[命题Ⅳ.6]。因此，正方形 $EFGH$ 大于圆 $EFGH$ 的一半[命题Ⅻ.2]。并设在正方形 $EFGH$ 上作一个与圆锥同顶点的棱锥。于是该棱锥大于圆锥的一半[命题Ⅻ.10]。设圆弧 EF，FG，GH，HE 分别在点 P，Q，R，S 被等分。连接 EP，PF，FQ，QG，GR，RH，HS，SE，于是，每个三角形 EPF，FQG，GRH，HSE 都大于圆 $EFGH$ 中与之对应的弓形的一半[命题Ⅻ.2]。设在每个三角形 EPF，FQG，GRH，HSE 上作与圆锥同顶点的棱锥。于是，所作的棱锥都大于包含它们的弓形上的弓形锥的一半[命题Ⅻ.10]。把剩下的圆弧等分并作弦，且在每个三角形上作与圆锥有相同顶点的棱锥，这样继续下去，则我们最终得到圆锥的一些弓形锥，

其和小于圆锥 $EFGHN$ 超过立体 O 的部分[命题Ⅹ.1]。设已得到它们为 EP，PF，FQ，QG，GR，RH，HS，SE 上的弓形锥。于是，剩下的以多边形 $EPFQGRHS$ 为底面，点 N 为顶点的棱锥大于立体 O。设与多边形 $EPFQGRHS$ 相似且位置相似的多边形 $ATBUCVDW$ 内接于圆 $ABCD$[命题Ⅵ.18]。并设在多边形 $ATBUCVDW$ 上作与圆锥同顶点的棱锥。又设 LBT 是以多边形 $ATBUCVDW$ 为底面，以 L 为顶点的棱锥的三角形侧面之一。设 NFP 是以多边形 $EPFQGRHS$ 为底面，以 N 为顶点的棱锥的三角形侧面之一。连接 KT 与 MP。由于圆锥 $ABCDL$ 相似于圆锥 $EFGHN$，因此 BD 比 FH 如同轴 KL 比轴 MN[定义Ⅺ.24]。而且 BD 比 FH 如同 BK 比 FM。且因此，BK 比 FM 如同 KL 比 MN。以及由更比例，BK 比 KL 如同 FM 比 MN[命题Ⅴ.16]。而夹等角 BKL 与 FMN 的边成比例。因此，三角形 BKL 与三角形 FMN 相似[命题Ⅵ.6]。又由于 BK 比 KT 如同 FM 比 MP，且它们夹等角 BKT 与 FMP，因为，角 BKT 在圆心为 K 的四个直角中占多少部分，角 FMP 也在圆心为 M 的四个直角中也占相同多的部分。因此，由于等角的夹边成比例，三角形 BKT 与三角形 FMP 相似[命题Ⅵ.6]。再者，由于已经证明了 BK 比 KL 如同 FM 比 MN，且 BK 等于 KT 及 FM 等于 PM，因此，TK 比 KL 如同 PM 比 MN。且等角 TKL 与 PMN（因为它们都是直角）的夹边成比例，于是，三角形 LKT 与三角形 NMP 相似[命题Ⅵ.6]。又因为，鉴于三角形 LKB 与三角形 NMF 的相似性，LB 比 BK 如同 NF 比 FM，又鉴于三角形 BKT 与三角形 FMP 的相似性，KB 比 BT 如同 MF 比 FP[定义Ⅵ.1]，因此，由首末比例，LB 比 BT 如同 NF 比 FP[命题Ⅴ.22]。再者，鉴于三角形 LTK 与三角形 NPM 的相似性，LT 比 TK 如同 NP 比 PM，又鉴于三角形 TKB 与三角形 PMF 的相似性，KT 比 TB 如同 MP 比 PF。因此，由首末比例，TL 比 TB 如同 PN 比 PF[命题Ⅴ.22]。所以，三角形 LTB 与三角形 NPF 中的各边成比例。于是，三角形 LTB 与三角形 NPF 等角[命题Ⅵ.5]。因而它们相似[定义Ⅵ.1]。且因此，以三角形 BKT 为底面，以点 L 为顶点的棱锥，与以三角形 FMP 为底面，以点 N 为顶点的棱锥相似，因为它们由数量相等的相似平面围成[定义Ⅺ.9]。而有三角形底面的相似棱锥之比是对应边之立方比[命题Ⅻ.8]。因此，棱锥 $BKTL$ 比棱锥 $FMPN$ 是 BK 与 FM 之立方比。类似地，由点 A，W，D，V，C，U 向圆心 K 连线，又由 E，S，H，R，G，Q 向圆心 M 连线，并在这样形成的每个三角形上作与圆锥有相同顶点的棱锥，我们也可以证明，在底面 $ABCD$ 上依次所作的每一个棱锥，与在底面 $EFGH$ 上依次所作的每一个棱锥之比是对应边 BK 与对应边 FM 之立方比，即 BD 与 FH 之立方比。而对两组成比例的量，前项之一比后项之一如同所有前项之和比所有后项之和[命题Ⅴ.12]。且因此，棱锥 $BKTL$ 比棱锥 $FMPN$，如同以多边形 $ATBUCVDW$ 为底

面及以 L 为顶点的整个棱锥，与以多边形 $EPFQGRHS$ 为底面及以 N 为顶点的整个棱锥之比。因而，以多边形 $ATBUCVDW$ 为底面及以 L 为顶点的棱锥，与以多边形 $EPFQGRHS$ 为底面及以 N 为顶点的棱锥之比是 BD 与 FH 的立方比。也已假设，以圆 $ABCD$ 为底面及以点 L 为顶点的圆锥与立体 O 之比是 BD 与 FH 之立方比。因此，以圆 $ABCD$ 为底面及以点 L 为顶点的圆锥比立体 O，如同以多边形 $ATBUCVDW$ 为底面及以 L 为顶点的棱锥，与以多边形 $EPFQGRHS$ 为底面及以 N 为顶点的棱锥之比。因此由更比例，以圆 $ABCD$ 为底面及以点 L 为顶点的圆锥，与包含在其中的以多边形 $ATBUCVDW$ 为底面及以 L 为顶点的棱锥之比，如同立体 O 与以多边形 $EPFQGRHS$ 为底面及以 N 为顶点的棱锥之比[命题Ⅴ.16]。而上述圆锥大于它之内的棱锥，因为圆锥包含着棱锥。因此，立体 O 也大于以多边形 $EPFQGRHS$ 为底面及以 N 为顶点的棱锥，但是，它也小于。而这是不可能的。所以，以圆 $ABCD$ 为底面及以点 L 为顶点的圆锥与任何小于圆锥 $EFGHN$ 的立体之比，不是 BD 与 EH 之立方比。类似地，我们可以证明，圆锥 $EFGHN$ 与任何小于圆锥 $ABCDL$ 的立体之比不是 FH 与 BD 之立方比。

我说，圆锥 $ABCDL$ 与任何大于圆锥 $EFGHN$ 的立体之比，也不是 BD 与 FH 之立方比。

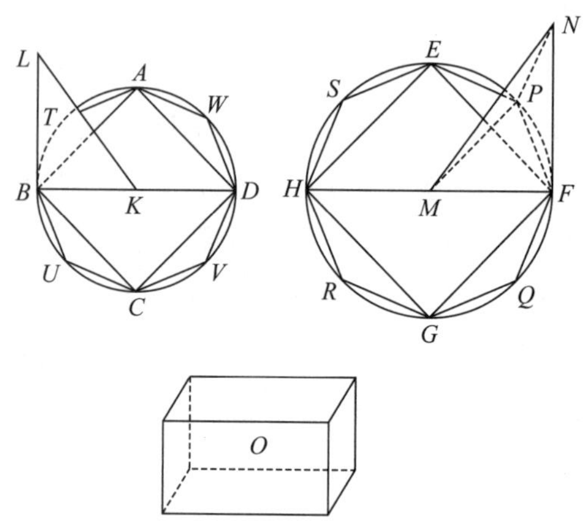

(注：为方便读者阅读，译者将第 368 页图复制到此处。)

其理由如下。如若可能，设它与一个较大的立体 O 成这样的比例。于是由反比例，立体 O 与圆锥 $ABCDL$ 之比是 FH 与 BD 之立方比[命题Ⅴ.7推论]。且立体 O 比圆锥 $ABCDL$ 如同圆锥 $EFGHN$ 比一个小于圆锥 $ABCDL$ 的立体[命题XII.2引理]。因此，圆锥 $EFGHN$ 与某一个小于圆锥 $ABCDL$ 的立体之比是 FH 与 BD 之立方比，但已经证明了这是不可能的。因此，圆锥 $ABCDL$ 与任何大于圆锥 $EFGHN$ 的立体之比不是 BD 与 FH 之立方比。并且也已经证明了，它与较小的一个立体之比也不可能如同这个比。因此，圆锥 $ABCDL$ 比圆锥 $EFGHN$ 是 BD 与 FH 之立方比。

又，圆锥比圆锥如同圆柱比圆柱，因为同底等高圆柱是圆锥的三倍[命题XII.10]，因此，圆柱与圆柱之比也是 BD 与 FH 之立方比。

这样，相似圆锥或相似圆柱相互之比是其底面直径之立方比。这就是需要证明的。

命题 13

若一个圆柱被平行于其相对的底面的平面所截,则截出的圆柱与圆柱之比如同它们的轴与轴之比。

设圆柱 AD 被平行于圆柱底面 AB 与 CD 的平面 GH 所截,且平面 GH 与轴交于 K 点。我说圆柱 BG 比圆柱 GD 如同轴 EK 比轴 KF。

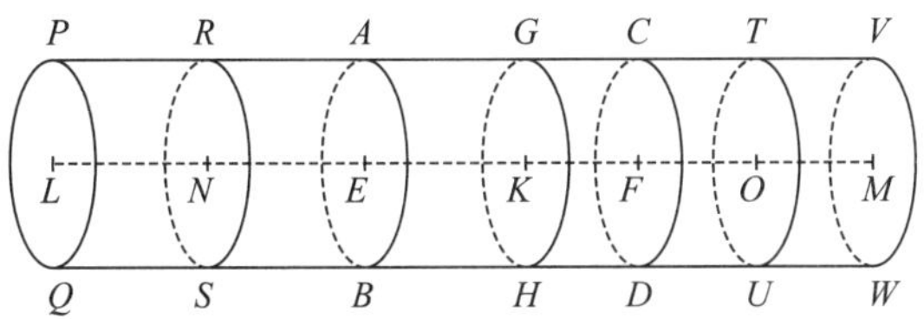

设轴 EF 向两侧延长至点 L 与 M。又在轴 EL 上作任意数量的等于轴 EK 的长度 EN 与 NL,再在轴 EM 上作任意数量的等于轴 FK 的长度 FO 与 OM。设想轴 LM 上有底面为圆 PQ 与 VW 的圆柱 PW,通过点 N 与 O 分别作圆 RS 与 TU 包含 N 与 O。由于轴 LN,NE,EK 彼此相等,圆柱 QR,RB,BG 相互之比如同它们的底面之比[命题Ⅻ.11]。但诸底面是相等的。因此,圆柱 QR,RB,BG 也彼此相等。又因为轴 LN,NE,EK 彼此相等,圆柱 QR,RB,BG 也彼此相等,且前者的个数等于后者的个数,所以,轴 KL 是轴 EK 的多少倍,圆柱 QG 也是圆柱 GB 的多少倍。同理,轴 MK 是轴 KF 的多少倍,圆柱 WG 也是圆柱 GD 的多少倍。又若轴 KL 等于轴 KM,则圆柱 QG 也等于圆柱 GW,若轴大于轴,圆柱也大于圆柱,若轴小于轴,圆柱也小于圆柱。这样,共有四个量,轴 EK,KF 与圆柱 BG,GD,对轴 EK 与圆柱 BG 取同倍量,得到轴 LK 与圆柱 QG,对轴 KF 与圆柱 GD 取同倍量,得到轴 KM 与圆柱 GW。且已证明,若轴 KL 超过轴 KM,则圆柱 QG 也超过圆柱 GW,但若轴相等,则圆柱也相等,又若 KL 较小,则圆柱 QG 也较小。因此,轴 EK 比轴 KF 如同圆柱 BG 比圆柱 GD[定义Ⅴ.5]。这就是需要证明的。

命题 14

底面相等的圆锥或圆柱之比如同其高之比。

设 EB 与 FD 分别是相等底面圆 AB 与 CD 上的圆柱。我说圆柱 EB 比圆柱 FD 如同轴 GH 比轴 KL。

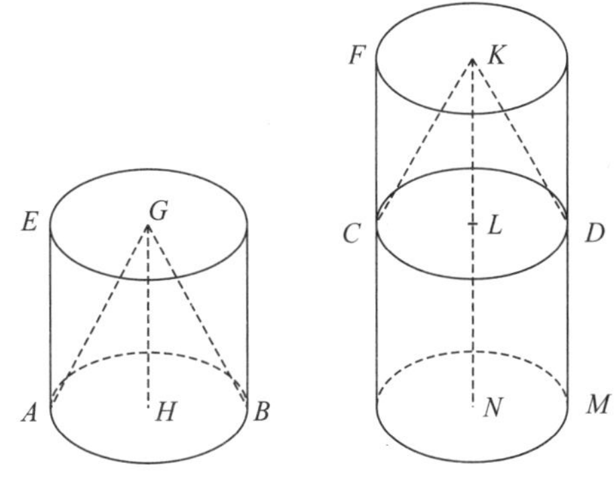

其理由如下。设延长轴 KL 至点 N,并使 LN 等于轴 GH。又设想 CM 是以 LN 为轴的圆柱。因此,由于圆柱 EB 与 CM 彼此等高,二者之比如同二者的底面之比[命题Ⅻ.11],且其底面彼此相等。因此圆柱 EB 与 CM 也彼此相等。又由于圆柱 FM 被平行于它的相对底面的平面 CD 所截,因此圆柱 CM 比圆柱 FD 如同轴 LN 比轴 KL。又,圆柱 CM 等于圆柱 EB,轴 LN 等于轴 GH。因此,圆柱 EB 比圆柱 FD 如同轴 GH 比轴 KL。且圆柱 EB 比圆柱 FD 如同圆锥 ABG 比圆锥 CDK[命题Ⅻ.10]。因此也有,轴 GH 比轴 KL 如同圆锥 ABG 比圆锥 CDK,也如同圆柱 EB 比圆柱 FD。这就是需要证明的。

命题 15

相等圆锥和圆柱的底面与高互成反比例。而底面与高互成反比例的圆锥和圆柱相等。

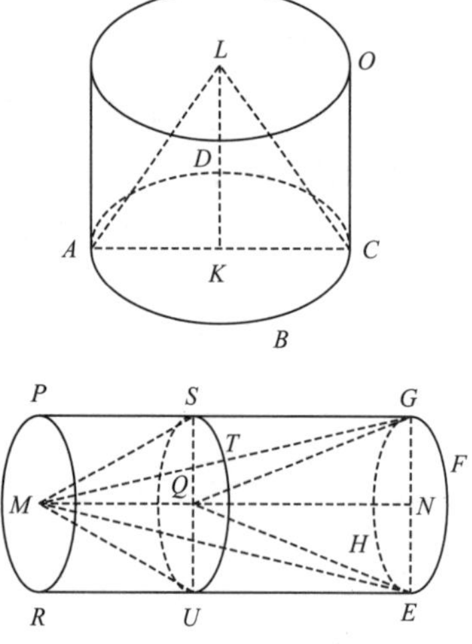

设有以圆 ABCD 与 EFGH 为底面的两个相等的圆锥和圆柱。其底面的直径分别为 AC 与 EG,轴分别为 KL 与 MN,它们也分别是圆锥和圆柱的高。设已经作出圆柱 AO 与 EP。我说圆柱 AO 与 EP 的底面与其高互成反比例,故底面 ABCD 比底面 EFGH 如同高 MN 比高 KL。

其理由如下。高 LK 或者等于高 MN 或者不等于。首先设它们相等。且圆柱 AO 也等于圆柱 EP。但等高圆锥与圆柱相互之比如同其底面之比[命题Ⅻ.11]。因此,底面 ABCD 也等于底面 EFGH。因而由反比例,底面 ABCD 比底面 EFGH 如同高 MN 比高 KL。然后设高 LK 不等于 MN,并设 MN 较大。又设从高 MN 上截取 QN 等于 KL。设圆柱 EP 被通过点 Q 的平面 TUS 所截,该平面平行于圆 EFGH 与 RP 所在的平面。又设想以圆 EFGH 为底面,NQ 为高的圆柱 ES。由于圆柱 AO 等于圆柱 EP,因此,圆柱 AO 比圆柱 ES 如同圆柱 EP 比圆柱 ES[命题Ⅴ.7]。但圆柱 AO 比圆柱 ES 如同底面 ABCD 比底面 EFGH。因为圆柱 AO 与 ES 等高[命题Ⅻ.11]。又,圆柱 EP 比圆柱 ES 如同高 MN 比高 QN。因为圆柱 EP 被平行于相对底面的一个平面所截[命题Ⅻ.13]。且由于底面 ABCD 比底面 EFGH 如同高 MN 比高 QN[命题Ⅴ.11]。而高 QN 等于高 KL。因此,底面 ABCD 比底面 EFGH 如同高 MN 比高 KL。所以,圆柱 AO 与 EP 的底面反比于它们的高。

其次,设圆柱 AO 与 EP 的底面与高互成反比例,且因此设底面 ABCD 比底面 EFGH 如同高 MN 比高 KL。我说圆柱 AO 等于圆柱 EP。

其理由如下。采取相同的构形,由于

底面 $ABCD$ 比底面 $EFGH$ 如同高 MN 比高 KL,而高 KL 等于高 QN,因此,底面 $ABCD$ 比底面 $EFGH$ 如同高 MN 比 QN。但是,底面 $ABCD$ 比底面 $EFGH$ 如同圆柱 AO 比圆柱 ES。因为它们的高相同[命题Ⅻ.11]。并且高 MN 比高 QN 如同圆柱 EP 比圆柱 ES[命题Ⅻ.13]。于是,圆柱 AO 比圆柱 ES 如同圆柱 EP 比圆柱 ES[命题Ⅴ.11]。所以,圆柱 AO 等于圆柱 EP[命题Ⅴ.9]。对圆锥也可以同样证明本命题。这就是需要证明的。

命题 16

对两个同心的圆,作内接于较大圆但不与较小圆相切的偶数边等边多边形。

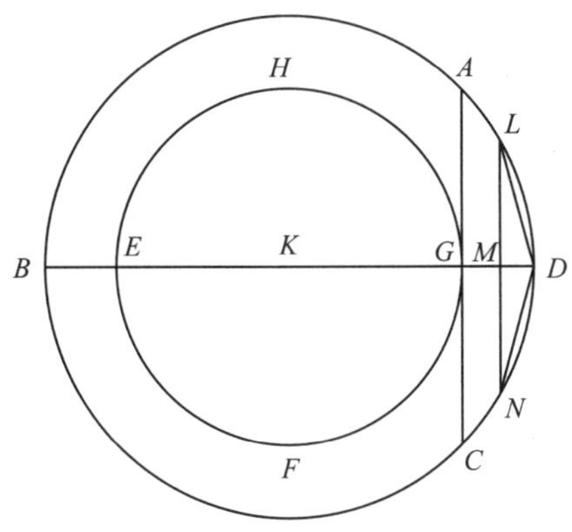

设 $ABCD$ 与 $EFGH$ 是以 K 为圆心的两个给定的同心圆,作一个偶数边等边多边形,它与较大圆 $ABCD$ 内接,但不与较小圆 $EFGH$ 相切。

设通过圆心 K 作直线 BKD,又通过点 G 作 GA 与直线 BD 成直角,并使它通过点 C。于是,AC 与圆 $EFGH$ 相切[命题Ⅲ.16 推论]。等分圆弧 BAD,所得到的一半再等分,如此继续,最终留下一段小于 AD 的圆弧[命题Ⅹ.1]。设它已得到为 LD。并设由 L 作 LM 垂直于 BD 并通过 N。连接 LD 与 DN,于是,LD 等于 DN[命题Ⅲ.3,Ⅰ.4]。又由于 LN 平行于 AC[命题Ⅰ.28],且 AC 与圆 $EFGH$ 相切,LN 因此不与圆 $EFGH$ 相切。此外,LD 与 DN 并不与圆 $EFGH$ 相切。且若我们在圆 $ABCD$ 中继续插入等于 LD 的弦[命题Ⅳ.1],则得到内接于 $ABCD$ 的一个偶数边等边多边形,它不与较小圆 $EFGH$ 相切并内接于圆 $ABCD$。[①] 这就是需要做的。

命题 17

在两个给定同心球的较大球中作内接多面体,但不与较小球面相切。

两个同心球有相同的球心 A。故要求的是在大球内作一个不与较小球面相切的内接多面体。

设两个球被通过球心的一个平面所截。故截面是一个圆,因为球是半圆绕直径旋转生成的[定义Ⅺ.14]。因而,无论我们设想半圆在什么位置,通过它的平面都在球面上截出一个圆。并且很清楚,这也是一个大圆,因为球的直径,自然也是半

① 注意多边形的弦 LN 也不与内圆相切。

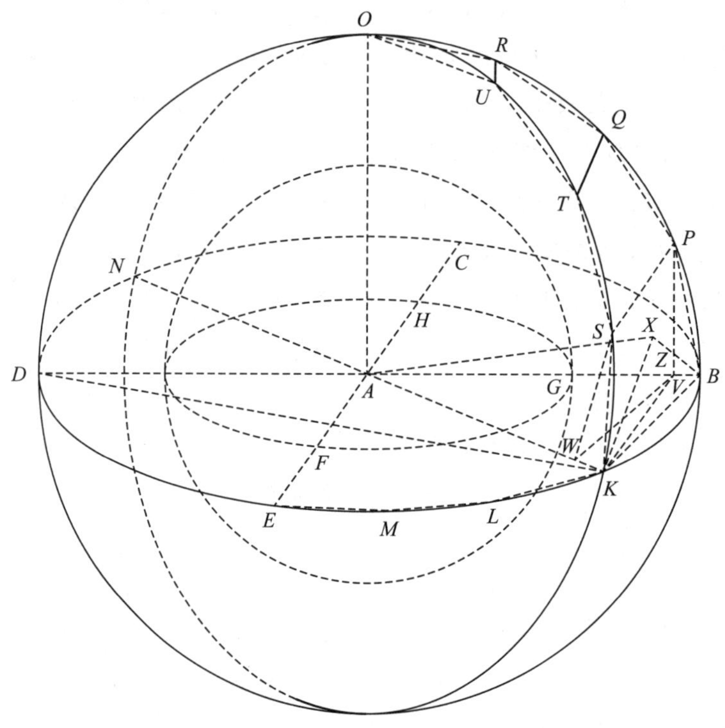

圆与圆的直径，它大于所有在圆或球中所作的其他线段[命题Ⅲ.15]。因此，设*BCDE*是较大球中的圆，*FGH*是较小球中的圆。作出它们的互成直角的两条直径*BD*与*CE*。这里有圆心相同的两个圆*BCDE*与*FGH*，设在较大圆*BCDE*中作一个内接偶数边等边多边形，它与较小圆*FGH*不相切[命题Ⅻ.16]，设*BK*，*KL*，*LM*，*ME*是多边形在象限*BE*内的边。连接*KA*并延长至*N*。设从点*A*作*AO*与圆*BCDE*所在的平面成直角，且与较大球的表面相交于点*O*。通过*AO*与直径*BD*及*KN*每个作平面。根据上面的讨论，它们在较大球的表面上作出大圆，设大圆已经作出，又设其中*BOD*与*KON*分别是*BD*与*KN*上的半圆。且由于*OA*与圆*BCDE*的平面成直角，所有通过*OA*的平面因此都与圆*BCDE*所在的平面成直角[命题Ⅺ.18]。且因而，半圆*BOD*与*KON*也与圆*BCDE*的平面成直角。且由于半圆*BED*，*BOD*与*KON*相等(由于它们在相等的直径*BD*与*KN*上[定义Ⅲ.1])，四分之一象限*BE*，*BO*，*KO*也彼此相等。因此，多边形在象限*BE*中有多少条边，象限*BO*与*KO*上也有多少条边等于线段*BK*，*KL*，*LM*，*ME*。设它们内接于较大圆，又设它们是*BP*，*PQ*，*QR*，*RO*，*KS*，*ST*，*TU*，*UO*。连接*SP*，*TQ*，*UR*。并由*P*与*S*作圆*BCDE*所在平面的垂线[命题Ⅺ.11]。它们落在平面*BD*，*KN*(与*BCDE*)的公共部分，由于*BOD*，*KON*所在的平面也与圆*BCDE*所在的平面成直角[定义Ⅺ.4]。设垂线已作出,并设它们是 PV 与 SW。连接 WV。且由于 BP 与 KS 是由相等的半圆 BOD,KON 中截出的相等圆弧[命题Ⅲ.28],而且 PV 与 SW 是由它们的端点所作的垂线,PV 因此等于 SW,且 BV 等于 KW[命题Ⅲ.27,Ⅰ.26]。而整个 BA 也等于整个 KA。且因此,BV 比 VA 如同 KW 比 WA,WV 因此平行于 KB[命题Ⅵ.2]。又由于 PV 与 SW 每个都与圆 $BCDE$ 所在平面成直角,PV 因此与 SW 平行[命题Ⅺ.6]。且已经证明了它们相等,因此,WV 与 SP 既平行又相等[命题Ⅰ.33]。又由于 WV 平行于 SP,但 WV 也平行于 KB,SP 因此也平行于 KB[命题Ⅺ.9]。且 BP 与 KS 连接它们。因此四边形 $KBPS$ 在一个平面中,因为若有两条平行直线,并在其中每一条上任意取点,则连接这些点的线与两条平行线在一个平面中[命题Ⅺ.7]。同理,四边形 $SPQT$ 与 $TQRU$ 每个都在一个平面中。并且三角形 URO 也在一个平面中[命题Ⅺ.2]。故若我们设想由点 P,S,T,Q,R,U 到 A 连线,则在圆弧 BO 与 KO 之间构建了一个多面体,它包含了以四边形 $KBPS$,$SPQT$,$TQRU$ 与三角形 URO 为底面,以 A 为顶点的诸棱锥。又若我们在每一边 KL,LM,ME 上如像在 BK 上一样给出相同的构形,更进一步在剩下的三个象限中也重复相同的构形,于是在球中构建了一个内接多面体,它由底面为上述诸四边形及三角形 URO、A 为顶点的诸棱锥构成。

我说上述多面体不会在圆 FGH 所在的曲面上与较小的圆相切。

设由点 A 向四边形 $KBPS$ 所在的平面作垂线 AX,并设它与平面交于点 X[命题Ⅺ.11]。连接 XB 与 XK。且由于 AX 与四边形 $KBPS$ 所在平面成直角,它因此也与四边形所在平面中所有与它相连接的直线成直角[定义Ⅺ.3]。因此,AX 与直线 BX,XK 每个都成直角。且由于 AB 等于 AK,AB 上的正方形也等于 AK 上的正方形。而 AX 与 XB 上的正方形之和等于 AB 上的正方形。因为在 X 的角是直角[命题Ⅰ.47]。而 AX 与 XK 上的正方形之和等于 AK 上的正方形[命题Ⅰ.47]。因此,AX 与 XB 上的正方形之和等于 AX 与 XK 上的正方形之和。设由以上二者减去 AX 上的正方形。于是,剩下的 BX 上的正方形等于剩下的 XK 上的正方形。因此,BX 等于 XK。类似地,我们可以证明,由 X 到 P,S 的连线等于 BX,XK 每个。因此,以 X 为圆心,以 XB 或 XK 为半径所作在四边形所在平面中的圆也通过 P 与 S,且四边形 $KBPS$ 在圆之内。

且由于 KB 大于 WV,而 WV 等于 SP,KB 因此大于 SP。且 KB 等于 KS 与 BP 每个。因此,KS 与 BP 每个都大于 SP。且由于四边形 $KBPS$ 在一个圆中,KB,BP,KS 彼此相等,而 PS 小于它们,且 BX 是圆的半径,KB 上的正方形因此大于 BX 上的正方形的两倍。[1] 设由 K 向 BV

[1] 因为 KB,BP 与 KS 大于一个内接四边形的边,每条边长均为 $\sqrt{2}BX$。

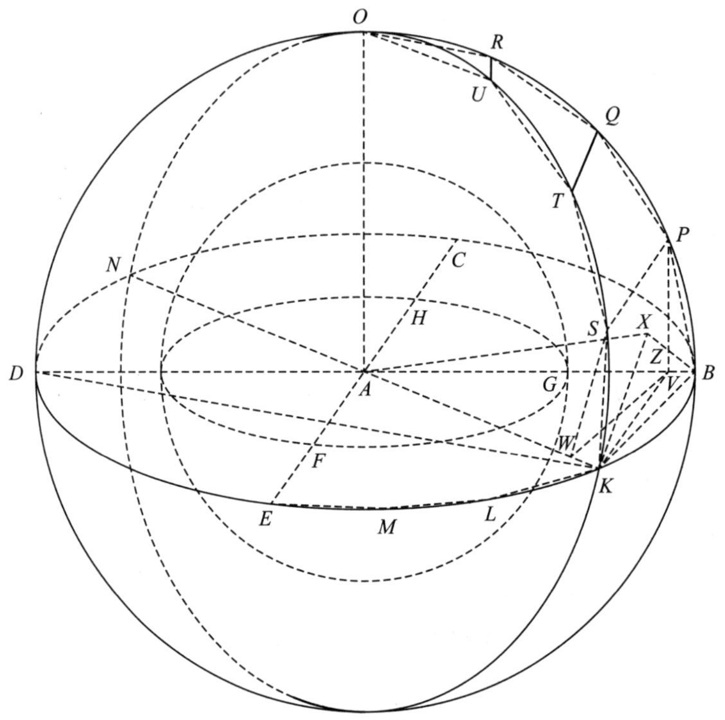

（注：为方便读者阅读，译者将第 374 页图复制到此处。）

作垂线 KZ。[①] 注意点 Z 与 V 其实是同一点。由于 BD 小于 DZ 的两倍，且 BD 比 DZ 如同 DB 与 BZ 所夹矩形比 DZ 与 ZB 所夹矩形（在 BZ 上作一个正方形，在 ZD 上作一个短边等于 BZ 的矩形），DB 与 BZ 所夹矩形因此也小于 DZ 与 ZB 所夹矩形的两倍。连接 KD，DB，BZ 所夹矩形等于 BK 上的正方形，DZ 与 ZB 所夹矩形等于 KZ 上的正方形［命题Ⅲ.31，Ⅵ.8 推论］。因此，KB 上的正方形小于 KZ 上的正方形的两倍。但 KB 上的正方形大于 BX 上的正方形的两倍。因此，KZ 上的正方形大于 BX 上的正方形。且由于 BA 等于 KA，BA 上的正方形等于 AK 上的正方形。而 BX 与 XA 上的正方形之和等于 BA 上的正方形，KZ 与 ZA 上的正方形之和等于 KA 上的正方形［命题Ⅰ.47］。因此，BX 与 XA 上的正方形之和等于 KZ 与 ZA 上的正方形之和，其中 KZ 上的正方形大于 BX 上的正方形。所以，剩下的 ZA 上的正方形小于剩下的 XA 上的正方形。因此，AX 大于 AZ。于是，AX 更大于 AG。[②] 且 AX 是多面体一个底面上的垂线，而 AG 是较小球表面上的垂线。因而，多面体不会与较小球的表面相切。

这样，在给定两个同心球的较大球中作出了内接多面体，但不与较小球面相切。这就是需要做的。

---

① 注意点 Z 与 V 其实是同一点。

② 这个结论依赖于以下事实，命题Ⅻ.16 中多边形的弦不触及内圆。

推　论

此外还有,若与球 $BCDE$ 的内接多面体相似的多面体中内接另一个球,则球 $BCDE$ 的内接多面体比另一球的内接多面体是球 $BCDE$ 直径与另一球直径之立方比。因为若这两个立体被分为编号相似且位置相似的棱锥,则这些棱锥对应地相似。而相似棱锥之比是对应边之立方比[命题 Ⅻ. 8 推论]。因此,以四边形 $KBPS$ 为底面,以 A 为顶点的棱锥与另一球内位置相似的棱锥之比,是对应边之立方比。也就是以 A 为球心的球半径与另一球半径之立方比。类似地,在以 A 为球心的球中的每个棱锥与另一球中位置相似的棱锥之比,是 AB 与另一球半径之立方比。且前项之一比后项之一如同所有前项之和比所有后项之和[命题Ⅴ. 12]。因而,以 A 为球心的球内的整个多面体比另一个球内的整个多面体,是 AB 与另一球半径之立方比。也就是直径 BD 与另一球直径之立方比。这就是需要证明的。

命题 18

球与球之比是其直径之立方比。

考虑球 ABC 与 DEF,并设 BC 与 EF 分别是它们的直径。我说球 ABC 与球 DEF 之比是 BC 与 EF 之立方比。

其理由如下。若球 ABC 比球 DEF 不是 BC 与 EF 之立方比,则球 ABC 比某一个小于或大于球 DEF 的球是 BC 与 EF 之立方比。首先设对一个较小的球 GHK 有这个比,设想球 DEF 与球 GHK 同心。并设一个多面体内接于较大球 DEF,它不与较小球 GHK 相切[命题 Ⅻ. 17]。又设有一个与球 DEF 中多面体相似的多面体内接于球 ABC 中,因此 ABC 中的多面体比 DEF 中的多面体是 BC 与 EF 之立方比[命题 Ⅻ. 17 推论]。并且球 ABC 比球 GHK 是 BC 与 EF 之立方比。于是,球 ABC 比球 GHK 如同球 ABC 中的多面体比球 DEF 中的多面体。因此,由更比例,球 ABC 比其中的多面体如同球 GHK 比球 DEF 中的多面体[命题Ⅴ. 16]。而球 ABC 大于其中的多面体。因此,球 GHK 也大于球 DEF 中的多面体[命题Ⅴ. 14]。但是它也小于,因为球 GHK 被多面体所包含。因此,球 ABC 比一个小于球 DEF 的球,不是直径 BC 与直径 EF 之立方比。类似地,我们可以证明,球 DEF 比一个小于球 ABC 的球,也不是 EF 与 BC 之立方比。

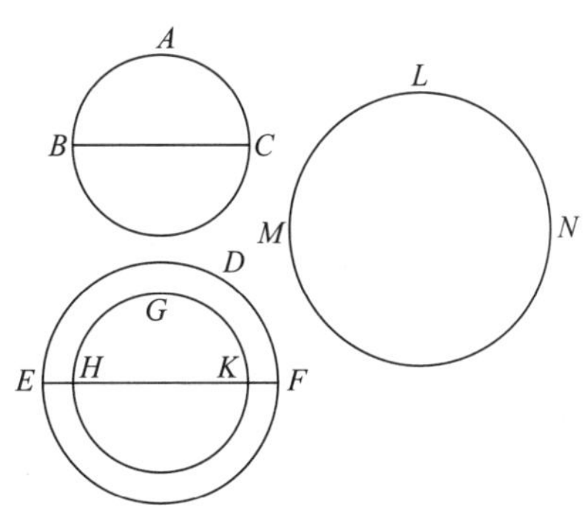

我说,球 ABC 比一个大于球 DEF 的球,不是 BC 与 EF 之立方比。

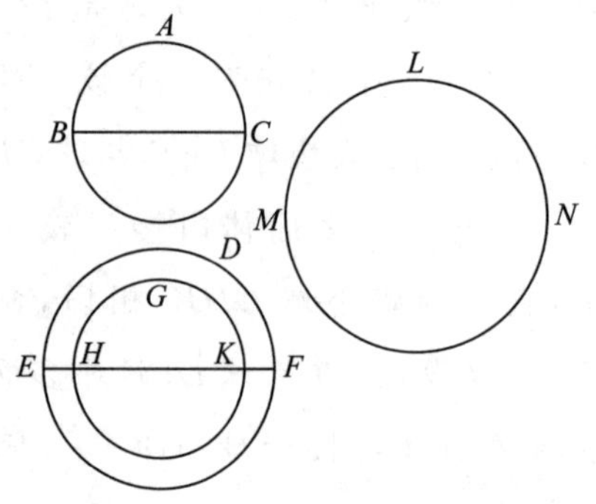

（注：为方便读者阅读，译者将第 377 页图复制到此处。）

其理由如下。设它与一个较大的球 *LMN* 之比是这个立方比，检验是否可能。这时由反比例，球 *LMN* 与球 *ABC* 之比是直径 *EF* 与 *BC* 之立方比［命题Ⅴ.7 推论］。且球 *LMN* 比球 *ABC* 如同球 *DEF* 比某一个小于球 *ABC* 的球，由于前已证明 *LMN* 大于 *DEF*［命题Ⅻ.2 引理］。且因此，球 *DEF* 与一个小于球 *ABC* 的球之比是 *EF* 与 *BC* 之立方比，已经证明了这是不可能的。因此，球 *ABC* 与一个大于球 *DEF* 的球之比不是 *BC* 与 *EF* 之立方比。且也已证明，它也不会与较小的球有这样的比。因此，球 *ABC* 比球 *DEF* 是 *BC* 与 *EF* 之立方比。这就是需要证明的。

第十三卷　柏拉图多面体[①]

• *Book XIII. The Platonic Solids* •

据说，托勒密王问欧几里得：“学习几何学有没有捷径可走？”欧几里得回答道：“几何无王者之路。”

① 五种正多面体——立方体、正四面体、正八面体、正十二面体、正二十面体——通常被称为“柏拉图”立体，因为它们在柏拉图的名著《提摩太》对话中起重要作用。这本书中包含的许多定理，特别是与后两个立体有关的那些定理，都被归功于雅典的特埃特图斯(Theaetetus of Athens)。

第十三卷 内容提要

（译者编写）

黄金分割很早就为人所知，命题 XIII．1－6 讨论了它的产生方法及与$\sqrt{5}$和余线的关系。随后讨论了五边形。在最后一个命题 XIII．18 中得到棱锥（即正四面体）、正八面体、立方体、正十二面体与正二十面体的边长满足以下不等式：$\sqrt{\frac{8}{3}} > \sqrt{2} > \sqrt{\frac{4}{3}} > \frac{1}{\sqrt{5}}\sqrt{10-\frac{2}{\sqrt{5}}} > \frac{1}{3}(\sqrt{15}-\sqrt{3})$，并指出只可能存在这五种正多面体。

表 13.1 第十三卷中的命题分类

XIII．1－6	A：黄金分割
XIII．7－12	B：正五边形、正六边形、正十边形
XIII．13－18	C：正多面体

◀柏拉图雕像。

命题 1

若把一条线段作黄金分割，则较大者与整条线段一半之和上的正方形为整条线段一半上的正方形的五倍。

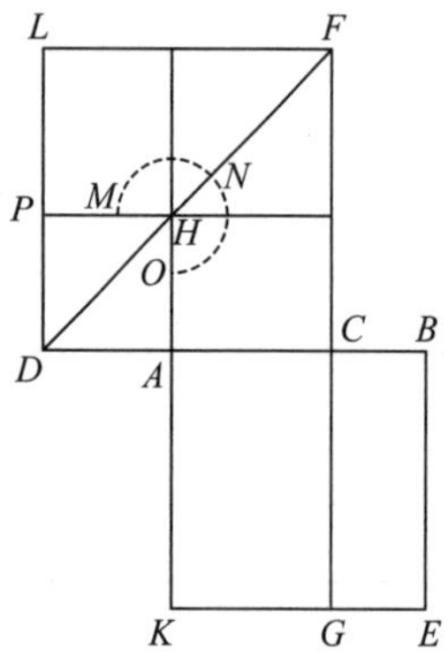

设线段 AB 在点 C 被黄金分割，AC 为较大者。设线段 AD 与线段 CA 在同一直线上，并使 AD 等于 AB 的一半。我说 CD 上的正方形是 DA 上的正方形的五倍。

其理由如下。设在 AB 与 DC 上分别作正方形 AE 与 DF，延长 FC 至 G。则由于 AB 在 C 点被黄金分割，AB 与 BC 所夹矩形因此等于在 AC 上的正方形[定义Ⅵ.3，命题Ⅵ.17]。且 CE 是 AB 与 BC 所夹矩形，而 FH 是在 AC 上的正方形。因此，CE 等于 FH。且由于 BA 是 AD 的两倍，BA 等于 KA，AD 等于 AH，KA 因此也是 AH 的两倍。又 KA 比 AH 如同 CK 比 CH[命题Ⅵ.1]。因此，CK 是 CH 的两倍。而 LH 加 HC 也是 CH 的两倍[命题Ⅰ.43]。所以，KC 等于 LH 加 HC。且 CE 也已被证明等于 HF。因此，整个正方形 AE 等于拐尺形 MNO。且由于 BA 是 AD 的两倍，BA 上的正方形是 AD 上的正方形的四倍，即 AE 是 DH 的四倍。而 AE 等于拐尺形 MNO。因此，拐尺形 MNO 也是 AP 的四倍。于是，整个 DF 是 AP 的五倍。而 DF 是在 DC 上的正方形，AP 是在 DA 上的正方形。因此，CD 上的正方形是 DA 上的正方形的五倍。

这样，若把一条线段作黄金分割，则较大者与整条线段一半之和上的正方形为整条线段一半上的正方形的五倍。这就是需要证明的。

命题 2

若一条线段上的正方形是它的一部分上的正方形的五倍，则把这部分加倍后作黄金分割，其较大者是原线段剩下的部分。

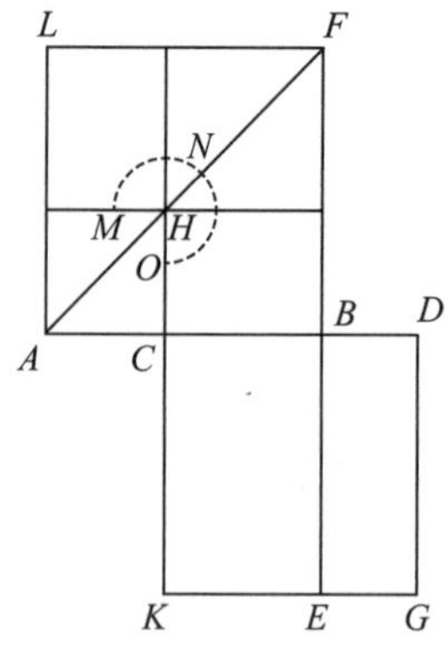

设线段 AB 上的正方形是它的一部分 AC 上的正方形的五倍。设 CD 是 AC 的两倍。我说若 CD 被黄金分割，则其较

大者是 CB。

其理由如下。设在 AB 与 CD 上分别作正方形 AF 与 CG，设 AF 中的图形已作出。作出 BE。由于 BA 上的正方形是 AC 上的正方形的五倍，AF 是 AH 的五倍。因此，拐尺形 MNO 是正方形 AH 的四倍。又由于 DC 是 CA 的两倍，DC 上的正方形因此是 CA 上的正方形的四倍，即 CG 是 AH 的四倍。而拐尺形 MNO 也已被证明是 AH 的四倍。因此，拐尺形 MNO 等于 CG。又由于 DC 是 CA 的两倍，且 DC 等于 CK，AC 等于 CH[KC 因此也是 CH 的两倍]，而 KB 也是 BH 的两倍[命题Ⅵ.1]。但 LH 加上 HB 也是 HB 的两倍[命题Ⅰ.43]。因此，KB 等于 LH 加上 HB。而整个拐尺形 MNO 已被证明等于整个 CG。所以，剩下的 HF 就等于剩下的 BG。由于 CD 等于 DG，BG 是 CD 与 DB 所夹矩形。而 HF 是 CB 上的正方形，因此，CD 与 DB 所夹矩形等于 CB 上的正方形。所以，DC 比 CB 如同 CB 比 BD[命题Ⅵ.17]。且 DC 大于 CB（见引理）。因此，CB 也大于 BD[命题Ⅴ.14]。所以，若线段 CD 被黄金分割，CB 是较大者。

这样，若一条线段上的正方形是它的一部分上的正方形的五倍，则把这部分加倍后作黄金分割，其较大者是原线段剩下的部分。这就是需要证明的。

引　理

也可以证明 AC 的两倍（即 DC）大于 BC。

其理由如下。若两倍的 AC 不大于 BC，检验是否可能，设 BC 是 CA 的两倍。因此，BC 上的正方形是 CA 上的正方形的四倍。于是，BC 与 CA 上的正方形之和是 CA 上的正方形的五倍。而 BA 上的正方形已假设为也是 CA 上的正方形的五倍。因此，BA 上的正方形等于 BC 与 CA 上的正方形之和，而这是不可能的[命题Ⅱ.4]。因此 CB 不是 AC 的两倍。类似地，我们也可以证明，一条小于 CB 的线段也不可能是 CA 的两倍。因为这种情况更加荒谬。

这样，AC 的两倍大于 CB。这就是需要证明的。

命题 3

若一条线段被黄金分割，则较小者与较大者一半之和上的正方形是较大者一半上的正方形的五倍。

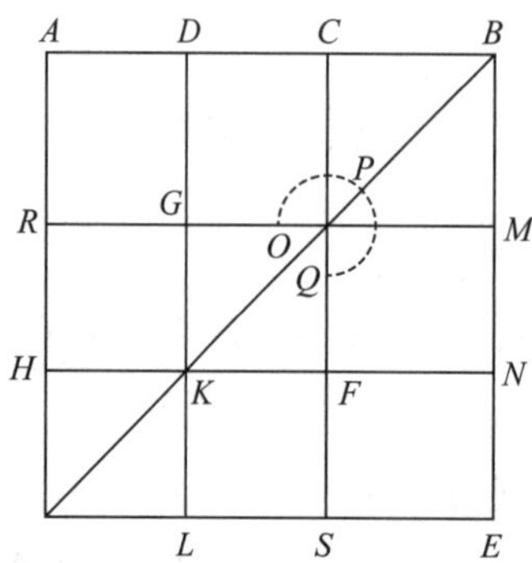

设线段 AB 在点 C 被黄金分割。AC 为较大者。又设 AC 在 D 被等分。我说 BD 上的正方形是 DC 上的正方形的五倍。

其理由如下。设在 AB 上作正方形 AE。由于 AC 是 DC 的两倍，AC 上的正方形因此是 DC 上的正方形的四倍，即正方形 RS 是 FG 的四倍。且由于 AB 与 BC 所夹矩形等于 AC 上的正方形[定义Ⅵ.3，命题Ⅵ.17]，而 CE 是 AB 与 BC 所夹矩形，CE 因此等于 RS。且 RS 是 GF 的四倍，因此，CE 也是 GF 的四倍。又由于 AD 等于 DC，HK 也等于 KF。因而，正方形 GF 也等于正方形 HL，所以，GK 等于 KL，即 MN 等于 NE。因而，MF 也等于 FE。但 MF 等于 CG。因此，CG 也等于 FE。设把 CN 加于二者。于是，拐尺形 OPQ 等于 CE。但是，CE 已被证明等于 GF 的四倍，因此，拐尺形 OPQ 也等于正方形 FG 的四倍。所以，拐尺形 OPQ 加上正方形 FG 是 FG 的五倍。但是，拐尺形 OPQ 加上正方形 FG 是正方形 DN。且 DN 是 DB 上的正方形，而 GF 是 DC 上的正方形，因此，DB 上的正方形是 DC 上的正方形的五倍。这就是需要证明的。

命题 4

若一条线段被黄金分割，则整条线段上的正方形与较小者上的正方形之和是较大者上的正方形的三倍。

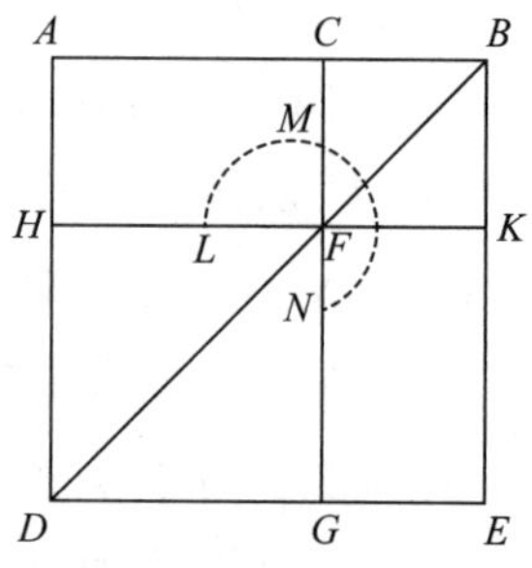

设线段 AB 在点 C 被黄金分割，AC 为较大者。我说 AB 与 BC 上的正方形之和是 CA 上的正方形的三倍。

其理由如下。设在 AB 上作正方形 $ADEB$，并设剩下的图形已作出。由于 AB 在 C 被黄金分割，且 AC 为较大者，AB 与 BC 所夹矩形因此等于 AC 上的正方形[定义Ⅵ.3，命题Ⅵ.17]。且 AK 是 AB 与 BC 所夹矩形，HG 是 AC 上的正方形，因此，AK 等于 HG。且由于 AF 等于 FE[命题Ⅰ.43]，设把 CK 加于二者。于是，整个 AK 等于整个 CE，所以，AK 加上 CE 等于 AK 的两倍。但是 AK 加上 CE 是拐尺形 LMN 加上正方形 CK。因此，拐尺形 LMN 加上正方形 CK 是 AK 的两倍。但是实际上，AK 也已被证明等于 HG，所以，拐尺形 LMN 加上正方形 CK 是 HG 的两倍。因而，拐尺形 LMN 加上正方形 CK，HG 是正方形 HG 的三倍。而拐尺形 LMN 加上正方形 CK 及 HG 是整个 AE 加上 CK(它们分别是 AB 与 BC 上的正方形),且 GH 是 AC 上的正方形。因此,AB 与 BC 上的正方形之和是 AC 上的正方形的三倍。这就是需要证明的。

命题 5

若一条线段被黄金分割,并对之加上等于较大者的线段,则整条线段也被黄金分割,而原线段成为较大者。

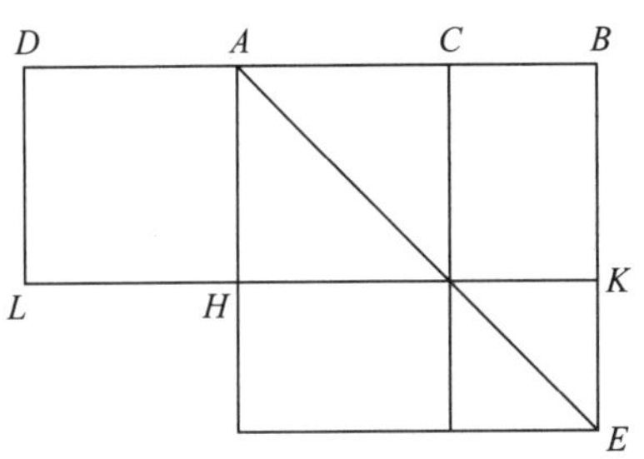

设线段 AB 在 C 点被黄金分割,AC 为较大者,又使 AD 等于 AC。我说线段 DB 在 A 被黄金分割,原线段 AB 是较大者。

其理由如下。设在 AB 上作正方形 AE,并设图形的剩余部分已作出。由于 AB 在 C 点被黄金分割,AB 与 BC 所夹矩形等于 AC 上的正方形[定义 Ⅵ.3,命题 Ⅵ.17]。且 CE 是 AB 与 BC 所夹矩形,而 CH 是 AC 上的正方形。但是,HE 等于 CE[命题 Ⅰ.43],DH 等于 HC。因此,DH 也等于 HE。(设把 HB 加于二者。)于是,整个 DK 等于整个 AE。而 DK 是 BD 与 DA 所夹矩形。因为 AD 等于 DL。AE 是 AB 上的正方形。因此,BD 与 DA 所夹矩形等于 AB 上的正方形。于是,DB 比 BA 如同 BA 比 AD[命题 Ⅵ.17]。且 DB 大于 BA,因此,BA 也大于 AD[命题 Ⅴ.14]。

这样,DB 在 A 被黄金分割,且 AB 为较大者。这就是需要证明的。

命题 6

若一条有理线段被黄金分割,则每一段都是被称为余线的无理线段。

D A C B

设 AB 在 C 点被黄金分割,AC 为较大者。我说线段 AC 与 CB 都是被称为余线的无理线段。

其理由如下。延长 BA,并使 AD 为 BA 的一半。因此,由于线段 AB 被黄金分割于 C,并且 AB 的一半 AD 被加到较大者 AC 上,CD 上的正方形因此是 DA 上的正方形的五倍[命题 XIII.1]。所以,CD 上的正方形比 DA 上的正方形是某个数比某个数。CD 上的正方形因此与 DA 上的正方形可公度[命题 X.6]。且 DA 上的正方形是有理的。因为作为有理的 AB 的一半,DA 是有理的。因此,CD 上的正方形也是有理的[定义 X.4]。所以,CD 也是有理的。又由于 CD 上的正方形比 DA 上的正方形不同于某个平方数比某个平方数，CD 因此与 DA 长度不可公度[命题Ⅹ.9]。于是，CD 与 DA 是仅平方可公度的有理线段，所以，AC 是一条余线[命题Ⅹ.73]。又由于 AB 被黄金分割，且 AC 是较大者，AB 与 BC 所夹矩形因此等于 AC 上的正方形[定义Ⅵ.3，命题Ⅵ.17]。于是，把余线 AC 上的正方形适配于有理线段 AB，产生宽 BC。但余线上的正方形适配于有理线段产生的宽为第一余线[命题Ⅹ.97]。因此，CB 是第一余线。且 CA 也已被证明是一条余线。

D　A　C　B

（注：为方便读者阅读，译者将第 385 页图复制到此处。）

这样，若一条有理线段被黄金分割，则每一段都是被称为余线的无理线段。

命题 7

若一个等边五边形有三个相邻或不相邻的角相等，则它是等角的。

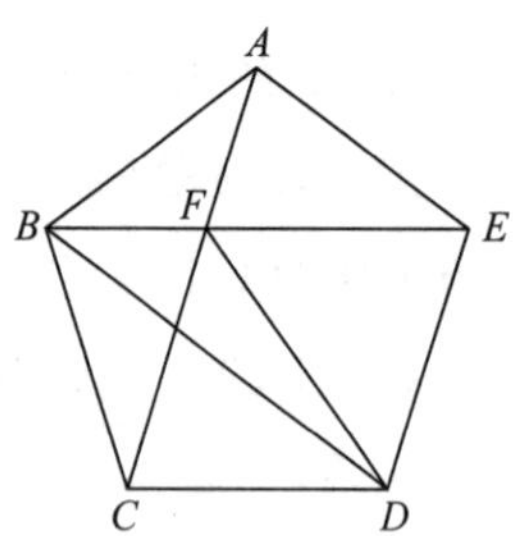

首先设在等边五边形 $ABCDE$ 中，相邻的三个角 A，B，C 彼此相等。我说五边形 $ABCDE$ 是等角的。

其理由如下。连接 AC，BE，FD。由于两条线段 CB 与 BA 分别等于两条线段 BA 与 AE，且角 CBA 等于 BAE，底边 AC 因此等于底边 BE，三角形 ABC 等于三角形 ABE，且对向等边的剩下的角相等[命题Ⅰ.4]，也就是 BCA 等于 BEA，以及 ABE 等于 CAB。因而边 AF 也等于边 BF[命题Ⅰ.6]。而整条 AC 已被证明等于整条 BE，因此，剩下的 FC 等于剩下的 FE。且 CD 也等于 DE。因此，两条线段 FC 与 CD 分别等于两条线段 FE 与 ED，且 FD 是它们的公共底边。所以，角 FCD 等于角 FED[命题Ⅰ.8]。而 BCA 也已被证明等于 AEB。且因此，整个 BCD 等于整个 AED。但角 BCD 被假设等于在 A 与 B 的角。因此，角 AED 也等于在 A，B 处的角。类似地，我们可以证明，CDE 也等于在 A，B，C 处的角，因此，五边形 $ABCDE$ 是等角的。

然后设相等的角并不相邻，在点 A，C，D 处的角是相等角，我说五边形 $ABCDE$ 在这种情况下也是等角的。

其理由如下。连接 BD。由于两条线段 BA 与 AE 分别等于两条线段 BC 与 CD，且它们所夹的角相等，底边 BE 因此等于底边 BD，三角形 ABE 等于三角形 BCD，且等边对向的剩下的角相等[命题Ⅰ.4]。因此，角 AEB 等于角 CDB。而角 BED 也等于角 BDE，由于边 BE 也等于边 BD[命题Ⅰ.5]。因此，整个角 AED 也等于整个角 CDE。但角 CDE 被假设为等于在点 A 与 C 的角，因此，角 AED 也等于在点 A 与 C 的角。故同理，角 ABC 也等于在 A，C，D 的角。因此五边形 $ABCDE$ 是等角的。这就是需要证明的。

命题 8

等边等角五边形中对向相邻二角的线段彼此黄金分割,较大者等于五边形的边。

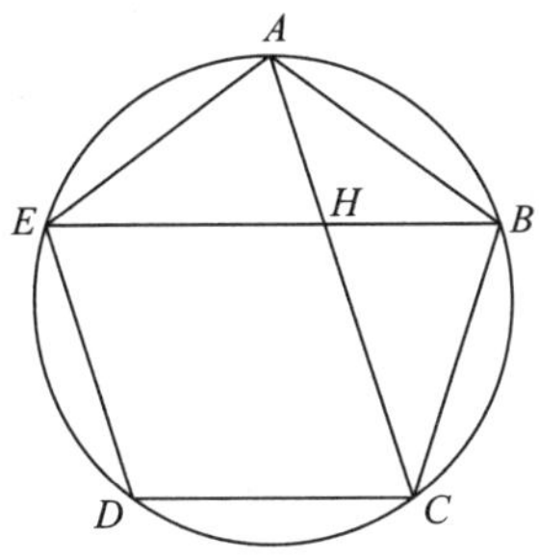

设等边等角五边形 $ABCDE$ 中,分别对向在 A 与 B 的相邻二角的两条线段 AC 与 BE 相交于点 H。我说它们每个都在点 H 被黄金分割,其较大者等于五边形的边。

其理由如下。设圆 $ABCDE$ 有内接五边形 $ABCDE$[命题Ⅳ.14]。由于两条线段 EA 与 AB 分别等于两条线段 AB 与 BC,且它们所夹的角相等,底边 BE 因此等于底边 AC,且三角形 ABE 等于三角形 ABC,剩下的角分别等于剩下的角,它们对向相等的边[命题Ⅰ.4]。因此,角 BAC 等于角 ABE。于是,角 AHE 是角 BAH 的两倍[命题Ⅰ.32]。而 EAC 也是 BAC 的两倍,由于圆弧 EDC 也是圆弧 CB 的两倍[命题Ⅲ.28,Ⅵ.33]。因此,角 HAE 等于角 AHE。所以,线段 HE 也等于线段 EA,即等于 AB[命题Ⅰ.6]。又由于线段 BA 等于 AE,角 ABE 也等于 AEB[命题Ⅰ.5]。但是,ABE 已被证明等于 BAH。因此 BEA 也等于 BAH。并且角 ABE 对两个三角形 ABE 与 ABH 是公共的。因此,剩下的角 BAE 等于剩下的角 AHB[命题Ⅰ.32]。所以,三角形 ABE 与三角形 ABH 是等角的。于是有比例:EB 比 BA 如同 AB 比 BH[命题Ⅵ.4]。且 BA 等于 EH。因此,BE 比 EH 如同 EH 比 HB。且 BE 大于 EH,EH 因此也大于 HB[命题Ⅴ.14]。所以,BE 在 H 被黄金分割,且较大者 HE 等于五边形的边。类似地,我们可以证明,AC 也在点 H 被黄金分割,且较大者 CH 等于五边形的边。这就是需要证明的。

命题 9

若把内接于同一个圆的正六边形的边与正十边形的边加在一起,则整条线段在连接点被黄金分割,其较大者是正六边形的边。[①]

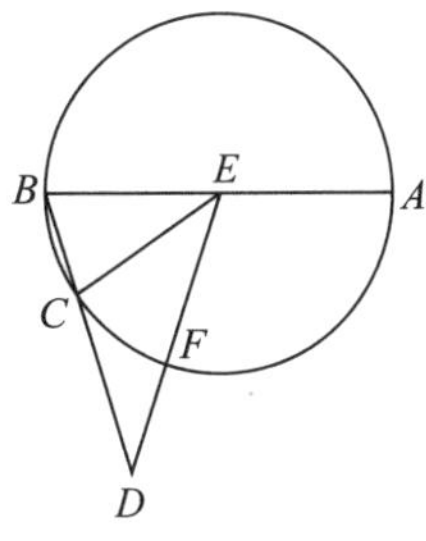

设 ABC 是一个圆,BC 是其内接正十边形的边,CD 是其内接正六边形的边,把

① 若圆的半径是单位长度,则六边形的边长是 1,十边形的边长是 $\frac{1}{2}(\sqrt{5}-1)$。

它们接续于同一条直线上。我说整条线段 BD 被黄金分割于 C，且 CD 是较大者。

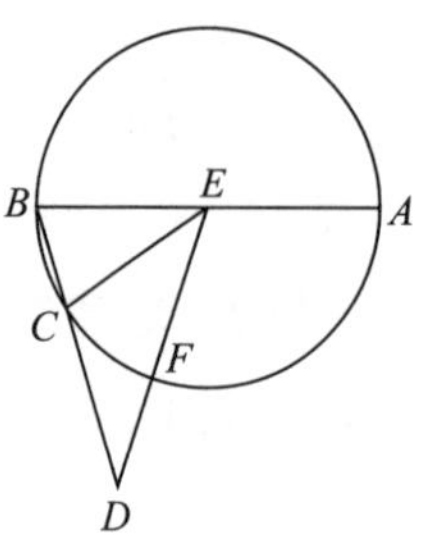

（注：为方便读者阅读，译者将第 387 页图复制到此处。）

其理由如下。设已找到圆的圆心点 E［命题Ⅲ.1］，连接 EB，EC 与 ED，并延长 BE 至 A。由于 BC 是正十边形的一边，圆弧 ACB 因此是圆弧 BC 的五倍。所以，圆弧 AC 是圆弧 BC 的四倍。且圆弧 AC 比 CB 如同角 AEC 比角 CEB［命题Ⅵ.33］。因此，角 AEC 是 CEB 的四倍。又由于角 EBC 等于 ECB［命题Ⅰ.5］，角 AEC 因此是 ECB 的两倍［命题Ⅰ.32］。又由于线段 EC 等于 CD（因为它们每个都等于内接于圆 ABC 的正六边形的边［命题Ⅳ.15 推论］），角 CED 也等于角 CDE［命题Ⅰ.5］。因此，角 ECB 是 EDC 的两倍［命题Ⅰ.32］。但 AEC 已被证明等于 ECB 的两倍，因此，AEC 是 EDC 的四倍。且 AEC 也已被证明是 BEC 的四倍。因此，EDC 等于 BEC。但是角 EBD 对两个三角形 BEC 与 BED 是公共的，于是，剩下的角 BED 等于剩下的角 ECB［命题Ⅰ.32］。所以，三角形 EBD 与三角形 EBC 等角。因此有比例：DB 比 BE 如同 EB 比 BC［命题Ⅵ.4］。但 EB 等于 CD。因此 BD 比 DC 如同 DC 比 CB。且 BD 大于 DC。于是，DC 也大于 CB［命题Ⅴ.14］。所以，线段 BD 在 C 被黄金分割，且 DC 是较大者。这就是需要证明的。

命题 10

若一个等边五边形内接于一个圆，则五边形边上的正方形等于内接于同一个圆的正六边形与正十边形边上的正方形之和。[①]

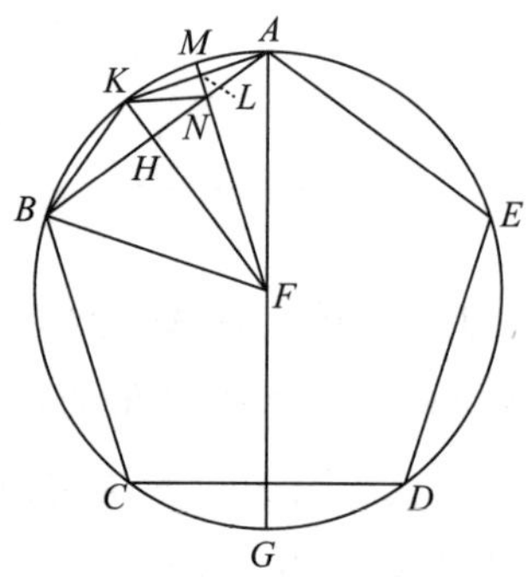

设 ABCDE 是一个圆，并设等边五边形 ABCDE 内接于圆 ABCDE。我说正五边形 ABCDE 的边上的正方形等于内接于这个圆 ABCDE 的正六边形与正十边形边上的正方形之和。

其理由如下。设已找到该圆的圆心点 F［命题Ⅲ.1］。连接 AF 并延长至点 G。又连接 FB。并通过点 F 作 FH 垂直于 AB 且交圆于点 K，连接 AK 与 KB。又设由 F 作 FL 垂直于 AK，并延长 FL 交圆于点 M，连接 KN。

由于圆弧 ABCG 等于圆弧 AEDG，其

① 若圆的半径是单位长度，则五边形的边长是 $\frac{1}{2}\sqrt{10-2\sqrt{5}}$

中 ABC 等于 AED，剩下的圆弧 CG 因此等于剩下的圆弧 GD。而 CD 是正五边形的边，CG 因此是正十边形的边。又由于 FA 等于 FB，FH 垂直于 AB，角 AFK 因此也等于 KFB[命题 Ⅰ.5，Ⅰ.26]。因而，圆弧 AK 也等于 KB[命题Ⅲ.26]。因此，圆弧 AB 是圆弧 BK 的两倍。所以，线段 AK 是正十边形的边。同理，AK 也是 KM 的两倍。且由于圆弧 AB 是圆弧 BK 的两倍，而圆弧 CD 等于圆弧 AB，圆弧 CD 因此也是圆弧 BK 的两倍。但圆弧 CD 也是圆弧 CG 的两倍。因此，圆弧 CG 等于圆弧 BK。但 BK 是 KM 的两倍，由于 KA 也是 KM 的两倍。因此圆弧 CG 也是圆弧 KM 的两倍。但事实上，圆弧 CB 也是圆弧 BK 的两倍，因为圆弧 CB 等于圆弧 BA。因此，整个圆弧 GB 也是 BM 的两倍。因而，角 GFB 也是角 BFM 的两倍[命题Ⅵ.33]。且 GFB 也是 FAB 的两倍。因为 FAB 等于 ABF。于是，BFN 也等于角 FAB。且角 ABF 是三角形 ABF 与 BFN 的公共角。因此，剩下的角 AFB 等于剩下的角 BNF[命题 Ⅰ.32]。所以，三角形 ABF 与三角形 BFN 等角。因此有比例：线段 AB 比 BF 等于 FB 比 BN[命题Ⅳ.4]。所以，AB 与 BN 所夹矩形等于 BF 上的正方形[命题Ⅳ.17]。又由于 AL 等于 LK，LN 是公共边且与 KA 成直角，底边 KN 因此等于底边 AN[命题 Ⅰ.4]。所以，角 LKN 等于角 LAN。但是，LAN 等于 KBN[命题Ⅲ.29，Ⅰ.5]，因此，LKN 也等于 KBN。且在 A 的角是两个三角形 AKB 与 AKN 的公共角。因此，剩下的角 AKB 等于剩下的角 KNA[命题 Ⅰ.32]。所以，三角形 KBA 与三角形 KNA 等角。因此有比例：线段 BA 比 AK 如同 KA 比 AN[命题Ⅵ.4]。所以，BA 与 AN 所夹矩形等于 AK 上的正方形[命题Ⅵ.17]。而且 AB 与 BN 所夹矩形也已被证明等于 BF 上的正方形，因此，AB 与 BN 所夹矩形加上 BA 与 AN 所夹矩形（即 BA 上的正方形），等于 BF 上的正方形加上 AK 上的正方形。并且 BA 是正五边形的边，BF 是正六边形的边[命题Ⅳ.15 推论]，AK 是正十边形的边。

这样，内接于一个圆的五边形的边上的正方形等于内接于同一个圆的正六边形与正十边形的边上的正方形之和。

命题 11

若一个等边五边形内接于一个圆，圆的直径是有理的，则该五边形的边是被称为次线的无理线段。

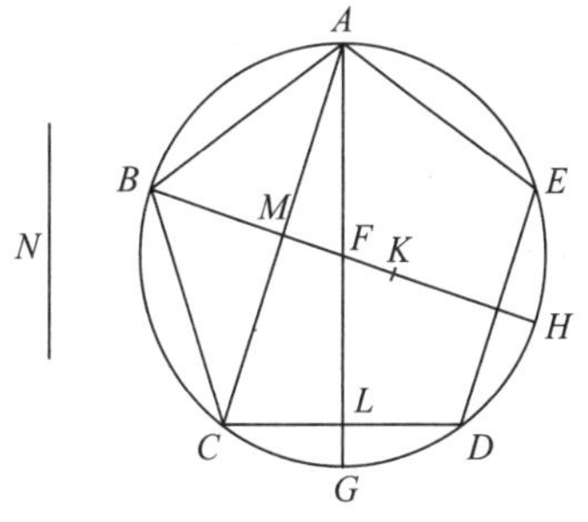

设等边五边形 $ABCDE$ 内接于圆 $ABCDE$，该圆的直径是有理的。我说五边形 $ABCDE$ 的边是被称为次线的无理线段。

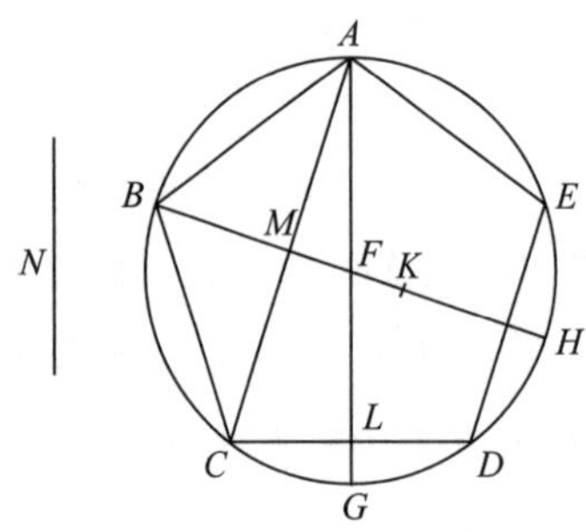

（注：为方便读者阅读，译者将第 389 页图复制到此处。）

其理由如下。设已找到圆的圆心为点 F[命题Ⅲ.1]。连接 AF 与 FB。并分别延长它们至点 G 与 H。连接 AC。并取 FK 等于 AF 的四分之一。AF 是有理的，FK 因此也是有理的。BF 也是有理的。因此，整个 BK 是有理的。且由于圆弧 ACG 等于圆弧 ADG，其中 ABC 等于 AED，剩下的 CG 因此等于 GD。若我们连接 AG，则在 L 的角是直角，并且这意味着 CD 是 CL 的两倍[命题Ⅰ.4]。同理，在 M 的角也是直角，且 AC 是 CM 的两倍。因此，由于角 ALC 等于 AMF，且角 LAC 是两个三角形 ACL 与 AMF 的公共角，剩下的角 ACL 因此等于剩下的角 MFA [命题Ⅰ.32]。于是三角形 ACL 与三角形 AMF 等角。所以有比例：LC 比 CA 如同 MF 比 FA[命题Ⅵ.4]。我们可以把前项加倍。于是，两倍的 LC 比 CA 如同两倍的 MF 比 FA。而两倍的 MF 比 FA 如同 MF 比 FA 的一半。因此，两倍的 LC 比 CA 如同 MF 比 FA 的一半。我们也可以把后项减半，于是，两倍的 LC 比 CA 的一半如同 MF 比 FA 的四分之一。而 DC 是 LC 的两倍，CM 是 CA 的一半，FK 是 FA 的四分之一。所以，DC 比 CM 如同 MF 比 FK。由合比例，DC 与 CM 之和比 CM 如同 MK 比 KF[命题Ⅴ.18]。因此，DC，CM 上的正方形之和比 CM 上的正方形如同 MK 上的正方形比 KF 上的正方形。又由于，对向五边形两边的线段如 AC，在黄金分割后，其较大者成为该五边形的一边[命题XIII.8]，即 DC，且较大者加上全线段的一半之和上的正方形，是全线段的一半上的正方形的五倍[命题XIII.1]。而 CM 是整个 AC 的一半，因此，DC，CM 上的正方形之和是 CM 上的正方形的五倍。而 DC，CM 上的正方形之和比 CM 上的正方形，已被证明如同 MK 上的正方形比 KF 上的正方形，因此，MK 上的正方形是 KF 上的正方形的五倍。且 KF 上的正方形是有理的，因为直径是有理的，因此，MK 上的正方形是有理的，于是 MK[只在平方的意义上]是有理的。又由于 BF 是 FK 的四倍，BK 因此是 KF 的五倍，所以，BK 上的正方形是 KF 上的正方形的二十五倍。而 MK 上的正方形是 KF 上的正方形的五倍。因此，BK 上的正方形是 KM 上的正方形的五倍。所以，BK 上的正方形与 KM 上的正方形不同于某个平方数比某个平方数。因此，BK 与 KM 长度不可公度[命题Ⅹ.9]。且其中每一条都是有理线段。所以，BK 与 KM 都是有理线段，它们仅平方可公度。而若从有理线段减去与它仅平方可公度的有理线段，则剩下的线段是无理线段，被称为余线[命题Ⅹ.73]。因此，MB 是一条余线，MK 是它的附加线段。我说 MB 也是一条第四余线。

其理由如下。使 N 上的正方形等于 BK 上的正方形大于 KM 上的正方形之差额。于是 BK 上的正方形大于 KM 上的正方形,其差额是 N 上的正方形。且由于 KF 与 FB 长度可公度,经由复合,KB 也与 FB 长度可公度[命题Ⅹ.15]。但 BF 与 BH 长度可公度。因此,BK 也与 BH 长度可公度[命题Ⅹ.12]。且由于 BK 上的正方形是 KM 上的正方形的五倍,BK 上的正方形与 KM 上的正方形之比因此是 5 比 1。于是经过换算,BK 上的正方形与 N 上的正方形之比是 5 比 4[命题Ⅴ.19 推论],这不同于某个平方数比某个平方数。BK 因此与 N 长度不可公度[命题Ⅹ.9]。所以,BK 上的正方形大于 KM 上的正方形,其差额是与 BK 长度不可公度的一条线段上的正方形。因此,由于全线段 BK 上的正方形大于附加线段 KM 上的正方形,其差额是与全线段 BK 长度不可公度的一条线段上的正方形,而整条线段 BK 与前面给出的有理线段 BH 长度可公度,MB 因此是第四余线[定义Ⅹ.14]。而有理线段与第四余线所夹矩形是无理的,其平方根是无理线段,被称为次线[命题Ⅹ.94]。又,AB 上的正方形等于 HB 与 BM 所夹矩形,因为当连接 AH 时,三角形 ABH 与三角形 ABM 成为等角的[命题Ⅵ.8],并且有比例:HB 比 BA 如同 AB 比 BM。

这样,五边形的边 AB 是被称为次线的无理线段。① 这就是需要证明的。

命题 12

若一个等边三角形内接于一个圆,则三角形边上的正方形是圆半径上的正方形的三倍。

设 ABC 是一个圆,等边三角形 ABC 内接于其中[命题Ⅳ.2]。我说三角形 ABC 边上的正方形是该圆半径上的正方形的三倍。

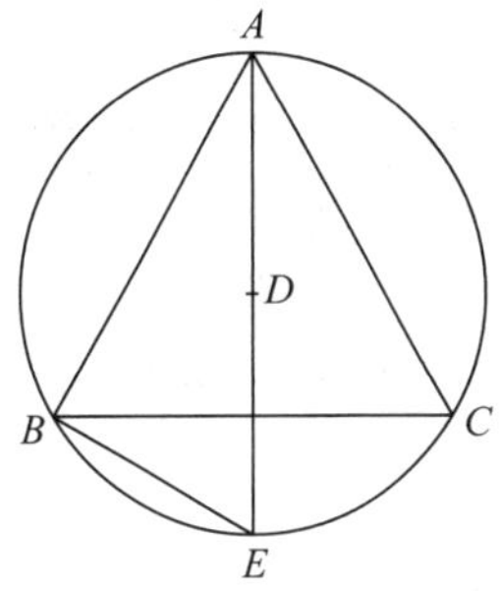

其理由如下。设圆 ABC 的圆心 D 已经找到[命题Ⅲ.1]。连接 AD 并延长至 E。连接 BE。

由于三角形 ABC 是等边的,圆弧 BEC 因此是整个圆周 ABC 的三分之一。所以,圆弧 BE 是整个圆周的六分之一。于是,线段 BE 是正六边形的边。所以它等于半径 DE。由于 AE 是 DE 的两倍,

---

① 若圆的半径是一单位,则五边形的边长是 $\frac{1}{2}\sqrt{10-2\sqrt{5}}$。然而这条线段可以写成"次线"的形式(见命题Ⅹ.94),$\frac{\rho}{\sqrt{2}}\sqrt{1+\frac{k}{\sqrt{1+k^2}}}-\frac{\rho}{\sqrt{2}}\sqrt{1-\frac{k}{\sqrt{1+k^2}}}$,其中 $\rho=\sqrt{\frac{5}{2}}$ 及 $k=2$。

因此 AE 上的正方形是 ED 上的正方形的四倍，即 BE 上的正方形的四倍。而 AE 上的正方形等于 AB 与 BE 上的正方形之和[命题Ⅲ.31，Ⅰ.47]。因此，AB 与 BE 上的正方形之和是 BE 上的正方形的四倍。于是容易看出，AB 上的正方形是 BE 上的正方形的三倍。且 BE 等于 DE。因此 AB 上的正方形是 DE 上的正方形的三倍。

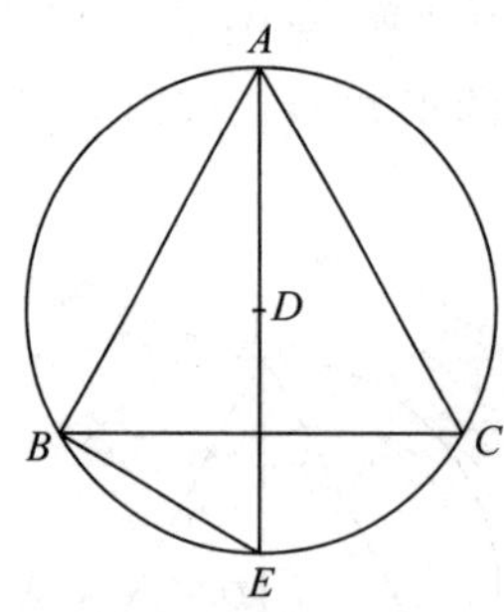

（注：为方便读者阅读，译者将第 391 页图复制到此处。）

这样，三角形边上的正方形是圆半径上的正方形的三倍。这就是需要证明的。

命题 13

构建内接于给定球的正棱锥(即四面体)，并证明这个球的直径上的正方形是这个棱锥的边上的正方形的一倍半。

设给定球的直径 AB 已知，它被分于点 C 使 AC 等于 CB 的两倍[命题Ⅵ.10]。设在 AB 上作半圆 ADB。并由点 C 作 CD 与 AB 成直角。连接 DA。又设作半径等于 DC 的圆 EFG，并设等边三角形 EFG 内接于圆 EFG[命题Ⅳ.2]。设该圆

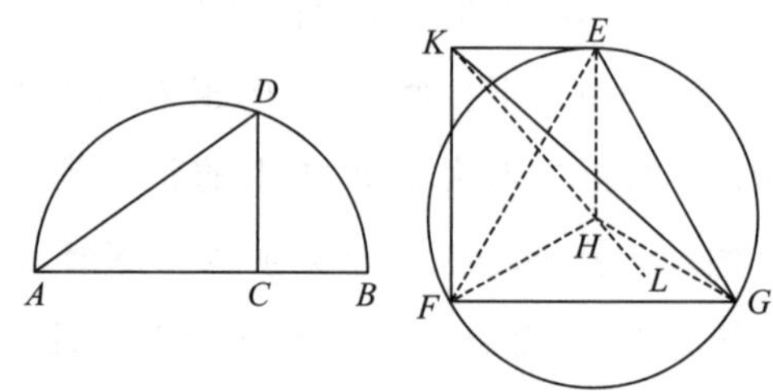

的圆心点 H 已找到[命题Ⅲ.1]。连接 EH，HF 与 HG。设在点 H 作 HK 与圆 EFG 所在平面成直角[命题Ⅺ.12]。在 HK 上截取线段 HK 等于线段 AC，并连接 KE，KF，KG。由于 KH 与圆 EFG 所在平面成直角，它因此也与圆 EFG 所在平面中所有与它相连接的直线成直角[定义Ⅺ.3]。而 HE，HF，HG 每个都与它相连接。因此，HK 与 HE，HF，HG 每个都成直角。而且，由于 AC 等于 HK 及 CD 等于 HE，并且它们的夹角都是直角，底边 DA 因此等于底边 KE[命题Ⅰ.4]。同理，KF 与 KG 每个都等于 DA。因此，三条线段 KE，KF 与 KG 彼此相等。且由于 AC 是 CB 的两倍，AB 因此是 BC 的三倍。故 AB 比 BC 如同 AD 上的正方形比 DC 上的正方形，这将在后面说明[见引理]。所以，AD 上的正方形是 DC 上的正方形的三倍。且 FE 上的正方形也是 EH 上的正方形的三倍[命题ⅩⅢ.12]，又，DC 等于 EH。因此，DA 也等于 EF。但是，DA 已被证明等于 KE，KF，KG 每个。因此，EF，FG，GE 每个也等于 KE，KF，KG 每个。因此，EF，FG，GE 分别等于 KE，KF，KG 每个。所以，四个三角形 EFG，KEF，KFG，KEG 都是等边的。于是，底面为三角形 EFG 且顶点为 K 的棱

锥由四个等边三角形构建而成。

然而该棱锥也必须内接于给定的球，并证明球的直径上的正方形是棱锥的边上的正方形的一倍半。

其理由如下。设线段 HL 是 KH 的延长线，并使 HL 等于 CB。由于 AC 比 CD 如同 CD 比 CB[命题Ⅵ.8 推论]，且 AC 等于 KH，CD 等于 HE，以及 CB 等于 HL，因此，KH 比 HE 如同 EH 比 HL。所以，KH 与 HL 所夹矩形等于 EH 上的正方形[命题Ⅵ.17]。且角 KHE 与 EHL 每个都是直角。因此，在 KL 上所作的半圆也通过 E{由于若连接 EL 则角 LEK 成为一个直角，鉴于三角形 ELK 与三角形 ELH 及 EHK 每个都等角[命题Ⅵ.8，命题Ⅲ.31]}。故若 KL 保持固定，半圆旋转一周后回到原来位置，它也通过点 F 与 G，因为若连接 FL 与 LG，则在 F 与 G 的角类似地成为直角。而棱锥内接于给定的球。由于这个球的直径 KL 等于给定的球的直径 AB，只要作 KH 等于 AC，HL 就等于 CB。

我说球的直径上的正方形是棱锥的边上的正方形的一倍半。

其理由如下。由于 AC 是 CB 的两倍，AB 因此是 BC 的三倍，于是经过换算，BA 是 AC 的一倍半。且 BA 比 AC 如同 BA 上的正方形比 AD 上的正方形[因为若连接 DB，则 BA 比 AD 如同 DA 比 AC，考虑到三角形 DAB 与 DAC 的相似性。且四个成连比例量中的第一个比第三个是第一个与第二个之平方比]。因此，BA 上的正方形也是 AD 上的正方形的一倍半。且 BA 是给定球的直径，而 AD 等于棱锥的一边。

这样，球的直径上的正方形是棱锥的边上的正方形的一倍半。[①] 这就是需要证明的。

引　理

要证明的是，AB 比 BC 如同 AD 上的正方形比 DC 上的正方形。

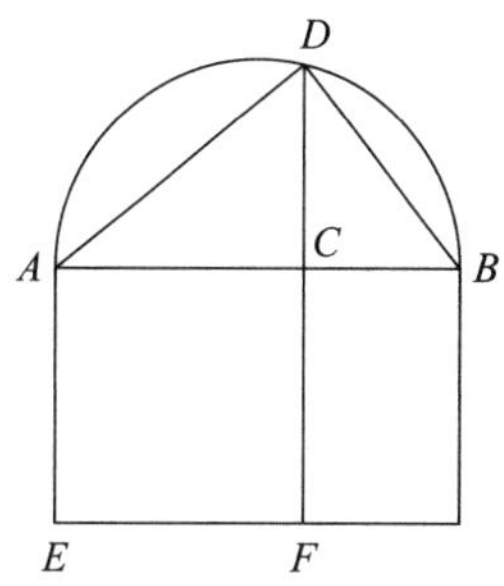

设半圆图形已作出，连接 DB，并设在 AC 上作出正方形 EC，又完成平行四边形 FB。因此，鉴于三角形 DAB 与三角形 DAC 等角[命题Ⅵ.8，Ⅵ.4]，便有比例：BA 比 AD 如同 DA 比 AC，BA 与 AC 所夹矩形因此等于 AD 上的正方形[命题Ⅵ.17]。且由于 AB 比 BC 如同 EB 比 BF[命题Ⅵ.1]。EB 是 BA 与 AC 所夹矩形，由于 EA 等于 AC。而 BF 是 AC 与 CB 所夹矩形。因此，AB 比 BC 如同 BA 与 AC 所夹矩形比 AC 与 CB 所夹矩形。并且 BA 与 AC 所夹矩形等于 AD 上的正

① 若球的半径是一单位，则棱锥(即四面体)的边长是 $\sqrt{\frac{8}{3}}$。

方形，AC 与 CB 所夹矩形等于 DC 上的正方形。因为垂线 DC 是底边上的线段 AC 与 CB 的比例中项，鉴于 ADB 是一个直角[命题Ⅵ. 8 推论]。因此，AB 比 BC 如同 AD 上的正方形比 DC 上的正方形。这就是需要证明的。

命题 14

构建内接于给定球的八面体，并证明这个球的直径上的正方形是该八面体的边上的正方形的两倍。

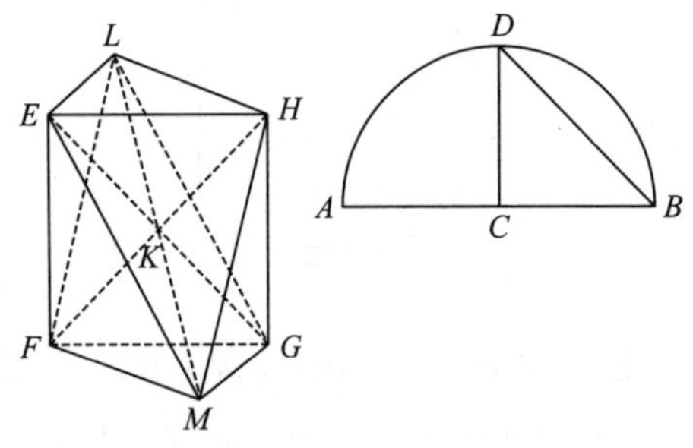

设给定球的直径 AB 已知，它在 C 被等分。并设在 AB 上作半圆 ADB。由 C 作 CD 与 AB 成直角。连接 DB。设作出边长等于 DB 的正方形 $EFGH$。连接 HF 与 EG。又作线段 KL，它在点 K 与正方形 $EFGH$ 所在的平面成直角[命题Ⅺ. 12]。设把它延长穿过平面到另一侧如 KM。并设在 KL 与 KM 上分别截取等于线段 EK，FK，GK，HK 之一的 KL 与 KM。连接 LE，LF，LG，LH，ME，MF，MG，MH。

由于 KE 等于 KH，角 EKH 是直角，HE 上的正方形因此是 EK 上的正方形的两倍[命题Ⅰ. 47]。再者，由于 LK 等于 KE，角 LKE 是一个直角，EL 上的正方形因此是 EK 上的正方形的两倍[命题Ⅰ. 47]。而 HE 上的正方形已被证明是 EK 上的正方形的两倍。因此，LE 上的正方形等于 EH 上的正方形。所以，LE 等于 EH。同理，LH 也等于 HE。三角形 LEH 因此是等边的。类似地，我们可以证明，每一个剩下的以正方形 $EFGH$ 的边为底边、以 L 或 M 为顶点的三角形都是等边的。这样就构建了一个由八个等边三角形围成的八面体。

然而也必须使它内接于给定的球，并证明球的直径上的正方形是该八面体的边上的正方形的两倍。

其理由如下。由于三条线段 KL，KM，KE 彼此相等，在 LM 上所作的半圆因此也通过 E。同理，若 LM 保持固定，半圆旋转一周回到原来位置，则它也通过点 F，G，H，并且该八面体内接于一个球。我说它也内接于给定球。其理由如下。由于 LK 等于 KM，KE 是公共边，且它们都夹直角，因此底边 LE 等于底边 EM[命题Ⅰ. 4]。且由于角 LEM 是直角{由于它在一个半圆中[命题Ⅲ. 31]}，LM 上的正方形因此是 LE 上的正方形的两倍[命题Ⅰ. 47]。又由于 AC 等于 CB，AB 是 BC 的两倍。但 AB 比 BC 如同 AB 上的正方形比 BD 上的正方形[命题Ⅵ. 8，定义Ⅴ. 9]，因此，AB 上的正方形是 BD 上的正方形的两倍。而 LM 上的正方形也已被证明是 LE 上的正方形的两倍。并且 DB 上的正方形等于 LE 上的正方形。由于已使 EH 等于 DB。因此，AB 上的正方形也等于

LM 上的正方形。所以，AB 等于 LM。且 AB 是给定球的直径，于是，LM 等于给定球的直径。

这样，该八面体内接于给定的球，并同时证明了这个球的直径上的正方形是该八面体的边上的正方形的两倍。① 这就是需要证明的。

命题 15

构建立方体内接于给定球，如像在棱锥的情形，并证明这个球的直径上的正方形是该立方体的边上的正方形的三倍。

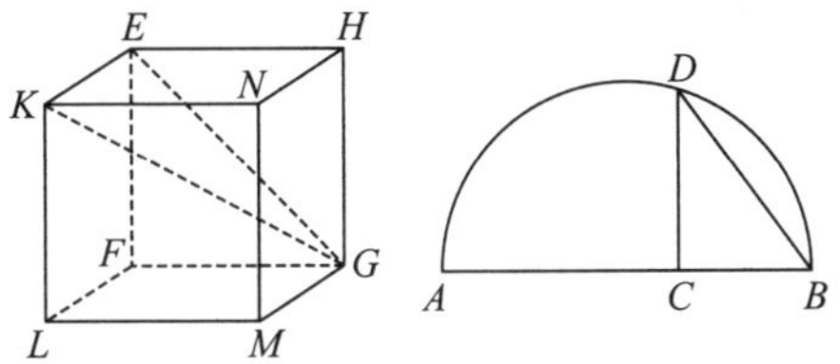

设给定球的直径 AB 已知，它在 C 被截，使得 AC 是 CB 的两倍。并设在 AB 上作半圆 ADB。由 C 作 CD 与 AB 成直角，连接 DB。设已作出边等于 DB 的正方形 $EFGH$。由点 E，F，G，H 分别作 EK，FL，GM，HN 与正方形 $EFGH$ 所在平面成直角。在 EK，FL，GM，HN 上分别截取等于 EF，FG，GH，HE 之一的 EK，FL，GM，HN。连接 KL，LM，MN，NK。于是构建了由六个相等的正方形围成的立方体 FN。

然而它也必须内接于给定的球，并且证明球的直径上的正方形是该立方体一边上的正方形的三倍。

其理由如下。连接 KG 与 EG。且由于角 KEG 是直角{因为 KE 也与平面 EG 成直角，且显然也与直线 EG 成直角[定义 Ⅺ.3]}，在 KG 上所作的半圆因此也通过点 E。又由于 GF 与 FL，FE 每个都成直角，GF 因此也与平面 FK 成直角[命题 Ⅺ.4]。因而若我们也连接 FK，则 GF 与 FK 也成直角。有鉴于此，在 GK 上所作的半圆也通过点 F。类似地，它也通过立方体剩下的顶点。故若 KG 保持固定，半圆旋转一周后回到原来位置，则该立方体内接于一个球。我说它也内接于给定的球。其理由如下。由于 GF 等于 FE，并且角 F 是直角，EG 上的正方形因此是 EF 上的正方形的两倍[命题Ⅰ.47]。而 EF 等于 EK，因此 EG 上的正方形是 EK 上的正方形的两倍。因而，GE 与 EK 上的正方形之和{也就是 GK 上的正方形[命题Ⅰ.47]}是 EK 上的正方形的三倍。且由于 AB 是 BC 的三倍，AB 比 BC 如同 AB 上的正方形比 BD 上的正方形[命题Ⅵ.8，定义Ⅴ.9]，AB 上的正方形因此是 BD 上的正方形的三倍。而 GK 上的正方形也已被证明是 KE 上的正方形的三倍，并且已使 KE 等于 DB，于是，KG 也等于 AB。并且 AB 是给定球的直径。所以，KG 也等于给定球的直径。

这样，该立方体内接于给定的球。并且同时证明了球的直径上的正方形是立方体的边上的正方形的三倍。② 这就是需

---

① 若球的直径是一单位，则八面体的边长是 $\sqrt{2}$。

② 若球的直径是一个单位，则立方体的边长是 $\sqrt{\frac{4}{3}}$。

要证明的。

命题 16

构建内接于给定球的二十面体，并证明该二十面体的边是被称为次线的无理线段。

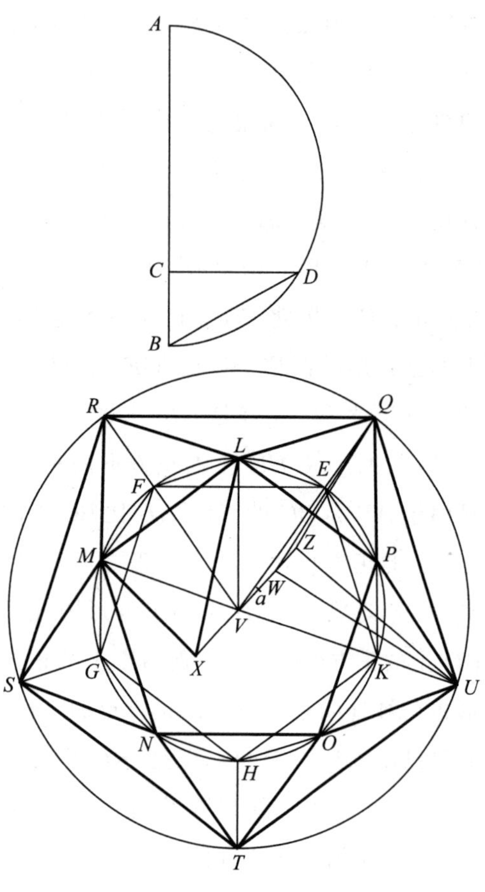

设给定球的直径 AB 已知，AB 在点 C 被分割，使 AC 是 CB 的四倍[命题Ⅵ.10]。在 AB 上作半圆 ADB。并由 C 作直线 CD 与 AB 成直角，连接 DB。作圆 $EFGHK$，并使其半径等于 DB。设等边等角五边形 $EFGHK$ 内接于圆 $EFGHK$[命题Ⅳ.11]。又设圆弧 EF，FG，GH，HK，KE 分别在点 L，M，N，O，P 被等分。并连接 LM，MN，NO，OP，PL，EP。因此，五边形 $LMNOP$ 也是等边的，而 EP 是圆内接十边形的一边。又设给出等于圆 $EFGHK$ 半径的线段 EQ，FR，GS，HT，KU，它们分别在点 E，F，G，H，K 与圆所在的平面成直角。连接 QR，RS，ST，TU，UQ，QL，LR，RM，MS，SN，NT，TO，OU，UP，PQ。

由于 EQ 与 KU 都与同一平面成直角，EQ 因此平行于 KU[命题Ⅺ.6]。且它们也相等。而在同一侧把相等且平行的线段连接的线段本身也相等且平行[命题Ⅰ.33]。因此，QU 等于且平行于 EK。而 EK 是内接于圆 $EFGHK$ 的等边五边形的一边。因此，QU 也是内接于圆 $QRSTU$ 的等边五边形的一边。同理，QR，RS，ST，TU 也都是内接于圆 $QRSTU$ 的等边五边形的边。五边形 $QRSTU$ 因此是等边的。并且，QE 是内接于圆 $EFGHK$ 的六边形的边，EP 是十边形的边，并且角 QEP 是直角，于是，QP 是内接于同一圆的五边形的边，由于五边形的边上的正方形，等于内接于同一圆的六边形与十边形的边上的正方形之和[命题XIII.10]。同理，PU 也是五边形的边。而 QU 也是五边形的边。因此，三角形 QPU 是等边的。同理，三角形 QLR，RMS，SNT，TOU 也都是等边的。并且由于 QL 与 QP 都已被证明是五边形的边，且 LP 也是五边形的边，三角形 QLP 因此是等边的。同理，三角形 LRM，MSN，NTO，OUP 也都是等边的。

设圆 $EFGHK$ 的圆心 V 已被找到[命题Ⅲ.1]。并设已在点 V 作出 VZ 与该圆所在平面成直角。并设它向该圆的另一边延长如 VX。并设在 XZ 上截取 VW 使它等于一个六边形的边，且 VX 与 WZ 每个都等于一个十边形的边。连接 QZ，QW，UZ，EV，LV，LX，XM。

由于 VW 与 QE 都与该圆所在的平面成直角，VW 因此平行于 QE[命题Ⅺ.6]。而且它们也是相等的。EV 与 QW 因此彼此相等且平行[命题Ⅰ.33]。且 EV 是六边形的边，因此，QW 也是六边形的边。而由于 QW 是六边形的边，WZ 是十边形的边，且角 QWZ 是直角[定义Ⅺ.3，命题Ⅰ.29]，QZ 因此是五边形的边[命题ⅩⅢ.10]。同理，UZ 也是五边形的边，因为若我们连接 VK 与 WU，则它们是相等与相对的。而等于圆半径的 VK，是六边形的边[命题Ⅳ.15 推论]。因此，WU 也是六边形的边。而 WZ 是十边形的边，且角 UWZ 是直角，因此，UZ 是五边形的边[命题ⅩⅢ.10]。且 QU 也是五边形的边。三角形 QUZ 因此是等边的。同理，每一个剩下的以线段 QR，RS，ST，TU 为底边，Z 为顶点的三角形也都是等边的。再者，由于 VL 是六边形的边，VX 是十边形的边，并且角 LVX 是直角，LX 因此也是五边形的边[命题ⅩⅢ.10]。同理，若我们连接六边形的边 MV，就可以推断 MX 也是五边形的一边。而 LM 也是五边形的一边。因此，三角形 LMX 是等边的。类似地可以证明，每个剩下的底边为 MN，NO，OP，PL、顶点在点 X 的三角形也都是等边的。这样就构建了由二十个等边三角形围成的二十面体。

然而它也必须内接于给定的球，并证明二十面体的边是被称为次线的无理线段。

其理由如下。由于 VW 是六边形的边，WZ 是十边形的边，VZ 因此在 W 被黄金分割，VW 是较大者[命题ⅩⅢ.9]。因此，ZV 比 VW 如同 VW 比 WZ。且 VW 等于 VE，WZ 等于 VX。因此，ZV 比 VE 如同 EV 比 VX。并且角 ZVE 与 EVX 是直角。于是，若我们连接线段 EZ，则角 XEZ 是直角，鉴于三角形 XEZ 与 VEZ 的相似性[命题Ⅵ.8]。同理，由于 ZV 比 VW 如同 VW 比 WZ，并且 ZV 等于 XW，且 VW 等于 WQ，因此，XW 比 WQ 如同 QW 比 WZ。再者，有鉴于此，若我们连接 QX，则在 Q 的角是直角[命题Ⅵ.8]。因此，在 XZ 上所作的半圆也通过 Q[命题Ⅲ.31]。且若 XZ 保持固定，使该半圆旋转一周回到原来位置，则它也通过点 Q 与剩下的二十面体的顶点，该二十面体内接于一个球。我说它也内接于给定的球。其理由如下。设 VW 在 a 被等分。由于线段 VZ 在 W 被黄金分割，并且 ZW 是它的较短段，则 ZW 加上较大者 Wa 的一半上的正方形，是较大者一半上的正方形的五倍[命题ⅩⅢ.3]。因此，Za 上的正方形是 aW 上的正方形的五倍。且 ZX 是 Za 的两倍，VW 是 aW 的两倍。所以，ZX 上的正方形是 WV 上的正方形的五倍。且由于 AC 是 CB 的四倍，AB 因此是 BC 的五倍。且 AB 比 BC 如同 AB 上的正方形比 BD 上的正方形[命题Ⅵ.8，定义Ⅴ.9]。

因此，AB 上的正方形是 BD 上的正方形的五倍。又 ZX 上的正方形是 VW 上的正方形的五倍。且 DB 等于 VW。因为它们每个都等于圆 $EFGHK$ 的半径，所以，AB 也等于 XZ。并且 AB 是给定球的直径。因此，XZ 也等于给定球的直径。所以，该二十面体内接于给定的球。

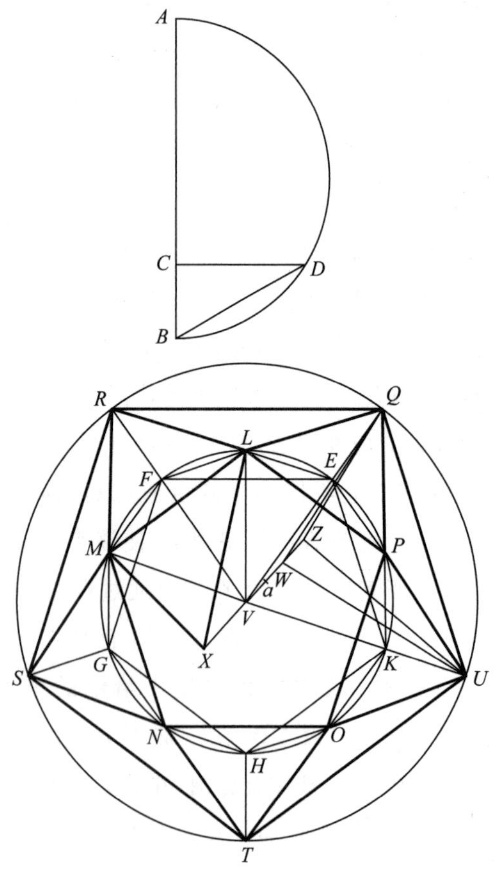

（注：为方便读者阅读，译者将第 396 页图复制到此处。）

我说该二十面体的边是被称为次线的无理线段。其理由如下。由于球的直径是有理的，在它上面的正方形是圆 $EFGHK$ 半径上的正方形的五倍，圆 $EFGHK$ 的半径因此也是有理的，因而，它的直径也是有理的。且若等边五边形内接于有理直径的圆，则该五边形的边是被称为次线的无理线段［命题 XIII. 11］。且五边形 $EFGHK$ 的边是二十面体的边。因此，该二十面体的边是被称为次线的无理线段。

推　论

由此显然可知，球的直径上的正方形是二十面体的面所在圆的半径上的正方形的五倍，并且球的直径是作在同一圆中的六边形的边与十边形的边的两倍之和。[①]

命题 17

构建内接于给定球的十二面体，并证明这个十二面体的边是被称为余线的无理线段。

设给出上述立方体［命题 XIII. 15］中相互垂直的两个平面 $ABCD$ 与 $CBEF$。又设边 $AB, BC, CD, DA, EF, EB, FC$ 分别在点 G, H, K, L, M, N, O 被等分，连接 GK, HL, MH, NO。设线段 NP, PO，

---

① 若外接球的直径是一单位，则圆的半径是立方体的边长是 $\frac{2}{\sqrt{5}}$，六边形、十边形及五边形/二十面体的边长分别是 $\frac{2}{\sqrt{5}}$，$1-\frac{1}{\sqrt{5}}$ 及 $\frac{1}{\sqrt{5}}\sqrt{10-\frac{2}{\sqrt{5}}}$。

HQ 分别在点 R,S,T 被黄金分割。并且设其较大者分别为 RP,PS,TQ。又设在点 R,S,T 分别向立方体外作 RU,SV,TW 与立方体成直角。并使它们分别等于 RP,PS,TQ。又连接 UB,BW,WC,CV,VU。

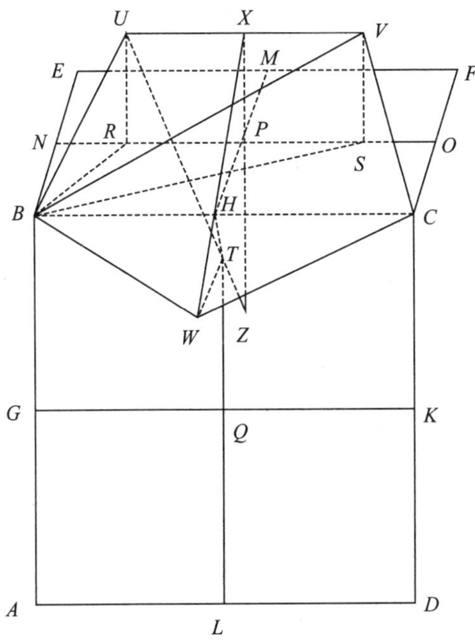

我说五边形 $UBWCV$ 等边并在一个平面中，且它还是等角的。其理由如下。连接 RB,SB,VB。又由于线段 NP 在 R 被黄金分割，且 RP 是较大者，PN 与 NR 上的正方形之和是 RP 上的正方形的三倍[命题Ⅻ.4]。又有 PN 等于 NB，PR 等于 RU。因此，BN 与 NR 上的正方形之和是 RU 上的正方形的三倍。且 BR 上的正方形等于 BN 与 NR 上的正方形之和[命题Ⅰ.47]。因此，BR 上的正方形是 RU 上的正方形的三倍。因而，BR 与 RU 上的正方形之和是 RU 上的正方形的四倍。而 BU 上的正方形等于 BR 与 RU 上的正方形之和[命题Ⅰ.47]。因此，BU 上的正方形是 UR 上的正方形的四倍。所以，BU 是 RU 的两倍。而 VU 是 UR 的两倍，因为 SR 是 PR（即 RU）的两倍。于是 BU 等于 UV. 类似地，可以证明 BW,WC,CV 每个都等于 BU 与 UV 每个。因此，五边形 $BUVCW$ 是等边的。然而我说它也在一个平面中。其理由如下。设由 P 向立方体外侧作 PX 平行于 RU 与 SV 每个。连接 XH 与 HW。我说 XHW 是一条直线。

其理由如下。由于 HQ 在点 T 被黄金分割，QT 是它的较大者，因此，HQ 比 QT 如同 QT 比 TH。而 HQ 等于 HP，QT 等于 TW 与 PX 每个，因此，HP 比 PX 如同 WT 比 TH。并且 HP 平行于 TW，这是因为它们每个都与平面 BD 成直角[命题Ⅺ.6]。又有 TH 平行于 PX。因为它们都与平面 BF 成直角[命题Ⅺ.6]。且若两个三角形，例如 XPH 与 HTW，有两条边与两条边成比例，并把它们放在同一角度上，使它们的对应边平行，而剩下的边在一条直线上接续[命题Ⅵ.32]。因此，XH 与 HW 接续在一条直线上。且每一条直线都在同一个平面中[命题Ⅺ.1]。因此，五边形 $UBWCV$ 在一个平面中。

我说它也是等角的。

其理由如下。由于线段 NP 在 R 被黄金分割，PR 是较大者（因此 NP 与 PR 之和比 PN 如同 NP 比 PR），而 PR 等于 PS（因此 SN 比 NP 如同 NP 比 PS），NS 因此也在 P 被黄金分割，且 NP 是较大者

[命题 XIII.5]。所以，NS 与 SP 上的正方形之和是 NP 上的正方形的三倍[命题 XIII.4]。且 NP 等于 NB，PS 等于 SV。因此，NS 与 SV 上的正方形之和是 NB 上的正方形的三倍。因而，VS，SN，NB 上的正方形之和是 NB 上的正方形的四倍。且 SB 上的正方形等于 SN 与 NB 上的正方形之和[命题 I.47]。因此，BS 与 SV 上的正方形之和(即 BV 上的正方形，由于 VSB 是直角)是 NB 上的正方形的四倍[定义 XI.3，命题 I.47]。所以，VB 是 BN 的两倍。而 BC 也是 BN 的两倍。于是，BV 等于 BC。且由于两条线段 BU 与 UV 分别等于两条线段 BW 与 WC，底边 BV 等于底边 BC，角 BUV 因此等于角 BWC[命题 I.8]。类似地，我们可以证明角 UVC 等于角 BWC。所以，三个角 BWC，BUV，UVC 彼此相等。且若一个等边五边形有三个角彼此相等，则这个五边形是等角的[命题 XIII.7]。因此，五边形 $BUVCW$ 是等角的。且已证明它是等边的。所以，五边形 $BUVCW$ 既等边也等角，且它在立方体的一边 BC 上。因此，若我们在立方体的十二条边的每一条上都作相同的构形，就作出了包含十二个等边等角五边形的立体图形，被称为十二面体。

然后必须把它内接于给定球中，并证明十二面体的边是被称为余线的无理线段。

其理由如下。设延长 XP，并设延长后的线段为 XZ。因此，PZ 与立方体的对角线相交，并且彼此等分。因为这已在第九卷的倒数第二个定理[命题 XI.38]中证明了。设它们彼此相交于 Z。于是，Z 是立方体外接球的球心，而 ZP 是立方体边长的一半。连接 UZ。且由于线段 NS 在 P 被黄金分割，并且 NP 是较大者，NS 与 SP 上的正方形之和因此是 NP 上的正方形的三倍[命题 XIII.4]。且 NS 等于 XZ，因为 NP 也等于 PZ，而 XP 等于 PS。但事实上，PS 也等于 XU，因为它也等于 RP。因此，ZX 与 XU 上的正方形之和是 NP 上的正方形的三倍。且 UZ 上的正方形等于 ZX 与 XU 上的正方形之和。UZ 上的正方形等于 ZX 与 XU 上的正方形之和[命题 I.47]。因此，UZ 上的正方形是 NP 上的正方形的三倍。且这个立方体的外接球的半径上的正方形，也是这个立方体的边长的一半上的正方形的三倍。而立方体外接球半径上的正方形也是立方体边长之半上的正方形的三倍。由于前面已经说明了如何构建一个立方体内接于一个球，并证明了球直径上的正方形是立方体边上的正方形的三倍[命题 XIII.15]。且若一条线段上的正方形是另一条线段上的正方形的三倍，则一条线段之半上的正方形也是另一条线段之半上的正方形的三倍。而 NP 是立方体的边的一半。因此 UZ 等于立方体外接球的半径。并且 Z 是立方体的外接球的圆心，所以，点 U 在球面上。类似地，我们可以证明十二面体剩下的每一个角的顶点也都在球面上。因此，这个十二面体内接于给定球。

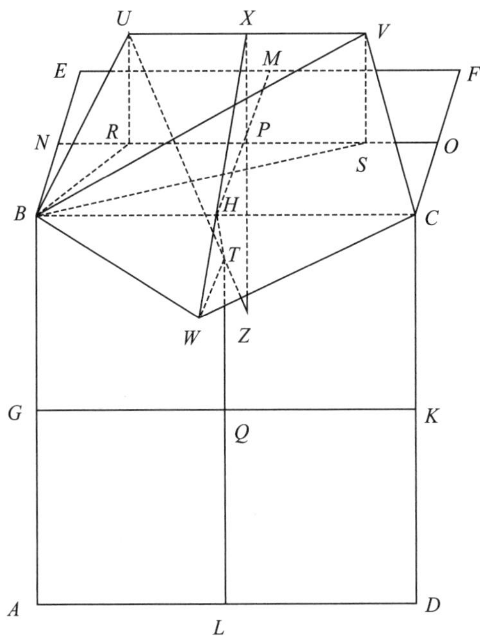

（注：为方便读者阅读，译者将第 399 页图复制到此处。）

然后我说这个十二面体的每条边都是被称为余线的无理线段。

其理由如下。由于 RP 是被黄金分割的 NP 的较大者，而 PS 是被黄金分割的 PO 的较大者，RS 因此是被黄金分割的整个 NO 的较大者{因此，由于 NP 比 PR 如同 PR 比 RN，且这在加倍后也是成立的。因为部分与部分之比如同其依序同倍量之比［命题 V. 15］。所以，NO 比 RS 如同 RS 比 NR 与 SO 之和。又有 NO 大于 RS。因此 RS 也大于 NR 与 SO 之和［命题 V. 14］。于是，NO 被黄金分割，RS 是其较大者。}而 RS 等于 UV，因此，NO 被黄金分割，UV 是其较大者。且由于球的直径是有理的，其上的正方形是立方体的边 NO 上的正方形的三倍。NO 因此是有理的。且若有理线段被黄金分割，则每一段都是无理线段，被称为余线。

这样，作为十二面体边的 UV 是无理线段，被称为余线。

推　　论

由此显然可知，十二面体的边是立方体边被黄金分割得到的较大者。[①] 这就是需要证明的。

命题 18

作出上述五种形状的边，并把它们相互比较。[②]

---

① 若外接球的直径是一单位，则立方体的边长是 $\sqrt{\frac{3}{4}}$，十二面体的边长是 $\frac{1}{3}(\sqrt{15}-\sqrt{3})$。

② 正多面体只有五种，即棱锥（四面体）、八面体、立方体、十二面体与二十面体。其中立方体的面是正方形，十二面体的面是正五边形，其他多面体的面均为正三角形。若它们均内接于半径是一单位的球，则按以上顺序的各个多面体的边长 AF，BE，BF，MB，NB 满足以下不等式：$AF>BE>BF>MB>NB$，其数字值为：$\sqrt{\frac{8}{3}}>\sqrt{2}>\sqrt{\frac{4}{3}}>\frac{1}{\sqrt{5}}\sqrt{10-2\sqrt{5}}>\frac{1}{3}(\sqrt{15}-\sqrt{3})$。

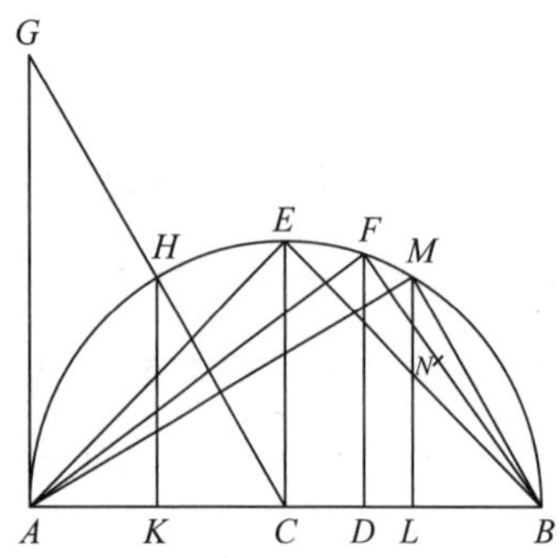

设给定球的直径 AB 已知。它在 C 被分割，使得 AC 等于 CB。又设它在 D 被分割，使得 AD 是 DB 的两倍。设已作出 AB 上的半圆 AEB。并设由 C，D 分别作 CE，DF 与 AB 成直角，连接 AF，FB，AE，EB。由于 AD 是 DB 的两倍，AB 因此是 BD 的三倍。所以，经过换算，BA 是 AD 的一倍半。且 BA 比 AD 如同 BA 上的正方形比 AF 上的正方形[定义Ⅴ.9]。由于三角形 AFB 与三角形 AFD 等角[命题Ⅵ.8]。因此，BA 上的正方形是 AF 上的正方形的一倍半。而且，球的直径上的正方形也是棱锥边上的正方形的一倍半[命题ⅩⅢ.13]。而 AB 是球的直径，因此，AF 等于棱锥的边长。

再者，由于 AD 是 DB 的两倍，AB 因此是 BD 的三倍。且 AB 比 BD 如同 AB 上的正方形比 BF 上的正方形[命题Ⅵ.8，定义Ⅴ.9]。因此，AB 上的正方形是 BF 上的正方形的三倍。而球的直径上的正方形也是立方体边上的正方形的三倍[命题ⅩⅢ.15]。且 AB 是球的直径，因此，BF 是立方体的边。

由于 AC 等于 CB，AB 因此是 BC 的两倍。且 AB 比 BC 如同 AB 上的正方形比 BE 上的正方形[命题Ⅵ.8，定义Ⅴ.9]。因此，AB 上的正方形是 BF 上的正方形的三倍。而球的直径上的正方形也是立方体边上的正方形的两倍[命题ⅩⅢ.14]。AB 是球的直径，因此 BE 是立方体的边。

通过点 A 作 AG 与直线 AB 成直角，并使 AG 等于 AB。连接 GC。由 H 作 HK 垂直于 AB。由于 GA 是 AC 的两倍。因为 GA 等于 AB。且 GA 比 AC 如同 HK 比 KC[命题Ⅵ.4]。HK 因此也是 KC 的两倍。所以，HK 上的正方形是 KC 上的正方形的四倍。于是，HK 与 KC 上的正方形之和，即 HC 上的正方形[命题Ⅰ.47]，是 KC 上的正方形的五倍。而 HC 等于 CB，因此，BC 上的正方形是 CK 上的正方形的五倍。且由于 AB 是 CB 的两倍，其中 AD 是 DB 的两倍，剩下的 BD 因此是剩下的 DC 的两倍。BC 因此是 CD 的三倍。BC 上的正方形因此是 CD 上的正方形的九倍。BC 上的正方形是 CK 上的正方形的五倍。因此，CK 上的正方形大于 CD 上的正方形。CK 因此大于 CD。作 CL 等于 CK，由 L 作 LM 与 AB 成直角，并连接 MB。由于 BC 上的正方形是 CK 上的正方形的五倍，且 AB 是 BC 的两倍，KL 是 CK 的两倍，AB 上的正方形因此是 KL 上的正方形的五倍。而球的直径上的正方形也是二十面体的面所在圆半径上的正方形的五倍[命题ⅩⅢ.16 推论]。但 AB 是球的直径，因此，KL 是二十面体的面所在圆的半径。所以，KL 是所述圆的内接六边形的边[命题Ⅳ.15 推论]。而由于球的直径由上述圆的内接六边形的边与内接十边形边的两倍组成，且 AB 是球的直径，KL 是六边形的边，AK 等于 LB，因此，AK 与 LB 每个都是二十面体所在圆的内接十边形的边。且由于 LB 是十边形的边，ML 是六边形的边——因为它等于 KL，因为它也等于 HK，其原因是它们与圆心等距。而 HK 与 KL 每个都是 KC 的两倍，MB 因此是圆内接五边形的边[命题 XIII.16，I.47]。而五边形的边是二十面体的边[命题 XIII.16]。因此，MB 是二十面体的边。

由于 FB 是立方体的边，设它在 N 被黄金分割，并设 NB 是较大者。因此，NB 是十二面体的边[命题 XIII.17 推论]。

由于已证明球的直径上的正方形是棱锥的边 AF 上的正方形的一倍半，也是八面体的边 BE 上的正方形的两倍及立方体的边 FB 上的正方形的三倍，因此，无论取什么样的单位使球的直径上的正方形包含六部分，则棱锥的边上的正方形包含四部分，八面体的边上的正方形包含三部分，立方体边上的正方形包含两部分。因此，棱锥的边上的正方形是八面体的边上的正方形的三分之四，是立方体的边上的正方形的两倍。而八面体的边上的正方形是立方体的边上的正方形的一倍半。因此这三种形状，棱锥、八面体与立方体的边之间的比是有理的。剩下的两种形状，即二十面体的边与十二面体的边，它们之间及与上述各边之间的比都不是有理的。因此，它们是无理的，一条是次线[命题 XIII.16]。另一条是余线[命题 XIII.17]。

我们可以证明二十面体的边 MB 大于十二面体的边 NB。

其理由如下。三角形 FDB 与三角形 FAB 等角[命题 VI.8]，有以下比例成立，DB 比 BF 如同 BF 比 BA[命题 VI.4]。又由于若三条线段成连比例，则第一条比第三条如同第一条上的正方形比第二条上的正方形[定义 V.9，命题 VI.20 推论]。因此，DB 比 BA 如同 DB 上的正方形比 BF 上的正方形，所以，由反比例，AB 比 BD 如同 FB 上的正方形比 BD 上的正方形。但 AB 是 BD 的三倍，因此 FB 上的正方形是 BD 上的正方形的三倍。而 AD 上的正方形是 DB 上的正方形的四倍。因为 AD 是 DB 的两倍。因此，AD 上的正方形大于 FB 上的正方形。所以，AD 大于 FB。从而，AL 更大于 FB。KL 是 AL 被黄金分割得到的较大者，因为 LK 是六边形的边，KA 是十边形的边[命题 XIII.9]。而 NB 是 FB 被黄金分割得到的较大者。因此，KL 大于 NB。且 KL 等于 LM，于是，LM 大于 NB[且 MB 大于 LM]。因此，二十面体的边 MB 更大于十二面体的边 NB。这就是需要证明的。

我又说，除了以上列举的五种形状以外，不可能构建其他由彼此相等的等边且等角的平面图形围成的立体形状。

其理由如下。一个立体角不可能由两个三角形，或者事实上，任何两个平面图形构成[定义 XI.11]。棱锥的立体角由三个等角三角形构成，八面体的立体角由四个三角形构成，二十面体的立体角由五个三角形构成。并且不能在一个立体角放置六个等边且等角的三角形来构成一个立体角。其理由如下。由于等边三角形的角是一个直角的三分之二，围成立体角的六个平面角之和是四个直角。而这是不可能的。由于每个立体角只能由其和小于四个直角的平面角围成［命题Ⅺ.21］。同理，一个立体角也不能用多于六个平面角（等于直角的三分之二）来构建。立方体的立体角由三个正方形构成。而且不可能用四个正方形来构成一个立体角。又因为，构成立体角的平面角之和为四个直角。十二面体的立体角由三个等边且等角的五边形构成。不可能用四个等边五边形构成一个立体角，由于等边五边形的角是直角的一又五分之一，四个这样的角度的总和大于四个直角。而这是不可能的。并且，鉴于相同的理由，也不能由任何其他等角多边形来构建立体角。

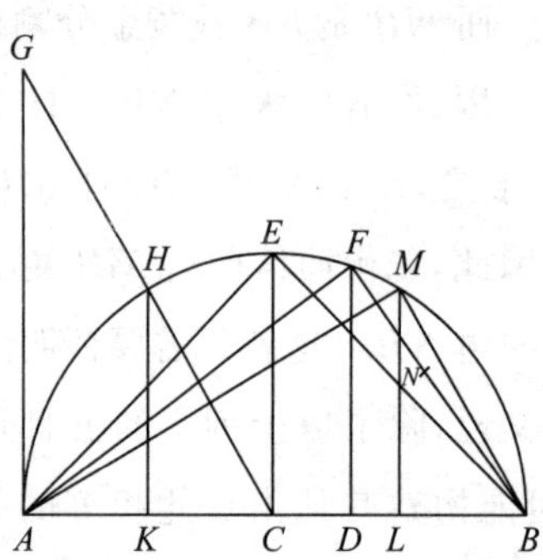

（注：为方便读者阅读，译者将第402页图复制到此处。）

这样，除了以上列举的五种形状以外，不可能构建其他被等边且等角的平面图形围成的立体形状。这就是需要证明的。

引　　理

下面证明等边等角五边形的角是直角的一又五分之一。

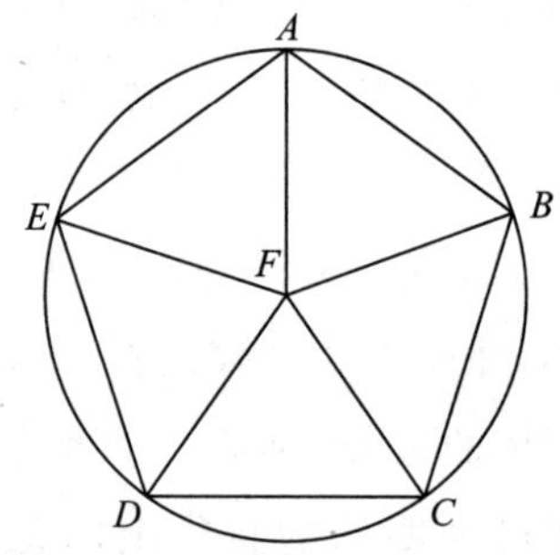

设 $ABCDE$ 是一个等边且等角的五边形，内接于圆 $ABCDE$［命题Ⅳ.14］。并设圆的圆心 F 已找到［命题Ⅲ.1］。连接 FA，FB，FC，FD，FE。因此，它们在点 A，B，C，D，E 等分五边形的角［命题Ⅰ.4］。又由于在 F 的五个角之和等于四个直角，且它们彼此相等，其中的任何一个，例如 AFB，比一个直角少五分之一。因此剩下的三角形 ABF 中的角 FAB 与 ABF 是直角的一又五分之一［命题Ⅰ.32］。且 FBA 等于 FBC，因此五边形的一个角是一个直角的一又五分之一。这就是需要证明的。

译后记

• *Postscript to the Chinese Version* •

相校于其他中译本，本译本做了以下三个方面的改进：

(1)对插图做了全面的修订，使之尽量合乎比例并避免误导。特别是对第七卷至第九卷中的大量命题给出了具体数字实例。

(2) 正文的文字和分段更接近于希腊语原著。

(3) 译者在仔细阅读、推导举例和重绘部分插图的过程中，对理解原著的重点和难点有一些心得。这些心得可参见相应的译者注和本译后记。

RENATUS DESCARTES, NOBIL. GALL. PERRONI DOM. SUMMUS MATHEM. ET PHILOS.

一、缘起

《几何原本》是一本鼎鼎大名的书，但我以前从未有机会认真读过。两年前北京大学出版社“科学元典丛书”编辑约我重译本书，我才知道现代汉语译本最早于1990年由兰纪正、朱恩宽翻译。该译本由专家精心翻译，并经同行研究推敲，多次修订。在我看到的2014年的版本[①]中，除了有些用语略显陈旧外，甚少发现有错误或不当之处。

因此我颇为踌躇。我的本行不是古典数学，虽然已有翻译阿基米德和阿波罗尼奥斯等古希腊数学家著作的经验，但毕竟《几何原本》远为知名，而且国内已有颇为不错的兰朱译本，若想奉献给读者一本更有新意的译本谈何容易。

但我决定还是探索一下。于是我先在网上搜索《几何原本》的英语版本，发现希思的注释本[②]及去除其注释的“洁净”本（最早编入大不列颠百科全书《西方学术巨著》[③]，较新的有绿狮版[④]）占据压倒性优势。此外还有一些较近的译本。颇有特色的是2008年出版的菲茨帕特里克的希腊语与英语对照本，[⑤]其英语译文更忠于希腊语原文。值得一提的还有克拉克大学乔伊斯（David Joyce）在网上发布的译本。[⑥] 它与希思版本相似，但并非生硬直译，可读性较好，也对插图做了些改进。

查阅了这些资料以后，我觉得重译《几何原本》的工作还是值得的。为了更好地完成翻译工作，我给自己定了以下原则，希望能奉献给读者一个有特色的新译本。

1. 行文采用现代汉语，尽量简洁但又精准明确。

2. 数学名词主要参考张鸿林等编订的《英汉数学词汇》，特别是其中列入的1993年全国自然科学名词审定委员会公布的《数学名词》词条。除此之外，尽量采用数学界约定俗成的名词。对必须创造的个别新词，尽量做到既符合原意，又不生僻怪异。

3. 尽量与希腊语原文一致，必要时添加一些词语以帮助读者理解，也偶尔删除一些重复

◀一幅17世纪的笛卡儿雕刻画。笛卡儿创立了解析几何。

① 欧几里得. 几何原本[M]. 兰纪正，朱恩宽，译. 译林出版社，2014.

② Euclid. *The Thirteen Books of The Elements*. Translated with introduction and commentary by Sir Thomas L. Heath, Second Edition Unabridged, Vol. Ⅰ, Vol. Ⅱ, and Vol. Ⅲ. Cambridge, Cambridge University Press, 1926.

③ *Great Books of the Western World*, Vol. 11. Encyclopaedia Britannica, Chicago, 1952.

④ *Euclid's Elements*. The Thomas L. Heath Translation. Dana Densmore, Editor. Santa Fe., New Mexico, Green Lion Press, 2002.

⑤ R. Fitzpatrick. *Euclid's Elements of Geometry*. 2008.

⑥ https://mathcs.clarku.edu/～djoyce/elements/elements.html. 访问时期：2021-11-17.

的文字。本书其实是当时古希腊数学成果的汇编,并非欧几里得一人所著。各卷的写作风格不尽相同,用词造句略有差别。因此,除了关键术语,译文不强求各卷的叙述方式完全一致。

4. 采用对读者理解内容有帮助的一些英译本注释,特别是几何问题的代数描述。同时,添加一些中国读者需要的注释。

5. 读懂推演过程,避免译文中出现逻辑错误。

6. 对于与数字论相关的第七卷至第九卷,给出简单的数字实例,以方便读者阅读。

7. 对插图做全面校改,重绘明显不合比例或可能引起误导的图。

我们的中译本主要依据希思的英译本及其“洁净”本,也参考了较新的菲茨帕特里克英译本及该书中所附的的海贝格希腊语文本,以及乔伊斯在网上发布的译本。在校译过程中,除了兰纪正和朱恩宽的译本,还参考了张卜天教授的译本①。

《几何原本》共十三卷,主要涉及平面几何与立体几何,也涉及比例理论和数的理论。其中比例理论和关于数的理论,对一般读者可能比较生疏,在此前的译本中也未作详细说明,某些译文甚至可能引起误导。作为译者,翻译这些篇章也是一个学习过程,我们的部分学习心得以译者注的形式给出。

二、关于第五卷中“比”与“比例”的说明

定义V.3说明了比(ratio)是两个量之间的关系,定义V.6说明了比例(proportion)是指两个比之间的关系。显然比与比例是两个不同的概念。可是在定义V.12—17中,对“比例”与“比”的应用有些不一致之处。对此希思有以下评论:

> 我们现在有一系列有关比和比例的变换。第一个是……alternately[更(比)],它最好是用四项的“比例”来描述,而不是用一个“比”。但欧几里得在定义12—17中用“比”定义所有术语,其原因也许是,他觉得如果用“比例”来定义它们,会显得假设了各种比例变换的合理性而无须予以证明。

希思的解读可能使人以为,这些定义中的ratio(比)都应该读作proportion(比例)。因此,现有的大多数译本中都如此处理。其实,虽然定义V.12—17都用ratio,但由第五卷内容提要中的表5.1可见,真正描述比例的只有定义V.12和V.17,定义V.13—16描述的是“比”。定义V.18中用的是proportion,描述的是比例,不存在译名混淆的问题。下面对这些定义和由此滋生的“比例”做进一步说明。

定义V.12描述的其实是:若$\alpha:\beta=\gamma:\delta$,则$\alpha:\gamma=\beta:\delta$。即若两个比相等,则它们的更比也相等,称为更比例(alternate ratio),并在命题V.16中证明。值得注意的是,这里所

---

① 欧几里得.几何原本[M].张卜天,译.商务印书馆,2020.

谓的更比例，其实是两个比例在某种变换后仍相等的规律，称为更比律更为恰当。但因为文献中都使用 proportion，我们随俗仍沿用更比例。顺便提到，希腊语原文对定义Ⅴ.12 的叙述中省略很多，希思的译文也如此，据此张卜天教授将之译为：

更比例指前项比前项且后项比后项。[1]

兰纪正和朱恩宽的译文也与此相仿。菲茨帕特里克英译本根据其意义增加了几个词。我们据之译为：

更比例指两个相等比的前项比前项等于它们的后项比后项。

定义Ⅴ.13—16 描述了比 $\alpha:\beta$ 的四种变换，即反比（$\beta:\alpha$）、合比[$(\alpha+\beta):\alpha$]、分比[$(\alpha-\beta):\alpha$]与换比[$\alpha:(\alpha-\beta)$]，其中只涉及两个量，故不能译为"比例"。但与之相关确实有四种比例如下：

反比例(inverse ratio)：若 $\alpha:\beta=\gamma:\delta$，则 $\beta:\alpha=\delta:\gamma$，在命题Ⅴ.7 推论中证明；

合比例(composition of a ratio)：若 $\alpha:\beta=\gamma:\delta$，则 $(\alpha+\beta):\alpha=(\gamma+\delta):\gamma$，在命题Ⅴ.18 中证明；

分比例(division of a ratio)：若 $\alpha:\beta=\gamma:\delta$，则 $(\alpha-\beta):\alpha=(\gamma-\delta):\gamma$，在命题Ⅴ.17 中证明；

换比例(conversion of a ratio)：若 $\alpha:\beta=\gamma:\delta$，则 $\alpha:(\alpha-\beta)=\gamma:(\gamma-\delta)$，在命题Ⅴ.19 推论中证明。

定义Ⅴ.17 涉及来自希腊语的拉丁语词组 ex aequali(ex＝"由"，aequali＝"相等")，按照希思的解读，欧几里得的原意应该是 ex aequali distantia(distantia＝"距离")。这里涉及的规律是，若 $\alpha:\beta:\gamma:\delta:\cdots=a:b:c:d:\cdots$，则 $\alpha:\gamma=a:c$ 及 $\alpha:\delta=a:d$ 等，可译为"依次比例"，但本书只涉及首末项之比这种特殊情况，故随俗将之译为"首末比例"。它在命题Ⅴ.22 中被证明。但在证明之前，已假设其成立并在如Ⅴ.20，Ⅴ.21 中使用。

定义Ⅴ.18：摄动比例(perturbed proportion)；若 α,β,γ 是第一组量，δ,ϵ,ζ 是第二组量，且有 $\alpha:\beta=\delta:\epsilon$ 及 $\beta:\gamma=\zeta:\delta$。在命题Ⅴ.21 中进一步讨论。

希思英译本命题Ⅴ.17—18 中出现了 proportional componendo 和 proportional dividendo，译林版和商务版都分别译为"合比例"和"分比例"，译者以为不妥。菲茨帕特里克英译本用的 composed (separated) magnitudes are proportional，译为"组合量(分开的量)成比例"意思就很清楚了。此外，本书中也用到"复比(ratio compounded)"，首次出现于命题Ⅵ.23，其定义为：设有任意两个比 $\alpha:\beta$ 与 $\gamma:\delta$，则其复比为 $(\alpha\gamma):(\beta\delta)$。

本书中还经常用到短语 reciprocally proportional，其释义是：

---

[1] 欧几里得. 几何原本[M]. 张卜天，译. 商务印书馆，2020：195.

as two variable quantities, so that the one shall have a constant ratio to the reciprocal of the other.（两个变量之一与另一个的倒数之比不变。）

它首次出现于命题Ⅵ.14，两个变量是夹两个等角的一组对应边之比与另一组对应边之比。倒数其实就是反比，故译为“夹等角的边互成反比例”。另一个应用首次出现于命题Ⅺ.34。两个变量分别是两个相等平行六面体的底面之比与高之比，译为“相等平行六面体的底面与高互成反比例”。其他译本应用“成互反比例”，我们认为不太合适，因为“互反”在各种场合的含义相去甚远，需逐一予以定义，而“互反比例”这个术语并无明确定义。

三、关于第七卷至第九卷的说明

第七卷陈述了数论的一些基本概念，特别是素数、(最大)公约数[本卷中称为(最大)公度]、(最小)公倍数[本卷中称为被几个数量尽的(最小)数]，以及量尽(对数字而言就是除尽，但也可以用于其他量)等。

第八卷讲的是自然数的连比例(continued proportion)，看似简单，却可能引起一些误会。首先要区分两个术语。如前所述，比(ratio)指两个或多个量之间的关系，而比例(proportion)是指两个或多个比之间的关系。几个量之比应该称为连比。但在本书中，连比 $a:b:c:\cdots$ 都包含着某种比例关系。一种最常见的情形是按照一个给定的比($A:B$)，即 $a:b=b:c=\cdots=A:B$。另一种情形是按照给定的多个比($A:B, C:D, \cdots$)构成，即 $a:b=A:B, b:c=C:D, \cdots$(见命题Ⅷ.4)。也就是说，本书中的连比都包含了两个或多个比之间的关系，因此译为“连比例”是合适的。

在常见的第一种情形，连比例中的各项构成一个几何级数：$a_n=k^n a_0$。需要注意的是比值 k 可以是整数也可以是大于 1 的分数，最常见的是 $\frac{3}{2}$，但必须保证几何级数各项都是自然数。译者为了帮助读者加深理解，对每个命题都构造了一个数字实例，并记录在译者注中。注意所举数字实例一般不是唯一的。第二种情形其实出现不多，有时也称为几个数成比例。在本书中，若无特别说明，成连比例的数组被默认为是几何级数的第一种情形。

第九卷的前半部分，即命题Ⅸ.1—19，其实是第八卷连比例的继续。命题Ⅸ.8—13 讨论的是前面还有一单位的连比例数组，除了命题Ⅸ.11，一单位其实并不包括在数组中，但这一点在原文中有点含糊不清，请特别注意。第九卷的后半部分讨论了奇偶数与完全数。

本中译本的插图以海贝格希腊语译本为基础，也参考了希思的英译本及商务印书馆的中译版，但在上述基础上做了许多改进。我们对第七卷至第九卷的许多命题都设计了一个数字实例，并按比例重新绘图，以便读者得到定量的概念，更容易理解命题，而原图只能给读者定性的概念。需要注意的是，这种数字实例并非唯一的，我们鼓励读者自行构造新的实例,以加深对本文的理解。我们对其他各卷的插图也做了一些修改。有些是因为图中两个或多个对象的角度、面积或体积应该相等,而原图所示并不相等,需要修正。另一些图的改动则为了避免误导,例如一般角不宜画成貌似直角,一般三角形不宜画成貌似等腰三角形,任意位置的两条直线不宜画成貌似平行,一般情形不宜画成貌似对称,等等。

四、关于第十卷的说明

第十卷的对象扩展到无理数与无理量。现代数学对无理数的描述十分简单:无理数也称为无限不循环小数,它在小数点之后有无限多个不循环数字,不能写成两个整数之比。常见的无理数有非完全平方数的平方根,以及 π 和 e(又被称为超越数)等。第十卷中讨论的对线段的“有理量”和“无理量”定义,基于对线段度量后得到的数,然后就可以套用习惯的有理数和无理数的概念,较详细的说明如下。

首先要理解两个概念:一是“可公度性”(commensurability),这是自然数的“可公约性”对实数和一般的“量”(例如线和面)的推广;二是“量尽”(measured),这是对“除尽”的推广。它们的差别在于,自然数是客观存在的数;而可公度性的参考量,是一个人为指定的尺度,它可以是一个实数,也可以是线段或面积。由此衍生的概念公度量及最大公度量,不难由公约数及最大公约数类比导出。

然后要理解可公度性的定义。若一条线段与指定线段可以被同一个长度尺度量尽,则它们长度可公度,否则长度不可公度。若这两条线段上的正方形可以被同一个面积尺度量尽,则它们平方可公度(但不一定是长度可公度的),否则平方不可公度。简而言之,一条线段可以与指定线段仅平方可公度(长度不可公度),或者,长度及平方均可公度/不可公度。

这样一来,设指定线段的长度为 1,一般会认为有理线段的长度有形式 $\frac{m}{n}$,而欧几里得的定义也包括$\sqrt{k}\frac{m}{n}$,这里 k, m, n 都是整数。

第十卷的大部分都用来讨论各种类型的无理线段和无理面及其与有理线段和有理面之间的关系。命题Ⅹ.111 的推论列出了 13 种无理线段,例如中项线、二项线、双中项线、主线、余线、次线等。对其定义举例如下。

仅平方可公度的两条有理线段所夹矩形是无理的,且其平方根是无理的,称之为中项线。(见命题Ⅹ.21)

仅平方可公度的两条有理线段相加所得全线段是无理的,称之为二项线。(见命题Ⅹ.36)

中项线上的正方形是中项面。

对无理线段的这种详细分类,在第十三卷中讨论正多边形与正多面体边长的计算中有所应用,但其他后续应用不多。

顺便提一下,数的现代分类如下图所示。

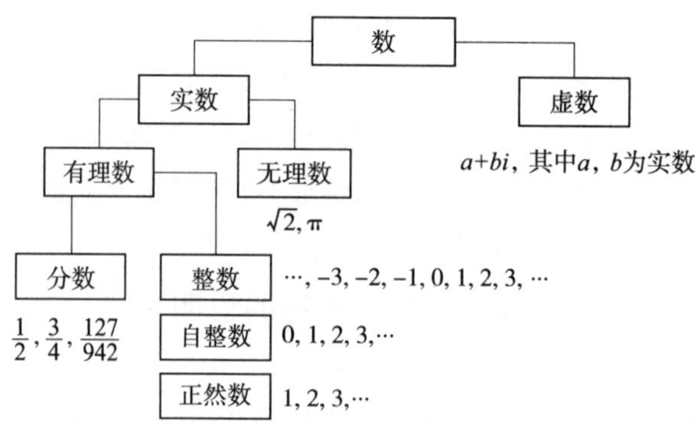

注：实数和自然数分别是实数理论和数论的研究对象

因此，本书第七卷至第九卷属于数论范畴，第十卷属于实数理论范畴。再注意到第五卷比例也不属于几何学，可见，《几何原本》中的几何学仅占约46%。

其实，本书原名 *Elements*，可直译为《要素》，并不专指几何学。但是《几何原本》这个译名由利玛窦和徐光启最早提出，至今已有400多年，没有必要修改。再加上本书对现代数学的最重要影响确实在几何学方面，《几何原本》这个译名也算抓住了本书的精髓。

这里只是提醒读者，本书的范围其实是超出了几何学，也包括比例理论、数论、实数理论等内容。

五、一些专业术语的翻译说明

本书主要依据希思和菲茨帕特里克的英文编译本，以及后者中所附海贝格的标准希腊文本。译文中有一些脚注来自这两本书，译者也添加了一些，标明为译者注。

本书把 apply 译成"适配(贴合)"，已在第六卷的内容提要中进行说明。另有几个重要术语的翻译说明见下表。

表　本书一些专业术语的译名

希腊词	希思英译本	兰纪正和朱恩宽中译本	张卜天中译本	本书
παρακειμαι	apply	贴合	贴合	适配、贴合
τριπλούς	triple*	三次的	三倍的	立方的
διπλό	double**	二次的	二倍的	平方的
περιφέρεια	circumference	圆弧、圆周	圆周	圆弧、圆周
ευθεία	straight line	直线、线段、弦、边	直线、边	直线、线段、弦、边
ίσος	equal	相等、全等	相等	相等、全等
συμμετροι δυνάμει	commensurable in square	正方可公度	正方可公度	平方可公度

* 菲茨帕特里克英译本为 cubed。

** 菲茨帕特里克英译本为 squared。

可以看出,我们的术语与兰纪正、朱恩宽教授的译法基本相同,略有微小差别。与张卜天教授译本的差别在于一些古希腊词语其实在现代意义上是多义的,例如*ευθεία*可作直线或线段,*περιφέρεια*可作圆周或圆弧,一律译为直线或圆弧,容易引起误会。再如*τριπλούς*和*διπλό*,其字面意义确实是三倍的和二倍的,但这里的真实意思是立方的和平方的。前一种译法对学习古代文献的读者比较合适,后一种对一般现代读者更加妥当,我们的译本把读者对象定义为后一类,因此采用第二种译法。

在研究对象为自然数的第七卷至第九卷中,对“数”而言,将 common measure 译为“公度”,其实它就是公约数(common divisor)。在第十卷中对一般的“量”而言,将 common measure 译为“公度量”。

此外,译文保留了原书中与我国目前的规范和习惯有所不同的一些记法和说法,但前提是它们不会引起歧义,特汇总如下。

1.“等于”指“面积等于”;

2.“矩形”常写为“平行四边形”;

3.常用两对角字母表示矩形、正方形、平行六面体等,例如矩形 $ABCD$ 常写成矩形 AC;

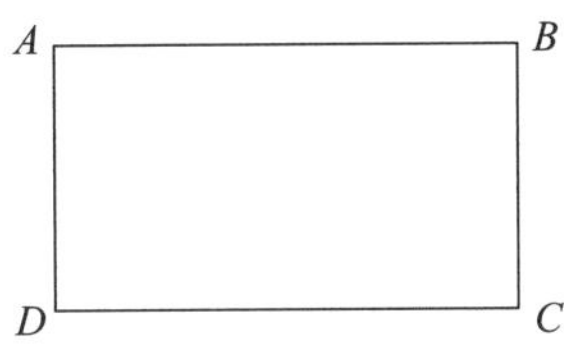

4.“角”常常省略,例如“角 ABC”常常写成“ABC”;

5.原书未区分“直线”和“线段”,译文予以区分,但仍都用两个大写字母(如 AB)表示,而中文的直线用一个小写英文字母(如 a)表示。另外,线段标注字母的顺序未作区分,线段 DA 也写成 AD。

本书的翻译在爱妻刘丽芳女士的病榻边完成,终校时,丽芳已在弥留之际。终校完成后她已仙逝。谨以此书陪伴她去往天国。

凌复华

2023 年 12 月于美国硅谷

科学元典丛书

1	天体运行论	[波兰] 哥白尼
2	关于托勒密和哥白尼两大世界体系的对话	[意] 伽利略
3	心血运动论	[英] 威廉·哈维
4	薛定谔讲演录	[奥地利] 薛定谔
5	自然哲学之数学原理	[英] 牛顿
6	牛顿光学	[英] 牛顿
7	惠更斯光论（附《惠更斯评传》）	[荷兰] 惠更斯
8	怀疑的化学家	[英] 波义耳
9	化学哲学新体系	[英] 道尔顿
10	控制论	[美] 维纳
11	海陆的起源	[德] 魏格纳
12	物种起源（增订版）	[英] 达尔文
13	热的解析理论	[法] 傅立叶
14	化学基础论	[法] 拉瓦锡
15	笛卡儿几何	[法] 笛卡儿
16	狭义与广义相对论浅说	[美] 爱因斯坦
17	人类在自然界的位置（全译本）	[英] 赫胥黎
18	基因论	[美] 摩尔根
19	进化论与伦理学(全译本)(附《天演论》)	[英] 赫胥黎
20	从存在到演化	[比利时] 普里戈金
21	地质学原理	[英] 莱伊尔
22	人类的由来及性选择	[英] 达尔文
23	希尔伯特几何基础	[德] 希尔伯特
24	人类和动物的表情	[英] 达尔文
25	条件反射：动物高级神经活动	[俄] 巴甫洛夫
26	电磁通论	[英] 麦克斯韦
27	居里夫人文选	[法] 玛丽·居里
28	计算机与人脑	[美] 冯·诺伊曼
29	人有人的用处——控制论与社会	[美] 维纳
30	李比希文选	[德] 李比希
31	世界的和谐	[德] 开普勒
32	遗传学经典文选	[奥地利] 孟德尔 等
33	德布罗意文选	[法] 德布罗意
34	行为主义	[美] 华生
35	人类与动物心理学讲义	[德] 冯特
36	心理学原理	[美] 詹姆斯
37	大脑两半球机能讲义	[俄] 巴甫洛夫
38	相对论的意义：爱因斯坦在普林斯顿大学的演讲	[美] 爱因斯坦
39	关于两门新科学的对谈	[意] 伽利略
40	玻尔讲演录	[丹麦] 玻尔
41	动物和植物在家养下的变异	[英] 达尔文
42	攀援植物的运动和习性	[英] 达尔文
43	食虫植物	[英] 达尔文

44 宇宙发展史概论　　[德] 康德
45 兰科植物的受精　　[英] 达尔文
46 星云世界　　[美] 哈勃
47 费米讲演录　　[美] 费米
48 宇宙体系　　[英] 牛顿
49 对称　　[德] 外尔
50 植物的运动本领　　[英] 达尔文
51 博弈论与经济行为（60 周年纪念版）　　[美] 冯·诺伊曼 摩根斯坦
52 生命是什么（附《我的世界观》）　　[奥地利] 薛定谔
53 同种植物的不同花型　　[英] 达尔文
54 生命的奇迹　　[德] 海克尔
55 阿基米德经典著作集　　[古希腊] 阿基米德
56 性心理学、性教育与性道德　　[英] 霭理士
57 宇宙之谜　　[德] 海克尔
58 植物界异花和自花受精的效果　　[英] 达尔文
59 盖伦经典著作选　　[古罗马] 盖伦
60 超穷数理论基础（茹尔丹　齐民友 注释）　　[德] 康托
61 宇宙（第一卷）　　[德] 亚历山大·洪堡
62 圆锥曲线论　　[古希腊] 阿波罗尼奥斯
63 几何原本　　[古希腊] 欧几里得
化学键的本质　　[美] 鲍林

科学元典丛书（彩图珍藏版）

自然哲学之数学原理（彩图珍藏版）　　[英] 牛顿
物种起源（彩图珍藏版）（附《进化论的十大猜想》）　　[英] 达尔文
狭义与广义相对论浅说（彩图珍藏版）　　[美] 爱因斯坦
关于两门新科学的对话（彩图珍藏版）　　[意] 伽利略
海陆的起源（彩图珍藏版）　　[德] 魏格纳

科学元典丛书（学生版）

1 天体运行论（学生版）　　[波兰] 哥白尼
2 关于两门新科学的对话（学生版）　　[意] 伽利略
3 笛卡儿几何（学生版）　　[法] 笛卡儿
4 自然哲学之数学原理（学生版）　　[英] 牛顿
5 化学基础论（学生版）　　[法] 拉瓦锡
6 物种起源（学生版）　　[英] 达尔文
7 基因论（学生版）　　[美] 摩尔根
8 居里夫人文选（学生版）　　[法] 玛丽·居里
9 狭义与广义相对论浅说（学生版）　　[美] 爱因斯坦
10 海陆的起源（学生版）　　[德] 魏格纳
11 生命是什么（学生版）　　[奥地利] 薛定谔
12 化学键的本质（学生版）　　[美] 鲍林
13 计算机与人脑（学生版）　　[美] 冯·诺伊曼
14 从存在到演化（学生版）　　[比利时] 普里戈金
15 九章算术（学生版）　　〔汉〕张苍　耿寿昌
16 几何原本（学生版）　　[古希腊] 欧几里得

全新改版·华美精装·大字彩图·书房必藏

科学元典丛书，销量超过*100*万册！

——你收藏的不仅仅是“纸”的艺术品，更是两千年人类文明史！

科学元典丛书（彩图珍藏版）除了沿袭丛书之前的优势和特色之外，还新增了三大亮点：

①增加了数百幅插图。

②增加了专家的“音频＋视频＋图文”导读。

③装帧设计全面升级，更典雅、更值得收藏。

名作名译·名家导读

《物种起源》由舒德干领衔翻译，他是中国科学院院士，国家自然科学奖一等奖获得者，西北大学早期生命研究所所长，西北大学博物馆馆长。2015 年，舒德干教授重走达尔文航路，以高级科学顾问身份前往加拉帕戈斯群岛考察，幸运地目睹了达尔文在《物种起源》中描述的部分生物和进化证据。本书也由他亲自“音频＋视频＋图文”导读。

《自然哲学之数学原理》译者王克迪，系北京大学博士，中共中央党校教授、现代科学技术与科技哲学教研室主任。在英伦访学期间，曾多次寻访牛顿生活、学习和工作过的圣迹，对牛顿的思想有深入的研究。本书亦由他亲自“音频＋视频＋图文”导读。

《狭义与广义相对论浅说》译者杨润殷先生是著名学者、翻译家。校译者胡刚复（1892—1966）是中国近代物理学奠基人之一，著名的物理学家、教育家。本书由中国科学院李醒民教授撰写导读，中国科学院自然科学史研究所方在庆研究员“音频＋视频”导读。

《关于两门新科学的对话》译者北京大学物理学武际可教授，曾任中国力学学会副理事长、计算力学专业委员会副主任、《力学与实践》期刊主编、《固体力学学报》编委、吉林大学兼职教授。本书亦由他亲自导读。

《海陆的起源》由中国著名地理学家和地理教育家，南京师范大学教授李旭旦翻译，北京大学教授孙元林，华中师范大学教授张祖林，中国地质科学院彭立红、刘平宇等导读。

达尔文经典著作系列

已出版：

物种起源	〔英〕达尔文 著　舒德干 等译
人类的由来及性选择	〔英〕达尔文 著　叶笃庄 译
人类和动物的表情	〔英〕达尔文 著　周邦立 译
动物和植物在家养下的变异	〔英〕达尔文 著　叶笃庄、方宗熙 译
攀援植物的运动和习性	〔英〕达尔文 著　张肇骞 译
食虫植物	〔英〕达尔文 著　石声汉 译　祝宗岭 校
植物的运动本领	〔英〕达尔文 著　娄昌后、周邦立、祝宗岭 译祝宗岭 校
兰科植物的受精	〔英〕达尔文 著　唐　进、汪发缵、陈心启、胡昌序 译　叶笃庄 校，陈心启 重校
同种植物的不同花型	〔英〕达尔文 著　叶笃庄 译
植物界异花和自花受精的效果	〔英〕达尔文 著　萧辅、季道藩、刘祖洞 译　季道藩 一校，陈心启 二校

即将出版：

腐殖土的形成与蚯蚓的作用	〔英〕达尔文 著　舒立福 译
贝格尔舰环球航行记	〔英〕达尔文 著　周邦立 译